The Series of Advanced Physics of Peking University

北京大学物理学丛书·理论物理专辑

非线性光学物理

叶佩弦 著

图书在版编目(CIP)数据

非线性光学物理/叶佩弦著. —北京：北京大学出版社，2007.7
(北京大学物理学丛书)
ISBN 978-7-301-12445-1

Ⅰ. 非… Ⅱ. 叶… Ⅲ. 非线性光学—研究生—教材
Ⅳ. 0437

中国版本图书馆 CIP 数据核字(2007)第 087026 号

书　　　名：非线性光学物理
著作责任者：叶佩弦　著
责 任 编 辑：孙　琰
标 准 书 号：ISBN 978-7-301-12445-1/O・0724
出 版 发 行：北京大学出版社
地　　　址：北京市海淀区成府路 205 号　100871
网　　　址：http://www.pup.cn　电子信箱：zpup@pup.pku.edu.cn
电　　　话：邮购部 62752015　发行部 62750672　编辑部 62752038
　　　　　　出版部 62754962
印　刷　者：涿州市星河印刷有限公司
经　销　者：新华书店
　　　　　　850 毫米×1168 毫米　大 32 开本　12.375 印张　319 千字
　　　　　　2007 年 7 月第 1 版　2009 年 11 月第 2 次印刷
定　　　价：25.00 元

前　　言

物理学是自然科学的基础，是探讨物质结构和运动基本规律的前沿学科。几十年来，在生产技术发展的要求和推动下，人们对物理现象和物理学规律的探索研究不断取得新的突破。物理学的各分支学科有着突飞猛进的发展，丰富了人们对物质世界物理运动基本规律的认识和掌握，促进了许多和物理学紧密相关的交叉学科和技术学科的进步。物理学的发展是许多新兴学科、交叉学科和新技术学科产生、成长和发展的基础和前导。

为适应现代化建设的需要，为推动国内物理学的研究、提高物理教学水平，我们决定推出《北京大学物理学丛书》，请在物理学前沿进行科学研究和教学工作的著名物理学家和教授对现代物理学各分支领域的前沿发展做系统、全面的介绍，为广大物理学工作者和物理系的学生进一步开展物理学各分支领域的探索研究和学习，开展与物理学紧密相关的交叉学科和技术学科的研究和学习提供研究参考书、教学参考书和教材。

本丛书分两个层次。第一个层次是物理系本科生的基础课教材，这一教材系列，将几十年来几代教师，特别是在北京大学教师的教学实践和教学经验积累的基础上，力求深入浅出、删繁就简，以适于全国大多数院校的物理系使用。它既吸收以往经典的物理教材的精华，尽可能系统地、完整地、准确地讲解有关的物理学基本知识、基本概念、基本规律、基本方法；同时又注入科技发展的新观点和方法，介绍物理学的现代发展，使学生不仅能掌握物理学的基础知识，还能了解本学科的前沿课题和研究动向，提高学生的科学素质。第二个层次是研究生教材、研究生教学参考书和专题学术著作。这一系列将集中于一些发展迅速、已有开拓性进展、国际上活跃的学科方向和专题，介绍该学科方向的基本内容，力求充分反映该学科方向国内外前沿最新进展和研究成果。学术专著首先着眼于物理学的各分支学科，然后再扩展到与物理学紧密相关的交叉学科。

愿这套丛书的出版既能使国内著名物理学家和教授有机会将他们的累累硕果奉献给广大读者，又能对物理的教学和科学研究起到促进和推动作用。

《北京大学物理学丛书》编辑委员会

1997 年 3 月

理论物理专辑前言

彭桓武先生在他的专著《理论物理基础》(彭桓武、徐锡申著，北京大学出版社，1998 年)序中对理论物理作了精辟的阐述：

随着人们通过多次观察和实验等科学实践，对物质世界中在一定条件下一定现象之出现，获得大量可靠的感性认识，得到数据和经验规律。然后经过反复综合整理改造，形成概念，并用判断和推理的方法给以合乎逻辑的描述或解释，这样达到某种理性认识。如能以此为据对新现象有所预见且为而后的科学实验所证实，则表明这理性认识正确可靠。对越来越多方面的物质现象得到的越来越普遍的正确可靠的理性认识，便构成发展着的理论物理。

理论物理的发源可以从伽利略和牛顿对地面上物体坠落和天空中行星绕日等现象的统一解释算起。这奠定了牛顿力学，并从此动力学观点流行。这种观点和方法，结合对气体的物理实验和化学实验的多个经验规律，产生并逐渐澄清原子和分子的概念，阐明了热的分子运动本质，又结合电磁现象的观察和大量实验所总结的一系列经验规律，特别是法拉第的有关磁力线和电力线的形象思维，帮助麦克斯韦形成电磁场的概念和其动力学理论。不仅利用运动把电现象与磁现象联结起来，并且从理论上预见到电磁波动现象，光的现象即归结为电磁波动的现象。这预见为而后的实验证实，并为无线电通讯奠定基础。法拉第电解定律表明分子原子内部有带有一定的基本电荷的电子。有鉴于此，洛伦兹对物质中的电磁现象，提出电子论，引入带有电子运动的分子和微观电磁场的概念，后者的局部的多分子的统计平均即是麦克斯韦的宏观电磁场，这样解释了物质对光的折射率随光波长的变化的色散现象。但对电子和其运动规律的较清楚的认识，则尚待从更多的近代物理实验和其伴随的20世纪才发现的相对论和量子论。在这两个理论中，对时间和空间，粒子和波，概念上比以前有所深入，有些人称之为革命，实际上不过是，随着认识到更深一层次，原来认为割裂的或对立的却是统一的或同一的，而回过头来看，原来的认识，在一定范围内仍是对的或可靠的到一定的近似程度而已。

理论物理是有用的。作为工程设计原理的早已成熟的那部分理论物理更不必谈。在开展理论、实验与工程技术相结合的工作时，理论工作先行一步常可以减少实验和工程的工作量。

为了促进我国的理论物理研究，国家自然科学基金委员会“理论物理专款”学术领导小组决定资助出版这套《北京大学物理学丛书·理论物理专辑》。希望从事理论物理研究的科学工作者介绍国际理论物理前沿和自己的研究工作，吸引更多的年轻人投入并献身于理论物理学的研究，为营造重视基础研究、安心基础研究的大环境，为发展我国理论物理学的研究及其在国际上占有一席之地作出贡献。有关申请出版资助的情况，请参阅国家自然科学基金委员会网站中有关“理论物理专款”的通告。本专辑的出版得到了北京大学出版社的大力支持，特此感谢。

国家自然科学基金委员会

“理论物理专款”学术领导小组

2005年10月20日

作 者 前 言

激光的发明是20世纪物理学最重大成就之一，而非线性光学作为学科的出现和发展，则是激光对物理学科发展的重要贡献。经过几十年长盛不衰的研究与开发，非线性光学涵盖的研究领域已经非常之广，与其他学科、领域的相互联系和渗透也非常密切，这包括光谱学、原子分子物理、凝聚态物理、等离子体物理、表面物理以及有机和高分子化学、分子生物学、材料科学，等等。非线性光学在许多高技术领域也得到广泛应用，例如激光技术、信息处理与存储技术、光通讯和光电子技术、集成光学与光电子学，等等。

非线性光学由一系列基本的非线性光学效应所支撑。一方面，这些效应广泛存在于光与许多不同形态物质的相互作用中，反映了光与各种物质相互作用时，存在一种共性。非线性光学的任务之一就是去认识和设法描述这些共性。只有掌握了这些共性，才能自由游弋于各种不同物质和各种不同学科领域之中。另一方面，这些效应在各种不同物质中又表现出不同的特性，这反映了光与不同物质相互作用时的特殊物理机制。非线性光学的另一任务就是去发现和解释这些特性，从而获得对过程的物理本质的深入认识。总之，无论从学习或研究的角度，都要分别从共性和个性两方面去把握非线性光学，以达到宏观与微观的统一。这是作者对这本书的写作理念之一。

作者一直认为，中国需要理论物理学家，但更缺乏真正优秀的实验物理学家。这样的物理学家，不仅具有良好的实验技能和方法，而且具有深厚的理论功底。他对物理理论的系统掌握和深刻理解，不仅仅停留在合理的逻辑推理上，还要建立起清晰的、用物理语言表达的概念和图像，可以随时用这些概念和图像对自己的研究对象进行观察、分析和思考，并能从理论高度提出新的实验课题，从而做到有所发现、有所创新。作者希望并一直致力使这样优秀的实验物理学家能多多出现在祖国的大地。作者希望通过写这本书在这方面作出一点贡献。这是作者写作本书的另一理念。

现代非线性光学包含物理、材料、应用等多个方面，本书仅限于讨论其中的物理方面，故取名“非线性光学物理”。

目前已有不少非线性光学方面的专著或教程，其中最基本和最权威的当推诺贝尔奖得主 N. Bloembergen 的 Nonlinear Optics①，而内容最丰富的首推 Y. R. Shen（沈元壤）的 The Principles of Nonlinear Optics②。近年来国内也出版过一些很不错的书。可以说，本书一方面是作者对前人的著作学习、消化和吸收之后，用上述两个理念进行整理和补充的结果；另一方面，本书也概括了非线性光学物理研究的一些新进展，尤其是作者多年来从事的一些研究领域中的进展，尽管这些总结远不是全面的。

本书是在作者的“讲稿”基础上充实和整理的，该讲稿曾于 1998 年和 2000 年在台湾“中央大学”光电研究所作过系统讲授；2002 年在教育部委托中国科技大学组织的针对研究生的暑期物理班上讲授过一次；2003 年又在中国科技大学物理系研究生班讲过一次。但是，即使局限在非线性光学的物理方面，本书的概括也不一定是全面的，特别是对那些作者在研究工作中从未涉足或虽经学习但领会不深的领域，并无着墨，以免浪费读者的时间，因为他们不难找到更合适的读物。

本书共分十二章：第一章是总论。第二章将建立起非线性光学的宏观架构，亦即对非线性极化的产生、表示方式及其特性作统一的宏观描述，并导出用以讨论在介质中光波之间相互作用的所

① Bloembergen N. Nonlinear optics. 4th ed. Singapore：World Scientific，1996.

② Shen Y R. The principles of nonlinear optics. New York：Wiley，1984.〔美〕沈元壤. 非线性光学原理. 顾士杰译. 北京：科学出版社，1987.

谓耦合波方程。第三章是以分立能级体系为对象，讨论如何获得以电子过程为机制的非线性极化率的微观表示。这两章是了解以后各章的基础。接下来的两章将讨论二阶变频和参量效应。其中，第四章着重在传统晶体；第五章除介绍非线性系数测量外，着重在光学超晶格和光感生光学非线性的讨论。介绍三阶非线性光学过程用了三章篇幅。其中，第六章讨论三次谐波与四波混频；第八章讨论光感生折射率变化及与之有关的效应，包括光克尔(Kerr)效应、光感生偏振态变化、自聚焦与自相位调制、光感生光栅及光学双稳行为等；而第七章则介绍在四波混频共振增强基础上发展起来的四波混频光谱术。受激光散射本来范围很广，但本书只用了第九章一章介绍最典型的两种，即受激拉曼(Raman)和受激布里渊(Brillouin)散射，而对前者也只着重讨论各种理论处理方法。光折变非线性光学在20世纪90年代以来成为非线性光学的研究热点，第十章和第十一章将介绍这方面的发展。其中，第十章着重讨论光折变效应的微观过程和机制；第十一章则着重讨论其特有的各种非线性光学效应。最后，在第十二章介绍相干瞬态光学效应，并且在瞬态四波混频理论框架下讨论相干瞬态光学效应与四波混频的统一；在此基础上还介绍了用非相干光进行相干瞬态过程研究的进展。

限于作者的水平和经历，本书定会有不足甚至错误之处，请读者不吝赐教，提出批评和指正。

最后，我要向在写作本书过程中从不同方面给过我许多宝贵帮助的王鹏业研究员、窦硕星研究员和尹华伟研究员致以由衷的感谢。同时，也深深感谢国家自然科学基金委员会给予本书出版的项目资助。在编辑本书过程中，得到北京大学出版社顾卫宇和孙琰两位编辑的大力帮助和真诚合作，在此也一并致谢。

叶佩弦
2006年1月31日

目　录

第一章　绪　　论

§1.1　光场中的非简谐振子

简谐振子是描述原子中电子运动的一个经典模型. 简谐振子在外力 f 作用下的运动方程是

$$\frac{\mathrm{d}^2 x}{\mathrm{d}t^2}+\Gamma\frac{\mathrm{d}x}{\mathrm{d}t}+\omega_0^2 x=\frac{f}{m}, \tag{1.1}$$

其中 m 为质量，$-m\omega_0^2 x$ 为回复力，Γ 为振动的衰减系数. 当 $f=0$ 时，电子沿 x 轴以频率 ω_0 围绕原点作周期振动（$\Gamma\neq 0$ 时振动是衰减的）.

在频率为 ω、振幅为 A 的光波电场（简称光场）

$$E=A\cos\omega t=\frac{1}{2}A(\mathrm{e}^{-\mathrm{i}\omega t}+\mathrm{e}^{\mathrm{i}\omega t}) \tag{1.2}$$

作用下，电子受力为

$$f=\frac{q}{2}A(\mathrm{e}^{-\mathrm{i}\omega t}+\mathrm{e}^{\mathrm{i}\omega t}), \tag{1.3}$$

其中 q 为电子的电量. 此时方程(1.1)的解为

$$x=x(\omega)+\mathrm{c.\,c.}, \tag{1.4}$$

其中“c. c.”表示求复共轭运算，

$$x(\omega)=\frac{1}{2}\frac{q}{m}\frac{1}{\omega_0^2-\omega^2-\mathrm{i}\omega\Gamma}A\mathrm{e}^{-\mathrm{i}\omega t}. \tag{1.5}$$

这说明电子将围绕原点以光波频率 ω 作受迫简谐振动，其振幅正比于光场振幅. 当 $\omega=\omega_0$ 时发生共振，振幅最大.

设单位体积的原子数为 N，则原子体系在光场作用下产生的极化强度（亦即单位体积中的电偶极矩）为 $P=Nqx$. 考虑到式(1.5)即可知,原子的简谐振子模型只能产生线性极化,因为$P \propto E$.线性极化构成线性光学的基础.

现在来考虑非简谐振子中的一种,它的运动方程为

$$\frac{\mathrm{d}^2 x}{\mathrm{d}t^2} + \Gamma \frac{\mathrm{d}x}{\mathrm{d}t} + \omega_0^2 x + ax^2 = \frac{f}{m}, \tag{1.6}$$

其中非简谐力$-max^2 \propto x^2$.

设作用于该振子的光波电场由频率为ω_1和ω_2的两个单色场组成,即

$$E = \frac{1}{2}A_1(\mathrm{e}^{-\mathrm{i}\omega_1 t} + \mathrm{e}^{\mathrm{i}\omega_1 t}) + \frac{1}{2}A_2(\mathrm{e}^{-\mathrm{i}\omega_2 t} + \mathrm{e}^{\mathrm{i}\omega_2 t}), \tag{1.7}$$

则电子受此光场的作用力为$f = qE$.当非简谐力很小于回复力时,方程(1.6)可用逐级近似求解.令

$$x = x^{(1)} + x^{(2)} + x^{(3)} + \cdots \quad (x^{(1)} \gg x^{(2)} \gg x^{(3)} \gg \cdots), \tag{1.8}$$

并代入式(1.6),通过等号两边对比,可建立起一系列分别只和x的一级小量、二级小量、三级小量等有关的方程.解之即得:

$$x^{(1)} = x^{(1)}(\omega_1) + x^{(2)}(\omega_2) + \text{c. c.}, \tag{1.9}$$

$$x^{(2)} = x^{(2)}(\omega_1 + \omega_2) + x^{(2)}(\omega_1 - \omega_2) + x^{(2)}(2\omega_1) + x^{(2)}(2\omega_2) + x^{(2)}(0) + \text{c. c.}, \tag{1.10}$$

$$\cdots\cdots,$$

其中

$$x^{(1)}(\omega_i) = \frac{1}{2}\frac{q}{m}\frac{1}{(\omega_0^2 - \omega_i^2 - \mathrm{i}\omega_i\Gamma)}A_i\mathrm{e}^{-\mathrm{i}\omega_i t} \quad (i = 1,2), \tag{1.11}$$

$$x^{(2)}(\omega_1 \pm \omega_2) = \frac{-2a(q/m)^2}{(\omega_0^2 - \omega_1^2 - \mathrm{i}\omega_1\Gamma)(\omega_0^2 - \omega_2^2 \mp \mathrm{i}\omega_2\Gamma)[\omega_0^2 - (\omega_1 \pm \omega_2)^2 - \mathrm{i}(\omega_1 \pm \omega_2)\Gamma]} \cdot \left(\frac{1}{2}A_1\right)\left(\frac{1}{2}A_2\right)\mathrm{e}^{-\mathrm{i}(\omega_1 \pm \omega_2)t}, \tag{1.12}$$

$$x^{(2)}(2\omega_i) = -a\left(\frac{q}{m}\right)^2 \frac{1}{(\omega_0^2 - \omega_i^2 - \mathrm{i}\omega_i\Gamma)^2(\omega_0^2 - 4\omega_i^2 - \mathrm{i}2\omega_i\Gamma)}$$

$$\cdot \left(\frac{1}{2}A_i\right)^2 \mathrm{e}^{-\mathrm{i}2\omega_i t} \quad (i=1,2), \tag{1.13}$$

$$x^{(2)}(0) = -a\left(\frac{q}{m}\right)^2 \frac{1}{\omega_0^2}\left[\frac{1}{(\omega_0^2-\omega_1^2)^2+\omega_1^2\Gamma^2}\left(\frac{1}{2}A_1\right)^2 + \frac{1}{(\omega_0^2-\omega_2^2)^2+\omega_2^2\Gamma^2}\left(\frac{1}{2}A_2\right)^2\right]. \tag{1.14}$$

原子体系的极化强度为

$$P = Nq[x^{(1)} + x^{(2)} + x^{(3)} + \cdots], \tag{1.15}$$

亦即

$$P = Nq[x^{(1)}(\omega_1) + x^{(1)}(\omega_2) + x^{(2)}(2\omega_1) + x^{(2)}(2\omega_2) + x^{(2)}(\omega_1+\omega_2) + x^{(2)}(\omega_1-\omega_2) + x^{(2)}(0) + \cdots] + \text{c.c.}. \tag{1.16}$$

这说明,如果利用上述非简谐振子模型,原子体系在光场作用下的极化强度将出现以下一些项:

(1) **线性项** $Nqx^{(1)}(\omega_1)$和 $Nqx^{(1)}(\omega_2)$. 由式(1.11)可知,这两项的振荡频率分别等同于作用光波的频率 ω_1 和 ω_2;而它们的振幅则分别正比于作用光波的振幅 E_1 和 E_2. 实际上,它们就是两个光波独立作用于原子体系时产生的线性极化.

(2) **二次谐波项** $Nqx^{(2)}(2\omega_1)$和 $Nqx^{(2)}(2\omega_2)$. 由式(1.13)可知,这两项的振荡频率分别为作用光波频率的两倍,即 $2\omega_1$ 和 $2\omega_2$;而它们的振幅则分别正比于作用光波振幅的平方 A_1^2 和 A_2^2. 它们是两个光波各自在原子体系产生的倍频极化,也相当于频率为 $2\omega_1$ 或 $2\omega_2$ 的振荡偶极矩. 这些偶极矩的辐射便可产生入射光的倍频光.

(3) **和频及差频项** $Nqx^{(2)}(\omega_1+\omega_2)$和 $Nqx^{(2)}(\omega_1-\omega_2)$. 由式(1.12)可知,这两项的振荡频率分别为作用光波频率之和 $\omega_1+\omega_2$ 或差 $\omega_1-\omega_2$;其振幅均正比于两个作用光波振幅的乘积. 它们是两个光波同时作用在原子体系产生的和频及差频极化,其辐射便可产生两入射光的和频及差频光.

(4) **光整流项** $Nqx^{(2)}(0)$. 由式(1.14)可知,这是不含振荡因

子的项，亦即其振荡频率为零，相当于光波在原子体系产生的恒定极化. 它由两部分组成，分别来自两个光波各自的贡献，其大小也分别正比于相应光波振幅的平方.

此外，还有其他一些项.

上述各项除线性项之外，统称为非线性项，因其大小与作用光场不成正比. 正是这些非线性项，产生了各种非线性光学效应，例如光学二次谐波（光学倍频）、光学和频及差频、光学整流等.

由此看出，从简谐振子模型转变到非简谐振子模型，原子体系在光场中的极化才得以从线性转变到出现非线性部分. 这说明，非线性极化及其相关的非线性光学效应只当光与物质作用存在特定物理机制时才会产生. 当然，非简谐振子模型只是产生非线性的一种机制. 同时，由于非线性项相对线性项是至少高一级的小量，所以一般而言，非线性光学效应的显现还要求有足够的入射光强.

§1.2 非线性光学梗概

非线性光学研究在光与物质相互作用中出现的各种非线性光学效应. 这些效应有别于线性光学中出现的效应，如反射、折射、散射、双折射等. 线性光学效应的特点是：出射光强与入射光强成正比；不同频率的光波之间没有相互作用，包括不能交换能量；效应来源于介质中与作用光场成正比的线性极化. 非线性光学效应中的出射光强不与入射光强成正比（例如成平方或三次方关系）；不同频率光波之间存在相互作用，包括可以交换能量；效应来源于介质中与作用光场不成正比例（如成平方或三次方关系）的非线性极化. 非线性光学的任务是发现这些效应，探讨其产生的条件、特性、机理和应用.

设 P 是光场 E 在介质中产生的极化强度. 当极化是线性时，有①

---

① 为了对非线性光学过程的产生有初步的形象了解，本节若无特别声明，将暂时忽略极化 P 对光场 E 的滞后，亦即假定 $\chi,\chi^{(1)},\chi^{(2)},\cdots,\chi^{(n)}$ 是实数.

$$P = \varepsilon_0 \chi E, \tag{1.17}$$

其中 χ 为极化率;ε_0 为真空的介电常数,它的出现是由于采用了国际单位制. 当极化出现非线性,而非线性部分相对较小时,P 可展开为 E 的幂级数:

$$P = \varepsilon_0 [\chi^{(1)} E + \chi^{(2)} E^2 + \chi^{(3)} E^3 + \cdots + \chi^{(n)} E^n + \cdots], \tag{1.18}$$

其中

$$P^{(1)} = \varepsilon_0 \chi^{(1)} E, \quad P^{(2)} = \varepsilon_0 \chi^{(2)} E^2,$$
$$P^{(3)} = \varepsilon_0 \chi^{(3)} E^3, \quad \cdots, \quad P^{(n)} = \varepsilon_0 \chi^{(n)} E^n$$

分别为线性以及 2,3,…,n 阶非线性极化强度. 而 $\chi^{(1)}$,$\chi^{(2)}$,$\chi^{(3)}$,…,$\chi^{(n)}$ 则分别称为线性以及 2,3,…,n 阶极化率. 正是这些非线性极化项的出现,导致了各种非线性光学效应的产生.

例如,二阶极化强度 $P^{(2)}$ 可导致产生以下一些典型二阶非线性光学效应:

(1) **光学二次谐波**. 设光场是频率为 ω、波矢为 $\boldsymbol{k}(\omega)$的单色波,即

$$E = \frac{1}{2} A \mathrm{e}^{-\mathrm{i}[\omega t - \boldsymbol{k}(\omega) \cdot \boldsymbol{r}]} + \mathrm{c.c.}, \tag{1.19}$$

则 $P^{(2)} = \varepsilon_0 \chi^{(2)} E^2$ 中将出现项

$$\frac{1}{4} \varepsilon_0 \chi^{(2)} A^2 \mathrm{e}^{-\mathrm{i}[2\omega t - 2\boldsymbol{k}(\omega) \cdot \boldsymbol{r}]} + \mathrm{c.c.}.$$

该极化项的出现,可看做介质中存在频率为 2ω 的振荡电偶极矩,它的辐射便可能产生频率为 2ω 的倍频光.

(2) **光学和频与差频**. 设光场由频率分别为 ω_1 和 ω_2、波矢为 $\boldsymbol{k}(\omega_1)$和 $\boldsymbol{k}(\omega_2)$的两个单色波组成,即 $E = E_1 + E_2$,而

$$E_i = \frac{1}{2} A_i \mathrm{e}^{-\mathrm{i}[\omega_i t - \boldsymbol{k}(\omega_i) \cdot \boldsymbol{r}]} + \mathrm{c.c.} \quad (i = 1,2), \tag{1.20}$$

则 $P^{(2)} = \varepsilon_0 \chi^{(2)} E^2$ 中将出现项

$$\frac{1}{4}\varepsilon_0\chi^{(2)}A_1A_2\mathrm{e}^{-\mathrm{i}\{[\omega_1+\omega_2]t-[\boldsymbol{k}(\omega_1)+\boldsymbol{k}(\omega_2)]\cdot\boldsymbol{r}\}}+\mathrm{c.c.},$$

及
$$\frac{1}{4}\varepsilon_0\chi^{(2)}A_1A_2^*\mathrm{e}^{-\mathrm{i}\{[\omega_1-\omega_2]t-[\boldsymbol{k}(\omega_1)-\boldsymbol{k}(\omega_2)]\cdot\boldsymbol{r}\}}+\mathrm{c.c.},$$

其中上角标“ * ”表示求共轭运算. 这两个极化项的出现分别表示介质中存在频率为 $\omega_1+\omega_2$ 和 $\omega_1-\omega_2$ 的振荡电偶极矩，它们的辐射便可产生频率分别为 $\omega_1+\omega_2$ 的和频光与 $\omega_1-\omega_2$ 的差频光.

(3) **光学参量放大与振荡**. 设一个频率为 ω_p 的强光波(称为泵浦光)入射到介质，同时又入射一个频率为 ω_s ($\omega_\mathrm{s}<\omega_\mathrm{p}$) 的弱光波(称为信号光). 由于上述差频效应，便可能产生频率为 $\omega_\mathrm{i}=\omega_\mathrm{p}-\omega_\mathrm{s}$ 的光波(称为空闲光). 一旦空闲光产生，泵浦光与空闲光又可差频得到频率为信号光频率 $\omega_\mathrm{s}=\omega_\mathrm{p}-\omega_\mathrm{i}$ 的光波，亦即使信号光得到放大. 这就是参量放大效应. 当频率为 ω_p 的泵浦光足够强，参量放大可转变成参量振荡. 此时，即使没有信号光入射，也可产生一对输出光，它们的频率之和等于泵浦光频率.

又如，三阶极化强度 $P^{(3)}$ 可导致产生以下一些典型三阶非线性光学效应：

(1) **光学三次谐波**. 设入射光场如式(1.19)所示，则 $P^{(3)}=\varepsilon_0\chi^{(3)}E^3$ 中将出现项

$$\frac{1}{8}\varepsilon_0\chi^{(3)}A^3\mathrm{e}^{-\mathrm{i}[3\omega t-3\boldsymbol{k}(\omega)\cdot\boldsymbol{r}]}+\mathrm{c.c.}.$$

该极化项的出现，可看做介质中存在频率为 3ω 的振荡电偶极矩，它的辐射便可能产生频率为 3ω 的三倍频光.

(2) **四波混频**. 设光场由频率分别为 ω_1，ω_2 和 ω_3，波矢相应为 $\boldsymbol{k}(\omega_1)$，$\boldsymbol{k}(\omega_2)$ 和 $\boldsymbol{k}(\omega_3)$ 的三个单色波组成，即 $E=E_1+E_2+E_3$，其中

$$E_i=\frac{1}{2}A_i\mathrm{e}^{-\mathrm{i}[\omega_i t-\boldsymbol{k}(\omega_i)\cdot\boldsymbol{r}]}+\mathrm{c.c.}\quad(i=1,2,3),\qquad(1.21)$$

则 $P^{(3)}=\varepsilon_0\chi^{(3)}E^3$ 中将出现一些项，其振荡频率为 ω_1，ω_2，ω_3 的各种和差组合，例如：

$$\frac{1}{8}\varepsilon_0\chi^{(3)}A_1A_2A_3\mathrm{e}^{-\mathrm{i}\{[\omega_1+\omega_2+\omega_3]t-[\boldsymbol{k}(\omega_1)+\boldsymbol{k}(\omega_2)+\boldsymbol{k}(\omega_3)]\cdot\boldsymbol{r}\}}+\mathrm{c.\,c.},$$

$$\frac{1}{8}\varepsilon_0\chi^{(3)}A_1A_2^*A_3\mathrm{e}^{-\mathrm{i}\{[\omega_1-\omega_2+\omega_3]t-[\boldsymbol{k}(\omega_1)-\boldsymbol{k}(\omega_2)+\boldsymbol{k}(\omega_3)]\cdot\boldsymbol{r}\}}+\mathrm{c.\,c.}$$

等.这些极化项的出现,表示介质中存在频率为 $\omega_1,\omega_2,\omega_3$ 的各种和差组合 $\omega_1\pm\omega_2\pm\omega_3$ 的振荡电偶极矩,它们的辐射便有可能分别产生频率为 $\omega_1\pm\omega_2\pm\omega_3$ 的光波.这便是四波混频.

(3) **折射率随光强改变**.设入射光场如式(1.19)所示,则 $P^{(3)}=\varepsilon_0\chi^{(3)}E^3$ 中还将出现项 $[(1/2)\varepsilon_0\chi^{(3)}|A|^2]E$.由于该极化项周期变化的频率与线性极化项都是 ω,所以可将它们合并.从而,考虑三阶极化后,介质在入射光作用下,频率为 ω 的极化强度将由只考虑线性极化时的 $\varepsilon_0\chi^{(1)}E$ 改变到 $\varepsilon_0[\chi^{(1)}+(1/2)\chi^{(3)}|A|^2]E$,亦即相应的极化率将由 $\chi^{(1)}$ 改变到 $\chi^{(1)}+(1/2)\chi^{(3)}|A|^2$,改变量 $\Delta\chi^{(1)}=(1/2)\chi^{(3)}|A|^2$ 与入射光强 I 成正比.因此,对频率为 ω 的光的折射率也由 n_0 改变到 $n_0+\Delta n$,而 $\Delta n=n_2I$ 是折射率随光强成正比的改变量.比例系数 n_2 称为非线性折射率.事实上,频率为 ω 的光作用于介质,不仅会使介质对频率为 ω 的光的折射率发生改变,也会使介质对频率不为 ω 的光的折射率发生改变.

(4) **自聚焦(自散焦)与自相位调制**.激光束是高斯光束,光强在横截面上有一定的空间分布,中心最强,向外逐渐变弱.当激光束作用于非线性介质时,由于光强引起的折射率改变与光强成正比,这就使折射率在横截面上也有一定的空间分布.如 $n_2>0$,则中心折射率最大,向外逐渐变小.光束通过这样的介质,就如同通过一个凸透镜而使光束聚焦.这就是自聚焦效应.如 $n_2<0$,则中心折射率最小,向外逐渐变大.光束通过时,如同通过一个凹透镜而使光束散焦.这就是自散焦效应.

激光束在非线性介质中传播,既然能引起折射率随光强的改变,当然也会引起自身的相位随光强而改变,称为自相位调制.激光束光强在横截面上有一定的空间分布,引起其相位在横截面上也有一定的空间分布,称为空间自相位调制.脉冲激光的光强随时间有一定的分布,引起其相位随时间也有一定分布,称为时间自相位调制.后者可产生包括脉冲光波频谱展宽等现象.

(5) **光克尔效应**,亦即光感生的双折射现象.前面提到光作用到三阶非线性介质会引起介质折射率的改变.事实上,不仅如此,当用一束偏振光作用时,所引起的介质对另一束光折射率改变的大小还因后者的偏振方向是与前者平行或垂直而不同,亦即出现双折射.

(6) **光学双稳**.当激光束通过折射率随光强变化的介质,同时又存在一个正反馈机制时,便会在其出射光强随入射光强变化的过程中,存在一个入射光强对应两个出射光强的状态.这称为光学双稳现象.例如,当激光束通过一个填充有三阶非线性介质的法布里-珀罗(Fabry-Perot,F-P)标准具时,由于后者提供了一个正反馈机制,出射光强随入射光强的变化若用曲线描述,便会出现类似磁滞回线那样的回线.当入射光强由小变大时,出射光强沿较低的一条曲线由小变大;当入射光强由大变小时,出射光强却沿较高的一条曲线由大变小.于是,在中间区域,一个入射光强便可对应两个出射光强.

三阶非线性极化 $P^{(3)}$ 还可解释受激光散射过程的产生.例如:

(1) **受激拉曼散射**.设介质存在频率为 ω_0 的本征振动,又有一束频率为 ω_p 的泵浦光和一束频率为 ω_s 的信号光同时作用于介质,而且有 $\omega_p-\omega_s=\omega_0$.若泵浦光和信号光的光波电场分别为

$$E_i=\frac{1}{2}A_i e^{i[\omega_i t-\boldsymbol{k}(\omega_i)\cdot\boldsymbol{r}]}+\text{c. c.}\quad(i=\text{p},\text{s}),\tag{1.22}$$

则 $P^{(3)}=\varepsilon_0\chi^{(3)}E^3$(其中 $E=E_p+E_s$)中将出现项

$$\frac{1}{8}\varepsilon_0\chi^{(3)}\mid A_p\mid^2 A_s e^{-i[\omega_s t-\boldsymbol{k}(\omega_s)\cdot\boldsymbol{r}]}+\text{c. c.},$$

和

$$\frac{1}{8}\varepsilon_0\chi^{(3)}\mid A_s\mid^2 A_p e^{-i[\omega_p t-\boldsymbol{k}(\omega_p)\cdot\boldsymbol{r}]}+\text{c. c.}.$$

前一项表示的介质极化,其频率为 ω_s,与信号光相同.以后在第九

章的讨论中会知道，当考虑 $P^{(3)}$ 对 E 存在滞后时，亦即当需要引进复数的 $\chi^{(3)}$ 时，这一项的极化和信号光便可相互作用并交换能量. 可以证明，当出现拉曼共振，亦即条件 $\omega_p-\omega_s=\omega_0$ 成立时，能量转移最大，而且能量是由介质转移给信号光，亦即信号光获得能量，介质损失能量. 后一项表示的介质极化，其频率为 ω_p，与泵浦光相同. 同样可证明，当出现拉曼共振时，它和泵浦光相互作用的结果将使介质获得能量，而泵浦光损失能量. 这两个相互作用过程的总的结果是泵浦光衰减，而信号光得到放大. 当相互作用足够强时，信号光的这种放大效应就会变成自振荡. 此时，只需入射泵浦光(ω_p 可为任意频率)，便可产生经拉曼频移后频率为 $\omega_s=\omega_p-\omega_0$ 的信号光. 这就是受激拉曼散射.

(2) **受激布里渊散射**. 它的产生过程与受激拉曼散射几近相同. 受激拉曼散射中介质的本征振动是光频振动；而受激布里渊散射则是声频振动，是光波与弹性声波相互作用的结果，其频移量比拉曼频移小得多，是 cm^{-1} 的数量级.

在包含有光波之间能量转换的诸多非线性光学过程中，可区分为两大类：一类是参量过程. 在这类过程中，能量交换只在参与相互作用的不同光波之间进行，介质作为交换的媒介既不吸收也不放出能量. 例如光学二次谐波、光学和频与差频、光学参量放大与振荡、四波混频等，均属此类. 另一类是非参量过程. 在这类过程中，能量交换不仅在参与相互作用的光波之间进行，介质也参与能量交换. 例如受激拉曼和受激布里渊等受激光散射过程均属此类. 这时，泵浦光不仅将能量转给信号光，而且也转给光学或声学声子.

在非线性光学中，特别是在参量过程中，**相位匹配**是一个重要的物理概念. 它决定着在介质与光波相互作用中诸多可能产生的非线性光学现象哪些能真正产生. 事实上，在参量相互作用中，光波之间不仅要满足能量守恒，还要满足动量守恒. 例如在光学和频中，由式(1.20)表示的两个光波(频率分别为 ω_1 和 ω_2，波矢分别为 $\boldsymbol{k}(\omega_1)$ 和 $\boldsymbol{k}(\omega_2)$)相互作用产生频率为 ω_3、波矢为 $\boldsymbol{k}(\omega_3)$ 的和频光波时，不仅要满足反映光子能量守恒的条件 $\omega_1+\omega_2=\omega_3$，还要满足反映光子动量守恒的条件 $\boldsymbol{k}(\omega_1)+\boldsymbol{k}(\omega_2)=\boldsymbol{k}(\omega_3)$. 换言之，只有入射光束在介质中的配置满足后一条件时，和频光波的产生才会由可能变为现实. 这个条件在非线性光学中称为相位匹配条件. 它反映了如下的内涵：

仍以光学和频为例. 如前所述，两入射光与介质相互作用，使介质产生如下的二阶极化项：

$$P^{(2)}(\omega_1+\omega_2)=\frac{1}{4}\varepsilon_0\chi^{(2)}A_1A_2\mathrm{e}^{-\mathrm{i}\{[\omega_1+\omega_2]t-[\boldsymbol{k}(\omega_1)+\boldsymbol{k}(\omega_2)]\cdot\boldsymbol{r}\}}+\text{c.c.}. \tag{1.23}$$

等号右边的形式说明，该项表示的是一个频率为 $\omega_1+\omega_2$、波矢为 $\boldsymbol{K}=\boldsymbol{k}(\omega_1)+\boldsymbol{k}(\omega_2)$ 的极化波. 此时介质中的每一点都相当于存在一个频率为 $\omega_3=\omega_1+\omega_2$ 的振荡电偶极矩，它们都将辐射出频率为 ω_3 的光波. 这正是光学和频可能产生的缘由. 但是，由整个介质辐射的光波应是每一点辐射的光波的相干叠加. 只有当叠加后不是相消而是相长时，和频光才会真的产生. 这就要求介质中每一点辐射的光波具有相同的相位. 由于介质的极化是以波的形式存在，所以只有当极化波的相速度等于所辐射的光波的相速度时，这个要求才能满足. 又因极化波与所辐射的光波具有相同的频率，要极化波与所辐射的光波具有相同的相速度，它们就必须具有相同的波矢量，亦即必须满足条件 $\boldsymbol{K}=\boldsymbol{k}(\omega_3)$ 或 $\boldsymbol{k}(\omega_1)+\boldsymbol{k}(\omega_2)=\boldsymbol{k}(\omega_3)$. 这就是相位匹配的物理内涵. 这个例子具有普遍性，所阐明的问题适用于非线性光学中所有的参量作用过程，因为所有参量过程产生的光波都来自介质中形成的相应极化波的辐射. 总之，相位匹配条件就是要求极化波与所辐射的光波具有相同的相速度. 只有满足该条件，相应光波才能产生. 否则，即使存在相应的极化波，光波也不会有效地产生.

虽然对于不同的介质，非线性极化的宏观描述是相同的，但产生这些极化的微观机制却可以很不相同，大致上有以下几种：

(1) **电子的贡献**. 光场的作用可以引起原子、分子及固体等介质中电子云分布的畸变.当光波频率与介质中的能级系统发生共振时,还会引起能级布居的重新分布.这些过程都会产生频率与入射光相同或不同的非线性极化,从而产生二阶、三阶乃至高阶的非线性光学效应.在量子力学处理中,通常是用相应阶次的微扰论来计算,并且以采用密度矩阵法最为方便.

(2) **分子的振动和转动**,也包括晶格振动,最主要的方面是通过拉曼过程,亦即使拉曼振动模或弹性声波受到激发而产生非线性极化.

(3) **分子的重新取向与重新分布**.当光作用于液体、液晶或某些高分子材料时,如果分子是各向异性的,则分子倾向于按光场的偏振方向重新取向.与此同时,在光场的作用区,由于分子在光场作用下感生的电偶极矩之间的相互作用,也会引起分子在空间的重新分布.这些变化均会导致折射率随光强的改变.

(4) **电致伸缩**.电场作用于介质,改变了作用区的自由能.为了使自由能最小,作用区介质的密度要发生改变.这种现象称为电致伸缩,由于光场的自由能与电场的自由能相当,所以光场也会引起电致伸缩,从而也会使光场的作用区发生介质密度的改变.这种改变所造成的折射率改变也相当于介质产生了非线性极化.

(5) **温度效应**.当介质对光场存在吸收时,吸收的能量可通过无辐射跃迁而转变成热,导致介质温度变化.温度变化又会引起浓度和密度的改变.所有这些因素都会导致非线性折射率的出现.

搞清各种非线性光学效应的微观机制,不仅对认知这些效应有所帮助;反过来,还可利用各种非线性光学效应作为手段,进行物质微观过程与结构的相关研究.

除了上述由各阶非线性极化产生的各种光学效应是非线性光学研究的主要内容外,各种相干瞬态光学效应及光折变效应也是非线性光学的重要组成部分.

§1.3 非线性光学发展的历史回顾

非线性光学是激光出现后才真正建立并迅速发展起来的学科[1].激光这种相干光的出现,大大缩小了光波与同样是电磁波的微波和无线电波的差别.这主要体现在激光与微波、无线电波一样,也有一定的相位;它们的差别只是各自处在电磁波谱的不同位置.于是,人们自然会问,原来出现在微波和无线电波中与其相干性有关的一些非线性效应(如混频及参量振荡等),是否也会出现在激光与物质的相互作用中?答案是肯定的.

Franken 等人(1961)成功进行了光学二次谐波的首次实验[2].他们利用一束波长为 694.2 nm 的红宝石激光穿过石英晶体,观察到由该晶体发出的波长为 347.1 nm 的倍频相干光.这标志着非线性光学的真正诞生.当然,非线性光学现象的出现还可追溯到更早,但只是从这时起,非线性光学才迅速发展成一门学科.

此后不久,光学和频与受激拉曼效应相继出现,与光学二次谐波一起并列为早期发现的三种基本的非线性光学效应.光学和频是 Bass 等人(1962)在 TGS(三甘氨酸硫酸盐)晶体中观察到的[3].他们用两台波长间隔为 1 nm 的红宝石激光器提供两束波长不同的入射光.在晶体中相互作用后,由晶体输出的光束经光谱分析后在波长为 347 nm 附近有三条谱线,其中两条边线分别是波长不同的两束红宝石激光的倍频光,而中间一条是它们的和频.同年,Woodbury 和 Ng 两人在研究用甲苯克尔盒作为红宝石激光的 Q 开关时,在激光器的输出端同时也检测到红外光输出[4],它的频率相对红宝石激光下移了 1345 cm^{-1},频移量正好等于甲苯的最强拉曼模的振动频率.后来,该红外光被 Woodbury 和 Eckardt 确认为甲苯的受激拉曼散射[5].

光学参量放大和振荡为 Giordmaine 和 Miller(1965)所实现[6].这是一种非常重要而为后人研究、应用得很多的非线性光学效应,利用它可以实现激光输出波长的宽范围调谐,特别是红外波段的调谐.

既然拉曼散射当入射光增强到一定程度时可以由自发转变成受激散射,那么其他光散射应该同样可以实现这种转变.确实如此,与声波激发有关的受激布里渊散射[7]、与熵波激发有关的受激瑞利(Rayleigh)散射[8]、与分子取向激发有关的受激瑞利翼(Rayleigh-wing)散射[9]等其他受激光散射效应不久也都相继发现了.以受激拉曼散射为代表的受激光散射的出现,不仅为扩展激光波长的可调谐范围提供了新原理,也为研究物质能谱提供了灵敏度比原先高得多的探测方法.

随着上述几种基本非线性光学效应的发现,以介质非线性极化和耦合波方程为基础的非线性光学理论在 20 世纪 60 年代中期也已基本建立.Bloembergen 和他的学生作出了主要贡献[1,10].

随着研究工作的扩展,一系列三阶非线性光学效应也相继发现.只要光强足够强,这些效应几乎存在于所有介质中,包括各向同性介质.

Askaryan(1962)首先提出由于折射率随光强变化而使激光束在传播中出现自聚焦的可能性[11].这种现象后来被证实.Hercher(1964)在一束功率为几兆瓦的调 Q 激光束通过固体时,观察到排成许多条线的一系列损伤斑点,斑点的直径只有几微米[12].不久,Chiao 等人(1964)提出了自陷模型以解释该现象[13],亦即认为这些损伤斑痕是由于激光束在介质中自陷成一系列强度很高的细丝造成的.此后,这些损伤斑痕被沈元壤认为是随时间变化的自聚焦造成的,而在这个过程中自聚焦的焦点是在运动的[14].这样一个自聚焦的模型也被用来成功地解释了当时难以解释的受激拉曼散射存在一个非常尖锐的阈值的现象,亦即认为在受激拉曼散射产生之前先产生了自聚焦.

20 世纪 70 年代初,光克尔效应得到实验证实[15],亦即观察到由于折射率随光强变化的各向异性所造成的光场在介质中感生的双折射现象.

吉布斯(Gibbs)(1976)利用非线性标准具首次观察到由于折射率随光强变化产生的光学双稳效应,从而开始了对光学双稳这一无论从物理上还是应用上都十分重要的非线性光学分支的研究[16].

四波混频作为一种重要的三阶非线性光学效应,自 20 世纪 70 年代以来也日益引起人们的注意. 这是一种广泛存在的效应,当三束频率相同或不同的激光束作用于介质时,在相位匹配条件下可以产生频率为入射光频率各种和差组合的激光束[17]. 相干反斯托克斯拉曼散射(coherent anti-Stokes Raman scattering, CARS)是其中典型的一种[17,18]. 四波混频研究的重要成果之一是 20 世纪 70 年代前期和后期先后由 Stepanov 等人以及 Hellwarth 和 Yariv 等人提出的简并四波混频的出现[19,20]. 在此,三束入射激光束的频率都相同,而且其中两束相向传播于介质中,所产生的第四束光的频率也相同,而且在第三束光传播的相反方向输出. 简并四波混频的最重要特性是输出的第四束光是入射的第三束光的相位共轭反射光. 作为产生相位共轭光的主要方法之一, 简并四波混频的提出, 开拓了非线性光学相位共轭这个重要的研究领域[21].

各种相干瞬态光学效应作为非线性光学的另一大类,也在 20 世纪 60 年代和 70 年代初相继提出并实现[22]. 这些效应实际上是微波磁共振中出现的各种相干瞬态效应在光波波段的重现. Tang 和他的同事(1969)首先预言并观察到光学章动[23,24]. Brewer 和 Shoemaker(1972)观察到自由感应衰减[25]. Hartmann 等人(1964)预言和观察到光子回波[26]. McCall 和 Hahn(1967)发现了光学自感应透明[27]. 后来,本书作者和沈元壤论证了各种相干瞬态光学效应均可看做瞬态四波混频在不同情况下的相干输出,从而将相干瞬态光学效应与四波混频在理论上统一了起来,并将存在该效应的物质体系由二能级系统扩展到多能级和简并能级系统[28]. 观察和研究相干瞬态光学效应,原先需要利用相干光的超短光脉冲,后来发展了所谓非相干光时延四波混频[29]，使之又可以利用相干性极差的长脉冲激光或连续激光进行.

随着各种非线性光学效应的陆续发现，20 世纪 70 年代以来利用这些效应的应用研究也广泛开展，主要有以下一些方面：

首先是用来扩展激光波长的范围和发展各种波段的频率连续可调谐技术.例如，通过差频产生红外激光；通过参量振荡产生可调谐红外激光；通过倍频、和频、多倍频获得紫外激光；在气体和原子蒸汽中研究通过受激拉曼散射、四波混频及各种参量过程，获得可调谐的紫外和真空紫外激光，等等.

其次是发展非线性光学相位共轭技术及应用[21,30].例如，通过简并四波混频或受激布里渊散射产生相位共轭波，并用以恢复畸变图像，改善激光束质量等.随着对光折变效应的深入研究，又发展了各种自泵浦相位共轭和互泵浦相位共轭技术[31,32].

以光计算和光电子技术为应用背景，出现了各种产生光学双稳的方案和装置，光学双稳特性和光开关的研究得以发展.值得特别提出的是，光学双稳和非稳为研究自然界普遍存在的、包括混沌在内的非线性系统中的动力学行为提供了可行的实验方法.

这个时期还发展了各种用来研究光谱和物质微观性质的非线性光学方法.例如，饱和吸收光谱，双光子光谱，相干瞬态光谱，四波混频光谱以及利用光学二次谐波探测表面、界面和表面吸附特性，等等.

非线性光学作为光电子学及未来光子学和光子技术的基础，其重要性也日益明显.基于这一认识，20 世纪 80 年代中期以来，非线性光学的研究和发展有着以下特点.

(1) 和材料研究紧密结合.就二阶非线性光学效应而言，为了探索高效倍频晶体，在 20 世纪 70～80 年代，陈创天提出并论证了阴离子基团模型理论[33～35]，亦即认为晶体二阶非线性系数的主要贡献者是分子中的阴离子基团.在此基础上人们进行了大量理论和实验探索，发展了多种高效的紫外和真空紫外非线性晶体，例如

KTP(磷酸钛氧钾),BBO(β-偏硼酸钡),LBO(三硼酸锂)等,使人们可以在真空紫外获得足够强的激光;同时也在探索红外非线性光学晶体.就三阶非线性光学效应而言,主要是探索非线性系数大和响应快的材料,并研究这些材料的特殊机制和各种非线性光学效应的特性.

这个时期研究的材料除晶体外,主要有两大类:一类是具有多量子阱结构的半导体超晶格材料[36].由于量子限域效应的影响,这类材料可以满足非线性系数大而响应快的要求,不仅有二维超晶格,也发展了量子线和量子点材料;且可同时具有好的二阶和三阶非线性光学响应.另一类是有机聚合物材料[37].这类材料由于具有大 π 键的电子云分布,容易获得大的非线性系数和快的非线性响应;同时又具有易于合成、分子剪裁和组装、成膜等优点.此外,这类材料激发态的吸收截面一般比基态大,所以具有一些特殊的非线性效应(例如反饱和吸收)等.

进入 20 世纪 90 年代,对光折变效应及光折变非线性光学的研究十分活跃[32].这种效应和三阶非线性光学效应不同,不是直接通过光感生非线性极化而引起折射率随光强改变,而是通过载流子的激发、运动和复合,加上电光效应而使折射率发生改变.由于它的特殊机制,所以对弱光(几十毫瓦的连续激光)就很敏感.光折变效应的研究开拓了弱光非线性光学这个特殊的研究领域.也由于光折变非线性光学的特殊机制,它有着不少特殊的效应.例如自泵浦相位共轭效应,它不同于四波混频,为产生一束激光的相位共轭反射光,并不需要外加另外两束入射光作泵浦光.光折变效应的研究也和材料研究紧密结合.为提高光折变灵敏度和响应时间,各种掺杂的光折变晶体,如掺钴、掺铈、掺铑的钛酸钡,掺铁的 KTN(钽铌酸钾)以及 KNSBN(钾钠铌酸锶钡)等,都已研制成功.有机光折变材料的研究也在深入.

(2) 发展薄膜、光纤和光波导中非线性光学特性的研究.这是和光子及光电子器件的小型化与集成化密切相关的.有机聚合物非线性光学材料的出现，进一步活跃了此领域的研究工作.

(3) 和超快过程研究密切结合，一方面，发展超短脉冲光作用下的非线性光学；另一方面，发展用于对物质中各种超快过程进行研究的非线性光学方法.

§1.4 非线性介质中的波动方程

光波是电磁波. 光与物质的作用不论是线性的或非线性的，都应遵循以下的麦克斯韦(Maxwell)方程(国际单位制)：

$$\nabla \cdot \boldsymbol{D} = \rho, \tag{1.24}$$

$$\nabla \cdot \boldsymbol{B} = 0, \tag{1.25}$$

$$\nabla \times \boldsymbol{H} = \boldsymbol{j} + \frac{\partial \boldsymbol{D}}{\partial t}, \tag{1.26}$$

$$\nabla \times \boldsymbol{E} = -\frac{\partial \boldsymbol{B}}{\partial t}, \tag{1.27}$$

其中 $\boldsymbol{E}, \boldsymbol{D}, \boldsymbol{H}, \boldsymbol{B}$ 分别是电场矢量、电位移矢量、磁场矢量、磁感应矢量. 在非导电和没有自由电荷的介质中，电流密度 $\boldsymbol{j}=\boldsymbol{0}$，电荷密度 $\rho=0$. 在非磁性介质中还有以下构造关系：

$$\boldsymbol{B} = \mu_0 \boldsymbol{H}, \tag{1.28}$$

$$\boldsymbol{D} = \varepsilon_0 \boldsymbol{E} + \boldsymbol{P}, \tag{1.29}$$

其中 $\boldsymbol{P}$ 为介质的极化强度，ε_0 为真空介电常数，μ_0 为真空磁导率.

极化强度 $\boldsymbol{P}$ 可写成线性极化强度 $\boldsymbol{P}_{\mathrm{L}}$ 与非线性极化强度 $\boldsymbol{P}_{\mathrm{NL}}$ 之和：

$$\boldsymbol{P} = \boldsymbol{P}_{\mathrm{L}} + \boldsymbol{P}_{\mathrm{NL}}, \tag{1.30}$$

从而 $\boldsymbol{D}$ 可表示为

$$\boldsymbol{D} = \boldsymbol{D}_{\mathrm{L}} + \boldsymbol{P}_{\mathrm{NL}}, \tag{1.31}$$

其中

$$\boldsymbol{D}_{\mathrm{L}} = \varepsilon_0 \boldsymbol{E} + \boldsymbol{P}_{\mathrm{L}} \tag{1.32}$$

是只考虑线性极化时的电位移矢量.

于是，在非磁、非导电和无自由电荷的介质中，利用式(1.31)，并假定光波是平面波且为横电波(此时$\nabla\cdot\boldsymbol{E}=0$),则麦克斯韦方程组(1.24)~(1.27)可演化为以下波动方程(这里用到矢量恒等式$\nabla\times\nabla\times\mathbf{A}=-\nabla^2\mathbf{A}+\nabla\cdot\mathbf{A}$):

$$\nabla^2\boldsymbol{E}-\mu_0\frac{\partial^2\boldsymbol{D}_{\mathrm{L}}}{\partial t^2}=\mu_0\frac{\partial^2\boldsymbol{P}_{\mathrm{NL}}}{\partial t^2}. \tag{1.33}$$

该方程描述任意一个光场在非线性介质中的传播规律,因此也是处理各种非线性光学问题的最基本方程.

当$\boldsymbol{P}_{\mathrm{NL}}=\mathbf{0}$时,方程(1.33)是在线性光学中常见的波动方程.因此,非线性极化$\boldsymbol{P}_{\mathrm{NL}}$可看做是产生新光场的一个源头.

参考文献

[1] Bloembergen N. Nonlinear optics. NY: Benjamin, 1965.
[2] Franken P A, Hill C W, et al. Phys. Rev. Lett., 1961, 7: 118.
[3] Bass M, Franken P A, et al. Phys. Rev. Lett.,, 1962, 8: 18.
[4] Woodbury E J, Ng W K. Proc. IRE. 1962, 50: 2347.
[5] Eckardt G, et al. Phys. Rev. Lett., 1962, 9: 455.
[6] Giordmaine J A, Miller R C. Phys. Rev. Lett., 1965, 14: 973.
[7] Chiao R Y, Townes C H, Stoicheff B P. Phys. Rev. Lett., 1964, 12: 592.
[8] Zaitsev G I, Kyzylasov Y I, et al. JETP Lett., 1967, 6: 255.
[9] Mash D I, Morozov V V, et al. JETP Lett., 1965, 2: 25.
[10] Shen Y R. The principles of nonlinear optics. NY: Wiley, 1984.
[11] Askaryan G A. Sov. Phys. JETP, 1962, 15: 1088,1161.
[12] Hercher M. J. Opt. Soc. Am., 1964, 54: 563.
[13] Chiao R Y, et al. Phys. Rev. Lett., 1964, 13: 479.
[14] Loy M M T, Shen Y R. IEEE Quant. Electr., 1973, 9: 409.
[15] Wong G K L, Shen Y R. Phys. Rev. A, 1974, 10: 1277.
[16] Gibbs H M, Mscall S L, Venkatesan T N C. Phys. Rev. Lett., 1976, 36: 1135.
[17] Maker P D, Terhune R W. Phys. Rev. A, 1965, 137: 801.
[18] Wynne J J. Phys. Rev. B, 1972, 6: 534.

[19] Stepanov B I, Ivakin E V. et al. Sov. Phys. Doklady, 1971, 16: 46.
[20] Yariv A, Pepper D M. Opt. Lett., 1977, 1: 16.
[21] Fisher R A. ed. Optical phase conjugation. NY: Academic, 1983.
[22] Allen L, Eberly J H. Optical resonance and two-level atoms. NY: Wiley, 1975.
[23] Tang C L, Statz H. Appl. Phys. Lett., 1968, 10: 145.
[24] Hocker G B, Tang C L. Phys. Rev. Lett., 1969, 21: 591.
[25] Brewer R G, Shoemaker R L. Phys. Rev. Lett., 1971, 27: 631.
[26] Kurnit N A, Abella I D, Hartmann S R. Phys. Rev. Lett., 1964, 13: 567.
[27] McCall S L, Hahn E L. Phys. Rev. Lett., 1967, 18: 908.
[28] Ye Peixian, Shen Y R. Phys. Rev. A, 1982, 25: 2183.
[29] Morita N, Yajima T. Phys. Rev. A, 1984, 30: 2525.
[30] Zel'dovich B Y, Pilipetsky N F, Shkunov V V. Principles of phase conjugation. Berlin: Springer-Verlag, 1985.
[31] Feinberg J. J. Opt. Lett., 1982, 7: 486.
[32] Yeh P. Introduction to photorefractive nonlinear optics. NY: John Wiley & Sons, 1993.
[33] 陈创天. 物理学报, 1975, 26: 486.
[34] 陈创天. 物理学报, 1981, 30: 715.
[35] Chen C T. Sci. Sin., 1979, 22: 756.
[36] Gibbs H M, Tarng S S. et al. Appl. Phys. Lett., 1982, 41: 221.
[37] Nalwa H S, Miyata S. ed. Nonlinear optics of organic molecules and polymers. Boca Rotor, FL: CRC, 1997.

第二章 非线性光学的宏观架构

§2.1 引 言

非线性光学现象广泛存在于气体、液体、固体、液晶、聚合物、等离子体等不同的介质中. 不同介质中的非线性光学效应有其共性和特殊性两个方面: 就共性方面而言,各种不同介质所产生的非线性光学效应都可进行统一的宏观描述. 这包括非线性极化及其特性的统一描述,利用含有非线性极化的波动方程去统一描述和分析各种非线性光学效应,等等. 就特殊性而言,非线性光学效应的产生,特别是非线性极化的产生,对不同介质有不同的微观过程和机制.

本章将首先讨论在不涉及介质微观过程和机制的情况下,如何从宏观方面对非线性极化的产生、表示方式及其特性作统一的描述[1,2].

在第一章中,我们曾经用式(1.18)表示光场作用下介质的极化. 但这种表示无疑过于简化,没有考虑介质对不同的光波频率有不同的响应;也没有考虑光波电场是一个矢量,介质响应还具有偏振特性. 因此,应作出必要修正.

在上述讨论的基础上,本章还将利用含有非线性极化的波动方程,导出用以讨论诸多非线性光学效应,特别是用以讨论光波之间相互作用的所谓耦合波方程.

§2.2 介质对光场的非线性响应

光场 E 作用于介质,会产生介质的电极化强度 P. 在线性光学

范畴，认为 $P\propto E$. 考虑非线性作用后，P 一般应表示为

$$P=\varepsilon_0[\chi^{(1)}E+\chi^{(2)}E^2+\chi^{(3)}E^3+\cdots+\chi^{(n)}E^n+\cdots]. \tag{2.1}$$

在此，为简单起见，已先假定 E,P 及各阶极化率 $\chi^{(i)}(i=1,2,3,\cdots)$ 均为标量.

事实上，介质对光场的极化响应会持续一段时间，亦即存在所谓弛豫过程. 因此，式(2.1)应在计及介质响应的时间积累后作相应修改. 换言之，任意时刻 τ 的光场 $E(\tau)$ 均会对某一给定时刻 t 的极化有所影响，而某一时刻 t 的极化强度 $P(t)$ 应是所有时刻的光场引起的极化响应经适当弛豫后积累起来的结果[1].

线性极化

当只考虑线性响应时，如果 τ 时刻的光场 $E(\tau)$ 在时间间隔 $d\tau$ 内对 t 时刻极化的贡献为 $\varepsilon_0 Q^{(1)}(t,\tau)E(\tau)d\tau$，则 t 时刻介质的极化强度为

$$P^{(1)}(t)=\varepsilon_0\int_{-\infty}^{+\infty}Q^{(1)}(t,\tau)E(\tau)d\tau, \tag{2.2}$$

其中 $Q^{(1)}(t,\tau)$ 称为介质响应函数.

时间不变性原理

在进一步导出极化强度与光波电场关系的正确表示时，要用到所谓时间不变性原理[1]. 在只考虑线性响应时，该原理表述为：τ 时刻的光场对 t 时刻介质极化强度的影响，等于 $\tau+T_0$ 时刻的同样大小的光场对 $t+T_0$ 时刻介质极化强度的影响，其中 T_0 是任意时间间隔；其数学表达式为

$$Q^{(1)}(t+T_0,\tau+T_0)=Q^{(1)}(t,\tau). \tag{2.3}$$

注意到

$$(t+T_0)-(\tau+T_0)=t-\tau,$$

即可知式(2.3)表明介质响应函数 $Q^{(1)}(t,\tau)$ 只与时间间隔 $T=t-\tau$ 有关，故可令

$$Q^{(1)}(t,\tau)=R^{(1)}(T), \tag{2.4}$$

从而式(2.2)可写成

$$P^{(1)}(t)=\varepsilon_0\int_{-\infty}^{+\infty}R^{(1)}(T)E(t-T)\mathrm{d}T. \tag{2.5}$$

作为时间函数的光场 $E(t)$，可以通过傅里叶(Fourier)积分展开成为各种频率成分的光场 $E(\omega)$ 的叠加：

$$E(t)=\frac{1}{2}\int_{-\infty}^{+\infty}\mathrm{d}\omega E(\omega), \tag{2.6}$$

其中 $E(\omega)=A(\omega)\exp(-\mathrm{i}\omega t)$. 从而式(2.5)可表示为

$$P^{(1)}(t)=\varepsilon_0\frac{1}{2}\int_{-\infty}^{+\infty}\mathrm{d}\omega\left[\int_{-\infty}^{+\infty}\mathrm{d}TR^{(1)}(T)\mathrm{e}^{\mathrm{i}\omega T}\right]E(\omega). \tag{2.7}$$

令

$$\chi^{(1)}(\omega)=\int_{-\infty}^{+\infty}\mathrm{d}TR^{(1)}(T)\mathrm{e}^{\mathrm{i}\omega T}, \tag{2.8}$$

则有

$$P^{(1)}(t)=\varepsilon_0\frac{1}{2}\int_{-\infty}^{+\infty}\mathrm{d}\omega\chi^{(1)}(\omega)E(\omega) \tag{2.9}$$

或

$$P^{(1)}(t)=\frac{1}{2}\int_{-\infty}^{+\infty}\mathrm{d}\omega P^{(1)}(\omega), \tag{2.10}$$

其中

$$P^{(1)}(\omega)=\varepsilon_0\chi^{(1)}(\omega)E(\omega). \tag{2.11}$$

二阶极化

τ_1 时刻的光场 $E(\tau_1)$ 与 τ_2 时刻的光场 $E(\tau_2)$ 联合作用，在 t 时刻产生的二阶极化响应正比于 $E(\tau_1)E(\tau_2)$. 若用 $\varepsilon_0 Q^{(2)}(t,\tau_1,\tau_2)E(\tau_1)\cdot E(\tau_2)$ 表示该响应($Q^{(2)}(t,\tau_1,\tau_2)$ 为相应的介质响应函数)，则考虑时间积累后，t 时刻由光场产生的二阶极化强度 $P^{(2)}(t)$ 应表示为

$$P^{(2)}(t)=\varepsilon_0\int_{-\infty}^{+\infty}\int_{-\infty}^{+\infty}Q^{(2)}(t,\tau_1,\tau_2)E(\tau_1)E(\tau_2)\mathrm{d}\tau_1\mathrm{d}\tau_2. \tag{2.12}$$

这里,时间不变性原理应表述为:τ_1 时刻的光场与 τ_2 时刻的光场联合作用对 t 时刻介质的二阶极化强度的影响,等于 τ_1+T_0 和 τ_2+T_0 两时刻分别与之相等的光场联合作用对 $t+T_0$ 时刻介质的二阶极化强度的影响,其中 T_0 为任意时间间隔;亦即

$$Q^{(1)}(t+T_0,\tau_1+T_0,\tau_2+T_0)=Q^{(1)}(t,\tau_1,\tau_2). \tag{2.13}$$

换言之,介质响应函数 $Q^{(2)}(t,\tau_1,\tau_2)$ 只与时间间隔 $T_1=t-\tau_1$ 及 $T_2=t-\tau_2$ 有关,故又可表示为

$$Q^{(2)}(t,\tau_1,\tau_2)=R^{(2)}(T_1,T_2). \tag{2.14}$$

于是,式(2.12)变成

$$P^{(2)}(t)=\varepsilon_0\int_{-\infty}^{+\infty}\int_{-\infty}^{+\infty}R^{(2)}(T_1,T_2)E(t-T_1)E(t-T_2)\mathrm{d}T_1\mathrm{d}T_2. \tag{2.15}$$

利用式(2.6),上式又可改写为频域的积分:

$$P^{(2)}(t)=\varepsilon_0\frac{1}{2}\int_{-\infty}^{+\infty}\int_{-\infty}^{+\infty}\mathrm{d}\omega_1\mathrm{d}\omega_2\chi^{(2)}[-(\omega_1+\omega_2),\omega_1,\omega_2]\cdot E(\omega_1)E(\omega_2), \tag{2.16}$$

其中 $E(\omega_j)=A(\omega_j)\exp(-\mathrm{i}\omega_j t)(j=1,2)$,而

$$\chi^{(2)}[-(\omega_1+\omega_2),\omega_1,\omega_2]=\frac{1}{2}\int_{-\infty}^{+\infty}\int_{-\infty}^{+\infty}\mathrm{d}T_1\mathrm{d}T_2\cdot R^{(2)}(T_1,T_2)\mathrm{e}^{\mathrm{i}\omega_1 T_1}\mathrm{e}^{\mathrm{i}\omega_2 T_2}. \tag{2.17}$$

利用 δ 函数的定义,可知

$$\chi^{(2)}[-(\omega_1+\omega_2),\omega_1,\omega_2]=\int_{-\infty}^{+\infty}\mathrm{d}\omega\,\delta(\omega-\omega_1-\omega_2)\chi^{(2)}(-\omega,\omega_1,\omega_2). \tag{2.18}$$

将上式代入式(2.16),得到

$$P^{(2)}(t)=\frac{1}{2}\int_{-\infty}^{+\infty}\mathrm{d}\omega P^{(2)}(\omega), \tag{2.19}$$

其中

$$P^{(2)}(\omega)=\varepsilon_0\int_{-\infty}^{+\infty}\int_{-\infty}^{+\infty}\mathrm{d}\omega_1\mathrm{d}\omega_2\chi^{(2)}(-\omega,\omega_1,\omega_2)\cdot E(\omega_1)E(\omega_2)\delta(\omega-\omega_1-\omega_2). \tag{2.20}$$

三阶极化

用类似方法,可得

$$P^{(3)}(t)=\frac{1}{2}\int_{-\infty}^{+\infty}\mathrm{d}\omega P^{(3)}(\omega)\mathrm{e}^{-\mathrm{i}\omega t}, \tag{2.21}$$

其中

$$P^{(3)}(\omega)=\varepsilon_0\int_{-\infty}^{+\infty}\int_{-\infty}^{+\infty}\int_{-\infty}^{+\infty}\mathrm{d}\omega_1\mathrm{d}\omega_2\mathrm{d}\omega_3\chi^{(3)}(-\omega,\omega_1,\omega_2,\omega_3)\cdot E(\omega_1)E(\omega_2)E(\omega_3)\delta(\omega-\omega_1-\omega_2-\omega_3), \tag{2.22}$$

而

$$\chi^{(3)}[-(\omega_1+\omega_2+\omega_3),\omega_1,\omega_2,\omega_3]=\frac{1}{4}\int_{-\infty}^{+\infty}\int_{-\infty}^{+\infty}\int_{-\infty}^{+\infty}\mathrm{d}T_1\mathrm{d}T_2\mathrm{d}T_3R^{(3)}(T_1,T_2,T_3)\mathrm{e}^{\mathrm{i}\omega_1T_1}\mathrm{e}^{\mathrm{i}\omega_2T_2}\mathrm{e}^{\mathrm{i}\omega_3T_3}. \tag{2.23}$$

§ 2.3 非线性极化的宏观表示

§2.2 的分析是基于光场具有连续频谱.但实际上在非线性光学中的光源都是可看做单色光的激光.这时非线性极化的表示又应作相应改变.

现在设光场 E 由一系列频率为 $\omega_1,\omega_2,\cdots,\omega_N$ 的单色光组成,则 E 可表示为

$$E=\sum_i\left[\frac{1}{2}A_i\mathrm{e}^{-\mathrm{i}(\omega_it-\boldsymbol{k}_i\cdot\boldsymbol{r})}+\frac{1}{2}A_i^*\mathrm{e}^{\mathrm{i}(\omega_it-\boldsymbol{k}_i\cdot\boldsymbol{r})}\right], \tag{2.24}$$

其中 A_i 和 $\boldsymbol{k}_i$ 分别是频率为 ω_i 的光波的复振幅和波矢($i=1,2,\cdots,$

N).若令

$$E(\omega_i) = A_i \mathrm{e}^{-\mathrm{i}(\omega_i t - \boldsymbol{k}_i \cdot \boldsymbol{r})} \tag{2.25}$$

及

$$E(-\omega_i) = E^*(\omega_i), \tag{2.26}$$

则式(2.24)表示为

$$E = \frac{1}{2}\sum_i [E(\omega_i) + E(-\omega_i)], \tag{2.27}$$

其中求和号中的 ω_i 取遍 $\omega_1, \omega_2, \cdots, \omega_N$(均为正值).

如果我们人为引进"负频率"概念,则光场 E 亦可表示为

$$E = \frac{1}{2}\sum_i E(\omega_i). \tag{2.28}$$

现在求和号中的 ω_i 应取遍 $\omega_1, \omega_2, \cdots, \omega_N$ 的正值及负值(总共有 $2N$ 个取值);而且,当取负值时的电场是取正值时的复数共轭(见式(2.26)).

由上述光波电场 E 作用于介质所引起的极化强度 P 无疑也由一系列单色频率成分组成,相当于一系列频率不同的振荡电偶极矩,亦即 P 可表示为

$$P = \frac{1}{2}\sum_\omega [P(\omega) + P(-\omega)], \tag{2.29}$$

其中 $P(\omega)$ 含振荡因子 $\exp(-\mathrm{i}\omega t)$,而

$$P(-\omega) = P^*(\omega). \tag{2.30}$$

式(2.29)中的求和号是对所有真实的频率求和,亦即 ω 只取正值.同样,也可将 P 表示为

$$P = \frac{1}{2}\sum_\omega P(\omega). \tag{2.31}$$

但现在求和时 ω 既取正值(真实频率),也取它的负值,而取负值时的 $P(\omega)$ 为取正值时的复数共轭.

以后,如不特别声明,本书将用式(2.28)和(2.31)表示 E 和 P.

类比§2.2所得的结果,容易写出在一系列单色光组成的光场作用下非线性极化的表达式. 例如:

(1) **二阶极化**表示为

$$P^{(2)}(\omega) = \sum_{m,n} \varepsilon_0 \chi^{(2)}(-\omega, \omega_m, \omega_n) E(\omega_m) E(\omega_n), \quad (2.32)$$

其中求和号中的 ω_m 和 ω_n 取遍光场中所有单色光频率(包括正值和负值). 但若 $-\omega+\omega_m+\omega_n \neq 0$,则

$$\chi^{(2)}(-\omega, \omega_m, \omega_n) = 0.$$

$\chi^{(2)}(-\omega, \omega_m, \omega_n)$ 称为二阶非线性极化率,一般而言是作用光波诸频率及所产生的介质极化频率的函数.

当 $\omega_m=\omega_n$ 时, $\omega=2\omega_m$,式(2.32)给出的是倍频极化强度;当 ω_m, ω_n 均取正值时, $\omega=\omega_m+\omega_n$,式(2.32)给出的是和频极化强度;当 ω_m, ω_n 分别取正、负值时, $\omega=\omega_m-|\omega_n|$,式(2.32)给出的是差频极化强度.

(2) **三阶极化**表示为

$$P^{(3)}(\omega) = \sum_{m,n,q} \varepsilon_0 \chi^{(3)}(-\omega, \omega_m, \omega_n, \omega_q) E(\omega_m) E(\omega_n) E(\omega_q), \quad (2.33)$$

其中求和号中的 ω_m, ω_n 和 ω_q 取遍光场中所有单色光频率(包括正值和负值). 但若 $-\omega+\omega_m+\omega_n+\omega_q \neq 0$,则

$$\chi^{(3)}(-\omega, \omega_m, \omega_n, \omega_q) = 0.$$

$\chi^{(3)}(-\omega, \omega_m, \omega_n, \omega_q)$ 称为三阶非线性极化率,一般而言也是作用光波诸频率及所产生的介质极化频率的函数.

随着 ω_m, ω_n 和 ω_q 分别取正值或负值, ω 是这些频率的不同的和差组合,而式(2.33)则为相应频率的极化强度.

在以上的讨论中,均将光场 $E(\omega_m)$ 和极化强度 $P^{(n)}(\omega)$ 视为标量. 事实上它们均为矢量,应分别表示为 $\boldsymbol{E}(\omega_m)$ 和 $\boldsymbol{P}^{(n)}(\omega)$. 考虑到介质的各向异性,光场在某一坐标轴(例如 x 轴)上的分量不仅影响介质在该坐标轴方向的极化强度,而且也可能影响在另一坐标轴(例如 y,z 轴)方向的极化强度. 因此,极化强度表达式应作如下相应修改:

(1) **线性极化**表示为

$$P_i^{(1)}(\omega) = \sum_j \varepsilon_0 \chi_{ij}^{(1)}(\omega) E_j(\omega) \quad (i,j = 1,2,3), \tag{2.34}$$

其中 $E_1(\omega), E_2(\omega), E_3(\omega)$ 和 $P_1^{(1)}(\omega), P_2^{(1)}(\omega), P_3^{(1)}(\omega)$ 分别是 $\boldsymbol{E}(\omega)$ 和 $\boldsymbol{P}^{(1)}(\omega)$ 在 x, y, z 轴上的分量.

定义张量 $\boldsymbol{\chi}^{(1)}(\omega)$ 为

$$\boldsymbol{\chi}^{(1)}(\omega) = \sum_{i,j} \chi_{ij}^{(1)}(\omega) \boldsymbol{a}_i \boldsymbol{a}_j, \tag{2.35}$$

其中 $\boldsymbol{a}_1, \boldsymbol{a}_2, \boldsymbol{a}_3$ 分别为 x, y, z 轴的单位矢量. 于是,式(2.34)也可表示为

$$\boldsymbol{P}(\omega) = \varepsilon_0 \boldsymbol{\chi}^{(1)}(\omega) \cdot \boldsymbol{E}(\omega). \tag{2.36}$$

$\boldsymbol{\chi}^{(1)}(\omega)$ 称为线性极化率张量,有 9 个张量元: $\chi_{11}^{(1)}(\omega), \chi_{12}^{(1)}(\omega), \chi_{13}^{(1)}(\omega), \cdots$. 它们可以排成 3×3 的矩阵:

$$\boldsymbol{\chi}^{(1)}(\omega) = \begin{pmatrix} \chi_{11}^{(1)}(\omega) & \chi_{12}^{(1)}(\omega) & \chi_{13}^{(1)}(\omega) \\ \chi_{21}^{(1)}(\omega) & \chi_{22}^{(1)}(\omega) & \chi_{23}^{(1)}(\omega) \\ \chi_{31}^{(1)}(\omega) & \chi_{32}^{(1)}(\omega) & \chi_{33}^{(1)}(\omega) \end{pmatrix}. \tag{2.37}$$

(2) **二阶极化**表示为

$$P_i^{(2)}(\omega) = \sum_{j,k} \sum_{m,n} \varepsilon_0 \chi_{ijk}^{(2)}(-\omega, \omega_m, \omega_n) E_j(\omega_m) E_k(\omega_n) \quad (i,j,k = 1,2,3), \tag{2.38}$$

其中 $P_i^{(2)}(\omega)$ 分别表示频率为 ω 的二阶极化强度 $\boldsymbol{P}^{(2)}(\omega)$ 的 x, y, z 分量, ω_m 和 ω_n 则取遍光场中所有单色光的频率(包括正值和负值). 但若 $-\omega + \omega_m + \omega_n \neq 0$, 则 $\chi_{ijk}^{(2)}(-\omega, \omega_m, \omega_n) = 0$.

定义张量 $\boldsymbol{\chi}^{(2)}(-\omega, \omega_m, \omega_n)$ 为

$$\boldsymbol{\chi}^{(2)}(-\omega, \omega_m, \omega_n) = \sum_{i,j,k} \chi_{ijk}^{(2)}(-\omega, \omega_m, \omega_n) \boldsymbol{a}_i \boldsymbol{a}_j \boldsymbol{a}_k, \tag{2.39}$$

则式(2.38)也可用矢量表示为

$$\boldsymbol{P}^{(2)}(\omega) = \sum_{m,n} \varepsilon_0 \boldsymbol{\chi}^{(2)}(-\omega, \omega_m, \omega_n) : \boldsymbol{E}(\omega_m) \boldsymbol{E}(\omega_n). \tag{2.40}$$

$\boldsymbol{\chi}^{(2)}(-\omega, \omega_m, \omega_n)$ 称为二阶极化率张量,张量元 $\chi_{ijk}^{(2)}(-\omega, \omega_m, \omega_n)$ 有

27 个.

(3) **三阶极化**表示为

$$P_i^{(3)}(\omega)=\sum_{j,k,l}\sum_{m,n,q}\varepsilon_0\chi_{ijkl}^{(3)}(-\omega,\omega_m,\omega_n,\omega_q)$$
$$\cdot E_j(\omega_m)E_k(\omega_n)E_l(\omega_q)\quad(i,j,k,l=1,2,3),\quad(2.41)$$

其中 $P_i^{(3)}(\omega)$ 为三阶极化强度 $\boldsymbol{P}^{(3)}(\omega)$ 的 x,y,z 分量. 同样,当 $-\omega+\omega_m+\omega_n+\omega_q\neq0$ 时,$\chi_{ijkl}^{(3)}(-\omega,\omega_m,\omega_n,\omega_q)=0$.

定义三阶极化率张量 $\boldsymbol{\chi}^{(3)}(-\omega,\omega_m,\omega_n,\omega_q)$ 为

$$\boldsymbol{\chi}^{(3)}(-\omega,\omega_m,\omega_n,\omega_q)=\sum_{i,j,k,l}\chi_{ijkl}^{(3)}(-\omega,\omega_m,\omega_n,\omega_q)\boldsymbol{a}_i\boldsymbol{a}_j\boldsymbol{a}_k\boldsymbol{a}_l,\quad(2.42)$$

则式(2.41)也可表示为

$$\boldsymbol{P}^{(3)}(\omega)=\sum_{m,n,q}\varepsilon_0\boldsymbol{\chi}^{(3)}(-\omega,\omega_m,\omega_n,\omega_q)\,\vdots\,\boldsymbol{E}(\omega_m)\boldsymbol{E}(\omega_n)\boldsymbol{E}(\omega_q).\quad(2.43)$$

这样的表示方式可推广到任意阶非线性极化.

§2.4　非线性极化率张量的对称性

本节讨论的是非线性极化率张量中各个张量元之间的关系. 设 $\boldsymbol{\chi}^{(n)}(-\omega,\omega_1,\omega_2,\omega_3,\cdots,\omega_n)$ 是任一 n 阶极化率张量,它的一系列张量元为 $\chi_{\alpha\alpha_1\alpha_2\cdots\alpha_n}^{(n)}(-\omega,\omega_1,\omega_2,\omega_3,\cdots,\omega_n)$,其中 $\alpha,\alpha_1,\alpha_2,\cdots,\alpha_n=1,2,3$. 这些张量元之间有以下一些普遍适用的所谓对称关系:

(1) **置换对称性**. 张量元之间存在关系:

$$\chi_{\alpha\alpha_1\cdots\alpha_i\cdots\alpha_j\cdots\alpha_n}^{(n)}(-\omega,\omega_1,\cdots,\omega_i,\cdots,\omega_j,\cdots,\omega_n)$$
$$=\chi_{\alpha\alpha_1\cdots\alpha_j\cdots\alpha_i\cdots\alpha_n}^{(n)}(-\omega,\omega_1,\cdots,\omega_j,\cdots,\omega_i,\cdots,\omega_n);\quad(2.44)$$

亦即若频率 $-\omega$ 和下角标 α 所处位置不变. 令频率 ω_i 与频率 ω_j 互换,同时下角标 α_i 与 α_j 互换,所对应的张量元相等,其中 $i,j=1,2,\cdots,n$. 例如:

$$\chi_{ijk}^{(2)}(-\omega,\omega_m,\omega_n)=\chi_{ikj}^{(2)}(-\omega,\omega_n,\omega_m) \tag{2.45}$$

和

$$\begin{aligned}\chi_{ijkl}^{(3)}(-\omega,\omega_m,\omega_n,\omega_q)&=\chi_{ikjl}^{(3)}(-\omega,\omega_n,\omega_m,\omega_q)\\&=\chi_{ijlk}^{(3)}(-\omega,\omega_m,\omega_q,\omega_n)=\chi_{ilkj}^{(3)}(-\omega,\omega_q,\omega_n,\omega_m).\end{aligned} \tag{2.46}$$

(2) **全置换对称性**. 当相互作用的光波频率远离介质的固有频率时，还存在以下关系[3]：

$$\begin{aligned}&\chi_{\alpha\alpha_1\cdots\alpha_i\cdots\alpha_n}^{(n)}(-\omega,\omega_1,\cdots,\omega_i,\cdots,\omega_n)\\&\quad=\chi_{\alpha_i\alpha_1\cdots\alpha\cdots\alpha_n}^{(n)}(\omega_i,\omega_1,\cdots,-\omega,\cdots,\omega_n);\end{aligned} \tag{2.47}$$

亦即若频率$-\omega$与频率ω_i($i=1,2,\cdots,n$)互换，与此同时下角标α与α_i互换，所对应的张量元仍相等. 例如：

$$\chi_{ijk}^{(2)}(-\omega,\omega_m,\omega_n)=\chi_{jik}^{(2)}(\omega_m,-\omega,\omega_n)=\chi_{kji}^{(2)}(\omega_n,\omega_m,-\omega) \tag{2.48}$$

和

$$\begin{aligned}\chi_{ijkl}^{(2)}(-\omega,\omega_m,\omega_n,\omega_q)&=\chi_{jikl}^{(2)}(\omega_m,-\omega,\omega_n,\omega_q)\\&=\chi_{kjil}^{(2)}(\omega_n,\omega_m,-\omega,\omega_q)=\chi_{ljki}^{(2)}(\omega_q,\omega_m,\omega_n,-\omega).\end{aligned} \tag{2.49}$$

当色散可以忽略，亦即$\boldsymbol{\chi}^{(n)}$对光波频率的依赖可忽略时，全置换对称便简化为所谓 Kleinman 对称[4]，即

$$\chi_{\alpha\alpha_1\cdots\alpha_i\cdots\alpha_n}^{(n)}=\chi_{\alpha_i\alpha_1\cdots\alpha\cdots\alpha_n}^{(n)}. \tag{2.50}$$

实际上，此时$n+1$个下角标的任意置换，所对应的张量元均相等.

(3) **时间反演对称性**. 任一张量元均具有以下特性：

$$\begin{aligned}&\chi_{\alpha\alpha_1\alpha_2\cdots\alpha_n}^{(n)*}(-\omega,\omega_1,\omega_2,\cdots,\omega_n)\\&\quad=\chi_{\alpha\alpha_1\alpha_2\cdots\alpha_n}^{(n)}(\omega,-\omega_1,-\omega_2,\cdots,-\omega_n).\end{aligned} \tag{2.51}$$

(4) **结构对称性**. 如同物质的所有物理特性一样，非线性极化率张量也一定反映该介质结构的对称性[5]. 按照群论，非线性介质按其结构，均分别属于一定种类的空间群，在这个群的所有对称操作下该介质的几何结构不变. 所谓反映介质结构的对称性，就是指非线性极化率张量在这个群的所有对称操作作用下也应保持不变. 由此即可确定属于某一类空间群的介质，其非线性极化率张量各张量元之间所存在的某种特定关系(包括有些张量

元为零)[1].

例 1 具有中心(反演)对称的介质,在光场作用下不会产生二阶和偶数阶的非线性极化,亦即其二阶和偶数阶极化率张量为零.

证明 在介质中任取一直角坐标系 $Oxyz$. 如果介质具有中心对称,这就意味着介质相对原点 O 进行反演后,其形状不变. 在光场作用下,介质的 N 阶极化强度矢量为

$$\boldsymbol{P}^{(N)}(\omega)=\sum_{m_1,m_2,\cdots,m_N}\varepsilon_0\boldsymbol{\chi}^{(N)}(-\omega,\omega_{m_1},\omega_{m_2},\cdots,\omega_{m_N})\vdots\boldsymbol{E}(\omega_{m_1})\boldsymbol{E}(\omega_{m_2})\cdots\boldsymbol{E}(\omega_{m_N}),\tag{2.52}$$

其中 $\boldsymbol{E}(\omega_{m_1}),\boldsymbol{E}(\omega_{m_2}),\cdots,\boldsymbol{E}(\omega_{m_N})$ 为 N 个频率相同或不同的光波电场矢量. 现在,进行坐标系 $Oxyz\rightarrow Ox'y'z'$ 的坐标变换,其中 $x'=-x,y'=-y,z'=-z$. 在新坐标系下,光波电场矢量和极化强度矢量将分别为

$$\boldsymbol{E}'(\omega_{m_i})=-\boldsymbol{E}(\omega_{m_i})\quad(i=1,2,\cdots,N),\quad \boldsymbol{P}'^{(N)}(\omega)=-\boldsymbol{P}^{(N)}(\omega),$$

而式(2.52)则变成

$$\boldsymbol{P}'^{(N)}(\omega)=\sum_{m_1,m_2,\cdots,m_N}\varepsilon_0\boldsymbol{\chi}^{(N)}(-\omega,\omega_{m_1},\omega_{m_2},\cdots,\omega_{m_N})\vdots\boldsymbol{E}'(\omega_{m_1})\boldsymbol{E}'(\omega_{m_2})\cdots\boldsymbol{E}'(\omega_{m_N})(-1)^{N+1}.\tag{2.53}$$

同时,由于介质具有中心(反演)对称,所以在新、老坐标系下所看到的介质形状是一样的,因而在新坐标系下亦应存在形式和式(2.52)一样的如下关系式:

$$\boldsymbol{P}'^{(N)}(\omega)=\sum_{m_1,m_2,\cdots,m_N}\varepsilon_0\boldsymbol{\chi}^{(N)}(-\omega,\omega_{m_1},\omega_{m_2},\cdots,\omega_{m_N})\vdots\boldsymbol{E}'(\omega_{m_1})\boldsymbol{E}'(\omega_{m_2})\cdots\boldsymbol{E}'(\omega_{m_N}).\tag{2.54}$$

对比式(2.53)与(2.54)可知,当 $N=2,4,\cdots$ 时,必须有 $\boldsymbol{P}'^{(N)}(\omega)=\boldsymbol{0}$,亦即此时必有

$$\boldsymbol{\chi}^{(N)}(-\omega,\omega_{m_1},\omega_{m_2},\cdots,\omega_{m_N})=\boldsymbol{0}.\tag{2.55}$$

例 2 可以证明在各向同性介质三阶极化率张量的所有张量元 $\chi_{ijkl}^{(3)}(-\omega,\omega_m,\omega_n,\omega_q)$中，不论其中的各个频率取何值，都只有$\chi_{iiii}^{(3)}$，$\chi_{iijj}^{(3)}$，$\chi_{ijij}^{(3)}$，$\chi_{ijji}^{(3)}$$(i,j=1,2,3)$不恒等于零；而且它们之间存在关系：

$$\chi_{iiii}^{(3)}=\chi_{iijj}^{(3)}+\chi_{ijij}^{(3)}+\chi_{ijji}^{(3)}. \tag{2.56}$$

总之，考虑到不同晶体(介质)的结构对称性，可以证明在其 27 个二阶极化率张量元$\chi_{ijk}^{(2)}$和 81 个三阶极化率张量元$\chi_{ijkl}^{(3)}$$(i,j,k,l=1,2,3)$中，有些可能是零，其余的也不一定都是独立的，它们之间存在一定关系. 表 2.1 和 2.2 分别列出各类不同对称性晶体(介质)中独立且不为零的二阶、三阶极化率张量元(只写出其下角标，且用坐标 x,y,z 表示).

表 2.1 常见晶体(介质)中独立且不为零的二阶极化率张量元[1]

对称类别		独立且不为零的张量元
三斜晶系	1	所有张量元均独立且不为零
单斜晶系	2	$xyz,xzy,xxy,xyx,yxx,yyy,yzz,yzx,yxz,zyz,zzy,zxy,zyx$ (二重对称轴平行于 y 轴)
	m	$xxx,xyy,xzz,xzx,xxz,yyz,yzy,yxy,yyx,zxx,zyy,zzz,zzx,zxz$ (对称面垂直于 y 轴)
正交斜方晶系	222	xyz,xzy,yzx,yxz,zxy,zyx
	$mm2$	$xzx,xxz,yyz,yzy,zxx,zyy,zzz$
正方晶系	4	$xyz=-yxz,xzy=-yzx,xzx=yzy,xxz=yyz,zxx=zyy,zzz,zxy=-zyx$
	$\bar{4}$	$xyz=yxz,xzy=yzx,xzx=-yzy,xxz=-yyz,zxx=-zyy,zxy=zyx$
	422	$xyz=-yxz,xzy=-yzx,zxy=-zyx$
	$4mm$	$xzx=yzy,xxz=yyz,zxx=zyy,zzz$
	$\bar{4}2m$	$xyz=yxz,xzy=yzx,zxy=zyx$
立方晶系	432	$xyz=-xzy=yzx=-yxz=zxy=-zyx$
	$\bar{4}3m$	$xyz=xzy=yzx=yxz=zxy=zyx$
	23	$xyz=yzx=zxy,xzy=yxz=zyx$
三角晶系	3	$xxx=-xyy=-yyz=-yxy,xyz=-yxz,xzy=-yzx,xzx=yzy,$ $xxz=yyz,yyy=-yxx=-xxy=-xyx,zxx=zyy,zzz,zxy=-zyx$
	32	$xxx=-xyy=-yyx=-yxy,xyz=-yxz,xzy=-yzx,zxy=-zyx$
	$3m$	$xzx=yzy,xxz=yyz,zxx=zyy,zzz,yyy=-yxx=-xxy=-xyx$ (对称面垂直于 x 轴)

（续表）

对称类别		独立且不为零的张量元
六角晶系	6	$xyz=-yxz, xzy=-yzx, xzx=yzy, xxz=yyz, zxx=zyy, zzz, zxy=-zyx$
	$\bar{6}$	$xxx=-xyy=-yxy=-yyx, yyy=-yxx=-xyx=-xxy$
	622	$xyz=-yxz, xzy=-yxz, zxy=-zyx$
	6mm	$xzx=yzy, xxz=yyz, zxx=zyy, zzz$
	$\bar{6}m2$	$yyy=-yxx=-xxy=-xyz$

表 2.2 常见晶体(介质)中独立且不为零的三阶极化率张量元[1]

对称类别		独立且不为零张量元
三斜晶系		所有张量元均独立且不为零(共 81 个)
正方晶系	422, 4mm, 4/mmm, $\bar{4}2m$	$xxxx=yyyy, zzzz,$ $yyzz=zzyy, zzxx=xxzz, xxyy=yyxx, yzyz=zyzy,$ $zxzx=xzxz, xyxy=yxyx, yzzy=zyyz, zxxz=xzzx, xyyx=yxxy$
立方晶系	23, m3	$xxxx=yyyy=zzzz, yyzz=zzxx=xxyy,$ $zzyy=yyxx=xxzz, zyzy=xzxz=yxyx,$ $yzyz=zxzx=xyxy, zyyz=xzzx=yxxy, yzzy=zxxz=xyyx$
	432, $\bar{4}3m$, m3m	$xxxx=yyyy=zzzz, yyzz=zzyy=zzxx=xxzz=xxyy=yyxx,$ $yzyz=zyzy=zxzx=xzxz=yxyx=xyxy, yzzy=zyyz=zxxz$ $=xzzx=xyyx=yxxy$
六角晶系	622, 6mm, 6/mmm, $\bar{6}m2$	$zzzz, xxxx=yyyy=xxyy+xyyx+xyxy,$ $xxyy=yyxx, xyyx=yxxy, xyxy=yxyx,$ $yyzz=xxzz, zzyy=zzxx, zyyz=zxxz$
各向同性介质		$yzzy=xzzx, yzyz=xzxz, zyzy=zxzx,$ $xxxx=yyyy=zzzz, yyzz=zzyy=zzxx=xxzz=xxyy=yyxx;$ $yzyz=zyzy=zxzx=xzxz=xyxy=yxyx, yzzy=zyyz=zxxz=$ $xzzx=xyyx=yxxy$ $xxxx=xxyy+xyxy+xyyx$

§2.5 关于非线性极化率表示的一些说明

有关非线性极化的宏观表示,历史上不同的研究者采取过多种不同的形式.虽然物理实质是一样的,但由此引起极化率张量的数值可能有差异.因此,在使用来自不同文献的数据时,要留心加以转换.现仅举两个常见的例子加以说明.

例 3 在本书中我们将光场 $\boldsymbol{E}$ 和极化强度 $\boldsymbol{P}$ 分别表示为(参见式(2.28)及(2.31))

$$\boldsymbol{E} = \frac{1}{2}\sum_i \boldsymbol{E}(\omega_i), \tag{2.57}$$

$$\boldsymbol{P} = \frac{1}{2}\sum_\omega \boldsymbol{P}(\omega); \tag{2.58}$$

但也有另一种常见的表示形式为[6]

$$\boldsymbol{E} = \sum_i \boldsymbol{E}'(\omega_i), \tag{2.59}$$

$$\boldsymbol{P} = \sum_\omega \boldsymbol{P}'(\omega). \tag{2.60}$$

用这两种不同表示形式时,$\boldsymbol{\chi}^{(N)}$ 的数值是有差别的.它们之间应如何转换?

先讨论二阶极化率张量.按照式(2.40),若用前一种表示,二阶极化率张量 $\boldsymbol{\chi}^{(2)}$ 应由以下关系定义:

$$\boldsymbol{P}^{(2)}(\omega) = \sum_{m,n}\varepsilon_0 \boldsymbol{\chi}^{(2)}(-\omega,\omega_m,\omega_n) : \boldsymbol{E}(\omega_m)\boldsymbol{E}(\omega_n)\ ; \tag{2.61}$$

但若用后一种表示,则二阶极化率张量 $\boldsymbol{\chi}^{(2)}$ 应由关系:

$$\boldsymbol{P}'^{(2)}(\omega) = \sum_{m,n}\varepsilon_0 \boldsymbol{\chi}'^{(2)}(-\omega,\omega_m,\omega_n) : \boldsymbol{E}'(\omega_m)\boldsymbol{E}'(\omega_n) \tag{2.62}$$

来定义.对比式(2.57)与(2.59)及式(2.58)与(2.60),可知

$$\boldsymbol{E}'(\omega_i) = \frac{1}{2}\boldsymbol{E}(\omega_i), \tag{2.63}$$

$$\boldsymbol{P}'^{(2)}(\omega_i) = \frac{1}{2}\boldsymbol{P}^{(2)}(\omega_i). \tag{2.64}$$

于是,式(2.62)又可演化为

$$\boldsymbol{P}^{(2)}(\omega) = \sum_{m,n}\varepsilon_0\, \frac{1}{2}\boldsymbol{\chi}'^{(2)}(-\omega,\omega_m,\omega_n) : \boldsymbol{E}(\omega_m)\boldsymbol{E}(\omega_n). \tag{2.65}$$

由式(2.61)和(2.65),立即可得

$$\boldsymbol{\chi}^{(2)}(-\omega,\omega_m,\omega_n)=2^{(1-2)}\boldsymbol{\chi}'^{(2)}(-\omega,\omega_m,\omega_n). \tag{2.66}$$

同样,按照式(2.43),前、后两种表示的三阶极化率张量$\boldsymbol{\chi}^{(3)}$和$\boldsymbol{\chi}'^{(3)}$应分别由关系

$$\boldsymbol{P}^{(3)}(\omega)=\sum_{m,n,q}\varepsilon_0\boldsymbol{\chi}^{(3)}(-\omega,\omega_m,\omega_n,\omega_q)\vdots\boldsymbol{E}(\omega_m)\boldsymbol{E}(\omega_n)\boldsymbol{E}(\omega_q) \tag{2.67}$$

和

$$\boldsymbol{P}'^{(3)}(\omega)=\sum_{m,n,q}\varepsilon_0\boldsymbol{\chi}'^{(3)}(-\omega,\omega_m,\omega_n,\omega_q)\vdots\boldsymbol{E}'(\omega_m)\boldsymbol{E}'(\omega_n)\boldsymbol{E}'(\omega_q) \tag{2.68}$$

定义. 于是,对比式(2.67)与(2.68)并利用式(2.63)和(2.64),即可得

$$\boldsymbol{\chi}^{(3)}(-\omega,\omega_m,\omega_n,\omega_q)=2^{(1-3)}\boldsymbol{\chi}'^{(3)}(-\omega,\omega_m,\omega_n,\omega_q). \tag{2.69}$$

以此类推,前、后两种表示的 N 阶极化率张量$\boldsymbol{\chi}^{(N)}$和$\boldsymbol{\chi}'^{(N)}$之间应有以下关系:

$$\boldsymbol{\chi}^{(N)}=2^{(1-N)}\boldsymbol{\chi}'^{(N)}. \tag{2.70}$$

例 4 如前所述,当由一系列频率为 $\omega_1,\omega_2,\cdots,\omega_N$ 的单色光波组成的光场作用于介质时,会产生各阶非线性极化. 按本书采用的表示方式,二阶和三阶极化分别用式(2.38)和(2.41)表示,而任意的 n 阶极化则表示为

$$P_\alpha^{(n)}(\omega)=\sum_{\alpha_1,\alpha_2,\cdots,\alpha_n}\sum_{m_1,m_2,\cdots,m_n}\varepsilon_0\chi_{\alpha\alpha_1\alpha_2\cdots\alpha_n}^{(n)}(-\omega,\omega_{m_1},\omega_{m_2},\cdots,\omega_{m_n})\cdot E_{\alpha_1}(\omega_{m_1})E_{\alpha_2}(\omega_{m_2})\cdots E_{\alpha_n}(\omega_{m_n}), \tag{2.71}$$

其中 $P_\alpha^{(n)}(\omega)$是所产生的频率为 $\omega=\omega_{m_1}+\omega_{m_2}+\cdots+\omega_{m_n}$ 的 n 阶极化的 α 分量,$\alpha=1,2,3$ 分别对应 x,y,z 分量;$E_{\alpha_i}(\omega_{m_i})$是频率为 ω_{m_i} 的光场的 α_i 分量,$\alpha_i=1,2,3(i=1,2,\cdots,n)$;$\chi_{\alpha\alpha_1\alpha_2\cdots\alpha_n}^{(n)}(-\omega,\omega_{m_1},\omega_{m_2},\cdots,\omega_{m_n})$是与频率有关的 n 阶极化率张量$\boldsymbol{\chi}^{(n)}(-\omega,\omega_{m_1},\omega_{m_2},\cdots,\omega_{m_n})$的张量元. 等号右端第一个求和号是对不同频率成分的光场的所有分量求和,$\alpha_1,\alpha_2,\cdots,\alpha_n$ 均应取遍三个分量;第二个求和号是关于频率的求

和：频率 $\omega_{m_1},\omega_{m_2},\cdots,\omega_{m_n}$ 中的每一个，都要取遍所有作用于介质的光波频率 $\omega_1,\omega_2,\cdots,\omega_N$ 的正值和负值，但必须保持

$$\omega_{m_1}+\omega_{m_2}+\cdots+\omega_{m_n}=\omega,$$

否则

$$\chi^{(n)}_{\alpha\alpha_1\alpha_2\cdots\alpha_n}(-\omega,\omega_{m_1},\omega_{m_2},\cdots,\omega_{m_n})=0,$$

因而相应的项也为零.

但有时也会用另一种表示方式[7]. 下面以二阶极化为例引导出这种表示法：

设作用于介质有频率为 ω_1 和 $\omega_2(\omega_1\neq\omega_2)$ 的两束光，所产生的频率为 $\omega=\omega_1+\omega_2$ 的和频极化强度应可由式(2.38)写出. 现在，式中对频率求和的结果应出现两项，分别对应 $\omega_m=\omega_1,\omega_n=\omega_2$ 和 $\omega_m=\omega_2,\omega_n=\omega_1$；亦即

$$\begin{aligned}P_i^{(2)}(\omega)=&\sum_{j,k}\varepsilon_0\chi_{ijk}^{(2)}(-\omega,\omega_1,\omega_2)E_j(\omega_1)E_k(\omega_2)\\&+\sum_{j,k}\varepsilon_0\chi_{ijk}^{(2)}(-\omega,\omega_2,\omega_1)E_j(\omega_2)E_k(\omega_1)\\&(i,j,k=1,2,3).\end{aligned}\tag{2.72}$$

将上式等号右端第二项的求和下角标 j 与 k 互换，再由置换对称性有 $\chi_{ikj}^{(2)}(-\omega,\omega_2,\omega_1)=\chi_{ijk}^{(2)}(-\omega,\omega_1,\omega_2)$，上式便可演化为

$$P_i^{(2)}(\omega)=\sum_{j,k}2\varepsilon_0\chi_{ijk}^{(2)}(-\omega,\omega_1,\omega_2)E_j(\omega_1)E_k(\omega_2).\tag{2.73}$$

式(2.72)与(2.73)是极化强度 $P_i^{(2)}(\omega)$ 的两种表示方式. 前者含有两项，分别对应于 ω_1 和 ω_2 出现的两种排列次序：ω_1,ω_2 和 ω_2,ω_1；而后者只有一项，对应于一种固定的次序：ω_1,ω_2. 不过要注意，式(2.73)等号右端多了一个乘子“2”.

后一种表示方式也适用于差频极化，此时式(2.73)中的 ω_2 应改为 $-\omega_2$.

下面我们讨论倍频极化的表示：设入射一束频率为 Ω 的基频光，则倍频极化频率 $\omega=2\Omega$. 由式(2.38)也可写出倍频极化强度，但为满足 $\omega=2\Omega=\omega_m+\omega_n$，$\omega_m$ 和 ω_n 都只有一种取值方式，就是

$\omega_m=\omega_n=\Omega$. 于是,对频率求和的结果也只有一项:

$$P_i^{(2)}(\omega)=\sum_{j,k}\varepsilon_0\chi_{ijk}^{(2)}(-\omega,\Omega,\Omega)E_j(\Omega)E_k(\Omega). \qquad (2.74)$$

需要特别注意,与和频极化的式(2.73)不同,这里不出现乘子"2".

再看入射两束频率同为Ω但可区分开的基频光所产生的倍频极化. 此时$\boldsymbol{E}(\Omega)=\boldsymbol{E}^{(a)}(\Omega)+\boldsymbol{E}^{(b)}(\Omega)$,其中$\boldsymbol{E}^{(a)}(\Omega)$和$\boldsymbol{E}^{(b)}(\Omega)$分别为第1,2束基频光的光场. 根据式(2.38),倍频极化强度应为

$$\begin{aligned}P_i^{(2)}(\omega)=&\sum_{j,k}\varepsilon_0\chi_{ijk}^{(2)}(-\omega,\Omega,\Omega)E_j^{(a)}(\Omega)E_k^{(a)}(\Omega)\\&+\sum_{j,k}\varepsilon_0\chi_{ijk}^{(2)}(-\omega,\Omega,\Omega)E_j^{(b)}(\Omega)E_k^{(b)}(\Omega)\\&+\sum_{j,k}2\varepsilon_0\chi_{ijk}^{(2)}(-\omega,\Omega,\Omega)E_j^{(a)}(\Omega)E_k^{(b)}(\Omega).\end{aligned} \qquad (2.75)$$

可以看出,等号右端的前两项分别是第1,2束基频光单独产生的倍频极化,其形式与式(2.74)一致,不出现乘子"2";第三项是两束基频光相互作用产生的,其形式与两束不同频率的光产生的和频极化(式(2.73))一致,现在两束光的光场排列次序也是固定的:$\boldsymbol{E}^{(a)}(\Omega),\boldsymbol{E}^{(b)}(\Omega)$,同时也出现乘子"2".

用固定不同光波电场(频率相同或不同)的出现次序这种方式来表示极化强度,可以类推到任意的n阶极化. 这时表达式中不再出现对频率的求和号[7],表述如下:

设作用于介质的光场由N束可区分的单色光波组成,频率分别为$\omega_1,\omega_2,\cdots,\omega_N$(相互可相等或不等). 在介质中由光场$\boldsymbol{E}(\omega'_1)$,$\boldsymbol{E}(\omega'_2),\cdots,\boldsymbol{E}(\omega'_n)$产生的频率为$\omega=\omega'_1+\omega'_2+\cdots+\omega'_n$的$n$阶极化强度也可表示为

$$\begin{aligned}P_\alpha^{(n)}(\omega)=&\sum_{\alpha_1,\alpha_2,\cdots,\alpha_n}\frac{n!}{n_1!n_2!\cdots n_q!}\varepsilon_0\chi_{\alpha\alpha_1\alpha_2\cdots\alpha_n}^{(n)}(-\omega,\omega'_1,\omega'_2,\cdots,\omega'_n)\\&\cdot E_{\alpha_1}(\omega'_1)E_{\alpha_2}(\omega'_2)\cdots E_{\alpha_n}(\omega'_n),\end{aligned} \qquad (2.76)$$

其中$\omega'_i(i=1,2,\cdots,n)$可以是任一单色光波频率的正值或负值,而$\boldsymbol{E}(\omega'_i)$为该光波相应的光场,$E_{\alpha_i}(\omega'_i)$为其分量. 现在光场$\boldsymbol{E}(\omega'_1)$,$\boldsymbol{E}(\omega'_2),\cdots,\boldsymbol{E}(\omega'_n)$的排列次序已固定. 设它们分为$q$组,每一组内

的光场不仅频率相同(包括正、负号)而且属于同一光波,则式中$n_1,n_2,\cdots,n_q$分别为第1,2,…,q组的光场数目.式(2.76)也可写成

$$P_\alpha^{(n)}(\omega)=\sum_{\alpha_1,\alpha_2,\cdots,\alpha_n}\varepsilon_0\chi'^{(n)}_{\alpha\alpha_1\alpha_2\cdots\alpha_n}(-\omega,\omega'_1,\omega'_2,\cdots,\omega'_n)\cdot E_{\alpha_1}(\omega'_1)E_{\alpha_2}(\omega'_2)\cdots E_{\alpha_n}(\omega'_n),\tag{2.77}$$

其中

$$\chi'^{(n)}_{\alpha\alpha_1\alpha_2\cdots\alpha_n}(-\omega,\omega'_1,\omega'_2,\cdots,\omega'_n)=\frac{n!}{n_1!n_2!\cdots n_q!}\chi^{(n)}_{\alpha\alpha_1\alpha_2\cdots\alpha_n}(-\omega,\omega'_1,\omega'_2,\cdots,\omega'_n).\tag{2.78}$$

式(2.76)和(2.77)也可分别用矢量表示为

$$\boldsymbol{P}^{(n)}(\omega)=\frac{n!}{n_1!n_2!\cdots n_q!}\varepsilon_0\boldsymbol{\chi}^{(n)}(-\omega,\omega'_1,\omega'_2,\cdots,\omega'_n)\vdots\boldsymbol{E}(\omega'_1)\boldsymbol{E}(\omega'_2)\cdots\boldsymbol{E}(\omega'_n)\tag{2.79}$$

或

$$\boldsymbol{P}^{(n)}(\omega)=\varepsilon_0\boldsymbol{\chi}'^{(n)}(-\omega,\omega'_1,\omega'_2,\cdots,\omega'_n)\vdots\boldsymbol{E}(\omega'_1)\boldsymbol{E}(\omega'_2)\cdots\boldsymbol{E}('_n),\tag{2.80}$$

其中

$$\boldsymbol{\chi}'^{(n)}(-\omega,\omega'_1,\omega'_2,\cdots,\omega'_n)=D\boldsymbol{\chi}^{(n)}(-\omega,\omega'_1,\omega'_2,\cdots,\omega'_n),\tag{2.81}$$

而

$$D=\frac{n!}{n_1!n_2!\cdots n_q!}$$

可称为光波简并因子.

本书以后将采用式(2.79)或(2.80),亦即采用固定不同光波电场次序的表示法.

§2.6　非线性介质的耦合波方程

本节将从含有非线性极化矢量$\boldsymbol{P}_{\rm NL}$的波动方程(即方程(1.33))

$$\nabla^2\boldsymbol{E}-\mu_0\frac{\partial^2\boldsymbol{D}_{\rm L}}{\partial t^2}=\mu_0\frac{\partial^2\boldsymbol{P}_{\rm NL}}{\partial t^2}$$

出发,导出用以讨论诸多非线性光学效应,特别是用以讨论光波之间相互作用的所谓耦合波方程[8,9].

前已指出,若光场 $\boldsymbol{E}$ 由一系列频率为 $\omega_1,\omega_2,\cdots,\omega_N$ 的单色光波组成,则

$$\boldsymbol{E}=\sum_i \frac{1}{2}\boldsymbol{E}(\omega_i)=\sum_i \frac{1}{2}\boldsymbol{E}(\boldsymbol{k}_i,\omega_i), \tag{2.82}$$

其中 ω_i 取遍所有单色光的正、负频率. 当 $\omega_i>0$ 时,

$$\boldsymbol{E}(\boldsymbol{k}_i,\omega_i)=\boldsymbol{A}_i \mathrm{e}^{-\mathrm{i}(\omega_i t-\boldsymbol{k}_i\cdot\boldsymbol{r})}; \tag{2.83}$$

当 $\omega_i<0$ 时,

$$\boldsymbol{E}(\boldsymbol{k}_i,\omega_i)=[\boldsymbol{E}(\boldsymbol{k}_i,|\omega_i|)]^*=\boldsymbol{A}_i^* \mathrm{e}^{\mathrm{i}(|\omega_i|t-\boldsymbol{k}_i\cdot\boldsymbol{r})}, \tag{2.84}$$

其中 $\boldsymbol{A}_i$ 是光波的复振幅,$|\boldsymbol{k}_i|=k_i=n(|\omega_i|)|\omega_i|/c$. 式(2.82)中的第二个等式是要强调该变量显含波矢,以区别频率相同、传播方向不同的光波.

我们已知,只考虑线性极化时的电位移矢量 $\boldsymbol{D}_\mathrm{L}$ 和电场 $\boldsymbol{E}$ 之间存在构造关系 $\boldsymbol{D}_\mathrm{L}=\boldsymbol{\varepsilon}\cdot\boldsymbol{E}$,其中 $\boldsymbol{\varepsilon}$ 为介电张量. 但考虑到在光频范围介电常数是频率的函数,所以这一构造关系应作如下修正:

相应于 $\boldsymbol{E}$ 表示为式(2.82),$\boldsymbol{D}_\mathrm{L}$ 亦可表示为

$$\boldsymbol{D}_\mathrm{L}=\sum_i \frac{1}{2}\boldsymbol{D}_\mathrm{L}(\omega_i), \tag{2.85}$$

其中 ω_i 亦取遍所有单色光的正、负频率. 此时将有以下构造关系:

$$\boldsymbol{D}_\mathrm{L}(\omega_i)=\boldsymbol{\varepsilon}(\omega_i)\cdot\boldsymbol{E}(\omega_i),$$

其中 $\boldsymbol{\varepsilon}(\omega_i)=\boldsymbol{\varepsilon}(|\omega_i|)$ 是随频率变化的介电常数. 本来一般而言 $\boldsymbol{\varepsilon}(\omega_i)$ 是个张量,但由于在导出方程(1.33)时已假定 $\boldsymbol{E}$ 是横波,亦即已忽略 $\boldsymbol{E}(\omega_i)$ 平行于 $\boldsymbol{k}_i$ 的分量,这实际上已近似认为 $\boldsymbol{D}_\mathrm{L}(\omega_i)/\!/\boldsymbol{E}(\omega_i)$,亦即 $\boldsymbol{\varepsilon}(\omega_i)$ 是一个标量. 从而,可将上式改写为

$$\boldsymbol{D}_\mathrm{L}(\omega_I)=\varepsilon(\omega_i)\boldsymbol{E}(\omega_i). \tag{2.86}$$

同时,在上述光场作用下产生的非线性极化 $\boldsymbol{P}_\mathrm{NL}$,其任意阶极化 $\boldsymbol{P}_\mathrm{NL}^{(n)}(n\geqslant 2)$ 也都可表示为具有各种不同频率 ω_q 和波矢 $\boldsymbol{K}_q$ 的介质极化波之和:

$$\boldsymbol{P}_{\mathrm{NL}} = \sum_q \frac{1}{2}\boldsymbol{P}_{\mathrm{NL}}(\boldsymbol{K}_q,\omega_q). \tag{2.87}$$

同样，ω_q 可正可负. 当 $\omega_q>0$ 时，

$$\boldsymbol{P}_{\mathrm{NL}}(\boldsymbol{k}_q,\omega_q) = \boldsymbol{P}_q \mathrm{e}^{-\mathrm{i}(\omega_q t-\boldsymbol{K}_q\cdot\boldsymbol{r})}; \tag{2.88}$$

当 $\omega_q<0$ 时，

$$\boldsymbol{P}_{\mathrm{NL}}(\boldsymbol{k}_q,\omega_q) = \boldsymbol{P}_q^* \mathrm{e}^{\mathrm{i}(|\omega_q|t-\boldsymbol{K}_q\cdot\boldsymbol{r})}. \tag{2.89}$$

先将由式(2.82)，(2.85)和(2.87)分别表示的 $\boldsymbol{E}$，$\boldsymbol{D}_{\mathrm{L}}$ 和 $\boldsymbol{P}_{\mathrm{NL}}$ 代入波动方程(1.33)；再令方程等号两边具有相同频率的部分相等，并考虑到式(2.86)，即可得到以下方程组：

$$\begin{aligned}\nabla^2\boldsymbol{E}(\boldsymbol{k}_i,\omega_i) &- \mu_0\varepsilon(\omega_i)\frac{\partial^2\boldsymbol{E}(\boldsymbol{k}_i,\omega_i)}{\partial t^2}\\ &= \mu_0\frac{\partial^2\boldsymbol{P}_{\mathrm{NL}}(\boldsymbol{K}_q,\omega_q=\omega_i)}{\partial t^2}\quad (i=1,2,\cdots).\end{aligned} \tag{2.90}$$

假定振幅 $\boldsymbol{A}_i$ 和 $\boldsymbol{P}_q$ 都不含时间 t，而只是位置 $\boldsymbol{r}$ 的函数，则利用式(2.83)和(2.88)，方程组(2.90)又可化简为

$$\begin{aligned}\nabla^2\boldsymbol{E}(\boldsymbol{k}_i,\omega_i) &+ k_i^2\boldsymbol{E}(\boldsymbol{k}_i,\omega_i)\\ &= -\mu_0\omega_i^2\boldsymbol{P}_{\mathrm{NL}}(\boldsymbol{K}_q,\omega_q=\omega_i)\quad (i=1,2,\cdots),\end{aligned} \tag{2.91}$$

其中

$$k_i = k(\omega_i) = n(\omega_i)\omega_i/c, \tag{2.92}$$

而 $n(\omega_i)=\sqrt{\varepsilon(\omega_i)/\varepsilon_0}$ 为折射率，$c=1/\sqrt{\varepsilon_0\mu_0}$ 是真空中的光速.

由方程组(2.91)便不难得到所需耦合波方程组. 设 $\boldsymbol{P}_{\mathrm{NL}}(\boldsymbol{K}_q,\omega_q=\omega_f)$ 是由 n 个频率分别为 $\omega_j,\omega_l,\cdots,\omega_p$ 的光波 $\boldsymbol{E}(\boldsymbol{k}_j,\omega_j)$，$\boldsymbol{E}(\boldsymbol{k}_l,\omega_l)$，$\cdots$，$\boldsymbol{E}(\boldsymbol{k}_p,\omega_p)$ 联合作用产生的频率为 $\omega_f=\omega_j+\omega_l+\cdots+\omega_p$ 的 n 阶极化，则根据式(2.80)有

$$\begin{aligned}\boldsymbol{P}_{\mathrm{NL}}(\boldsymbol{K}_q,\omega_q=\omega_f) &= \boldsymbol{P}^{(n)}(\omega_f)\\ &= \varepsilon_0\boldsymbol{\chi}'^{(n)}(-\omega_f,\omega_j,\omega_l,\cdots,\omega_p)\\ &\quad\vdots\boldsymbol{E}(\boldsymbol{k}_j,\omega_j)\boldsymbol{E}(\boldsymbol{k}_l,\omega_l)\cdots\boldsymbol{E}(k_p,\omega_p).\end{aligned} \tag{2.93}$$

又因 $\omega_j=\omega_f-\omega_l-\cdots-\omega_p$，故由 n 个频率分别为 $\omega_f,-\omega_l,\cdots,-\omega_p$ 的光波产生的频率为 ω_j 的 n 阶极化强度 $\boldsymbol{P}_{\mathrm{NL}}(\boldsymbol{K}_q,\omega_q=\omega_j)$ 应为

$$\begin{aligned}\boldsymbol{P}_{\mathrm{NL}}(\boldsymbol{K}_q,\omega_q=\omega_j)&=\boldsymbol{P}^{(n)}(\omega_j)\\&=\varepsilon_0\boldsymbol{\chi}'^{(n)}(-\omega_j,\omega_f,-\omega_l,\cdots,-\omega_p)\\&\quad\vdots\boldsymbol{E}(\boldsymbol{k}_f,\omega_f)\boldsymbol{E}^*(\boldsymbol{k}_l,\omega_l)\cdots\boldsymbol{E}^*(\boldsymbol{k}_p,\omega_p).\end{aligned}\tag{2.94}$$

同理,可写出

$$\begin{aligned}\boldsymbol{P}_{\mathrm{NL}}(\boldsymbol{K}_q,\omega_q=\omega_l)&=\boldsymbol{P}^{(n)}(\omega_l)\\&=\varepsilon_0\boldsymbol{\chi}'^{(n)}(-\omega_l,\omega_f,-\omega_j,\cdots,-\omega_p)\\&\quad\vdots\boldsymbol{E}(\boldsymbol{k}_f,\omega_f)\boldsymbol{E}^*(\boldsymbol{k}_j,\omega_j)\cdots\boldsymbol{E}^*(\boldsymbol{k}_p,\omega_p),\end{aligned}\tag{2.95}$$

……

$$\begin{aligned}\boldsymbol{P}_{\mathrm{NL}}(\boldsymbol{K}_q,\omega_q=\omega_p)&=\boldsymbol{P}^{(n)}(\omega_p)\\&=\varepsilon_0\boldsymbol{\chi}'^{(n)}(-\omega_p,\omega_f,-\omega_j,-\omega_l,\cdots)\\&\quad\vdots\boldsymbol{E}(\boldsymbol{k}_f,\omega_f)\boldsymbol{E}^*(\boldsymbol{k}_j,\omega_j)\boldsymbol{E}^*(\boldsymbol{k}_l,\omega_l)\cdots.\end{aligned}\tag{2.96}$$

令式(2.91)中的 ω_i 依次等于 $\omega_f,\omega_j,\omega_l,\cdots,\omega_p$,再将式(2.93)~(2.96)代入其中,即可得到含有 $n+1$ 个方程的方程组,其中每个方程都含有 $n+1$ 个变量 $\boldsymbol{E}(\boldsymbol{k}_f,\omega_f),\boldsymbol{E}(\boldsymbol{k}_j,\omega_j),\boldsymbol{E}(\boldsymbol{k}_l,\omega_l),\cdots,\boldsymbol{E}(\boldsymbol{k}_p,\omega_p)$. 这组方程就是耦合波方程,因为它将与上述变量相应的光波耦合起来.

以下我们将用三波混频为例进一步加以说明:设三个相互作用光波的频率分别为 $\omega_1,\omega_2,\omega_3$,相应波矢为 $\boldsymbol{k}_1,\boldsymbol{k}_2,\boldsymbol{k}_3$,且 $\omega_1+\omega_2=\omega_3$. 按照式(2.80),由频率分别为 ω_1 和 ω_2 的两个光波产生的频率为 ω_3 的二阶极化应为

$$\begin{aligned}\boldsymbol{P}_{\mathrm{NL}}(\boldsymbol{K}_3,\omega_3)&=\boldsymbol{P}^{(2)}(\omega_3)\\&=\varepsilon_0\boldsymbol{\chi}'^{(2)}(-\omega_3,\omega_1,\omega_2):\boldsymbol{E}(\boldsymbol{k}_1,\omega_1)\boldsymbol{E}(\boldsymbol{k}_2,\omega_2).\end{aligned}\tag{2.97}$$

又因 $\omega_1=\omega_3-\omega_2$ 和 $\omega_2=\omega_3-\omega_1$,故由式(2.80)还可有以下两个二阶极化表达式:

$$\boldsymbol{P}_{\mathrm{NL}}(\boldsymbol{K}_1,\omega_1)=\boldsymbol{P}^{(2)}(\omega_1)$$

$$= \varepsilon_0 \boldsymbol{\chi}'^{(2)}(-\omega_1, \omega_3, -\omega_2) : \boldsymbol{E}(\boldsymbol{k}_3, \omega_3)\boldsymbol{E}^*(\boldsymbol{k}_2, \omega_2). \tag{2.98}$$

和

$$\boldsymbol{P}_{\mathrm{NL}}(\boldsymbol{K}_2, \omega_2) = \boldsymbol{P}^{(2)}(\omega_2) = \varepsilon_0 \boldsymbol{\chi}'^{(2)}(-\omega_2, \omega_3, -\omega_1) : \boldsymbol{E}(\boldsymbol{k}_3, \omega_3)\boldsymbol{E}^*(\boldsymbol{k}_1, \omega_1). \tag{2.99}$$

令 $i=1,2,3$,然后利用式(2.97)~(2.99),即可由方程组(2.91)得三波耦合方程

$$\nabla^2 \boldsymbol{E}(\boldsymbol{k}_3, \omega_3) + k_3^2 \boldsymbol{E}(\boldsymbol{k}_3, \omega_3) = -\left(\frac{\omega_3}{c}\right)^2 \boldsymbol{\chi}'^{(2)}(-\omega_3, \omega_1, \omega_2) : \boldsymbol{E}(\boldsymbol{k}_1, \omega_1)\boldsymbol{E}(\boldsymbol{k}_2, \omega_2), \tag{2.100}$$

$$\nabla^2 \boldsymbol{E}(\boldsymbol{k}_1, \omega_1) + k_1^2 \boldsymbol{E}(\boldsymbol{k}_1, \omega_1) = -\left(\frac{\omega_1}{c}\right)^2 \boldsymbol{\chi}'^{(2)}(-\omega_1, \omega_3, -\omega_2) : \boldsymbol{E}(\boldsymbol{k}_3, \omega_3)\boldsymbol{E}^*(\boldsymbol{k}_2, \omega_2), \tag{2.101}$$

$$\nabla^2 \boldsymbol{E}(\boldsymbol{k}_2, \omega_2) + k_3^2 \boldsymbol{E}(\boldsymbol{k}_2, \omega_2) = -\left(\frac{\omega_2}{c}\right)^2 \boldsymbol{\chi}'^{(2)}(-\omega_2, \omega_3, -\omega_1) : \boldsymbol{E}(\boldsymbol{k}_3, \omega_3)\boldsymbol{E}^*(\boldsymbol{k}_1, \omega_1). \tag{2.102}$$

利用这组方程可以讨论光学和频、差频、参量振荡以及光学二次谐波等非线性光学效应.

这里介绍一种常用的近似,可使上述耦合波方程简化[2,9].设光波为沿 z 轴传播的平面波,亦即

$$\boldsymbol{E}(\boldsymbol{k}_i, \omega_i) = \boldsymbol{A}_i \mathrm{e}^{-\mathrm{i}(\omega_i t - k_i z)} \quad (i = 1, 2, \cdots), \tag{2.103}$$

其中 $\boldsymbol{A}_i$ 是复振幅.此时有

$$\nabla^2 \boldsymbol{E}(\boldsymbol{k}_i, \omega_i) = \frac{\partial^2 \boldsymbol{E}(\boldsymbol{k}_i, \omega_i)}{\partial z^2}.$$

所谓**缓变振幅近似**,就是假定以下关系成立:

$$\left|\frac{\partial^2 \boldsymbol{A}_i}{\partial z^2}\right| \ll \left|k_i \frac{\partial \boldsymbol{A}_i}{\partial z}\right|, \tag{2.104}$$

亦即在传播方向一个波长的距离内,振幅 $\boldsymbol{A}_i$ 的变化非常小.利用此关系,$\nabla^2\boldsymbol{E}(\boldsymbol{k}_i,\omega_i)$可进一步化简为

$$\nabla^2\boldsymbol{E}(\boldsymbol{k}_i,\omega_i)\simeq\left[\mathrm{i}2k_i\frac{\partial\boldsymbol{A}_i}{\partial z}-k_i^2\boldsymbol{A}_i\right]\mathrm{e}^{-\mathrm{i}(\omega_i t-k_i z)}. \tag{2.105}$$

利用上式和式(2.92),方程组(2.91)可化简为一阶微分方程组

$$\frac{\partial\boldsymbol{A}_i}{\partial z}=\frac{\mathrm{i}\omega_i}{2\varepsilon_0 cn(\omega_i)}\boldsymbol{P}_{\mathrm{NL}}(\boldsymbol{K}_q,\omega_q=\omega_i)\mathrm{e}^{\mathrm{i}(\omega_i t-k_i z)}\quad(i=1,2,\cdots). \tag{2.106}$$

由此得到的振幅耦合波方程亦将是一阶微分方程.

例如,对于同方向传播的三波混频情形,由此得到简化后的耦合波方程为

$$\frac{\partial\boldsymbol{A}_3}{\partial z}=\frac{\mathrm{i}\omega_3}{2cn(\omega_3)}\chi'^{(2)}(-\omega_3,\omega_1,\omega_2):\boldsymbol{A}_1\boldsymbol{A}_2\mathrm{e}^{-\mathrm{i}(k_3-k_1-k_2)z}, \tag{2.107}$$

$$\frac{\partial\boldsymbol{A}_1}{\partial z}=\frac{\mathrm{i}\omega_1}{2cn(\omega_1)}\chi'^{(2)}(-\omega_1,\omega_3,-\omega_2):\boldsymbol{A}_3\boldsymbol{A}_2^*\,\mathrm{e}^{-\mathrm{i}(k_1-k_3+k_2)z}, \tag{2,108}$$

$$\frac{\partial\boldsymbol{A}_2}{\partial z}=\frac{\mathrm{i}\omega_2}{2cn(\omega_2)}\chi'^{(2)}(-\omega_2,\omega_3,-\omega_1):\boldsymbol{A}_3\boldsymbol{A}_1^*\,\mathrm{e}^{-\mathrm{i}(k_2-k_3+k_1)z}. \tag{2.109}$$

§2.7 振幅随时间变化的非线性传播方程

当处理超短脉冲激光与介质的非线性作用时,不能忽略振幅随时间的变化,非线性传播方程也应作相应改变[10].现仅讨论光波及极化波均沿 z 方向传播的情形.此时波动方程(1.33)应表示为

$$\frac{\partial^2\boldsymbol{E}(z,t)}{\partial z^2}-\mu_0\frac{\partial^2\boldsymbol{D}_{\mathrm{L}}(z,t)}{\partial t^2}=\mu_0\frac{\partial^2\boldsymbol{P}_{\mathrm{NL}}(z,t)}{\partial t^2}, \tag{2.120}$$

其中

$$\boldsymbol{D}_{\mathrm{L}}(z,t)=\boldsymbol{E}(z,t)+\boldsymbol{P}_{\mathrm{L}}(z,t), \tag{2.121}$$

$\boldsymbol{P}_{\mathrm{L}}(z,t)$是线性极化强度,而

$$\boldsymbol{E}(z,t)=\boldsymbol{A}(z,t)\mathrm{e}^{-\mathrm{i}(\omega t-kz)}. \tag{2.122}$$

利用缓变振幅近似,可得

$$\frac{\partial^2\boldsymbol{A}(z,t)}{\partial z^2}\simeq\left[\mathrm{i}2k\frac{\partial\boldsymbol{A}(z,t)}{\partial z}-k^2\boldsymbol{A}(z,t)\right]\mathrm{e}^{-\mathrm{i}(\omega t-kz)}. \tag{2.123}$$

因 $\boldsymbol{E}(z,t)$ 和 $\boldsymbol{D}_{\mathrm{L}}(z,t)$ 都是时间 t 的函数,故均可被傅里叶展开为频率函数的积分,亦即

$$\boldsymbol{E}(z,t)=\int\mathrm{d}\eta\boldsymbol{A}(\omega+\eta)\mathrm{e}^{-\mathrm{i}[(\omega+\eta)t-kz]}, \tag{2.124}$$

$$\boldsymbol{D}_{\mathrm{L}}(z,t)=\int\mathrm{d}\eta\boldsymbol{D}_{\mathrm{L}}(\omega+\eta)\mathrm{e}^{-\mathrm{i}[(\omega+\eta)t-kz]}. \tag{2.125}$$

利用构造关系

$$\boldsymbol{D}_{\mathrm{L}}(\omega+\eta)=\varepsilon(\omega+\eta)\boldsymbol{A}(\omega+\eta), \tag{2,126}$$

又可得

$$\boldsymbol{D}_{\mathrm{L}}(z,t)=\int\mathrm{d}\eta\varepsilon(\omega+\eta)\boldsymbol{A}(\omega+\eta)\mathrm{e}^{-\mathrm{i}[(\omega+\eta)t-kz]}, \tag{2,127}$$

从而

$$\frac{\partial^2\boldsymbol{D}_{\mathrm{L}}(z,t)}{\partial t^2}=-\int\mathrm{d}\eta(\omega+\eta)^2\varepsilon(\omega+\eta)\boldsymbol{A}(\omega+\eta)\mathrm{e}^{-\mathrm{i}[(\omega+\eta)t-kz]}. \tag{2.128}$$

假定振幅 **A** 随时间变化不是非常快,亦即光脉冲频率展宽不很大,则近似有

$$\varepsilon(\omega+\eta)\simeq\varepsilon(\omega)+\eta\frac{\partial\varepsilon(\omega)}{\partial\omega}. \tag{2.129}$$

将上式代入式(2.128)便得

$$\frac{\partial^2\boldsymbol{D}_{\mathrm{L}}(z,t)}{\partial t^2}=-\int\mathrm{d}\eta\left[\omega^2\varepsilon(\omega)+2\omega\eta\varepsilon(\omega)+\omega^2\eta\frac{\partial\varepsilon}{\partial\omega}\right]\cdot\boldsymbol{A}(\omega+\eta)\mathrm{e}^{-\mathrm{i}[(\omega+\eta)t-kz]}. \tag{2.130}$$

考虑到 $k^2=\mu_0\varepsilon(\omega)\omega^2$ 以及群速度 $v_{\mathrm{g}}=(\mathrm{d}k/\mathrm{d}\omega)^{-1}$,便有

$$\mu_0\frac{\partial^2\boldsymbol{D}_{\mathrm{L}}(z,t)}{\partial t^2}=\left[-\mu_0\varepsilon(\omega)\omega^2\boldsymbol{A}(z,t)-\mathrm{i}2k\frac{1}{v_{\mathrm{g}}}\frac{\partial\boldsymbol{A}(z,t)}{\partial t}\right]\mathrm{e}^{-\mathrm{i}(\omega t-kz)}$$

或 $$\mu_0 \frac{\partial^2 \boldsymbol{D}_L(z,t)}{\partial t^2} = \left[-k^2 \boldsymbol{A}(z,t) - i2k\frac{1}{v_g}\frac{\partial \boldsymbol{A}(z,t)}{\partial t}\right]e^{-i(\omega t - kz)}. \tag{2.131}$$

将上式及式(2.123)代入式(2.120),并近似认为

$$\mu_0 \frac{\partial^2 \boldsymbol{P}_{NL}(z,t)}{\partial t^2} = -\mu_0 \omega^2 \boldsymbol{P}_{NL}(z,t), \tag{2.132}$$

即可得到以下用以描述超短脉冲激光在非线性介质中传播的方程:

$$\left(\frac{\partial}{\partial z} + \frac{1}{v_g}\frac{\partial}{\partial t}\right)\boldsymbol{A}(z,t) = i\frac{\mu_0 \omega^2}{2k}\boldsymbol{P}_{NL}(z,t)e^{i(\omega t - kz)} \tag{2.133}$$

或 $$\left(\frac{\partial}{\partial z} + \frac{1}{v_g}\frac{\partial}{\partial t}\right)\boldsymbol{A}(z,t) = i\frac{\omega}{2cn(\omega)\varepsilon_0}\boldsymbol{P}_{NL}(z,t)e^{i(\omega t - kz)}. \tag{2.134}$$

参考文献

[1] Butcher P N. Nonlinear optical phenomenon. Columbus: Ohio State University Press, 1965.

[2] Bloembergen N. Nonlinear optics. NY: Benjamin, 1965.

[3] Shen Y R. Phys. Rev., 1968, 167: 818.

[4] Kleinman D A. Phys. Rev., 1962, 126: 1977.

[5] Nye J F. Physical properties of crystals. London: Oxford University Press, 1957.

[6] Shen Y R. The principles of nonlinear optics. NY: Wiley, 1984.

[7] Maker P D, Terhune R W. Phys. Rev. A, 1965, 137: 801.

[8] Louisell W H. Coupled mode and parametric electronics. NY: Wiley, 1960.

[9] Armstrong J A, Bloembergen N, et al. Phys. Rev., 1962, 127: 1918.

[10] Akhmanov S A, Chirkin A S, et al. IEEE J. Quant. Electr., 1968, 4: 598.

第三章　非线性极化率的微观表示

§3.1　计算极化率的密度矩阵法

就宏观角度而言，只要知道介质的非线性极化率$\boldsymbol{\chi}^{(n)}$，便可了解该介质出现的各种非线性光学效应的详细情况．各种非线性光学效应在不同介质中的差别，主要在于不同介质具有不同的$\boldsymbol{\chi}^{(n)}$．作为宏观物理量的$\boldsymbol{\chi}^{(n)}$，其大小、形式是由介质的微观结构和微观作用机制决定的，并可用介质的微观参数来表示．不同介质类型，其非线性来源和微观作用机制不同，非线性极化率的微观表示也不同．这里仅针对原子（分子）体系（包括其他分立能级体系）作详细讨论[1～5]．

首先计算原子体系在光场作用下的极化强度$\boldsymbol{P}$．如果在光场作用下原子的状态用波函数表示为$\psi=\psi(\boldsymbol{r},t)$，则在电偶极矩近似下，有

$$\boldsymbol{P} = N\langle\psi \mid \mathscr{P} \mid \psi\rangle, \tag{3.1}$$

其中N为单位体积原子数，$\mathscr{P}$是原子的电偶极矩矢量算符．

但是，表示该状态也可以用密度矩阵$\boldsymbol{\rho}$．密度矩阵与波函数之间的关系如下所述[6]：设$\phi_1,\phi_2,\cdots,\phi_n$是一组完备正交归一的基函数．为简单起见，设它们是原子固有的全部定态波函数，亦即是在没有外场作用时原子固有哈密顿量$\boldsymbol{H}_0$的本征函数系．因此，有

$$\boldsymbol{H}_0\phi_i = E_i\phi_i \quad (i = 1,2,\cdots,n), \tag{3.2}$$

其中E_i为定态ϕ_i的能量．将波函数ψ向这组基函数展开，得到

$$\psi = \sum_i c_i\phi_i. \tag{3.3}$$

由系数 c_i 通过以下方式组成的矩阵：

$$\boldsymbol{\rho} = (c_i c_j^*) \quad (i,j = 1,2,\cdots,n) \tag{3.4}$$

就是密度矩阵，它用另一方式描述该状态.密度矩阵也可写成以下的算符形式：

$$\rho = | \psi \rangle \langle \psi |. \tag{3.5}$$

ρ 称为密度算符.显然，密度矩阵(3.4)就是密度算符(3.5)的以 ϕ_1，ϕ_2，…，ϕ_n 为基函数的矩阵表示①，即

$$\rho_{ij} = \langle \phi_i | \rho | \phi_j \rangle = \langle \phi_i | \psi \rangle \langle \psi | \phi_j \rangle = c_i c_j^*. \tag{3.6}$$

以上有关密度算符(密度矩阵)的定义是针对量子力学的纯系综的，对于混合系综，则密度算符为

$$\boldsymbol{\rho} = \sum_m p_m | \psi_m \rangle \langle \psi_m | \quad (m = 1,2,\cdots), \tag{3.7}$$

其中 ψ_m 是原子可能处在其中的波函数，p_m 则为原子处在波函数 ψ_m 的几率.此时由于 $\psi_m = \sum_i c_i^m \phi_i$，所以

$$\rho_{ij} = \langle \phi_i | \boldsymbol{\rho} | \phi_j \rangle = \sum_m p_m c_i^m c_j^{m*} = \langle c_i c_j^* \rangle, \tag{3.8}$$

其中 $\langle c_i c_j^* \rangle$ 是 $c_i c_j^*$ 对系综的平均.

如果原子的状态用密度矩阵表示，则根据量子力学，原子在光场中的极化强度为

$$\boldsymbol{P} = N\mathrm{tr}(\mathscr{P}\boldsymbol{\rho}) \tag{3.9}$$

其中 tr(…)表示矩阵的迹，$\boldsymbol{\rho}$ 是原子在光场作用下的密度矩阵[6].

以上讨论说明，利用状态的波函数表示或状态的密度矩阵表示，都可分别通过式(3.1)或(3.9)计算极化强度 $\boldsymbol{P}$.在非线性光学，由于以后会看到的许多优点，人们更愿意用密度矩阵表示进行计算[7].

密度矩阵的物理意义

设原子有一系列固有能态 $|g\rangle$，$|a\rangle$，$|b\rangle$，$|c\rangle$，…，如图 3.1 所示.

① 因此，以后无论密度算符或密度矩阵都用符号 $\boldsymbol{\rho}$ 表示.

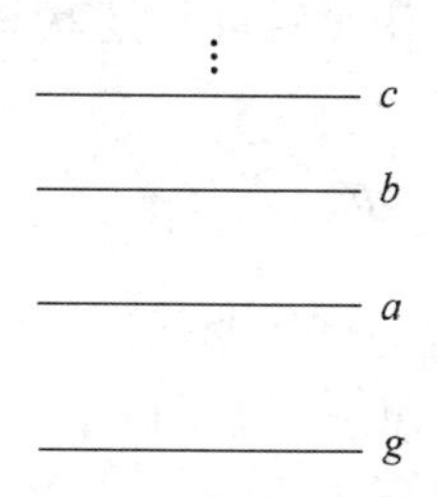

图 3.1 原子的固有能态

又设原子所处状态的密度矩阵(以这一系列能态为基函数)为

$$\boldsymbol{\rho}=\begin{pmatrix}\rho_{gg} & \rho_{ga} & \rho_{gb} & \cdots \\ \rho_{ag} & \rho_{aa} & \rho_{ab} & \cdots \\ \rho_{bg} & \rho_{ba} & \rho_{bb} & \cdots \\ \cdots & \cdots & \cdots & \cdots\end{pmatrix}, \tag{3.10}$$

则从式(3.4)或(3.8)可知,对角元 $\rho_{ii}=\langle i|\boldsymbol{\rho}|i\rangle$ $(i=g,a,b,\cdots)$就是处于该状态的原子在能态$|i\rangle$中的几率,亦即在能态$|i\rangle$的布居;而非对角元 $\rho_{ij}=\langle i|\boldsymbol{\rho}|j\rangle$ $(i,j=g,a,b,\cdots;i\neq j)$则代表该状态的原子处于能态$|i\rangle$和能态$|j\rangle$构成的相干叠加态(或称相干混合态)的几率,亦即代表能态$|i\rangle$和能态$|j\rangle$的相干程度. 因此,当我们知道在光场作用下原子体系的密度矩阵时,由其对角元即可知道原子在各能态上的分布;而以后还会看到,由于非对角元与极化强度密切相关,所以由其非对角元即可知道在原子体系中光场产生的极化. 由于非线性光学诸多效应来源于非线性极化,故非线性光学往往对密度矩阵非对角元的演化更感兴趣.

光场中密度矩阵的演化

已知当用波函数描述状态时,状态的演化服从薛定谔(Schrödinger)方程

$$\frac{\partial\psi}{\partial t}=\frac{1}{\mathrm{i}\hbar}\boldsymbol{H}\psi, \tag{3.11}$$

其中 $\boldsymbol{H}$ 是系统的哈密顿算符,$\hbar=h/2\pi$(h 为普朗克(Planck)常

数).由此不难证明,当用密度矩阵描述状态时,状态的演化将服从刘维尔(Liouville)方程[6]

$$\frac{\partial \boldsymbol{\rho}}{\partial t} = \frac{1}{\mathrm{i}\hbar}[\boldsymbol{H}, \boldsymbol{\rho}], \tag{3.12}$$

其中$[\boldsymbol{H},\boldsymbol{\rho}]=\boldsymbol{H}\boldsymbol{\rho}-\boldsymbol{\rho}\boldsymbol{H}$是量子力学的泊松(Poisson)括号.

在光场$\boldsymbol{E}$的作用下,原子系统的哈密顿算符将由三部分组成,即

$$\boldsymbol{H} = \boldsymbol{H}_0 + \boldsymbol{H}_{\mathrm{int}} + \boldsymbol{H}_{\mathrm{T}}, \tag{3.13}$$

其中$\boldsymbol{H}_0$是原子固有的哈密顿算符,原子的一系列能态$|g\rangle$,$|a\rangle$,$|b\rangle$,$|c\rangle$,…是其本征态,相应能值为E_g,E_a,E_b,E_c,…,亦即$\boldsymbol{H}_0$满足本征方程

$$\boldsymbol{H}_0|i\rangle = E_i|i\rangle \quad (i = g,a,b,\cdots). \tag{3.14}$$

$\boldsymbol{H}_{\mathrm{int}}$是光场与原子的相互作用哈密顿算符,用电偶极矩近似,则有

$$\boldsymbol{H}_{\mathrm{int}} = -\mathscr{P}\cdot\boldsymbol{E}. \tag{3.15}$$

$\boldsymbol{H}_{\mathrm{T}}$是周围环境对原子作用的哈密顿算符,如果把周围环境看做一个热池,则$\boldsymbol{H}_{\mathrm{T}}$代表热池对原子的弛豫作用.若将这部分作用的影响表示为

$$\left(\frac{\partial \boldsymbol{\rho}}{\partial t}\right)_{\mathrm{T}} = \frac{1}{\mathrm{i}\hbar}[\boldsymbol{H}_{\mathrm{T}}, \boldsymbol{\rho}], \tag{3.16}$$

则方程(3.12)可写成[8,9]

$$\frac{\partial \boldsymbol{\rho}}{\partial t} = \frac{1}{\mathrm{i}\hbar}[\boldsymbol{H}_0 + \boldsymbol{H}_{\mathrm{int}}, \boldsymbol{\rho}] + \left(\frac{\partial \boldsymbol{\rho}}{\partial t}\right)_{\mathrm{T}}. \tag{3.17}$$

要严格写出$(\partial\boldsymbol{\rho}/\partial t)_{\mathrm{T}}$的表达式是困难的,下面我们将从考察其物理过程的本质出发,写出它的唯象表示.

首先,既然原子的状态可以用波函数描述,它将会和其他波动运动一样存在一定的相位.这体现在,如果状态的波函数ψ作式(3.3)所示的展开,则系数c_i一般应为复数:

$$c_i = |c_i|\,\mathrm{e}^{-\mathrm{i}\delta_i} \quad (i = g,a,b,\cdots),$$

这组δ_g,δ_a,δ_b,…就代表该状态的相位.这时按照式(3.4),相应的密度矩阵$\boldsymbol{\rho}$的矩阵元应为

$$\rho_{ij} = |c_i|\,|c_j|\,\mathrm{e}^{-\mathrm{i}(\delta_i - \delta_j)}, \tag{3.18}$$

同样包含有相位因子 $\exp[-\mathrm{i}(\delta_i-\delta_j)]$.

现在来考察热池对原子状态的影响. 由于热扰动是一个混乱的随机过程,因此热池作用的结果将使原子的相位发生混乱的随机变化,并逐渐失去原有的固定相位. 这称为失相弛豫(亦称横向弛豫). 由于当 $i\neq j$ 时 $\delta_i-\delta_j$ 由固定逐渐趋向混乱和随机, $\exp[-\mathrm{i}(\delta_i-\delta_j)]$ 的统计平均值也将逐渐趋于零. 由式(3.18)可知,密度矩阵的非对角元 $\rho_{ij}(i\neq j)$ 也将逐渐变为零,但对角元 $\rho_{ii}=|c_i|^2$ 不会因此改变. 这意味着失相弛豫不会改变光场作用后原子的布居,只是破坏了光场与原子相干作用引起的能态之间的相干混合,使原子回到定态中去. 热池对原子的另一作用是和原子交换能量,最终使原子在光场作用下偏离热平衡的布居分布逐渐回复到热平衡分布,亦即使密度矩阵的对角元 ρ_{ii} 回复到不存在光场时的 $\rho_{ii}^{(0)}$. 这个过程称为纵向弛豫.

由热池作用产生的上述两种弛豫过程,在数学上分别由以下两个方程描述,它们也就是 $(\partial\boldsymbol{\rho}/\partial t)_T$ 的唯象表示:

$$\left(\frac{\partial\rho_{nn'}}{\partial t}\right)_T=-\Gamma_{nn'}\rho_{nn'}, \tag{3.19}$$

$$\left[\frac{\partial}{\partial t}(\rho_{nn}-\rho_{nn}^{(0)})\right]_T=-\Gamma_{nn}(\rho_{nn}-\rho_{nn}^{(0)})$$

$$(n,n'=g,a,b,c\cdots;n\neq n'), \tag{3.20}$$

其中 $\Gamma_{nn'}$ 和 Γ_{nn} 分别是横向弛豫(失相弛豫)与纵向弛豫速率,而 $(T_2)_{nn'}=1/\Gamma_{nn'}$ 和 $(T_1)_n=1/\Gamma_{nn}$ 则分别为横向弛豫(失相弛豫)与纵向弛豫时间.

当光场不是很强,致使 $\boldsymbol{H}_{\text{int}}$ 相对 $\boldsymbol{H}_0$ 是一小量时,可以用微扰法对方程(3.17)进行逐级近似解,亦即令

$$\boldsymbol{\rho}=\boldsymbol{\rho}^{(0)}+\boldsymbol{\rho}^{(1)}+\boldsymbol{\rho}^{(2)}+\cdots, \tag{3.21}$$

其中 $\boldsymbol{\rho}^{(0)}\gg\boldsymbol{\rho}^{(1)}\gg\boldsymbol{\rho}^{(2)}\gg\cdots$. 将上式代入方程(3.17),然后令等号两边的零级量以及1,2,…级小量一一对应地相等,便可得到以下的方程组[4]:

$$\frac{\partial\boldsymbol{\rho}^{(1)}}{\partial t}=\frac{1}{\mathrm{i}\hbar}\{[\boldsymbol{H}_0,\boldsymbol{\rho}^{(1)}]+[\boldsymbol{H}_{\text{int}},\boldsymbol{\rho}^{(0)}]\}+\left(\frac{\partial\boldsymbol{\rho}^{(1)}}{\partial t}\right)_{\mathrm{T}}, \tag{3.22}$$

$$\frac{\partial \boldsymbol{\rho}^{(2)}}{\partial t}=\frac{1}{\mathrm{i}\hbar}\{[\boldsymbol{H}_0,\boldsymbol{\rho}^{(2)}]+[\boldsymbol{H}_{\mathrm{int}},\boldsymbol{\rho}^{(1)}]\}+\left(\frac{\partial \boldsymbol{\rho}^{(2)}}{\partial t}\right)_{\mathrm{T}}, \tag{3.23}$$

……

$$\frac{\partial \boldsymbol{\rho}^{(n)}}{\partial t}=\frac{1}{\mathrm{i}\hbar}\{[\boldsymbol{H}_0,\boldsymbol{\rho}^{(n)}]+[\boldsymbol{H}_{\mathrm{int}},\boldsymbol{\rho}^{(n-1)}]\}+\left(\frac{\partial \boldsymbol{\rho}^{(n)}}{\partial t}\right)_{\mathrm{T}}, \tag{3.24}$$

…….

用这组方程便可逐级解出 $\boldsymbol{\rho}^{(1)},\boldsymbol{\rho}^{(2)},\cdots,\boldsymbol{\rho}^{(n)},\cdots$. 将式(3.21)代入式(3.9),并假定原子没有固有电偶极矩($\boldsymbol{P}^{(0)}=\mathbf{0}$),便可得到原子体系的极化强度为

$$\boldsymbol{P}=\boldsymbol{P}^{(1)}+\boldsymbol{P}^{(2)}+\cdots+\boldsymbol{P}^{(n)}+\cdots, \tag{3.25}$$

其中

$$\boldsymbol{P}^{(n)}=N\mathrm{tr}(\boldsymbol{\rho}^{(n)}\mathscr{P}) \tag{3.26}$$

为 n 阶非线性极化强度.

线性和非线性极化率表达式

设光场由频率为 $\omega_a(a=1,2,3,\cdots)$ 的一系列单色光波组成. 按本书约定,光场 E 表示为

$$\boldsymbol{E}=\frac{1}{2}\sum_a \boldsymbol{E}(\omega_a) \tag{3.27}$$

其中求和号中的 ω_a 取遍上述全部光波频率的正、负值. 当 $\omega_a>0$ 时

$$\boldsymbol{E}(\omega_a)=\boldsymbol{A}_a\mathrm{e}^{-\mathrm{i}(\omega_a t-\boldsymbol{k}_a\cdot\boldsymbol{r})}; \tag{3.28}$$

当 $\omega_a<0$ 时

$$\boldsymbol{E}(\omega_a)=\boldsymbol{E}^*(|\omega_a|). \tag{3.29}$$

由式(3.15)可知,光场与原子的相互作用哈密顿量将表示为

$$\boldsymbol{H}_{\mathrm{int}}=\sum_a\frac{1}{2}\boldsymbol{H}_{\mathrm{int}}(\omega_a), \tag{3.30}$$

其中

$$\boldsymbol{H}_{\mathrm{int}}(\omega_a)=-\mathscr{P}\cdot\boldsymbol{E}(\omega_a)\propto\boldsymbol{A}_a\mathrm{e}^{-\mathrm{i}\omega_a t}. \tag{3.31}$$

同样,ω_a 也可正可负. 而当 $\omega_a<0$ 时 $\boldsymbol{H}_{\mathrm{int}}(\omega_a)=\boldsymbol{H}_{\mathrm{int}}^*(|\omega_a|)$.

由此并由方程组(3.22)～(3.24)的形式可知,密度矩阵任意 n 级小量 $\boldsymbol{\rho}^{(n)}(n\geqslant1)$ 均可表示为

$$\boldsymbol{\rho}^{(n)}=\sum_i \frac{1}{2}\boldsymbol{\rho}^{(n)}(\omega_i),\tag{3.32}$$

且

$$\frac{\partial\boldsymbol{\rho}^{(n)}(\omega_i)}{\partial t}=-\mathrm{i}\omega_i\boldsymbol{\rho}^{(n)}(\omega_i).\tag{3.33}$$

此处的 ω_i 也取正值和负值，对 i 求和表示 $\boldsymbol{\rho}^{(n)}$ 一般包含一组振荡频率.

利用式(3.30)，(3.32)和(3.33)，原则上可由方程组(3.22)～(3.24)，解出密度矩阵任意频率成分的任意 n 级小量 $\boldsymbol{\rho}^{(n)}(\omega_i)$.

例如，利用矩阵方程(3.22)等号两边的任意矩阵元必定一一对应相等的事实，便可求出任意频率为 ω_a 的密度矩阵一级小量 $\boldsymbol{\rho}^{(1)}(\omega_a)$的各个矩阵元为

$$\rho_{nn'}^{(1)}(\omega_a)=\frac{[\boldsymbol{H}_{\text{int}}(\omega_a)]_{nn'}}{\hbar(\omega_a-\omega_{nn'}+\mathrm{i}\Gamma_{nn'})}(\rho_{n'n'}^{(0)}-\rho_{nn}^{(0)})\quad(n,n'=g,a,b,\cdots),\tag{3.34}$$

其中$[\boldsymbol{H}_{\text{int}}(\omega_a)]_{nn'}$是矩阵 $\boldsymbol{H}_{\text{int}}(\omega_a)$的$(n,n')$矩阵元.

同理，利用式(3.23)等号两边同频率的相应矩阵元相等的事实，可求出光场中任意两个频率的和或差的密度矩阵二级小量之矩阵元为

$$\rho_{nn'}^{(2)}(\omega_a+\omega_b)=\frac{1}{2}\frac{[\boldsymbol{H}_{\text{int}}(\omega_a),\boldsymbol{\rho}^{(1)}(\omega_b)]_{nn'}+[\boldsymbol{H}_{\text{int}}(\omega_b),\boldsymbol{\rho}^{(1)}(\omega_a)]_{nn'}}{\hbar(\omega_a+\omega_b-\omega_{nn'}+\mathrm{i}\Gamma_{nn'})}$$
$$(n,n'=g,a,b,\cdots),\tag{3.35}$$

其中 $\hbar\omega_{nn'}=E_n-E_{n'}$是态 n 与态 n'的能量差，$\Gamma_{nn'}$是横向$(n\neq n')$或纵向$(n=n')$弛豫速率，$[\boldsymbol{H}_{\text{int}}(\omega_a),\boldsymbol{\rho}^{(1)}(\omega_b)]_{nn'}$ 是泊松括号$[\boldsymbol{H}_{\text{int}}(\omega_a),\boldsymbol{\rho}^{(1)}(\omega_b)]$的$(n,n')$矩阵元.

利用矩阵乘法，上式可演变为

$$\rho_{nn'}^{(2)}(\omega_a+\omega_b)=\frac{1}{\hbar(\omega_a+\omega_b-\omega_{nn'}+\mathrm{i}\Gamma_{nn'})}$$
$$\cdot\sum_{n''}\frac{1}{2}\{[\boldsymbol{H}_{\text{int}}(\omega_a)]_{nn''}\rho_{n''n'}^{(1)}(\omega_b)-\rho_{nn''}^{(1)}(\omega_b)[\boldsymbol{H}_{\text{int}}(\omega_a)]_{n''n'}$$
$$+[\boldsymbol{H}_{\text{int}}(\omega_b)]_{nn''}\rho_{n''n'}^{(1)}(\omega_a)-\rho_{nn''}^{(1)}(\omega_a)[\boldsymbol{H}_{\text{int}}(\omega_b)]_{n''n'}\}.\tag{3.36}$$

我们已知，一旦知道频率 ω 的密度矩阵 n 级小量 $\boldsymbol{\rho}^{(n)}(\omega)$，则由式(3.26)即可计算相应的 n 阶非线性极化强度 $\boldsymbol{P}^{(n)}(\omega)$①. 再由以下关系(见式(2.80)及(2.81))：

$$\boldsymbol{P}^{(n)}(\omega)=\varepsilon_0 D\boldsymbol{\chi}^{(n)}(-\omega,\omega_1,\omega_2,\cdots,\omega_n)\,\vdots\,\boldsymbol{E}(\omega_1)\boldsymbol{E}(\omega_2)\cdots\boldsymbol{E}(\omega_n),\tag{3.37}$$

即可确定任意 n 阶极化率 $\boldsymbol{\chi}^{(n)}(-\omega,\omega_1,\omega_2,\cdots,\omega_n)$. 例如：

(1) **线性极化率**. 从式(3.26)可知，线性极化强度 $\boldsymbol{P}^{(1)}(\omega)$的 i 分量为

$$P_i^{(1)}(\omega)=N\mathrm{tr}[\boldsymbol{\rho}^{(1)}(\omega)\mathscr{P}_i]=N\sum_{n'}\sum_{n}\rho_{nn'}^{(1)}(\omega)\langle n'\mid\mathscr{P}_i\mid n\rangle\tag{3.38}$$

其中 $\mathscr{P}_i$ 是电偶极矩算符 $\mathscr{P}=-e\boldsymbol{r}$ 的 i 分量，e 为电子电量，$\boldsymbol{r}$ 是电子相对原子核的位移. 将式(3.31)代入式(3.34)，并将 ω_a 换成 ω，便得

$$\rho_{nn'}^{(1)}(\omega)=\sum_j\frac{e(\boldsymbol{r}_j)_{nn'}}{\hbar(\omega-\omega_{nn'}+\mathrm{i}\Gamma_{nn'})}(\rho_{n'n'}^{(0)}-\rho_{nn}^{(0)})E_j(\omega)\quad(n,n'=g,a,b,\cdots),\tag{3.39}$$

其中 $(\boldsymbol{r}_j)_{nn'}=\langle n|\boldsymbol{r}_j|n'\rangle$，而 $\rho_{nn}^{(0)}$ 是原子在能态 n 上的起始布居. 将上式代入式(3.38)，可得

$$P_i^{(1)}(\omega)=\sum_j P_i^{(1)}(\omega,E_j),\tag{3.40}$$

其中

$$P_i^{(1)}(\omega,E_j)=N\frac{e^2}{\hbar}\sum_n\sum_{n'}\left[\frac{(\boldsymbol{r}_i)_{nn'}(\boldsymbol{r}_j)_{n'n}}{\omega+\omega_{nn'}+\mathrm{i}\Gamma_{nn'}}-\frac{(\boldsymbol{r}_i)_{n'n}(\boldsymbol{r}_j)_{nn'}}{\omega-\omega_{nn'}+\mathrm{i}\Gamma_{nn'}}\right]\cdot\rho_{n'n'}^{(0)}E_j(\omega).\tag{3.41}$$

已知线性极化率张量 $\boldsymbol{\chi}^{(1)}(\omega)$的张量元满足以下关系：

$$P_i^{(1)}(\omega)=\sum_j\varepsilon_0\chi_{ij}^{(1)}(\omega)E_j(\omega).\tag{3.42}$$

---

① 注意：按本书惯例，频率 ω 可取负值，因此真正的 n 阶非线性极化强度应为 $(1/2)[\boldsymbol{P}^{(n)}(\omega)+\mathrm{c.c.}]$.

对比式(3.40)和(3.42),并利用式(3.41),即得

$$\chi_{ij}^{(1)}(\omega)=N\frac{e^2}{\varepsilon_0\hbar}\sum_n\sum_{n'}\left[\frac{(\boldsymbol{r}_i)_{nn'}(\boldsymbol{r}_j)_{n'n}}{\omega+\omega_{nn'}+\mathrm{i}\Gamma_{nn'}}-\frac{(\boldsymbol{r}_j)_{nn'}(\boldsymbol{r}_i)_{n'n}}{\omega-\omega_{nn'}+\mathrm{i}\Gamma_{nn'}}\right]\rho_{n'n'}^{(0)}. \tag{3.43}$$

对于原来处于基态 g 的原子系统,$\rho_{gg}^{(0)}=1$,$\rho_{n'n'}^{(0)}=0$ $(n'\neq g)$,故此时有

$$\chi_{ij}^{(1)}(\omega)=N\frac{e^2}{\varepsilon_0\hbar}\sum_n\left[\frac{(\boldsymbol{r}_i)_{ng}(\boldsymbol{r}_j)_{gn}}{\omega+\omega_{ng}+\mathrm{i}\Gamma_{ng}}-\frac{(\boldsymbol{r}_j)_{ng}(\boldsymbol{r}_i)_{gn}}{\omega-\omega_{ng}+\mathrm{i}\Gamma_{ng}}\right]. \tag{3.44}$$

(2) **二阶非线性极化率.** 设 ω_a 和 ω_b 分别是光场中任意两个光波的频率(可正可负),从式(3.26)可知,频率为 $\omega=\omega_a+\omega_b$ 的二阶极化强度$\boldsymbol{P}^{(2)}(\omega)$的 i 分量

$$P_i^{(2)}(\omega)=N\mathrm{tr}[\boldsymbol{\rho}^{(2)}(\omega)\mathscr{P}_i]=N\sum_{n'}\sum_n\rho_{nn'}^{(2)}(\omega)\langle n'\mid\mathscr{P}_i\mid n\rangle. \tag{3.45}$$

利用式(3.36),并考虑到式(3.31)和(3.39),可先求出 $\omega=\omega_a+\omega_b$ 时的 $\rho_{nn'}^{(2)}(\omega)$;再将其代入式(3.45),求得 $P_i^{(2)}(\omega)$为

$$P_i^{(2)}(\omega)=\sum_j\sum_k P_i^{(2)}[\omega,E_j(\omega_a)E_k(\omega_b)], \tag{3.46}$$

其中 $P_i^{(2)}[\omega,E_j(\omega_a)E_k(\omega_b)]\propto E_j(\omega_a)E_k(\omega_b)$.

与此同时,已知二阶极化率张量$\boldsymbol{\chi}^{(2)}(-\omega,\omega_a,\omega_b)$的张量元满足以下关系:

$$P_i^{(2)}(\omega)=\sum_j\sum_k\varepsilon_0 D\chi_{ijk}^{(2)}(-\omega,\omega_a,\omega_b)E_j(\omega_a)E_k(\omega_b). \tag{3.47}$$

现在,因为 $\boldsymbol{E}(\omega_a)$和 $\boldsymbol{E}(\omega_b)$是不同的光波,故光波简并因子 $D=2$.

对比式(3.46)与(3.47),可得

$$\chi_{ijk}^{(2)}(-\omega,\omega_a,\omega_b)=\frac{P_i^{(2)}[\omega,E_j(\omega_a)E_k(\omega_b)]}{\varepsilon_0 2E_j(\omega_a)E_k(\omega_b)},$$

亦即

$$\chi_{ijk}^{(2)}(-\omega,\omega_a,\omega_b)=-\frac{1}{4}N\frac{e^3}{\varepsilon_0\hbar^2}$$

$$\cdot\sum_{n,n',n''}\Bigg[\frac{(\boldsymbol{r}_i)_{n''n}(\boldsymbol{r}_j)_{nn'}(\boldsymbol{r}_k)_{n'n''}}{(\omega-\omega_{nn''}+\mathrm{i}\Gamma_{nn''})(\omega_b-\omega_{n'n''}+\mathrm{i}\Gamma_{n'n''})}$$

$$+\frac{(\boldsymbol{r}_i)_{n''n}(\boldsymbol{r}_k)_{nn'}(\boldsymbol{r}_j)_{n'n}}{(\omega-\omega_{nn''}+\mathrm{i}\Gamma_{nn''})(\omega_a-\omega_{n'n''}+\mathrm{i}\Gamma_{n'n''})}$$

$$+\frac{(\boldsymbol{r}_k)_{n''n'}(\boldsymbol{r}_j)_{n'n}(\boldsymbol{r}_i)_{nn''}}{(\omega+\omega_{nn''}+\mathrm{i}\Gamma_{nn''})(\omega_b+\omega_{n'n''}+\mathrm{i}\Gamma_{n'n''})}$$

$$+\frac{(\boldsymbol{r}_j)_{n''n'}(\boldsymbol{r}_k)_{n'n}(\boldsymbol{r}_i)_{nn''}}{(\omega+\omega_{nn''}+\mathrm{i}\Gamma_{nn''})(\omega_a+\omega_{n'n''}+\mathrm{i}\Gamma_{n'n''})}$$

$$+\frac{(\boldsymbol{r}_j)_{nn''}(\boldsymbol{r}_k)_{n''n'}(\boldsymbol{r}_i)_{n'n}}{(\omega-\omega_{nn'}+\mathrm{i}\Gamma_{nn'})}$$

$$\cdot\left(\frac{1}{\omega_b+\omega_{n'n''}+\mathrm{i}\Gamma_{n'n''}}+\frac{1}{\omega_a-\omega_{nn''}+\mathrm{i}\Gamma_{nn''}}\right)$$

$$+\frac{(\boldsymbol{r}_k)_{nn''}(\boldsymbol{r}_j)_{n''n'}(\boldsymbol{r}_i)_{n'n}}{(\omega-\omega_{nn'}+\mathrm{i}\Gamma_{nn'})}$$

$$\cdot\left(\frac{1}{\omega_b-\omega_{nn''}+\mathrm{i}\Gamma_{nn''}}+\frac{1}{\omega_a+\omega_{n'n''}+\mathrm{i}\Gamma_{n'n''}}\right)\Bigg]\rho_{n''n''}^{(0)}.\tag{3.48}$$

当 $\omega_a=\omega_b=\Omega$ 且 $\boldsymbol{E}(\omega_a)$ 和 $\boldsymbol{E}(\omega_b)$ 是同一光波时，二阶极化率张量 $\boldsymbol{\chi}^{(2)}(-\omega,\omega_a,\omega_b)$ 其实就是倍频极化张量. 这时在光场 $\boldsymbol{E}(\Omega)$ 作用下，频率为 2Ω 的密度矩阵二级小量的矩阵元可由式(3.23)求得：

$$\rho_{nn'}^{(2)}(2\Omega)=\frac{1}{2}\frac{[\boldsymbol{H}_{\mathrm{int}}(\Omega),\boldsymbol{\rho}^{(1)}(\Omega)]_{nn'}}{\hbar(2\Omega-\omega_{nn'}+\mathrm{i}\Gamma_{nn'})}$$

$$=\frac{1}{\hbar(2\Omega-\omega_{nn'}+\mathrm{i}\Gamma_{nn'})}$$

$$\cdot\frac{1}{2}\sum_{n''}\{[\boldsymbol{H}_{\mathrm{int}}(\Omega)]_{nn''}\rho_{n''n'}^{(1)}(\Omega)-\rho_{nn''}^{(1)}(\Omega)[\boldsymbol{H}_{\mathrm{int}}(\Omega)]_{n''n'}\}.\tag{3.49}$$

用上述计算和(差)频极化的类似方法，利用式(3.49)可得到二阶极化强度 $\boldsymbol{P}^{(2)}(2\Omega)$ 的 i 分量：

$$P_i^{(2)}(2\Omega) = \sum_j \sum_k P_i^{(2)}[2\Omega, E_j(\Omega)E_k(\Omega)], \tag{3.50}$$

其中 $P_i^{(2)}[2\Omega, E_j(\Omega)E_k(\Omega)] \propto E_j(\Omega)E_k(\Omega)$.

由于 $E_j(\Omega)$和 $E_k(\Omega)$是同一光波的不同分量,光波简并因子 $D=1$,故二阶极化率张量$\boldsymbol{\chi}^{(2)}(-2\Omega,\Omega,\Omega)$的张量元满足以下关系:

$$P_i^{(2)}(2\Omega) = \sum_j \sum_k \varepsilon_0 \chi_{ijk}^{(2)}(-2\Omega,\Omega,\Omega)E_j(\Omega)E_k(\Omega). \tag{3.51}$$

对比式(3.50)与(3.51),即可得

$$\chi_{ijk}^{(2)}(-2\Omega,\Omega,\Omega) = \frac{P_i^{(2)}[2\Omega, E_j(\Omega)E_k(\Omega)]}{\varepsilon_0 E_j(\Omega)E_k(\Omega)}$$

或

$$\begin{aligned}
\chi_{ijk}^{(2)}(-2\Omega,\Omega,\Omega) = & -\frac{1}{2}N\frac{e^3}{\varepsilon_0\hbar^2} \\
& \cdot \sum_{n,n',n''}\Bigg[\frac{(\boldsymbol{r}_i)_{n''n}(\boldsymbol{r}_j)_{nn'}(\boldsymbol{r}_k)_{n'n''}}{(2\Omega-\omega_{nn''}+\mathrm{i}\Gamma_{nn''})(\Omega-\omega_{n'n''}+\mathrm{i}\Gamma_{n'n''})} \\
& + \frac{(\boldsymbol{r}_k)_{n''n'}(\boldsymbol{r}_j)_{n'n}(\boldsymbol{r}_i)_{nn''}}{(2\Omega+\omega_{nn''}+\mathrm{i}\Gamma_{nn''})(\Omega+\omega_{n'n''}+\mathrm{i}\Gamma_{n'n''})} \\
& + \frac{(\boldsymbol{r}_k)_{nn''}(\boldsymbol{r}_j)_{n''n'}(\boldsymbol{r}_i)_{n'n}}{(2\Omega-\omega_{nn'}+\mathrm{i}\Gamma_{nn'})} \\
& \cdot \left(\frac{1}{\Omega-\omega_{nn''}+\mathrm{i}\Gamma_{nn''}}+\frac{1}{\Omega+\omega_{n'n''}+\mathrm{i}\Gamma_{n'n''}}\right)\Bigg]\rho_{n''n''}^{(0)}.
\end{aligned} \tag{3.52}$$

可以看出,这个结果和直接令(3.48)式中 $\omega_a=\omega_b=\Omega$ 所得的结果相同,说明本书定义的$\chi_{ijk}^{(2)}(-\omega,\omega_a,\omega_b)$具有连续性.

§3.2 光场感生(非线性)极化的物理图像

在§3.1中,我们已经得到了线性和非线性极化率的微观表达式.这是一些相当冗长的数学表达式,一般而言在对原子能态求和号之下,线性极化率含有2项(见式(3.44)),二阶极化率含有8项(见式(3.48)),三阶极化率含有48项,等等.一方面,如果

我们的讨论只是到此为止，这些冗长的数学表达式就会掩盖对非线性极化物理过程的理解；另一方面，在一个具体的物理条件下，表达式中的所有项并不都是同等重要的，往往起主要作用的是为数不多的几项，我们希望在对极化的物理过程有深刻理解的基础上快捷、准确地写出这些项.这就要求我们进一步讨论光感生（非线性）极化的物理图像，并与极化率微观表达式的每一项联系起来.

以下将通过两个例子来分析极化产生的过程和图像.

例 1　线性极化，亦即频率为 ω 的光场作用于原子系统产生同频率的极化.

为简单起见，设光场作用前原子只在基态 g 有布居，亦即 $\rho_{gg}^{(0)}=1$，而 $\rho_{nn}^{(0)}=\rho_{ng}^{(0)}=0$ ($n\neq g$①；见图 3.1)；亦即原子系统的密度算符为 $\boldsymbol{\rho}^{(0)}=|g\rangle\langle g|$.

在光场作用下系统的密度矩阵要发生变化.根据式(3.26)，为使原子产生极化强度 $\boldsymbol{P}^{(1)}$，变化后的密度矩阵必须出现不为零的非对角元 $\rho_{ng}^{(1)}$ ($n\neq g$).因此，光场作用产生 $\rho_{ng}^{(1)}\neq 0$ ($n\neq g$) 的过程和途径，实质上也就是极化强度 $\boldsymbol{P}^{(1)}$ 产生的过程和途径.

已知在光场作用下密度矩阵由 $\boldsymbol{\rho}^{(0)}$ 到 $\boldsymbol{\rho}^{(0)}+\boldsymbol{\rho}^{(1)}$ 的演化是由方程(3.22)描述的，如果忽略热弛豫的影响，并按本书惯例令

$$\boldsymbol{H}_{\text{int}}=\frac{1}{2}[\boldsymbol{H}_{\text{int}}(\omega)+\boldsymbol{H}_{\text{int}}(-\omega)]$$

及

$$\boldsymbol{\rho}^{(1)}=\frac{1}{2}[\boldsymbol{\rho}^{(1)}(\omega)+\boldsymbol{\rho}^{(1)}(-\omega)],$$

则由方程(3.22)可得

$$\frac{\partial\boldsymbol{\rho}^{(1)}(\omega)}{\partial t}=\frac{1}{\mathrm{i}\hbar}\{[\boldsymbol{H}_0,\boldsymbol{\rho}^{(1)}(\omega)]+[\boldsymbol{H}_{\text{int}}(\omega),\boldsymbol{\rho}^{(0)}]\}.\quad(3.53)$$

由此看出，密度矩阵由 $\boldsymbol{\rho}^{(0)}$ 到 $\boldsymbol{\rho}^{(0)}+\boldsymbol{\rho}^{(1)}$，是因存在泊松括号 $[\boldsymbol{H}_{\text{int}}(\omega),\boldsymbol{\rho}^{(0)}]$.又因为

① 注意：$n\neq g$ 为原子基态以外的任意能态.

$$[\boldsymbol{H}_{\text{int}}(\omega),\boldsymbol{\rho}^{(0)}]=\boldsymbol{H}_{\text{int}}(\omega)\boldsymbol{\rho}^{(0)}-\boldsymbol{\rho}^{(0)}\boldsymbol{H}_{\text{int}}(\omega)$$
$$=\boldsymbol{H}_{\text{int}}(\omega)\mid g\rangle\langle g\mid-\mid g\rangle\langle g\mid\boldsymbol{H}_{\text{int}}(\omega),\quad(3.54)$$

故其影响包括两部分,亦即相互作用哈密顿算符 $\boldsymbol{H}_{\text{int}}(\omega)$对 $\boldsymbol{\rho}^{(0)}=|g\rangle\langle g|$的左作用和右作用.这两部分作用都能产生 $\boldsymbol{\rho}^{(1)}$ 并出现矩阵元$\rho_{ng}^{(1)}(n\neq g)$.

先考虑左作用项 $\boldsymbol{H}_{\text{int}}(\omega)|g\rangle\langle g|$.由于

$$\boldsymbol{H}_{\text{int}}(\omega)=-\mathscr{P}\cdot\boldsymbol{E}(\omega),$$

故该项的(n,g)非对角矩阵元为

$$[\boldsymbol{H}_{\text{int}}(\omega)\mid g\rangle\langle g\mid]_{ng}=\langle n\mid\boldsymbol{H}_{\text{int}}(\omega)\mid g\rangle\langle g\mid g\rangle$$
$$\propto-\langle n\mid\mathscr{P}\mid g\rangle\cdot\boldsymbol{A}\mathrm{e}^{-\mathrm{i}\omega t}.$$

只要$\langle n|\mathscr{P}|g\rangle\neq\boldsymbol{0}$,亦即能态 g 和 n 之间是电偶极矩允许跃迁,它就不为零.这时,由式(3.53)可知将出现不为零的非对角矩阵元$\rho_{ng}^{(1)}(\omega)$,且

$$\rho_{ng}^{(1)}(\omega)\propto\langle n\mid\mathscr{P}\mid g\rangle\cdot\boldsymbol{A}\mathrm{e}^{-\mathrm{i}\omega t}.\quad(3.55)$$

因频率为 ω 的极化强度 $\boldsymbol{P}^{(1)}(\omega)$与密度矩阵 $\boldsymbol{\rho}^{(1)}(\omega)$存在以下关系:

$$\boldsymbol{P}^{(1)}(\omega)=N\mathrm{tr}[\boldsymbol{\rho}^{(1)}(\omega)\mathscr{P}]$$
$$=N\sum_n\rho_{ng}^{(1)}(\omega)\langle g\mid\mathscr{P}\mid n\rangle+N\sum_n\rho_{gn}^{(1)}(\omega)\langle n\mid\mathscr{P}\mid g\rangle,$$
$$(3.56)$$

将式(3.55)代入上式第二个等号右边的第一个求和项,即知左作用项对 $\boldsymbol{P}^{(1)}(\omega)$的产生有贡献,且贡献大小比例于

$$\sum_n\boldsymbol{A}\cdot\langle n\mid\mathscr{P}\mid g\rangle\langle g\mid\mathscr{P}\mid n\rangle\mathrm{e}^{-\mathrm{i}\omega t}.$$

这是产生极化的一条途径.

再考虑右作用项$|g\rangle\langle g|\boldsymbol{H}_{\text{int}}(\omega)$.它的$(g,n)$非对角矩阵元为

$$[|g\rangle\langle g\mid\boldsymbol{H}_{\text{int}}(\omega)]_{gn}=\langle g\mid g\rangle\langle g\mid\boldsymbol{H}_{\text{int}}(\omega)\mid n\rangle$$
$$\propto-\langle g\mid\mathscr{P}\mid n\rangle\cdot\boldsymbol{A}\mathrm{e}^{-\mathrm{i}\omega t}.$$

同样,只要能态 g 和态 n 之间是电偶极矩允许跃迁,它就不为零.而且,由式(3.53)可知将出现不为零的非对角矩阵元

$$\rho_{gn}^{(1)}(\omega)\propto\langle g\mid\mathscr{P}\mid n\rangle\cdot\boldsymbol{A}\mathrm{e}^{-\mathrm{i}\omega t}.\quad(3.57)$$

将上式代入式(3.56)第二个等号右边的第二个求和项,即知右作

用项对极化 $\boldsymbol{P}^{(1)}(\omega)$ 的产生亦有贡献，且贡献大小比例于

$$\sum_n \boldsymbol{A}\cdot\langle g\mid\mathscr{P}\mid n\rangle\langle n\mid\mathscr{P}\mid g\rangle \mathrm{e}^{-\mathrm{i}\omega t}.$$

这是产生极化的又一条途径.

以上讨论说明，线性极化产生有两条途径，分别来源于相互作用哈密顿算符对系统密度算符 $\boldsymbol{\rho}^{(0)}=|g\rangle\langle g|$ 的左、右作用；同时，由其对 $\boldsymbol{P}^{(1)}(\omega)$ 的贡献可知，它们分别产生了线性极化率表达式(式(3.44))等号右边的一项.

为了表示极化产生的途径，也常常利用原子体系的能级图. 例如，用图 3.2(a)表示左作用途径. 图中向上的实线箭头表示 $\boldsymbol{H}_{\mathrm{int}}(\omega)$ 左作用到 $|g\rangle\langle g|$ 后，当态 g 和态 n 之间是允许跃迁时，左边的态 $|g\rangle$ 可以“吸收”光子 $\hbar\omega$ 跃迁到 $|n\rangle$，从而使体系的密度算符出现 $|n\rangle\langle g|$ 的成分，亦即产生了非对角元 $\rho_{ng}^{(1)}(\omega)$，因而也产生了频率为 ω 的极化强度 $\boldsymbol{P}^{(1)}(\omega)$. 图中向下的粗实线箭头表示所产生的极化 $\boldsymbol{P}^{(1)}(\omega)$(相当于频率为 ω 的振荡电偶极矩)将会辐射出光子 $\hbar\omega$，然后它便和 $\rho_{ng}^{(1)}(\omega)$ 一起消失. 图 3.2(b)则用以表示右作用途径. 图中向下的实线箭头表示 $\boldsymbol{H}_{\mathrm{int}}(\omega)$ 右作用到 $|g\rangle\langle g|$ 后，当态 g 和态 n 之间是允许跃迁时，右边的态 $\langle g|$ 可以“发射”光子 $\hbar\omega$ 并跃迁到 $\langle n|$，从而使体系的密度算符出现 $|g\rangle\langle n|$ 的成分，亦即产生了非对角元 $\rho_{gn}^{(1)}(\omega)$，因而也产生了频率为 ω 的极化强度 $\boldsymbol{P}^{(1)}(\omega)$. 图中向下的粗实线箭头，表示所产生的极化强度 $\boldsymbol{P}^{(1)}(\omega)$(相当于频率为 ω 的振荡电偶极矩)辐射光子 $\hbar\omega$ 后便和 $\rho_{gn}^{(1)}(\omega)$ 一起消失.

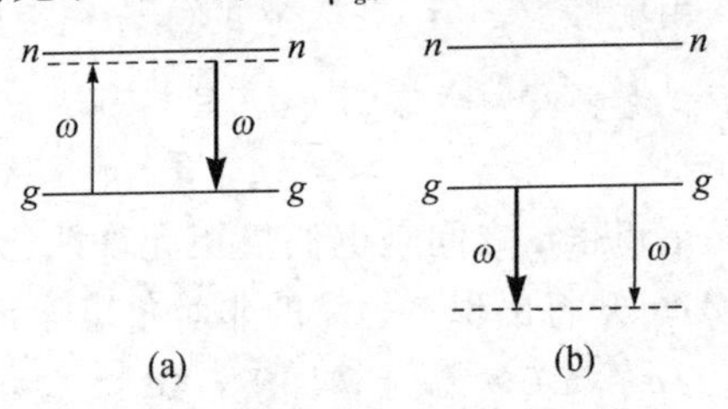

图 3.2　线性极化过程的两条途径

在用能级图表示极化过程时,需要注意的是:图中用箭头表示的跃迁并不代表能级布居的变化,亦即不是通常光谱学意义下的能级跃迁.这里所说的"吸收"或"发射",也不是通常光谱学意义下伴随着布居变化的真正吸收或发射.这些都只是非线性光学用来描述极化过程物理图像的习惯符号和术语而已.

此外,从上述讨论还可看出,要产生极化强度 $\boldsymbol{P}^{(1)}(\omega)$,通过左作用需要"吸收"光子,而通过右作用则要"发射"光子.

例 2 二阶和频极化,亦即频率为 ω_1 和 ω_2 两光波作用到体系后产生的频率为 $\omega_1+\omega_2$ 的二阶非线性极化.

我们仍然假定体系原来处于基态,即 $\boldsymbol{\rho}^{(0)}=|g\rangle\langle g|$.在由频率为 ω_1 和 ω_2 的两光波组成的光场作用下,密度矩阵将由 $\boldsymbol{\rho}^{(0)}$ 变到 $\boldsymbol{\rho}^{(0)}+\boldsymbol{\rho}^{(1)}+\boldsymbol{\rho}^{(2)}$.为产生频率为 $\omega_1+\omega_2$ 的二阶非线性极化,由式(3.26)可知必须出现频率为 $\omega_1+\omega_2$ 的非对角矩阵元 $\rho_{ng}^{(2)}$ $(n\neq g)$.下面来分析产生的途径:因为

$$\boldsymbol{H}_{\text{int}}=\frac{1}{2}\sum_{i=1,2}[\boldsymbol{H}_{\text{int}}(\omega_i)+\boldsymbol{H}_{\text{int}}(-\omega_i)]$$

及

$$\boldsymbol{\rho}^{(1)}=\frac{1}{2}\sum_{i=1,2}[\boldsymbol{\rho}^{(1)}(\omega_i)+\boldsymbol{\rho}^{(1)}(-\omega_i)],$$

故由式(3.22)可知 $\boldsymbol{\rho}^{(1)}(\omega_i)$ 由以下方程产生(忽略热弛豫项):

$$\frac{\partial\boldsymbol{\rho}^{(1)}(\omega_i)}{\partial t}=\frac{1}{\mathrm{i}\hbar}\{[\boldsymbol{H}_0,\boldsymbol{\rho}^{(1)}(\omega_i)]+[\boldsymbol{H}_{\text{int}}(\omega_i),\boldsymbol{\rho}^{(0)}]\}\quad(i=1,2).\tag{3.58}$$

令 $\boldsymbol{\rho}^{(2)}$ 中频率为 $\omega_1+\omega_2$ 的成分表示为

$$\frac{1}{2}[\boldsymbol{\rho}^{(2)}(\omega_1+\omega_2)+\boldsymbol{\rho}^{(2)}(-\omega_i-\omega_2)],$$

则由方程(3.23)可知,$\boldsymbol{\rho}^{(2)}(\omega_1+\omega_2)$满足以下方程:

$$\begin{aligned}\frac{\partial\boldsymbol{\rho}^{(2)}(\omega_1+\omega_2)}{\partial t}=&\frac{1}{\mathrm{i}\hbar}\Big\{[\boldsymbol{H}_0,\boldsymbol{\rho}^{(2)}(\omega_1+\omega_2)]\\&+\frac{1}{2}[\boldsymbol{H}_{\text{int}}(\omega_1),\boldsymbol{\rho}^{(1)}(\omega_2)]+\frac{1}{2}[\boldsymbol{H}_{\text{int}}(\omega_2),\boldsymbol{\rho}^{(1)}(\omega_1)]\Big\}.\end{aligned}\tag{3.59}$$

由方程(3.58)看出，$\boldsymbol{\rho}^{(1)}(\omega_i)$的产生源自泊松括号

$$[\boldsymbol{H}_{\text{int}}(\omega_i),\boldsymbol{\rho}^{(0)}]=\boldsymbol{H}_{\text{int}}(\omega_i)\,|g\rangle\langle g|-|g\rangle\langle g|\,\boldsymbol{H}_{\text{int}}(\omega_i).$$

它代表有两条途径，即 $\boldsymbol{H}_{\text{int}}(\omega_i)$对$|g\rangle\langle g|$的左作用和右作用. 由方程(3.59)又可知，由 $\boldsymbol{\rho}^{(1)}(\omega_i)$导致 $\boldsymbol{\rho}^{(2)}(\omega_1+\omega_2)$则源自泊松括号

$$[\boldsymbol{H}_{\text{int}}(\omega_1),\boldsymbol{\rho}^{(1)}(\omega_2)]=\boldsymbol{H}_{\text{int}}(\omega_1)\boldsymbol{\rho}^{(1)}(\omega_2)-\boldsymbol{\rho}^{(1)}(\omega_2)\boldsymbol{H}_{\text{int}}(\omega_1)$$

和

$$[\boldsymbol{H}_{\text{int}}(\omega_2),\boldsymbol{\rho}^{(1)}(\omega_1)]=\boldsymbol{H}_{\text{int}}(\omega_2)\boldsymbol{\rho}^{(1)}(\omega_1)-\boldsymbol{\rho}^{(1)}(\omega_1)\boldsymbol{H}_{\text{int}}(\omega_2).$$

两者均有 $\boldsymbol{H}_{\text{int}}(\omega_i)$的左作用和右作用两项，故共有 4 条产生途径. 因此，在上述光场作用下由 $\boldsymbol{\rho}^{(0)}$导致 $\boldsymbol{\rho}^{(2)}(\omega_1+\omega_2)$的产生共有 8 条途径.

这 8 条途径与二阶极化率张量$\boldsymbol{\chi}^{(2)}(-\omega_1-\omega_2,\omega_1,\omega_2)$中的 8 项相对应.

第一条途径是，$\boldsymbol{\rho}^{(0)}$经过 $\boldsymbol{H}_{\text{int}}(\omega_1)$的左作用由式(3.58)产生 $\boldsymbol{\rho}^{(1)}(\omega_1)$，后者又经 $\boldsymbol{H}_{\text{int}}(\omega_2)$的左作用由式(3.59)产生 $\boldsymbol{\rho}^{(2)}(\omega_1+\omega_2)$，其中不为零的非对角矩阵元 $\rho_{ng}^{(2)}(\omega_1+\omega_2)$的产生过程则具体分析如下：

$\boldsymbol{H}_{\text{int}}(\omega_1)$左作用到 $\boldsymbol{\rho}^{(0)}=|g\rangle\langle g|$后，其$(n',g)$非对角矩阵元($n'$为除基态外的任意能态)为

$$\begin{aligned}[\boldsymbol{H}_{\text{int}}(\omega_1)\,|g\rangle\langle g|]_{n'g}&=\langle n'|\boldsymbol{H}_{\text{int}}(\omega_1)|g\rangle\langle g|g\rangle\\&\propto-\langle n'|\mathscr{P}|g\rangle\cdot\boldsymbol{A}_1\mathrm{e}^{-\mathrm{i}\omega_1 t}.\end{aligned}$$

当态 g 和态 n'之间是电偶极矩允许跃迁时，它不为零. 于是，由方程(3.58)可知，$\boldsymbol{\rho}^{(1)}(\omega_1)$也将出现不为零非对角矩阵元

$$\rho_{n'g}^{(1)}(\omega_1)\propto\langle n'|\mathscr{P}|g\rangle\cdot\boldsymbol{A}_1\mathrm{e}^{-\mathrm{i}\omega_1 t},\qquad(3.60)$$

亦即密度算符 $\boldsymbol{\rho}^{(1)}(\omega_1)$将含有项 $\rho_{n'g}^{(1)}(\omega_1)|n'\rangle\langle g|$. 因此，当 $\boldsymbol{H}_{\text{int}}(\omega_2)$左作用到 $\boldsymbol{\rho}^{(1)}(\omega_1)$时，便会出现项 $\rho_{n'g}^{(1)}(\omega_1)\boldsymbol{H}_{\text{int}}(\omega_2)|n'\rangle\langle g|$. 后者的

(n,g)非对角元(n为除基态外的任意能态)为

$$[\rho_{n'g}^{(1)}(\omega_1)\boldsymbol{H}_{\text{int}}(\omega_2)\mid n'\rangle\langle g\mid]_{ng}=\rho_{n'g}^{(1)}(\omega_1)\langle n\mid\boldsymbol{H}_{\text{int}}(\omega_2)\mid n'\rangle$$

$$\cdot\langle g\mid g\rangle\propto-\rho_{n'g}^{(1)}(\omega_1)\langle n\mid\mathscr{P}\mid n'\rangle\cdot\boldsymbol{A}_2\mathrm{e}^{-\mathrm{i}\omega_2 t}.$$

当态n和态n'之间是电偶极矩允许跃迁时,它不为零. 于是,由方程(3.59)便可知$\boldsymbol{\rho}^{(2)}(\omega_1+\omega_2)$也将出现不为零的$(n,g)$非对角元

$$\rho_{ng}^{(2)}(\omega_1+\omega_2)\propto\boldsymbol{A}_2\cdot\langle n\mid\mathscr{P}\mid n'\rangle\langle n'\mid\mathscr{P}\mid g\rangle\cdot\boldsymbol{A}_1\mathrm{e}^{-\mathrm{i}(\omega_1+\omega_2)t}. \tag{3.61}$$

由于频率为$\omega_1+\omega_2$的二阶极化强度为

$$\begin{aligned}\boldsymbol{P}^{(2)}(\omega_1+\omega_2)&=N\mathrm{tr}[\boldsymbol{\rho}^{(2)}(\omega_1+\omega_2)\mathscr{P}]\\&=N\sum_n\rho_{ng}^{(2)}(\omega_1+\omega_2)\langle g\mid\mathscr{P}\mid n\rangle\\&\quad+N\sum_n\rho_{gn}^{(2)}(\omega_1+\omega_2)\langle n\mid\mathscr{P}\mid g\rangle,\end{aligned} \tag{3.62}$$

故该途径对$\boldsymbol{P}^{(2)}(\omega_1+\omega_2)$的产生有贡献,且贡献大小比例于

$$\boldsymbol{A}_2\cdot\langle n\mid\mathscr{P}\mid n'\rangle\langle n'\mid\mathscr{P}\mid g\rangle\cdot\boldsymbol{A}_1\langle g\mid\mathscr{P}\mid n\rangle\mathrm{e}^{-\mathrm{i}(\omega_1+\omega_2)t}.$$

这也相当于在介质中产生了频率为$\omega_1+\omega_2$的振荡电偶极矩,产生的条件是$g\to n,n\to n',n'\to g$均为电偶极矩允许跃迁.

上述途径也可用能级图表示(见图3.3(a)). 图中n'和n是满足上述能级跃迁条件的任意能态,由态g向上的第一个实线箭头表示$\boldsymbol{H}_{\text{int}}(\omega_1)$左作用到$|g\rangle\langle g|$后,左边的态$|g\rangle$"吸收"光子$\hbar\omega_1$跃迁到$|n'\rangle$,从而使体系的密度算符出现$|n'\rangle\langle g|$的成分,亦即产生了非对角元$\rho_{n'g}^{(1)}(\omega_1)$;第二个向上的实线箭头表示在此基础上,$\boldsymbol{H}_{\text{int}}(\omega_2)$左作用到$|n'\rangle\langle g|$后,左边的态$|n'\rangle$"吸收"光子$\hbar\omega_2$跃迁到$|n\rangle$,从而使密度算符出现$|n\rangle\langle g|$的成分,亦即产生了非对角元$\rho_{ng}^{(2)}(\omega_1+\omega_2)$. 图中向下的粗实线箭头,则表示所产生的极化强度$\boldsymbol{P}^{(2)}(\omega_1+\omega_2)$(相当于频率为$\omega_1+\omega_2$的振荡电偶极矩)将会辐射出光子$\hbar(\omega_1+\omega_2)$,然后便和$\rho_{ng}^{(2)}(\omega_1+\omega_2)$一起消失.

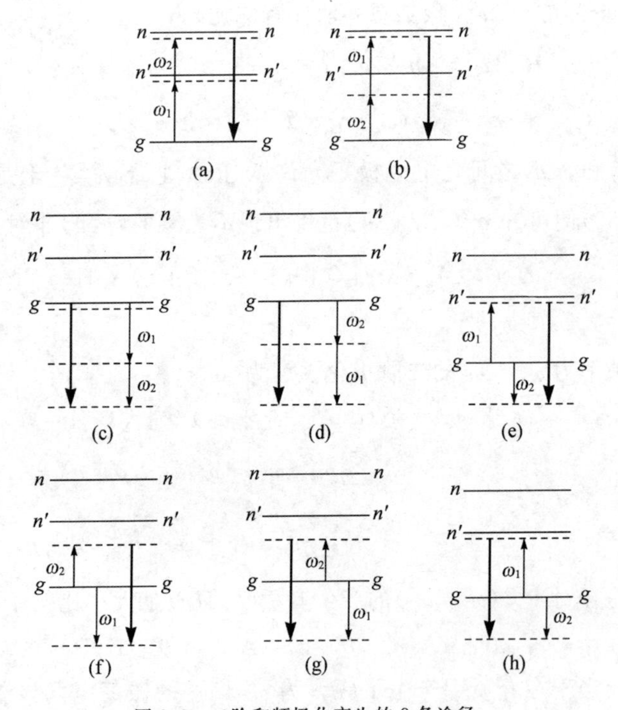

图 3.3　二阶和频极化产生的 8 条途径

这条途径也可用以下的作用链来表示：

$\rho_{gg}^{(0)}$（经左作用“吸收”光子 $\hbar\omega_1$）

$\rightarrow \rho_{n'g}^{(1)}(\omega_1)$（经左作用“吸收”光子 $\hbar\omega_2$）

$\rightarrow \rho_{ng}^{(1)}(\omega_1+\omega_2)$.

第二条途径类似第一条途径，只是将 ω_1 和 ω_2 互换，亦即先作用 ω_2，后作用 ω_1. 此时的作用链为

$\rho_{gg}^{(0)}$（经左作用“吸收”光子 $\hbar\omega_2$）

$\rightarrow \rho_{n'g}^{(1)}(\omega_2)$（经左作用“吸收”光子 $\hbar\omega_1$）

$\rightarrow \rho_{ng}^{(2)}(\omega_1+\omega_2)$.

用能级图则表示为图 3.3(b)，和图 3.3(a)的区别只在于 ω_1 和 ω_2

互换.

第三条途径是，$\boldsymbol{\rho}^{(0)}$ 经过 $\boldsymbol{H}_{\text{int}}(\omega_1)$ 的右作用由式(3.58)产生 $\boldsymbol{\rho}^{(1)}(\omega_1)$，后者又经 $\boldsymbol{H}_{\text{int}}(\omega_2)$ 的右作用由式(3.59)产生 $\boldsymbol{\rho}^{(2)}(\omega_1+\omega_2)$.

$\boldsymbol{H}_{\text{int}}(\omega_1)$ 右作用到 $\boldsymbol{\rho}^{(0)}=|g\rangle\langle g|$ 后，其(g,n')非对角矩阵元(n'为除基态外的任意能态)为

$$[|g\rangle\langle g|\boldsymbol{H}_{\text{int}}(\omega_1)]_{gn'}=\langle g|g\rangle\langle g|\boldsymbol{H}_{\text{int}}(\omega_1)|n'\rangle$$
$$\propto-\langle g|\mathscr{P}|n'\rangle\cdot\boldsymbol{A}_1\mathrm{e}^{-\mathrm{i}\omega_1 t}.$$

当态 g 和态 n' 之间是电偶极矩允许跃迁时，它不为零. 于是，由方程(3.58)可知，$\boldsymbol{\rho}^{(1)}(\omega_1)$ 也将出现不为零非对角矩阵元

$$\rho_{gn'}^{(1)}(\omega_1)\propto\langle g|\mathscr{P}|n'\rangle\cdot\boldsymbol{A}_1\mathrm{e}^{-\mathrm{i}\omega_1 t},\tag{3.63}$$

亦即密度算符 $\boldsymbol{\rho}^{(1)}(\omega_1)$ 将含有项 $\rho_{gn'}^{(1)}(\omega_1)|g\rangle\langle n'|$. 因此，当 $\boldsymbol{H}_{\text{int}}(\omega_2)$ 右作用到 $\boldsymbol{\rho}^{(1)}(\omega_1)$ 时便会出现项 $\rho_{gn'}^{(1)}(\omega_1)|g\rangle\langle n'|\boldsymbol{H}_{\text{int}}(\omega_2)$. 后者的$(g,n)$非对角元($n$ 为除基态外的任意能态)为

$$[\rho_{gn'}^{(1)}(\omega_1)|g\rangle\langle n'|\boldsymbol{H}_{\text{int}}(\omega_2)]_{gn}=\rho_{gn'}^{(1)}(\omega_1)\langle g|g\rangle$$
$$\cdot\langle n'|\boldsymbol{H}_{\text{int}}(\omega_2)|n\rangle\propto-\rho_{gn'}^{(1)}(\omega_1)\langle n'|\mathscr{P}|n\rangle\cdot\boldsymbol{A}_2\mathrm{e}^{-\mathrm{i}\omega_2 t}.$$

当态 n 和态 n' 之间是电偶极矩允许跃迁时，它不为零. 于是，由方程(3.59)便可知 $\boldsymbol{\rho}^{(2)}(\omega_1+\omega_2)$ 也将出现不为零的(g,n)非对角元

$$\rho_{gn}^{(2)}(\omega_1+\omega_2)\propto\boldsymbol{A}_1\cdot\langle g|\mathscr{P}|n'\rangle\langle n'|\mathscr{P}|n\rangle\cdot\boldsymbol{A}_2\mathrm{e}^{-\mathrm{i}(\omega_1+\omega_2)t}.\tag{3.64}$$

将上式代入式(3.62)便知，该途径对 $\boldsymbol{P}^{(2)}(\omega_1+\omega_2)$ 的产生会有贡献，且贡献大小比例于

$$\boldsymbol{A}_1\cdot\langle g|\mathscr{P}|n'\rangle\langle n'|\mathscr{P}|n\rangle\cdot\boldsymbol{A}_2\langle n|\mathscr{P}|g\rangle\mathrm{e}^{-\mathrm{i}(\omega_1+\omega_2)t}.$$

当然，前提是 $g\to n, n\to n', n'\to g$ 均为电偶极矩允许跃迁.

上述途径也可用能级图 3.3(c)表示. 由态 g 向下的第一个实线箭头表示 $\boldsymbol{H}_{\text{int}}(\omega_1)$ 右作用到 $|g\rangle\langle g|$ 后，右边的态 $\langle g|$"发射"光子 $\hbar\omega_1$ 跃迁到任意能态 $\langle n'|$，从而使体系的密度算符出现 $|g\rangle\langle n'|$ 的成分，亦即产生了非对角元 $\rho_{gn'}^{(1)}(\omega_1)$；第二个向下的实线箭头表示在此基础上，$\boldsymbol{H}_{\text{int}}(\omega_2)$ 右作用到 $|g\rangle\langle n'|$ 后，右边的态 $\langle n'|$ 又"发射"光子 $\hbar\omega_2$ 跃迁到 $\langle n|$，从而使密度算符出现 $|g\rangle\langle n|$ 的成

分,亦即产生了非对角元 $\rho_{gn}^{(2)}(\omega_1+\omega_2)$. 和前面的图一样,图中向下的粗实线箭头表示所产生的极化强度 $\boldsymbol{P}^{(2)}(\omega_1+\omega_2)$(相当于频率为 $\omega_1+\omega_2$ 的振荡电偶极矩)将会辐射出光子 $\hbar(\omega_1+\omega_2)$,然后便和$\rho_{gn}^{(2)}(\omega_1+\omega_2)$一起消失.

这条途径的作用链为

$\rho_{gg}^{(0)}$(经右作用"发射"光子 $\hbar\omega_1$)

$\rightarrow \rho_{gn'}^{(1)}(\omega_1)$(经右作用"发射"光子 $\hbar\omega_2$)

$\rightarrow \rho_{gn}^{(2)}(\omega_1+\omega_2)$.

第四条途径类似第三条途径,只是将 ω_1 和 ω_2 互换. 此时的作用链为

$\rho_{gg}^{(0)}$(经右作用"发射"光子 $\hbar\omega_2$)

$\rightarrow \rho_{gn'}^{(1)}(\omega_2)$(经右作用"发射"光子 $\hbar\omega_1$)

$\rightarrow \rho_{gn}^{(2)}(\omega_1+\omega_2)$.

能级图表示如图 3.3(d).

用类似思路可将**其余四条途径**用作用链表示如下:

$\rho_{gg}^{(0)}$(经左作用"吸收"光子 $\hbar\omega_1$)

$\rightarrow \rho_{n'g}^{(1)}(\omega_1)$(经右作用"发射"光子 $\hbar\omega_2$)

$\rightarrow \rho_{n'n}^{(2)}(\omega_1+\omega_2)$,

$\rho_{gg}^{(0)}$(经左作用"吸收"光子 $\hbar\omega_2$)

$\rightarrow \rho_{n'g}^{(1)}(\omega_2)$(经右作用"发射"光子 $\hbar\omega_1$)

$\rightarrow \rho_{n'n}^{(2)}(\omega_1+\omega_2)$,

$\rho_{gg}^{(0)}$(经右作用"发射"光子 $\hbar\omega_1$)

$\rightarrow \rho_{gn'}^{(1)}(\omega_1)$(经左作用"吸收"光子 $\hbar\omega_2$)

$\rightarrow \rho_{nn'}^{(2)}(\omega_1+\omega_2)$,

$\rho_{gg}^{(0)}$(经右作用"发射"光子 $\hbar\omega_2$)

$\rightarrow \rho_{gn'}^{(1)}(\omega_2)$(经左作用"吸收"光子 $\hbar\omega_1$)

$\rightarrow \rho_{nn'}^{(2)}(\omega_1+\omega_2)$.

相应的能级图表示如图 3.3(e)~(h).

例 3 二阶差频极化,亦即频率为 ω_1 和 ω_2 两光波作用到体系后产生的频率为 $\omega_1-\omega_2$ 的二阶非线性极化.

和例 2 类似,由 $\boldsymbol{\rho}^{(0)}=|g\rangle\langle g|$ 演变到 $\boldsymbol{\rho}^{(2)}(\omega_1-\omega_2)$ 要经相互作用哈密顿算符

$$\boldsymbol{H}_{\text{int}}=\frac{1}{2}\sum_{i=1,2}[\boldsymbol{H}_{\text{int}}(\omega_i)+\boldsymbol{H}_{\text{int}}(-\omega_i)]$$

的两次作用.首先,第一次作用由以下两个方程(可由式(3.22)得到)分别产生 $\boldsymbol{\rho}^{(1)}(\omega_1)$ 和 $\boldsymbol{\rho}^{(1)}(-\omega_2)$:

$$\frac{\partial\boldsymbol{\rho}^{(1)}(\omega_1)}{\partial t}=\frac{1}{\mathrm{i}\hbar}\{[\boldsymbol{H}_0,\boldsymbol{\rho}^{(1)}(\omega_1)]+[\boldsymbol{H}_{\text{int}}(\omega_1),\boldsymbol{\rho}^{(0)}]\} \tag{3.65}$$

和 $$\frac{\partial\boldsymbol{\rho}^{(1)}(-\omega_2)}{\partial t}=\frac{1}{\mathrm{i}\hbar}\{[\boldsymbol{H}_0,\boldsymbol{\rho}^{(1)}(-\omega_2)]+[\boldsymbol{H}_{\text{int}}(-\omega_2),\boldsymbol{\rho}^{(0)}]\}. \tag{3.66}$$

在这过程中,分别只用到 $\boldsymbol{H}_{\text{int}}$ 中的 $\boldsymbol{H}_{\text{int}}(\omega_1)$ 和 $\boldsymbol{H}_{\text{int}}(-\omega_2)$.

然后,$\boldsymbol{H}_{\text{int}}$ 的第二次作用又可通过方程(可由式(3.23)得到)

$$\begin{aligned}\frac{\partial\boldsymbol{\rho}^{(2)}(\omega_1-\omega_2)}{\partial t}=\frac{1}{\mathrm{i}\hbar}\Big\{&[\boldsymbol{H}_0,\boldsymbol{\rho}^{(2)}(\omega_1-\omega_2)]\\&+\frac{1}{2}[\boldsymbol{H}_{\text{int}}(\omega_1),\boldsymbol{\rho}^{(1)}(-\omega_2)]+\frac{1}{2}[\boldsymbol{H}_{\text{int}}(-\omega_2),\boldsymbol{\rho}^{(1)}(\omega_1)]\Big\}\end{aligned} \tag{3.67}$$

产生 $\boldsymbol{\rho}^{(2)}(\omega_1-\omega_2)$.

由上述三个方程看出,导致 $\boldsymbol{\rho}^{(1)}(\omega_1)$ 和 $\boldsymbol{\rho}^{(1)}(-\omega_2)$ 产生的分别是泊松括号 $[\boldsymbol{H}_{\text{int}}(\omega_1),\boldsymbol{\rho}^{(0)}]$ 和 $[\boldsymbol{H}_{\text{int}}(-\omega_2),\boldsymbol{\rho}^{(0)}]$;而导致 $\boldsymbol{\rho}^{(2)}(\omega_1-\omega_2)$ 产生的则是泊松括号 $[\boldsymbol{H}_{\text{int}}(-\omega_2),\boldsymbol{\rho}^{(1)}(\omega_1)]$ 或 $[\boldsymbol{H}_{\text{int}}(\omega_1),\boldsymbol{\rho}^{(1)}(-\omega_2)]$.因为泊松括号包括两项,分别对应左作用和右作用,所以产生 $\boldsymbol{\rho}^{(2)}(\omega_1-\omega_2)$ 也有 8 条途径.

例如,$\boldsymbol{\rho}^{(0)}=|g\rangle\langle g|$ 经过 $\boldsymbol{H}_{\text{int}}(\omega_1)$ 左作用由式(3.65)产生 $\boldsymbol{\rho}^{(1)}(\omega_1)$,后者又经 $\boldsymbol{H}_{\text{int}}(-\omega_2)$ 左作用由式(3.67)产生 $\boldsymbol{\rho}^{(2)}(\omega_1-\omega_2)$;$\boldsymbol{\rho}^{(0)}$ 经过 $\boldsymbol{H}_{\text{int}}(-\omega_2)$ 左作用由式(3.66)产生 $\boldsymbol{\rho}^{(1)}(-\omega_2)$,后者又经 $\boldsymbol{H}_{\text{int}}(\omega_1)$ 左作用由式(3.67)产生 $\boldsymbol{\rho}^{(2)}(\omega_1-\omega_2)$;$\boldsymbol{\rho}^{(0)}$ 经过 $\boldsymbol{H}_{\text{int}}(\omega_1)$ 左作用由式(3.65)产生 $\boldsymbol{\rho}^{(1)}(\omega_1)$,后者又经 $\boldsymbol{H}_{\text{int}}(-\omega_2)$ 的右作用由式

(3.67)产生 $\boldsymbol{\rho}^{(2)}(\omega_1-\omega_2)$，等等.

按前面所用术语，由 $\boldsymbol{H}_{\text{int}}(-\omega_2)$ 左作用到 $|a\rangle\langle b|$（a,b 为任意态）后，将使态 $|a\rangle|$"吸收"光子能量 $-\hbar\omega_2$ 跃迁到态 $|a'\rangle$，而右作用将使态 $\langle b|$"发射"光子能量 $-\hbar\omega_2$ 跃迁到态 $\langle b'|$. 因为"吸收"负能量相当于"发射"正能量，"发射"负能量相当于"吸收"正能量，所以与上述各条途径相应的产生非对角矩阵元 $\rho_{ng}^{(2)}(\omega_1-\omega_2)$ 或 $\rho_{n'n}^{(2)}(\omega_1-\omega_2)$ 的作用链分别为

$\rho_{gg}^{(0)}$（经左作用"吸收"光子 $\hbar\omega_1$）

$\rightarrow \rho_{n'g}^{(1)}(\omega_1)$（经左作用"发射"光子 $\hbar\omega_2$）

$\rightarrow \rho_{ng}^{(2)}(\omega_1-\omega_2)$，

$\rho_{gg}^{(0)}$（经左作用"发射"光子 $\hbar\omega_2$）

$\rightarrow \rho_{n'g}^{(1)}(\omega_2)$（经左作用"吸收"光子 $\hbar\omega_1$）

$\rightarrow \rho_{ng}^{(2)}(\omega_1-\omega_2)$，

$\rho_{gg}^{(0)}$（经左作用"吸收"光子 $\hbar\omega_1$）

$\rightarrow \rho_{n'g}^{(1)}(\omega_1)$（经右作用"吸收"光子 $\hbar\omega_2$）

$\rightarrow \rho_{n'n}^{(2)}(\omega_1-\omega_2)$，

等等. 而相应的能级图表示则如图 3.4(a)～(c)等.

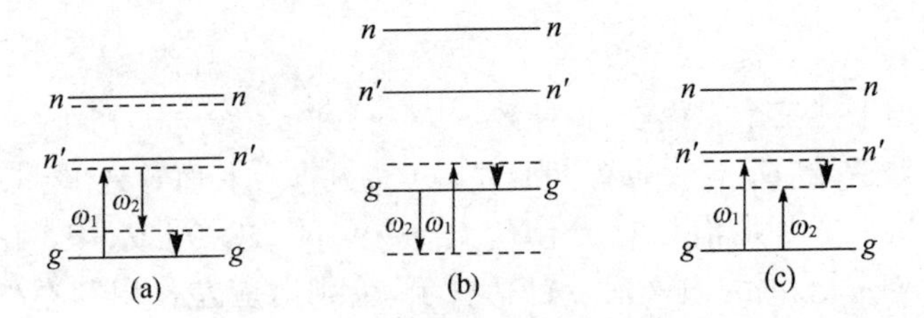

图 3.4　二阶差频极化产生途径举例

§3.3　双费恩曼图法

如前所述，体系在光场作用下，密度矩阵由 $\boldsymbol{\rho}^{(0)}$ 演变到 $\boldsymbol{\rho}^{(n)}(\omega)$ 包含有多条途径，每一条途径对应 $\boldsymbol{\rho}^{(n)}(\omega)$ 中的不同项. 双费恩曼

(Feynman)图法[10]，在上一节思维的基础上，能快速将每一条途径找出来并用一个双费恩曼图加以表示；而且，由这个图利用一些既定规则便可将 $\boldsymbol{\rho}^{(n)}(\omega)$ 中与这条途径对应的项写出来. 这样，画出全部双费恩曼图，将每个图对应的项写出，再加起来便得到所求的 $\boldsymbol{\rho}^{(n)}(\omega)$.

每一个双费恩曼图由左、右两路组成，分别表示密度算符 $\boldsymbol{\rho}^{(0)}=|\psi\rangle\langle\psi|$ 中的 $|\psi\rangle$ 和 $\langle\psi|$ 在相互作用哈密顿的左、右作用下的演变. 举例说明如下：

我们来讨论在频率为 $\omega_1,\omega_2,\cdots,\omega_n$ 的光波组成的光场作用下，体系由 $\boldsymbol{\rho}^{(0)}$ 到 $\boldsymbol{\rho}^{(n)}(\omega_1+\omega_2+\cdots+\omega_n)$ 的演变. 图 3.5 是表示这个演变过程的诸多双费恩曼图中的一个，代表其中一条如下所示的作用途径：

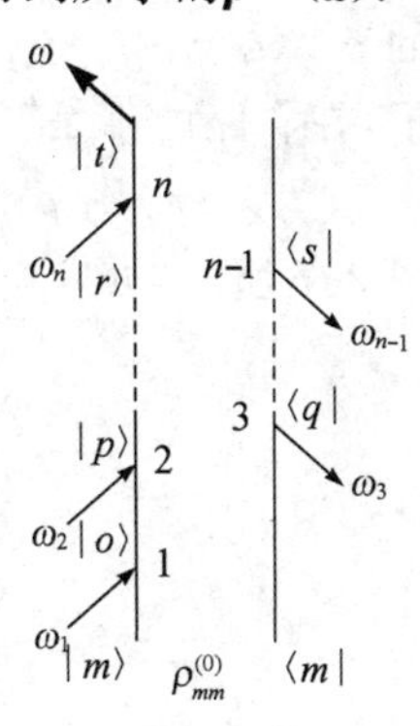

图 3.5 描述 $\boldsymbol{\rho}^{(n)}(\omega_1+\omega_2+\cdots+\omega_n)$ 产生途径的多个双费恩曼图之一

$\rho_{mm}^{(0)}$(经左作用"吸收"光子 $\hbar\omega_1$)

$\rightarrow\rho_{om}^{(1)}(\omega_1)$(经左作用"吸收"光子 $\hbar\omega_2$)

$\rightarrow\rho_{pm}^{(2)}(\omega_1+\omega_2)$(经右作用"发射"光子 $\hbar\omega_3$)

$\rightarrow\rho_{pq}^{(3)}(\omega_1+\omega_2+\omega_3)$

$\rightarrow\cdots$(经右作用"发射"光子 $\hbar\omega_{n-1}$)

$\rightarrow\rho_{rs}^{(n-1)}(\omega_1+\omega_2+\cdots+\omega_{n-1})$(经左作用"吸收"光子 $\hbar\omega_n$)

$\rightarrow\rho_{ts}^{(n)}(\omega_1+\omega_2+\cdots+\omega_n)$.

在这里，$\rho_{mm}^{(0)}$ 是光场作用前体系在 m 态上的布居；m,o,p,q,r,s,t 是体系的任意能态.

在图 3.5 及以后的双费恩曼图中，我们都用图 3.6(a)的方式表示体系的密度算符经 $\boldsymbol{H}_{\text{int}}(\omega_i)$ 左作用后，左面的态 $|m\rangle$"吸收"光子 $\hbar\omega_i$ 并演变到态 $|n\rangle$；用图 3.6(b)的方式表示经 $\boldsymbol{H}_{\text{int}}(-\omega_i)$ 左作用后，左面的态 $|m\rangle$"发射"光子 $\hbar\omega_i$ 并演变到态 $|n\rangle$；用图3.6(c)的方式表示经 $\boldsymbol{H}_{\text{int}}(\omega_i)$ 右作用后，右面的态 $\langle m|$"发射"光子 $\hbar\omega_i$ 并演变到态 $\langle n|$；用图 3.6(d)的方式表示经 $\boldsymbol{H}_{\text{int}}(-\omega_i)$ 右作用后，右面的态 $\langle m|$"吸收"光子 $\hbar\omega_i$ 并演变到态 $\langle n|$. 此外，正如在§3.2 中所看

到的，产生和频要加一个正频率，如果是左作用则必须通过“吸收”光子，而如果是右作用则必须通过“发射”光子；反之，产生差频要加一个负频率，如果是左作用则必须通过“发射”光子，而如果是右作用则必须通过“吸收”光子. 由于图 3.5 表示的是所有频率之和的 $\boldsymbol{\rho}^{(n)}(\omega_1+\omega_2+\cdots+\omega_n)$产生的途径，所以在左路的都是“吸收”光子，在右路的都是“发射”光子. 如果其中某个频率改为差频，例如 ω_2 改为差频，则 $\boldsymbol{\rho}^{(n)}(\omega_1-\omega_2+\cdots+\omega_n)$的相应双费恩曼图将如图 3.7 所示，亦即左路与 ω_2 有关的作用变成“发射”光子.

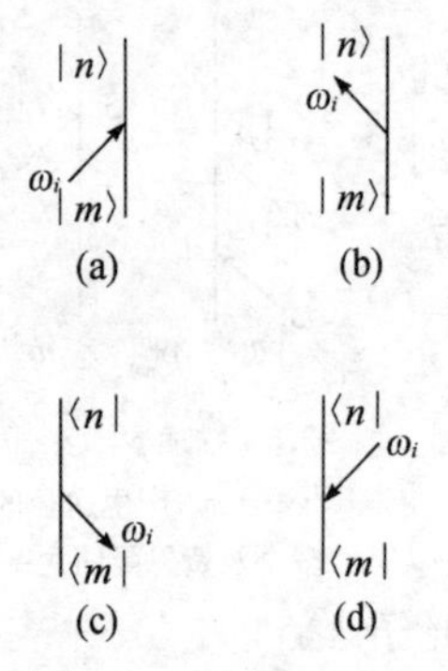

图 3.6 用以描述经 $\boldsymbol{H}_{\text{int}}(\pm\omega_i)$的左或右作用后状态变化的符号

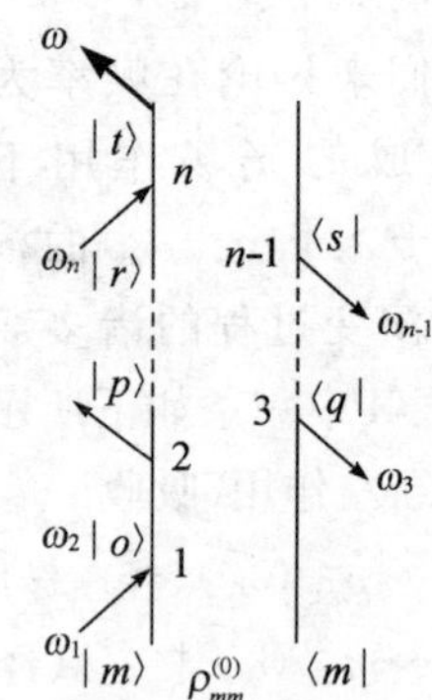

图 3.7 描述 $\boldsymbol{\rho}^{(n)}(\omega_1-\omega_2+\cdots+\omega_n)$产生途径的双费恩曼图中的一个

一个双费恩曼图被作出后，双费恩曼图技术还能根据一些既定规则将 $\boldsymbol{\rho}^{(n)}(\omega)$中与该图对应的项写出来. 下面将叙述这些规则[4]，其证明读者可参考有关文献[10]：

(1) 写下能态 m 上的起始布居 $\rho_{mm}^{(0)}$.

(2) 每经一个作用点均乘上一个因子. 若这个作用点是通过光波 ω_i 左作用“吸收”光子而使态$|a\rangle$跃迁到$|b\rangle$，则因子为$(1/\mathrm{i}\hbar)\langle b|\boldsymbol{H}_{\text{int}}(\omega_i)|a\rangle$；若是通过光波 ω_i 左作用“发射”光子而使态$|a\rangle$跃迁到$|b\rangle$，则因子为$(1/\mathrm{i}\hbar)\langle b|\boldsymbol{H}_{\text{int}}(-\omega_i)|a\rangle$；若是通过光波 ω_i 右作用“发射”光子而使态$|a\rangle$跃迁到$|b\rangle$，则因子为$(-1/\mathrm{i}\hbar)\langle a|\boldsymbol{H}_{\text{int}}(\omega_i)|b\rangle$；若是通过光波 ω_i 右作用“吸收”光子而使态$|a\rangle$跃迁到$|b\rangle$，则因子为$(-1/\mathrm{i}\hbar)\langle a|\boldsymbol{H}_{\text{int}}(-\omega_i)|b\rangle$.

(3) 经第 $j(j=1,2,\cdots,n)$ 个作用点后，设左、右两路演化到 $|1\rangle\langle k|$，则又要乘上一个因子 $\mathrm{i}(\sum_{i=1}^{j}\pm\omega_i-\omega_{lk}+\mathrm{i}\Gamma_{lk})^{-1}$，其中 $\hbar\omega_{lk}=E_l-E_k$，而 E_l,E_k 分别是态 l 和态 k 的能量，Γ_{lk} 是 $|1\rangle\langle k|$ 的弛豫速率. 此外，当第 i 个作用点是在左路且"吸收"光子，或者在右路且"发射"光子时，该因子内 ω_i(作用于第 i 点的光波频率)前面的正、负号取正号，否则取负号.

(4) 经 n 次作用后，左右两路最后演化到 $|t\rangle\langle s|$，则再要乘上因子 $|t\rangle\langle s|$.

(5) 将上述因子相乘后，由于 $m,o,p,q,\cdots,r,s,t$ 是体系的任意能态，所以还要对所得表达式进行多重求和 $\sum_{m,o,p,q,\cdots,r,s,t}$，其中每个求和指标均取遍体系全部能态.

以上所得结果乘上 2^{1-n}，便是 $\boldsymbol{\rho}^{(n)}(\omega)$中与该双费恩曼图对应的项.

按照此规则，$\boldsymbol{\rho}^{(n)}(\omega_1+\omega_2+\cdots+\omega_n)$中与图 3.5 所示双费恩曼图对应的项可立即写出为

$$
\begin{aligned}
[\boldsymbol{\rho}^{(n)}(\omega_1+\omega_2+\cdots+\omega_n)]_{\mathrm{T}}=&\frac{(-1)^{n_{\mathrm{r}}}}{2^{n-1}}\\
&\cdot\sum_{m,o,p,q,\cdots,r,s,t}\left[\frac{|t\rangle\langle t|\boldsymbol{H}(\omega_n)|r\rangle\cdots\langle p|\boldsymbol{H}(\omega_2)|o\rangle\langle o|\boldsymbol{H}(\omega_1)|m\rangle\rho_{mm}^{(0)}}{\hbar^n\left(\sum_{i=1}^{n}\omega_i-\omega_{ts}+\mathrm{i}\Gamma_{ts}\right)\left(\sum_{i=1}^{n-1}\omega_i-\omega_{rs}+\mathrm{i}\Gamma_{rs}\right)\cdots}\right.\\
&\left.\cdot\frac{\langle m|\boldsymbol{H}(\omega_3)|q\rangle\cdots\langle|\boldsymbol{H}(\omega_{n-1})|s\rangle\langle s|}{(\omega_1+\omega_2+\omega_3-\omega_{pq}+\mathrm{i}\Gamma_{pq})(\omega_1+\omega_2-\omega_{pm}+\mathrm{i}\Gamma_{pm})(\omega_1-\omega_{om}+\mathrm{i}\Gamma_{om})}\right],
\end{aligned}
\tag{3.68}
$$

其中 n_r 为右路作用点数. 而图 3.7 对应的 $\boldsymbol{\rho}^{(n)}(\omega_1-\omega_2+\cdots+\omega_n)$中的项则为

$$
\begin{aligned}
[\boldsymbol{\rho}^{(n)}(\omega_1-\omega_2+\cdots+\omega_n)]_{\mathrm{T}}=&\frac{(-1)^{n_{\mathrm{r}}}}{2^{n-1}}\\
&\cdot\sum_{m,o,p,q,\cdots,r,s,t}\left[\frac{|t\rangle\langle t|\boldsymbol{H}(\omega_n)|r\rangle\cdots\langle p|\boldsymbol{H}(-\omega_2)|o\rangle\langle o|\boldsymbol{H}(\omega_1)|m\rangle\rho_{mm}^{(0)}}{\hbar^n\left(\omega_1-\omega_2\sum_{i=3}^{n}\omega_i-\omega_{ts}+\mathrm{i}\Gamma_{ts}\right)\left(\omega_1-\omega_2\sum_{i=3}^{n-1}\omega_i-\omega_{rs}+\mathrm{i}\Gamma_{rs}\right)\cdots}\right.
\end{aligned}
$$

$$\cdot \frac{\langle m \mid \boldsymbol{H}(\omega_3) \mid q\rangle \cdots \langle \mid \boldsymbol{H}(\omega_{n-1}) \mid s\rangle\langle s \mid}{(\omega_1 - \omega_2 + \omega_3 - \omega_{pq} + \mathrm{i}\Gamma_{pq})(\omega_1 - \omega_2 - \omega_{pm} + \mathrm{i}\Gamma_{pm})(\omega_1 - \omega_{om} + \mathrm{i}\Gamma_{om})}\Bigg]. \tag{3.69}$$

由式(3.26)即可得出所产生的 n 阶极化强度 $\boldsymbol{P}^{(n)}(\omega_1+\omega_2+\cdots+\omega_n)$中与图 3.5 对应的项为

$$[\boldsymbol{P}^{(n)}(\omega_1+\omega_2+\cdots+\omega_n)]_{\mathrm{T}} = N\mathrm{tr}\{[\boldsymbol{\rho}^{(n)}(\omega_1+\omega_2+\cdots+\omega_n)]_{\mathrm{T}}\mathscr{P}\}. \tag{3.70}$$

而 n 阶极化率张量中所对应的项$[\boldsymbol{\chi}^{(n)}(-\omega,\omega_1,\omega_2,\cdots,\omega_n)]_{\mathrm{T}}$ 则可通过下式得到：

$$[\boldsymbol{P}^{(n)}(\omega_1+\omega_2+\cdots+\omega_n)]_{\mathrm{T}} = \varepsilon_0 D[\boldsymbol{\chi}^{(n)}(-\omega,\omega_1,\omega_2,\cdots,\omega_n)]_{\mathrm{T}} \vdots \boldsymbol{E}(\omega_1)\boldsymbol{E}(\omega_2)\cdots\boldsymbol{E}(\omega_n), \tag{3.71}$$

其中 D 为光波简并因子(见§2.5).

在已知的一个由 $\boldsymbol{\rho}^{(0)}$ 演变到 $\boldsymbol{\rho}^{(n)}(\omega_1+\omega_2+\cdots+\omega_n)$的双费恩曼图基础上，还可以通过以下技巧，找出其全部的双费恩曼图，它们代表演变的其他途径：

首先，在不改变左、右两路作用点数及作用光频率的前提下，通过对 n 个作用点的次序进行置换获得其他图. 例如，由图 3.8(a)置换得到图 3.8(b)，相当于作用次序由 1→2→3 变为 1→3→2；类似变换还有 2→1→3，2→3→1，3→1→2，3→2→1，从而又可得到另外四个图.

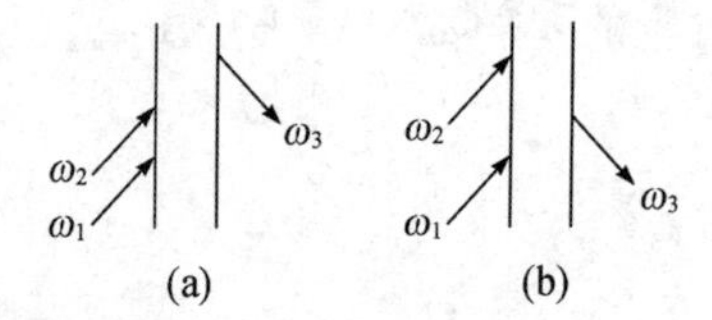

图 3.8　通过置换作用次序由双费恩曼图(a)获得双费恩曼图(b)

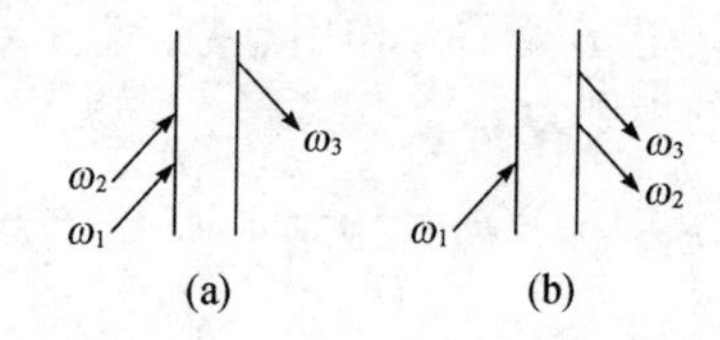

图 3.9　通过改变作用点在左右两路的分布由双费恩曼图(a)获得双费恩曼图(b)

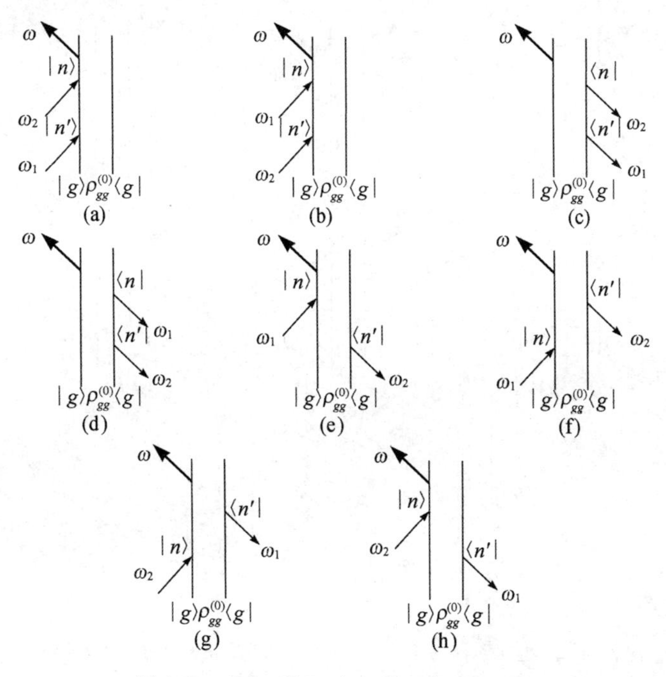

图 3.10 产生 $\boldsymbol{\rho}^{(2)}(\omega_1+\omega_2)$的 8 个双费恩曼图

其次,在不改变作用次序前提下,对 n 个作用点(连同其作用光频)在左、右两路的分布进行各种不同的改变,并注意原来在左路的作用点改变到右路时,“吸收”光子要变成“发射”光子,“发射”光子要变成“吸收”光子;反之亦然. 例如,由图 3.9(a)变到图 3.9(b),就是将第二个作用点由左路移到右路,同时该作用点也由“吸收”变成“发射”. 这样又可得到全部其余的费恩曼图.

用上述技巧,立即可知 $\boldsymbol{\rho}^{(2)}(\omega_1+\omega_2)$有 8 个双费恩曼图,如图 3.10所示;$\boldsymbol{\rho}^{(3)}(\omega_1+\omega_2+\omega_3)$有 48 个双费恩曼图,其中 8 个基本图如图 3.11 所示,其余的图可通过对每个基本图的三个作用点进行先后次序的置换而得到.

当遇到作用光波存在简并时,亦即致使体系产生 $\boldsymbol{\rho}^{(n)}(\omega)$的 n 个频率中,有两个或多个频率相等而且同属一个光波时,用上述方

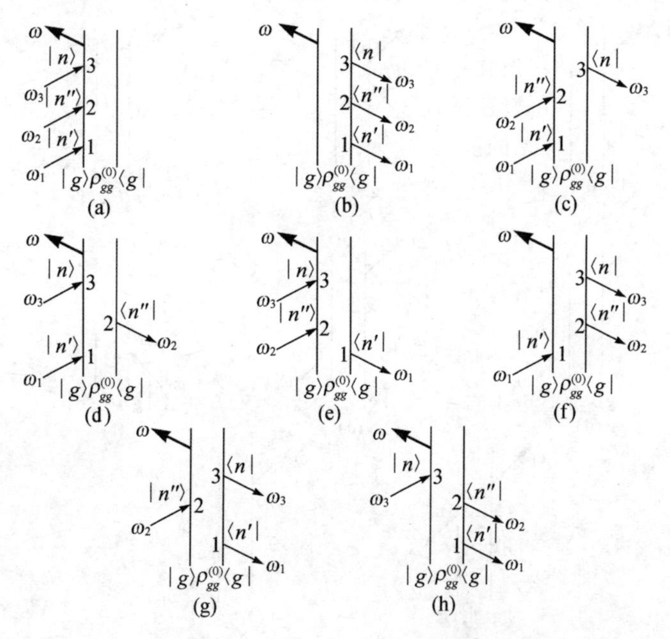

图 3.11　产生 $\boldsymbol{\rho}^{(3)}(\omega_1+\omega_2+\omega_3)$的 48 个双费恩曼图中的 8 个基本图

法得到的双费恩曼图中有些是相同的. 此时,在相同的图中只保留一个. 与之相应,$\boldsymbol{\rho}^{(n)}(\omega)$及极化率张量表达式中的项数也相应减少. 例如由二阶和频变成倍频时,由 8 个图变成 4 个图,相应的项数也由 8 项变成 4 项.

§3.4　非线性极化率的共振增强

从非线性极化率的微观表达式(例如式(3.48)或能得到该表达式的式(3.68))看出,式中每一项的分母都是由一些形如$\left(\sum_{i=1}^{j}\pm\omega_i-\omega_{lk}+\mathrm{i}\Gamma_{lk}\right)^{-1}$的因子组成. 当其中光频的某种和差组合$\sum_{i=1}^{j}\pm\omega_i$与某两个能级之差$\omega_{lk}$(用频率作为尺度)相等时,相应的一项将变得很大；当忽略弛豫过程，亦即令 $\Gamma_{lk}=0$ 时此项将是无穷大. 这称为非线性极化率的共振增强[11]. 利用这种原理，通过调谐入射光的频率，可以获得大大增强的相应非线性光学效应，进而可用以探测物质体系的能级结构.

由于共振增强往往只出现在非线性极化率表达式中的一项或几项，因此当共振发生时，非线性极化率的大小主要是由这一项或几项决定，其余的许多项一般贡献很小，甚至可忽略. 此外，对光波频率改变敏感的也只是这一项或几项，其余的许多项的数值几乎不随光频改变而改变. 因此，此时可将$\boldsymbol{\chi}^{(n)}$表示为对光频敏感的共振部分$\boldsymbol{\chi}_{\mathrm{R}}^{(n)}$和对光频不敏感的非共振部分$\boldsymbol{\chi}_{\mathrm{NR}}^{(n)}$之和.

当存在共振增强时，自然希望能较快地将少数对$\boldsymbol{\chi}_{\mathrm{R}}^{(n)}$有贡献的项找出来. 双费恩曼图法可提供这方面的帮助. 举例说明如下：

设体系有包含 g 和 g' 的一系列能态，其中 g 是基态(见图 3.12(a))，且只有基态有起始布居. 作用于体系的光场由频率为 $\omega_1,\omega_2,\omega_3$ 的三个光波组成，其中前两个光频之差与 g',g 能级对近共振，亦即 $\omega_1-\omega_2\simeq\omega_{g'g}$. 本来三阶极化率张量$\boldsymbol{\chi}^{(3)}(-\omega_a,\omega_1,-\omega_2,\omega_3)$共

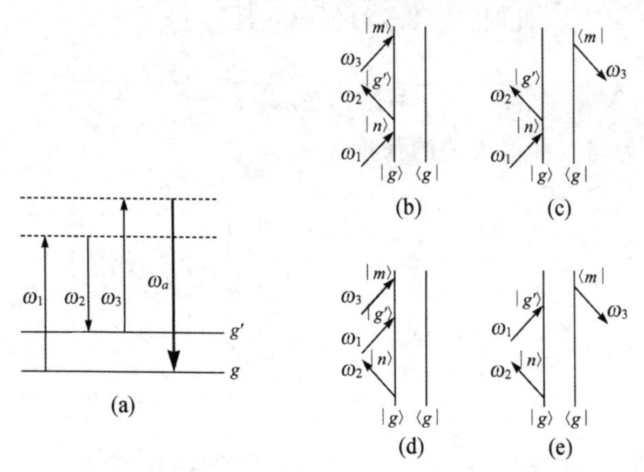

图 3.12 $\boldsymbol{\chi}^{(3)}(-\omega_a,\omega_1,-\omega_2,\omega_3)$单共振增强示意图

(a)体系与光波作用的能级图，其中 $\omega_1-\omega_2\simeq\omega_{g'g}$；(b)～(e)对共振增强有贡献的四幅双费恩曼图.

有 48 项,但利用双费恩曼图法可知,对共振增强有贡献的只有四个双费恩曼图,它们就是图 3.12(b)~(e),因为按该法的规则,只有这四个图经第二个作用点后,相应项的分母会出现共振因子 $\omega_1-\omega_2-\omega_{g'g}+\mathrm{i}\Gamma_{g'g}$. 由此,便有

$$\boldsymbol{\chi}^{(3)}(-\omega_a,\omega_1,-\omega_2,\omega_3)=\boldsymbol{\chi}_{\mathrm{NR}}^{(3)}+\boldsymbol{\chi}_{\mathrm{R}}^{(3)}, \tag{3.72}$$

其中$\boldsymbol{\chi}_{\mathrm{R}}^{(3)}$ 为这四个共振项贡献的总和,可表示为

$$\boldsymbol{\chi}_{\mathrm{R}}^{(3)}=\frac{\boldsymbol{C}}{(\omega_1-\omega_2-\omega_{g'g}+\mathrm{i}\Gamma_{g'g})}, \tag{3.73}$$

张量 $\boldsymbol{C}$ 在 $\omega_1-\omega_2\simeq\omega_{g'g}$ 时与 $\omega_1-\omega_2$ 无关.

如果频率为 $\omega_1,\omega_2,\omega_3$ 的三个光波不仅满足近共振条件 $\omega_1-\omega_2\simeq\omega_{g'g}$,而且 $\omega_1\approx\omega_{ag}$($a$ 是体系的一特定能态),亦即满足双共振条件(见图 3.13(a)),则对双共振增强有贡献的便只有两个双费恩曼图,它们就是图 3.13(b)和(c). 因为按该法的规则,这两个图,也只有这两个图,相应项的分母经第一个作用点后,都出现共振因子 $\omega_1-\omega_{ag}+\mathrm{i}\Gamma_{ag}$;同时,经第二个作用点后又都出现共振因子$\omega_1-\omega_2-\omega_{g'g}+\mathrm{i}\Gamma_{g'g}$. 此时,式(3.72)仍成立,但

$$\boldsymbol{\chi}_{\mathrm{R}}^{(3)}=\frac{\boldsymbol{C}'}{(\omega_1-\omega_{ag}+\mathrm{i}\Gamma_{ag})(\omega_1-\omega_2-\omega_{g'g}+\mathrm{i}\Gamma_{g'g})}, \tag{3.74}$$

其中 $\boldsymbol{C}'$ 为与双共振无关的张量.

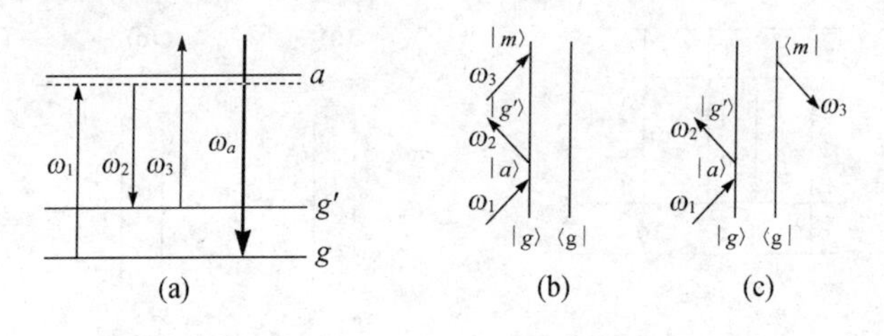

图 3.13 $\boldsymbol{\chi}^{(3)}(-\omega_a,\omega_1,-\omega_2,\omega_3)$双共振增强示意图

(a)体系与光波作用的能级图,其中 $\omega_1-\omega_2\simeq\omega_{g'g}$,$\omega_1\approx\omega_{ag}$;(b)和(c)是对共振增强有贡献的两幅双费恩曼图.

§3.5 局域场修正因子

此前给出的线性和非线性极化率表达式(如式(3.44),(3.48)等)都只适用于稀薄的原子分子体系,因为我们假定宏观极化率张量$\boldsymbol{\chi}^{(n)}$与分子极化率张量$\boldsymbol{\alpha}^{(n)}$之间存在关系:$\boldsymbol{\chi}^{(n)}=N\boldsymbol{\alpha}^{(n)}$($N$为单位体积的分子数),而此关系忽略了分子之间相互作用.当这种相互作用不能忽略时,例如在凝聚态介质中,必须考虑所谓局域场修正[4,12].后面我们将讨论这种修正,但只限定在各向同性和立方对称介质.

光场作用于介质产生某一频率的极化,亦即使分子产生某一频率的振荡电偶极矩.由于这个振荡偶极矩存在辐射场,因此分子间相互作用不能忽略时,每个分子感受到的光场就不仅是外加的场,还有周围分子的辐射场,它们的总和称为局域场.从极化强度的宏观表示可知,极化强度$\boldsymbol{P}(\omega)$可表示为

$$\boldsymbol{P}(\omega)=\varepsilon_0[\boldsymbol{\chi}^{(1)}(\omega)\cdot\boldsymbol{E}(\omega)+D\boldsymbol{\chi}^{(2)}(-\omega,\omega_1,\omega_2):\boldsymbol{E}(\omega_1)\boldsymbol{E}(\omega_2)+\cdots],\tag{3.75}$$

其中$\boldsymbol{E}(\omega),\boldsymbol{E}(\omega_1),\boldsymbol{E}(\omega_2),\cdots$为外加光场.同时$\boldsymbol{P}(\omega)$又是单位体积内分子电偶极矩的总和,亦即

$$\boldsymbol{P}(\omega)=N\boldsymbol{p}(\omega),\tag{3.76}$$

其中$\boldsymbol{p}(\omega)$是一个分子的极化强度.考虑到现在作用在每一分子上的场是局域场$\boldsymbol{E}_l$,所以有

$$\boldsymbol{p}(\omega)=\varepsilon_0[\boldsymbol{\alpha}^{(1)}(\omega)\cdot\boldsymbol{E}_l(\omega)+D\boldsymbol{\alpha}^{(2)}(-\omega,\omega_1,\omega_2):\boldsymbol{E}_l(\omega_1)\boldsymbol{E}_l(\omega_2)+\cdots],\tag{3.77}$$

其中$\boldsymbol{\alpha}^{(1)}(\omega),\boldsymbol{\alpha}^{(2)}(-\omega,\omega_1,\omega_2),\cdots$为分子的线性或非线性极化率.应注意到,因为是各向同性或立方对称介质,所以现在$\boldsymbol{\chi}^{(1)}(\omega)$和$\boldsymbol{\alpha}^{(1)}(\omega)$都是标量.于是,有

$$\boldsymbol{P}(\omega)=N\varepsilon_0[\alpha^{(1)}(\omega)\boldsymbol{E}_l(\omega)+D\boldsymbol{\alpha}^{(2)}(-\omega,\omega_1,\omega_2)$$

$$: \boldsymbol{E}_l(\omega_1)\boldsymbol{E}_l(\omega_2) + \cdots], \tag{3.78}$$

其中

$$\boldsymbol{E}_l(\omega) = \boldsymbol{E}(\omega) + \boldsymbol{E}_{\mathrm{dip}}(\omega), \tag{3.79}$$

而$\boldsymbol{E}_{\mathrm{dip}}(\omega)$是邻近分子振荡偶极矩产生的辐射场. 按照洛伦兹(Lorentz)理论,在具有上述对称性的介质中,存在关系[13]:

$$\boldsymbol{E}_{\mathrm{dip}}(\omega) = \frac{1}{3\varepsilon_0}\boldsymbol{P}(\omega). \tag{3.80}$$

将上式代入式(3.79)后,再代入式(3.78)等号右边第一项,便得

$$\left[1 - \frac{1}{3}N\alpha^{(1)}(\omega)\right]\boldsymbol{P}(\omega) = N\varepsilon_0[\alpha^{(1)}(\omega)\cdot\boldsymbol{E}(\omega)$$
$$+ D\boldsymbol{\alpha}^{(2)}(-\omega,\omega_1,\omega_2) : \boldsymbol{E}_l(\omega_1)\boldsymbol{E}_l(\omega_2) + \cdots]. \tag{3.81}$$

令

$$L(\omega) = \left[1 - \frac{1}{3}N\alpha^{(1)}(\omega)\right]^{-1}, \tag{3.82}$$

则式(3.81)变为

$$\boldsymbol{P}(\omega) = \varepsilon_0 NL(\omega)[\alpha^{(1)}(\omega)\boldsymbol{E}(\omega)$$
$$+ D\boldsymbol{\alpha}^{(2)}(-\omega,\omega_1,\omega_2) : \boldsymbol{E}_l(\omega_1)\boldsymbol{E}_l(\omega_2) + \cdots]. \tag{3.83}$$

对比式(3.78)与(3.83),并忽略非线性项,便可得到

$$\boldsymbol{E}_l(\omega) = L(\omega)\boldsymbol{E}(\omega). \tag{3.84}$$

将上式中的ω换成ω_1和ω_2,代入式(3.83),再与式(3.75)对比,便又可得

$$\chi^{(1)}(\omega) = L(\omega)[N\alpha^{(1)}(\omega)], \tag{3.85}$$

$$\boldsymbol{\chi}^{(2)}(-\omega,\omega_1,\omega_2) = L(\omega)L(\omega_1)L(\omega_2)[N\boldsymbol{\alpha}^{(2)}(-\omega,\omega_1,\omega_2)]. \tag{3.86}$$

以此类推,得到一般表达式

$$\boldsymbol{\chi}^{(n)}(-\omega,\omega_1,\cdots,\omega_n)$$
$$= L(\omega)L(\omega_1)\cdots L(\omega_n)[N\boldsymbol{\alpha}^{(n)}(-\omega,\omega_1,\cdots,\omega_n)], \tag{3.87}$$

其中$L(\omega)$称为局域场修正因子,可由式(3.82)求出.

又因折射率 $n(\omega)$ 与 $\chi^{(1)}(\omega)$ 之间存在关系：

$$n^2(\omega)=1+\chi^{(1)}(\omega),\tag{3.88}$$

故将式(3.82)代入式(3.85)，再利用上式，便可得

$$L(\omega)=\frac{n^2(\omega)+2}{3}.\tag{3.89}$$

参考文献

[1] Rabin H, Tang C L. ed. Quantum electronics. NY: Academic, 1975.

[2] Hanna D C, Yuratich M A, Cotter D. Nonlinear optics of free atoms and molecules. Berlin: Springer-Verlag, 1979.

[3] Butcher P N. Nonlinear optical phenomenon. Columbus: Ohio State University Press, 1965.

[4] Shen Y R. The principles of nonlinear optics. NY: Wiley, 1984.

[5] Armstrong J A, Bloembergen N, et al. Phys. Rev., 1962, 127: 1918.

[6] 曾谨言. 量子力学导论. 北京：北京大学出版社，1998.

[7] Bloembergen N, Shen Y R. Phys. Rev. A, 1964, 133: 37.

[8] Bloembergen N. Nonlinear optics. NY: Benjamin, 1965.

[9] Slichter C P. Principles of magnetic resonance. Berlin: Springer-Verlag, 1978.

[10] Yee T K. Phys. Rev. A, 1978, 18: 1597.

[11] Oudar J L, Shen Y R. Phys. Rev. A, 1981, 22: 1141

[12] Bedeaux D, Bloembergen N. Physica., 1973, 69: 67.

[13] Kittel C. Introduction to solid state physics. 5th ed. NY: Wiley, 1976.

第四章　光学二次谐波与参量变频(一)

§4.1　光在各向异性介质中的传播特性

本章我们主要讨论二阶非线性光学效应.前面已指出,各向同性介质因具有中心反演对称,本身是没有这类效应的.因此,在本章遇到的都是原本的或感生的各向异性介质.为以后讨论方便,本节将对光在各向异性介质中的传播特性(在线性光学范畴)作一简要介绍[1,2].

(1) 一般而言,光场 $\boldsymbol{E}$ 与它在介质中产生的极化强度 $\boldsymbol{P}$ 以及电位移矢量 $\boldsymbol{D}$ 并不平行.$\boldsymbol{D}$ 和 $\boldsymbol{E}$ 各分量之间的关系一般表示为

$$D_i = \sum_j \varepsilon_{ij} E_j \quad (i,j = 1,2,3) \tag{4.1}$$

或

$$\boldsymbol{D} = \boldsymbol{\varepsilon} \cdot \boldsymbol{E}, \tag{4.2}$$

其中

$$\boldsymbol{\varepsilon} = \begin{pmatrix} \varepsilon_{11} & \varepsilon_{12} & \varepsilon_{13} \\ \varepsilon_{21} & \varepsilon_{22} & \varepsilon_{23} \\ \varepsilon_{31} & \varepsilon_{32} & \varepsilon_{33} \end{pmatrix} \tag{4.3}$$

为介质的介电张量.

介质中总会存在三个相互垂直的方向,当 $\boldsymbol{E}$ 落在这三个特殊方向时,$\boldsymbol{D} /\!/ \boldsymbol{E}$.这三个方向称为介质的主轴,以其作 x,y,z 轴的坐标系称为主轴坐标系.在主轴坐标系中,介电张量只有对角元,即

$$\boldsymbol{\varepsilon} = \begin{pmatrix} \varepsilon_1 & 0 & 0 \\ 0 & \varepsilon_2 & 0 \\ 0 & 0 & \varepsilon_3 \end{pmatrix}. \tag{4.4}$$

此时，有

$$D_i = \varepsilon_i E_i \quad (i = 1,2,3), \tag{4.5}$$

而 $n_i = \sqrt{\varepsilon_i / \varepsilon_0}$ 为相应的主折射率.

(2) 波前的传播方向与能量的传播方向一般不一致. 设

$$\boldsymbol{E} = \boldsymbol{A}_E \mathrm{e}^{-\mathrm{i}(\omega t - \boldsymbol{k}\cdot\boldsymbol{r})}, \quad \boldsymbol{H} = \boldsymbol{A}_H \mathrm{e}^{-\mathrm{i}(\omega t - \boldsymbol{k}\cdot\boldsymbol{r})}, \quad \boldsymbol{D} = \boldsymbol{A}_D \mathrm{e}^{-\mathrm{i}(\omega t - \boldsymbol{k}\cdot\boldsymbol{r})}$$

分别为光波的电场、磁场和电位移矢量，则波矢 $\boldsymbol{k}$ 的方向是波前传播方向，能流密度矢量 $\boldsymbol{S} = \boldsymbol{E} \times \boldsymbol{H}$ 的方向为能量传播方向，其中 $\boldsymbol{D} \perp \boldsymbol{k}$，$\boldsymbol{E} \perp \boldsymbol{S}$；$\boldsymbol{E}, \boldsymbol{D}, \boldsymbol{S}, \boldsymbol{k}$ 落在与 $\boldsymbol{H}$ 垂直的同一平面上，如图 4.1 所示. $\boldsymbol{S}$ 偏离 $\boldsymbol{k}$ 的角度 δ 称为离散角. 当沿介质的任意主轴方向传播时 $\delta = 0$.

(3) 存在双折射. 如上所述，$\boldsymbol{D}, \boldsymbol{H}, \boldsymbol{k}$ 互相正交，$\boldsymbol{D}$ 的方向通常称为光波的偏振方向. 在各向异性介质中，任意传播方向 $\boldsymbol{k}$ 一般都存在两个本征的互相正交的偏振方向，它们有不同的折射率，因而也有不同的相速度.

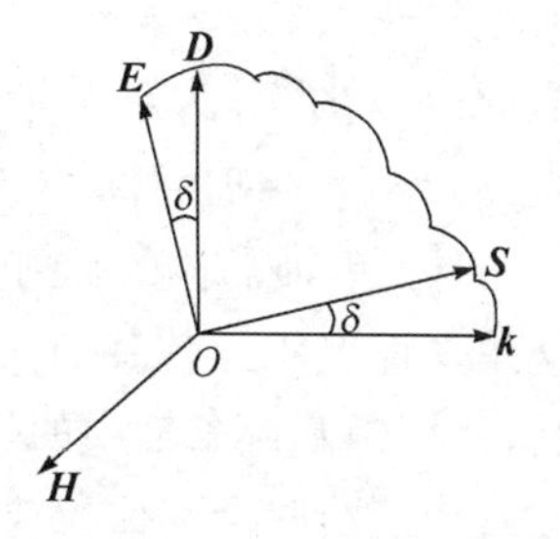

图 4.1　矢量 $\boldsymbol{E}, \boldsymbol{D}, \boldsymbol{H}, \boldsymbol{S}, \boldsymbol{k}$ 的相对取向

(4) 关于"折射率椭球". 这是一种用以讨论光波在各向异性介质中传播的几何方法. 设想在主轴坐标系 $Oxyz$ 上建立方程

$$\frac{x^2}{n_1^2} + \frac{y^2}{n_2^2} + \frac{z^2}{n_3^2} = 1, \tag{4.6}$$

其中 n_1, n_2, n_3 分别是介质与 x, y, z 轴对应的三个主折射率. 无疑，此方程描述的是一个椭球，称为折射率椭球，如图 4.2 所示. n_1, n_2, n_3 分别为该椭球相互正交的三个轴的半轴长.

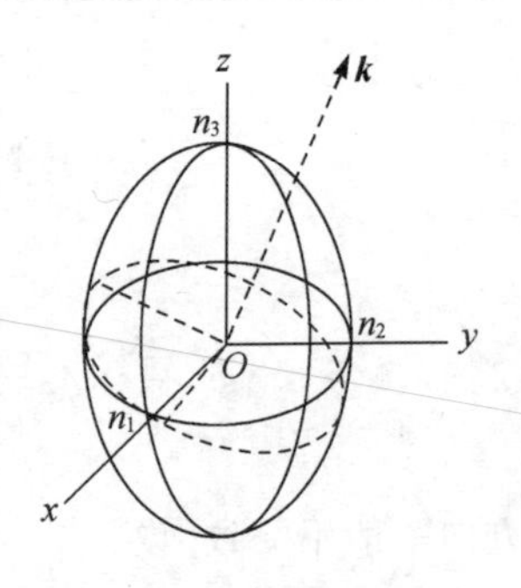

图 4.2　在主轴坐标系中的折射率椭球

我们可以利用折射率椭球,确定在该介质中任意传播方向光波的两个本征偏振方向及其相应的折射率.方法如下:设图中通过原点 O 的矢量 $\boldsymbol{k}$ 是光波波矢,亦即在介质中光波的传播方向.通过 O 点作垂直于 $\boldsymbol{k}$ 的平面,该平面与椭球相截,截面为一椭圆.该椭圆的长、短轴方向就是沿 $\boldsymbol{k}$ 传播光波的两个本征偏振方向;它们的半轴长就是相应的两个折射率.

(5) 各向异性介质(晶体)总存在一个或两个特殊方向,沿该方向传播的光波不存在双折射(即两个本征折射率相等).此方向称为介质的光轴.只有一条光轴的晶体称为单轴晶体,此时三个主折射率的关系是: $n_1=n_2\neq n_3$,而光轴是 z 轴.令 $n_1=n_2=n_{\mathrm{o}}$, $n_3=n_{\mathrm{e}}$,当 $n_{\mathrm{e}}>n_{\mathrm{o}}$ 时,称为正单轴晶体;当 $n_{\mathrm{e}}<n_{\mathrm{o}}$ 时,则称为负单轴晶体.当 $n_1\neq n_2\neq n_3$ 时,称为双轴晶体,因为此时总存在两条光轴.

(6) 单轴晶体的折射率椭球是一个旋转椭球.此时,通过原点 O 并垂直于任意传播方向 $\boldsymbol{k}$ 的平面与该椭球相截的截面是一椭圆,且该椭圆两条轴中的一条总是落在 Oxy 平面内.因此,沿任意方向传播的两个本征光波中的一个,其偏振方向一定落在 Oxy 平面内,而且相应的折射率一定等于 n_{o},不随传播方向改变.此光波称为寻常光(o 光).另一本征光波,其偏振方向与 o 光偏振方向垂直且落在椭圆截面的另一根轴上,相应折射率 $n_{\mathrm{e}}(\theta)$ 随 $\boldsymbol{k}$ 与 z 轴的夹角 θ 而变,称为非常光(e 光).用几何方法容易得出

$$n_{\mathrm{e}}(\theta)=\left(\frac{\sin^2\theta}{n_{\mathrm{o}}^2}+\frac{\cos^2\theta}{n_{\mathrm{e}}^2}\right)^{-1/2}. \tag{4.7}$$

在单轴晶体,通常称传播方向 $\boldsymbol{k}$ 与光轴 z 形成的平面为主平面.从几何学不难看出,o 光垂直于主平面偏振,e 光在主平面内(即平行于主平面)偏振.

(7) 关于“折射率面”. 从坐标原点 O 出发作任意方向的矢量，矢量的长度等于沿该方向传播的光波的折射率，该矢量终端的轨迹是一闭合面，称为折射率面. 由于在任意传播方向，一般存在两个本征折射率(例如在单轴晶体的 n_o 和 $n_e(\theta)$)，因此在该方向作出的矢量有两个终端，它们各自的空间轨迹都形成一个闭合面，而折射率面则是由这两个闭合面交叠构成的.

对于单轴晶体，折射面由 o 光和 e 光两个闭合面构成：前者是半径为 n_o 的球面；后者是旋转椭球面，与上述球面相切，切点落在光轴 z 上. 该椭球面与 Oxy 平面的交线是一个半径为 n_e 的圆. 对于正、负单轴晶体，分别如图 4.3(a)和(b)所示.

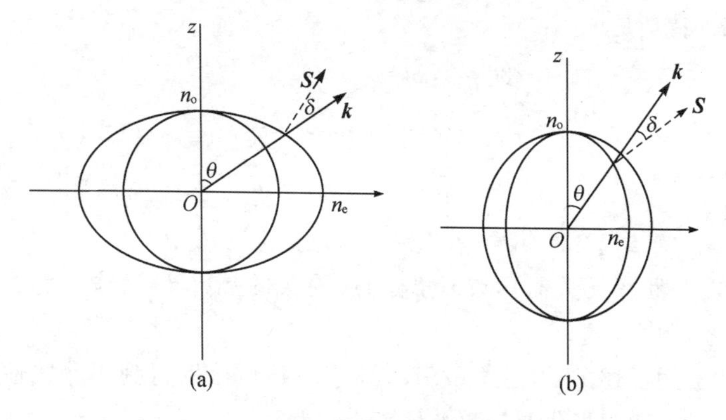

图 4.3 正单轴晶体(a)和负单轴晶体(b)的折射率面

当给出折射面后，由原点 O 出发作任意方向的矢量 $\boldsymbol{k}$，该矢量与折射率面一般有两个交点. 量出 O 点到两交点的距离，即可确定沿该方向传播的光波的两个本征折射率. 对单轴晶体，它们就是 n_o 和由式(4.7)给出的 $n_e(\theta)$. 此外，通过上述交点作与折射面垂直的矢量 $\boldsymbol{S}$，则 $\boldsymbol{S}$ 就是相应光波的能量传播方向. 对于 o 光，能量传播方向 $\boldsymbol{S}$ 与波面传播方向 $\boldsymbol{k}$ 总是一致的；但对于 e 光一般不一致，它们之间的夹角就是离散角 δ，δ 与 θ 之间存在关系：

$$\tan\delta = \frac{1}{2}n_e^2(\theta)\left(\frac{1}{n_o^2}-\frac{1}{n_e^2}\right)\sin 2\theta. \tag{4.8}$$

§4.2 晶体中的有效非线性系数

二阶非线性极化常用以在晶体中产生光学倍频、和频与参量振荡. 与这些过程有关的是晶体二阶极化率张量元$\chi_{ijk}^{(2)}(-\omega_3,\omega_1,\omega_2)(i,j,k=1,2,3)$. 本来这些张量元是频率 $\omega_1,\omega_2,\omega_3$ 的函数(即存在色散),但由于这些光学过程一般都是在晶体的透明区进行的,$\omega_1,\omega_2,\omega_3$ 远离共振频率,因此可以忽略色散而认为它们与频率无关. 特别是认为:

$$\begin{aligned}&\chi_{ijk}^{(2)}(-\omega_3,\omega_1,\omega_2)\\&\quad=\chi_{ijk}^{(2)}(-\omega_1,\omega_3,-\omega_2)\\&\quad=\chi_{ijk}^{(2)}(-\omega_2,\omega_3,-\omega_1)\\&\quad=\chi_{ijk}^{(2)}(-2\omega,\omega_1,\omega_1)=d_{ijk}.\end{aligned} \tag{4.9}$$

现在,与频率无关而只与下角标 ijk 有关的常数 d_{ijk} 习惯上称为非线性系数[3].

利用上述关系,由式(2.73)和(2.74)可分别得到用非线性系数表示的和频极化及倍频极化表达式为

$$P_i^{(2)}(\omega_1+\omega_2)=\sum_{j,k}2\varepsilon_0 d_{ijk}E_j(\omega_1)E_k(\omega_2) \tag{4.10}$$

及
$$P_i^{(2)}(2\omega)=\sum_{j,k}\varepsilon_0 d_{ijk}E_j(\omega)E_k(\omega)\quad(i=1,2,3); \tag{4.11}$$

也可用矢量形式表示为

$$\boldsymbol{P}^{(2)}(\omega_1+\omega_2)=2\varepsilon_0\boldsymbol{d}:\boldsymbol{E}(\omega_1)\boldsymbol{E}(\omega_2) \tag{4.12}$$

及
$$\boldsymbol{P}^{(2)}(2\omega)=\varepsilon_0\boldsymbol{d}:\boldsymbol{E}(\omega)\boldsymbol{E}(\omega), \tag{4.13}$$

其中 $\boldsymbol{d}$ 是由元素 d_{ijk} 构成的张量:

$$\boldsymbol{d}=\sum_{i,j,k}d_{ijk}\boldsymbol{a}_i\boldsymbol{a}_j\boldsymbol{a}_k.$$

考虑到置换对称性，应有 $d_{ijk}=d_{ikj}$. 因此，习惯上又用有两个下角标的 d_{il} 代替有三个下角标的 $d_{ijk}(=d_{ikj})$，亦即下角标 i 不变，下角标 jk 和 kj 用一个下角标 l 替代. l 与 jk 的对应关系如下：

$$\begin{aligned} jk &= 11, 22, 33, \underbrace{23, 32}, \underbrace{13, 31}, \underbrace{12, 21}, \\ l &= 1,\ 2,\ 3,\quad 4,\qquad 5,\qquad 6. \end{aligned}$$

在遵循上述对应关系的前提下，有 $d_{ijk}=d_{ikj}=d_{il}$，而 d_{il} 是矩形矩阵

$$\boldsymbol{d}_{\mathrm{L}} = \begin{pmatrix} d_{11} & d_{12} & d_{13} & d_{14} & d_{15} & d_{16} \\ d_{21} & d_{22} & d_{23} & d_{24} & d_{25} & d_{26} \\ d_{33} & d_{32} & d_{33} & d_{34} & d_{35} & d_{36} \end{pmatrix} \tag{4.14}$$

的矩阵元. 这样，和频及倍频极化又可用含矩阵 $\boldsymbol{d}_{\mathrm{L}}$ 的矩阵方程分别表示为

$$\begin{pmatrix} p_1^{(2)}(\omega_1+\omega_2) \\ p_2^{(2)}(\omega_1+\omega_2) \\ p_3^{(2)}(\omega_1+\omega_2) \end{pmatrix} = 2\varepsilon_0 \boldsymbol{d}_{\mathrm{L}} \cdot \begin{pmatrix} E_1(\omega_1)E_1(\omega_2) \\ E_2(\omega_1)E_2(\omega_2) \\ E_3(\omega_1)E_3(\omega_2) \\ E_2(\omega_1)E_3(\omega_2)+E_3(\omega_1)E_2(\omega_2) \\ E_1(\omega_1)E_3(\omega_2)+E_3(\omega_1)E_1(\omega_2) \\ E_1(\omega_1)E_2(\omega_2)+E_2(\omega_1)E_1(\omega_2) \end{pmatrix} \tag{4.15}$$

和

$$\begin{pmatrix} p_1^{(2)}(2\omega) \\ p_2^{(2)}(2\omega) \\ p_3^{(2)}(2\omega) \end{pmatrix} = \varepsilon_0 \boldsymbol{d}_{\mathrm{L}} \cdot \begin{pmatrix} E_1^2(\omega) \\ E_2^2(\omega) \\ E_3^2(\omega) \\ 2E_2(\omega)E_3(\omega) \\ 2E_1(\omega)E_3(\omega) \\ 2E_1(\omega)E_2(\omega) \end{pmatrix}. \tag{4.16}$$

有效非线性系数

原则上，只要知道非线性系数组成的矩阵 $\boldsymbol{d}$（或 $\boldsymbol{d}_{\mathrm{L}}$），利用式

(4.12)和(4.13)(或式(4.15)和(4.16)),即可得到任意方向的光波电场矢量在晶体中产生的和(差)频及倍频极化矢量.但如前所述,由于晶体存在双折射,在晶体中存在的光波只能有两个本征的偏振方向,相应地有两个本征折射率,例如单轴晶体中的 o 光和 e 光.此外,后面将会论述,为了利用双折射实现共线相位匹配,以使和(差)频或倍频光得以产生,入射光偏振方向与所产生的和(差)频或倍频光偏振方向之间要有一定的配置.例如,对于负单轴晶体,只允许有两种配置:

$$\mathrm{o}+\mathrm{o}\rightarrow\mathrm{e},\qquad \mathrm{e}+\mathrm{o}\rightarrow\mathrm{e}.$$

前者入射光全是 o 光,产生的和(差)频或倍频光是 e 光;后者是入射一个 e 光和一个 o 光,产生的是 e 光.对于正单轴晶体,则只允许下列两种配置:

$$\mathrm{e}+\mathrm{e}\rightarrow\mathrm{o},\qquad \mathrm{e}+\mathrm{o}\rightarrow\mathrm{o}.$$

考虑到上述两点,为了讨论诸如和(差)频及倍频等二阶非线性光学效应(在共线相位匹配的前提下),我们只需针对允许的入射光偏振配置,找出相应二阶极化强度在和(差)频或倍频光允许偏振方向的分量.这个分量正是产生该和(差)频或倍频光的有效极化强度.由此,又引出"有效非线性系数"的概念[3].

仍以单轴晶体为例,对于任意沿 $\boldsymbol{k}$ 方向传播的光波(见图 4.4),设 $\boldsymbol{a}_\mathrm{o}$ 和 $\boldsymbol{a}_\mathrm{e}$ 分别为 o 光和 e 光偏振方向的单位矢量,且

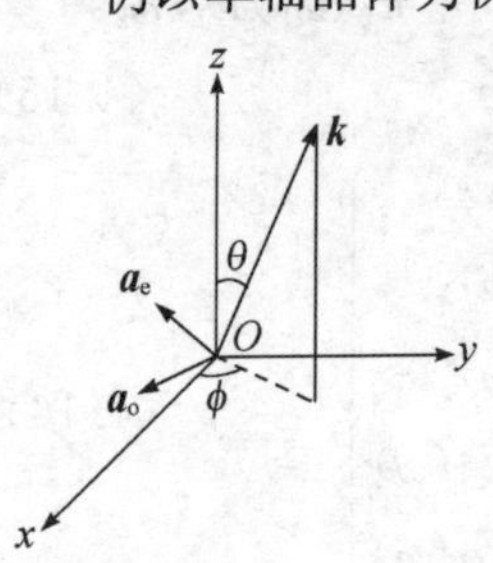

图 4.4　单轴晶体中沿任意方向 $\boldsymbol{k}$(与光轴 z 成 θ 角)传播的 o 光和 e 光.

$$\boldsymbol{a}_\mathrm{o}=o_1\boldsymbol{a}_x+o_2\boldsymbol{a}_y+o_3\boldsymbol{a}_z,\tag{4.17}$$

$$\boldsymbol{a}_\mathrm{e}=e_1\boldsymbol{a}_x+e_2\boldsymbol{a}_y+e_3\boldsymbol{a}_z,\tag{4.18}$$

其中 $\boldsymbol{a}_x,\boldsymbol{a}_y,\boldsymbol{a}_z$ 分别为主轴 x,y,z 的单位矢量,o_1,o_2,o_3 和 e_1,e_2,e_3 分别是 $\boldsymbol{a}_\mathrm{o}$ 和 $\boldsymbol{a}_\mathrm{e}$ 相对 x,y,z 轴的方向余弦.

按照式(4.12),对于配置 e+e→o,两入射 e 光 $\boldsymbol{E}_\mathrm{e}(\omega_1)=\boldsymbol{a}_\mathrm{e}E(\omega_1)$ 和 $\boldsymbol{E}_\mathrm{e}(\omega_2)=$

$\boldsymbol{a}_e E(\omega_2)$①产生的和频极化为

$$\boldsymbol{P}^{(2)}(\omega_1+\omega_2)=2\varepsilon_0 \boldsymbol{d}:\boldsymbol{a}_e\boldsymbol{a}_e E(\omega_1)E(\omega_2), \tag{4.19}$$

其中 $E(\omega_1)$和 $E(\omega_2)$是两入射光场的量值. 该极化在 o 光偏振方向的分量,亦即产生和频光的有效极化强度 $P_{\text{eff}}^{(2)}(\omega_1+\omega_2)$:

$$\begin{aligned}P_{\text{eff}}^{(2)}(\omega_1+\omega_2) &= \boldsymbol{a}_o\cdot\boldsymbol{P}^{(2)}(\omega_1+\omega_2)\\ &= 2\varepsilon_0\boldsymbol{a}_o\cdot\boldsymbol{d}:\boldsymbol{a}_e\boldsymbol{a}_e E(\omega_1)E(\omega_2)\end{aligned} \tag{4.20}$$

或

$$P_{\text{eff}}^{(2)}(\omega_1+\omega_2)=2\varepsilon_0 d_{\text{eff}}E(\omega_1)E(\omega_2), \tag{4.21}$$

其中

$$d_{\text{eff}}=\boldsymbol{a}_o\cdot\boldsymbol{d}:\boldsymbol{a}_e\boldsymbol{a}_e \tag{4.22}$$

称为有效非线性系数,适用于配置 e+e→o. 不难证明,这种配置的倍频光极化强度亦可用上式的 d_{eff}表示为

$$P_{\text{eff}}^{(2)}(2\omega)=\varepsilon_0 d_{\text{eff}}E^2(\omega), \tag{4.23}$$

其中 $E(\omega)$是基频入射光的量值.

用同样方法可以证明, 其他允许偏振配置也存在类似式(4.21)和(4.23)的表达式,只是 d_{eff}不同. 例如对于 e+o→e,有

$$d_{\text{eff}}=\boldsymbol{a}_e\cdot\boldsymbol{d}:\boldsymbol{a}_e\boldsymbol{a}_o; \tag{4.24}$$

对于 o+o→e 和 e+o→o,则分别为

$$d_{\text{eff}}=\boldsymbol{a}_e\cdot\boldsymbol{d}:\boldsymbol{a}_o\boldsymbol{a}_o, \tag{4.25}$$

$$d_{\text{eff}}=\boldsymbol{a}_o\cdot\boldsymbol{d}:\boldsymbol{a}_e\boldsymbol{a}_o. \tag{4.26}$$

如图 4.4 所示,对于沿任意方向 $\boldsymbol{k}$ 传播的 o 光和 e 光,其偏振方向 $\boldsymbol{a}_o$ 和 $\boldsymbol{a}_e$ 相对 x,y,z 轴的方向余弦分别为

$$o_1=\sin\phi,\quad o_2=-\cos\phi,\quad o_3=0 \tag{4.27}$$

和

$$e_1=-\cos\phi\cos\theta,\quad e_2=-\sin\phi\cos\theta,\quad e_3=\sin\theta. \tag{4.28}$$

由此,利用上述一些关系式,即可针对各种不同对称性的晶体,计算出各种允许偏振配置时的有效非线性系数 d_{eff},如表 4.1 所示.

---

① 注意:已忽略电位移矢量 $\boldsymbol{D}$ 与电场 $\boldsymbol{E}$ 在方向上的差别,以便与前面用到的横平面波假设相一致.

表 4.1 各类单轴晶体的有效非线性系数[3]

晶体类型	e+e→o	e+o→e
6 和 4	$-d_{14}\sin 2\theta$	$d_{14}\sin\theta\cos\theta$
622 和 422	$-d_{14}\sin 2\theta$	$d_{14}\sin\theta\cos\theta$
$6mm$ 和 $4mm$	0	0
$\bar{6}m2$	$d_{22}\cos^2\theta\cos 3\phi$	$d_{22}\cos^2\theta\cos 3\phi$
$3m$	$d_{22}\cos^2\theta\cos 3\phi$	$d_{22}\cos^2\theta\cos 3\phi$
$\bar{6}$	$\cos^2\theta(d_{11}\sin 3\phi+d_{22}\cos 3\phi)$	$\cos^2\theta(d_{11}\sin 3\phi+d_{22}\cos 3\phi)$
3	$\cos^2\theta(d_{11}\sin 3\phi+d_{22}\cos 3\phi)$ $-d_{14}\sin 2\theta$	$\cos^2\theta(d_{11}\sin 3\phi+d_{22}\cos 3\phi)$ $+d_{14}\sin\theta\cos\theta$
32	$d_{11}\cos^2-\theta\sin 3\phi-d_{14}\sin 2\theta$	$d_{11}\cos^2-\theta\sin 3\phi+d_{14}\sin\theta\cos\theta$
$\bar{4}$	$d_{14}\sin 2\theta\cos 2\phi-d_{14}\sin 2\theta\sin 2\phi$	$(d_{14}+d_{36})\sin\theta\cos\theta\cos 2\phi$ $-(d_{14}+d_{31})\sin\theta\cos\theta\sin 2\phi$
$\bar{4}2m$	$d_{14}\sin 2\theta\cos 2\phi$	$(d_{14}+d_{31})\sin\theta\cos\theta\cos 2\phi$
6 和 4	$d_{31}\sin\theta$	$d_{15}\sin\theta$
622 和 422	0	0
$6mm$ 和 $4mm$	$d_{31}\sin\theta$	$d_{15}\sin\theta$
$\bar{6}m2$	$-d_{22}\cos\theta\sin 3\phi$	$-d_{22}\cos\theta\sin 3\phi$
$3m$	$d_{31}\sin\theta-d_{22}\cos\theta\sin 3\phi$	$d_{15}\sin\theta-d_{22}\cos\theta\sin 3\phi$
$\bar{6}$	$\cos\theta(d_{11}\cos 3\phi-d_{22}\sin 3\phi)$	$\cos\theta(d_{11}\cos 3\phi-d_{22}\sin 3\phi)$
3	$\cos\theta(d_{11}\cos 3\phi-d_{22}\sin 3\phi)$ $+d_{31}\sin\theta$	$\cos\theta(d_{11}\cos 3\phi-d_{22}\sin 3\phi)$ $+d_{15}\sin\theta$
32	$d_{11}\cos\theta\cos 3\phi$	$d_{11}\cos\theta\cos 3\phi$
$\bar{4}$	$-\sin\theta(d_{31}\cos 2\phi-d_{36}\sin 2\phi)$	$-\sin\theta(d_{15}\cos 2\phi+d_{14}\sin 2\phi)$
$\bar{4}2m$	$-d_{36}\sin\theta\sin 2\phi$	$-d_{14}\sin\theta\sin 2\phi$

当满足全置换对称性时,因为 $d_{ijk}=d_{jik}$,所以 e+e→o 和 e+o→e以及 o+o→e 和e+o→o的有效非线性系数应是相同的. 此时各类晶体的 d_{eff} 见表 4.2.

表 4.2 各类单轴晶体在满足全置换对称性时的有效非线性系数[3]

晶体类型	e+e→o 和 e+o→e	o+o→e 和 e+o→o
6 和 4	0	$d_{15}\sin\theta$
622 和 422	0	0
$6mm$ 和 $4mm$	0	$d_{15}\sin\theta$
$\bar{6}m2$	$d_{22}\cos^2\theta\cos\phi$	$-d_{22}\cos\theta\sin3\phi$
$3m$	$d_{22}\cos^2\theta\cos\phi$	$d_{15}\sin\theta-d_{22}\cos\theta\sin3\phi$
$\bar{6}$	$\cos^2\theta(d_{11}\sin3\phi+d_{22}\cos3\phi)$	$\cos\theta(d_{11}\cos3\phi-d_{22}\sin3\phi)$
3	$\cos^2\theta(d_{11}\sin3\phi+d_{22}\cos3\phi)$	$d_{15}\sin\theta+\cos\theta(d_{11}\cos3\phi-d_{22}\sin3\phi)$
32	$d_{11}\cos^2\theta\sin3\phi$	$d_{11}\cos\theta\cos3\phi$
$\bar{4}$	$\sin2\theta(d_{14}\cos2\phi-d_{15}\sin2\phi)$	$-\sin\theta(d_{15}\cos2\phi+d_{14}\sin2\phi)$
$\bar{4}2m$	$d_{14}\sin2\theta\cos2\phi$	$-d_{14}\sin\theta\sin2\phi$

引入 d_{eff} 的思路和推算 d_{eff} 的方法也完全适用于双轴晶体，只不过是更复杂而已.

由式(4.21)和(4.23)还可看出，引入有效非线性系数后，极化强度与光场的关系均可用标量表示，因而耦合波方程也可变成标量方程.

§4.3 光学二次谐波产生

在具有二阶非线性的介质中，由于频率为 ω 的基频光要感生频率为 2ω 的极化，因此在适当条件下要产生 2ω 的倍频光. 这就是光学二次谐波产生[4]. 但要定量分析产生的过程和结果，还必须考虑一旦倍频光产生后，它和基频光共同作用于介质，又要在介质中产生差频极化，其频率为 $2\omega-\omega=\omega$. 后者无疑也要影响基频光的传播. 因此，我们必须从体现基频光与倍频光相互影响的耦合波方程出发进行讨论[5,6]. 如果回到式(2.106)(沿 z 方向共线传播耦合波方程的一般表示)，并令 $\omega_1=\omega,\omega_2=2\omega$，即可得到这样的耦合波方程：

$$\frac{\partial \boldsymbol{A}_2}{\partial z}=\frac{\mathrm{i}2\omega}{2\varepsilon_0 cn(2\omega)}\boldsymbol{P}_{\text{NL}}(\boldsymbol{K}_2,2\omega)\mathrm{e}^{\mathrm{i}(2\omega t-k_2 z)}, \tag{4.29}$$

$$\frac{\partial \boldsymbol{A}_1}{\partial z}=\frac{\mathrm{i}\omega}{2\varepsilon_0 cn(\omega)}\boldsymbol{P}_{\mathrm{NL}}(\boldsymbol{K}_1,\omega)\mathrm{e}^{\mathrm{i}(\omega t-k_1 z)},\tag{4.30}$$

其中 $\boldsymbol{A}_1$ 和 $\boldsymbol{A}_2$ 分别是基频光 $\boldsymbol{E}(\omega)=\boldsymbol{A}_1\exp[-\mathrm{i}(\omega t-k_1 z)]$和倍频光 $\boldsymbol{E}(2\omega)=\boldsymbol{A}_2\exp[-\mathrm{i}(2\omega t-k_2 z)]$的振幅;$k_1=k(\omega)$和 $k_2=k(2\omega)$分别是基频和倍频光波矢的绝对值;而

$$\begin{aligned}\boldsymbol{P}_{\mathrm{NL}}(\boldsymbol{K}_2,2\omega)&=\boldsymbol{P}^{(2)}(2\omega)\\&=\varepsilon_0\boldsymbol{\chi}(-2\omega,\omega,\omega):\boldsymbol{E}(\omega)\boldsymbol{E}(\omega)\end{aligned}\tag{4.31}$$

和

$$\begin{aligned}\boldsymbol{P}_{\mathrm{NL}}(\boldsymbol{K}_1,\omega)&=\boldsymbol{P}^{(2)}(\omega)\\&=\varepsilon_0 2\,\boldsymbol{\chi}(-\omega,2\omega,-\omega):\boldsymbol{E}(2\omega)\boldsymbol{E}^*(\omega)\end{aligned}\tag{4.32}$$

则分别是倍频极化和差频极化强度.

如果用有效非线性极化的概念,耦合波方程(4.29)和(4.30)可转变成标量方程

$$\frac{\partial A_2}{\partial z}=\frac{\mathrm{i}\omega}{\varepsilon_0 cn(2\omega)}P_{\mathrm{eff}}(\boldsymbol{K}_2,2\omega)\mathrm{e}^{\mathrm{i}(2\omega t-k_2 z)},\tag{4.33}$$

$$\frac{\partial A_1}{\partial z}=\frac{\mathrm{i}\omega}{2\varepsilon_0 cn(\omega)}P_{\mathrm{eff}}(\boldsymbol{K}_1,\omega)\mathrm{e}^{\mathrm{i}(\omega t-k_1 z)},\tag{4.34}$$

其中 A_1 和 A_2 分别是基频光振幅 A_1 和倍频光振幅 A_2 的量值;

$$P_{\mathrm{eff}}(\boldsymbol{K}_2,2\omega)=\varepsilon_0 d_{\mathrm{eff}}E^2(\omega)\tag{4.35}$$

和

$$P_{\mathrm{eff}}(\boldsymbol{K}_1,\omega)=2\varepsilon_0 d_{\mathrm{eff}}E(2\omega)E^*(\omega)\tag{4.36}$$

分别是有效倍频和有效差频 $\omega_2-\omega_1$ 的极化强度;d_{eff}是有效非线性系数,与基频光的偏振配置有关;而

$$E(\omega)=A_1\mathrm{e}^{-\mathrm{i}(\omega t-k_1 z)},\tag{4.37}$$

$$E(2\omega)=A_2\mathrm{e}^{-\mathrm{i}(2\omega t-k_2 z)}\tag{4.38}$$

分别是光场 $\boldsymbol{E}(\omega)$和 $\boldsymbol{E}(2\omega)$的量值.据此,由式(4.35)和(4.36)又可知,有效倍频极化和有效差频极化是以波的形式存在的,它们的波矢的量值分别为 $K_2=2k_1$ 和 $K_1=k_2-k_1$.

将式(4.35)和(4.36)分别代入式(4.33)和(4.34),并考虑到式(4.37)和(4.38),即可将耦合方程简化为

$$\frac{\mathrm{d}A_2}{\mathrm{d}z}=\frac{\mathrm{i}\omega}{cn(2\omega)}d_{\mathrm{eff}}A_1^2\mathrm{e}^{-\mathrm{i}\Delta kz},\tag{4.39}$$

$$\frac{\mathrm{d}A_1}{\mathrm{d}z}=\frac{\mathrm{i}\omega}{cn(\omega)}d_{\mathrm{eff}}A_2A_1^*\,\mathrm{e}^{\mathrm{i}\Delta kz},\tag{4.40}$$

其中

$$\Delta k=k_2-2k_1=k(2\omega)-2k(\omega)\tag{4.41}$$

是倍频光波波矢 k_2 与倍频极化波波矢 K_2 之差.

小信号近似

耦合波方程(4.39)和(4.40)的解决定着在沿 z 方向共线传播过程中基频光与倍频光之间的能量转换. 当入射的基频光只有很少的部分能量转给倍频光，以至于当后者输出信号相对基频光很小时，可近似认为在整个相互作用过程中基频光的振幅不变，亦即近似认为 $E_1(z)=E_1(0)$，其中 $z=0$ 是起始作用位置. 于是，方程(4.39)可以直接积分，得到倍频光波振幅随作用距离的变化为

$$\begin{aligned}A_2(z)&=\frac{\mathrm{i}\omega}{cn(2\omega)}d_{\mathrm{eff}}A_1^2(0)\int_0^z\mathrm{e}^{-\mathrm{i}\Delta kz}\,\mathrm{d}z\\&=-\frac{\omega}{cn(2\omega)\Delta k}d_{\mathrm{eff}}A_1^2(0)[\mathrm{e}^{-\mathrm{i}\Delta kz}-1].\end{aligned}\tag{4.42}$$

考虑到光强 I 与振幅 A 的如下关系：

$$I=\frac{1}{2}\varepsilon_0cn\mid A\mid^2,\tag{4.43}$$

经作用长度 L 后倍频光光强 $I_2(L)$ 应为

$$I_2(L)=\frac{2\omega^2}{c^3n^2(\omega)n(2\omega)\varepsilon_0}d_{\mathrm{eff}}^2I_1^2(0)L^2\,\frac{\sin^2(\Delta kL/2)}{(\Delta kL/2)^2},\tag{4.44}$$

其中 $I_1(0)$ 为入射基频光的光强.

由于光功率 S 与光强 I 存在关系 $S=IA$(A 为光束截面)，故倍频效率为

$$\eta=\frac{S(2\omega)}{S(\omega)}=\frac{2\omega^2}{c^3n^2(\omega)n(2\omega)\varepsilon_0}d_{\mathrm{eff}}^2\,\frac{S(\omega)}{A}L^2\,\frac{\sin^2(\Delta kL/2)}{(\Delta kL/2)^2}.\tag{4.45}$$

可见，倍频效率与基频功率密度 $S(\omega)/A$、相互作用长度的平方 L^2

以及有效非线性系数的平方 d_{eff}^2 成正比.

当 $\Delta k=0$ 时 η 最大:

$$\eta_{\max}=\frac{2\omega^2}{c^3n^2(\omega)n(2\omega)\varepsilon_0}d_{\mathrm{eff}}^2\frac{S(\omega)}{A}L^2. \tag{4.46}$$

当倍频效率相当高时,基频振幅不能看做恒量,小信号近似不适用.下面仅对 $\Delta k=0$ 时的情况作一般处理:

此时因为 $\Delta k=0$,所以有 $n(2\omega)=n(\omega)=n$,从而方程(4.39)和(4.40)简化为

$$\frac{\mathrm{d}A_2}{\mathrm{d}z}=\frac{\mathrm{i}\omega}{cn}d_{\mathrm{eff}}A_1^2, \tag{4.47}$$

$$\frac{\mathrm{d}A_1}{\mathrm{d}z}=\frac{\mathrm{i}\omega}{cn}d_{\mathrm{eff}}A_2A_1^*. \tag{4.48}$$

令 $A_1=\rho_1, A_2=\mathrm{i}\rho_2, D=(\omega/cn)d_{\mathrm{eff}}$,上面的两个联立方程变成

$$\frac{\mathrm{d}\rho_2}{\mathrm{d}z}=D\rho_1^2, \tag{4.49}$$

$$\frac{\mathrm{d}\rho_1}{\mathrm{d}z}=-D\rho_1\rho_2. \tag{4.50}$$

由此得到

$$\frac{\mathrm{d}}{\mathrm{d}z}(\rho_1^2+\rho_2^2)=0. \tag{4.51}$$

故

$$\rho_1^2(z)+\rho_2^2(z)=\text{常数}=\rho_1^2(0)+\rho_2^2(0). \tag{4.52}$$

考虑到在 $z=0$ 处只有基频光,故 $\rho_2(0)=0, \rho_1(0)=A_1(0)$,从而由上式得

$$\rho_1^2(z)=A_1^2(0)-\rho_2^2(z). \tag{4.53}$$

将上式代入方程(4.49),得

$$\frac{\mathrm{d}\rho_2}{\mathrm{d}z}=D[A_1^2(0)-\rho_2^2(z)]. \tag{4.54}$$

利用积分公式

$$\int\frac{\mathrm{d}v}{1-v^2}=\operatorname{artanh}v, \tag{4.55}$$

解式(4.54)得

$$\rho_2(z) = \mathrm{i}A_1(0)\tanh[DA_1(0)z]. \tag{4.56}$$

再由式(4.53)可得

$$\rho_1(z) = A_1(0)\mathrm{sech}[DA_1(0)z]. \tag{4.57}$$

令

$$L_s = \frac{1}{DA_1(0)} = \frac{cn}{\omega d_{\mathrm{eff}} A_1(0)}, \tag{4.58}$$

并考虑到$|A_1|^2 = |\rho_1|^2$ 及$|A_2|^2 = |\rho_2|^2$，便得到与基频及倍频光强成正比的量

$$|A_1(z)|^2 = |A_1(0)|^2 \tanh^2\left(\frac{z}{L_s}\right), \tag{4.59}$$

$$|A_2(z)|^2 = |A_1(0)|^2 \mathrm{sech}^2\left(\frac{z}{L_s}\right), \tag{4.60}$$

这反映了它们随作用距离 z 的消长规律.

事实上，由于激光束是高斯光束，所以对上述基于平面波假设的光学二次谐波理论应作相应的修正[7,8].

§4.4 光 学 和 频

频率为 ω_1 和 ω_2 的光波作用于介质产生频率为 $\omega_3 = \omega_1 + \omega_2$ 的光波，称为光学和频[9]. 在共线(沿 z 方向)传播的前提下，其产生过程应由三波混频耦合波方程(2.107)～(2.109)来描述[4]. 如果利用有效非线性系数 d_{eff}，则这组矢量方程可简化为以下一组标量方程[3]：

$$\frac{\mathrm{d}A_3}{\mathrm{d}z} = \frac{\mathrm{i}\omega_3}{cn(\omega_3)} d_{\mathrm{eff}} A_1 A_2 \mathrm{e}^{-\mathrm{i}(k_3-k_1-k_2)z}, \tag{4.61}$$

$$\frac{\mathrm{d}A_1}{\mathrm{d}z} = \frac{\mathrm{i}\omega_1}{cn(\omega_1)} d_{\mathrm{eff}} A_3 A_2^* \mathrm{e}^{-\mathrm{i}(k_1-k_3+k_2)z}, \tag{4.62}$$

$$\frac{\mathrm{d}A_2}{\mathrm{d}z} = \frac{\mathrm{i}\omega_2}{cn(\omega_2)} d_{\mathrm{eff}} A_3 A_1^* \mathrm{e}^{-\mathrm{i}(k_2-k_3+k_1)z}, \tag{4.63}$$

其中 $A_i(i=1,2,3)$是光波 $\boldsymbol{E}(\omega_i)=\boldsymbol{A}_i \mathrm{e}^{-\mathrm{i}(\omega_i t-k_i z)}$ 的振幅的量值.

利用上述联立方程组，考虑到光强 I_i 与振幅 A_i 的如下关系：

$$I_i=\frac{1}{2}\varepsilon_0 cn(\omega_i)\mid A_i\mid^2 \quad (i=1,2,3), \tag{4.65}$$

容易证明存在所谓 **Manley-Rowe 关系**[10,11]：

$$\frac{\mathrm{d}}{\mathrm{d}z}\left(\frac{I_3}{\omega_3}\right)=-\frac{\mathrm{d}}{\mathrm{d}z}\left(\frac{I_1}{\omega_1}\right)=-\frac{\mathrm{d}}{\mathrm{d}z}\left(\frac{I_2}{\omega_2}\right). \tag{4.66}$$

由于 $\omega_3=\omega_1+\omega_2$，故从该关系得到

$$\frac{\mathrm{d}}{\mathrm{d}z}(I_1+I_2+I_3)=0 \tag{4.67}$$

或

$$I_1+I_2+I_3=\text{常数}. \tag{4.68}$$

式(4.66)表明在光波相互作用过程中，频率为 ω_3 的光波每增加一个光子，则频率为 ω_1 和 ω_2 的光波都要减少一个光子；反之，光波 ω_3 每减少一个光子，则频率为 ω_1 和 ω_2 的光波都要增加一个光子. 这是光学和频与光学参量放大或振荡过程的共有规律.

式(4.68)表明在三波相互作用过程中，三个光波的总光能是不变的. 换言之，能量只在光波之间交换，介质不参与，而只起媒介作用. 这正是一切参量作用的特点.

注意，上述结论只当 $\omega_1,\omega_2,\omega_3$ 及它们的和差远离共振时才成立，因为引入 d_{eff}的前提是非线性极化率张量存在全置换对称性.

当光学和频转换效率不很高时，也可采用**小信号近似**，亦即认为在相互作用过程中振幅 E_1 和 E_2 不变. 此时方程(4.61)可直接积分得

$$\begin{aligned}A_3(z)&=\frac{\mathrm{i}\omega_3}{cn(\omega_3)}d_{\mathrm{eff}}A_1(0)A_2(0)\int_0^z \mathrm{e}^{-\mathrm{i}\Delta kz}\mathrm{d}z\\&=-\frac{\omega_3}{cn(\omega_3)\Delta k}d_{\mathrm{eff}}A_1(0)A_2(0)[\mathrm{e}^{-\mathrm{i}\Delta kz}-1],\end{aligned} \tag{4.69}$$

其中

$$\Delta k=k_3-k_2-k_1. \tag{4.70}$$

经作用长度 L 后，和频光光强 $I_3(L)$ 应为

$$I_3(L)=\frac{2\omega_3^2}{c^3 n(\omega_1)n(\omega_2)n(\omega_3)\varepsilon_0}d_{\mathrm{eff}}^2 I_1(0)I_2(0)L^2\frac{\sin^2(\Delta kL/2)}{(\Delta kL/2)^2}. \tag{4.71}$$

光学参量频率上转换

这是一种独特的光学和频过程[12~14]．此时，频率为 ω_2 的外加泵浦光很强，它使入射的频率为 ω_1（一般有 $\omega_1 \ll \omega_2$）的弱红外光经和频转换成频率为 $\omega_3=\omega_1+\omega_2$ 的可见光．如果泵浦光光强不会因为光波 ω_3 的产生而有大的改变，可假定 $A_2(z)=A_2(0)=$常数．设定 $A_2(0)$ 为实数，则由式(4.61)和(4.62)可得

$$\frac{\mathrm{d}A_3}{\mathrm{d}z}=\frac{\mathrm{i}\omega_3}{cn(\omega_3)}d_{\mathrm{eff}}A_2(0)A_1\mathrm{e}^{-\mathrm{i}\Delta kz}, \tag{4.72}$$

$$\frac{\mathrm{d}A_1}{\mathrm{d}z}=\frac{\mathrm{i}\omega_1}{cn(\omega_1)}d_{\mathrm{eff}}A_2(0)A_3\mathrm{e}^{\mathrm{i}\Delta kz}, \tag{4.73}$$

其中 Δk 由式(4.70)给出．

令 $A'_i=[n(\omega_i)/\omega_i]^{1/2}A_i(i=1,3)$，则上面的联立方程变成

$$\frac{\mathrm{d}A'_3}{\mathrm{d}z}=\mathrm{i}qA'_1\mathrm{e}^{-\mathrm{i}\Delta kz}, \tag{4.74}$$

$$\frac{\mathrm{d}A'_1}{\mathrm{d}z}=\mathrm{i}qA'_3\mathrm{e}^{\mathrm{i}\Delta kz}, \tag{4.75}$$

其中

$$q=\left[\frac{\omega_1\omega_3}{n(\omega_1)n(\omega_3)}\right]^{1/2}\frac{d_{\mathrm{eff}}}{c}A_2(0). \tag{4.76}$$

当 $\Delta k=0$ 时，利用起始条件 $A_3(0)=0, A_1(0)\neq0$（因而 $A'_3(0)=0$，$A'_1(0)\neq0$），可得方程(4.74)和(4.75)的解为

$$A'_1(z)=A'_1(0)\cos(qz), \tag{4.77}$$

$$A'_3(z)=\mathrm{i}A'_1(0)\sin(qz) \tag{4.78}$$

或

$$A_1(z)=A_1(0)\cos(qz), \tag{4.79}$$

$$A_3(z)=\mathrm{i}\left[\frac{n(\omega_1)\omega_3}{n(\omega_3)\omega_1}\right]^{1/2}A_1(0)\sin(qz). \tag{4.80}$$

利用振幅与光强的关系(4.65),即可得光波 ω_1 和光波 ω_3 的光强随作用距离 z 的变化分别为

$$I_1(z) = I_1(0)\cos^2(qz), \tag{4.81}$$

$$I_3(z) = \frac{\omega_3}{\omega_1} I_1(0)\sin^2(qz). \tag{4.82}$$

可以看出,它们之间是符合 Manley-Rowe 关系(4.66)的,亦即每增加一个光子 $\hbar\omega_3$,必定要以减少一个光子 $\hbar\omega_1$ 来补偿;但在 $I_2(z) = I_2(0)$ 的假设下,它们似乎不符合关系(4.68). 实际上不然,这是因为在这个过程中,泵浦光光子 $\hbar\omega_2$ 也要减少一个,假定泵浦光光强 I_2 不变只不过是一种近似而已.

$I_1(z)$ 与 $I_3(z)$ 随作用距离 z 的变化如图 4.5 所示. 一开始,光波 ω_1 的光强逐渐减小,而光波 ω_3 的光强逐渐增大,这时能量由前者转向后者,这正是频率上转换所需求的. 但当作用距离增大到 $qz=\pi/2$ 后,过程却往相反方向进行,这正是参量作用过程的特点. 最初,光波 ω_3 的光强为零,光波 ω_1 的能量便通过自己与泵浦光的和频而转移给光波 ω_3,并使后者的光强逐渐增大;但一旦光波 ω_3 光强增大,又会与泵浦光 ω_2 产生 $\omega_3 - \omega_2 = \omega_1$ 的差频过程,并将其能量转回给光波 ω_1. 图 4.5 正是反映了这样的物理过程. 当非线性增益系数 q 较大时,能量转移速率较快,作用距离 z 不要很大便会使过程逆转;而当 q 较小时,要使过程逆转则需较大的作用距离. 当 qz 很小时,式(4.82)可近似表示为

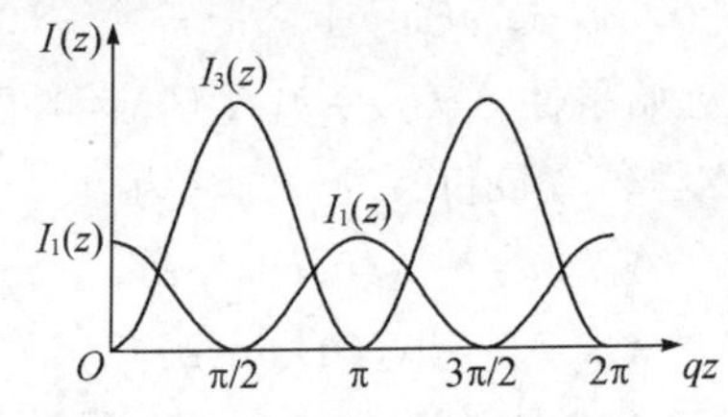

图 4.5　用光学和频作频率上转换时,在泵浦光光强基本保持不变前提下,入射光强 I_1 与频率上转换后的光强 I_3 随作用距离的变化

$$I_3(z) \simeq \frac{\omega_3}{\omega_1} I_1(0) q^2 z^2, \tag{4.83}$$

亦即此时频率上转换的效率 $I_3(z)/I_1(0)$ 与作用距离的平方 z^2 成正比.

用类似于本节的方法,利用三波耦合方程也可讨论光学差频[15]以及通过两束可见光的差频产生红外光[15~18].

§4.5 非线性光学中的相位匹配

在光学二次谐波输出光强或效率的表达式(式(4.44)或(4.45))中,都含有小于或等于 1 的因子 $\sin^2(\Delta kL/2)/(\Delta kL/2)^2$,其中 $\Delta k = k(2\omega) - 2k(\omega)$ 称为波矢的失配量,是倍频光的波矢 $k(2\omega)$ 与产生该倍频光的倍频极化波波矢 $K(2\omega) = K_2 = 2k_1 = 2k(\omega)$ 之差. 当 $\Delta k = 0$,亦即失配量为零时,称做相位匹配,此时因子等于 1,倍频输出最大. 当 $\Delta k \neq 0$ 时,称为相位失配. 二次谐波输出强度随失配量的变化如图 4.6 所示. 当 Δk 开始偏离 0 时,输出强度由最大值急剧下降;当 $|\Delta k|$ 增大至 $2\pi/L$,输出降到零时;$|\Delta k|$ 继续增大,输出又略微增加到次极大;当 $|\Delta k|$ 大到 $4\pi/L$,输出又降至零,等等. 最后,输出强度的这种振荡逐渐减弱并趋于零.

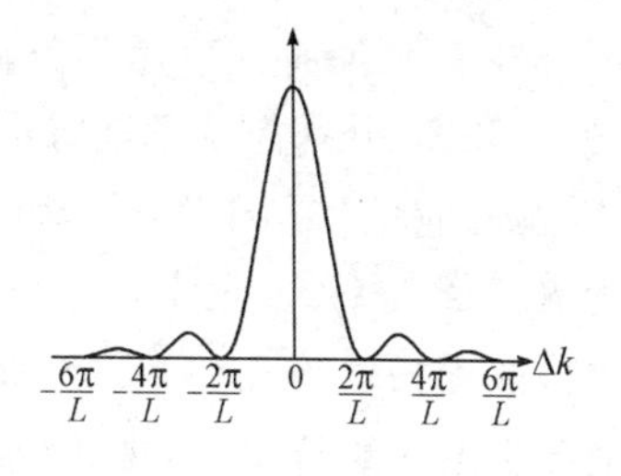

图 4.6 二次谐波输出强度随失配量 Δk 的变化

同样,当失配量 Δk 确定后,二次谐波输出强度将随作用距离 L 而改变. 开始,随 L 的增大而由零逐渐增大,到达极大值后又反而下降,当 L 再增大至 $L = 2\pi/\Delta k$ 时,二次谐波输出强度为零. 通常定义 $L_c = \pi/\Delta k$ 为相干长度. 当工作在相位失配情况下,基频波与倍频波相互作用长度大于相干长度,不但不会增大倍频光输出,反而使之下降.

相位匹配问题在非线性光学的光学混频和参量过程中具有普

遍性[19,20]. 例如,在光学和频强度表达式(4.71)中,同样出现因子 $\sin^2(\Delta kL/2)/(\Delta kL/2)^2$. 不过,这时 $\Delta k=k_3-k_2-k_1$ 是和频光波波矢 k_3 与产生该光波的和频极化波波矢 $K_3=k_2+k_1$ 之差. 同样,为了得到最大的和频光输出,也要求 $\Delta k=0$,亦即满足相位匹配. 这种普遍性反映了如下的事实: 任何混频或参量过程产生的光波,都是由介质中经非线性作用形成的同频率的极化波产生的. 相位匹配就是要求光波波矢 $k(\Omega)$ 与相应极化波波矢 $K(\Omega)$ 相等. 而这个要求的实质就是要求光波传播的相速度与产生它的极化波传播的相速度相等. 唯有如此,极化波在所有空间位置上辐射的光波才是同相位的,因而相干叠加以后是相长的,从而有最大的输出. 反之,在相位失配时,极化波在不同空间位置上辐射的光波是不同相的,叠加以后并不总是相长的,更多情况下是相消的.

从相位匹配的物理实质出发,容易推断,不仅共线传播光波之间存在相位匹配问题,非共线传播光波之间亦存在,其相位匹配条件仍是: 所产生光波的波矢 $\boldsymbol{k}$ 与产生该光波的极化波波矢 $\boldsymbol{K}$ 相等,但现在 $\boldsymbol{k}$ 和 $\boldsymbol{K}$ 都应表示为矢量. 例如对于非共线传播的光学和频,设 $\boldsymbol{k}_1$ 和 $\boldsymbol{k}_2$ 分别为从不同方向入射到介质的频率为 ω_1 和 ω_2 的光波波矢. 它们作用于介质产生频率为 $\omega_3=\omega_1+\omega_2$ 的极化波,其波矢为 $\boldsymbol{K}_3=\boldsymbol{k}_1+\boldsymbol{k}_2$. 又设由该极化波产生的同频率光波的波矢为 $\boldsymbol{k}_3$,则相位匹配条件为 $\boldsymbol{k}_3=\boldsymbol{K}_3$ 或 $\Delta\boldsymbol{k}=\boldsymbol{k}_3-\boldsymbol{k}_1-\boldsymbol{k}_2=\boldsymbol{0}$. 有时为了最有效地产生某一光波,当实现共线匹配有困难时,往往求助于非共线相位匹配(亦称波矢匹配).

如何实现相位匹配

相位匹配并不是在任何情形下都自动成立的,因此便产生如何实现相位匹配的问题[3,21].

以共线传播二次谐波为例,因

$$k(\omega)=n(\omega)\frac{\omega}{c},\quad k(2\omega)=n(2\omega)\frac{2\omega}{c},$$

故相位匹配条件 $\Delta k=k(2\omega)-2k(\omega)=0$ 意味着要求 $n(2\omega)=$

$n(\omega)$. 但在介质的透明区，由于存在正常色散($n(2\omega)>n(\omega)$)，这个要求是不满足的. 为了满足这个要求，通常求助于晶体的双折射特性[3]. 例如，对于负单轴晶体，让基频光为 o 光，倍频光为 e 光，适当选择光波传播方向，即可满足上述要求而实现相位匹配.

图 4.7 绘出基频光 ω 和倍频光 2ω 的折射率面：前者由较小的球面(表示 o 光折射率)和椭球面(表示 e 光折射率)构成；后者由较大的球面和椭球面构成，因为无论 o 光或 e 光，都有 $n(2\omega)>n(\omega)$. 按照折射率面的定义，由原点 O 至较小球面与较大椭球面交点连线的方向 $\boldsymbol{k}$，即是能实现相位匹配的光波(共线)传播方向，因为这时沿该方向传播的基频 o 光与倍频 e 光有相等的折射率 n_o^ω 和 $n_e^{2\omega}(\theta)$. 方向 $\boldsymbol{k}$ 与晶体光轴 z 的夹角 θ_m 称为匹配角. 由 $n_e^{2\omega}(\theta_m)=n_o^\omega$ 及式(4.7)即可确定 θ_m 满足以下关系式：

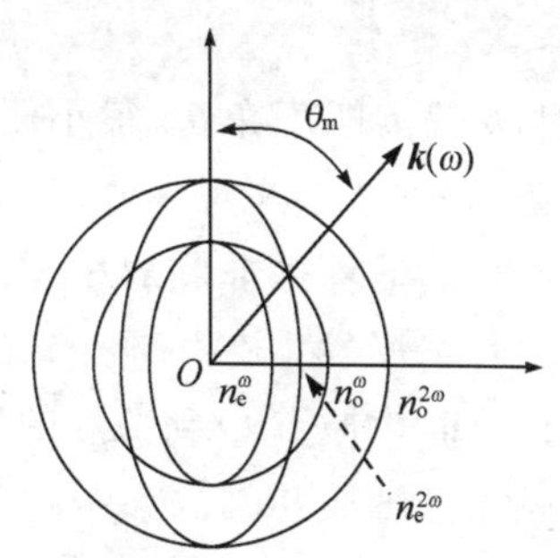

图 4.7 调节光波传播方向与晶体光轴的夹角 θ 使之等于 θ_m，以实现相位匹配的示意图

$$\sin^2\theta_m=\frac{(n_o^\omega)^{-2}-(n_o^{2\omega})^{-2}}{(n_e^{2\omega})^{-2}-(n_o^{2\omega})^{-2}},\qquad(4.84)$$

其中 n_o^ω 和 n_e^ω 及 $n_o^{2\omega}$ 和 $n_o^{2\omega}$ 分别是基频光与倍频光的两个主折射率.

基频光和倍频光的上述偏振配置可表示为 o+o→e. 对于负单轴晶体，采用这种偏振配置实现的相位匹配称为**第一类相位匹配**[3]. 不难证明，对于正单轴晶体，第一类相位匹配的偏振配置为 e+e→o，亦即基频光为 e 光，倍频光为 o 光.

事实上还存在所谓**第二类相位匹配**[3]. 这时对于负单轴晶体,偏振配置为 o+e→e,亦即一束基频 o 光与一束基频 e 光混频产生倍频 e 光;对于正单轴晶体,偏振配置为 o+e→o.

以上叙述的是在光波的特定偏振配置下,通过调节光波传播方向与晶体光轴的夹角 θ,使之等于 θ_m 以实现相位匹配,这称为**角匹配**. 因为随着温度的改变,晶体的折射率和双折射特性也在变化,所以有时也采用所谓**温度匹配**. 这时是在光波的特定偏振配置下,固定光波传播方向与晶体光轴的夹角 θ,调节温度使之实现相位匹配.

在角匹配情形,若使夹角 θ 偏离匹配角 θ_m 一小量 $\Delta\theta$,则相位失配量 Δk 可表示为

$$\Delta k(\theta) = \Delta k(\theta_m) + \left(\frac{\partial \Delta k}{\partial \theta}\right)_{\theta_m} \Delta\theta + \cdots \simeq \left(\frac{\partial \Delta k}{\partial \theta}\right)_{\theta_m} \Delta\theta. \tag{4.85}$$

当 $(\partial\Delta k/\partial\theta)_{\theta_m} \neq 0$ 时,θ 偏离匹配角 θ_m 很小便会产生很大的失配量,称做**临界相位匹配**. 当 $(\partial\Delta k/\partial\theta)_{\theta_m} = 0$ 时,θ 偏离匹配角 θ_m 很大也不会产生太大的失配量,称做**非临界相位匹配**. 对于负单轴晶体的 o+o→e 配置,这种情况发生在基频 o 光的折射率面与倍频 e 光的折射率面相切时. 这时由原点 O 到切点的连线(亦即相位匹配的光波传播方向)与晶体光轴成 90°,故亦叫做 90°相位匹配.

当参与非线性相互作用的光波中存在有 e 光时,会存在所谓**离散(walk-off)效应**. 例如在 o+o→e 配置的共线传播倍频效应中,由于倍频光是 e 光,波前(相位)传播方向与能量(光线)传播方向不一致,故基频光 o 光和倍频光 e 光的能量传播方向便也不一致. 互相分开的角度 δ 称为离散角. 由式(4.8)得知,在相位匹配(亦即波前传播方向与晶体光轴交角等于匹配角)时,δ 由下式确定:

$$\tan\delta = \frac{1}{2}[n_e^{2\omega}(\theta_m)]^2 \left[\left(\frac{1}{n_o^{2\omega}}\right)^2 - \left(\frac{1}{n_e^{2\omega}}\right)^2\right] \sin^2 2\theta_m. \tag{4.86}$$

由于离散效应,当光束截面有限时,两光束行进一段距离 L_a 后便分离开而不再相互作用(见图 4.8). $L_a = d/\tan\delta$(d 是光束截面宽

度)称为有效临界长度. 在 90°相位匹配时,$\delta=0$,不存在离散效应.

二次谐波产生和其他混频与参量过程一样,也可利用非共线相互作用实现相位匹配. 设 $\boldsymbol{k}_1(\omega)$和 $\boldsymbol{k}_2(\omega)$为在不同方向传播的基频光波矢,而 $\boldsymbol{k}(2\omega)$为倍频光波矢,则此时需要调节两基频光的传播方向,使 $\boldsymbol{k}_1(\omega)+\boldsymbol{k}_2(\omega)=\boldsymbol{k}(2\omega)$得以满足.

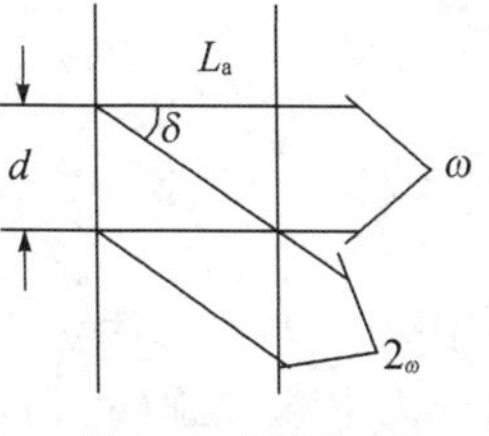

图 4.8 离散效应

§4.6 光学参量放大与振荡

当频率为 ω_p 的较强光束(称为泵浦光)与频率为 $\omega_s(\omega_s<\omega_p)$的较弱光束(称为信号光)在具有二阶非线性的介质中相互作用时,泵浦光能量会转移而使信号光得以增强,并产生频率为 $\omega_i=\omega_p-\omega_s$ 的光波(称为闲置光). 这种现象称为光学参量放大[22,23].

光学参量放大是一个三波耦合过程,同样可用方程(4.61)~(4.63)描述[5],只是要将 $\omega_3,\omega_1,\omega_2$ 分别换成 $\omega_p,\omega_s,\omega_i$. 此时这组方程变成

$$\frac{\mathrm{d}A_p}{\mathrm{d}z}=\frac{\mathrm{i}\omega_p}{cn(\omega_p)}d_{\mathrm{eff}}A_sA_i\mathrm{e}^{-\mathrm{i}(k_p-k_s-k_i)z},\tag{4.87}$$

$$\frac{\mathrm{d}A_s}{\mathrm{d}z}=\frac{\mathrm{i}\omega_s}{cn(\omega_s)}d_{\mathrm{eff}}A_pA_i^*\mathrm{e}^{-\mathrm{i}(k_s-k_p+k_i)z},\tag{4.88}$$

$$\frac{\mathrm{d}A_i}{\mathrm{d}z}=\frac{\mathrm{i}\omega_i}{cn(\omega_i)}d_{\mathrm{eff}}A_pA_s^*\mathrm{e}^{-\mathrm{i}(k_i-k_p+k_s)z},\tag{4.89}$$

其中 A_p,A_s,A_i 分别是泵浦光 $\boldsymbol{E}(\omega_p)=\boldsymbol{A}_p\exp[-\mathrm{i}(\omega_pt-k_pz)]$、信号光 $\boldsymbol{E}(\omega_s)=\boldsymbol{A}_s\exp[-\mathrm{i}(\omega_st-k_sz)]$和闲置光$\boldsymbol{E}(\omega_i)=\boldsymbol{A}_i\exp[-\mathrm{i}(\omega_it-k_iz)]$振幅的量值.

在泵浦光的能量转换效率不高时,可采用**小信号近似**处理,亦即在光波相互作用过程中假定泵浦光振幅不随作用距离改变:$\mathrm{d}A_p/\mathrm{d}z=0$ 或$A_p(z)=A_p(0)$. 于是,方程组(4.87)~(4.89)将简化

为以下二元联立方程:

$$\frac{dA_s}{dz}=\frac{i\omega_s d_{eff}A_p(0)}{cn(\omega_s)}A_i^* e^{i\Delta kz}, \tag{4.90}$$

$$\frac{dA_i^*}{dz}=\frac{-i\omega_i d_{eff}A_p(0)}{cn(\omega_i)}A_s e^{-i\Delta kz}, \tag{4.91}$$

其中 $\Delta k=k_p-k_s-k_i$ 为相位失配量.

为求解方程(4.90)和(4.91),令

$$A_s'=\left[\frac{n(\omega_s)}{\omega_s}\right]^{1/2}A_s,\quad A_i'=\left[\frac{n(\omega_i)}{\omega_i}\right]^{1/2}A_i,$$

便得有关变量 A_s' 和 A_i' 的联立方程

$$\frac{dA_s'}{dz}=i\frac{g}{2}A_i'^* e^{i\Delta kz}, \tag{4.92}$$

$$\frac{dA_i'^*}{dz}=-i\frac{g}{2}A_s' e^{-i\Delta kz}, \tag{4.93}$$

其中

$$g=2\left[\frac{\omega_s\omega_i}{n(\omega_s)n(\omega_i)}\right]^{1/2}\frac{d_{eff}}{c}A_p(0). \tag{4.94}$$

解方程(4.92)和(4.93)可得

$$A_s'(z)e^{-i(\Delta kz/2)}=A_s'(0)\left[\cosh(bz)-\frac{i\Delta k}{b}\sinh(bz)\right]+i\frac{g}{2b}A_i'^*(0)\sinh(bz), \tag{4.95}$$

$$A_i'^*(z)e^{+i(\Delta kz/2)}=A_i'^*(0)\left[\cosh(bz)-\frac{i\Delta k}{b}\sinh(bz)\right]-i\frac{g}{2b}A_s'(0)\sinh(bz), \tag{4.96}$$

其中

$$b=\frac{1}{2}[g^2-(\Delta k)^2]^{1/2}. \tag{4.97}$$

考虑到光学参量放大的起始条件为

$$A_s(z=0)=A_s(0),\quad A_i(z=0)=A_i(0)=0,$$

亦即

$$A'_s(0) = [n(\omega_s)/\omega_s]^{1/2} A_s(0), \quad A'_i(0) = 0,$$

则在 $\Delta k=0$,亦即相位匹配时,有

$$A'_s(z) = A'_s(0)\cosh(gz/2), \tag{4.98}$$

$$A'^*_i(z) = -\mathrm{i}A'_s(0)\sinh(gz/2) \tag{4.99}$$

或

$$A_s(z) = A_s(0)\cosh\left(\frac{gz}{2}\right), \tag{4.100}$$

$$A^*_i(z) = -\mathrm{i}\sqrt{\frac{n(\omega_s)\omega_i}{n(\omega_i)\omega_s}}A_s(0)\sinh\left(\frac{gz}{2}\right), \tag{4.101}$$

利用光强与振幅的关系(4.65),便得信号光与闲置光的光强分别为

$$I_s(z) = I_s(0)\cosh^2\left(\frac{gz}{2}\right), \tag{4.102}$$

$$I_i(z) = \frac{\omega_i}{\omega_s}I_s(0)\sinh^2\left(\frac{gz}{2}\right), \tag{4.103}$$

其中 $I_s(0)$是信号光起始光强.

可以看出,信号光与闲置光光强都随作用距离而增加,这是因为参量作用的结果每减少一个泵浦光光子 $\hbar\omega_p$,必定同时增加一个信号光光子 $\hbar\omega_s$ 和一个闲置光光子 $\hbar\omega_i$. 由于事先作了泵浦光光强不变的近似,所以在上述计算结果中,反映不出泵浦光光强的减弱. 事实上,这种近似只当泵浦光光强的相对变化很小时才是正确的,否则泵浦光光强随作用距离的变化不仅不能忽略,而且还会出现能量转换方向逆转的情况. 这是因为参量作用不仅存在一个泵浦光光子 $\hbar\omega_p$ 转变成一个信号光光子 $\hbar\omega_s$ 和一个闲置光光子 $\hbar\omega_i$ 的过程,也存在一个信号光光子 $\hbar\omega_s$ 和一个闲置光光子 $\hbar\omega_i$ 通过和频转变成一个泵浦光光子 $\hbar\omega_p$ 的过程. 一旦泵浦光光强随作用距离减弱到前一过程不足以抵挡后一过程时,泵浦光光强反而随作用距离增大,亦即出现能量转换的逆转. 当然,这只有增益参数 g 非常大时,实际上才有可能出现. 这时在计算中也不再能假定泵浦光光强不变了.

当 $gz\gg 1$ 时,式(4.102)和(4.103)近似为

$$I_s(z) = \frac{1}{4}I_s(0)\mathrm{e}^{gz}, \tag{4.104}$$

$$I_i(z)=\frac{1}{4}\frac{\omega_i}{\omega_s}I_s(0)e^{gz}. \tag{4.105}$$

此外,当相位失配,亦即 $\Delta k\neq 0$,由式(4.95)和(4.96)可知,决定参量过程增益的不再是 g,而是 b,从而增益随失配量的增加而大大下降,以至于不可能实现参量放大.

光学参量振荡

将非线性介质(晶体)置于光学共振腔中,并使该腔与信号光频率或与闲置光频率,或者同时与二者共振.当足够强的泵浦光射入共振腔中的介质时,便可能同时产生信号光与闲置光.这就是光学参量振荡[24~31].共振腔的作用是使信号光与闲置光可以在介质中多走一些来回,从而增大与泵浦光相互作用的距离,以提高能量转换效率.和其他振荡器一样,信号光的起始强度来自该频率的噪声.不过,由于存在所谓参量荧光现象(即强泵浦光作用于非线性介质而出现在信号光与闲置光频率的散射)[32,33],所以现在的噪声就是参量荧光.

光学参量振荡的产生,需要满足一定的阈值条件,亦即只当非线性作用引起的增益超过某一数值时,信号光与闲置光才能产生[34].阈值的存在是因为光波在光腔中运行时其能量存在损耗(包括输出损耗),只当增益大于损耗时,作为噪声存在的参量荧光才会被放大.

设在光腔中运行时信号光与闲置光的能量损耗(包括输出损耗)系数分别为 α_s 和 α_i,则考虑损耗后描述参量过程的方程组(4.92)和(4.93)应修正为

$$\frac{dA'_s}{dz}=-\frac{\alpha_s}{2}A'_s+i\frac{g}{2}A'^*_i e^{i\Delta kz}, \tag{4.106}$$

$$\frac{dA'^*_i}{dz}=-\frac{\alpha_i}{2}A'^*_i-i\frac{g}{2}A'_s e^{-i\Delta kz}. \tag{4.107}$$

解此方程组后,知其有效增益系数为

$$\gamma=-\frac{1}{4}(\alpha_s+\alpha_i)+\frac{1}{2}\sqrt{g^2-(\Delta k)^2-\alpha_s\alpha_i+\frac{1}{4}(\alpha_s+\alpha_i)^2}. \tag{4.108}$$

无疑，只当 $\gamma\geqslant 0$ 时振荡才会产生. 而由 $\gamma=0$ 确定的 $g=g_t$ 即是振荡的阈值增益. 由式(4.108)便可知

$$g_t=\sqrt{\alpha_s\alpha_i+(\Delta k)^2}. \tag{4.109}$$

§4.7　光学参量振荡的频率调谐

从§4.6中的讨论可知，只有相位匹配($\Delta k=0$)时，才会有足够的非线性增益使参量振荡得以产生. 所以，本节首先讨论如何实现参量放大和振荡中的相位匹配.

在泵浦光、信号光和闲置光共线传播的前提下，考虑到波矢与频率的关系 $k_j=n(\omega_j)\omega_j/c\,(j=\mathrm{p,s,i})$，相位匹配条件 $\Delta k=k_p-k_s-k_i=0$ 可改写为

$$\omega_p n(\omega_p)-\omega_s n(\omega_s)-\omega_i n(\omega_i)=0. \tag{4.110}$$

由于 $\omega_p=\omega_s+\omega_i$，上式又可改写为

$$\omega_s[n(\omega_p)-n(\omega_s)]+\omega_i[n(\omega_p)-n(\omega_i)]=0. \tag{4.111}$$

显然，若不考虑双折射，在正常色散情况下由于 $n(\omega_p)>n(\omega_s)$ 以及 $n(\omega_p)>n(\omega_i)$，所以该条件是无法实现的. 但若借助于晶体的双折射，恰当选取泵浦光、信号光和闲置光的偏振方向以及光束传播方向与晶体光轴的夹角 θ，则实现该条件是可能的.

例如，在负单轴晶体中不难证明，若泵浦光选为e光，信号光和闲置光或者都选为o光(称为第一类相位匹配)，或者其一为o光，另一为e光(称为第二类相位匹配)，则可以找到适当的 $\theta=\theta_m$ (θ_m 称为匹配角)，使相位匹配条件(4.111)得以满足.

由于只当相位匹配条件满足时，参量振荡才能产生，因此可以利用该条件进行输出频率的调谐. 以下将以负单轴晶体第一类相位匹配情形来说明：

角调谐

如前所述，当泵浦光频率 ω_p 固定后，为了产生指定的一对输出频率 ω_s 和 ω_i(满足 $\omega_s+\omega_i=\omega_p$)，需要找出适当的 θ，使相位匹配

条件(4.110)成立.针对第一类相位匹配,式(4.110)可具体表示为

$$\omega_p n_e(\omega_p,\theta) = \omega_s n_o(\omega_s) + \omega_i n_o(\omega_i), \tag{4.112}$$

其中 $n_o(\omega_s)$ 和 $n_o(\omega_i)$ 为一对输出光的折射率,因为都是 o 光,所以它们都不随角度 θ 改变,只是频率的函数;$n_e(\omega_p,\theta)$ 是泵浦光折射率,因是 e 光,所以不仅随频率改变,还随 θ 改变.当 θ 改变到另一数值时,由于 $n_e(\omega_p,\theta)$ 也发生了变化,原来的一对输出频率不再满足条件(4.112).满足该条件的将是另外一对频率(这对频率之和必须等于泵浦光频率);换言之,此时将输出另一对频率的光波.如果连续改变 θ(通常是固定泵浦光传播方向,改变晶体光轴取向),无疑将会得到一对频率连续改变的输出光.这样实现的参量振荡频率调谐称为角调谐[35,36].具体分析如下:

当角度由 θ 改变到 $\theta+\Delta\theta$ 时,设输出光频率 ω_s 改变到 $\omega_s+\Delta\omega$,则另一输出光频率 ω_i 必定改变到 $\omega_i-\Delta\omega$,以保证改变后的一对输出频率之和仍等于泵浦光频率 ω_p($\Delta\theta$ 和 $\Delta\omega$ 均为一级小量).与此同时,晶体对泵浦光的折射率也将由 $n_e(\omega_p,\theta)$ 变到 $n_e(\omega_p,\theta)+[\partial n_e(\omega_p,\theta)/\partial\theta]\Delta\theta$;对两输出光的折射率也将分别由 $n_o(\omega_s)$ 及 $n_o(\omega_i)$ 改变到

$$n_o(\omega_s) + \left[\frac{\partial n_o(\omega_s)}{\partial\omega_s}\right]\Delta\omega + O[(\Delta\omega)^2],$$

$$n_o(\omega_i) - \left[\frac{\partial n_o(\omega_i)}{\partial\omega_i}\right]\Delta\omega + O[(\Delta\omega)^2],$$

其中 $O[(\Delta\omega)^2]$ 是等于或高于二级小量 $(\Delta\omega)^2$ 的量.于是,相位匹配条件(4.112)也相应改变为

$$\begin{aligned}\omega_p&\left[n_e(\omega_p,\theta) + \frac{\partial n_e(\omega_p,\theta)}{\partial\theta}\Delta\theta\right]\\ &= (\omega_s+\Delta\omega)\left\{n_o(\omega_s) + \frac{\partial n_o(\omega_s)}{\partial\omega_s}\Delta\omega + O[(\Delta\omega)^2]\right\}\\ &\quad + (\omega_i-\Delta\omega)\left\{n_o(\omega_i) - \frac{\partial n_o(\omega_i)}{\partial\omega_i}\Delta\omega + O[(\Delta\omega)^2]\right\}.\end{aligned} \tag{4.113}$$

由此，忽略等于或高于二级小量$(\Delta\omega)^2$的量$O[(\Delta\omega)^2]$，即可解出

$$\Delta\omega \simeq \frac{\omega_p[\partial n_e(\omega_p,\theta)/\partial\theta]\Delta\theta}{\omega_s \dfrac{\partial n_o(\omega_s)}{\partial\omega_s} - \omega_i \dfrac{\partial n_o(\omega_i)}{\partial\omega_i} + n_o(\omega_s) - n_o(\omega_i)}. \tag{4.114}$$

由于单轴晶体存在关系：

$$\left[\frac{1}{n_e(\omega_p,\theta)}\right]^2 = \left[\frac{\cos\theta}{n_o(\omega_p)}\right]^2 + \left[\frac{\sin\theta}{n_e(\omega_p)}\right]^2, \tag{4.115}$$

故有

$$\frac{\partial n_e(\omega_p,\theta)}{\partial\theta} = \frac{[n_e(\omega_p,\theta)]^3}{2}\left[\left[\frac{1}{n_e(\omega_p)}\right]^2 - \left[\frac{1}{n_o(\omega_p)}\right]^2\right]\sin 2\theta, \tag{4.116}$$

其中$n_o(\omega_p)$及$n_e(\omega_p)$是频率为ω_p时晶体的两个主折射率.

将式(4.116)代入式(4.114)，即可由晶体在不同频率时的主折射率计算出当θ发生$\Delta\theta$的变化时，相应的输出频率ω_s和ω_i所分别产生的大小为$\Delta\omega$的增减；从而可得到所谓角调谐曲线，亦即参量振荡输出频率ω_s和ω_i随角度θ的变化.

必须注意，当$\omega_s \to \omega_p/2$时，会出现$\omega_i \approx \omega_s \approx \omega_p/2$. 此时，式(4.113)中的$O[(\Delta\omega)^2]$不能忽略，否则式(4.114)的分母将趋于零. 设简并点，亦即$\omega_i = \omega_s = \omega_p/2$处，相应的角度为$\theta_0$，则在$\theta = \theta_0$附近，若保留$O[(\Delta\omega)^2]$中的二级小量，从方程(113)便可解出

$$\Delta\omega = \left\{\frac{\omega_p\left[\dfrac{\partial n_e(\omega_p,\theta)}{\partial\theta}\right]_{\theta=\theta_0}}{\left[2\dfrac{\partial n_o(\omega)}{\partial\omega} + \dfrac{\omega_p}{2}\dfrac{\partial^2 n_o(\omega)}{\partial\omega^2}\right]_{\omega=\omega_p/2}}\right\}(\Delta\theta)^{1/2}. \tag{4.117}$$

总之，当远离简并点时利用式(4.114)，在简并点附近用式(4.117)，即可对任意负单轴晶体作出完整的参量振荡角调谐曲线. 图 4.9 是$LiNbO_3$晶体在温度为25℃、泵浦光波长为1.06 μm时计算得出的参量振荡角调谐曲线.

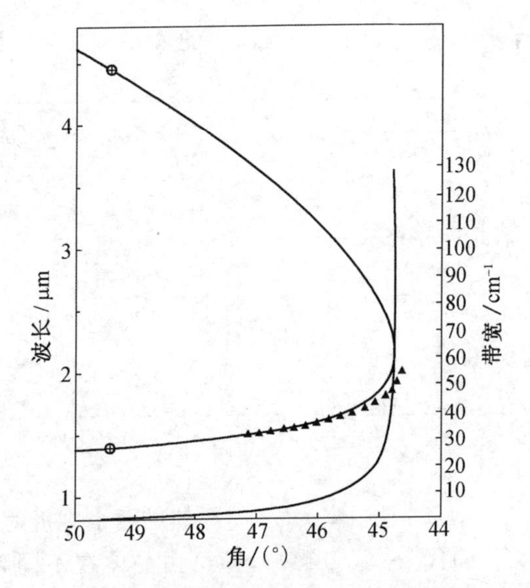

图 4.9　LiN_bO_3 晶体在温度为 25℃、波长为 1.06 μm 时计算得出的参量振荡角调谐及带宽变化曲线[35]

温度调谐[29,37]

当光波传播方向与晶体光轴夹角 θ 一定时,利用折射率随温度变化,也可通过改变温度致使满足相位匹配条件(4.112)的频率 ω_s 和 ω_i 作相应的变化,从而在泵浦光频率一定时获得不同的一对输出光频率.

设在频率为 ω_p 的泵浦光作用下,当晶体温度为 T 时,参量振荡的输出频率为 ω_s 和 ω_i,则相位匹配条件(4.112)成立.为突显折射率是温度的函数,式(4.112)可改写为

$$\omega_p n_e(\omega_p,\theta,T) = \omega_s n_o(\omega_s,T) + \omega_i n_o(\omega_i,T). \qquad (4.118)$$

现在固定 θ 并将温度由 T 改变到 $T+\Delta T$,为使上述条件仍能满足,输出频率将分别由 ω_s 和 ω_i 改变到 $\omega_s+\Delta\omega$ 和 $\omega_i-\Delta\omega$.同时,折射率作为频率和温度的函数也要作相应改变.从而若只保留到一级小量,则条件(4.118)应改变为

$$\omega_p\left[n_e(\omega_p,\theta,T)+\frac{\partial n_e(\omega_p,\theta,T)}{\partial T}\Delta T\right]$$
$$=(\omega_s+\Delta\omega)\left[n_o(\omega_s,T)+\frac{\partial n_o(\omega_s,T)}{\partial T}\Delta T+\frac{\partial n_o(\omega_s,T)}{\partial\omega_s}\Delta\omega\right]$$
$$+(\omega_i-\Delta\omega)\left[n_o(\omega_i,T)+\frac{\partial n_o(\omega_i,T)}{\partial T}\Delta T-\frac{\partial n_o(\omega_i,T)}{\partial\omega_i}\Delta\omega\right]. \tag{4.119}$$

于是可得

$$\Delta\omega\simeq\frac{\omega_p\dfrac{\partial n_e(\omega_p,\theta,T)}{\partial T}-\omega_s\dfrac{\partial n_o(\omega_s,T)}{\partial T}-\omega_i\dfrac{\partial n_o(\omega_i,T)}{\partial T}}{\omega_s\dfrac{\partial n_o(\omega_s,T)}{\partial\omega_s}-\omega_i\dfrac{\partial n_o(\omega_i,T)}{\partial\omega_i}+n_o(\omega_s)-n_o(\omega_i)}. \tag{4.120}$$

与角调谐的讨论类似，在简并点 $T=T_0$（此时 $\omega_s=\omega_i=\omega_p/2$）附近，方程(4.118)的二级小量不能忽略. 若保留之，便得

$$\Delta\omega=\left\{\frac{\omega_p\left[\dfrac{\partial n_e(\omega_p,\theta,T)}{\partial T}-\dfrac{\partial n_o(\omega_p,T)}{\partial T}\right]_{T=T_0}}{\left[2\dfrac{\partial n_o(\omega)}{\partial\omega}+\dfrac{\omega_p}{2}\dfrac{\partial^2 n_o(\omega)}{\partial\omega^2}\right]_{\omega=\omega_p/2}}\right\}(\Delta T)^{1/2}. \tag{4.121}$$

从以上讨论可知，只要知道晶体的主折射率及其随频率和温度的变化，即可利用式(4.120)和(4.121)得出该晶体的温度调谐曲线. 图 4.10 就是这样得到的 $LiNbO_3$ 晶体作为参量振荡介质时在不同泵浦光波长下的温度调谐曲线.

参量输出频率的带宽

以上用相位匹配条件 $\Delta k=k_p-k_s-k_i=0$ 决定的，只是参量振荡输出的中心频率. 事实上，当信号光和闲置光频率稍偏离中心频率，致使 Δk 稍偏离零时，参量振荡的输出虽然由于相位失配而下降，但仍会有一定的输出；换言之，输出频率有一定带宽[37].

已知若光波相互作用长度为 L，当相位失配量 $|\Delta k|$ 由 0 增至 $2\pi/L$ 时，参量输出将由最大下降到零. 所以，由 $|\Delta k|L=2\pi$ 即可确

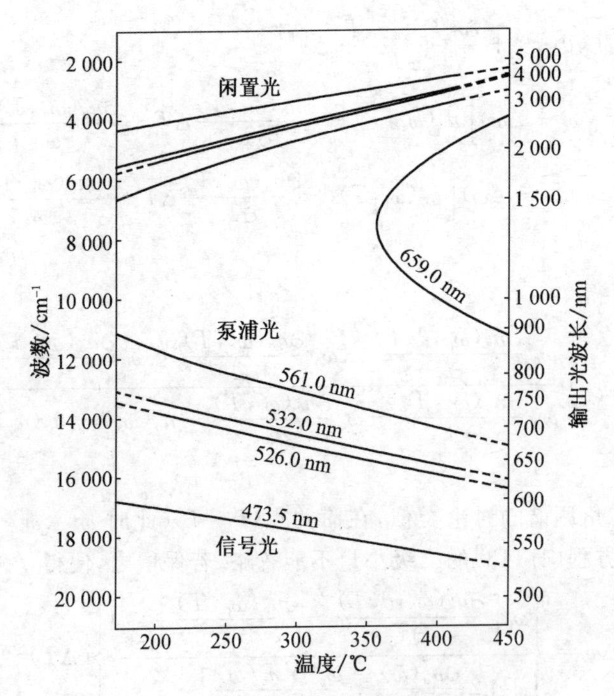

图 4.10　$LiNbO_3$ 晶体在不同泵浦光波长下的参量振荡温度调谐曲线[29]

定输出的带宽.

设 $\omega_p=\omega_s+\omega_i$ 时严格满足相位匹配,则 $\omega_p=(\omega_s+\delta\omega)+(\omega_i-\delta\omega)$时的相位失配量为

$$\Delta k=\Delta(k_p-k_s-k_i)=-\Delta\left[\frac{n_o(\omega_s)\omega_s}{c}\right]-\Delta\left[\frac{n_o(\omega_i)\omega_i}{c}\right].\tag{4.122}$$

将第二个等号右端的两项展开并只保留 $\delta\omega$ 的一级小量,则有

$$\Delta k=-\frac{1}{c}\left[n_o(\omega_s)\delta\omega+\frac{\partial n_o(\omega_s)}{\partial\omega_s}\omega_s\delta\omega-n_o(\omega_i)\delta\omega-\frac{\partial n_o(\omega_i)}{\partial\omega_i}\omega_i\delta\omega\right].\tag{4.123}$$

令$|\Delta k|L=2\pi$,则由上式得到输出带宽为

$$\delta\omega = \frac{2\pi c}{L\left|n_{\mathrm{o}}(\omega_{\mathrm{s}}) - n_{\mathrm{o}}(\omega_{\mathrm{i}}) + \omega_{\mathrm{s}}\dfrac{\partial n_{\mathrm{o}}(\omega_{\mathrm{s}})}{\partial\omega_{\mathrm{s}}} - \omega_{\mathrm{i}}\dfrac{\partial n_{\mathrm{o}}(\omega_{\mathrm{i}})}{\partial\omega_{\mathrm{i}}}\right|}. \tag{4.124}$$

和以前的处理相似,在输出频率的简并点附近,上式不成立.此时,在式(4.122)中应保留 $\delta\omega$ 的二级小项,从而得到带宽为

$$\delta\omega = \sqrt{\frac{2\pi c}{L\left[2\dfrac{\partial n_{\mathrm{o}}(\omega)}{\partial\omega} + \dfrac{\omega_{\mathrm{p}}}{2}\dfrac{\partial^2 n_{\mathrm{o}}(\omega)}{\partial\omega^2}\right]_{\omega=\omega_{\mathrm{p}}/2}}}. \tag{4.125}$$

对于 $LiNbO_3$ 晶体,计算得到的带宽变化曲线也示于图 4.9 中.在远离简并点时 $\delta\omega\approx 5\sim 10\,\mathrm{cm}^{-1}$;当靠近简并点时 $\delta\omega\approx 100\,\mathrm{cm}^{-1}$.

参考文献

[1] Yariv A, Yeh P. Optical waves in crystals. NY: Wiley, 1984.

[2] 李荫远,杨顺华. 非线性光学. 北京:科学出版社,1974.

[3] Zernike F, Midwinter J E. Applied Nonlinear optics. NY: Wiley, 1973.

[4] Franken P A, Hill C W, et al. Phys. Rev. Lett., 1961, 7: 118.

[5] Armstrong J A, Bloembergen N, et al. Phys. Rev., 1962, 127: 1918.

[6] Bloembergen N. Nonlinear optics. NY: Benjamin, 1965.

[7] Boyd G D, Kleinman D A. J. Appl. Phys., 1968, 39: 3597.

[8] White D R, Dawes E L, et al. IEEE J. Quant. Electr., 1970, 6: 793.

[9] Bass M, Franken P A. et al. Phys. Rev. Lett., 1962, 8: 18.

[10] Manley J M, Rowe H E. Proc. IRE, 1959, 47: 2115.

[11] Weiss M T. Proc. IRE, 1957, 45:1012.

[12] Tang C L. ed. Quantum electronics: a treatise. NY: Academic, 1975.

[13] Abbas M M, et al. Appl. Opt., 1976, 15: 961.

[14] Boyd R W, Townes C H. Appl. Phys. Lett., 1977, 31: 440.

[15] Shen Y R. ed. Nonlinear infrared generation. Berlin: Springer-Verlag, 1977.

[16] Shen Y R. Prog. Quant. Electr., 1976, 4: 207.
[17] Faries D W, Gehring K A, et al. Phys. Rev., 1969, 180: 363.
[18] Shen Y R. Prog. Quant. Electr., 1976, 4: 207.
[19] Maker P D, Terhune R W, et al. Phys. Rev. Lett., 1962, 8: 21.
[20] Giordmaine J A. Phys. Rev. Lett., 1962, 8: 19.
[21] Hobden M V. J. Appl. Phys., 1967, 38: 4365.
[22] Kingston R H. Proc. IRE, 1962, 50: 472.
[23] Akhmanov S A, Kovrigin A I, et al. JETP Lett., 1965, 1:25.
[24] Giordmaine J A, Miller R C. Phys. Rev. Lett., 1965, 14: 973.
[25] Smith R G. J. Appl. Phys., 1970, 41: 4121.
[26] Bjorkholm J E. Appl. Phys. Lett., 1968, 13: 53.
[27] Kreuzer L B. Appl. Phys. Lett., 1969, 15: 263.
[28] Byer R L, Piskarskas. J. Opt. Soc. Am. B, 1993, 10: 1656.
[29] Rabin H, Tang C L. ed. Quantum electronics: a treatise. NY: Academic, 1975.
[30] Tang C L, Cheng L K. Fundamentals of optical parametric processes and oscillators. NY: Harwood Academic, 1996.
[31] Tang C L. J Nonl. Opt. Phys. Mat., 1997, 6: 535.
[32] Louisell W H, Yariv A, et al. Phys. Rev., 1961, 124: 1646.
[33] Giallorenzi T G, Tang C L. Phys. Rev., 1968, 166: 225.
[34] Yariv A, Louisell W H. IEEE J. Quant. Electr., 1966, 2: 418.
[35] Byer R L, Herbst R L. // Shen Y R. ed. Nonlinear infrared generation. Berlin: Springer-Verlag, 1977: p81.
[36] Magde D, Mahr H. Phys. Rev. Lett., 1967, 18: 905.
[37] Shen Y R. The principles of nonlinear optics. NY: Wiley, 1984.

第五章　光学二次谐波与参量变频(二)

§5.1　Maker 条纹与非线性系数测量

非线性系数是各种二阶非线性光学效应中的重要参数. 材料非线性系数的测量分为绝对测量和相对测量：绝对测量是利用式(4.44)，通过准确测定输入的基频光强度 $I_1(0)$、输出的倍频光强度 $I_2(L)$ 以及作用长度 L 和失配量 Δk 等量来确定 d_{eff}. 这种测量无疑是很困难的，尤其是考虑到激光束是高斯光束，还要对该公式作出修正. 因此，迄今人们只对像 ADP(磷酸二氢铵)等少数晶体作过这种绝对的精确测量[1,2]. 但是，只要有一种材料(例如 ADP 晶体)的 d_{eff} 用这种方法被精确测定，则其余材料的 d_{eff} 就可以通过与这种材料相比较而得到确定. 这称为相对测量.

相对测量基本装置如图 5.1 所示[3]. 基频激光束通过分束器分成功率和截面都相等的两束，分别入射到待测样品和参考样品(其中后者的有效非线性系数 $d_{\mathrm{R,eff}}$ 是已知的)，并产生倍频输出. 设它们的功率分别为 $S(2\omega)$ 和 $S_{\mathrm{R}}(2\omega)$. 根据式(4.45)，两者之比为

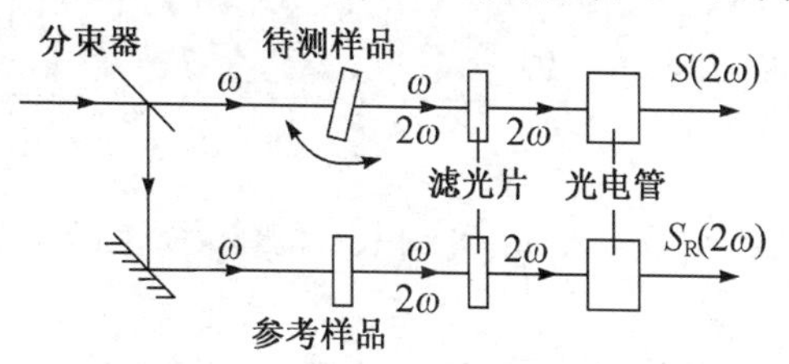

图 5.1　二阶非线性系数相对测量装置

$$\frac{S(2\omega)}{S_{\mathrm{R}}(2\omega)}=\frac{d_{\mathrm{eff}}^{2}n_{\mathrm{R}}^{2}(\omega)n_{\mathrm{R}}(2\omega)(\Delta k_{\mathrm{R}}/2)^{2}}{d_{\mathrm{R,eff}}^{2}n^{2}(\omega)n(2\omega)\sin^{2}(\Delta k_{\mathrm{R}}L_{\mathrm{R}}/2)}\frac{\sin^{2}(\Delta kL/2)}{(\Delta k/2)^{2}},\tag{5.1}$$

其中 d_{eff} 是待测样品的有效非线性系数；$S_R(2\omega)$，$n_R(2\omega)$，Δk_R 和 L_R 均为参考样品的相应物理量. 通常参考样品的大小、位置、晶轴取向等都是固定的，所以等号的 n_R，Δk_R 和 L_R 都可认为是已知的，于是通过测定比值 $S(2\omega)/S_R(2\omega)$ 与 ΔkL 的变化关系，即可确定待测样品的 d_{eff} 的绝对值.

因为

$$\frac{S(2\omega)}{S_R(2\omega)} \propto \frac{\sin^2(\Delta kL/2)}{(\Delta k/2)^2},$$

故 $S(2\omega)/S_R(2\omega)$ 随 ΔkL 变化的曲线呈现一系列高度变化的峰和谷，称为 Maker 条纹[4]. 为了改变作用长度 L，可以通过转动晶体使旋转角 θ 改变，如图 5.1 所示；有时还可做到当 θ 改变时，保持 Δk 不变. 图 5.2 是典型的 Maker 条纹，其中的实验点是在石英晶体中的测量结果，曲线是用式(5.1)拟合的理论曲线.

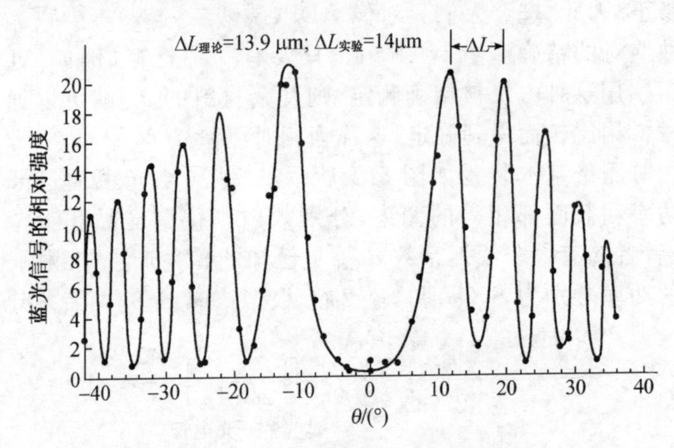

图 5.2　Maker 条纹——二次谐波相对强度随旋转角 θ 的变化

尽管当忽略晶体吸收时，可认为 d_{eff} 是实数，但用上述方法只能确定其绝对值，却不能定出其正、负号. 为此，又设计了一种实验装置，使输出信号大小不仅与 d_{eff} 的绝对值有关，还与其相位有关[5].

如图 5.3 所示，令基频光先在相位匹配条件下垂直通过一块长度为 L_1 的参考晶体并输出倍频光，而该晶体的 $d_{1,\text{eff}}$ 是已知的；

然后它们又一起垂直通过另一块长度为 L_2 的待测晶体，两晶体间留有长为 L_0 的空间. 此时，因基频光作用于后一块晶体也要产生倍频光，故在第二块晶体出口处的倍频光应是两块晶体产生的倍频光的相干叠加. 设 $k_i(\Omega)=n_i(\Omega)\Omega/c(\Omega=\omega,2\omega)$ 分别是频率为 Ω 的光波在第一块晶体($i=1$)、第二块晶体($i=2$)和两块晶体间的空间($i=0$)的波矢，而 $n_i(\Omega)$ 是相应的折射率. 又设

$$E(\omega,L_1)=A(\omega)\mathrm{e}^{-\mathrm{i}[\omega t-k_1(\omega)L_1]} \tag{5.2}$$

是第一块晶体出口处的频率为 ω 的基频光光场，则由式(4.42)知，由该晶体产生的在该处的倍频光场为

$$E_1(2\omega,L_1)=\frac{\mathrm{i}\omega}{cn_1(2\omega)}d_{1,\mathrm{eff}}L_1A^2(\omega)\mathrm{e}^{-\mathrm{i}[2\omega t-2k_1(\omega)L_1]}. \tag{5.3}$$

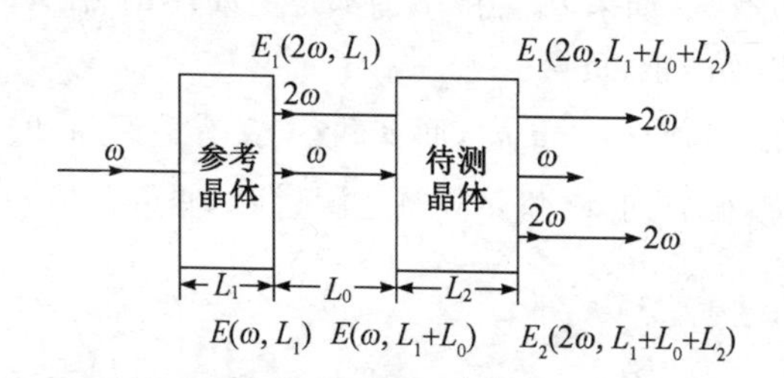

图 5.3 可用以测量 d_{eff} 相对相位的装置示意图

从而，到达第二块晶体入口处的基频光场和到达第二块晶体出口处而由第一块晶体产生的倍频光场分别为

$$E(\omega,L_1+L_0)=A(\omega)\mathrm{e}^{-\mathrm{i}[\omega t-k_1(\omega)L_1-k_0(\omega)L_0]} \tag{5.4}$$

和
$$E_1(2\omega,L_1+L_0+L_2)=\frac{\mathrm{i}\omega}{cn_1(2\omega)}d_{1,\mathrm{eff}}L_1A^2(\omega)\cdot\mathrm{e}^{-\mathrm{i}[2\omega t-2k_1(\omega)L_1-k_0(2\omega)L_0-k_2(2\omega)L_2]}. \tag{5.5}$$

此外，根据式(4.42)，基频光作用于第二块晶体产生的倍频光场在第二块晶体出口处为

$$E_2(2\omega,L_1+L_0+L_2)$$

$$= \frac{-\omega}{cn_2(2\omega)\Delta k_2} d_{2,\text{eff}} A^2(\omega)(e^{-i\Delta k_2 L_2} - 1) \cdot e^{-i[2\omega t - 2k_1(\omega)L_1 - 2k_0(2\omega)L_0 - k_2(2\omega)L_2]}, \tag{5.6}$$

其中 $\Delta k_2 = k_2(2\omega) - 2k_2(\omega)$是在第二块晶体的相位失配量.

在第二块晶体出口处的倍频光场应为 $E_1(2\omega, L_1+L_0+L_2) + E_2(2\omega, L_1+L_0+L_2)$,故由式(5.5)和(5.6),输出倍频光光强应为

$$I(2\omega) \propto \left|\frac{\omega E^2(\omega)}{c}\right|^2 \left|\frac{i d_{1,\text{eff}} L_1}{n_1(2\omega)} e^{i[n_0(2\omega) - n_0(\omega)]L_0 2\omega/c} - \frac{d_{2,\text{eff}} L_2}{n_2(2\omega)} \frac{e^{-i\Delta k_2 L_2} - 1}{\Delta k_2 L_2}\right|^2. \tag{5.7}$$

现在可以看出,$I(2\omega)$不仅与 $d_{1,\text{eff}}$及 $d_{2,\text{eff}}$的大小有关,而且和其相对相位有关. 如果 $d_{1,\text{eff}}$和 $d_{2,\text{eff}}$都是实数且 $d_{1,\text{eff}}$已知,则由上式即可判定 $d_{2,\text{eff}}$的正、负号.

由于 $d_{\text{eff}} = \boldsymbol{a}_{2\omega} \cdot \boldsymbol{d} \cdot \boldsymbol{a}_\omega \boldsymbol{a}_\omega$,而 $\boldsymbol{d}$ 和$\boldsymbol{\chi}^{(2)}$又有关系(4.9),故用本节方法,改变偏振方向 $\boldsymbol{a}_\omega$ 和 $\boldsymbol{a}_{2\omega}$,通过测量 d_{eff}便可得出$\chi^{(2)}$的各张量元$\chi^{(2)}_{ijk}$.

§5.2　表面(界面)对二阶非线性光学效应的影响

在第四章中,当讨论各种二阶非线性光学效应的产生时,均假定所有相互作用的光波都是在非线性介质(晶体)中传播. 事实上,非线性介质(晶体)的尺度是有限的,光波要进入该介质之前必定要先通过它的表面. 那么,表面对各种二阶光学效应的产生会有什么影响呢?

首先,在各种二阶光学效应以透射形式在非线性介质内部出现的同时,也必然在表面(或界面)以反射形式出现相应的效应[6~9],例如出现二次谐波反射、光学和频反射等. 下面以二次谐波反射为例,说明这些非线性反射是如何产生的[6,10,11].

光学二次谐波反射

如图 5.4 所示，$z=0$ 是一个界面，频率为 ω 的基频光由 $z<0$ 半空间的介质(为简单起见，设为各向同性介质)入射到 $z>0$ 半空间的具有二阶光学非线性的介质. 经折射进入非线性介质的基频光将在介质中产生频率为 2ω 的极化波. 正如以前指出的，该极化波的辐射便产生了在 $z>0$ 半空间的介质中传播的光学二次谐波的透射波；而且，在相位匹配时，(正的)贡献来自整个非线性介质. 现在要强调的是，由于频率为 2ω 的极化所产生的辐射是四面八方的，所以同时也会在界面产生光学二次谐波反射；不过，因为对反射波而言相位不匹配，所以贡献只来自靠近界面很薄的一层(厚度约为波长数量级)非线性介质.

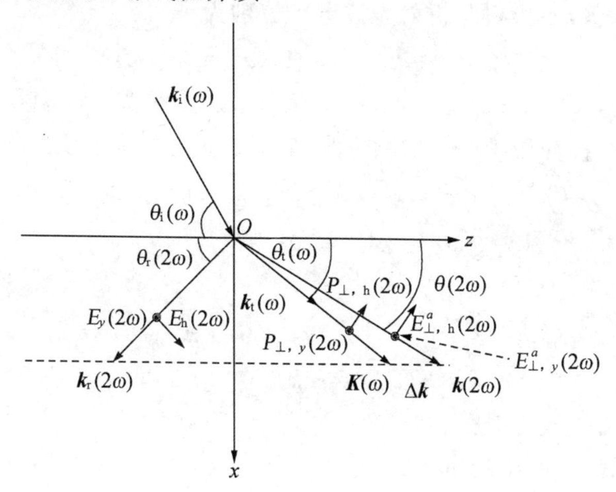

图 5.4 当存在界面 $z=0$ 时，入射到非线性介质($z>0$)的光波产生反射和透射二次谐波过程示意图

从非线性波动方程出发，考虑界面上的边界条件，即可论证光学二次谐波反射的存在及其振幅与入射基频光的关系.

在过去只讨论透射二次谐波产生时，我们都假定光波是横电波，即近似认为光波电场 $\boldsymbol{E}$ 与电位移矢量 $\boldsymbol{D}$ 平行，而忽略二者方向的微小差别,从而可以用非线性波动方程(1.33)或耦合波方程(2.90).但以后会知道,在讨论二次谐波反射的产生时,$\boldsymbol{E}\perp\boldsymbol{D}$ 的分量有时起重要作用,所以在本节我们不再用横电波近似.此时,从麦克斯韦方程(1.26)及(1.27)出发,容易证明替代方程(2.90)的耦合波方程应是

$$\left[\nabla\times(\nabla\times)+\mu_0\boldsymbol{\varepsilon}(\omega_i)\cdot\frac{\partial^2}{\partial t^2}\right]\boldsymbol{E}(\boldsymbol{k}_i,\omega_i)=-\mu_0\frac{\partial^2\boldsymbol{P}_{\mathrm{NL}}(\boldsymbol{K}_q,\omega_q=\omega_i)}{\partial t^2}\tag{5.8}$$

或

$$[\nabla\times(\nabla\times)-\omega_i^2\mu_0\boldsymbol{\varepsilon}(\omega_i)\cdot]\boldsymbol{E}(\boldsymbol{k}_i,\omega_i)=\omega_i^2\mu_0\boldsymbol{P}_{\mathrm{NL}}(\boldsymbol{K}_q,\omega_q=\omega_i)\quad(i=1,2,\cdots).\tag{5.9}$$

如图 5.4,设基频光的入射面为 Oxz 平面,入射角为 $\theta_{\mathrm{i}}(\omega)$,折射角为 $\theta_{\mathrm{t}}(\omega)$;入射和折射光波电场分别为

$$\boldsymbol{E}_{\mathrm{i}}(\omega)=\boldsymbol{A}_{\mathrm{i}}(\omega)\mathrm{e}^{-\mathrm{i}[\omega t-\boldsymbol{k}_{\mathrm{i}}(\omega)\cdot\boldsymbol{r}]},\quad\boldsymbol{E}_{\mathrm{t}}(\omega)=\boldsymbol{A}_{\mathrm{t}}(\omega)\mathrm{e}^{-\mathrm{i}[\omega t-\boldsymbol{k}_{\mathrm{t}}(\omega)\cdot\boldsymbol{r}]},$$

其中 $\boldsymbol{A}_{\mathrm{i}}(\omega)$ 和 $\boldsymbol{A}_{\mathrm{t}}(\omega)$ 为振幅,$\boldsymbol{k}_{\mathrm{i}}(\omega)$ 和 $\boldsymbol{k}_{\mathrm{t}}(\omega)$ 为波矢.如前所述,基频光在非线性介质中产生的频率为 2ω 的二阶极化强度为

$$\boldsymbol{P}^{(2)}(2\omega)=\varepsilon_0\boldsymbol{\chi}^{(2)}(-2\omega,\omega,\omega):\boldsymbol{E}_{\mathrm{t}}(\omega)\boldsymbol{E}_{\mathrm{t}}(\omega)\tag{5.10}$$

或

$$\boldsymbol{P}^{(2)}(2\omega)=\boldsymbol{A}_{\mathrm{p}}^{(2)}(2\omega)\mathrm{e}^{-\mathrm{i}[2\omega t-\boldsymbol{K}(2\omega)\cdot\boldsymbol{r}]},\tag{5.11}$$

其中

$$\boldsymbol{A}_{\mathrm{p}}^{(2)}(2\omega)=\varepsilon_0\boldsymbol{\chi}^{(2)}(-2\omega,\omega,\omega):\boldsymbol{A}_{\mathrm{t}}(\omega)\boldsymbol{A}_{\mathrm{t}}(\omega),\tag{5.12}$$

$$\boldsymbol{K}(2\omega)=2\boldsymbol{k}_{\mathrm{t}}(\omega)\tag{5.13}$$

分别为极化波的振幅与波矢.

令式(5.9)中的 $\omega_1=\omega,\omega_2=2\omega$,便可得出在 $z>0$ 半空间的介质中二次谐波产生的耦合波方程.现在,考虑到 $\boldsymbol{P}_{\mathrm{NL}}(\boldsymbol{K}_q,\omega_q=2\omega)=\boldsymbol{P}^{(2)}(2\omega)$,便得

$$[\nabla\times(\nabla\times)-(2\omega)^2\mu_0\boldsymbol{\varepsilon}(2\omega)\cdot]\boldsymbol{E}(2\omega)=(2\omega)^2\mu_0\boldsymbol{P}^{(2)}(2\omega),\tag{5.14}$$

其中 $\boldsymbol{E}(2\omega)$ 为倍频光波电场.

既然一般 $\boldsymbol{E}(2\omega)$ 不与 $\boldsymbol{D}(2\omega)$ 平行,所以一般 $\boldsymbol{E}(2\omega)$ 也不与波矢 $\boldsymbol{k}(2\omega)$ 垂直.令 $\boldsymbol{E}(2\omega)$ 分解为垂直于波矢的 $\boldsymbol{E}_{\perp}(2\omega)$ 和平行于波矢

的 $\boldsymbol{E}_{/\!/}(2\omega)$ 两部分,亦即

$$\boldsymbol{E}(2\omega)=\boldsymbol{E}_{\perp}(2\omega)+\boldsymbol{E}_{/\!/}(2\omega); \tag{5.15}$$

同时将 $\boldsymbol{P}^{(2)}(2\omega)$ 分解为相应的两部分:

$$\boldsymbol{P}^{(2)}(2\omega)=\boldsymbol{P}_{\perp}^{(2)}(2\omega)+\boldsymbol{P}_{/\!/}^{(2)}(2\omega). \tag{5.16}$$

于是,令式(5.14)等号两端平行和垂直于波矢的分量分别相等,再利用矢量恒等式 $\nabla\times\nabla\times=-\nabla^2+\nabla\cdot$ 及在平面波近似下的 $\nabla\cdot\boldsymbol{E}_{\perp}(2\omega)=0$,便得

$$\nabla^2\boldsymbol{E}_{\perp}(2\omega)+(2\omega)^2\mu_0[\boldsymbol{\varepsilon}(2\omega)\cdot\boldsymbol{E}(2\omega)]_{\perp}$$
$$=-(2\omega)^2\mu_0\boldsymbol{P}_{\perp}^{(2)}(2\omega), \tag{5.17}$$

$$\nabla\cdot[\boldsymbol{E}_{/\!/}(2\omega)+\boldsymbol{P}_{/\!/}^{(1)}(2\omega)+\boldsymbol{P}_{/\!/}^{(2)}(2\omega)]=0, \tag{5.18}$$

其中 $\boldsymbol{P}_{/\!/}^{(1)}(2\omega)$ 是线性极化强度的平行分量.

在小信号近似下,亦即假定基频光转变成倍频光的效率很低,以至于可近似认为基频光振幅 $\boldsymbol{A}_{\mathrm{t}}(\omega)$ 不随作用距离改变,从而认为二阶极化强度的振幅 $\boldsymbol{A}_{\mathrm{p}}^{(2)}(2\omega)$ 是恒量(见式(5.12)),则方程(5.17)和(5.18)容易求解.前者由其特解和等号右端为零时的通解组成.考虑到

$$[\boldsymbol{\varepsilon}(2\omega)\cdot\boldsymbol{E}(2\omega)]_{\perp}\simeq\varepsilon(2\omega)\boldsymbol{E}_{\perp}(2\omega)=\varepsilon_0 n^2(2\omega)\boldsymbol{E}_{\perp}(2\omega)$$

以及 $k(2\omega)=n(2\omega)\sqrt{\mu_0\varepsilon_0}$,该通解为

$$\boldsymbol{E}_{\perp a}(2\omega)=\boldsymbol{A}_{\perp}^{a}\,\mathrm{e}^{-\mathrm{i}[2\omega t-\boldsymbol{k}(2\omega)\cdot\boldsymbol{r}]}, \tag{5.19}$$

其中与波矢 $\boldsymbol{k}(2\omega)$ 正交的矢量 $\boldsymbol{A}_{\perp}^{a}$ 为待定乘子.又因

$$\boldsymbol{P}_{\perp}^{(2)}(2\omega)=\boldsymbol{A}_{\mathrm{p}\perp}^{(2)}(2\omega)\mathrm{e}^{-\mathrm{i}[2\omega t-\boldsymbol{K}(2\omega)\cdot\boldsymbol{r}]},$$

故可设方程(5.17)的特解为

$$\boldsymbol{E}_{\perp b}(2\omega)=\boldsymbol{A}_{\perp}^{b}\,\mathrm{e}^{-\mathrm{i}[2\omega t-\boldsymbol{K}(2\omega)\cdot\boldsymbol{r}]}. \tag{5.20}$$

将上式代入式(5.17)即可确定 $\boldsymbol{A}_{\perp}^{b}$ 为

$$\boldsymbol{A}_{\perp}^{b}=\frac{(2\omega)^2\mu_0\varepsilon_0}{K^2(2\omega)-k^2(2\omega)}\boldsymbol{A}_{\mathrm{p}\perp}^{(2)}(2\omega). \tag{5.21}$$

于是,将 $\boldsymbol{E}_{\perp a}(2\omega)$ 与 $\boldsymbol{E}_{\perp b}(2\omega)$ 相加,便得方程(5.17)的一般解为

$$\boldsymbol{E}_{\perp}(2\omega)=\Big\{\boldsymbol{A}_{\perp}^{a}\,\mathrm{e}^{\mathrm{i}\boldsymbol{k}(2\omega)\cdot\boldsymbol{r}}+\frac{(2\omega)^2\mu_0\varepsilon_0}{K^2(2\omega)-k^2(2\omega)}$$

$$\cdot \boldsymbol{A}_{\mathrm{p}\perp}^{(2)}(2\omega)\mathrm{e}^{\mathrm{i}\boldsymbol{K}(2\omega)\cdot\boldsymbol{r}}\Big\}\mathrm{e}^{-\mathrm{i}2\omega t}. \tag{5.22}$$

令

$$\boldsymbol{E}_{/\!/}(2\omega)+\boldsymbol{P}_{/\!/}^{(1)}(2\omega)=\boldsymbol{D}_{\mathrm{L}/\!/}(2\omega)=\varepsilon_{/\!/}(2\omega)\boldsymbol{E}_{/\!/}(2\omega),$$

又可得方程(5.18)的解为

$$\boldsymbol{E}_{/\!/}(2\omega)=\frac{-1}{\varepsilon_{/\!/}(2\omega)}\boldsymbol{A}_{\mathrm{p}/\!/}^{(2)}(2\omega)\mathrm{e}^{-\mathrm{i}[2\omega t-\boldsymbol{K}(2\omega)\cdot\boldsymbol{r}]}. \tag{5.23}$$

从而由 $\boldsymbol{E}_{\perp}(2\omega)+\boldsymbol{E}_{/\!/}(2\omega)$ 即可得在 $z>0$ 一边的介质中产生的倍频光波电场为

$$\boldsymbol{E}(2\omega)=[\boldsymbol{A}_{\perp}^{a}\mathrm{e}^{\mathrm{i}\boldsymbol{k}(2\omega)\cdot\boldsymbol{r}}+\boldsymbol{A}^{c}\mathrm{e}^{\mathrm{i}\boldsymbol{K}(2\omega)\cdot\boldsymbol{r}}]\mathrm{e}^{-\mathrm{i}2\omega t}, \tag{5.24}$$

其中

$$\boldsymbol{A}^{c}=\frac{(2\omega)^2\mu_0\varepsilon_0}{K^2(2\omega)-k^2(2\omega)}\boldsymbol{A}_{\mathrm{p}\perp}^{(2)}(2\omega)-\frac{1}{\varepsilon_{/\!/}(2\omega)}\boldsymbol{A}_{\mathrm{p}/\!/}^{(2)}(2\omega). \tag{5.25}$$

现在考虑界面对倍频光场产生的影响. 这体现在倍频光场必须满足一定边界条件,正是这些条件唯一确定待定矢量 $\boldsymbol{A}_{\perp}^{a}$ 和波矢 $\boldsymbol{k}(2\omega)$.

同时,为了满足边界条件,必须假定二次谐波反射的存在,否则这些条件是不能全部满足的. 从物理上考虑,介质中倍频极化(尤其是靠近界面的一个薄层)产生的辐射当然要波及空间中 $z<0$ 的一方,所以这种假定也是合理的.

如图 5.4,设二次谐波反射的反射角为 $\theta_{\mathrm{r}}(2\omega)$,相应的光波电场为

$$\boldsymbol{E}_{\mathrm{r}}(2\omega)=\boldsymbol{A}_{\mathrm{r}}(2\omega)\mathrm{e}^{-\mathrm{i}[2\omega t-\boldsymbol{k}_{\mathrm{r}}(2\omega)\cdot\boldsymbol{r}]}, \tag{5.26}$$

其中波矢长度 $k_{\mathrm{r}}(2\omega)=n'(2\omega)2\omega\sqrt{\mu_0\varepsilon_0}$,而 $n'(2\omega)$ 为 $z<0$ 半空间的介质(不妨认为是各向同性的)的折射率. 此时需要满足的边界条件是: 在 $z=0$ 处,倍频光波电场 $\boldsymbol{E}$ 和磁感应量 $\boldsymbol{B}$ 在界面的切向分量必须连续,亦即要求当 $z=0$ 时,透射场 $\boldsymbol{E}(2\omega)$,$\boldsymbol{B}(2\omega)$ 分别与反射场 $\boldsymbol{E}_{\mathrm{r}}(2\omega)$,$\boldsymbol{B}_{\mathrm{r}}(2\omega)$ 平行于界面的分量对应相等.

首先,由于 $\boldsymbol{E}(2\omega)$ 及 $\boldsymbol{E}_{\mathrm{r}}(2\omega)$ 都含有相应的与位置 $\boldsymbol{r}$ 有关的波

动因子(参见式(5.24)及(5.26)),为满足上述要求,这些波动因子在 $z=0$ 处应相等.为此,应有

$$[\boldsymbol{k}(2\omega)\cdot\boldsymbol{r}]_{z=0}=[\boldsymbol{K}(2\omega)\cdot\boldsymbol{r}]_{z=0}=[\boldsymbol{k}_{\mathrm{r}}(2\omega)\cdot\boldsymbol{r}]_{z=0}. \tag{5.27}$$

由于所有光波和极化波都在如图 5.4 的 Oxz 平面上传播,亦即这些波的波矢都只有 x 分量与 z 分量,所以由上式立即得到

$$k_x(2\omega)=K_x(2\omega)=k_{\mathrm{r},x}(2\omega). \tag{5.28}$$

换言之,这些波矢在界面的投影均应相等,如图 5.4 所示.由式(5.13)又可知

$$K_x(2\omega)=2k_{\mathrm{t},x}(\omega). \tag{5.29}$$

从式(5.28)和(5.29)即可确定二次谐波反射角 $\theta_{\mathrm{r}}(2\omega)$ 以及透射角 $\theta(2\omega)$ 与基频光入射角 $\theta_{\mathrm{i}}(\omega)$ 之间的关系为

$$\begin{aligned}k_{\mathrm{r}}(2\omega)\sin\theta_{\mathrm{r}}(2\omega)&=k(2\omega)\sin\theta(2\omega)\\&=2k_{\mathrm{t}}(\omega)\sin\theta_{\mathrm{t}}(\omega)=2k_{\mathrm{i}}(\omega)\sin\theta_{\mathrm{i}}(\omega).\end{aligned} \tag{5.30}$$

该式可看做二次谐波产生中的非线性斯涅耳(Snell)定律,当已知入射基频光波矢时,它决定倍频光输出(反射和透射)的方向[6].

从图 5.4 又可知,$\boldsymbol{k}(2\omega)$ 与 $\boldsymbol{K}(2\omega)$ 之差为

$$\boldsymbol{k}(2\omega)-\boldsymbol{K}(2\omega)=\Delta k\boldsymbol{a}_z, \tag{5.31}$$

其中 $\boldsymbol{a}_z$ 是 z 轴的单位矢量.当 Δk 很小时,有

$$\begin{aligned}k^2(2\omega)-K^2(2\omega)&=[k(2\omega)+K(2\omega)][k(2\omega)-K(2\omega)]\\&\simeq 2k(2\omega)\Delta k\cos\theta(2\omega),\end{aligned} \tag{5.32}$$

故

$$\Delta k=\frac{k^2(2\omega)-K^2(2\omega)}{2k(2\omega)\cos\theta(2\omega)}. \tag{5.33}$$

利用式(5.31),式(5.22)和(5.23)可分别改写为

$$\begin{aligned}\boldsymbol{E}_{\perp}(2\omega)=&\left\{\boldsymbol{A}_{\perp}^{a}+\frac{(2\omega)^2\mu_0\varepsilon_0}{K^2(2\omega)-k^2(2\omega)}\boldsymbol{A}_{\mathrm{p}\perp}^{(2)}(2\omega)\mathrm{e}^{-\mathrm{i}\Delta kz}\right\}\\&\cdot\mathrm{e}^{-\mathrm{i}[2\omega t-\boldsymbol{k}(2\omega)\cdot\boldsymbol{r}]},\end{aligned} \tag{5.34}$$

$$\boldsymbol{E}_{/\!/}(2\omega)=\left[\frac{-1}{\varepsilon_{/\!/}(2\omega)}\boldsymbol{A}_{\mathrm{p}/\!/}^{(2)}(2\omega)\mathrm{e}^{-\mathrm{i}\Delta kz}\right]\mathrm{e}^{-\mathrm{i}[2\omega t-\boldsymbol{k}(2\omega)\cdot\boldsymbol{r}]}. \tag{5.35}$$

以上两式相加，即得透射二次谐波电场为

$$\boldsymbol{E}(2\omega) = \boldsymbol{A}(2\omega)\mathrm{e}^{-\mathrm{i}[2\omega t - \boldsymbol{k}(2\omega)\cdot\boldsymbol{r}]}, \tag{5.36}$$

其中振幅为

$$\boldsymbol{A}(2\omega) = \boldsymbol{A}_{\perp}(2\omega) + \boldsymbol{A}_{/\!/}(2\omega); \tag{5.37}$$

而

$$\boldsymbol{A}_{\perp}(2\omega) = \boldsymbol{A}_{\perp}^{a} + \frac{(2\omega)^2\mu_0\varepsilon_0}{K^2(2\omega) - k^2(2\omega)}\boldsymbol{A}_{\mathrm{p}\perp}^{(2)}(2\omega)\mathrm{e}^{-\mathrm{i}\Delta kz}, \tag{5.38}$$

$$\boldsymbol{A}_{/\!/}(2\omega) = \frac{-1}{\varepsilon_{/\!/}(2\omega)}\boldsymbol{A}_{\mathrm{p}/\!/}^{(2)}(2\omega)\mathrm{e}^{-\mathrm{i}\Delta kz} \tag{5.39}$$

分别是其垂直及平行于 $\boldsymbol{k}(2\omega)$ 的分量.

现在，我们有用式(5.36)或(5.24)表示的透射二次谐波以及用式(5.26)表示的反射二次谐波. 如果基频光的振幅已知，则 $\boldsymbol{A}_{\mathrm{p}\perp}^{(2)}(2\omega)$ 和 $\boldsymbol{A}_{\mathrm{p}/\!/}^{(2)}(2\omega)$ 也认为是已知的，于是在这些表达式中待定的未知量便只有 $\boldsymbol{A}_{\perp}^{a}$ 和反射波振幅 $\boldsymbol{A}_{\mathrm{r}}(2\omega)$. 它们可由界面 $z=0$ 处的边界条件确定. 该条件具体化为：要求在 $z=0$ 处透射场 $\boldsymbol{E}(2\omega)$，$\boldsymbol{B}(2\omega)$ 平行于 Oxy 平面(界面)的分量分别等于反射场 $\boldsymbol{E}_{\mathrm{r}}(2\omega)$，$\boldsymbol{B}_{\mathrm{r}}(2\omega)$ 的相应分量，亦即

$$[E_x(2\omega)]_{z=0} = [E_{\mathrm{r},x}(2\omega)]_{z=0},\quad [E_y(2\omega)]_{z=0} = [E_{\mathrm{r},y}(2\omega)]_{z=0},$$

$$[B_x(2\omega)]_{z=0} = [B_{\mathrm{r},x}(2\omega)]_{z=0},\quad [B_y(2\omega)]_{z=0} = [B_{\mathrm{r},y}(2\omega)]_{z=0}.$$

考虑到麦克斯韦方程给出的磁感应强度 $\boldsymbol{B}$ 与光场 $\boldsymbol{E}$ 之间的关系，利用式(5.36)，(5.24)和(5.26)，上述条件又可改写为对振幅的以下要求：

$$[A_x(2\omega)]_{z=0} = [A_{\mathrm{r},x}(2\omega)]_{z=0}, \tag{5.40}$$

$$[A_y(2\omega)]_{z=0} = [A_{\mathrm{r},y}(2\omega)]_{z=0}, \tag{5.41}$$

$$\{[\boldsymbol{k}(2\omega)\times\boldsymbol{A}_{\perp}^{a}]_x + [\boldsymbol{K}(2\omega)\times\boldsymbol{A}^{c}]_x\}_{z=0} = \{[\boldsymbol{k}_{\mathrm{r}}(2\omega)\times\boldsymbol{A}_{\mathrm{r}}(2\omega)]_x\}_{z=0}, \tag{5.42}$$

$$\{[\boldsymbol{k}(2\omega)\times\boldsymbol{A}_{\perp}^{a}]_y + [\boldsymbol{K}(2\omega)\times\boldsymbol{A}^{c}]_y\}_{z=0} = \{[\boldsymbol{k}_{\mathrm{r}}(2\omega)\times\boldsymbol{A}_{\mathrm{r}}(2\omega)]_y\}_{z=0}, \tag{5.43}$$

其中前两个方程的等号左端可用式(5.37)代入(并注意式(5.38)和

(5.39)),后两个方程中的 $\boldsymbol{A}^c$ 可用式(5.25)代入.再注意到反射二次谐波电场振幅是常数,与 z 无关,亦即 $[A_{\mathrm{r},i}(2\omega)]_{z=0}=A_{\mathrm{r},i}(2\omega)$ $(i=x,y,z)$,结果这组方程只剩两个未知矢量:$\boldsymbol{A}_{\mathrm{r}}(2\omega)$ 和 $\boldsymbol{A}_{\perp}^{a}$.同时(见图5.4),$\boldsymbol{A}_{\mathrm{r}}(2\omega)$ 可分解为 y 分量 $A_{\mathrm{r},y}(2\omega)$ 和垂直于 $\boldsymbol{k}_{\mathrm{r}}(2\omega)$ 并落在 Oxz 平面内的 $A_{\mathrm{r,h}}(2\omega)$;$\boldsymbol{A}_{\perp}^{a}$ 可分解为 y 分量 $A_{\perp,y}^{a}$ 和垂直于 $\mathbf{K}(2\omega)$ 并落在 Oxz 平面内的 $A_{\perp,\mathrm{h}}^{a}$.经简单的计算可知,出现在方程组(5.40)~(5.43)中的未知量也就只有 $A_{\mathrm{r},y}(2\omega)$,$A_{\mathrm{r,h}}(2\omega)$,$A_{\perp,y}^{a}$,$A_{\perp,\mathrm{h}}^{a}$ 这四个量.四个联立方程正好可以解出四个未知量,它们是

$$A_{\mathrm{r},y}(2\omega)=\frac{k(2\omega)\cos\theta(2\omega)-K(2\omega)\cos\theta_{\mathrm{t}}(\omega)}{k(2\omega)\cos\theta(2\omega)+k_{\mathrm{r}}(2\omega)\cos\theta_{\mathrm{r}}(2\omega)}\cdot\frac{(2\omega)^2\mu_0\varepsilon_0A_{\mathrm{p}\perp,y}^{(2)}(2\omega)}{K^2(2\omega)-k^2(2\omega)},\tag{5.44}$$

$$\begin{aligned}A_{\mathrm{r,h}}(2\omega)=&\frac{K(2\omega)\cos\theta(2\omega)-k(2\omega)\cos\theta_{\mathrm{t}}(\omega)}{k_{\mathrm{r}}(2\omega)\cos\theta(2\omega)+k(2\omega)\cos\theta_{\mathrm{r}}(2\omega)}\cdot\frac{(2\omega)^2\mu_0\varepsilon_0A_{\mathrm{p}\perp,\mathrm{h}}^{(2)}(2\omega)}{K^2(2\omega)-k^2(2\omega)}\\&+\frac{1}{k_{\mathrm{r}}(2\omega)\cos\theta(2\omega)+k(2\omega)\cos\theta_{\mathrm{r}}(2\omega)}\cdot\frac{k(2\omega)A_{\mathrm{p}/\!/}^{(2)}(2\omega)\sin\theta_{\mathrm{t}}(\omega)}{\varepsilon_{/\!/}(2\omega)},\end{aligned}\tag{5.45}$$

$$A_{\perp,y}^{a}=-\frac{k_{\mathrm{r}}(2\omega)\cos\theta_{\mathrm{r}}(2\omega)+K(2\omega)\cos\theta_{\mathrm{t}}(\omega)}{k(2\omega)\cos\theta(2\omega)+k_{\mathrm{r}}(2\omega)\cos\theta_{\mathrm{r}}(2\omega)}\cdot\frac{(2\omega)^2\mu_0\varepsilon_0A_{\mathrm{p}\perp,y}^{(2)}(2\omega)}{K^2(2\omega)-k^2(2\omega)},\tag{5.46}$$

$$\begin{aligned}A_{\perp,\mathrm{h}}^{a}=&-\frac{K(2\omega)\cos\theta_{\mathrm{r}}(2\omega)+k_{\mathrm{r}}(2\omega)\cos\theta_{\mathrm{t}}(\omega)}{k_{\mathrm{r}}(2\omega)\cos\theta(2\omega)+k(2\omega)\cos\theta_{\mathrm{r}}(2\omega)}\cdot\frac{(2\omega)^2\mu_0\varepsilon_0A_{\mathrm{p}\perp,\mathrm{h}}^{(2)}(2\omega)}{K^2(2\omega)-k^2(2\omega)}\\&+\frac{1}{k_{\mathrm{r}}(2\omega)\cos\theta(2\omega)+k(2\omega)\cos\theta_{\mathrm{r}}(2\omega)}\end{aligned}$$

$$\cdot \frac{k_{\mathrm{r}}(2\omega) A_{\mathrm{p}/\!/}^{(2)}(2\omega) \sin\theta_{\mathrm{t}}(\omega)}{\varepsilon_{/\!/}(2\omega)}, \tag{5.47}$$

其中 $A_{\mathrm{p}\perp,y}^{(2)}(2\omega)$ 和 $A_{\mathrm{p}\perp,\mathrm{h}}^{(2)}(2\omega)$ 分别是 $A_{\mathrm{p}\perp}^{(2)}(2\omega)$ 的 y 分量和落在 Oxz 平面的分量.

以上的讨论证明了的确存在二次谐波反射，而且反射角与基频光入射角有确定的关系. 二次谐波的反射振幅不仅与二阶极化波振幅有关，而且与透射二次谐波的相位匹配情况有关，亦即与光波波矢 $\boldsymbol{k}(2\omega)$ 和极化波波矢 $\boldsymbol{K}(2\omega)$ 的差别程度有关.

由式(5.38)可知，在边界($z=0$)处透射二次谐波振幅的横向和纵向分量分别为

$$\begin{aligned}\boldsymbol{A}_{\perp}(2\omega,0) &= [\boldsymbol{A}_{\perp}(2\omega)]_{z=0} \\ &= \boldsymbol{A}_{\perp}^{a} + \frac{(2\omega)^2 \mu_0 \varepsilon_0}{K^2(2\omega) - k^2(2\omega)} \boldsymbol{A}_{\mathrm{p}\perp}^{(2)}(2\omega),\end{aligned} \tag{5.48}$$

$$\boldsymbol{A}_{/\!/}(2\omega,0) = [\boldsymbol{A}_{/\!/}(2\omega)]_{z=0} = \frac{-1}{\varepsilon_{/\!/}(2\omega)} \boldsymbol{A}_{\mathrm{p}/\!/}^{(2)}(2\omega). \tag{5.49}$$

将 $\boldsymbol{A}_{\perp}(2\omega,0)$ 分解为 $A_y(2\omega,0)$ 和在 Oxz 平面内的分量 $A_{\perp,\mathrm{h}}(2\omega,0)$，则有

$$A_y(2\omega,0) = A_{\perp,y}^{a} + \frac{(2\omega)^2 \mu_0 \varepsilon_0}{K^2(2\omega) - k^2(2\omega)} A_{\mathrm{p}\perp,y}^{(2)}(2\omega), \tag{5.50}$$

$$A_{\perp,\mathrm{h}}(2\omega,0) = A_{\perp,\mathrm{h}}^{a} + \frac{(2\omega)^2 \mu_0 \varepsilon_0}{K^2(2\omega) - k^2(2\omega)} A_{\mathrm{p}\perp,\mathrm{h}}^{(2)}(2\omega). \tag{5.51}$$

当相位匹配时，$k(2\omega)=K(2\omega)$，$\theta(2\omega)=\theta_{\mathrm{t}}(\omega)$. 此时，将式(5.46)和(5.47)分别代入式(5.50)和(5.51)，可得

$$A_y(2\omega,0) = 0, \tag{5.52}$$

$$\begin{aligned}A_{\perp,\mathrm{h}}(2\omega,0) &= \frac{1}{k_{\mathrm{r}}(2\omega)\cos\theta_{\mathrm{t}}(\omega) + k(2\omega)\cos\theta_{\mathrm{r}}(2\omega)} \\ &\quad \cdot \frac{k_{\mathrm{r}}(2\omega) A_{\mathrm{p}/\!/}^{(2)}(2\omega)\sin\theta_{\mathrm{t}}(\omega)}{\varepsilon_{/\!/}(2\omega)}.\end{aligned} \tag{5.53}$$

再由(5.49)得到与相位匹配情况无关的纵向分量为

$$A_{/\!/}(2\omega,0)=\frac{-1}{\varepsilon_{/\!/}(2\omega)}A_{p/\!/}^{(2)}(2\omega). \tag{5.54}$$

式(5.52)～(5.54)表示的是在相位匹配时，透射二次谐波电场振幅相互正交的三个分量在边界处的量值. 无疑，若用光波是横电波的近似，便有 $A_{p/\!/}^{(2)}(2\omega)=0$，从而这三个分量在边界处的量值都为零. 由此及边界条件可知，二次谐波反射振幅也必为零. 换言之，在相位匹配时，不存在二次谐波反射. 这是与事实不符的. 正是这个原因，本节没有用横电波近似，而从式(5.9)表示的耦合方程出发进行讨论.

以上有关二次谐波反射的理论处理方法，同样适用于处理表面的和频反射[3].

表面(界面)产生的二阶光学非线性

表面(界面)的另一重要影响是它本身对介质的二阶光学非线性会有所贡献[3,12,13].

设想一个无限大的各向同性介质，由于宏观上具有中心对称，所以在电偶极矩近似下不能产生二阶极化，也不具有二阶光学非线性. 但如果一刀下去切掉一半，剩下的一半在表面处因中心对称受到破坏，便可以产生二阶极化. 这就是表面(界面)对二阶光学非线性产生的特殊贡献. 从微观角度看，靠近表面的数层分子相对体内分子而言具有不相同的几何形态，因而具有不相同的光学性质. 对任意介质的界面，通常可采用图 5.5 所示的模型. 在界面两边分别有一个与体内具有不同特性的薄层，其特征厚度为光波波长数量级. 因为线性反射和折射特性主要是由体内的光学常数决定，所以可认为这两个薄层不影响光波的线性传播特性，从而可假定它们具有与体内相同的线性折射率. 然而这两个薄层却具有与体内不同的二阶非线性极化率，并可对其非线性特性产生实质性影响. 为表征这两个薄层的二阶非线性，通常引进二阶面极化率 $\boldsymbol{\chi}_s^{(2)}$，它与二阶体极化率 $\boldsymbol{\chi}_v^{(2)}$ 之间有以下关系：

$$\boldsymbol{\chi}_s^{(2)}=\int\boldsymbol{\chi}_v^{(2)}\mathrm{d}z, \tag{5.55}$$

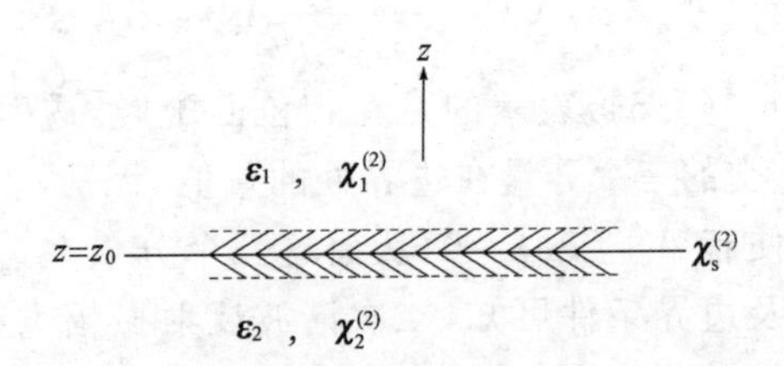

图 5.5 用以讨论界面产生二阶光学非线性的物理模型

其中对 z 的积分要正好跨越这两个薄层.这相当于将界面周围分子对二阶非线性的贡献看成是一宏观无限薄层的贡献.

此时图 5.5 所示的整个空间由三部分组成,亦即介质 1、介质 2 以及二阶面极化率张量为$\boldsymbol{\chi}_s^{(2)}$ 的无限薄层,其中前两者的介电常数和二阶(体)极化率张量分别为 $\boldsymbol{\varepsilon}_1, \boldsymbol{\chi}_1^{(2)}$ 和 $\boldsymbol{\varepsilon}_2, \boldsymbol{\chi}_2^{(2)}$. 在光场 $\boldsymbol{E}_1, \boldsymbol{E}_2$ 作用下空间介质产生的二阶极化强度为

$$\begin{aligned}\boldsymbol{P}^{(2)}(\boldsymbol{r}) = & \varepsilon_0 \boldsymbol{\chi}_1^{(2)}(\boldsymbol{r}) : \boldsymbol{E}_1 \boldsymbol{E}_2 + \varepsilon_0 \boldsymbol{\chi}_2^{(2)}(\boldsymbol{r}) : \boldsymbol{E}_1 \boldsymbol{E}_2 \\ & + \varepsilon_0 \boldsymbol{\chi}_s^{(2)}(\boldsymbol{r}) \delta(z - z_0) : \boldsymbol{E}_1 \boldsymbol{E}_2 .\end{aligned} \tag{5.56}$$

当介质 1 和介质 2 都是各向同性时,如果忽略电四极矩和磁偶极矩的影响,则等号右边的前两项不存在,但仍存在反映界面贡献的第三项,会产生透射和反射二次谐波等非线性效应. 此外,由于表面二阶极化项的存在,前面有关二次谐波反射产生的分析也应作修正. 此时,光场切向分量在表面不再连续,因表面存在上式等号右边第三项所表示的电偶极矩层. 连续性的边界条件将被跨越电偶极矩层的边界条件所取代.

由于面极化率张量$\boldsymbol{\chi}_s^{(2)}$ 必须反映表面(界面)结构的对称性,例如各向同性介质表面的$\boldsymbol{\chi}_s^{(2)}$ 只可能存在张量元$\chi_{s,zii}^{(2)}, \chi_{s,izi}^{(2)} = \chi_{s,iiz}^{(2)}$ $(i = x, y)$ 以及$\chi_{s,zzz}^{(2)}$. 所以通过二次谐波反射等效应测量出$\boldsymbol{\chi}_s^{(2)}$ 的对称性,便可用以分析表面结构的特性. 当表面吸附分子时,还可用这种方法分析分子吸附的特性,如分子骨架与表面形成什么角度等. 在此基础上,已发展出用非线性光学研究表面物理的方法[3].

§5.3 准相位匹配与光学超晶格

已知当光学二次谐波产生运行在相位失配情况时，每经过一个相干长度后，基频光与倍频光能量转换方向将发生逆转. 因此，如果每经过一个相干长度，介质非线性系数的正、负号也发生一次逆转，则基频光能量向倍频光的转移便能一直保持下去. 这样一种实现基频光向倍频光有效转移的思路早已由 Bloembergen 等人(1962)提出[14]；但被称为准相位匹配的这种方法只是在二十多年后随着材料制备技术的发展才得以发展[15~20].

图 5.6 表示用这种方法时倍频光的光强随作用距离 z 而增强的曲线(利用一级准相位匹配，见后). 其中所用的非线性介质是特殊制备的铁电晶体(称为光学超晶格)，其自发电极化强度为 $\boldsymbol{P}_s$，而 $\boldsymbol{P}_s$ 的方向(图中的箭头)是周期性倒转的，因而其非线性系数的正、负号也是周期性倒转的，且周期的一半为上述相干长度 l_c，如该图所示. 为了比较，图中同时作出了 $\boldsymbol{P}_s$ 的方向不变且相位失配以及用双折射实现相位匹配时倍频光光强随作用距离 z 而

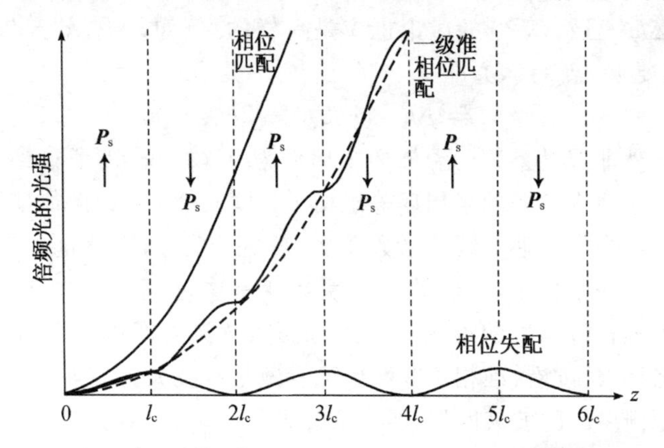

图 5.6 在一种铁电体光学超晶格中，倍频光的强度随作用距离而增强的变化曲线(通过一级准相位匹配)[20]

变化的曲线.

为了深入理解准相位匹配的物理内涵,设介质的有效非线性系数是作用距离 z 的以下函数:

$$d_{\text{eff}} = d_{\text{q}}\cos Gz = \frac{1}{2}d_{\text{q}}\mathrm{e}^{\mathrm{i}Gz} + \text{c. c.}. \tag{5.57}$$

这时的介质可看做一个波矢为 $\boldsymbol{G}$ 的正弦型非线性系数(光)栅,栅的周期为 $\Lambda_{\text{g}}=2\pi/G$,前半个周期非线性系数是正的,后半个周期是负的.将上式代入方程(4.39)和(4.40),便可分别得出在这样的介质中基频光(振幅为 A_1)与倍频光(振幅为 A_2)相互作用的耦合波方程(只考虑式(5.57)第二个等号右边的第一项)

$$\frac{\mathrm{d}A_2}{\mathrm{d}z} = \frac{1}{2}\frac{\mathrm{i}\omega}{cn(2\omega)}d_{\text{q}}A_1^2\mathrm{e}^{-\mathrm{i}\Delta k_{\text{q}}z}, \tag{5.58}$$

$$\frac{\mathrm{d}A_1}{\mathrm{d}z} = \frac{1}{2}\frac{\mathrm{i}\omega}{cn(\omega)}d_{\text{q}}A_2A_1^*\mathrm{e}^{\mathrm{i}\Delta k_{\text{q}}z}, \tag{5.59}$$

其中

$$\Delta k_{\text{q}} = \Delta k - G = k(2\omega) - 2k(\omega) - G. \tag{5.60}$$

可以看出,这组耦合波方程与方程(4.39)和(4.40)是几乎完全相同的,除了等号右端多了一个系数 1/2 以及 d 换成 d_{q} 和 Δk 换成 Δk_{q}.当然,后续的讨论也应是一样的.例如,为有效产生二次谐波,要求 $\Delta k_{\text{q}}=0$,亦即

$$G = \Delta k = k(2\omega) - 2k(\omega). \tag{5.61}$$

既然非线性系数(光)栅的半周期为 $\Lambda_{\text{g}}/2=\pi/G$,考虑到上式,这相当于要求该栅的半周期等于相干长度 $l_{\text{c}}=\pi/\Delta k$.但如前所述,该栅每经半个周期非线性系数要变一次正、负号,因此这也就是要求每经过一个相干长度,非线性系数变一次正、负号.这与本节开始有关准相位匹配的设想相一致.此外,从波矢匹配(相位匹配的另一名称)角度看,准相位匹配也可看做是有波矢为 G 的非线性系数(光)栅参与的波矢匹配,匹配条件为

$$k(2\omega) - 2k(\omega) - G = 0. \tag{5.62}$$

现在来分析一种更接近图 5.6 所示的光学超晶格的情况:如

图 5.7 所示,设介质由有效非线性系数分别为 d_{eff} 和 $-d_{\mathrm{eff}}$ 的两种均匀材料相间组成,在光束传播的 z 方向形成周期结构. 系数为 d_{eff} 和 $-d_{\mathrm{eff}}$ 的材料的厚度分别为 a 和 b,周期结构的周期为 $\Lambda=a+b$ (图 5.6 相当于 $a=b$ 的情形). 利用傅里叶展开,有效非线性系数 d 随 z 的变化可表示为

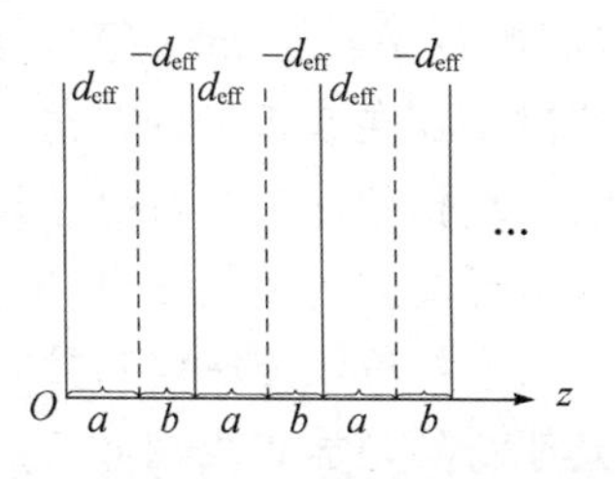

图 5.7 光学超晶格中有效非线性系数的周期性改变

$$d(z)=d_{\mathrm{eff}}\sum_{m}A_{m}\exp(\mathrm{i}G_{m}z), \tag{5.63}$$

其中 $m=0,\pm1,\pm2,\cdots$,而

$$A_{m}=\frac{2}{m\pi}\sin\frac{m\pi b}{\Lambda},\quad G_{m}=\frac{2\pi m}{\Lambda}. \tag{5.64}$$

换言之,该介质可看做是许多不同级别(相当于 m 为不同整数)的正弦型非线性系数(光)栅的叠加,它们有不同的周期或波矢,其中第 m 级栅的波矢为 G_m,周期为 Λ/m. 现在,光波在介质中就是与这些栅相互作用.

于是,我们便可引用刚刚分析过的光波通过正弦型非线性系数(光)栅时产生二次谐波的结果. 例如,当光波与 m 级栅相互作用时,基频光(振幅为 A_1)与倍频光(振幅为 A_2)的耦合波方程仍可分别用方程(5.58)和(5.59)表示,但其中

$$d_{\mathrm{q}}=2d_{\mathrm{eff}}A_{m}=\frac{4}{m\pi}d_{\mathrm{eff}}\sin\frac{m\pi b}{\Lambda}, \tag{5.65}$$

$$\Delta k_{\mathrm{q}}=\Delta k-G_{m}=k(2\omega)-2k(\omega)-\frac{2\pi m}{\Lambda}. \tag{5.66}$$

同样,为了有效产生二次谐波,要求

$$k(2\omega)-2k(\omega)=\frac{2\pi m}{\Lambda}, \tag{5.67}$$

等等. 显然,对不同的级别,准相位匹配条件和倍频效率都不同.

准相位匹配的提出和发展,对光学二次谐波技术的发展有重要意义. 首先,对于那些不具有双折射但非线性系数很大的晶体

(例如 GaAs 及 ZnSe 等),可用准相位匹配实现高效倍频.其次,即使对于存在双折射的晶体,当有效非线性系数最大的偏振配置无法实现相位匹配时,也可用实现准相位匹配而使之得以利用,从而获得更高效的倍频输出.

准相位匹配原理和技术,同样适用于和(差)频及参量振荡等其他二阶光学非线性效应.例如,对于参量振荡,相位匹配条件本来是

$$k_{\mathrm{p}} - k_{\mathrm{s}} - k_{\mathrm{i}} = 0; \tag{5.68}$$

但如介质作成图 5.7 所示的结构,则 m 级准相位匹配条件为

$$k_{\mathrm{p}} - k_{\mathrm{s}} - k_{\mathrm{i}} = G_m. \tag{5.69}$$

当该条件满足时,参量振荡也会产生.

用来实现准相位匹配的介质,具有类似电子超晶格的特殊周期性结构,但现在在其中运动的不是电子,而是光子(光波),且其结构的周期是光波波长数量级,故称为光学超晶格,亦称微米超晶格;从材料科学的角度又称为介电体超晶格.

§5.4　光场感生的二阶光学非线性

当中心对称的介质受到直流电场 $\boldsymbol{E}$ 的作用时,由于电场是有方向的,所以中心对称将受到破坏,从而可以感生二阶光学非线性.从宏观对称性考虑,这时介质二阶极化率的量值 $\chi^{(2)}$ 将由一些与电场的奇次方成比例的项组成,形如

$$\chi^{(2)} = aE + bE^3 + \cdots. \tag{5.70}$$

这其中不存在与电场的偶次方成比例的项,因为它们是具有中心对称的.

如 E 是光场,则由于其振动频率很高,介质的响应比光场的变化慢得多,所以感生的 $\chi^{(2)}$ 应与光场的奇次方项的时间平均发生关系,亦即

$$\chi^{(2)} = a\langle E\rangle + b\langle E^3\rangle + \cdots, \tag{5.71}$$

其中$\langle\cdots\rangle$表示对时间的平均.

当光场是单色场时,例如

$$E=\frac{1}{2}A(\omega)\mathrm{e}^{-\mathrm{i}[\omega t-\boldsymbol{k}(\omega)\cdot\boldsymbol{r}]}+\mathrm{c.c.},$$

则因

$$\langle E\rangle=\langle E^3\rangle=\cdots=0,$$

故感生的介质二极极化率$\chi^{(2)}=0$,亦即单色光场不会破坏介质的中心对称性,从而也不能感生二阶光学非线性.

但当光场是频率为ω和2ω两个单色光的相干叠加时,亦即

$$E=\frac{1}{2}A(\omega)\mathrm{e}^{-\mathrm{i}[\omega t-\boldsymbol{k}(\omega)\cdot\boldsymbol{r}]}+\frac{1}{2}A(2\omega)\mathrm{e}^{-\mathrm{i}[2\omega t-\boldsymbol{k}(2\omega)\cdot\boldsymbol{r}]}+\mathrm{c.c.}\tag{5.72}$$

时,虽然$\langle E\rangle$仍为零,然而$\langle E^3\rangle$却不为零.此时,利用式(5.71),并忽略与$\langle E^5\rangle$有关的项及其后续项,可得

$$\chi^{(2)}\propto A(2\omega)A^*(\omega)A^*(\omega)\mathrm{e}^{-\mathrm{i}[2\boldsymbol{k}(\omega)-\boldsymbol{k}(2\omega)]\cdot\boldsymbol{r}}+\mathrm{c.c.}.\tag{5.73}$$

换言之,这样的光场可以感生二阶光学非线性.

在此基础上,如果入射另一束频率为ω的基频光

$$E'=\frac{1}{2}A'(\omega)\mathrm{e}^{-\mathrm{i}[\omega t-\boldsymbol{k}'(\omega)\cdot\boldsymbol{r}]}+\mathrm{c.c.},\tag{5.74}$$

则会在介质产生频率为2ω的倍频极化波

$$P^{(2)}=\varepsilon_0\chi^{(2)}E'E'.\tag{5.75}$$

利用式(5.73)和(5.74),便有

$$\begin{aligned}P^{(2)}\propto\ &A(2\omega)A^*(\omega)A^*(\omega)A'(\omega)A'(\omega)\mathrm{e}^{-\mathrm{i}\{2\omega t-[2\boldsymbol{k}'(\omega)-2\boldsymbol{k}(\omega)+\boldsymbol{k}(2\omega)]\cdot\boldsymbol{r}\}}\\&+A^*(2\omega)A(\omega)A(\omega)A'(\omega)A'(\omega)\mathrm{e}^{-\mathrm{i}\{2\omega t-[2\boldsymbol{k}'(\omega)+2\boldsymbol{k}(\omega)-\boldsymbol{k}(2\omega)]\cdot\boldsymbol{r}\}}\\&+\mathrm{c.c.}+\cdots.\end{aligned}\tag{5.76}$$

可以看出,当入射的基频光E'的传播方向与原来频率为ω的光波的传播方向一致时,亦即$\boldsymbol{k}'(\omega)=\boldsymbol{k}(\omega)$时,倍频极化波表达式(5.76)中“$\propto$”右边的第一项将是

$$A^*(2\omega)A(\omega)A(\omega)A'(\omega)A'(\omega)\mathrm{e}^{-\mathrm{i}[2\omega t-\boldsymbol{k}(2\omega)\cdot\boldsymbol{r}]},$$

也就是说,这项所表示的极化波的波矢为 $\boldsymbol{K}(2\omega)=\boldsymbol{k}(2\omega)$,亦即等于频率为 2ω 的光波波矢.这说明,由该项产生的倍频辐射自动满足相位匹配,从而能有效地产生倍频光,而且其传播方向与原来外加的频率为 2ω 的光波一致.

还可看出,当入射的另一束基频光的传播方向与原来频率为 ω 的光波相反,亦即 $\boldsymbol{k}'(\omega)=-\boldsymbol{k}(\omega)$ 时,倍频极化波表达式(5.76)中等号右边的第二项将是

$$A(2\omega)A^*(\omega)A^*(\omega)A'(\omega)A'(\omega)e^{-i[2\omega t+\boldsymbol{k}(2\omega)\cdot\boldsymbol{r}]}.$$

显然,这项所表示的极化波的波矢为 $\boldsymbol{K}(2\omega)=-\boldsymbol{k}(2\omega)$,亦即沿原来外加的频率为 2ω 的光波的反方向传播,而且其波矢等于与它同向传播的倍频光波的波矢.这说明,由该项产生的倍频辐射也自动满足相位匹配,从而能有效产生倍频光,而且其传播方向与原来外加的频率为 2ω 的光波正好相反.

以上讨论说明,用频率为 ω 和 2ω 两个单色光相干叠加的光场是可以破坏介质原有的中心对称并感生二阶光学非线性的;同时,对于受到这种处理后的介质,沿原来频率为 ω 的光波的传播方向或其反方向入射另一束频率为 ω 的基频光,都分别会在原来频率为 2ω 的光波的传播方向或其反方向产生倍频光,而且相位匹配条件都自动满足.后一种入射基频光的方式往往用来验证二阶光学非线性是否确实被感生.实验示意图如图 5.8 所示,其中 $E(\omega)$ 和 $E(2\omega)$ 两个单色光相干作用于中心对称的介质,使其中心对称受到破坏. $E'(\omega)$ 是在与 $E(\omega)$ 传播方向相反的方向入射的基频光,所产生的倍频光 $E'(2\omega)$ 将在 $E(2\omega)$ 传播的反方向被探测到.用这种方法实现的光感生光学二次谐波最先在光学玻璃和染料分子溶液中被观察到[21].

至于由频率分别为 ω 和 2ω 的两个单色光相干叠加的光场,如何使介质的中心对称结构发生改变,亦即光感生非中心对称的微观机制,应是多种多样的,将视介质不同而不同.下面介绍一种对有机聚合物非线性光学材料而言较普遍的机制.

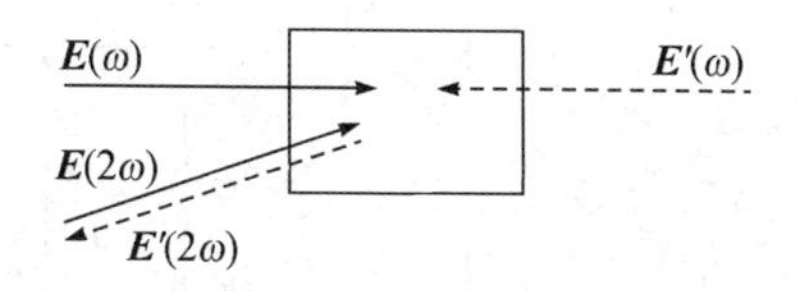

图 5.8 光感生光学二次谐波产生的实验示意图

取向烧孔

对于链状极性有机分子(例如偶氮类染料分子),可以将其模型化为一根头尾有别的长棍.这些分子本身不具有中心对称性,因而具有二阶光学非线性,亦即具有不为零的分子二阶极化率(亦称一级超极化率)$\alpha^{(2)}$.但在这些分子组成的溶液或薄膜中,由于取向的混乱排列,所以宏观上是各向同性的,因而宏观二阶极化率$\chi^{(2)}=0$,亦即不会显示二阶光学非线性.对于这样的体系,二阶光学非线性除了可用恒定电场感生外,也可用上述方法进行光场感生.通常采用的微观机制是所谓取向烧孔[21,22],亦即取向选择的激发.

图 5.9(a)是加光场前分子混乱排列和取向的情况,其中链状极性分子用一条长线段表示,实线一端为头,虚线一端为尾.设在外加相干叠加光场中

$$E(\omega)=A(\omega)\mathrm{e}^{-\mathrm{i}[\omega t-\boldsymbol{k}(\omega)\cdot\boldsymbol{r}]},\quad E(2\omega)=A(2\omega)\mathrm{e}^{-\mathrm{i}[2\omega t-\boldsymbol{k}(2\omega)\cdot\boldsymbol{r}]}$$

均沿固定的 z 轴偏振,而极性分子与 z 轴的夹角为 θ,如图 5.9(b)所示.又设分子对频率为 ω 的光波存在双光子吸收,同时对频率为 2ω 的光波存在单光子吸收,亦即分子存在一个激发态 e,它与基态 g 之间既是光波 $E(\omega)$ 的双光子允许跃迁,又是光波$E(2\omega)$的单光子允许跃迁,如图 5.9(c)所示.可以证明,此时分子被相干叠加光场由基态 g 激发到激发态 e 的几率 $p(\theta)$与夹角 θ 有关,且

$$\begin{aligned}p(\theta)\propto&|E(2\omega)|^2\cos^2\theta+\left(\frac{\Delta\mu}{\hbar\omega}\right)^2|E(\omega)|^4\cos^4\theta\\&+\frac{\Delta\mu}{\hbar\omega}[E^{*2}(\omega)E(2\omega)+E^2(\omega)E^*(2\omega)]\cos^3\theta,\end{aligned}\tag{5.77}$$

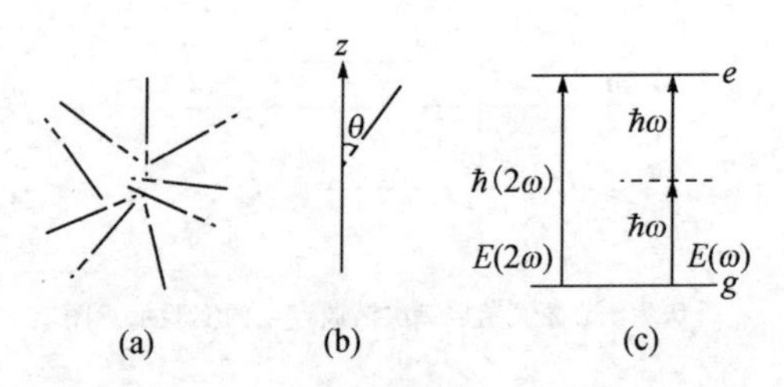

图 5.9　取向烧孔

(a)加光场前极性分子的混乱排列和取向;(b)任意极性分子与外加光场偏振方向(均平行于 z 轴)夹角为 θ;(c)分子存在激发态 e,它与基态 g 之间既是光波 $E(\omega)$ 的双光子允许共振跃迁,又是光波 $E(2\omega)$ 的单光子允许共振跃迁.

其中 $\Delta\mu$ 是激发态 e 与基态 g 的电偶极矩之差.

上式表明,激发几率 $p(\theta)$ 不仅随 θ 改变,而且 $p(\theta)\neq p(\theta+180°)$,亦即头尾(极性)倒转的分子被激发的几率不相等;换言之,分子的激发具有极性取向选择性,所以被称为取向烧孔.于是,在上述光场作用下,原来极性取向混乱的分子系统,由于受到极性取向选择的激发,被激发分子的极性取向不再是无序的,从而出现宏观的非中心对称性,并感生出不为零的 $\chi^{(2)}$.由此还可看出,致使出现非中心对称的是式(5.77)等号右边含有 $\cos^3\theta$ 的项(注意 $\cos^3(\theta+180°)\neq\cos^3\theta$).该项中与 $\cos^3\theta$ 相乘的系数越大,处于激发态又对宏观非中心对称有贡献的分子数目越多,感生的 $\chi^{(2)}$ 越大.因而 $\chi^{(2)}$ 应与该系数成比例,亦即

$$\chi^{(2)}\propto[E^{*2}(\omega)E(2\omega)+E^{2}(\omega)E^{*}(2\omega)]$$

或
$$\chi^{(2)}\propto A(2\omega)A^{*}(\omega)A^{*}(\omega)\mathrm{e}^{-\mathrm{i}[2\boldsymbol{k}(\omega)-\boldsymbol{k}(2\omega)]\cdot\boldsymbol{r}}+\mathrm{c.c.}.\qquad(5.78)$$

无疑,这个结果与前面就宏观层面进行一般分析得到结果(见式(5.73))相一致.此外,从上式看出,所感生的 $\chi^{(2)}$ 是一个空间正弦型的栅,栅的波矢为

$$\boldsymbol{G}=2\boldsymbol{k}(\omega)-\boldsymbol{k}(2\omega).\qquad(5.79)$$

因此,这时的分子系统实质上是一种用以实现准相位匹配的周期结构;而且前面曾指出,此时为获得倍频光,在恰当方向入射频率

为 ω 的基频光,相位匹配将自动满足.这里所说的相位匹配实际上是准相位匹配.此外,以上分析还说明,$\chi^{(2)}$ 的空间栅结构源自有极取向选择激发分子数的空间周期性变化.后者的存在由式(5.77)等号右边的第三项即可看出,因为该项可改写为

$$\frac{\Delta\mu}{\hbar\omega}\cos^3\theta[A(2\omega)A^*(\omega)A^*(\omega)e^{-i[2\boldsymbol{k}(\omega)-\boldsymbol{k}(2\omega)]\cdot\boldsymbol{r}}+c.c.]. \tag{5.80}$$

显然,这是一个波矢为 $\boldsymbol{G}=2\boldsymbol{k}(\omega)-\boldsymbol{k}(2\omega)$ 的空间栅(空间周期性分布).

在染料溶液观察光感生瞬态非中心对称及其特性的实验中,上述微观机制已得到证实[21,23].

全光极化

有机聚合物二阶非线性材料做成薄膜后,尽管其中的生色团分子(即产生光学非线性的分子)是中心非对称的,但由于分子的混乱取向,宏观上仍具中心对称.为了使之具有二阶非线性,必须进行极化,使生色团分子实现有极取向,亦即分子的头(或尾)基本上指向同一个方向.电极化方法通常被采用,亦即外加一强恒定电场,使生色团分子按照电场的极性重新取向.在前面讨论的光感生非中心对称性的基础上,现已发展了所谓全光极化的方法[24].

前已指出,在特殊光场下的取向烧孔,通过极性取向的选择激发,可感生非中心对称.但这只是将部分分子非中心对称地激发到激发态,而并没有使分子重新取向,因而中心对称的破坏只是瞬时的.当外加光场撤离后,被激发的分子很快便回到基态,体系的非中心对称性随即消失.不过,在有机聚合物二阶非线性材料中,很大部分生色团是属于偶氮类分子.这类分子均存在反式(trans)和顺式(cis)两种异构态,如图 5.10 所示.绝大多数分子平时处在反式异构态,但当其被光激发后存在所谓异构化反应:先由反式的激发态变成顺式的激发态,然后再通过无辐射跃迁回到基态的反式异构态.这样一种"反式→顺式→反式"异构化循环可以用来使基态的反式异构分子重新进行有极取向.在图 5.10 中,设通过上述

特殊光场的取向烧孔在混乱取向的诸多反式异构态分子中,只有如图左端那样取向的分子被激发到激发态,并经异构反应,转变成该图中部所示构形的顺式激发态.当弯曲构形的顺式激发态分子回到基态的反式异构态时,其骨架又要伸直;但此时有两种途径使其重新伸直,相应于回到基态的反式异构态时有两种取向,亦即图中左端的取向和右端的取向(各占 50%):右端的取向是分子转动一定角度后的重新取向,所以它们不再受到光场的激发;左端的取向是原来的取向,所以它们再次受到光场激发(取向烧孔),并重复上述过程,于是其中又有约 50%转到右端那样的取向.循环往复的结果是,符合取向烧孔取向的分子(图中左端所示)都被重新取向为图中右端所示的取向.同时,由于热运动,分子系统的混乱取向是动态的,一批按图中左端所示取向的分子被重新取向后,又会有一批原来按其他方向取向的分子补充到左端取向的队伍,而这些分子又经历取向烧孔和异构化循环并亦重新取向为右端的取向.随着时间的推移,会有更多的分子被有极取向为图中右端的取向.当然,由于热运动,已经重新取向的分子又会回到原先的取向.因此,这是一个相互竞争的过程.最终有多少分子被有极取向,取决于重新取向过程的速率在多大程度上大于由热运动引起的反过程的速率.由此可知,光场产生的取向烧孔几率越大,分子被有极取向的数目就越多.既然取向烧孔几率的空间变化是一个栅的周期

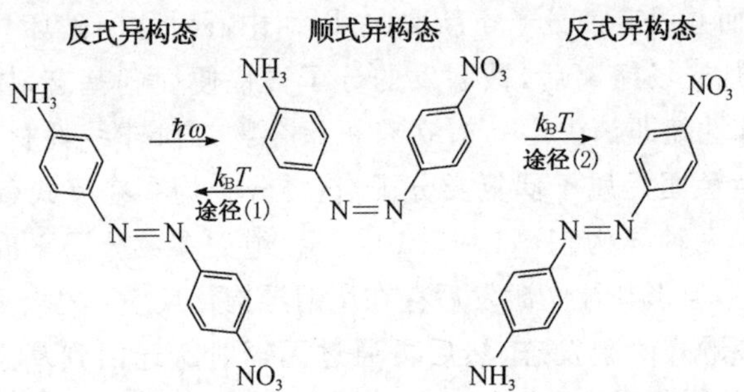

图 5.10 偶氮类分子生色团全光极化过程示意图

结构(见式(5.80)),所以被有极取向的分子数或有极取向度的空间变化也是一个栅的周期结构.

总之,经上述过程,由这些分子组成的介质被极化,而且只用了上述的特殊光场(基频光和倍频光的相干叠加场),故称为全光极化.这样一种由取向烧孔和异构化循环组成的全光极化方法,已被广泛进行实验和理论研究[25~30].

特别应该指出,全光极化所产生的中心非对称性保留了取向烧孔所产生的中心非对称的主要特性,例如所感生的也是一个空间正弦型的栅.不过对全光极化而言,这是来自有极取向度的空间周期变化(有极取向度栅);同时,当用以产生光学二次谐波时,和取向烧孔一样,在适当的入射条件下相位匹配也将自动满足.

参考文献

[1] Francois G E. Phys. Rev., 1966, 143: 597.
[2] Bjorkholm J E, Siegman A E. Phys. Rev., 1967, 154: 851.
[3] Shen Y R. The principles of nonlinear optics. NY: Wiley, 1984.
[4] Maker P D, Terhune R W, et al. Phys. Rev. Lett., 1962, 8: 21.
[5] Wynne J J, Bloembergen N. Phys. Rev., 1969, 188: 1211.
[6] Bloembergen N, Pershan P S. Phys. Rev., 1962, 128: 606.
[7] Ducuing J, Bloembergen N. Phys. Rev. Lett., 1962, 10: 474.
[8] Chang R K, Bloembergen N. Phys. Rev., 1966, 144: 775.
[9] Bloembergen N, Ducuing J. Phys. Lett., 1963, 6: 5.
[10] Broer L J F. Phys. Lett., 1963, 4: 65.
[11] Bloembergen N. Nonlinear optics. NY: Benjamin, 1965.
[12] Simon H J, Mitchell D E. Phys. Rev. Lett., 1974, 33: 1531.
[13] Chen C K, de Castro A R B, Shen Y R. Opt. Lett., 1979, 4: 393.
[14] Armstrong J A, Bloembergen N, et al. Phys. Rev., 1962, 127: 1918.
[15] Fejer M M, Magel G A, et al. IEEE J. Quant. Electr., 1992, 28: 2631.
[16] Myers L E, Eckardt R C, et al. J. Opt. Soc. Am., 1995, 12: 2102.
[17] Feng D, Meng N B, et al. Appl. Phys. Lett., 1980, 37: 607.

[18] Lu Y L, Mao L, et al. Appl. Phys. Lett., 1994, 64: 3092.
[19] 闵乃本. 自然科学进展, 1993, 4: 543.
[20] Byer R L. J. Nonlin. Opt. Phys. Mat., 1997, 6: 549.
[21] Charra F, Devaux, et al. Phys. Rev. Lett., 1992, 68: 2440.
[22] Charra F, Kajzar F, et al. Opt. Lett., 1993, 18: 941.
[23] Zhao J, Si J, et al. Opt. Lett., 1995, 20: 1955.
[24] Chalupczak W, Fiorini C, et al. Opt. Commun., 1966, 126: 103.
[25] Si J, Mitsuyu T, Ye P, et al. Appl. Phys. Lett., 1998, 72: 762.
[26] Xu G, Liu X, Si J, Ye P, et al. Appl. Phys. B, 1999, 68: 693.
[27] Xu G, Si J, et al. J. Appl. Phys., 1999, 85: 681.
[28] Si J, Kitaoka K et al. J. Appl. Phys., 1999, 85: 8018.
[29] Fiorini C, Nunzi J M. Chem. Phys. Lett., 1998, 286: 415.
[30] Xu G, Liu X, Si J, Ye P. Opt. Lett., 2000, 25: 329.

第六章　三次谐波与四波混频

§6.1　气体和原子蒸汽中的三次谐波

频率为 ω 的激光束作用到介质，产生的频率为 3ω 的三倍频光束称为三次谐波. 它源自介质产生的频率为 3ω 的三阶极化，是一种广泛存在的三阶非线性光学效应，即使在中心对称或各向同性的介质中均可能产生.

三次谐波的产生从宏观角度上同样可用耦合波方程描述. 这里我们只分析共线传播情形：设基频和三倍频光波均沿 z 方向传播，并分别表示为

$$\boldsymbol{E}(\omega)=\boldsymbol{A}(\omega)\mathrm{e}^{-\mathrm{i}[\omega t-k(\omega)z]},\quad \boldsymbol{E}(3\omega)=\boldsymbol{A}(3\omega)\mathrm{e}^{-\mathrm{i}[3\omega t-k(3\omega)z]},$$

其中振幅 $\boldsymbol{A}(\omega)=A(\omega)\boldsymbol{a}_\omega$ 和 $\boldsymbol{A}(3\omega)=A(3\omega)\boldsymbol{a}_{3\omega}$ 的偏振方向分别为 $\boldsymbol{a}_\omega$ 和 $\boldsymbol{a}_{3\omega}$. 令式(2.106)中 $\omega_1=\omega,\omega_2=3\omega$ 以及 $\boldsymbol{E}_1=\boldsymbol{E}(\omega),\boldsymbol{E}_2=\boldsymbol{E}(3\omega)$，便可得到在缓变振幅近似下，三次谐波产生的耦合波方程为

$$\frac{\partial\boldsymbol{E}(\omega)}{\partial z}=\frac{\mathrm{i}\omega}{2\varepsilon_0 cn(\omega)}\boldsymbol{P}_{\mathrm{NL}}(\boldsymbol{K}_{\mathrm{q}},\omega_{\mathrm{q}}=\omega)\mathrm{e}^{\mathrm{i}[\omega t-k(\omega)z]},\tag{6.1}$$

$$\frac{\partial\boldsymbol{E}(3\omega)}{\partial z}=\frac{\mathrm{i}(3\omega)}{2\varepsilon_0 cn(3\omega)}\boldsymbol{P}_{\mathrm{NL}}(\boldsymbol{K}_{\mathrm{q}},\omega_{\mathrm{q}}=3\omega)\mathrm{e}^{\mathrm{i}[3\omega t-k(3\omega)z]},\tag{6.2}$$

其中 $\boldsymbol{P}_{\mathrm{NL}}(\boldsymbol{K}_{\mathrm{q}},\omega_{\mathrm{q}}=\omega)$ 和 $P_{\mathrm{NL}}(\boldsymbol{K}_{\mathrm{q}},\omega_{\mathrm{q}}=3\omega)$ 分别是频率为 ω 和 3ω 的非线性极化强度. 根据式(2.80)，并考虑到式(2.81)，后者可表示为

$$\begin{aligned}&\boldsymbol{P}_{\mathrm{NL}}(\boldsymbol{K}_{\mathrm{q}},\omega_{\mathrm{q}}=3\omega)\\&\quad=\varepsilon_0\boldsymbol{\chi}^{(3)}(-3\omega,\omega,\omega,\omega)\,\vdots\,\boldsymbol{a}_\omega\boldsymbol{a}_\omega\boldsymbol{a}_\omega E^3(\omega)\mathrm{e}^{-\mathrm{i}[3\omega t-3k(\omega)z]}.\end{aligned}\tag{6.3}$$

于是,式(6.2)可演化为以下的标量方程:

$$\frac{\partial A(3\omega)}{\partial z}=\mathrm{i}BA^{3}(\omega)\mathrm{e}^{-\mathrm{i}\Delta kz},\tag{6.4}$$

其中

$$B=\frac{3\omega}{2cn(3\omega)}\boldsymbol{a}_{3\omega}\cdot\boldsymbol{\chi}^{(3)}(-3\omega,\omega,\omega,\omega)\vdots\boldsymbol{a}_{\omega}\boldsymbol{a}_{\omega}\boldsymbol{a}_{\omega},\tag{6.5}$$

$$\Delta k=k(3\omega)-3k(\omega)\tag{6.6}$$

为相位失配量.

在小信号近似下,认定基频光振幅在相互作用过程中不发生变化,亦即假定任意位置 z 的振幅 $A(\omega,z)$ 等于起始作用处($z=0$)的振幅 $A(\omega,0)$. 于是方程(6.4)便可直接积分,并得到任意位置 z 处三次谐波强度为

$$I(3\omega,z)\propto|A(3\omega,z)|^{2}=B^{2}|A(\omega,0)|^{6}z^{2}\frac{\sin^{2}(\Delta kz/2)}{(\Delta kz/2)^{2}}.\tag{6.7}$$

当 $\Delta k=0$,亦即相位匹配时,有

$$I(3\omega,z)\propto I^{3}(\omega,0)z^{2}[\boldsymbol{a}_{3\omega}\cdot\boldsymbol{\chi}^{(3)}(-3\omega,\omega,\omega,\omega)\vdots\boldsymbol{a}_{\omega}\boldsymbol{a}_{\omega}\boldsymbol{a}_{\omega}]^{2}.\tag{6.8}$$

换言之,此时三次谐波输出强度与输入基频光强的三次方 $I^{3}(\omega,0)$、作用距离的平方 z^{2}、介质的有效三阶极化率的平方 $\chi_{\mathrm{eff}}^{(3)2}$ 成正比.

在通常的非线性晶体中,$\chi^{(3)}$ 很小,相对 $\chi^{(2)}$ 要小 5~6 个数量级. 所以,很少用晶体的 $\chi^{(3)}$ 直接产生三次谐波. 为了在非线性晶体中获得三倍频,宁愿先用一块晶体利用 $\chi^{(2)}$ 产生倍频光,再让基频光和倍频光同时通过另一块晶体,并利用 $\chi^{(2)}$ 产生二者的和频而得到[1]. 相对来说,这样做的效率要高得多. 此外,在晶体中直接产生三次谐波,也不容易实现相位匹配.

三次谐波的产生更多是利用气体或原子蒸汽作为非线性介质,例如氙、氪等惰性气体,以及钠、钾、锶、镁等碱金属或碱土金属原子蒸汽[2~5]. 在这类介质中,和光场作用的基本上是孤立的原子,

后者有分立的能级,故介质对光的吸收在可见光和紫外波段存在尖锐的吸收线.从而,对于落在这些吸收线附近的频率,$\chi^{(3)}$存在明显的共振增强,并使之有1～2个数量级以上的增大[2].此外,在气态介质中激光损伤阈值比在固态要高出一个数量级以上,所以在这类介质中可以用更大的基频光功率,并得到更高的三次谐波效率.再有,与晶体不同,这类气体介质在极端紫外($\lambda=20\sim100$ nm)和真空紫外($\lambda=100\sim200$ nm)波段大多是透明的,所以它是用三次谐波及四波混频等非线性光学方法获得极端紫外和真空紫外相干光的主要材料[6~11].最后,在这类介质中,容易找到实现相位匹配的方法[2].

用气体或原子蒸汽作为介质时,产生三次谐波的三阶极化率张量可由§3.1中给出的方法直接得到.例如,对于钠原子蒸汽,可以相当精确地用下式计算[2]:

$$\chi_{ijkl}^{(3)}(-3\omega,\omega,\omega,\omega)=\frac{Ne^4}{4\varepsilon_0\hbar^3}\sum_{g,a,b,c}(r_i)_{ga}(r_j)_{ab}(r_k)_{bc}(r_l)_{cg}\rho_{gg}^{(0)}A_{abc},\tag{6.9}$$

其中N是气体中的原子浓度,亦即单位体积中的原子数;g,a,b,c均取遍原子的所有能级,

$$\begin{aligned}A_{abc}=&\frac{1}{(\omega_{cg}-\omega)(\omega_{bg}-2\omega)(\omega_{ag}-3\omega)}\\&+\frac{1}{(\omega_{cg}-\omega)(\omega_{bg}-2\omega)(\omega_{ag}+\omega)}\\&+\frac{1}{(\omega_{cg}-\omega)(\omega_{bg}+2\omega)(\omega_{ag}+\omega)}\\&+\frac{1}{(\omega_{cg}-3\omega)(\omega_{bg}+2\omega)(\omega_{ag}+\omega)}.\end{aligned}\tag{6.10}$$

此外,该式已略去所有反映线宽的弛豫参数Γ_{jk},例如出现在分母中的因子$\omega_{cg}-\omega-\mathrm{i}\Gamma_{cg}$已简略为$\omega_{cg}-\omega$(即认为$|\omega_{cg}-\omega|\gg\Gamma_{cg}$).因此,该式只适用于$\omega,2\omega,3\omega$均远离严格共振的情形.

当原子的能级位置、跃迁几率等参数已知时,即可由式(6.9)

计算出对给定的入射基频光波长的 $\chi^{(3)}(-3\omega,\omega,\omega,\omega)/N$ 的数值. 图6.1(a)是钠原子的能级图,图 6.1(b)是计算得出的钠原子蒸汽 $|\chi^{(3)}(-3\omega,\omega,\omega,\omega)|/N$ 随入射基频光波长的变化[2].

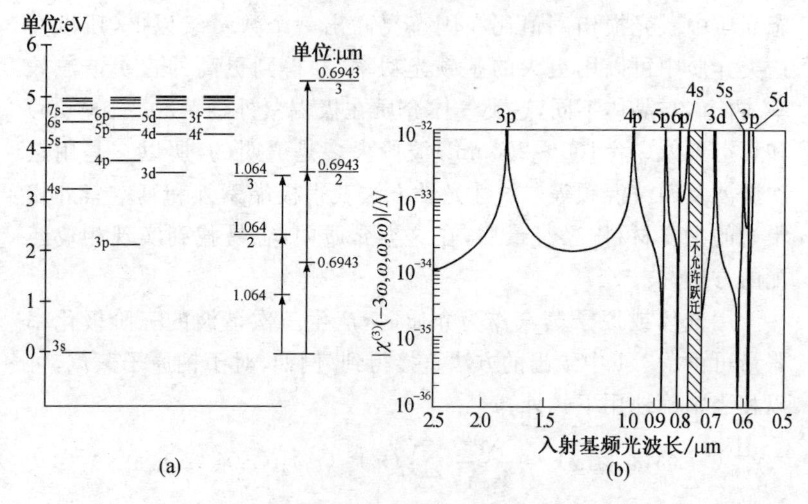

图 6.1 钠原子的能级图(a)以及计算得出的钠原子蒸汽的 $|\chi^{(3)}(-3\omega,\omega,\omega,\omega)|/N$ 随入射基频光波长的变化(b)[2]

从式(6.9)和(6.10)可明显看出 $\chi^{(3)}$ 存在共振增强. 亦即当频率 ω,2ω 或 3ω 与某两个能级 j 和 k 近共振,而且这两个能级间分别是单光子、双光子或三光子允许跃迁时,$\chi^{(3)}$ 因存在分母接近零但分子又不为零的项而变得很大. 图 6.1(b)反映了钠原子的这一情况,当入射基频波长为 1.064 μm 或 0.694 μm 附近时,$|\chi^{(3)}(-3\omega,\omega,\omega,\omega)|/N$都出现尖峰: 前者是因为 $3\omega\approx\omega_{4p,3s}$,且 3s→4p是三光子允许跃迁;后者是因 $2\omega\approx\omega_{3d,3s}$,且 3s→3d 是双光子允许跃迁(见图 6.1(a)右侧所示).

由于上述情况,加之气态时激光损坏阈值高,基频功率可加大,当钠蒸汽浓度为 $N\approx10^{17}/\mathrm{cm}^3$ 时,在近共振处容易获得足够强的三次谐波.

三次谐波的相位匹配条件是 $\Delta k=k(3\omega)-3k(\omega)=0$，亦即要求介质的基频光折射率与三倍频光折射率相等：$n(3\omega)=n(\omega)$. 均匀气体介质不存在双折射，不能像晶体那样利用双折射实现此条件. 不过，当所用非线性气体介质在基频 ω 和三倍频 3ω 之间存在反常色散，以至于 $n_{\mathrm{NL}}(\omega)>n_{\mathrm{NL}}(3\omega)$（即基频折射率大于三倍频折射率）时，可通过以适当浓度比充入另一种具有正常色散的气体（称为缓充气体）加以补偿，实现上述条件，亦即使二者的混合气体满足 $n(\omega)=n(3\omega)$. 设两种气体的原子数密度比为 $N_{\mathrm{B}}/N_{\mathrm{NL}}=X/(1-X)$，这相当于要求

$$Xn_{\mathrm{B}}(\omega)+(1-X)n_{\mathrm{NL}}(\omega)=Xn_{\mathrm{B}}(3\omega)+(1-X)n_{\mathrm{NL}}(3\omega), \tag{6.11}$$

其中 $n_{\mathrm{B}}(\omega)$ 和 $n_{\mathrm{B}}(3\omega)$ 是与非线性气体介质具有相同原子数密度时的缓充气体的折射率. 当 $n_{\mathrm{B}}(\omega)$，$n_{\mathrm{NL}}(\omega)$，$n_{\mathrm{B}}(3\omega)$，$n_{\mathrm{NL}}(3\omega)$ 已知时，便可由上式确定实现相位匹配所要求的 X.

图 6.2 分别表示出用做非线性介质的铷原子和用做缓充气体的氙原子，在具有相同原子数密度时折射率随波长的反常色散变化和正常色散变化[2]. 对于小于 0.78 μm 的任意入射基频光波长，利用方程(6.11)解出未知数 X，即可确定相位匹配所要求的混合气体的原子数密度比 $N_{\mathrm{Xe}}/N_{\mathrm{Rb}}$.

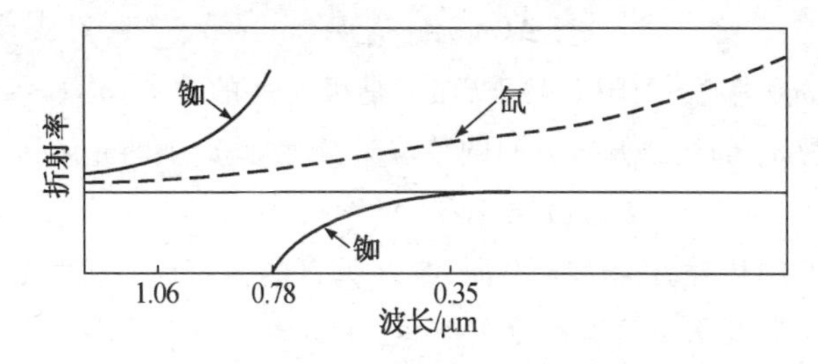

图 6.2 铷原子和氙原子在具有相同原子数密度时折射率随波长的反常色散和正常色散[2]

必须指出，用这种方法实现相位匹配，不存在所谓离散效应，

所以光波相互作用区可保持很长(长达几十厘米),从而大大提高三次谐波产生的效率.

§6.2 四波混频与可调谐红外及紫外相干光产生

四波混频是一种范围更为广泛的三阶非线性光学效应.三个频率分别为 ω_j 的光波

$$\boldsymbol{E}(\omega_j)=\boldsymbol{A}(\omega_j)\mathrm{e}^{-\mathrm{i}[\omega_j t-\boldsymbol{k}(\omega_j)\cdot\boldsymbol{r}]}\quad(j=1,2,3)$$

入射到介质,相互作用后会产生频率为 $\omega_4=\omega_1\pm\omega_2\pm\omega_3$ 的三阶极化

$$\boldsymbol{P}^{(3)}(\boldsymbol{K}_4,\omega_4)=D\varepsilon_0\boldsymbol{\chi}^{(3)}(-\omega_4,\omega_1,\pm\omega_2,\pm\omega_3)\vdots\boldsymbol{E}(\omega_1)\boldsymbol{E}(\pm\omega_2)\boldsymbol{E}(\pm\omega_3),\tag{6.12}$$

其中 $\boldsymbol{K}_4=\boldsymbol{k}_1(\omega_1)\pm\boldsymbol{k}_2(\omega_2)\pm\boldsymbol{k}_3(\omega_3)$ 是该极化波的波矢,D 是光波简并因子(定义见式(2.81)).由此极化波的辐射便可能产生频率为 ω_4、波矢为 $\boldsymbol{k}(\omega_4)$ 的光波.这就是四波混频.下面以 $\omega_4=\omega_1+\omega_2+\omega_3$ 为例,作进一步讨论:

此时,由式(6.12)给出的极化波可表示为

$$\boldsymbol{P}^{(3)}(\boldsymbol{K}_4,\omega_4)=D\varepsilon_0\boldsymbol{\chi}^{(3)}(-\omega_4,\omega_1,\omega_2,\omega_3)\vdots\boldsymbol{a}_{\omega_1}\boldsymbol{a}_{\omega_2}\boldsymbol{a}_{\omega_3}\vdots\boldsymbol{A}(\omega_1)\boldsymbol{A}(\omega_2)\boldsymbol{A}(\omega_3)\mathrm{e}^{-\mathrm{i}[\omega_4 t-\boldsymbol{K}(\omega_4)\cdot\boldsymbol{r}]},\tag{6.13}$$

其中 $\boldsymbol{K}(\omega_4)=\boldsymbol{k}(\omega_1)+\boldsymbol{k}(\omega_2)+\boldsymbol{k}(\omega_3)$ 是极化波的波矢,$\boldsymbol{a}_{\omega_j}$ $(j=1,2,3)$ 是频率为 ω_j 的光波偏振方向的单位矢量.由此产生的光波为

$$\boldsymbol{E}(\omega_4)=\boldsymbol{A}(\omega_4)\mathrm{e}^{-\mathrm{i}[\omega_4 t-\boldsymbol{k}(\omega_4)\cdot\boldsymbol{r}]}.$$

令该光波的传播方向为 z 方向,与之垂直的为 Oxy 平面,则根据式(2.106),振幅 $\boldsymbol{E}(\omega_4)$ 满足以下方程:

$$\frac{\partial\boldsymbol{A}(\omega_4)}{\partial z}=\frac{\mathrm{i}\omega_4}{2\varepsilon_0 cn(\omega_4)}\boldsymbol{P}^{(3)}(\boldsymbol{K}_4,\omega_4)\mathrm{e}^{\mathrm{i}[\omega_4 t-\boldsymbol{k}(\omega_4)\cdot\boldsymbol{a}_z z]},\tag{6.14}$$

其中 $\boldsymbol{a}_z$ 是 z 方向的单位矢量.又设 $\boldsymbol{a}_{\omega_4}$ 是振幅 $\boldsymbol{A}(\omega_4)$ 方向的单位矢量,则将式(6.13)代入上式后化简得

$$\frac{\partial A(\omega_4)}{\partial z} = \mathrm{i}BA(\omega_1)A(\omega_2)A(\omega_3)\mathrm{e}^{\mathrm{i}K_x(\omega_4)x}\mathrm{e}^{\mathrm{i}K_y(\omega_4)y}\mathrm{e}^{-\mathrm{i}(\Delta \boldsymbol{k}\cdot \boldsymbol{a}_z)z}, \tag{6.15}$$

其中 $K_x(\omega_4)$和 $K_y(\omega_4)$分别为极化波波矢 $K(\omega_4)$的 x 和 y 分量,而

$$\Delta \boldsymbol{k} = \boldsymbol{k}(\omega_4) - \boldsymbol{K}(\omega_4), \tag{6.16}$$

$$B = \frac{\omega_4}{2cn(\omega_4)}D\boldsymbol{a}_{\omega_4}\cdot \boldsymbol{\chi}^{(3)}(-\omega_4,\omega_1,\omega_2,\omega_3)\vdots \boldsymbol{a}_{\omega_1}\boldsymbol{a}_{\omega_2}\boldsymbol{a}_{\omega_3}. \tag{6.17}$$

在小信号近似下,$A(\omega_1)$,$A(\omega_2)$,$A(\omega_3)$均被认定为常数. 于是,式(6.15)可对 z 直接积分,并得到混频输出光强为

$$\begin{aligned} I(\omega_4,z) &\propto |A(\omega_4,z)|^2 \\ &= B^2|A(\omega_1)|^2|A(\omega_2)|^2 \\ &\quad\cdot |A(\omega_3)|^2 z^2 \frac{\sin^2[(\Delta \boldsymbol{k}\cdot \boldsymbol{a}_z)z/2]}{[(\Delta \boldsymbol{k}\cdot \boldsymbol{a}_z)z/2]^2}. \end{aligned} \tag{6.18}$$

该式除表示出混频输出光强与诸入射光强、相互作用距离、有效三阶极化率等的关系外,还表明现在同样有一个相位匹配问题.

当

$$\Delta \boldsymbol{k} = \boldsymbol{k}(\omega_4) - [\boldsymbol{k}(\omega_1) + \boldsymbol{k}(\omega_2) + \boldsymbol{k}(\omega_3)] = \boldsymbol{0}$$

时,混频输出光强最大. 这一般可通过矢量匹配达到. 在所有光波共线传播时,相位匹配条件是

$$k(\omega_4) = k(\omega_1) + k(\omega_2) + k(\omega_3), \tag{6.19}$$

亦即

$$n(\omega_4)\omega_4 = n(\omega_1)\omega_1 + n(\omega_2)\omega_2 + n(\omega_3)\omega_3. \tag{6.20}$$

在气体介质中,通常也可利用充入适量浓度比的缓冲气体来达到[12].

由于四波混频输出光强与 $\chi_{ijkl}^{(3)}(-\omega_4,\omega_1,\pm\omega_2,\pm\omega_3)$有关,因此由后者的微观表达式可知,四波混频也存在共振增强. 而且,由于可以有三个不同的频率独自发生变化,所以通过恰当选择各个频率,甚至可获得两重以至于三重共振增强[13]. 图 6.3(a)是钾原

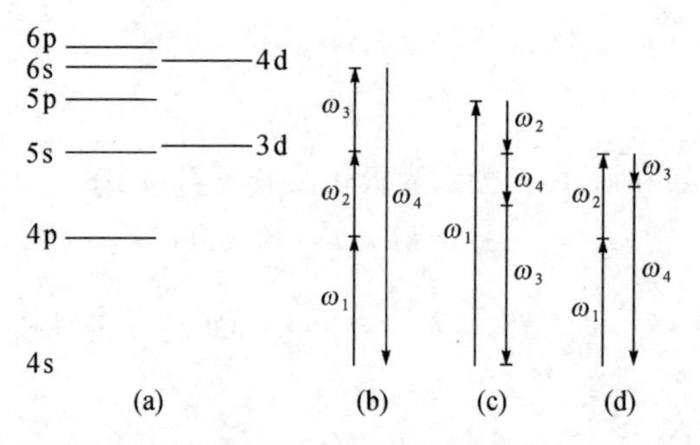

图 6.3 钾原子蒸汽中各种四波混频过程及其应用

(a)原子能级示意图；(b) $\omega_1\approx\omega_{4p,4s}$，$\omega_1+\omega_2\approx\omega_{5s,4s}$，$\omega_1+\omega_2+\omega_3\approx\omega_{6p,4s}$三重共振和频产生 $\omega_1+\omega_2+\omega_3=\omega_4$ 的过程；(c) 产生可调谐红外激光 $\omega_1-\omega_2-\omega_3=\omega_4$ 的一种方案，其中 $\omega_1\approx\omega_{5p,4s}$，$\omega_1-\omega_2\approx\omega_{5s,4s}$，$\omega_3$ 是频率可微调的可见激光；(d) 通过 $\omega_1+\omega_2-\omega_3=\omega_4$ 使红外光 ω_3 上转换为可见光 ω_4 的一种方案，其中 $\omega_1+\omega_2\simeq\omega_{5s,4s}$，$\omega_1\approx\omega_{4p,4s}$.

子能级示意图，图 6.3(b)表示 $\omega_1+\omega_2+\omega_3=\omega_4$ 的三重共振的混频过程，亦即 $\omega_1\approx\omega_{4p,4s}$，$\omega_1+\omega_2\approx\omega_{5s,4s}$，$\omega_1+\omega_2+\omega_3\approx\omega_{6p,4s}$. 四波混频可用以产生频率可调的红外相干光[12,14~16]. 图 6.3(c)是用钾蒸汽作为介质产生可调谐红外激光的一种方案：入射频率固定为 ω_1 和 ω_2 的两束激光，其中 $\omega_1\approx\omega_{5p,4s}$，$\omega_1-\omega_2\approx\omega_{5s,4s}$；又入射一束频率为 ω_3 并可微调的可见激光束，且 ω_3 偏离 $\omega_{4p,4s}$不大；则由四波混频产生的频率为 $\omega_1-\omega_2-\omega_3=\omega_4$ 的输出光便是红外相干光，且其频率随 ω_3 的微调而变化. 此时在 $\chi_{ijkl}^{(3)}(-\omega_4,\omega_1,-\omega_2,-\omega_3)$ 的许多项中，只是其中的三重共振项 $\chi_{\mathrm{R},ijkl}^{(3)}(-\omega_4,\omega_1,-\omega_2,-\omega_3)$起主要作用，亦即[15]

$$\begin{aligned}\chi_{ijkl}^{(3)}&(-\omega_4,\omega_1,-\omega_2,-\omega_3)\\&\simeq\chi_{\mathrm{R},ijkl}^{(3)}(-\omega_4,\omega_1,-\omega_2,-\omega_3)\\&=\frac{Ne^4}{4D\varepsilon_0\hbar^3}\sum_{s,p}(r_j)_{4s,4p}(r_i)_{4p,5s}(r_k)_{5s,5p}(r_l)_{5p,4s}A_{\mathrm{sp}},\qquad(6.21)\end{aligned}$$

其中 $D=6$(因三个入射频率不相等)，求和号下是对 s 及 p 态的能级精细结构求和，而

$$A_{sp} = \frac{1}{(\omega_1 - \omega_{5p,4s} + i\Gamma_{5p})(\omega_1 - \omega_2 - \omega_{5s,4s} + i\Gamma_{5s})(\omega_3 - \omega_{4p,4s})}. \tag{6.22}$$

四波混频也可用以产生频率上转换，亦即由红外光转变为可见光[16]. 图 6.3(d)是方案之一. 入射频率固定为 ω_1 和 ω_2 的两束激光作为泵浦光，使其频率之和与 5s,4s 能级对发生双光子共振，而 ω_1 又与 4p,4s 能级对近共振，亦即 $\omega_1+\omega_2\approx\omega_{5s,4s}$，$\omega_1\approx\omega_{4p,4s}$. 此时，另一束频率为 ω_3 的入射红外光便可通过 $\omega_1+\omega_2-\omega_3=\omega_4$ 的四波混频转变为频率是 ω_4 的可见光.

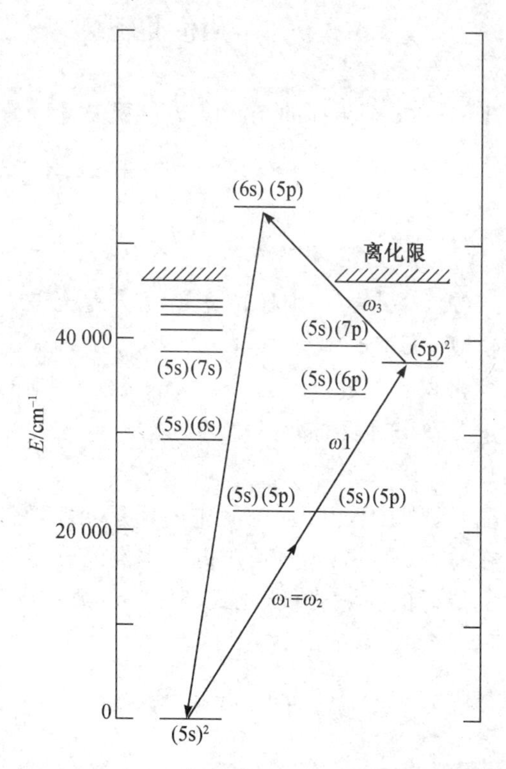

图 6.4 锶原子能级图以及用锶蒸汽通过四波混频 $\omega_1+\omega_2+\omega_3=\omega_4$（其中 $\omega_2=\omega_1$）产生频率为 ω_4 的可调谐紫外相干光的过程[27]

四波混频还可用以产生频率可调的紫外相干光[9,18—20]. 图6.4表示出锶原子能级图以及用锶蒸汽通过 $\omega_1+\omega_2+\omega_3=\omega_4$ 的四波混频(其中 $\omega_2=\omega_1$)产生频率为 ω_4 的可调谐紫外相干光的过程. 这也是一个三重共振过程,包括 $\omega_1\approx\omega_{(5s)(5p),(5s)^2}$, $\omega_1+\omega_2\simeq\omega_{(5p)^2,(5s)^2}$ 和 $\omega_3\approx\omega_{(6s)(5p),(5p)^2}$. 由于(6s)(5p)落在离化限外,是一个自电离态,有较大的能级宽度,所以当改变频率 ω_3 时,在相当大的频率范围内仍保持 ω_3 与 $\omega_{(6s)(5p),(5p)^2}$ 之间的共振. 从而,也使频率为 ω_4 的输出紫外光有相当宽的调谐范围.

§6.3　光学相位共轭

设想有两个沿 z 轴传播的光波($\boldsymbol{r}$ 为位置矢量,t 为时间):

$$\boldsymbol{E}_{\mathrm{p}}(\boldsymbol{r},t)=\frac{1}{2}\boldsymbol{A}_{\mathrm{p}}(\boldsymbol{r})\mathrm{e}^{-\mathrm{i}(\omega t-k_{\mathrm{p}}z)}+\mathrm{c.c.},\tag{6.23}$$

$$\boldsymbol{E}_{\mathrm{c}}(\boldsymbol{r},t)=\frac{1}{2}\boldsymbol{A}_{\mathrm{c}}(\boldsymbol{r})\mathrm{e}^{-\mathrm{i}(\omega t-k_{\mathrm{c}}z)}+\mathrm{c.c.}.\tag{6.24}$$

若 $\boldsymbol{A}_{\mathrm{c}}(\boldsymbol{r})=\boldsymbol{A}_{\mathrm{p}}^*(\boldsymbol{r})$, $k_{\mathrm{c}}=-k_{\mathrm{p}}$,则称光波 $\boldsymbol{E}_{\mathrm{c}}(\boldsymbol{r},t)$ 是光波 $\boldsymbol{E}_{\mathrm{p}}(\boldsymbol{r},t)$ 的相位共轭(反射)波[21,22]. 此时,如果 $\boldsymbol{A}_{\mathrm{p}}(\boldsymbol{r})=\boldsymbol{A}_{\mathrm{p0}}(\boldsymbol{r})\exp[-\mathrm{i}\phi(\boldsymbol{r})]$(其中 $\boldsymbol{A}_{\mathrm{p0}}(\boldsymbol{r})$ 和 $\phi(\boldsymbol{r})$ 均为实数),则 $\boldsymbol{A}_{\mathrm{c}}(\boldsymbol{r})=\boldsymbol{A}_{\mathrm{p0}}(\boldsymbol{r})\exp[\mathrm{i}\phi(\boldsymbol{r})]$. 相位共轭波的上述定义,对于振幅部分,也可放宽为 $\boldsymbol{A}_{\mathrm{c}}(\boldsymbol{r})=a\boldsymbol{A}_{\mathrm{p}}^*(\boldsymbol{r})$(其中 a 为常数).

首先来证明,对于任意介质空间中的任意光波,它的相位共轭波是可以存在的[23]. 设 $\boldsymbol{E}_{\mathrm{p}}(\boldsymbol{r},t)$ 是在折射率空间分布为 $n(x,y,z)$ 的介质空间中传播的任意光波(见式(6.23)),则它应满足该介质空间的波方程

$$\nabla^2\boldsymbol{E}_{\mathrm{p}}(\boldsymbol{r},t)+\frac{\omega^2}{c^2}n^2(x,y,z)\boldsymbol{E}_{\mathrm{p}}(\boldsymbol{r},t)=\boldsymbol{0},\tag{6.25}$$

其中

$$\nabla^2=\frac{\partial^2}{\partial x^2}+\frac{\partial^2}{\partial y^2}+\frac{\partial^2}{\partial z^2}=\nabla_{\perp}+\frac{\partial^2}{\partial z^2}.$$

利用缓变振幅近似：

$$\left|\frac{\partial^2 \boldsymbol{A}_{\mathrm{p}}(\boldsymbol{r})}{\partial z^2}\right| \ll \left|k_{\mathrm{p}}\frac{\partial \boldsymbol{A}_{\mathrm{p}}(\boldsymbol{r})}{\partial z}\right|,$$

则方程(6.25)可演化为

$$\nabla_{\perp}^2 \boldsymbol{A}_{\mathrm{p}}(\boldsymbol{r}) + \left[\frac{\omega^2}{c^2}n^2(x,y,z) - k_{\mathrm{p}}^2\right]\boldsymbol{A}_{\mathrm{p}}(\boldsymbol{r}) - 2\mathrm{i}k_{\mathrm{p}}\frac{\partial}{\partial z}\boldsymbol{A}_{\mathrm{p}}(\boldsymbol{r}) = \boldsymbol{0}. \tag{6.26}$$

对上式取复数共轭，便得

$$\nabla_{\perp}^2 \boldsymbol{A}_{\mathrm{p}}^*(\boldsymbol{r}) + \left[\frac{\omega^2}{c^2}n^2(x,y,z) - k_{\mathrm{p}}^2\right]\boldsymbol{A}_{\mathrm{p}}^*(\boldsymbol{r}) + 2\mathrm{i}k_{\mathrm{p}}\frac{\partial}{\partial z}\boldsymbol{A}_{\mathrm{p}}^*(\boldsymbol{r}) = \boldsymbol{0}, \tag{6.27}$$

亦即

$$\nabla_{\perp}^2 \boldsymbol{A}_{\mathrm{c}}(\boldsymbol{r}) + \left[\frac{\omega^2}{c^2}n^2(x,y,z) - k_{\mathrm{c}}^2\right]\boldsymbol{A}_{\mathrm{c}}(\boldsymbol{r}) - 2\mathrm{i}k_{\mathrm{c}}\frac{\partial}{\partial z}\boldsymbol{A}_{\mathrm{c}}(\boldsymbol{r}) = \boldsymbol{0}, \tag{6.28}$$

其中 $\boldsymbol{A}_{\mathrm{c}}(\boldsymbol{r})=\boldsymbol{A}_{\mathrm{p}}^*(\boldsymbol{r})$，$k_{\mathrm{c}}=-k_{\mathrm{p}}$.

对比方程(6.28)和(6.26)可知，

$$\boldsymbol{E}_{\mathrm{c}}(\boldsymbol{r},t) = \frac{1}{2}\boldsymbol{A}_{\mathrm{c}}(\boldsymbol{r})\mathrm{e}^{-\mathrm{i}(\omega t - k_{\mathrm{c}}z)} + \mathrm{c.\,c.}$$

也必将满足波动方程

$$\nabla^2 \boldsymbol{E}_{\mathrm{c}}(\boldsymbol{r},t) + \frac{\omega^2}{c^2}n^2(x,y,z)\boldsymbol{E}_{\mathrm{c}}(\boldsymbol{r},t) = \boldsymbol{0}. \tag{6.29}$$

这说明，光波 $\boldsymbol{E}_{\mathrm{c}}(\boldsymbol{r},t)$ 也是可以在折射率空间分布为 $n(x,y,z)$ 的介质空间中传播的光波，亦即它是可以存在于这样的介质空间的. 而从以上讨论可知，$\boldsymbol{E}_{\mathrm{c}}(r,t)$ 正是 $\boldsymbol{E}_{\mathrm{p}}(\boldsymbol{r},t)$ 的相位共轭(反射)波.

如何产生一个光波的相位共轭波？这个问题将留到以后讨论. 通常，将能够产生入射光波的相位共轭(反射)波的系统称为相位共轭(反射)镜.

由定义可知，相位共轭波有以下特性[23]：(1) 波前反演(相位反演)特性，亦即相对各自的传播方向而言，一个光波的波前(波阵面)与其相位共轭波的波前,是互为反演的.如图 6.5 所示,如果一个相对传播方向是“凸出去”的,另一个相对传播方向就是“凹进来”的.这是因为一个的相位为 $\phi(\boldsymbol{r})$,另一个则为 $-\phi(\boldsymbol{r})$.(2) 时间反演特性,亦即 $\boldsymbol{E}_{\mathrm{c}}(\boldsymbol{r},t)=\boldsymbol{E}_{\mathrm{p}}(\boldsymbol{r},-t)$.

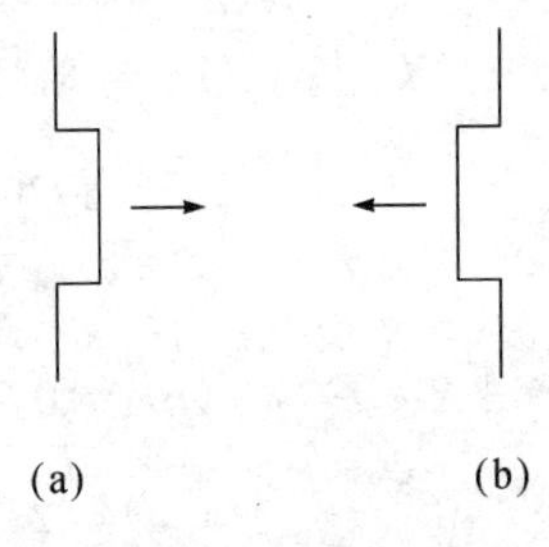

图 6.5　互为相位共轭波的光波(a)与光波(b)之间的波前反演性质

从这两种特性容易想象,一个点光源发出的球面光波被相位共轭镜反射(即产生该球面光波的相位共轭反射波)和被普通反射镜反射是全然不同的:前者的反射光是会聚的,并按原路会聚到该点光源上面,如图 6.6(a)所示;按照反射定律,后者的反射光将继续发散,如图 6.6(b)所示.图中还分别用实线和虚线画出了入射光和反射光的波前.从图 6.6(a)看出,对共轭反射而言,它们相对各自的传播方向分别是“凸出去”和“凹进来”的.

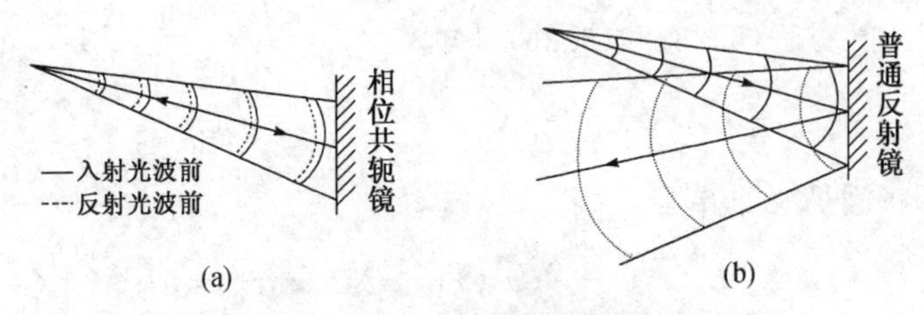

图 6.6　点光源发出的球面光波被相位共轭镜反射(a)和被普通反射镜反射(b)

相位共轭镜的重要应用是使畸变的波前复原[24],见图 6.7.一个波前为平面(图中的实直线)的光波,经过能产生相位畸变的介质后,波前发生了畸变(图中的实曲线).如果这个光波在继续前进时被相位共轭镜反射,再次通过该介质,则波前又会恢复为平面.这是因为,当光波被相位共轭镜反射后,由于相位共轭光的波前反演特性,其波前(图中的虚曲线)相对光波前进方向而言,原来“凸出去”(或“凹进来”)的现在“凹进来”(或“凸出去”);当光波再次通过介质时,由于相位畸变,波前中“凹进来”的又要“凸出去”,“凸出去”的又要“凹进来”,结果互相抵消而恢复为平面(图中虚直线).利用此原理,光学相位共轭可用来恢复畸变了的图像.

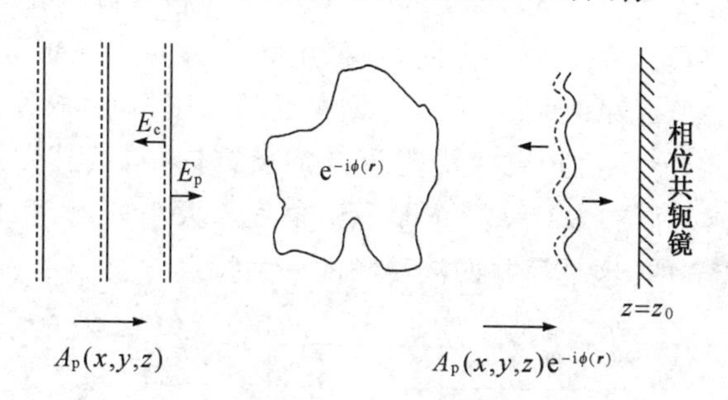

图 6.7 波前被畸变后的平面波 E_p 经相位共轭镜反射再次通过畸变介质而恢复为平面波 E_c的原理图示

光学相位共轭还有许多应用[22].例如,用相位共轭镜替代激光器中光腔的全反射镜,可以改善输出光束的模式质量;在迈克耳孙(Michelson)干涉仪中,将其一臂的反射镜用相位共轭镜替代,由于该臂因此而能提供一个高质量的波前,从而能大大提高干涉仪的测量精度;等等.

§6.4 简并与近简并四波混频

简并四波混频是四波混频中很有特色且有广泛应用的一种[22].如图 6.8 所示,光束 1,2,3 入射到介质中并相互作用,它们的频率和波矢分别为 $\omega_1,\boldsymbol{k}_1;\omega_2,\boldsymbol{k}_2;\omega_3,\boldsymbol{k}_3$,其中 $\omega_1=\omega_2=\omega_3=\omega,\boldsymbol{k}_2=-\boldsymbol{k}_1$,亦即光束 2 沿光束 1 的反向传播.另外,通常让光束 3 与光束 1 形成一小角度 θ,以增大三束光的重叠区.此时,由这三束光在介质中将会产生频率为 $\omega_4=\omega_1+\omega_2-\omega_3=\omega$、波矢为 $\boldsymbol{K}_4=\boldsymbol{k}_1+\boldsymbol{k}_2-\boldsymbol{k}_3=-\boldsymbol{k}_3$ 的极化波:

$$\boldsymbol{P}^{(3)}(\boldsymbol{K}_4,\omega_4) = D\varepsilon_0\boldsymbol{\chi}^{(3)}(-\omega_4,\omega_1,\omega_2,-\omega_3) \vdots \boldsymbol{E}(\boldsymbol{k}_1)\boldsymbol{E}(\boldsymbol{k}_2)\boldsymbol{E}^*(\boldsymbol{k}_3), \tag{6.30}$$

其中 $\boldsymbol{E}(\boldsymbol{k}_i)(i=1,2,3)$是光束 i 的光场①. 该极化波将在 $\boldsymbol{K}_4=-\boldsymbol{k}_3$ 的方向(亦即光束 3 的反方向)辐射出频率为 $\omega_4=\omega$ 的光波,此即混频输出光(光束 4)$\boldsymbol{E}(\boldsymbol{k}_4)$. 由于四束光的频率相同,故称为简并四波混频. 此外,因为光束 4 沿光束 3 的反方向传播,其光波波矢为 $\boldsymbol{k}_4=-\boldsymbol{k}_3$,从而有 $\boldsymbol{K}_4=\boldsymbol{k}_4$,亦即不论角度 θ 大小如何,相位匹配条件总是成立的. 这是简并四波混频的一大特点.

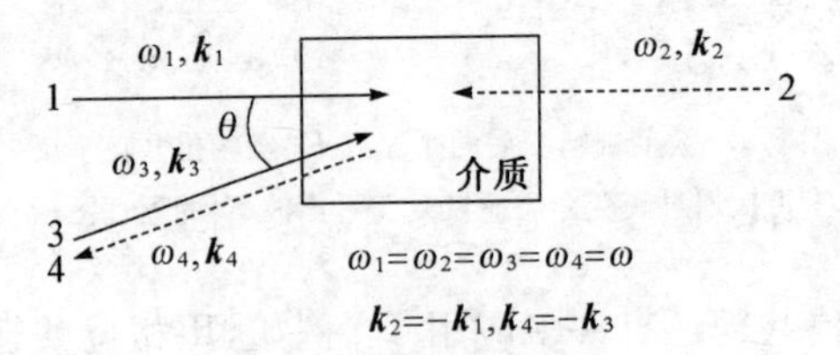

图 6.8　简并四波混频光束配置示意图

考虑到

$$\boldsymbol{E}(\boldsymbol{k}_i) = \boldsymbol{A}(\boldsymbol{k}_i)\mathrm{e}^{-\mathrm{i}(\omega_i t-\boldsymbol{k}_i\cdot\boldsymbol{r})} \quad (i=1,2,3)$$

及 $\boldsymbol{K}_4=\boldsymbol{k}_4$,由式(6.30)得

$$\boldsymbol{P}^{(3)}(\boldsymbol{K}_4,\omega_4) = D\varepsilon_0\boldsymbol{\chi}^{(3)}(-\omega_4,\omega_1,\omega_2,-\omega_3) \vdots \boldsymbol{A}(\boldsymbol{k}_1)\boldsymbol{A}(\boldsymbol{k}_2)\boldsymbol{A}^*(\boldsymbol{k}_3)\mathrm{e}^{-\mathrm{i}[\omega t-\boldsymbol{k}_4\cdot\boldsymbol{r}]}. \tag{6.31}$$

与此同时,光束 1,2,4 又会在介质中产生频率为 $\omega_3=\omega_1+\omega_2-\omega_4=\omega$、波矢为 $\boldsymbol{K}_3=\boldsymbol{k}_1+\boldsymbol{k}_2-\boldsymbol{k}_4=-\boldsymbol{k}_4=\boldsymbol{k}_3$ 的极化波:

$$\boldsymbol{P}^{(3)}(\boldsymbol{K}_3,\omega_3) = D\varepsilon_0\boldsymbol{\chi}^{(3)}(-\omega_3,\omega_1,\omega_2,-\omega_4) \vdots \boldsymbol{A}(\boldsymbol{k}_1)\boldsymbol{A}(\boldsymbol{k}_2)\boldsymbol{A}^*(\boldsymbol{k}_4)\mathrm{e}^{-\mathrm{i}[\omega t-\boldsymbol{k}_3\cdot\boldsymbol{r}]}. \tag{6.32}$$

---

① 前面表示为 $\boldsymbol{E}(\omega_i)(i=1,2,3)$.

由式(2.106),并分别令 $i=3,4$,便可得耦合波方程

$$\frac{\partial \boldsymbol{A}(\boldsymbol{k}_4)}{\partial z}=\frac{-\mathrm{i}\omega}{2\varepsilon_0 cn(\omega)}\boldsymbol{P}^{(3)}(\boldsymbol{K}_4,\omega_4)\mathrm{e}^{\mathrm{i}(\omega t+kz)},\tag{6.33}$$

$$\frac{\partial \boldsymbol{A}(\boldsymbol{k}_3)}{\partial z}=\frac{\mathrm{i}\omega}{2\varepsilon_0 cn(\omega)}\boldsymbol{P}^{(3)}(\boldsymbol{K}_3,\omega_3)\mathrm{e}^{\mathrm{i}(\omega t-kz)}.\tag{6.34}$$

在此,已假设光波 3 的传播方向为 z 轴的正方向(从而光波 4 沿 z 轴的负方向传播),并令 $|k_3|=|k_4|=k$. 将式(6.31)和(6.32)分别代入式(6.33)和(6.34),并将后一式遍取复共轭,耦合波方程便演化为

$$\frac{\partial \boldsymbol{A}(\boldsymbol{k}_4)}{\partial z}=\frac{-\mathrm{i}\omega}{2cn(\omega)}D\boldsymbol{\chi}^{(3)}(-\omega,\omega,\omega,-\omega)\,\vdots\,\boldsymbol{A}(\boldsymbol{k}_1)\boldsymbol{A}(\boldsymbol{k}_2)\boldsymbol{A}^*(\boldsymbol{k}_3),\tag{6.35}$$

$$\frac{\partial \boldsymbol{A}^*(\boldsymbol{k}_3)}{\partial z}=\frac{-\mathrm{i}\omega}{2cn(\omega)}D\boldsymbol{\chi}^{(3)*}(-\omega,\omega,\omega,-\omega)\,\vdots\,\boldsymbol{A}^*(\boldsymbol{k}_1)\boldsymbol{A}^*(\boldsymbol{k}_2)\boldsymbol{A}(\boldsymbol{k}_4).\tag{6.36}$$

通常,在简并四波混频的实验装置中,光束 1 和 2 较强(称为泵浦光);光束 3 较弱. 当所产生的光束 4 相对泵浦光弱很多时,可以用小信号近似,亦即认为 $\boldsymbol{A}(\boldsymbol{k}_1)$ 和 $\boldsymbol{A}(\boldsymbol{k}_2)$ 不随 z 改变. 于是方程(6.35)和(6.36)只有两个变量,可看做是光束 3 和光束 4 之间的耦合波方程. 又设振幅 $\boldsymbol{A}(\boldsymbol{k}_i)$ 的偏振方向为 $\boldsymbol{a}_i\,(i=1,2,3,4)$,则耦合波方程又变成

$$\frac{\partial A(\boldsymbol{k}_4)}{\partial z}=-\mathrm{i}gA^*(\boldsymbol{k}_3),\tag{6.37}$$

$$\frac{\partial A^*(\boldsymbol{k}_3)}{\partial z}=-\mathrm{i}g^*A(\boldsymbol{k}_4),\tag{6.38}$$

其中

$$g=\frac{\omega}{2cn(\omega)}D\boldsymbol{a}_4\cdot\boldsymbol{\chi}^{(3)}(-\omega,\omega,\omega,-\omega)\,\vdots\,\boldsymbol{a}_1\boldsymbol{a}_2\boldsymbol{a}_3^*A(\boldsymbol{k}_1)A(\boldsymbol{k}_2),\tag{6.39}$$

且 $D=6$.

方程组(6.37)和(6.38)的解为

$$A(\boldsymbol{k}_4,z)=\frac{\cos(|g|z)}{\cos(|g|L)}A(\boldsymbol{k}_4,L)-\mathrm{i}\frac{g}{|g|}\frac{\sin[|g|(z-L)]}{\cos(|g|L)}A^*(\boldsymbol{k}_3,0), \quad (6.40)$$

$$A(\boldsymbol{k}_3,z)=\mathrm{i}\frac{|g|}{g}\frac{\sin(|g|z)}{\cos(|g|L)}A^*(\boldsymbol{k}_4,L)+\frac{\cos[|g|(z-L)]}{\cos|g|L}A(\boldsymbol{k}_3,0), \quad (6.41)$$

其中 $A(\boldsymbol{k}_i,z)(i=3,4)$是 $A(\boldsymbol{k}_i)$在位置 z 处的数值.同时,选定四波混频作用区中光束 3 的入口处为 $z=0$,出口处为 $z=L$.

因为除泵浦光外入射光只有光束 3,故 $A(\boldsymbol{k}_3,0)\neq 0$,而 $A(\boldsymbol{k}_4,L)=0$.从而,有

$$A(\boldsymbol{k}_4,z)=-\mathrm{i}\frac{g}{|g|}\frac{\sin[|g|(z-L)]}{\cos(|g|L)}A^*(\boldsymbol{k}_3,0), \quad (6.42)$$

$$A(\boldsymbol{k}_3,z)=\frac{\cos[|g|(z-L)]}{\cos(|g|L)}A(\boldsymbol{k}_3,0) \quad (6.43)$$

及

$$A(\boldsymbol{k}_4,0)=\mathrm{i}\frac{g}{|g|}\tan(|g|L)A^*(\boldsymbol{k}_3,0), \quad (6.44)$$

$$A(\boldsymbol{k}_3,L)=\sec(|g|L)A(\boldsymbol{k}_3,0). \quad (6.45)$$

混频输出光的相位共轭(反射)特征

由于 $A(\boldsymbol{k}_4,0)\propto A^*(\boldsymbol{k}_3,0)$且 $\boldsymbol{k}_4=-\boldsymbol{k}_3$,故作为简并四波混频输出的光波 4 是入射光波 3 的相位共轭反射波,而简并四波混频装置则成为入射光束 3 的一面相位共轭(反射)镜[25,26].这是简并四波混频的很重要的特性.利用式(6.44),可得光束 3 的相位共轭反射率为

$$R=\left|\frac{A(\boldsymbol{k}_4,0)}{A(\boldsymbol{k}_3,0)}\right|^2=\tan^2(|g|L), \quad (6.46)$$

而其透射率则为

$$T=\left|\frac{A(\boldsymbol{k}_3,L)}{A(\boldsymbol{k}_3,0)}\right|^2=\sec^2(|g|L). \quad (6.47)$$

显然,有效的$\chi^{(3)}$越大或两束泵浦光越强,$|g|$就越大;而$|g|$越大或作用区L越长,则共轭反射率也越高.当$\pi/4<|g|L<3\pi/4$时,$R>1$,亦即共轭反射率可超过100%.特别是当$|g|L=\pi/2$时,$R\to\infty$,此时将会出现简并四波混频的自振荡,亦即只入射两束足够强的泵浦光,便能产生光束3及其共轭反射光.

由式(6.47)还可看出$T>0$,亦即光束3被放大了.图6.9根据式(6.42)和(6.43)表示出$|E(\boldsymbol{k}_4)|^2$与$|E(\boldsymbol{k}_3)|^2$随位置z的变化;可以看出,相位共轭(反射)光4和入射光束3的强度都随作用距离而增大.这说明简并四波混频也是一个空间频率不同的光波之间的四波参量作用过程.在这个过程中,泵浦光把自身的能量逐渐转移给相位共轭(反射)光4及入射光束3,以至于它们的能量都逐渐增加.

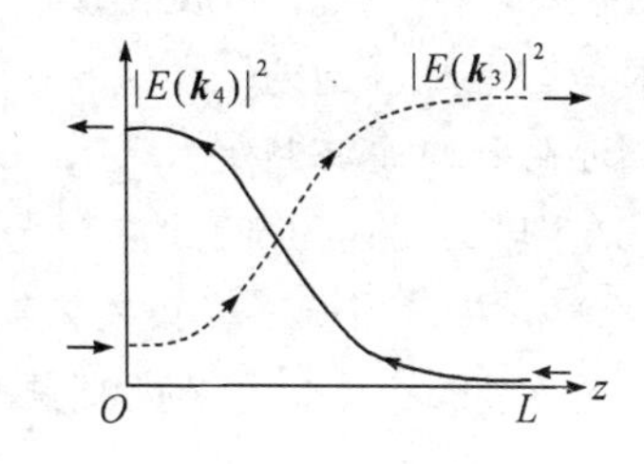

图6.9 相位共轭光强$|E(\boldsymbol{k}_4)|^2$和光束3的强度$|E(\boldsymbol{k}_3)|^2$随作用距离的变化

简并四波混频与光学全息术[22]

图6.10扼要描述了光学全息术的物理过程,其中图6.10(a)是全息图的写入过程.携带物体信息的物光束A与参考光束B(一般为平行光)干涉,形成光强的空间分布,作用于干板后在干板上形成折射率光栅(若A是平行光,则光栅间距为$d=\lambda/2\sin(\theta/2)$).图6.10(b)为全息图的读出过程.此时,沿参考光的反方向入射一束平行光B^*到该光栅上,因为满足布拉格(Bragg)条件,故光束将被光栅沿物光束的反方向衍射,形成光束A^*并将再现物的像(A^*是A的相位共轭光).

在简并四波混频中同时存在A、B和B^*三束入射光,分别相当于图6.8中的光束3,1,2.如果把相位共轭光(光束4)的产生等同于光束A^*的产生,则简并四波混频可看做一种实时(亦即写、读同时进行)全息术.此时,光束3(相当于物光束)所载的物像将在光束

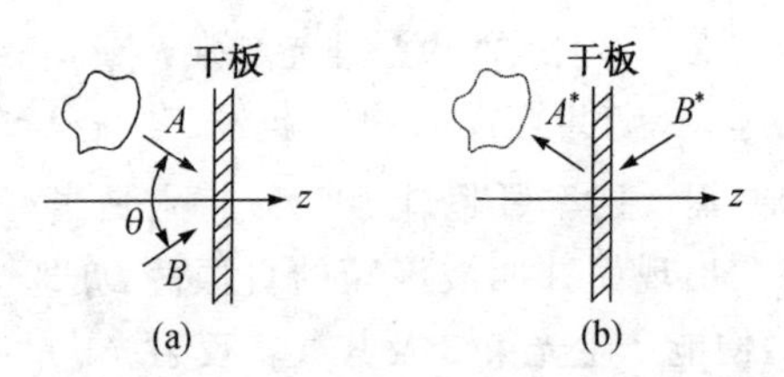

图 6.10 光学全息术的写入过程(a)和读出过程(b)

4 中重现.当然,简并四波混频是一个非线性光学过程,与传统的全息术是有本质区别的.

近简并四波混频

在图 6.8 的简并四波混频光束配置中,令光束 2 和 3 的频率稍稍偏离 ω,并适当调节光束的方向,仍然会有显著的混频输出.

图 6.11(a)是令第 2 束光频率 ω'偏离 ω 的情形.此时输出光束 4 的频率应为 $\omega_4=\omega-\omega+\omega'=\omega'$,相位匹配条件为

$$\boldsymbol{k}_4(\omega')=\boldsymbol{k}_1(\omega)-\boldsymbol{k}_3(\omega)+\boldsymbol{k}_2(\omega')$$

或

$$\boldsymbol{k}_4(\omega')-\boldsymbol{k}_2(\omega')=\boldsymbol{k}_1(\omega)-\boldsymbol{k}_3(\omega).$$

只要适当调节光束 2 的入射方向,该条件是能够满足的,如图 6.11(b) 所示.但此时光束 4 将稍微偏离光束 3 的反方向,使光束在介质中的相互作用区变小,因此 ω'不能偏离 ω 过大,否则会没有输出.

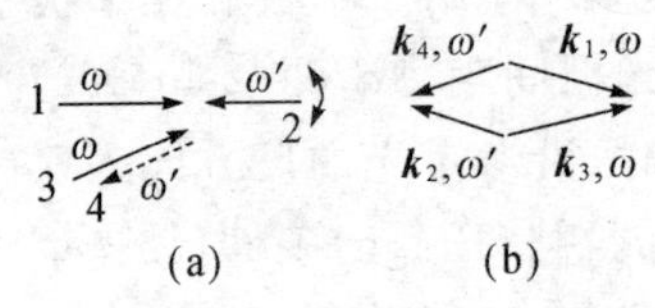

图 6.11 近简并四波混频的一种配置(a)及其相位匹配矢量图(b)

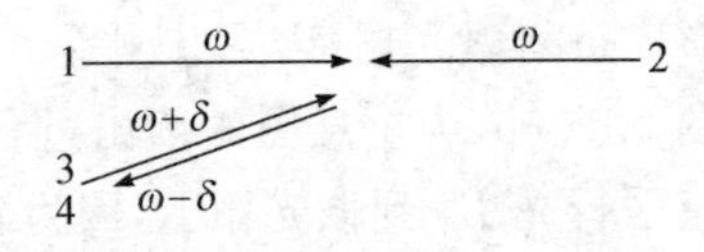

图 6.12 近简并四波混频的另一种配置

图 6.12 则令第 3 束光频率偏离 ω 一小量 δ(即 $\omega_3=\omega+\delta$),此时输出光束 4 的频率将为 $\omega-\delta$.因相位匹配条件 $\boldsymbol{k}_4(\omega-\delta)=\boldsymbol{k}_1(\omega)-\boldsymbol{k}_3(\omega+\delta)+\boldsymbol{k}_2(\omega)$不能严格满足,所以必须 $\delta\ll\omega$,才会有混频输出.

§6.5 简并四波混频的等效光栅衍射分析法

已知在图 6.8 的简并四波混频配置中，由光束 1,2,3 作用在介质中产生的沿光束 3 反方向（即 $\boldsymbol{k}_4$ 方向）传播的非线性极化波为（见式(6.30)）

$$\boldsymbol{P}^{(3)}(\boldsymbol{k}_4,\omega)=D\varepsilon_0\boldsymbol{\chi}^{(3)}(-\omega,\omega,\omega,-\omega)\vdots\boldsymbol{E}(\boldsymbol{k}_1)\boldsymbol{E}(\boldsymbol{k}_2)\boldsymbol{E}^*(\boldsymbol{k}_3);\tag{6.48}$$

用分量表示则为

$$\boldsymbol{P}_i^{(3)}(\boldsymbol{k}_4,\omega)=D\varepsilon_0\sum_{jkl}\chi_{ijkl}^{(3)}(-\omega,\omega,\omega,-\omega)\cdot E_j(\boldsymbol{k}_1)E_k(\boldsymbol{k}_2)E_l^*(\boldsymbol{k}_3)\quad(i=x,y,z).\tag{6.49}$$

正是该极化波的辐射产生了光束 4.

以下的分析表明，光束 4 的产生也可看做是在入射光束作用下，在介质中形成一系列等效光栅，再由这些光栅对相应入射光束衍射的结果. 下面我们将以各向同性介质为例，加以说明.

在各向同性介质，$\boldsymbol{\chi}^{(3)}(-\omega,\omega,\omega,-\omega)$ 的张量元中只有 χ_{iiii}，$\chi_{ijij},\chi_{iijj},\chi_{ijji}\neq0(i,j=x,y,z;i\neq j)$. 于是，式(6.49)变为

$$\begin{aligned}\boldsymbol{P}_i^{(3)}(\boldsymbol{k}_4,\omega)=D\varepsilon_0[&\chi_{iiii}E_i(\boldsymbol{k}_1)E_i(\boldsymbol{k}_2)E_i^*(\boldsymbol{k}_3)\\&+\sum_{j\neq i}\chi_{ijij}E_j(\boldsymbol{k}_1)E_i(\boldsymbol{k}_2)\boldsymbol{E}_j^*(\boldsymbol{k}_3)\\&+\sum_{j\neq i}\chi_{iijj}E_i(\boldsymbol{k}_1)E_j(\boldsymbol{k}_2)\boldsymbol{E}_j^*(\boldsymbol{k}_3)\\&+\sum_{j\neq i}\chi_{ijji}E_j(\boldsymbol{k}_1)E_j(\boldsymbol{k}_2)\boldsymbol{E}_i^*(\boldsymbol{k}_3)].\end{aligned}\tag{6.50}$$

考虑到

$$\chi_{iiii}=\chi_{ijij}+\chi_{ijji}+\chi_{iijj},\quad\chi_{ijij}=\chi_{1212},$$
$$\chi_{iijj}=\chi_{1122},\quad\chi_{ijji}=\chi_{1221},$$

上式进一步演化为

$$P_i^{(3)}(\boldsymbol{k}_4,\omega)=D\varepsilon_0\Big\{\chi_{1212}\Big[\sum_j E_j(\boldsymbol{k}_1)E_j^*(\boldsymbol{k}_3)\Big]E_i(\boldsymbol{k}_2)+\chi_{1122}\Big[\sum_j E_j(\boldsymbol{k}_2)E_j^*(\boldsymbol{k}_3)\Big]E_i(\boldsymbol{k}_1)+\chi_{1221}\Big[\sum_j E_j(\boldsymbol{k}_1)E_j(\boldsymbol{k}_2)\Big]E_i^*(\boldsymbol{k}_3)\Big\} \tag{6.51}$$

或 $$\boldsymbol{P}_i^{(3)}(\boldsymbol{k}_4,\omega)=D\varepsilon_0\{\chi_{1212}[\boldsymbol{E}(\boldsymbol{k}_1)\cdot\boldsymbol{E}(\boldsymbol{k}_3)]E_i(\boldsymbol{k}_2)+\chi_{1122}[\boldsymbol{E}(\boldsymbol{k}_2)\cdot\boldsymbol{E}^*(\boldsymbol{k}_3)]E_i(\boldsymbol{k}_1)+\chi_{1221}[\boldsymbol{E}(\boldsymbol{k}_1)\cdot\boldsymbol{E}(\boldsymbol{k}_2)]E_i^*(\boldsymbol{k}_3)\}\quad(i=x,y,z); \tag{6.52}$$

写成矢量便有

$$\boldsymbol{P}^{(3)}(\boldsymbol{k}_4,\omega)=\varepsilon_0A[\boldsymbol{E}(\boldsymbol{k}_1)\cdot\boldsymbol{E}^*(\boldsymbol{k}_3)]\boldsymbol{E}(\boldsymbol{k}_2)+\varepsilon_0B[\boldsymbol{E}(\boldsymbol{k}_2)\cdot\boldsymbol{E}^*(\boldsymbol{k}_3)]\boldsymbol{E}(\boldsymbol{k}_1)+\varepsilon_0C[\boldsymbol{E}(\boldsymbol{k}_1)\cdot\boldsymbol{E}(\boldsymbol{k}_2)]\boldsymbol{E}^*(\boldsymbol{k}_3), \tag{6.53}$$

其中 $A=D\chi_{1212},B=D\chi_{1122},C=D\chi_{1221}$ 均为物质常数.

式(6.53)表明,光束 4 的产生可看做来自三个等效光栅对相应入射光的衍射,并分别对应于等号右边的三项. 而这些等效光栅是由光束干涉产生的光强分布所感生的.

首先分析式(6.53)等号右边的第一项. 它说明,当介质中存在光束 1 和 3 时,入射光 $\boldsymbol{E}(\boldsymbol{k}_2)$使介质产生一附加的极化(相对不存在光束 1 和 3 时): $\Delta\boldsymbol{P}=\varepsilon_0\Delta\chi^{(1)}\boldsymbol{E}(\boldsymbol{k}_2)$,其中$\Delta\chi^{(1)}=A[\boldsymbol{E}(\boldsymbol{k}_1)\cdot\boldsymbol{E}^*(\boldsymbol{k}_3)]$. 而 $\Delta\chi^{(1)}$ 的存在又说明介质在光束 1 和 3 的作用下产生了附加的(光感生)折射率: $\Delta n\propto A\boldsymbol{E}(\boldsymbol{k}_1)\cdot\boldsymbol{E}^*(\boldsymbol{k}_3)$. 由于

$$\boldsymbol{E}(\boldsymbol{k}_i)=\boldsymbol{A}(\boldsymbol{k}_i)\exp\{-\mathrm{i}[\omega_it-\boldsymbol{k}_i\cdot\boldsymbol{r}]\}\ (i=1,3),$$

故 Δn 是以 $\exp[\mathrm{i}(\boldsymbol{k}_1-\boldsymbol{k}_3)\cdot\boldsymbol{r}]$的形式随空间位置周期变化的,亦即这是一个波矢为 $\boldsymbol{G}=\boldsymbol{k}_1-\boldsymbol{k}_3$、间距为 $d=\lambda/2\sin(\theta/2)$的光栅,其中 λ 为光波波长,θ 是 $\boldsymbol{k}_1$ 与 $\boldsymbol{k}_3$ 的夹角(见图 6.13(a)). 由于 Δn 正比于光束 1 和 3 振幅的标量积,故此光栅只当二者存在相互平行的分量时才会产生;换言之,它是光束 1 和 3 干涉产生的光强分布所

感生的. 当光束 2 以 $\boldsymbol{k}_2$ 方向入射到介质时,由于正好满足布拉格衍射的入射条件 $2d\sin(\theta/2)=\lambda$,故将被该光栅衍射到 $\boldsymbol{k}_4$ 方向,成为输出光束 4 的组成部分. 从另一角度考察,也可得到相同的结论:由式(6.53)等号右边第一项形成的极化波波矢为 $\boldsymbol{k}_1-\boldsymbol{k}_3+\boldsymbol{k}_2=\boldsymbol{k}_4$,故由它辐射产生的输出光也将沿 $\boldsymbol{k}_4$ 方向.

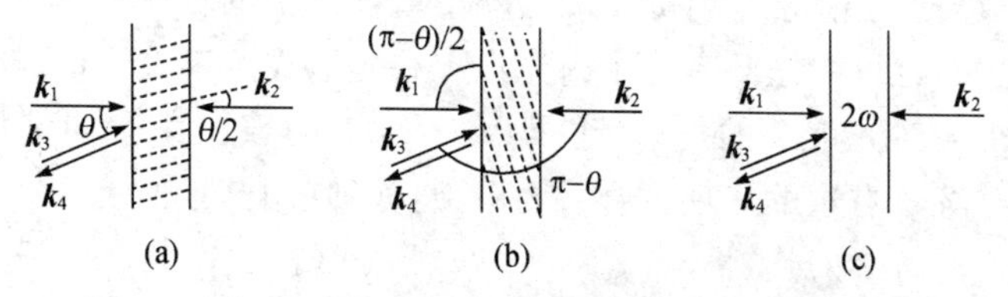

图 6.13　简并四波混频在介质中形成的三个等效光栅以及由这些光栅对相应入射光束的衍射

用类似方法分析式(6.53)等号右边的第二项,便会得知,介质在光束 2 和 3 的作用下也产生了波矢为 $\boldsymbol{G}=\boldsymbol{k}_2-\boldsymbol{k}_3$、间距为 $d=\lambda/2\sin[(\pi-\theta)/2]$的折射率光栅:

$$\Delta n \propto B\boldsymbol{E}(\boldsymbol{k}_2)\cdot\boldsymbol{E}^*(\boldsymbol{k}_3)\propto \mathrm{e}^{\mathrm{i}(\boldsymbol{k}_2-\boldsymbol{k}_3)\cdot\boldsymbol{r}},$$

如图6.13(b) 所示;而且,该光栅只当 $\boldsymbol{E}(\boldsymbol{k}_2)$和 $\boldsymbol{E}(\boldsymbol{k}_3)$存在相互平行的分量时才会出现,亦即是光束 2 和 3 干涉后感生的. 同样,当光束 1 以 $\boldsymbol{k}_1$ 方向入射到介质时,由于正好满足布拉格衍射条件而被该光栅衍射到 $\boldsymbol{k}_4$ 方向,成为输出光束 4 的另一组分.

最后,由式(6.53)等号右边的第三项得知第三个光栅的存在:

$$\Delta n \propto C\boldsymbol{E}(\boldsymbol{k}_1)\cdot\boldsymbol{E}(\boldsymbol{k}_2)\propto \mathrm{e}^{-\mathrm{i}2\omega t},$$

见图 6.13(c). 它是由光束 1 和 2(相对传播的两光束)相干作用于介质产生的. 当频率严格简并时,这个“光栅”实际上是一个空间均匀但随时间以频率 2ω 振荡的附加折射率;它也只当$\boldsymbol{E}(\boldsymbol{k}_1)$和 $\boldsymbol{E}(\boldsymbol{k}_2)$存在相互平行的分量时才会出现. 当光束 3 入射到介质时, 由这一项形成的极化波波矢为 $\boldsymbol{K}_4=-\boldsymbol{k}_3=\boldsymbol{k}_4$,故由它辐射产生的输出光也将沿 $\boldsymbol{k}_4$ 方向,并成为光束 4 的第三个组分.

由这些等效衍射光栅的存在条件得知,并不是在任何情况下这三个光栅都会同时存在.以简并四波混频的四种典型偏振配置为例(见图 6.14),只有其中的图 6.14(a)同时存在上述三个栅;而图 6.14(b)～(d)则分别只存在上述的第一、二、三个栅.与此相应,只有图 6.14(a)的混频输出同时来自三个栅对相应入射光束的衍射;而图 6.14(b)～(d)则只来自一个栅的衍射,亦即分别是第一、二、三个栅对相应入射光束的衍射.事实上,即使是偏振配置图 6.14(a),也可看做只有一个由光束 1 和 3 形成的等效栅,混频输出是这个栅对光束 2 的衍射.这是因为,此时由于三束光同偏振,式(6.53)等号右边的三项可合并为一项,亦即(用其量值表示)

$$P^{(3)}(\boldsymbol{k}_4,\omega) = D\varepsilon_0\chi_{1111}[E(\boldsymbol{k}_1)E^*(\boldsymbol{k}_3)]E(\boldsymbol{k}_2).$$

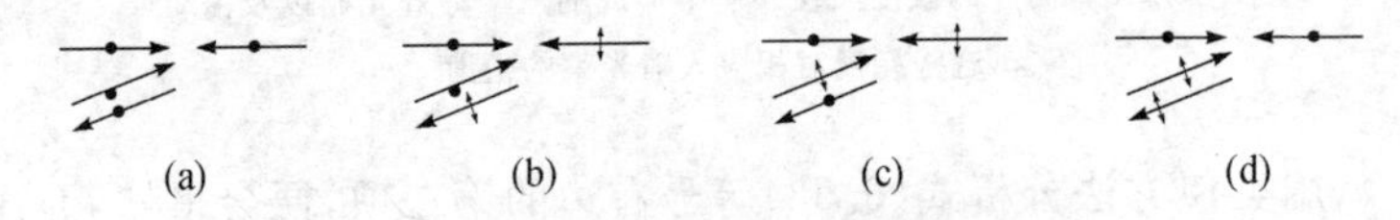

图 6.14 简并四波混频的四种典型偏振配置

应该强调,这种分析方法只是一种等效的方法.正如图6.14(a)所示的偏振配置那样,简并四波混频过程既可看做是三个等效栅,也可看做是一个等效栅对入射光的衍射.

§6.6 三阶非线性的分子重新取向机制

在以上有关简并(及近简并)四波混频的讨论中,都是基于宏观的角度去分析的,亦即所有讨论都基于唯一的假定:参与作用的介质具有不为零的 $\chi^{(3)}$.所得的结论反映了简并四波混频特性的共性.然而,不同介质的四波混频还有其特殊性,表现在作用的微观过程和机制不同,亦即 $\chi^{(3)}$ 的微观来源和表示不同.

除在原子、分子体系中的电子过程(电子云畸变、电子的能级布居变化等)外,在有机的溶液和聚合物及液晶材料中,分子重新取向也是一种常见的产生三阶非线性的微观机制[27,28].

各向异性分子在光场作用下要产生极化,极化后的分子在光场中存在一定的相互作用能.为使分子具有最低的能位,分子将沿着光场的偏振方向重新取向.分子重新取向后的介质,相对此前,其折射率发生了变化,出现一个附加的折射率.从而,在光场下介质的极化也将出现一个附加的极化强度.由于它与光场的三次方成比例,故属三阶极化.这就是产生 $\chi^{(3)}$ 的分子重新取向机制.

设各向异性分子具有圆柱对称性,当沿轴向加光场时,分子的线性极化率为 $\alpha_{/\!/}$;当垂直于轴向加光场时,则为 $\alpha_{\perp}$.在任意坐标系 $Oxyz$ 中,取向为(θ,ϕ)的分子(见图 6.15),其线性极化率张量可通过坐标变换求得到:

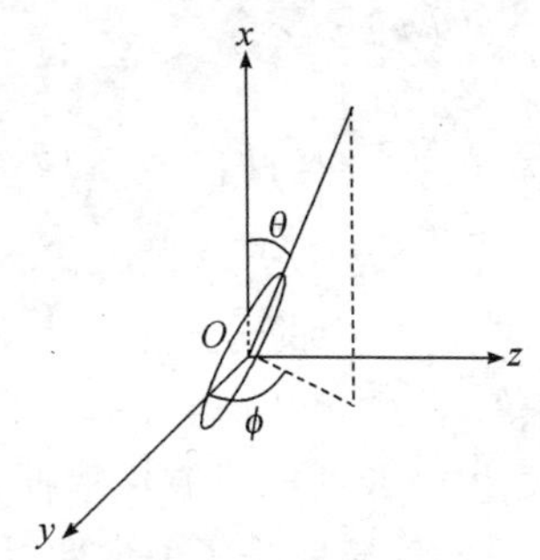

图 6.15 在任意坐标系 $Oxyz$ 中取向为(θ,ϕ)的分子

$$\boldsymbol{\alpha}=\begin{pmatrix}\alpha_{xx}(\theta,\phi) & \alpha_{xy}(\theta,\phi) & \alpha_{xz}(\theta,\phi)\\ \alpha_{yx}(\theta,\phi) & \alpha_{yy}(\theta,\phi) & \alpha_{yz}(\theta,\phi)\\ \alpha_{zx}(\theta,\phi) & \alpha_{zy}(\theta,\phi) & \alpha_{zz}(\theta,\phi)\end{pmatrix}, \tag{6.54}$$

其中

$$\alpha_{xx}(\theta,\phi)=\alpha_{/\!/}\cos^2\theta+\alpha_{\perp}\sin^2\theta, \tag{6.55}$$

$$\alpha_{yy}(\theta,\phi)=(\alpha_{/\!/}\sin^2\theta+\alpha_{\perp}\cos^2\theta)\cos^2\phi+\alpha_{\perp}\sin^2\phi, \tag{6.56}$$

$$\alpha_{xy}(\theta,\phi)=\alpha_{yx}(\theta,\phi)=(\alpha_{/\!/}-\alpha_{\perp})\sin\theta\cos\theta\cos\phi. \tag{6.57}$$

其他张量元与以下讨论无关,故这里未写出.令 $\Delta\alpha=\alpha_{/\!/}-\alpha_{\perp}$,$\bar{\alpha}=(1/3)(\alpha_{/\!/}+2\alpha_{\perp})$,则式(6.55)~(6.57)又可改写为

$$\alpha_{xx}(\theta,\phi)=\bar{\alpha}+\Delta\alpha\left(\cos^2\theta-\frac{1}{3}\right), \tag{6.58}$$

$$\alpha_{yy}(\theta,\phi)=\left[\bar{\alpha}-\Delta\alpha\left(\cos^2\theta-\frac{2}{3}\right)\right]\cos^2\phi+\alpha_{\perp}\sin^2\phi, \tag{6.59}$$

$$\alpha_{xy}(\theta)=\alpha_{yx}(\theta)=\Delta\alpha\sin\theta\cos\theta\cos\phi. \tag{6.60}$$

在 x 方向加光场 E_x，y 方向加光场 E_y 后，取向为 (θ,ϕ) 的分子将产生极化 $\boldsymbol{p}(\theta,\phi)$)，其 x 和 y 分量分别为

$$p_x(\theta,\phi)=\varepsilon_0\left[\alpha_{xx}(\theta,\phi)E_x+\alpha_{xy}(\theta,\phi)E_y\right], \tag{6.61}$$

$$p_y(\theta,\phi)=\varepsilon_0\left[\alpha_{yx}(\theta,\phi)E_x+\alpha_{yy}(\theta,\phi)E_y\right]. \tag{6.62}$$

于是，该分子在光场中的相互作用能为

$$\begin{aligned}W(\theta,\phi)&=\frac{1}{2}\boldsymbol{p}(\theta,\phi)\cdot\boldsymbol{E}^*\\&=\frac{\varepsilon_0}{2}\left[\alpha_{xx}(\theta,\phi)E_xE_x^*+\alpha_{yy}(\theta,\phi)E_yE_y^*\right.\\&\quad\left.+\alpha_{yx}(\theta,\phi)E_xE_y^*+\alpha_{xy}(\theta,\phi)E_yE_x^*\right].\end{aligned} \tag{6.63}$$

在没有外加光场时，介质中的分子取向是混乱的，亦即 θ 和 ϕ 取任意值的几率均相等. 在加入光场后，一方面，由于附加作用能 $W(\theta,\phi)$ 的存在，分子要往最低的能位有序取向；另一方面，由于热运动，分子又倾向混乱取向. 最后分子取向将达到热平衡分布，亦即取向角为 (θ,ϕ) 的几率是

$$f(\theta,\phi)=\frac{\mathrm{e}^{-W(\theta,\phi)/k_{\mathrm{B}}T}}{z}, \tag{6.64}$$

其中 k_{B} 为玻尔兹曼(Boltzmann)常数，T 为介质的绝对温度，z 是归一化常数：

$$z=\int_0^{\pi}\int_0^{2\pi}\mathrm{e}^{-W(\theta,\phi)/k_{\mathrm{B}}T}\sin\theta\,\mathrm{d}\theta\,\mathrm{d}\phi, \tag{6.65}$$

以至于

$$\int_0^{\pi}\int_0^{2\pi}f(\theta,\phi)\sin\theta\,\mathrm{d}\theta\,\mathrm{d}\phi=1.$$

介质的宏观极化率是单位体积内不同取向分子贡献的总和.

设单位体积的分子数为 N,若忽略分子间的相互作用,则介质的线性极化率张量

$$\boldsymbol{\chi}=\begin{pmatrix}\chi_{xx} & \chi_{xy} & \chi_{xz}\\ \chi_{yx} & \chi_{yy} & \chi_{yz}\\ \chi_{zx} & \chi_{zy} & \chi_{zz}\end{pmatrix} \tag{6.66}$$

的张量元为

$$\chi_{xx}=N\int_0^{\pi}\int_0^{2\pi}\alpha_{xx}(\theta,\phi)f(\theta,\phi)\sin\theta\,\mathrm{d}\theta\,\mathrm{d}\phi, \tag{6.67}$$

$$\chi_{yy}=N\int_0^{\pi}\int_0^{2\pi}\alpha_{yy}(\theta,\phi)f(\theta,\phi)\sin\theta\,\mathrm{d}\theta\,\mathrm{d}\phi, \tag{6.68}$$

$$\chi_{xy}=\chi_{yx}=N\int_0^{\pi}\int_0^{2\pi}\alpha_{xy}(\theta,\phi)f(\theta,\phi)\sin\theta\,\mathrm{d}\theta\,\mathrm{d}\phi, \tag{6.69}$$

等等.

当外加光场 E_x,E_y 较弱,以至于 $W(\theta,\phi)\ll k_{\mathrm{B}}T$ 时,将式(6.63)代入式(6.64)并将指数展开,可得

$$\begin{aligned}f(\theta,\phi)\simeq a+b[&\alpha_{xx}(\theta,\phi)E_xE_x^*+\alpha_{yy}(\theta,\phi)E_yE_y^*\\&+\alpha_{yx}(\theta,\phi)E_xE_y^*+\alpha_{xy}(\theta,\phi)E_yE_x^*],\end{aligned} \tag{6.70}$$

其中 a 和 b 是与取向角及光场无关的系数.

将式(6.70)代入式(6.67)~(6.69)可知,在光场 E_x,E_y 作用下,介质的线性极化率 $\boldsymbol{\chi}$ 将含有光场的二次项,例如 χ_{xx} 将含有与 $E_xE_x^*$ 及 $E_yE_y^*$ 成比例的项等. 由于光场在介质中产生的极化强度 P_x,P_y 分别为

$$P_x=\varepsilon_0\left[\chi_{xx}E_x+\chi_{xy}E_y\right], \tag{6.71}$$

$$P_y=\varepsilon_0\left[\chi_{yx}E_x+\chi_{yy}E_y\right]. \tag{6.72}$$

故 P_x 和 P_y 均将含有光场的三次项,例如 P_x 将含有与 $E_xE_x^*E_x$, $E_yE_y^*E_x$, $E_xE_y^*E_y$, $E_yE_x^*E_y$ 成比例的项等. 这些项是分子在光场作用下重新取向后出现的,因此它们就是分子重新取向机制产生

的三阶非线性极化. 利用上面的一些公式,计算这些项的系数,还可得出相应三阶非线性极化率的张量元 $\chi_{iiii}^{(3)}(-\omega,\omega,-\omega,\omega)$, $\chi_{ijji}^{(3)}(-\omega,\omega,-\omega,\omega)$, $\chi_{ijij}^{(3)}(-\omega,\omega,-\omega,\omega)$, $\chi_{iijj}^{(3)}(-\omega,\omega,-\omega,\omega)$的表达式.

在各向异性分子组成的介质中,为了描述分子取向的有序程度,往往引入所谓序参数 $\boldsymbol{Q}$[29]. $\boldsymbol{Q}$ 一般是个张量,反映了分子取向有序程度不同所带来的介质各种性质(磁学的、光学的等)的各向异性特性[30]. 无疑,也可引入序参数来描述分子在光场中的重新取向及所产生的三阶非线性.

为简单起见,假定作用于介质并使分子重新取向的光场只有图 6.15 的 x 分量. 由于 $E_y=0, E_x=E$,故由式(6.63)并考虑到式(6.58),可得此时取向为(θ,ϕ)的分子在光场中的作用能为

$$W(\theta,\phi)=W(\theta)=\frac{\varepsilon_0}{2}\left[\bar{\alpha}+\Delta\alpha\left(\cos^2\theta-\frac{1}{3}\right)\right]|E|^2. \tag{6.73}$$

它只是 θ 的函数,与 ϕ 无关. 从而由式(6.64)可知,取向分布函数 $f(\theta,\phi)$也将只是 θ 的函数,且可写成

$$f(\theta)=\frac{\mathrm{e}^{-W(\theta)/k_{\mathrm{B}}T}}{z}.$$

此时,将式(6.58)代入(6.67),可得

$$\chi_{xx}=N\bar{\alpha}+N\Delta\alpha\int_0^{\pi}\int_0^{2\pi}\left(\cos^2\theta-\frac{1}{3}\right)f(\theta)\sin\theta\,\mathrm{d}\theta\,\mathrm{d}\phi \tag{6.74}$$

或

$$\chi_{xx}=\bar{\chi}+N\Delta\alpha\left\langle\cos^2\theta-\frac{1}{3}\right\rangle, \tag{6.75}$$

其中 $\bar{\chi}=N\bar{\alpha}/\varepsilon_0$ 是分子混乱取向时介质的线性极化率,而$\langle\cdots\rangle$表示对分子各种取向的平均值. 令

$$Q=\frac{3}{2}\left\langle\cos^2\theta-\frac{1}{3}\right\rangle, \tag{6.76}$$

则有

$$\chi_{xx}=\bar{\chi}+\Delta\chi_{xx}, \tag{6.77}$$

$$\Delta\chi_{xx} = \frac{2}{3}N\Delta\alpha Q. \tag{6.78}$$

Q 就是要引入的序参数. 不难看出,分子取向越有序,Q 越大;取向完全混乱时,$Q=0$;全部沿 x 方向取向时,$Q=1$. 同样,将式(6.59)代入式(6.68),并考虑到 $f(\theta,\phi)=f(\theta)$ 以及

$$\int_0^{2\pi}\cos^2\phi\,\mathrm{d}\phi = \frac{1}{2}\int_0^{2\pi}\mathrm{d}\phi,$$

又可得到

$$\chi_{yy} = \bar{\chi} + \Delta\chi_{yy}, \tag{6.79}$$

$$\Delta\chi_{yy} = -\frac{1}{3}N\Delta\alpha Q. \tag{6.80}$$

此外,将式(6.60)代入式(6.69),考虑到 $f(\theta,\phi)=f(\theta)$,并对 ϕ 积分后,即可证明

$$\chi_{xy} = \chi_{yx} = 0. \tag{6.81}$$

事实上还可证明,当只有 x 方向的光场使分子重新取向时,非对角张量元 $\chi_{ij}=0(i\neq j)$,而且

$$\chi_{zz} = \bar{\chi} + \Delta\chi_{zz}, \tag{6.82}$$

$$\Delta\chi_{zz} = -\frac{1}{3}N\Delta\alpha Q. \tag{6.83}$$

准确而言,序参数应该是一个张量,亦即为了表示分子体系重新取向后的有序度,应引进序参数张量

$$\boldsymbol{Q} = \begin{pmatrix} Q_{xx} & Q_{xy} & Q_{xz} \\ Q_{yx} & Q_{yy} & Q_{yz} \\ Q_{zx} & Q_{zy} & Q_{zz} \end{pmatrix}. \tag{6.84}$$

就现在这个例子而言,它的各个张量元为

$$Q_{xx} = Q,\quad Q_{yy} = -\frac{Q}{2},\quad Q_{zz} = -\frac{Q}{2},\quad Q_{ij} = 0\ (i\neq j).$$

当作用于介质并使分子重新取向的光场不仅有 x 分量,也有 y 分量时,$Q_{ij}(i\neq j)$ 一般不为零. 而由于重新取向所产生的线性极化率

的改变一般也应该用张量 $\Delta\boldsymbol{\chi}$ 表示：

$$\Delta\boldsymbol{\chi}=\frac{2}{3}N\Delta\alpha\boldsymbol{Q}. \tag{6.85}$$

由于这个改变，当分子重新取向后的介质受到光场 $\boldsymbol{E}$ 的作用时，介质也将出现附加的极化 $\Delta\boldsymbol{P}$，它构成分子重新取向机制产生的非线性极化 $\boldsymbol{P}_{\mathrm{NL}}$：

$$\boldsymbol{P}_{\mathrm{NL}}=\Delta\boldsymbol{P}=\varepsilon_0\Delta\boldsymbol{\chi}\cdot\boldsymbol{E}=\frac{2}{3}\varepsilon_0 N\Delta\alpha\boldsymbol{Q}\cdot\boldsymbol{E}. \tag{6.86}$$

当光场较弱时，序参数 $\boldsymbol{Q}$ 的张量元将由光场的二次项组成（正如现在这个例子所表明的，由于此时取向分布函数 $f(\theta,\phi)$ 可近似表示为式(6.70)，故由式(6.76)得知，Q 将由光场的二次项组成）. 从而由式(6.86)知，$\boldsymbol{P}_{\mathrm{NL}}$ 将由光场的三次项组成，亦即它属于三阶极化：$\boldsymbol{P}_{\mathrm{NL}}=\boldsymbol{P}^{(3)}$.

§6.7　四波混频与物质研究

不同介质简并（及近简并）四波混频的不同特性，将四波混频的宏观表现与物质的微观物理过程和机制联系了起来，从而也就提供了利用四波混频作为手段，进行物质研究的可能性.

例如，可以利用简并或近简并四波混频的泵浦-探测配置，研究分子取向弛豫过程[31,32]. 该配置如图 6.16 所示，先用光束 1 和 3（称为泵浦光束）作用于介质，然后关闭之，并开启光束 2（称为探测光束），观测输出光束 4 及其随时间的变化. 光束 1 和 3 有相同频率，光束 2 的频率可与之相等（简并）或稍有差别（近简并）. 这里暂且假定光束 1 和 3 具有相同的偏振方向（x 方向），光束 2 可与之同偏振或垂直偏振.

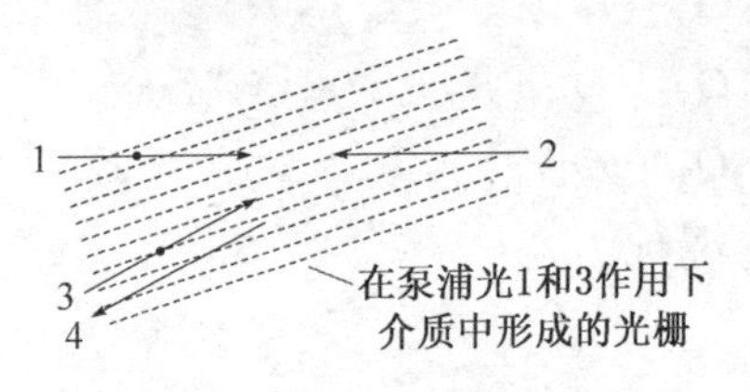

图 6.16　简并（近简并）四波混频的泵浦-探测配置

分子取向弛豫时间的测量

如果介质是一个由各向异性分子组成的体系，则当受到泵浦光束1和3作用时，介质中原来混乱取向的分子将被光场(沿 x 方向)重新取向，由式(6.70)，取向的分布函数在光场不很强时为

$$f(\theta) \simeq a + b\alpha_{xx}(\theta) E_x E_x^*, \tag{6.87}$$

其中 $E_x = E_1 + E_3$，而 E_1 和 E_3 分别为光束1和3的光波电场. 此时，介质的序参数 Q 由式(6.76)确定：

$$Q = \frac{3}{2}\int_0^{\pi}\int_0^{2\pi}\left(\cos^2\theta - \frac{1}{3}\right) f(\theta)\sin\theta\,\mathrm{d}\theta\,\mathrm{d}\phi. \tag{6.88}$$

将式(6.87)代入(6.88)可得

$$Q = BE_x E_x^* = B(E_1 E_1^* + E_3 E_3^* + E_1 E_3^* + E_3 E_1^*), \tag{6.89}$$

其中 B 为与光场无关的常数. 因为

$$E_1 = A_1 \mathrm{e}^{-\mathrm{i}(\omega t - \boldsymbol{k}_1\cdot\boldsymbol{r})}, \quad E_3 = A_3 \mathrm{e}^{-\mathrm{i}(\omega t - \boldsymbol{k}_3\cdot\boldsymbol{r})},$$

故式(6.89)等号右端的前两项是常数，后两项为位置的周期函数. 考虑到只有第三项所产生的非线性极化能满足简并(或非简并)四波混频的相位匹配，我们以后将只保留该项而忽略其他项，从而有

$$Q = Q_0 \mathrm{e}^{-\mathrm{i}(\boldsymbol{k}_1 - \boldsymbol{k}_3)\cdot\boldsymbol{r}}, \tag{6.90}$$

其中 Q_0 是与光束1和3的振幅乘积 $E_1 E_3$ 成正比的量. 这说明，在1,3两光束作用下分子重新取向的结果是在介质中形成了式(6.90)表示的序参数空间周期分布，亦即形成了一个如图6.16所示的分子取向栅，其波矢为 $\boldsymbol{G} = \boldsymbol{k}_1 - \boldsymbol{k}_3$，幅值 $Q_0 \propto A_1 A_3$.

当关闭光束1和3后，有序取向分子由于热运动重新走向混乱，所以取向栅也会消失. 但分子取向由有序到混乱需要一定时间，所以栅的消失也要经历一个过程. 这个过程可描述为

$$Q_0(t) \propto A_1 A_3 \mathrm{e}^{-t/\tau}, \tag{6.91}$$

而

$$Q(t) \propto A_1 A_3 \mathrm{e}^{-\mathrm{i}(\boldsymbol{k}_1 - \boldsymbol{k}_3)\cdot\boldsymbol{r}} \mathrm{e}^{-t/\tau}, \tag{6.92}$$

其中 t 是由关闭光束1和3算起的时间，τ 则为分子取向的弛豫时间.

当关闭泵浦光时，打开探测光束 2，其光场为$E_2=A_2\exp[-\mathrm{i}(\omega t-\boldsymbol{k}_2\cdot\boldsymbol{r})]$. 此时，由于介质存在序参数 Q，所以要产生三阶极化，根据式(6.86)，极化强度为

$$\boldsymbol{P}^{(3)}=\frac{2}{3}\varepsilon_0 N\Delta\alpha\,\boldsymbol{Q}\cdot\boldsymbol{E}_2. \tag{6.93}$$

根据§6.6 中的讨论，这里 $\boldsymbol{Q}$ 的张量元为

$$Q_{xx}=Q(t),\quad Q_{yy}=-\frac{Q(t)}{2},\quad Q_{zz}=-\frac{Q(t)}{2},\quad Q_{ij}=0\ (i\neq j).$$

当探测光与泵浦光同偏振时，$\boldsymbol{E}_2$ 沿 x 方向偏振，从上式可知 $\boldsymbol{P}^{(3)}$ 只存在 x 分量

$$P_x^{(3)}=\frac{2}{3}\varepsilon_0 N\Delta\alpha\,Q_{xx}E_2=\frac{2}{3}\varepsilon_0 N\Delta\alpha\,Q(t)E_2. \tag{6.94}$$

正是该极化波 $P_x^{(3)}$ 的辐射产生了混频输出光. 这相当于分子取向栅 $Q(t)$(式(6.92))对探测光束的布拉格衍射，由于满足相位匹配条件，故衍射光在 $\boldsymbol{k}_4=\boldsymbol{k}_1-\boldsymbol{k}_3+\boldsymbol{k}_2$ 方向输出，且亦沿 x 方向偏振. 由于衍射光强 $I_4\propto|P_x^{(3)}|^2$，故有

$$I_4\propto \mathrm{e}^{-2t/\tau}. \tag{6.95}$$

由此，测量 I_4 随时间的衰减，即可确定分子取向弛豫时间 τ.

当探测光与泵浦光垂直偏振，如沿 y 方向偏振时，由式(6.93)知，$\boldsymbol{P}^{(3)}$ 也只存在 y 分量

$$P_y^{(3)}=\frac{2}{3}\varepsilon_0 N\Delta\alpha\,Q_{yy}E_2=-\frac{1}{3}\varepsilon_0 N\Delta\alpha\,Q(t)E_2. \tag{6.96}$$

于是，混频输出光也将沿 y 方向偏振.

消除热效应的交叉偏振法

当两束泵浦光采用同一偏振方向时，它们之间可产生干涉，且干涉条纹(即光强的空间分布)与上面所说的分子取向栅正好重合. 由于介质对光的吸收正比于光强，而吸收的光能转变为热能后又会使介质成比例地局部升温，故在分子取向栅形成的同时会形成一个与之重合的热(光)栅. 于是，当开启探测光时，输出的衍射光不仅有分子取向栅的贡献，也有热栅的贡献；特别是所测得的弛

豫时间 τ 也含有热栅弛豫过程的贡献. 为了准确测量分子取向弛豫时间 τ，必须消除热栅的贡献.

为此，可采取交叉偏振法[33]，亦即两泵浦光采用交叉偏振，例如光束 1 和 3 分别在 x 和 y 方向偏振. 此时，由于两光束不能干涉，不能形成光强的空间分布，故不会形成热栅；然而，仍会形成分子取向栅. 但与前一种配置不同，这里分子是在 x 方向的光场 E_1 和 y 方向的光场 E_3 的同时作用下重新取向的. 因此，重新取向后的序参数张量 Q 也将与前一种配置不同，会出现不为零的非对角元

$$Q_{xy} = Q_{yx} \propto E_1 E_3^* = A_1 A_3 \mathrm{e}^{-\mathrm{i}(\boldsymbol{k}_1 - \boldsymbol{k}_3)\cdot \boldsymbol{r}}.$$

当开启在 y 方向偏振的探测光时，由于极化

$$P_x^{(3)} = \frac{2}{3}\varepsilon_0 N \Delta\alpha\, Q_{xy} E_2 \tag{6.97}$$

的产生（根据式(6.86)），将会产生 x 方向偏振的衍射光. 同样，当探测光沿 x 方向偏振时，将会产生沿 y 方向偏振的衍射光. 这时产生的衍射光将不会有热栅的贡献.

扩散的影响及扩散系数的测量

事实上，在分子取向栅建立后，不仅分子取向由有序走向无序的过程（用分子取向弛豫时间 τ 表征）会使之衰减，而且分子的扩散过程（用扩散系数 D 表征）也会使之衰减. 后者是通过降低分子取向栅的调制度（亦即将取向栅抹平）实现的. 当扩散系数足够大时，后者的影响不可忽略.

考虑到扩散的影响后，可以证明，由式(6.95)描述的衍射光的衰减过程应修正为

$$I_4 \propto \mathrm{e}^{-2(1/\tau + DG^2)t}, \tag{6.98}$$

其中 G 与栅的间距 Λ 之间的关系为 $G = 2\pi/\Lambda$. 显然，栅的间距越小，扩散造成的衰减越快.

利用式(6.98)的关系，通过改变分子取向栅的间距，测量衍射光强随时间衰减的不同过程，即可同时确定 τ 和 D[34]. 而取向栅间

距的改变可通过改变光束1与3间的夹角得以实现.

上面讨论的用简并(及近简并)四波混频的泵浦-探测配置,探测分子取向弛豫及扩散的方法,完全可以推广到任意介质的(光)激发弛豫与扩散过程的研究,例如原子(分子)激发态的弛豫及扩散行为,固体中元激发的弛豫及扩散过程,等等.不同之处仅在于,由两束泵浦光建立的衍射栅不再是分子取向栅,而是激发态的布居栅或其他由光激发产生的空间周期分布.

参考文献

[1] Piston R. Laser Focus, 1978, 14: 66.

[2] Miles R B, Harris S E. IEEE J. Quant. Electr., 1973, 9: 470.

[3] Young J F, Bjorklund G C, et al. Phys. Rev. Lett., 1971, 27: 1551.

[4] Bloom D M, Bekkers G W, et al. Appl. Phys. Lett., 1975, 26: 687.

[5] Kung A H, Young J F, et al. Phys. Rev. Lett., 1972, 29: 985.

[6] Hilbig R, Wallenstein R. Appl. Opt., 1983, 21: 913.

[7] Hilbig R, Wallenstein R. IEEE J. Quant. Electr., 1983, 19: 193.

[8] Marangos J P, Shen N, et al. J. Opt. Soc. Am. B, 1990, 7: 1254.

[9] Hodgson R T, Sorokin P P, Wynne J J. Phys. Rev. Lett., 1974, 32: 343.

[10] Herman P R, LaRocque P E, et al. Can. J. Phys., 1985, 63: 1581.

[11] Herman P R, Stiocheff B P. Opt. Lett., 1985, 10: 502.

[12] Brewer R G, Mooradian A. ed. Laser spectroscopy. NY: Plenum, 1974.

[13] Oudar J L, Shen Y R. Phys. Rev. A, 1980, 22: 1141.

[14] Shen Y R. ed. Nonlinear infrared generation. Berlin: Springer-Verlag, 1977.

[15] Hanna D C, Yuratich M A, Cotter D. Nonlinear optics of free atoms and molecules. Berlin: Springer-Verlag, 1979.

[16] Sorokin P P, Wynne J J, Lankard J R. Appl. Phys. Lett., 1973, 22: 342.

[17] Bloom D M, Yardley J R, et al. Appl. Phys. Lett., 1974, 24: 427.
[18] McKee T J, Wallace S C, Stoicheff B P. Opt. Lett., 1978, 3: 207.
[19] Tomkins P S, Mahon R. Opt. Lett., 1981, 6: 179.
[20] Bokor J, Freeman R R, et al. Opt. Lett., 1981, 6: 182.
[21] Yarriv A. IEEE J. Quant. Electr., 1978, 14: 650.
[22] Fisher R A. ed. Optical phase conjugation. NY: Academic, 1963.
[23] Yeh P. Introduction to photorefractive nonlinear optics. NY: John Wiley & sons, 1993.
[24] Giuliano C R. Phys. Today, 1980, 34: 27.
[25] Stepanov B I, Ivakin E V, Rubanov A S. Sov. Phys. Doklady, 1971, 16: 46.
[26] Hellwarth R W. J. Opt. Soc. Am., 1977, 67: 1.
[27] Shen Y R. The principles of nonlinear optics. NY: Wiley, 1984.
[28] Khoo I C. Liquid crystals - physical properties and nonlinear optical phenomena. NY: John Wiley & Sons, 1995.
[29] de Gennes P G. Mol. Cryst. Liq. Cryst., 1971, 12: 193.
[30] de Gennes P G. The physics of liquid crystals. Oxford: Clarendon Press, 1974.
[31] 初桂荫等. 物理学报, 1979, 28: 887.
[32] Ye P X, Shen Y R. Appl. Phys., 1981, 25: 49.
[33] 叶佩弦, 初桂荫等. 中国科学, 1981, 2: 179.
[34] Salcedo J R, Siegman A E. IEEE J. Quant. Electr., 1979, 15: 250.

第七章　四波混频光谱术

§7.1　CARS与偏振CARS光谱术

如前所述,四波混频是一种三阶非线性光学效应,而三阶非线性极化率又存在共振增强现象[1],这正是四波混频可用于光谱探测的基础[2].在此基础上,作为非线性光谱的一种新类型,已发展出多种四波混频光谱术,其中广泛应用的一种是所谓相干反斯托克斯拉曼散射(CARS)[3~8].

众所周知,早已广泛用于探测物质能谱的拉曼散射,由于其散射是非相干的,所以探测灵敏度很低.然而,CARS却是一种相干过程,用于探测能谱其灵敏度可有数量级上的提高.

CARS是一种四波混频.设物质中有一对属于拉曼允许跃迁(即发生能级跃迁的同时吸收和发射一个频率不同的光子)的能级g和a,如图7.1所示.入射频率为ω_1和ω_2两束激光到该介质中,在相位匹配条件下可以产生频率为$\omega_a=\omega_1-\omega_2+\omega_1=2\omega_1-\omega_2$的四波混频输出.当满足拉曼共振条件,亦即$\omega_1-\omega_2\simeq\omega_{ag}$($\omega_{ag}$是用频率作为尺度的能级$a$与$g$之差)时,由于三阶极化率的共振增强,

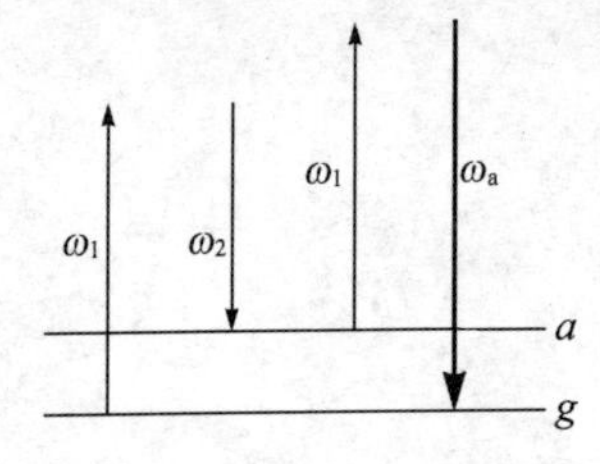

图7.1　CARS过程的能级图

混频输出变得很大.而且,此时的输出光频率为 $\omega_a \simeq \omega_1 + \omega_{ag}$,正好是频率为 ω_1 的入射光产生的反斯托克斯拉曼散射的频率.因此,此时的混频输出称为相干反斯托克斯拉曼散射.

从物理上,CARS也可看做如下过程:频率为 ω_1 和 ω_2 的两光束联合作用,当 $\omega_1 - \omega_2 \simeq \omega_{ag}$ 时,首先会有效激发起频率为 $\omega_1 - \omega_2$ 的物质波(例如在原子分子中用密度矩阵元 $\rho_{ag}^{(2)}(\omega_1 - \omega_2)$ 表示的物质波或在固体中声子的强迫振荡);接着,该物质波再与光波 ω_1 相互作用(混频)而产生光波 $\omega_a = 2\omega_1 - \omega_2$.

既然CARS是一种四波混频,我们便可利用第六章的一些结果.参考式(6.18),设混频光波相互作用长度为 L,则频率为 ω_a 的输出光的光强为

$$I(\omega_a, L) \propto |A(\omega_a, L)|^2$$
$$= B^2 |A(\omega_1)|^2 |A(\omega_2)|^2 |A(\omega_1)|^2 L^2 \frac{\sin^2[(\Delta \boldsymbol{k} \cdot \boldsymbol{a}_z)L/2]}{[(\Delta \boldsymbol{k} \cdot \boldsymbol{a}_z)L/2]^2}$$

或 $$I(\omega_a, L) \propto B^2 |A(\omega_1)|^4 |A(\omega_2)|^2 L^2 \frac{\sin^2[(\Delta \boldsymbol{k} \cdot \boldsymbol{a}_z)L/2]}{[(\Delta \boldsymbol{k} \cdot \boldsymbol{a}_z)L/2]^2}, \tag{7.1}$$

其中 $\boldsymbol{a}_z$ 是混频输出传播方向的单位矢量,而

$$\Delta \boldsymbol{k} = \boldsymbol{k}(\omega_a) - [2\boldsymbol{k}(\omega_1) - \boldsymbol{k}(\omega_2)], \tag{7.2}$$

$$B = \frac{\omega_a}{2cn(\omega_a)} D \left| \boldsymbol{a}_{\omega_a} \cdot \boldsymbol{\chi}^{(3)}(-\omega_a, \omega_1, -\omega_2, \omega_1) \vdots \boldsymbol{a}_{\omega_1} \boldsymbol{a}_{\omega_2} \boldsymbol{a}_{\omega_1} \right|, \tag{7.3}$$

且光波简并因子 $D=3$.

令 $\chi_{as}^{(3)} = \boldsymbol{a}_{\omega_a} \cdot \boldsymbol{\chi}^{(3)}(-\omega_a, \omega_1, -\omega_2, \omega_1) \vdots \boldsymbol{a}_{\omega_1} \boldsymbol{a}_{\omega_2} \boldsymbol{a}_{\omega_1}$(称为反斯托克斯拉曼极化率),则

$$I(\omega_a, L) \propto |\chi_{as}^{(3)}|^2. \tag{7.4}$$

根据§3.4的讨论,特别是式(3.72)和(3.73),应有

$$\chi_{as}^{(3)} = \chi_{NR}^{(3)} + \chi_R^{(3)} \tag{7.5}$$

及
$$\chi_{\mathrm{R}}^{(3)}=\frac{C}{(\omega_1-\omega_2-\omega_{ag})+\mathrm{i}\Gamma_{ag}},\tag{7.6}$$

其中 $\chi_{\mathrm{NR}}^{(3)}$是在拉曼共振附近随频率变化不大的所谓非共振部分;而 $\chi_{\mathrm{R}}^{(3)}$则是在该区域对频率变化极为敏感的所谓共振部分,是光谱探测中主要感兴趣部分.此时非共振部分只表现为一固定背底.

当 $\chi_{\mathrm{NR}}^{(3)}\ll|C/\Gamma_{ag}|$时,非共振背底相对共振信号很小,$|\chi_{\mathrm{as}}^{(3)}|^2\simeq|\chi_{\mathrm{R}}^{(3)}|^2$,故在 $\omega_1-\omega_2=\omega_{ag}$时,$|\chi_{\mathrm{as}}^{(3)}|^2$ 以及 $I(\omega_{\mathrm{a}},L)$出现极大值.因此,这时调谐 ω_1 或 ω_2 即可由四波混频输出曲线 $I(\omega_{\mathrm{a}},L)$-$(\omega_1-\omega_2)$出现极大值处的频差 $\omega_1-\omega_2$ 确定 ω_{ag}.

当 $\chi_{\mathrm{NR}}^{(3)}$的大小与$|C/\Gamma_{ag}|$可比时,$\chi_{\mathrm{NR}}^{(3)}$对$|\chi_{\mathrm{as}}^{(3)}|^2$ 的贡献不可忽略.将式(7.5)代入式(7.4),并利用式(7.6)可知,四波混频输出极大值不正好出现在 $\omega_1-\omega_2=\omega_{ag}$处,并在此附近还会出现极小值.

图 7.2 就是在苯的拉曼共振频率 992 cm^{-1}附近测得的这样的 CARS 光谱[9].这时,可以在认定 $\chi_{\mathrm{NR}}^{(3)}$为常数的前提下,将实验测得的曲线 $I(\omega_{\mathrm{a}},L)$-$(\omega_1-\omega_2)$和上述计算得到的理论曲线进行拟合,便可确定 ω_{ag} 等有关参数.

当 $\chi_{\mathrm{NR}}^{(3)}$很大以至于 $\chi_{\mathrm{NR}}^{(3)}\geqslant|C/\Gamma_{ag}|$时,由 $\chi_{\mathrm{R}}^{(3)}$ 贡献的共振信号将被湮没在很强的非共振背底之中.此时为探测拉曼频谱,必须设法消除该背底,一般可采用下面将要阐述的偏振 CARS 方法.

为了实现相位匹配,使混频信号足够强,通常采用非共线相匹配,亦即调整 ω_1 和 ω_2 两入射光束的相对方向,使 $\Delta\boldsymbol{k}=\boldsymbol{k}(\omega_{\mathrm{a}})-[2\boldsymbol{k}(\omega_1)-\boldsymbol{k}(\omega_2)]=\mathbf{0}$(见图 7.3(a)).

此时将有 CARS 信号在 $\boldsymbol{k}(\omega_{\mathrm{a}})=2\boldsymbol{k}(\omega_1)-\boldsymbol{k}(\omega_2)$方向输出.最简单的光路配置如图 7.3(b)所示.为保证在共振频率附近进行频率调谐时相位匹配始终得到基本满足,已发展了一些特殊光路配置,例如 Box CARS 和折叠式 Box CARS 等[10].

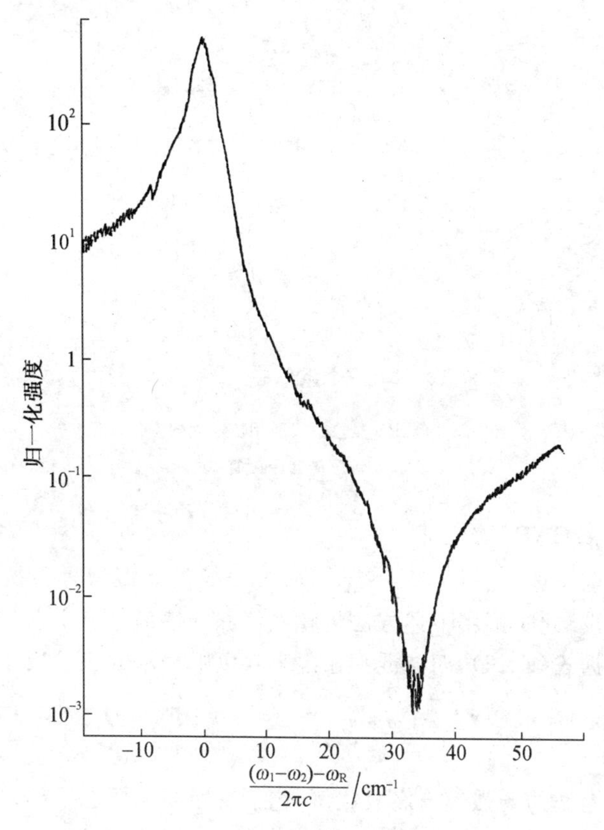

图 7.2 苯的 CARS 光谱(拉曼共振频率为 992 cm^{-1})[6]

由 ω_1 和 ω_2 两束光,通过四波混频还可产生 $\omega_s=\omega_2-\omega_1+\omega_2=2\omega_2-\omega_1$ 的混频输出. 它可看做是光波 ω_2 与被激发的频率为 $\omega_1-\omega_2$ 的物质波相互作用(差频)产生的,并被称为相干斯托克斯拉曼散射(coherent Stokes Raman scattering, CSRS)[8]. 它同样可被利用来进行光谱探测. 有关 CSRS 光谱术的理论分析,大体上与 CARS 相同. 特别是在图 7.3(b)的光路配置中,除可产生 CARS 信号外,也可用以产生 CSRS 信号.

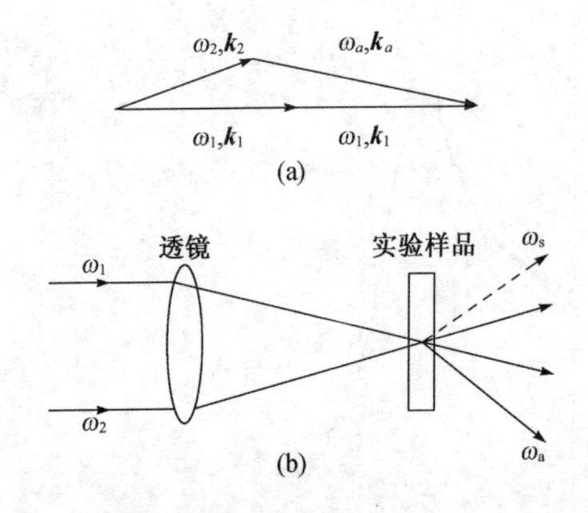

图 7.3 CARS实验中实现相位匹配的方法(a)
以及相应的光路配置(b)

偏振 CARS 光谱术

如前所述,当$|C/\Gamma_{ag}|\ll\chi_{NR}^{(3)}$时,CARS 的共振信号将被非共振背底湮没.此时可用下述方法将背底消除并使信号显出[11,12]:

根据式(6.12),四波混频输出来自以下表示的三阶极化:

$$\boldsymbol{P}^{(3)}(\omega_a)=D\varepsilon_0\boldsymbol{\chi}^{(3)}(-\omega_a,\omega_1,-\omega_2,\omega_1)\vdots\boldsymbol{E}(\omega_1)\boldsymbol{E}^*(\omega_2)\boldsymbol{E}(\omega_1),\tag{7.7}$$

故输出光波的场强应与之成比例(包括有相同偏振态),亦即

$$\boldsymbol{E}(\omega_a)\propto\boldsymbol{P}^{(3)}(\omega_a).\tag{7.8}$$

因为$\boldsymbol{\chi}^{(3)}(-\omega_a,\omega_1,-\omega_2,\omega_1)$可分成非共振和共振两部分:

$$\begin{aligned}&\boldsymbol{\chi}^{(3)}(-\omega_a,\omega_1,-\omega_2,\omega_1)\\&\quad=\boldsymbol{\chi}_{NR}^{(3)}(-\omega_a,\omega_1,-\omega_2,\omega_1)+\boldsymbol{\chi}_{R}^{(3)}(-\omega_a,\omega_1,-\omega_2,\omega_1),\end{aligned}\tag{7.9}$$

故三阶极化亦然,亦即

$$\boldsymbol{P}^{(3)}(\omega_a)=\boldsymbol{P}_{NR}^{(3)}(\omega_a)+\boldsymbol{P}_{R}^{(3)}(\omega_a),\tag{7.10}$$

其中

$$\boldsymbol{P}_{NR}^{(3)}(\omega_a)=D\varepsilon_0\boldsymbol{\chi}_{NR}^{(3)}(-\omega_a,\omega_1,-\omega_2,\omega_1)$$

$$\vdots \boldsymbol{E}(\omega_1)\boldsymbol{E}^*(\omega_2)\boldsymbol{E}(\omega_1), \qquad (7.11)$$

$$\boldsymbol{P}_{\mathrm{R}}^{(3)}(\omega_{\mathrm{a}}) = D\varepsilon_0 \boldsymbol{\chi}_{\mathrm{R}}^{(3)}(-\omega_{\mathrm{a}},\omega_1,-\omega_2,\omega_1) \vdots \boldsymbol{E}(\omega_1)\boldsymbol{E}^*(\omega_2)\boldsymbol{E}(\omega_1). \qquad (7.12)$$

通常 $\boldsymbol{P}_{\mathrm{NR}}^{(3)}(\omega_{\mathrm{a}})$与 $\boldsymbol{P}_{\mathrm{R}}^{(3)}(\omega_{\mathrm{a}})$的偏振方向不一致,设前者的单位矢量为 $\boldsymbol{a}_\mu$,于是 $\boldsymbol{P}_{\mathrm{R}}^{(3)}(\omega_{\mathrm{a}})$便总可以分解为平行于 $\boldsymbol{a}_\mu$ 和垂直于 $\boldsymbol{a}_\mu$(其单位矢量为 $\boldsymbol{a}_\nu$)的两部分. 考虑到式(7.8),由式(7.11)表示的极化 $\boldsymbol{P}_{\mathrm{NR}}^{(3)}(\omega_{\mathrm{a}})$和由式(7.12)表示的极化$\boldsymbol{P}_{\mathrm{NR}}^{(3)}(\omega_{\mathrm{a}})$对输出光波电场的贡献应分别为

$$\boldsymbol{E}_{\mathrm{NR}}(\omega_{\mathrm{a}}) = C_{\mathrm{NR}}\left[\boldsymbol{a}_\mu \cdot \boldsymbol{\chi}_{\mathrm{NR}}^{(3)}(-\omega_{\mathrm{a}},\omega_1,-\omega_2,\omega_1) \vdots \boldsymbol{E}(\omega_1)\boldsymbol{E}^*(\omega_2)\boldsymbol{E}(\omega_1)\right]\boldsymbol{a}_\mu \qquad (7.13)$$

和

$$\begin{aligned}\boldsymbol{E}_{\mathrm{R}}(\omega_{\mathrm{a}}) = & C_{\mathrm{R}}\left[\boldsymbol{a}_\mu \cdot \boldsymbol{\chi}_{\mathrm{R}}^{(3)}(-\omega_{\mathrm{a}},\omega_1,-\omega_2,\omega_1) \vdots \boldsymbol{E}(\omega_1)\boldsymbol{E}^*(\omega_2)\boldsymbol{E}(\omega_1)\right]\boldsymbol{a}_\mu \\ & + C_{\mathrm{R}}\left[\boldsymbol{a}_\nu \cdot \boldsymbol{\chi}_{\mathrm{R}}^{(3)}(-\omega_{\mathrm{a}},\omega_1,-\omega_2,\omega_1) \vdots \boldsymbol{E}(\omega_1)\boldsymbol{E}^*(\omega_2)\boldsymbol{E}(\omega_1)\right]\boldsymbol{a}_\nu,\end{aligned} \qquad (7.14)$$

其中 C_{NR}和 C_{R}为相应的比例常数. 输出光波电场应为二者的矢量和,亦即

$$\begin{aligned}\boldsymbol{E}(\omega_{\mathrm{a}}) = & [C_{\mathrm{NR}}\boldsymbol{a}_\mu \cdot \boldsymbol{\chi}_{\mathrm{NR}}^{(3)}(-\omega_{\mathrm{a}},\omega_1,-\omega_2,\omega_1) \vdots \boldsymbol{E}(\omega_1)\boldsymbol{E}^*(\omega_2)\boldsymbol{E}(\omega_1) \\ & + C_{\mathrm{R}}\boldsymbol{a}_\mu \cdot \boldsymbol{\chi}_{\mathrm{R}}^{(3)}(-\omega_{\mathrm{a}},\omega_1,-\omega_2,\omega_1) \vdots \boldsymbol{E}(\omega_1)\boldsymbol{E}^*(\omega_2)\boldsymbol{E}(\omega_1)]\boldsymbol{a}_\mu \\ & + [C_{\mathrm{R}}\boldsymbol{a}_\nu \cdot \boldsymbol{\chi}_{\mathrm{R}}^{(3)}(-\omega_{\mathrm{a}},\omega_1,-\omega_2,\omega_1) \vdots \boldsymbol{E}(\omega_1)\boldsymbol{E}^*(\omega_2)\boldsymbol{E}(\omega_1)]\boldsymbol{a}_\nu.\end{aligned} \qquad (7.15)$$

此时,若用一检偏器,只让 $\boldsymbol{a}_\nu$ 方向的偏振通过,输出光波的 $\boldsymbol{a}_\mu$ 偏振部分便会被过滤掉,从而输出光强为

$$I(\omega_{\mathrm{a}}) \propto \left| C_{\mathrm{R}}\boldsymbol{a}_\nu \cdot \boldsymbol{\chi}_{\mathrm{R}}^{(3)}(-\omega_{\mathrm{a}},\omega_1,-\omega_2,\omega_1) \vdots \boldsymbol{E}(\omega_1)\boldsymbol{E}^*(\omega_2)\boldsymbol{E}(\omega_1)\right|^2. \qquad (7.16)$$

现在,它只与三阶极化率的共振部分 $\boldsymbol{\chi}_{\mathrm{R}}^{(3)}(-\omega_{\mathrm{a}},\omega_1,-\omega_2,\omega_1)$有关,亦即湮没共振信号的非共振背底已被消除. 如果输出信号还有 $\boldsymbol{a}_\mu$ 偏振的背底,那也只是检偏器漏过的微弱部分.

在利用式(7.16)作光谱探测时，要对入射光频进行调谐，在此过程中入射光强的起伏将会影响测量结果. 但当

$$\left|\boldsymbol{a}_\mu\cdot\boldsymbol{\chi}_{\mathrm{R}}^{(3)}(-\omega_{\mathrm{a}},\omega_1,-\omega_2,\omega_1)\vdots\boldsymbol{a}_{\omega_1}\boldsymbol{a}_{\omega_2}\boldsymbol{a}_{\omega_1}\right|$$
$$\ll\left|\boldsymbol{a}_\mu\cdot\boldsymbol{\chi}_{\mathrm{NR}}^{(3)}(-\omega_{\mathrm{a}},\omega_1,-\omega_2,\omega_1)\vdots\boldsymbol{a}_{\omega_1}\boldsymbol{a}_{\omega_2}\boldsymbol{a}_{\omega_1}\right| \quad (7.17)$$

时($\boldsymbol{a}_{\omega_1}$ 和 $\boldsymbol{a}_{\omega_2}$ 分别为光波 ω_1 和光波 ω_2 偏振方向的单位矢量)，为消除入射光强起伏的影响，可改为测量混频输出光波中 $\boldsymbol{a}_\nu$ 偏振成分与 $\boldsymbol{a}_\mu$ 偏振成分的强度比 $|R|^2$. 此时，考虑到式(7.17)，有

$$|R|^2=\left|\frac{C_{\mathrm{R}}\boldsymbol{a}_\nu\cdot\boldsymbol{\chi}_{\mathrm{R}}^{(3)}(-\omega_{\mathrm{a}},\omega_1,-\omega_2,\omega_1)\vdots\boldsymbol{E}(\omega_1)\boldsymbol{E}^*(\omega_2)\boldsymbol{E}(\omega_1)}{C_{\mathrm{NR}}\boldsymbol{a}_\mu\cdot\boldsymbol{\chi}_{\mathrm{NR}}^{(3)}(-\omega_{\mathrm{a}},\omega_1,-\omega_2,\omega_1)\vdots\boldsymbol{E}(\omega_1)\boldsymbol{E}^*(\omega_2)\boldsymbol{E}(\omega_1)}\right|^2$$
$$=\left|\frac{C_{\mathrm{R}}\boldsymbol{a}_\nu\cdot\boldsymbol{\chi}_{\mathrm{R}}^{(3)}(-\omega_{\mathrm{a}},\omega_1,-\omega_2,\omega_1)\vdots\boldsymbol{a}_{\omega_1}\boldsymbol{a}_{\omega_2}\boldsymbol{a}_{\omega_1}}{C_{\mathrm{NR}}\boldsymbol{a}_\mu\cdot\boldsymbol{\chi}_{\mathrm{NR}}^{(3)}(-\omega_{\mathrm{a}},\omega_1,-\omega_2,\omega_1)\vdots\boldsymbol{a}_{\omega_1}\boldsymbol{a}_{\omega_2}\boldsymbol{a}_{\omega_1}}\right|^2. \quad (7.18)$$

可以看出，式中已不含光场的量值. 同时，分母在共振区是不随入射光频变化的常数，不影响光谱探测结果.

从上式看出，上述方法测到的只是复数 $\boldsymbol{\chi}_{\mathrm{R}}^{(3)}$ 的绝对值. 在此方法基础上稍作如下改动，亦可分别测得其实部和虚部：

设想混频输出的 $\boldsymbol{a}_\nu$ 和 $\boldsymbol{a}_\mu$ 两偏振方向如图 7.4 所示. 原来要测量的是 $|R|^2$，它是输出光波中这两个偏振成分的强度比. 现在，改而测量 $|R_1|^2$，它是输出光波中 $\boldsymbol{a}'_\nu$ 偏振成分与 $\boldsymbol{a}'_\mu$ 偏振成分的强度比，其中 $\boldsymbol{a}'_\nu$ 与 $\boldsymbol{a}_\nu$ 及 $\boldsymbol{a}'_\mu$ 与 $\boldsymbol{a}_\mu$ 之间夹角均为 θ. 在实验上，这只要将

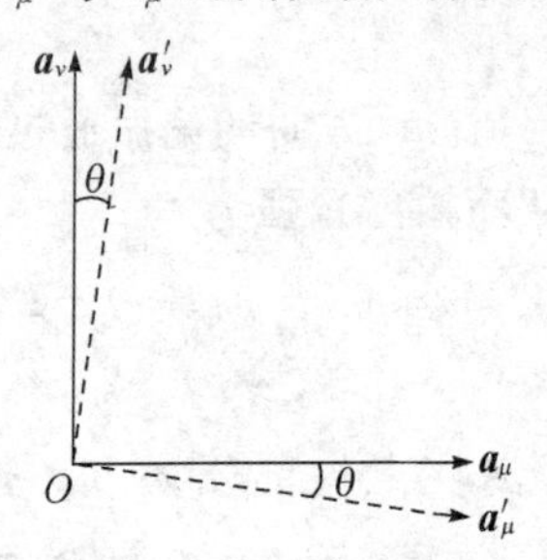

图 7.4 $\boldsymbol{a}'_\nu$ 与 $\boldsymbol{a}_\nu$ 及 $\boldsymbol{a}'_\mu$ 与 $\boldsymbol{a}_\mu$ 之间的相对取向

检偏器转动一角度θ便可达到.利用图7.4加以分析便得到

$$|R_1|^2=\left|\frac{C_R\boldsymbol{a}_\nu\cdot\boldsymbol{\chi}_R^{(3)}\vdots\boldsymbol{a}_{\omega_1}\boldsymbol{a}_{\omega_2}\boldsymbol{a}_{\omega_1}\cos\theta+C_{NR}\boldsymbol{a}_\mu\cdot\boldsymbol{\chi}_{NR}^{(3)}\vdots\boldsymbol{a}_{\omega_1}\boldsymbol{a}_{\omega_2}\boldsymbol{a}_{\omega_1}\sin\theta}{C_{NR}\boldsymbol{a}_\mu\cdot\boldsymbol{\chi}_{NR}^{(3)}\vdots\boldsymbol{a}_{\omega_1}\boldsymbol{a}_{\omega_2}\boldsymbol{a}_{\omega_1}\cos\theta}\right|^2,\tag{7.19}$$

其中$\boldsymbol{\chi}_R^{(3)}=\boldsymbol{\chi}_R^{(3)}(-\omega_a,\omega_1,-\omega_2,\omega_1)$.利用式(7.18),式(7.19)又可简化为

$$|R_1|^2=|R+\tan\theta|^2.\tag{7.20}$$

设$R=R'+iR''$(R'和R''分别是R的实部和虚部),则在选择适当的角度θ使$\tan^2\theta\gg|R|^2(=|R'|^2+|R''|^2)$时,由上式又近似得到

$$|R_1|^2=2R'\tan\theta+\tan^2\theta,\tag{7.21}$$

由此即可得出R的实部为

$$R'=\frac{|R_1|^2}{2\tan\theta}-\frac{1}{2}\tan\theta.\tag{7.22}$$

由于$\chi_{NR}^{(3)}(-\omega_a,\omega_1,-\omega_2,\omega_1)$一般为实数,故式(7.18)等号右端的分母亦为实数.由此从该式可知,$R'\propto\mathrm{Re}[\boldsymbol{a}_\nu\cdot\boldsymbol{\chi}_R^{(3)}(-\omega_a,\omega_1,-\omega_2,\omega_1)\vdots\boldsymbol{a}_{\omega_1}\boldsymbol{a}_{\omega_2}\boldsymbol{a}_{\omega_1}]$,或

$$\mathrm{Re}[\boldsymbol{a}_\nu\cdot\boldsymbol{\chi}_R^{(3)}(-\omega_a,\omega_1,-\omega_2,\omega_1)\vdots\boldsymbol{a}_{\omega_1}\boldsymbol{a}_{\omega_2}\boldsymbol{a}_{\omega_1}]\propto R'.\tag{7.23}$$

换言之,通过测量$|R_1|^2$随频率变化的共振特性,即可获得$\mathrm{Re}[\boldsymbol{a}_\nu\cdot\boldsymbol{\chi}_R^{(3)}(-\omega_a,\omega_1,-\omega_2,\omega_1)\vdots\boldsymbol{a}_{\omega_1}\boldsymbol{a}_{\omega_2}\boldsymbol{a}_{\omega_1}]$随频率变化的共振特性.

为了探测$\boldsymbol{\chi}_R^{(3)}$的虚部,首先设法使输出光波电场中$\boldsymbol{a}_\nu$分量的相位相对其$\boldsymbol{a}_\mu$分量改变90°.这个要求在实验中让输出光束在进入检偏器之前通过一块1/4波片便可实现.这一变化相当于$\boldsymbol{a}_\nu$分量相对$\boldsymbol{a}_\mu$分量的相位变化了±90°.此时,$\boldsymbol{a}_\nu$和$\boldsymbol{a}_\mu$两分量之比将由R变成iR.如果重复上述测量,亦即测定输出光波中$\boldsymbol{a}'_\nu$偏振成分与$\boldsymbol{a}'_\mu$偏振成分的强度比,则结果将由式(7.20)表示的$|R_1|^2$变为下式表示的$|R_2|^2$:

$$|R_2|^2=|iR+\tan\theta|^2=-2R''\tan\theta+\tan^2\theta,\tag{7.24}$$

由此即可得出R的虚部为

$$R'' = -\frac{|R_2|^2}{2\tan\theta} + \frac{1}{2}\tan\theta. \tag{7.25}$$

同样，由于 $\mathrm{Im}[\boldsymbol{a}_\nu \cdot \boldsymbol{\chi}_R^{(3)}(-\omega_a, \omega_1, -\omega_2, \omega_1) \vdots \boldsymbol{a}_{\omega_1}\boldsymbol{a}_{\omega_2}\boldsymbol{a}_{\omega_1}] \propto R''$，所以通过测量 $|R_2|^2$ 随频率变化的共振特性，即可获得 $\mathrm{Im}[\boldsymbol{a}_\nu \cdot \boldsymbol{\chi}_R^{(3)}(-\omega_a, \omega_1, -\omega_2, \omega_1) \vdots \boldsymbol{a}_{\omega_1}\boldsymbol{a}_{\omega_2}\boldsymbol{a}_{\omega_1}]$随频率变化的共振特性.

图 7.5(a)～(c)分别是用上述偏振 CARS 光谱术，对掺入 0.011 mol苯后的四氯化碳测得的$|R|^2$，$|R_1|^2$，$|R_2|^2$（它们分别与$|\boldsymbol{\chi}_R^{(3)}|^2$，$\mathrm{Re}\,\boldsymbol{\chi}_R^{(3)}$，$\mathrm{Im}\,\boldsymbol{\chi}_R^{(3)}$ 成比例）随$\omega_2-\omega_1$的变化曲线[12].

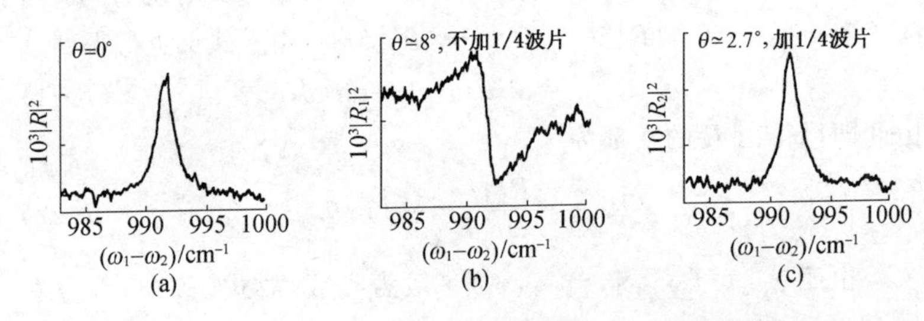

图 7.5 掺入 0.011 mol 苯后四氯化碳的偏振 CARS 光谱[12]

(a)～(c)分别是$|R|^2$，$|R_1|^2$，$|R_2|^2$ 随 $\omega_1-\omega_2$ 的变化曲线.

§7.2 激发态的相干拉曼光谱术

一对处于激发态的拉曼能级，由于体系通常布居在基态，故难以用普通的拉曼光谱去探测，除非先进行很强的光激发. 但用下面阐述的一种四波混频光谱术，不用改变基态的布居，便可对之进行有效的探测[13～16]：

如图 7.6(a)所示，设 a 和 a'是一对处于激发态的拉曼能级(即它们之间存在拉曼允许跃迁)，二者与基态 g 之间的电偶极矩跃迁都是允许的. 又设入射频率为 ω_1 和 ω_2 的两束激光，且 $\omega_1 \approx \omega_{a'g}$，$\omega_2 \approx \omega_{ag}$，通过四波混频产生频率为 $\omega_a = \omega_1 - \omega_2 + \omega_1 = 2\omega_1 - \omega_2$ 的相干光. 当 $\omega_1 - \omega_2 \simeq \omega_{a'a}$时，此过程也可看做频率为 $\omega_1 - \omega_2$ 的物质波(拉曼模的强迫振荡)先被两束入射光有效激发，然后该物质波

又与入射光波 ω_1 和频，产生频率为 ω_a 的输出光波，所以也是一种相干拉曼散射过程.

同样，这个过程也可用四波混频的一般理论去处理. 特别是当 $\omega_1-\omega_2\simeq\omega_{a'a}$ 时，决定输出光强度的 $\boldsymbol{\chi}^{(3)}(-\omega_a,\omega_1,-\omega_2,\omega_1)$ 可分为对频差 $\omega_1-\omega_2$ 变化敏感的共振部分 $\boldsymbol{\chi}_R^{(3)}(-\omega_a,\omega_1,-\omega_2,\omega_1)$，和不敏感的非共振部分. 而且，在用做光谱探测时，只需注意前一部分，后一部分可看做背底.

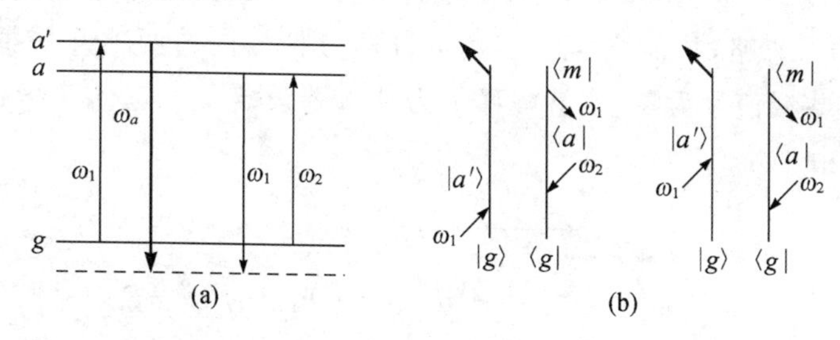

图 7.6 用相干拉曼光谱术测量激发态拉曼能级原理示意图

(a) 过程能级图；(b) 对 $\boldsymbol{\chi}_R^{(3)}(-\omega_a,\omega_1-\omega_2,\omega_1)$ 有贡献的两个双费恩曼图.

按照§3.3 中介绍的双费恩曼图方法，对 $\boldsymbol{\chi}_R^{(3)}(-\omega_a,\omega_1,-\omega_2,\omega_1)$ 有贡献的只有图 7.6(b)所示的两个双费恩曼图. 利用这两个图，并考虑到基态 g 的布居为 $\rho_{gg}^{(0)}$ 以及前面设定的 $\omega_1\approx\omega_{a'g}$，$\omega_2\approx\omega_{ag}$，便可写出 $\boldsymbol{\chi}_R^{(3)}(-\omega_a,\omega_1,-\omega_2,\omega_1)$ 的表达式. 对于单电子体系，其张量元为

$$
\begin{aligned}
&\chi_{R,ijkl}^{(3)}(-\omega_a,\omega_1,-\omega_2,\omega_1)= \\
&\quad -\frac{Ne^4}{12\varepsilon_0\hbar^3}\sum_m\Bigg[\frac{\langle m|r_i|a'\rangle\langle a'|r_j|g\rangle\langle g|r_k|a\rangle\langle a|r_l|m\rangle}{\omega_1-\omega_2-\omega_{a'a}+\mathrm{i}\Gamma_{a'a}} \\
&\quad\cdot\frac{1}{2\omega_1-\omega_2-\omega_{a'm}}\Bigg]\Bigg[\frac{1}{\omega_1-\omega_{a'g}+\mathrm{i}\Gamma_{a'g}}-\frac{1}{\omega_2-\omega_{ag}-\mathrm{i}\Gamma_{ag}}\Bigg]\rho_{gg}^{(0)} \\
&\quad+(\text{下角标 } j \text{ 与 } l \text{ 交换后得到的项}).
\end{aligned}
\tag{7.26}
$$

可以看出，当 $\omega_1-\omega_2=\omega_{a'a}$ 时，$\chi_{R,ijkl}^{(3)}(-\omega_a,\omega_1,-\omega_2,\omega_1)$ 由于在分母中含有因子 $\omega_1-\omega_2-\omega_{a'a}+\mathrm{i}\Gamma_{a'a}$ 而可能出现极大，此时频率

为$2\omega_1-\omega_2$的混频信号有最大的输出.利用这一性质,即可通过调谐频差$\omega_1-\omega_2$,观察输出信号的变化来探测$\omega_{a'a}$.而且,因为满足相位匹配条件时,$\boldsymbol{k}(\omega_1)$和$\boldsymbol{k}(\omega_2)$只形成很小的角度,所以这种光谱术还是消多普勒(Doppler)增宽的,线宽基本上是自然线宽$\Gamma_{a'a}$.

但是,应该注意以下两点:(1) 当ω_1和ω_2都分别远离共振频率$\omega_{a'g}$和ω_{ag}时,式(7.26)等号右端方括号内的弛豫速率$\Gamma_{a'g}$和Γ_{ag}均可忽略,从而当$\omega_1-\omega_2\simeq\omega_{a'a}$时,方括号内的两项几乎抵消而使共振信号为零.这就解释了为什么要设定$\omega_1\approx\omega_{a'g}$,$\omega_2\approx\omega_{ag}$.(2) 由于

$$\frac{1}{\omega_1-\omega_{a'g}+\mathrm{i}\Gamma_{a'g}}-\frac{1}{\omega_2-\omega_{ag}-\mathrm{i}\Gamma_{ag}}$$
$$=\frac{-(\omega_1-\omega_2-\omega_{a'a}+\mathrm{i}\Gamma_{a'a})+\mathrm{i}(\Gamma_{a'a}-\Gamma_{a'g}-\Gamma_{ag})}{(\omega_1-\omega_{a'g}+\mathrm{i}\Gamma_{a'g})(\omega_2-\omega_{ag}-\mathrm{i}\Gamma_{ag})},\quad(7.27)$$

故当出现$\Gamma_{a'a}-\Gamma_{a'g}-\Gamma_{ag}=0$时,将上式代入式(7.26),便会发现因子$\omega_1-\omega_2-\omega_{a'a}+\mathrm{i}\Gamma_{a'a}$同时出现在该式的分子和分母中而被约掉.从而此时也不会观察到拉曼共振.

如果由弛豫速率$\Gamma_{a'a}$,$\Gamma_{a'g}$,Γ_{ag}表征的所有弛豫过程只是来源于态a'和态a到基态g的自发辐射,则等式$\Gamma_{a'a}-\Gamma_{a'g}-\Gamma_{ag}=0$确实成立,故此时不会有上述拉曼共振产生.不过,当原子之间存在碰撞时,碰撞会对弛豫速率有贡献,并使该等式不再成立,此时有

$$\Gamma_{mn}=\Gamma_{mn}^{\mathrm{s}}+\Gamma_{mn}^{\mathrm{p}}=\Gamma_{mn}^{\mathrm{s}}+\gamma_{mn}^{\mathrm{p}}p,\quad(7.28)$$

其中Γ_{mn}^{s}来自自发辐射;$\Gamma_{mn}^{\mathrm{p}}=\gamma_{mn}^{\mathrm{p}}p$来自碰撞,且与原子气体的压力$p$成正比,$\gamma_{mn}^{\mathrm{p}}$为比例系数.将式(7.28)代入式(7.26),便可知式(7.26)中有关的频率因子为

$$\frac{1}{(\omega_1-\omega_2-\omega_{a'a}+\mathrm{i}\Gamma_{a'a})}\left(\frac{1}{\omega_1-\omega_{a'g}+\mathrm{i}\Gamma_{a'g}}-\frac{1}{\omega_2-\omega_{ag}-\mathrm{i}\Gamma_{ag}}\right)$$
$$=\frac{1}{(\omega_1-\omega_{a'g}+\mathrm{i}\Gamma_{a'g})(\omega_2-\omega_{ag}-\mathrm{i}\Gamma_{ag})}$$

$$\cdot\left[-1+\frac{\mathrm{i}(\gamma_{a'a}^{\mathrm{p}}-\gamma_{a'g}^{\mathrm{p}}-\gamma_{ag}^{\mathrm{p}})p}{\omega_1-\omega_2-\omega_{a''a}+\mathrm{i}(\Gamma_{a'a}^{\mathrm{s}}+\gamma_{a'a}^{\mathrm{p}}p)}\right], \tag{7.29}$$

从而有

$$\chi_{\mathrm{R},ijkl}^{(3)}\propto N\left[-1+\frac{\mathrm{i}(\gamma_{a'a}^{\mathrm{p}}-\gamma_{a'g}^{\mathrm{p}}-\gamma_{ag}^{\mathrm{p}})p}{\omega_1-\omega_2-\omega_{a''a}+\mathrm{i}(\Gamma_{a'a}^{\mathrm{s}}+\gamma_{a'a}^{\mathrm{p}}p)}\right]. \tag{7.30}$$

显然,只要压力 $p\neq 0$,便会存在拉曼共振,亦即当 $\omega_1-\omega_2\simeq\omega_{a'a}$ 时,$\chi_{\mathrm{R},ijkl}^{(3)}$ 会出现极值.压力越大,共振越明显.历史上称之为**压力感生的四波混频额外共振**,并首先由 Bloembergen 等人在钠蒸汽的 $3P_{3/2}$ 和 $3P_{1/2}$ 间观察到[13].为了增大碰撞机会,还可充入所谓缓充气体.这时,共振信号会增强,但线宽也会变宽.

此外,还应指出,在凝聚态物质中,由于存在电子-声子相互作用,一般说来 $\Gamma_{a'a}-\Gamma_{a'g}-\Gamma_{ag}=0$ 不成立,因此这种共振总会存在.

§7.3 简并四波混频的共振行为

共振增强[17]

简并四波混频的一个重要特性是总存在共振增强,至少存在两光子作用后的共振增强.图 7.7(a)是在任意能级体系中简并四波混频过程($\omega_1-\omega_3+\omega_2=\omega_4$,其中 $\omega_1=\omega_2=\omega_3=\omega_4$)的能级示意图(光路配置见图 6.8,$\omega_1,\omega_2,\omega_3$ 分别为光束 1,2,3 的频率),

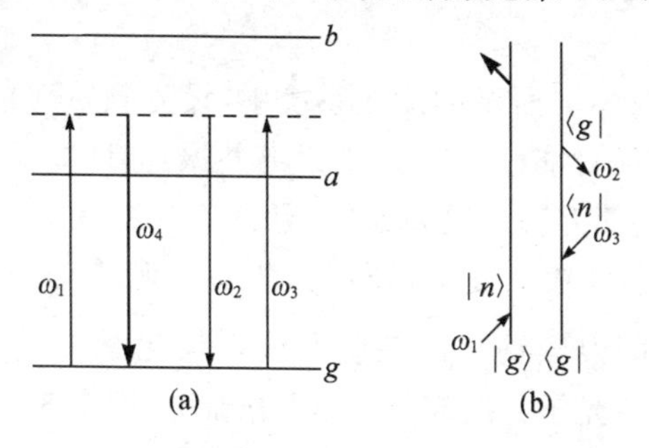

图 7.7 简并四波混频过程($\omega_1=\omega_2=\omega_3=\omega_4=\omega$)的能级图(a)和其中一个双费恩曼图(b)

图 7.7(b)表示出相互作用过程的一个费恩曼图.按一般规则可写出此时三阶极化率中与该双费恩曼图对应的项.该项将含有以下频率因子:

$$\frac{1}{(\omega_1-\omega_{ng}+\mathrm{i}\Gamma_{ng})(\omega_1-\omega_3-\omega_{nn}+\mathrm{i}\Gamma_{nn})(\omega_1-\omega_3+\omega_2-\omega_{ng}+\mathrm{i}\Gamma_{ng})},\tag{7.31}$$

其中 n 指任一激发态.因为 $\omega_{nn}=0$,分母中的第二个括号可改写为 $\omega_1-\omega_3+\mathrm{i}\Gamma_{nn}$.这是一个零频共振因子,当 $\omega_1=\omega_3=\omega$ 时,出现共振增强.这是一种双光子作用产生的共振增强,而且无论介质有何种能级结构,这种增强都要出现.不仅如此,当 $\omega\simeq\omega_{ag}$ 时(a 为某个特定激发态),还将出现三重共振增强,亦即包括单光子、双光子、三光子作用后的共振增强.这是因为此时三阶极化率中的主要项将含有频率因子

$$\frac{1}{(\omega_1-\omega_{ag}+\mathrm{i}\Gamma_{ag})(\omega_1-\omega_3+\mathrm{i}\Gamma_{aa})(\omega_1-\omega_3+\omega_2-\omega_{ag}+\mathrm{i}\Gamma_{ag})}.\tag{7.32}$$

在 $\omega_1=\omega_2=\omega_3=\omega$ 时,上式分母中的三个因子都将引起共振增强.

双光子共振光谱术

利用简并四波混频的各种共振增强机制,可以发展多种光谱术,包括消多普勒增宽的光谱术.下面介绍一种双光子共振光谱术:

在如图 7.8(a)所示的能级系统中,设光频 ω 对能级 b 和 g 为双光子共振,而对能级 a 和 g 则远离共振,亦即 $2\omega\simeq\omega_{bg}$,$\omega\neq\omega_{ag}$.采用图 6.8 的简并四波混频配置,且令 $\omega_1=\omega_2=\omega_3=\omega$,通过调谐频率 ω 观测混频输出变化,便可探测 ω_{bg}.现在,决定频率为 $\omega_1+\omega_2-\omega_3=\omega_4$ 的混频输出的三阶非线性极化率 $\chi^{(3)}(-\omega_4,\omega_1,\omega_2,-\omega_3)$可分为双光子共振部分和非共振部分.图 7.8(b)给出对双光子共振部分 $\chi_{\mathrm{R}}^{(3)}(-\omega_4,\omega_1,\omega_2,-\omega_3)$有贡献的两个双费恩曼图.利用双费恩曼图技术的一般规则,写出其各自的贡献,便知

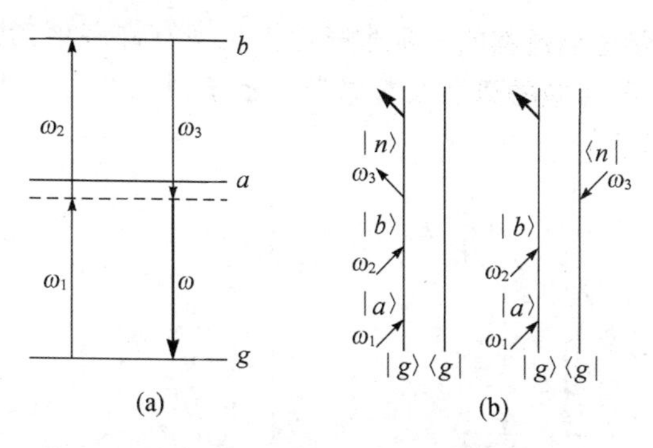

图 7.8 简并四波混频($\omega_1=\omega_2=\omega_3=\omega$)双光子共振光谱术原理示意图
(a)过程能级图;(b)对 $\boldsymbol{\chi}_{\mathrm{R}}^{(3)}$ 有贡献的两个双费恩曼图.

$$\chi_{\mathrm{R}}^{(3)}(-\omega_4,\omega_1,\omega_2,-\omega_3)\propto\frac{1}{\omega_1+\omega_2-\omega_{bg}+\mathrm{i}\Gamma_{bg}}$$

或

$$\chi_{\mathrm{R}}^{(3)}(-\omega_4,\omega_1,\omega_2,-\omega_3)\propto\frac{1}{2\omega-\omega_{bg}+\mathrm{i}\Gamma_{bg}}. \tag{7.33}$$

当 ω 调谐至 $2\omega=\omega_{bg}$ 时,即发生共振增强.

容易论证,这种双光子共振简并四波混频光谱术是消多普勒增宽的. 多普勒增宽来源于原子在系统中有一定的速度分布. 对于速度为 $\boldsymbol{v}$ 的原子,它看到的光束 1 和光束 2 的频率分别为

$$\omega_1=\omega+\boldsymbol{k}(\omega_1)\cdot\boldsymbol{v},\quad \omega_2=\omega+\boldsymbol{k}(\omega_2)\cdot\boldsymbol{v}.$$

由于 $\boldsymbol{k}(\omega_2)=-\boldsymbol{k}(\omega_1)$,故有 $\omega_2=\omega-\boldsymbol{k}(\omega_1)\cdot\boldsymbol{v}$. 于是,不管 $\boldsymbol{v}$ 取何值,都存在 $\omega_1+\omega_2=2\omega$,故式(7.33)总成立. 这说明共振频率不受原子运动速度的影响,从而原子系统尽管有一定的速度分布,共振谱线不会因此而变宽.

纵向弛豫时间的测量[12]

一种近简并四波混频光谱术已经得到发展,用以探测能级的纵向弛豫时间 T_1. 设原子系统的能级图如图 7.9(a)所示,若要探测能态 a 的纵向弛豫时间 T_{1a},可采用类似图 6.8 的光路配置(但三束光的频率不严格相等),并令 $\omega_1\approx\omega_{ag}$,$\omega_3\approx\omega_{ag}$,$\omega_2\approx\omega_{ag'}$($g'$ 是靠近 g 的能级),通过四波混频,得到频率为 $\omega_4=\omega_1-\omega_3+\omega_2$ 的混

频输出.支配这个过程的三阶非线性极化率有许多项,其中与问题有关的两项所对应的两个双费恩曼图示于图 7.9(b).这两项与频率有关的因子为

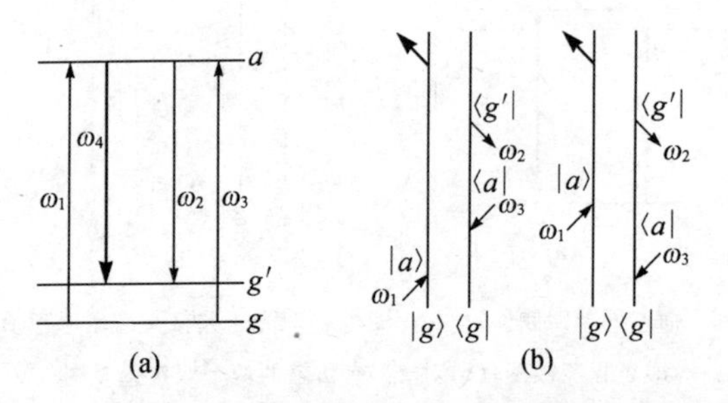

图 7.9 用近简并四波混频测量纵向弛豫时间的原理示意图

(a)过程能级图;(b)对 $\boldsymbol{\chi}_{\mathrm{R}}^{(3)}$ 有贡献的两个双费恩曼图.

$$\left[\frac{1}{(\omega_1-\omega_{ag}+\mathrm{i}\Gamma_{ag})}-\frac{1}{(\omega_3-\omega_{ag}-\mathrm{i}\Gamma_{ag})}\right]$$

$$\cdot\frac{1}{(\omega_1-\omega_3+\mathrm{i}/T_{1a})(\omega_2-\omega_{ag'}+\mathrm{i}\Gamma_{ag'})},\quad(7.34)$$

其中 $T_{1a}=1/\Gamma_{aa}$. 可以看出,当调谐频率差 $\omega_1-\omega_3$ 时,会在 $\omega_1-\omega_3=0$ 处出现共振峰,此时三阶非线性极化率的共振部分为

$$\chi_{\mathrm{R}}^{(3)}=\frac{C}{\omega_1-\omega_3+\mathrm{i}/T_{1a}}.\quad(7.35)$$

当频率差 $\omega_1-\omega_3$ 在 0 附近作微调时,C 基本上是不变的常数.

于是,在固定 ω_1 和 ω_2 的前提下,微调 ω_3 并观测混频输出的共振谱线,便可利用式(7.35)从谱线的宽度确定 T_{1a}. 由于设定 $\omega_1\approx\omega_{ag}$, $\omega_3\approx\omega_{ag}$, $\omega_2\approx\omega_{ag'}$,从式(7.35)看出,所得近简并四波混频信号是三重共振的结果,所以是足够强的.

此外,还应注意以下两点:

(1) 这样观测到的共振谱线基本上是消多普勒增宽的.这是因为对于速度为 $\boldsymbol{v}$ 的原子,由于它看到光束 1 和 3 的频率分别为 $\omega_1+\boldsymbol{k}(\omega_1)\cdot\boldsymbol{v}$ 和$\omega_3+\boldsymbol{k}(\omega_3)\cdot\boldsymbol{v}$,所以其 $\chi_{\mathrm{R}}^{(3)}$ 应由式(7.35)改为

$$\chi_{\mathrm{R}}^{(3)}(\boldsymbol{v})=\frac{C}{[\omega_1+\boldsymbol{k}(\omega_1)\cdot\boldsymbol{v}]-[\omega_3+\boldsymbol{k}(\omega_3)\cdot\boldsymbol{v}]+\mathrm{i}/T_{1a}}.$$

但因光束 1 与 3 的夹角 θ 很小，故$[\boldsymbol{k}(\omega_1)-\boldsymbol{k}(\omega_3)]\cdot\boldsymbol{v}$ 相对 $\omega_1-\omega_3$ 可忽略不计，于是有

$$\chi_{\mathrm{R}}^{(3)}(\boldsymbol{v})=\frac{C}{\omega_1-\omega_3+\mathrm{i}/T_{1a}},\tag{7.36}$$

亦即决定共振信号频率位置的 $\chi_{\mathrm{R}}^{(3)}$ 与原子的速度无关，从而原子系统的速度分布不会影响共振谱线的线宽.

(2) 这样观测到的共振谱线的线宽要比单光子共振吸收谱线的线宽窄许多，这是因为前者是由纵向弛豫速率 $\Gamma_{aa}=1/T_{1a}$ 决定的，而后者是由失相速率 Γ_{ag} 决定的(例如见式(7.34)第一项的分母). 在通常浓度的气体介质中，失相速率总是比纵向弛豫速率大许多. 这也是 $\omega_1-\omega_3$ 在 0 附近作微调时，C 可看做不变常数的原因.

碰撞感生的布居栅共振[18,19]

如前所述，简并或近简并四波混频亦可看做光栅的写读过程. 因此，上述三束入射光与原子系统的作用过程，就其与问题有关的共振部分而言，亦可看做是以下过程：首先，频率为 ω_1 和 ω_3 两束光通过图 7.9(b)所示的两个双费恩曼图中前两个作用点的作用，在原子系统中形成了布居栅 ρ_{aa}；然后，频率为 ω_2 的光束被该栅衍射而产生混频输出. 而且，参看式(7.34)(或直接由两个双费恩曼图推出)可知，布居栅 ρ_{aa} 的强弱应有以下比例关系：

$$\rho_{aa}\propto\frac{1}{(\omega_1-\omega_3+\mathrm{i}/T_{1a})}\left[\frac{1}{(\omega_1-\omega_{ag}+\mathrm{i}\Gamma_{ag})}-\frac{1}{(\omega_3-\omega_{ag}-\mathrm{i}\Gamma_{ag})}\right].\tag{7.37}$$

从上式看出，当调谐频率 ω_1 和 ω_3 使 $\omega_1-\omega_3=0$ 时，似乎 ρ_{aa} 会出现峰值，亦即产生布居栅共振. 但因上式可演化为

$$\rho_{aa}\propto\frac{1}{(\omega_1-\omega_3+\mathrm{i}/T_{1a})}\left[\frac{-(\omega_1-\omega_3+\mathrm{i}2\Gamma_{ag})}{(\omega_1-\omega_{ag}+\mathrm{i}\Gamma_{ag})(\omega_3-\omega_{ag}-\mathrm{i}\Gamma_{ag})}\right],\tag{7.38}$$

故若 $1/T_{1a}=2\Gamma_{ag}$，则因分母中的共振因子 $\omega_1-\omega_3+\mathrm{i}/T_{1a}$ 被消去而使布居栅共振不能产生. 如果图 7.9 所示的能级系统是一个二能级系统(即 g' 和 g 是同一个能级)，且失相弛豫速率 Γ_{ag} 完全来自原子的自发辐射(包括不存在碰撞)，则 $1/T_{1a}=2\Gamma_{ag}$ 的确成立. 因此，在这种情况下，布居栅共振便不能产生. 但正如 § 7.2 中所述，如果考虑到原子之间的碰撞，则有

$$\Gamma_{ag}=\Gamma_{ag}^{\mathrm{s}}+\Gamma_{ag}^{\mathrm{p}}=\Gamma_{ag}^{\mathrm{s}}+\gamma_{ag}^{\mathrm{p}}p,$$

其中 $\Gamma_{ag}^{\mathrm{s}}=1/T_{1a}$ 来自自发辐射；$\Gamma_{ag}^{\mathrm{p}}=\gamma_{ag}^{\mathrm{p}}p$ 来自碰撞，且与原子气体的压力 p 成正比，γ_{ag}^{p} 为比例系数. 此时，式(7.38)变为

$$\rho_{aa}\propto\frac{-1}{(\omega_1-\omega_{ag}+\mathrm{i}\Gamma_{ag})(\omega_3-\omega_{ag}-\mathrm{i}\Gamma_{ag})}\left[1+\frac{\mathrm{i}2\gamma_{ag}^{\mathrm{p}}p}{\omega_1-\omega_3+\mathrm{i}/T_{1a}}\right].\tag{7.39}$$

于是，只要 $p\neq0$，便会存在布居栅共振现象，亦即当频率调谐至 $\omega_1=\omega_3$ 时，$|\rho_{aa}|$ 出现尖峰. 这就是所谓碰撞感生的布居栅共振. 从式(7.39)还可看出，峰值高度(即共振与非共振部分之比)随气体压力增大而增大，而峰宽却与该压力无关，仅由 T_{1a} 决定. 这些结果在以氦气作为缓冲气体的钠蒸汽实验中最先得到证实[18].

事实上，碰撞感生的布居栅共振也存在于其他类型能级系统中[19].

碰撞感生的能级交叉效应(汉勒(Hanle)共振)[20,21]

设有如图7.10(a)所示的能级系统，基态 g 是单态，激发态 n 是简并态，在恒磁场 B_0 的作用下塞曼(Zeeman)分裂为 $m=0,\pm1$ 三个能级，能级间距为 $g_n\mu_{\mathrm{B}}B_0$，其中 g_n 是态 n 的 g 因子，μ_{B} 是玻尔磁子.

又设在这样的系统中进行简并四波混频，光路配置如图 6.8，且 $\omega_1=\omega_2=\omega_3=\omega\approx\omega_{ng}$，其中 ω_{ng} 是没有磁场时 n 与 g 之间的共振频率. 光束 1 和 2 选取相同的偏振态，并使之只能产生基态 g 到激发态 $m=0$ 的电偶极矩跃迁；光束 3 选取另一种偏振态，使之只能产生基态 g 到激发态 $m=-1$(或 $+1$)的电偶极矩跃迁. 三束光作

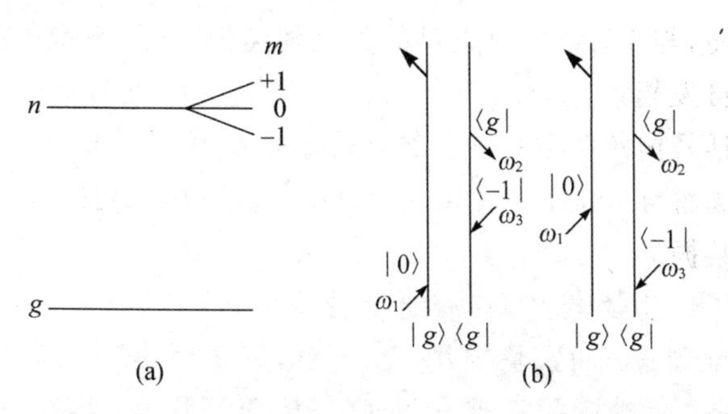

图 7.10 用简并四波混频观测汉勒共振的原理示意图

(a)过程能级图;(b)对 $\boldsymbol{\chi}_{\mathrm{R}}^{(3)}$ 有贡献的两个双费恩曼图.

用的结果,只有图 7.10(b)所示的两个双费恩曼图所代表的微扰通道能产生三阶非线性极化率中的三重共振项 $\chi_{\mathrm{R}}^{(3)}(-\omega_4,\omega_1,-\omega_3,\omega_2)$. 而且,由一般规则不难写出该项的频率因子为

$$\chi_{\mathrm{R}}^{(3)}(-\omega_4,\omega_1,-\omega_3,\omega_2)$$

$$\propto \frac{1}{(\omega_1-\omega_3+\omega_2-\omega_{0,g}+\mathrm{i}\Gamma_{0,g})(\omega_1-\omega_3-\omega_{0,-1}+\mathrm{i}\Gamma_{0,-1})}$$

$$\cdot\left[\frac{1}{\omega_1-\omega_{0,g}+\mathrm{i}\Gamma_{0,g}}-\frac{1}{\omega_3-\omega_{-1,g}-\mathrm{i}\Gamma_{-1,g}}\right].$$

考虑到 $\omega_1=\omega_2=\omega_3=\omega$ 及 $\omega_{0,-1}=g_n\mu_{\mathrm{B}}B_0/\hbar$,则有

$$\chi_{\mathrm{R}}^{(3)}(-\omega_4,\omega_1,-\omega_3,\omega_2)$$

$$\propto \frac{1}{(\omega-\omega_{0,g}+\mathrm{i}\Gamma_{0,g})(0-g_n\mu_{\mathrm{B}}B_0/\hbar+\mathrm{i}\Gamma_{0,-1})}$$

$$\cdot\left[\frac{1}{\omega-\omega_{0,g}+\mathrm{i}\Gamma_{0,g}}-\frac{1}{\omega-\omega_{-1,g}-\mathrm{i}\Gamma_{-1,g}}\right]. \tag{7.40}$$

从上式看出,由于在分母中出现因子 $0-g_n\mu_{\mathrm{B}}B_0/\hbar+\mathrm{i}\Gamma_{0,-1}$,故若对恒磁场 B_0 进行调谐,则当 $B_0=0$ 时 $\chi_{\mathrm{R}}^{(3)}(-\omega_4,\omega_1,-\omega_3,\omega_2)$会产生共振增强,亦即混频信号出现峰值. 这是一种能级交叉效应,因为当 B_0 由不为 0 变到 0 时,塞曼分裂的能级发生交叉. 由能级交叉产生的共振称为汉勒共振.

然而，与§7.2中讨论过的问题相类似，如果系统的弛豫过程只来自自发辐射，则有 $\Gamma_{0,-1}-\Gamma_{0,g}-\Gamma_{-1,g}=0$，此时式(7.40)等号右端方括号内的两项相减后将在分子中出现因子 $0-g_n\mu_B B_0/\hbar+\mathrm{i}\Gamma_{0,-1}$，从而与原先出现在该式分母中的同一因子约掉. 这样就不会有汉勒共振.

为了产生汉勒共振，需要借助碰撞机制. 这时，式(7.40)中的任一弛豫速率 Γ_{mn} 均要用 $\Gamma_{mn}^{s}+\gamma_{mn}^{p}p$ 替代，其中 γ_{mn}^{s} 是自发辐射的贡献，而碰撞的贡献 $\gamma_{mn}^{p}p$ 则正比于气压 p. 于是，由该式可得

$$\left|\chi_{R}^{(3)}(-\omega,\omega,-\omega,\omega)\right|^{2} \propto\left|1-\frac{\mathrm{i}(\gamma_{0,-1}^{p}-\gamma_{0,g}^{p}-\gamma_{-1,g}^{p})p}{0-(g_n\mu_B B_0/\hbar)+\mathrm{i}(\Gamma_{0,-1}^{s}+\gamma_{0,-1}^{p}p)}\right|^{2}. \quad (7.41)$$

显然，当 B_0 由不为0变为0时，$\left|\chi_{R}^{(3)}(-\omega,\omega,-\omega,\omega)\right|^{2}$ 出现峰值，且气压越大，峰值越大，故称为碰撞感生的汉勒共振.

用类似方法可论证，简并四波混频的汉勒共振也可发生在基态，只要基态是简并态并可产生塞曼分裂. 但和激发态的汉勒共振不同，基态的汉勒共振即使在不考虑碰撞时也能产生. 同时，碰撞弛豫会加强共振峰的大小.

简并四波混频中的激发态和基态汉勒共振均已先后为Scholz[20]和Bloembergen[21]等人观测到.

§7.4 拉曼增强的近简并四波混频

设介质有一对拉曼能级 g 和 g'，如图7.11所示. 若在这介质中进行光路如图7.12所示的近简并四波混频，则在适当条件下可观测到拉曼增强的输出信号，并据此可发展用以探测拉曼模的光谱术[21,22].

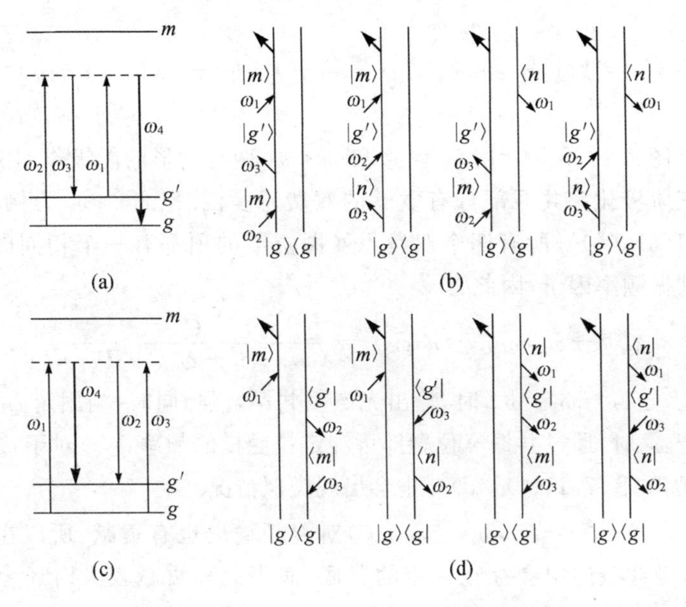

图 7.11 拉曼增强的近简并四波混频原理示意图

(a),(b) $\omega_2>\omega_3$;(c),(d)$\omega_2<\omega_3$. (a),(c)过程能级图;(b),(d)对 $\boldsymbol{\chi}_{\mathrm{R}}^{(3)}$ 有贡献的四个双费恩曼图.

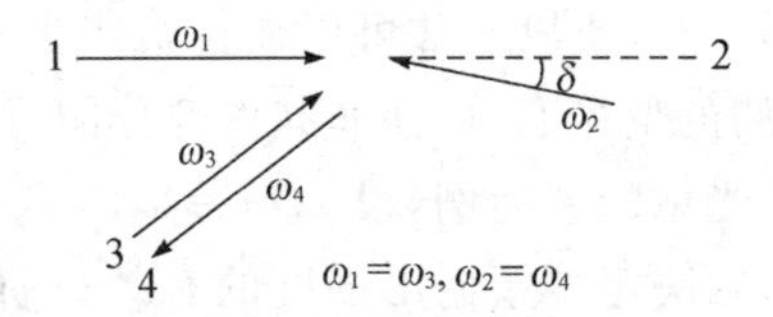

图 7.12 拉曼增强近简并四波混频实验光路配置

令图 7.12 中的 $\omega_1=\omega_3$,从而输出光频率为 $\omega_4=\omega_1-\omega_3+\omega_2=\omega_2$. 再令 $\omega_2-\omega_3\approx\pm\omega_{g'g}$,因此为满足相位匹配条件 $\boldsymbol{k}(\omega_4)=\boldsymbol{k}(\omega_1)-\boldsymbol{k}(\omega_3)+\boldsymbol{k}(\omega_2)$,光束 2 要偏离光束 1 的反方向一小角度 δ,如图 7.12 所示. 在这样的三束入射光作用下,决定混频输出大小的 $\boldsymbol{\chi}^{(3)}(-\omega_4,\omega_1,-\omega_3,\omega_2)$可分成对拉曼能级 g 和 g'非共振和共振两部分,亦即

$$\boldsymbol{\chi}^{(3)}(-\omega_4,\omega_1,-\omega_3,\omega_2)$$
$$=\boldsymbol{\chi}_{\mathrm{NR}}^{(3)}(-\omega_4,\omega_1,-\omega_3,\omega_2)+\boldsymbol{\chi}_{\mathrm{R}}^{(3)}(-\omega_4,\omega_1,-\omega_3,\omega_2). \tag{7.42}$$

图 7.11 分别示出 $\omega_2>\omega_3$ 和 $\omega_2<\omega_3$ 两种情形的能级作用图和对三阶极化率共振部分有贡献的双费恩曼图. 以 $\omega_2>\omega_3$ 为例(图 7.11(a),(b)),所有四个双费恩曼图贡献的项都有一个相同的拉曼共振频率因子,因此有

$$\boldsymbol{\chi}_{\mathrm{R}}^{(3)}(-\omega_4,\omega_1,-\omega_3,\omega_2)=\frac{\boldsymbol{C}}{(\omega_2-\omega_3-\omega_{g'g}+\mathrm{i}\Gamma_{g'g})}. \tag{7.43}$$

于是,当 $\omega_2-\omega_3=\omega_{g'g}$ 时,输出光产生共振增强. 同时,当固定 ω_3 并调谐 ω_2 时,通过共振峰位置即可测定拉曼模的频率 $\omega_{g'g}$. 对于 $\omega_2<\omega_3$ 情形(图 7.11(c),(d)),也会出现类似情况.

由于 $\boldsymbol{\chi}_{\mathrm{NR}}^{(3)}(-\omega_4,\omega_1,-\omega_3,\omega_2)$ 对混频输出也有贡献,所以在上述拉曼共振谱中会存在一定的背底,而当此种贡献较大时还会干扰共振峰的位置和形状. 但因 $\boldsymbol{\chi}_{\mathrm{R}}^{(3)}(-\omega_4,\omega_1,-\omega_3,\omega_2)$ 和 $\boldsymbol{\chi}_{\mathrm{NR}}^{(3)}(-\omega_4,\omega_1,-\omega_3,\omega_2)$ 的张量元的对称特性不同,例如 $\boldsymbol{\chi}_{\mathrm{NR}}^{(3)}(-\omega_4,\omega_1,-\omega_3,\omega_2)$ 由于对频率变化不敏感而具有 Kleinman 对称,$\boldsymbol{\chi}_{\mathrm{R}}^{(3)}(-\omega_4,\omega_1,-\omega_3,\omega_2)$ 则不具有,所以通常可以通过恰当选择入射光的偏振态和输出光被检测的偏振态,而使非共振部分的贡献得以排除.

以图 7.12 的光束配置为例,设 $\boldsymbol{a}_i(i=1,2,3,4)$ 为光束 i 的偏振态的单位矢量,则决定混频输出强度的有效三阶极化率为(参见式(6.17)) $\boldsymbol{a}_4\cdot\boldsymbol{\chi}^{(3)}(-\omega_4,\omega_1,-\omega_3,\omega_2)\vdots\boldsymbol{a}_1\boldsymbol{a}_3^*\boldsymbol{a}_2$. 若令光束 1 和 3 都是同一旋向的圆偏振光,而光束 2 和 4 是交叉偏振的线偏振光,亦即

$$\boldsymbol{a}_1=\boldsymbol{a}_3=(\sqrt{2})^{-1}(\boldsymbol{a}_x+\mathrm{i}\boldsymbol{a}_y),\quad \boldsymbol{a}_2=\boldsymbol{a}_x,\quad \boldsymbol{a}_4=\boldsymbol{a}_y,$$

其中 $\boldsymbol{a}_x$ 和 $\boldsymbol{a}_y$ 分别是坐标 x 和 y 轴的单位矢量,则考虑到各向同性介质中只有 $\chi_{iiii}^{(3)},\chi_{iijj}^{(3)},\chi_{ijij}^{(3)},\chi_{ijji}^{(3)}\neq0$,便有

$$\boldsymbol{a}_4\cdot\boldsymbol{\chi}^{(3)}(-\omega_4,\omega_1,-\omega_3,\omega_2)\vdots\boldsymbol{a}_1\boldsymbol{a}_3^*\boldsymbol{a}_2$$

$$= \frac{\mathrm{i}}{2}\left[\chi^{(3)}_{yyxx}(-\omega_4,\omega_1,-\omega_3,\omega_2)-\chi^{(3)}_{yxyx}(-\omega_4,\omega_1,-\omega_3,\omega_2)\right], \tag{7.44}$$

其非共振部分为

$$\boldsymbol{a}_4\cdot\boldsymbol{\chi}^{(3)}_{\mathrm{NR}}(-\omega_4,\omega_1,-\omega_3,\omega_2)\vdots\boldsymbol{a}_1\boldsymbol{a}_3^*\boldsymbol{a}_2=\frac{\mathrm{i}}{2}\cdot\left[\chi^{(3)}_{\mathrm{NR},yyxx}(-\omega_4,\omega_1,-\omega_3,\omega_2)-\chi^{(3)}_{\mathrm{NR},yxyx}(-\omega_4,\omega_1,-\omega_3,\omega_2)\right]. \tag{7.45}$$

因为 $\boldsymbol{\chi}^{(3)}_{\mathrm{NR}}(-\omega_4,\omega_1,-\omega_3,\omega_2)$具有 Kleinman 对称,亦即

$$\chi^{(3)}_{\mathrm{NR},yyxx}(-\omega_4,\omega_1,-\omega_3,\omega_2)=\chi^{(3)}_{\mathrm{NR},yxyx}(-\omega_4,\omega_1,-\omega_3,\omega_2), \tag{7.46}$$

故

$$\boldsymbol{a}_4\cdot\boldsymbol{\chi}^{(3)}_{\mathrm{NR}}(-\omega_4,\omega_1,-\omega_3,\omega_2)\vdots\boldsymbol{a}_1\boldsymbol{a}_3^*\boldsymbol{a}_2=0, \tag{7.47}$$

从而三阶极化率非共振部分对输出信号的贡献为零. 于是,拉曼共振谱的背底得到消除.

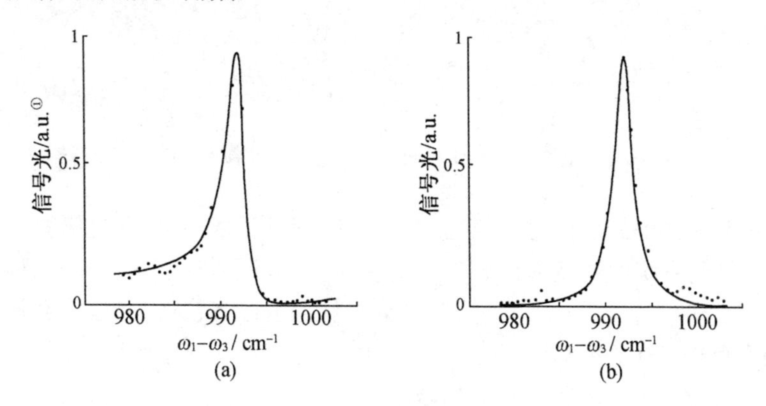

图 7.13 苯溶液的拉曼共振谱[23]

(a) $\boldsymbol{a}_1=\boldsymbol{a}_y,\boldsymbol{a}_2=\boldsymbol{a}_x,\boldsymbol{a}_3=\boldsymbol{a}_x,\boldsymbol{a}_4=\boldsymbol{a}_y$;(b) $\boldsymbol{a}_1=\boldsymbol{a}_3=(1/\sqrt{2})(\boldsymbol{a}_x+\mathrm{i}\boldsymbol{a}_y)$, $\boldsymbol{a}_2=\boldsymbol{a}_x,\boldsymbol{a}_4=\boldsymbol{a}_y$.

① “a. u.”表示“任意单位”.

图 7.13 是对苯溶液的拉曼共振谱的测量结果[23],其中图 7.13(a)是在偏振配置 $\boldsymbol{a}_1=\boldsymbol{a}_y,\boldsymbol{a}_2=\boldsymbol{a}_x,\boldsymbol{a}_3=\boldsymbol{a}_x,\boldsymbol{a}_4=\boldsymbol{a}_y$ 下测得的,非共振项产生的背底和谱线的不对称明显;图 7.13(b)是在偏振配置 $\boldsymbol{a}_1=\boldsymbol{a}_3=(\sqrt{2})^{-1}(\boldsymbol{a}_x+\mathrm{i}\boldsymbol{a}_y),\boldsymbol{a}_2=\boldsymbol{a}_x,\boldsymbol{a}_4=\boldsymbol{a}_y$ 下测得的. 图中的黑点是实验点,实线是对其中 $\omega_1-\omega_3=992\ \mathrm{cm}^{-1}$ 的拉曼模用理论公式拟合的结果. 可以看出,非共振项的背底干扰消除得很好,而且由频率为983 cm^{-1} 和 998 cm^{-1} 的拉曼模产生的较弱的共振谱线也被显示出来.

§7.5 瞬态四波混频与弛豫参数测量[24]

设有三个脉冲光波

$$\boldsymbol{E}(\omega_j,t)=\boldsymbol{A}(\omega_j,t)\mathrm{e}^{-\mathrm{i}(\omega_j t-\boldsymbol{k}_j\cdot\boldsymbol{r})}\quad(j=1,2,3)\qquad(7.48)$$

相继以 1,2,3 的次序(见图 7.14)通过介质并相互作用. 作用的结果会使介质产生频率为 $\omega_4=\omega_1\pm\omega_2\pm\omega_3$ 的三阶非线性极化.

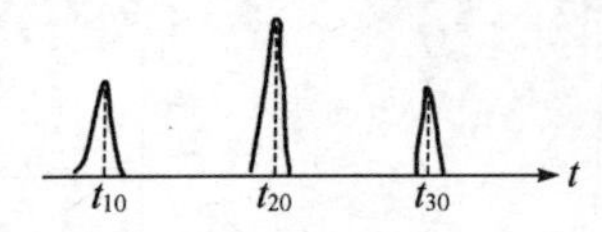

图 7.14 瞬态四波混频的三个相继入射的光脉冲

为获得三阶极化的表达式,和稳态情形一样,要先通过微扰计算得到系统的密度算符的三级小量 $\boldsymbol{\rho}^{(3)}(t)$,再通过下式计算得到:$\boldsymbol{P}^{(3)}(t)=\mathrm{tr}[-Ne\boldsymbol{r}\boldsymbol{\rho}^{(3)}(t)]$,其中 $\boldsymbol{r}$ 是位置坐标算符. 在此假定介质是单电子原子系统,N 是原子数密度. 和稳态情形不同的是,$\boldsymbol{\rho}^{(3)}(t)$ 和 $\boldsymbol{P}^{(3)}(t)$的振幅都是时间的函数.

$\boldsymbol{\rho}^{(3)}(t)$的微扰计算也可利用双费恩曼图技术. 同样是一个图对应一条微扰通道,对应于 $\boldsymbol{\rho}^{(3)}(t)$表达式中的一项. 但是,和稳态情形不同,频率为 $\omega_1,\omega_2,\omega_3$ 的三束光的作用次序已经固定,不能交换,因而原来在稳态时有 48 个图(对应 48 项),到了瞬态就只有 8

个. 以 $\omega_4=\omega_1+\omega_2+\omega_3$ 为例,这 8 个图如图 7.15 所示,其实这也就是图 3.11 所表示的稳态情形的 8 个基本图.

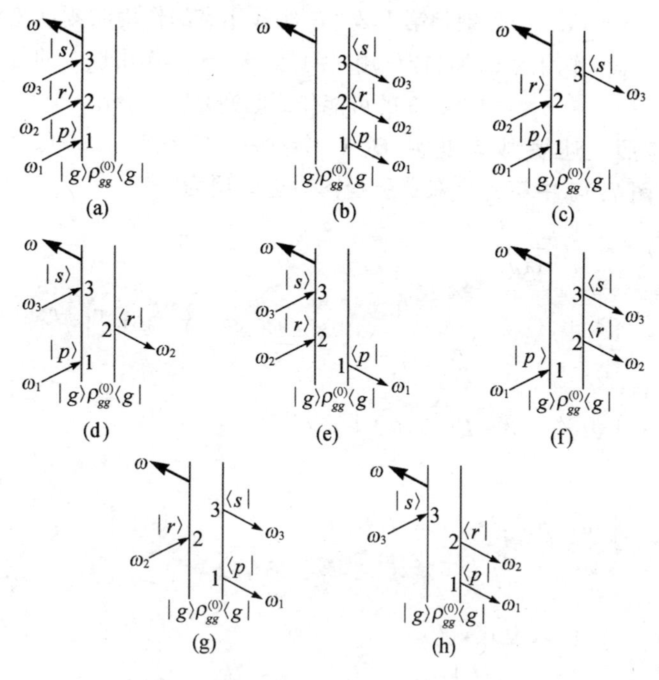

图 7.15 瞬态四波混频 $\omega_4=\omega_1+\omega_2+\omega_3$ 的全部 8 个双费恩曼图

对于每一个双费恩曼图,也可利用与稳态情形相似的一些规则,写出与之对应的 $\boldsymbol{\rho}^{(3)}(t)$ 中的项的表达式. 不同之处只有两点:(1) 由第 j 个作用点(作用时刻为 t_j)发展到第 $j+1$ 个作用点(作用时刻为 t_{j+1}),所需相乘的因子应改为

$$\langle l,k|\widetilde{A}(t_{j+1}-t_j)|l,k\rangle=\mathrm{e}^{-(\mathrm{i}\omega_{lk}+\Gamma_{lk})(t_{j+1}-t_j)},$$

其中 l 和 k 的意义是: 经第 j 个作用点后,该费恩曼图左边到达态 $|l\rangle$,右边到达态 $\langle k|$; 而 ω_{lk} 是用频率作为尺度的态 l 与态 k 的能量差(即态 l 与态 k 间的共振频率),Γ_{lk} 是相干叠加态 $|l\rangle\langle k|$ 的弛豫速率. (2) 当写出表达式的各个相乘的因子后,还要对各个作用点全部可

能的作用时间进行积分.所谓“可能的作用时间”,是指作用时间的变化以不破坏三个脉冲光波的作用次序为原则,亦即必须保持 $t_1 \leqslant t_2 \leqslant t_3 \leqslant t$,其中 t_1, t_2, t_3 分别是第1,2,3三个作用点的作用时刻,t 是观测时刻.因此,作用点1的可能作用时间是 $-\infty \to t_2$,作用点2的可能作用时间是 $-\infty \to t_3$,作用点3的可能作用时间是 $-\infty \to t$.

按照上述规则,考虑到 $\boldsymbol{H}_{\text{int}}(\omega_j, t_j) = -\mathscr{P} \cdot \boldsymbol{E}(\omega_j, t_j)$ $(j=1,2,3)$,则图7.15中第一个双费恩曼图对应的项为

$$\begin{aligned}
\boldsymbol{\rho}^{(3)}(t) = & -\frac{1}{4}\left(\frac{1}{\mathrm{i}\hbar}\right)^3 \\
& \cdot \sum_{g,p,r,s} |s\rangle\langle g| \rho_{gg}^{(0)} \int_{-\infty}^{t} \mathrm{d}t_3 \langle s | \mathscr{P} \cdot \boldsymbol{E}(\omega_3, t_3) | r\rangle \mathrm{e}^{-(\mathrm{i}\omega_{sg}+\Gamma_{sg})(t-t_3)} \\
& \cdot \int_{-\infty}^{t_3} \mathrm{d}t_2 \langle r | \mathscr{P} \cdot \boldsymbol{E}(\omega_2, t_2) | p\rangle \mathrm{e}^{-(\mathrm{i}\omega_{rg}+\Gamma_{rg})(t_3-t_2)} \\
& \cdot \int_{-\infty}^{t_2} \mathrm{d}t_1 \langle p | \mathscr{P} \cdot \boldsymbol{E}(\omega_1, t_1) | g\rangle \mathrm{e}^{-(\mathrm{i}\omega_{pg}+\Gamma_{pg})(t_2-t_1)}.
\end{aligned} \tag{7.49}$$

将式(7.48)代入上式,得

$$\begin{aligned}
\boldsymbol{\rho}^{(3)}(t) = & -\frac{1}{4}\left(\frac{1}{\mathrm{i}\hbar}\right)^3 \cdot \sum_{g,p,r,s} |s\rangle\langle g| \rho_{gg}^{(0)} \langle s | \mathscr{P} \cdot \boldsymbol{a}_3 | r\rangle \\
& \cdot \langle r | \mathscr{P} \cdot \boldsymbol{a}_2 | p\rangle \langle p | \mathscr{P} \cdot \boldsymbol{a}_1 | g\rangle \mathrm{e}^{-(\mathrm{i}\omega_{sg}+\Gamma_{sg})t} \\
& \cdot \int_{-\infty}^{t} \mathrm{d}t_3 E_3(\boldsymbol{r}, t_3) \mathrm{e}^{[(\mathrm{i}\omega_{sg}+\Gamma_{sg})-(\mathrm{i}\omega_{rg}+\Gamma_{rg})-\mathrm{i}\omega_3]t_3} \\
& \cdot \int_{-\infty}^{t_3} \mathrm{d}t_2 E_2(\boldsymbol{r}, t_2) \mathrm{e}^{[(\mathrm{i}\omega_{rg}+\Gamma_{rg})-(\mathrm{i}\omega_{pg}+\Gamma_{pg})-\mathrm{i}\omega_2]t_2} \\
& \cdot \int_{-\infty}^{t_2} \mathrm{d}t_1 E_1(\boldsymbol{r}, t_1) \mathrm{e}^{[(\mathrm{i}\omega_{pg}+\Gamma_{pg})-\mathrm{i}\omega_1]t_1},
\end{aligned} \tag{7.50}$$

其中 $\boldsymbol{a}_j$ $(j=1,2,3)$ 是脉冲光波 $\boldsymbol{E}(\omega_j, t)$ 的偏振方向的单位矢量,而

$$E_j(\boldsymbol{r}, t_j) = A(\omega_j, t_j) \mathrm{e}^{\mathrm{i}k(\omega_j) \cdot r(t_j)}, \tag{7.51}$$

$\boldsymbol{r}(t_j)$则是与光场作用的原子在 t_j 时刻的位置.

在气体中,原子(分子)有一定的速度分布,而在实验室坐标系看来,不同速度的原子其能级间的共振频率稍有不同,这就是所谓多普勒增宽.在这样的体系中,速度为 $\boldsymbol{v}$ 的原子在 t 时刻的位置和在 t_j 时刻的位置是不同的,而且有

$$\boldsymbol{r}(t)=\boldsymbol{r}(t_j)+(t-t_j)\boldsymbol{v} \tag{7.52}$$

或

$$\boldsymbol{r}(t_j)=\boldsymbol{r}(t)-(t-t_j)\boldsymbol{v}. \tag{7.53}$$

将上式代入式(7.51)得

$$E_j(\boldsymbol{r},t_j)=A(\omega_j,t_j)\mathrm{e}^{\mathrm{i}\boldsymbol{k}(\omega)\cdot[\boldsymbol{r}(t)-(t-t_j)\boldsymbol{v}]}\quad(j=1,2,3). \tag{7.54}$$

将上式代入式(7.50)后,可看出不同速度的原子,其 $\boldsymbol{\rho}^{(3)}(t)$是不同的.若速度为 $\boldsymbol{v}$ 者用$\boldsymbol{\rho}^{(3)}(t,\boldsymbol{v})$表示,则

$$\begin{aligned}\boldsymbol{\rho}^{(3)}(t,\boldsymbol{v})=&-\frac{1}{4}\left(\frac{1}{\mathrm{i}\hbar}\right)^3\mathrm{e}^{\mathrm{i}[\boldsymbol{k}(\omega_1)+\boldsymbol{k}(\omega_2)+\boldsymbol{k}(\omega_3)]\cdot[\boldsymbol{r}(t)-\boldsymbol{v}t]}\cdot\sum_{g,p,r,s}|s\rangle\langle g|\\&\cdot\rho_{gg}^{(0)}\langle s|\mathscr{P}\cdot\boldsymbol{a}_3|r\rangle\langle r|\mathscr{P}\cdot\boldsymbol{a}_2|p\rangle\langle p|\mathscr{P}\cdot\boldsymbol{a}_1|g\rangle\\&\cdot\mathrm{e}^{-\Gamma_{sg}t-\mathrm{i}\omega_{sg}t}\int_{-\infty}^{t}\mathrm{d}t_3A(\omega_3,t_3)\mathrm{e}^{[\mathrm{i}(\omega_{sr}-\omega_3)+\Gamma_{sg}-\Gamma_{rg}+\mathrm{i}\boldsymbol{k}(\omega_3)\cdot\boldsymbol{v}]t_3}\\&\cdot\int_{-\infty}^{t_3}\mathrm{d}t_2A(\omega_2,t_2)\mathrm{e}^{[\mathrm{i}(\omega_{rp}-\omega_2)+\Gamma_{rg}-\Gamma_{pg}+\mathrm{i}\boldsymbol{k}(\omega_2)\cdot\boldsymbol{v}]t_2}\\&\cdot\int_{-\infty}^{t_2}\mathrm{d}t_1A(\omega_1,t_1)\mathrm{e}^{[\mathrm{i}(\omega_{pg}-\omega_1)+\Gamma_{pg}+\mathrm{i}\boldsymbol{k}(\omega_1)\cdot\boldsymbol{v}]t_1}.\end{aligned} \tag{7.55}$$

在得到上式时,曾用到以下关系:$\omega_{sg}-\omega_{rg}=\omega_{sr}$ 及 $\omega_{rg}-\omega_{pg}=\omega_{rp}$.

如果作用于介质的光脉冲是足够短的超短脉冲,则有

$$\begin{aligned}&\int_{-\infty}^{t}\mathrm{d}t_jA(\omega_j,t_j)\mathrm{e}^{[\mathrm{i}(\omega_{lk}-\omega_j)+\Gamma_{mn}+\mathrm{i}\boldsymbol{k}(\omega_j)\cdot\boldsymbol{v}]t_j}\\&\qquad\simeq\mathrm{e}^{[\Gamma_{mn}+\mathrm{i}\boldsymbol{k}(\omega_j)\cdot\boldsymbol{v}]t_{j0}}\int_{-\infty}^{t}\mathrm{d}t_jA(\omega_j,t_j)\mathrm{e}^{\mathrm{i}(\omega_{lk}-\omega_j)t_j}\quad(j=1,2,3),\end{aligned} \tag{7.56}$$

其中 t_{j0}是第 j 个光脉冲振幅 $A(\omega_j,t_j)$最大值对应的时间.于是,式

(7.55)演化为

$$\boldsymbol{\rho}^{(3)}(t,\boldsymbol{v}) = -\frac{1}{4}\left(\frac{1}{\mathrm{i}\hbar}\right)^3 \mathrm{e}^{\mathrm{i}[\boldsymbol{k}(\omega_1)+\boldsymbol{k}(\omega_2)+\boldsymbol{k}(\omega_3)]\cdot\boldsymbol{r}(t)} \cdot \sum_{g,p,r,s} |s\rangle\langle g|$$
$$\cdot \rho_{gg}^{(0)}\langle s|\mathscr{P}\cdot\boldsymbol{a}_3|r\rangle\langle r|\mathscr{P}\cdot\boldsymbol{a}_2|p\rangle\langle p|\mathscr{P}\cdot\boldsymbol{a}_1|g\rangle \mathrm{e}^{-\mathrm{i}\omega_{sg}t}$$
$$\cdot \mathrm{e}^{-\Gamma_{sg}(t-t_{30})-\Gamma_{rg}(t_{30}-t_{20})-\Gamma_{pg}(t_{20}-t_{10})} \mathrm{e}^{-\mathrm{i}\theta(\boldsymbol{v},t)} \int_{-\infty}^{t} \mathrm{d}t_3 A(\omega_3,t_3)\mathrm{e}^{\mathrm{i}(\omega_{sr}-\omega_3)t_3}$$
$$\cdot \int_{-\infty}^{t} \mathrm{d}t_2 A(\omega_2,t_2)\mathrm{e}^{\mathrm{i}(\omega_{rp}-\omega_2)t_2} \int_{-\infty}^{t} \mathrm{d}t_1 A(\omega_1,t_1)\mathrm{e}^{\mathrm{i}(\omega_{pg}-\omega_1)t_1}, \tag{7.57}$$

其中

$$\theta(\boldsymbol{v},t) = \boldsymbol{v}\cdot[\boldsymbol{k}(\omega_3)(t-t_{30})+\boldsymbol{k}(\omega_2)(t-t_{20})+\boldsymbol{k}(\omega_1)(t-t_{10})], \tag{7.58}$$

$\boldsymbol{\rho}^{(3)}(t)$应是$\boldsymbol{\rho}^{(3)}(t,\boldsymbol{v})$的速度平均值. 设$g(\boldsymbol{v})$是原子系统的速度分布函数,则有

$$\boldsymbol{\rho}^{(3)}(t) = \int_{-\infty}^{\infty} g(\boldsymbol{v})\boldsymbol{\rho}^{(3)}(t,\boldsymbol{v})\mathrm{d}\boldsymbol{v}. \tag{7.59}$$

再利用

$$\boldsymbol{P}^{(3)}(t) = \mathrm{tr}[-Ne\boldsymbol{r}\boldsymbol{\rho}^{(3)}(t)], \tag{7.60}$$

便可得到介质中产生的极化波$\boldsymbol{P}^{(3)}(t)$. 该极化波的辐射便产生四波混频信号.

下面为了讨论如何用瞬态四波混频进行超快弛豫速率测量,假定g,p,r,s是原子系统特定的四个能态. 又设$\omega_1\simeq\omega_{pg}$,$\omega_2\simeq\omega_{rp}$,$\omega_3\simeq\omega_{sr}$,这时因为只当$\omega_j\simeq\omega_{mn}$时

$$\int_{-\infty}^{t} \mathrm{d}t_j A(\omega_j,t_j)\mathrm{e}^{\mathrm{i}(\omega_{mn}-\omega_j)t_j}$$

才有显著数值(否则几乎为0),所以式(7.57)等号右边的求和号可以去掉,亦即只保留与上述特定的四个能态有关的三重共振项. 于是,由式(7.59)及(7.60)便可得

$$\boldsymbol{P}^{(3)}(\omega_4,t)=\boldsymbol{C}\mathrm{e}^{-\mathrm{i}\omega_{sg}t+\mathrm{i}[\boldsymbol{k}(\omega_1)+\boldsymbol{k}(\omega_2)+\boldsymbol{k}(\omega_3)]\cdot\boldsymbol{r}(t)}\int_{-\infty}^{\infty}\mathrm{d}\boldsymbol{v}g(\boldsymbol{v})\mathrm{e}^{-\mathrm{i}\theta(\boldsymbol{v},t)}$$

$$\cdot\,\mathrm{e}^{-\Gamma_{sg}(t-t_{30})-\Gamma_{rg}(t_{30}-t_{20})-\Gamma_{pg}(t_{20}-t_{10})},\tag{7.61}$$

其中 $\boldsymbol{C}$ 是与波矢 $\boldsymbol{k}(\omega_j)$ 无关的矢量.

式(7.61)说明，在三个脉冲光波的相继作用下，介质中产生了频率为 ω_{sg}、波矢为 $\boldsymbol{K}=\boldsymbol{k}(\omega_1)+\boldsymbol{k}(\omega_2)+\boldsymbol{k}(\omega_3)$、振幅为

$$\boldsymbol{C}\int_{-\infty}^{\infty}\mathrm{d}\boldsymbol{v}g(\boldsymbol{v})\mathrm{e}^{-\mathrm{i}\theta(\boldsymbol{v},t)}\left[\mathrm{e}^{-\Gamma_{sg}(t-t_{30})-\Gamma_{rg}(t_{30}-t_{20})-\Gamma_{pg}(t_{20}-t_{10})}\right]\tag{7.62}$$

的极化波. 该极化波的辐射便会产生四波混频信号，亦即频率为 ω_{sg} 的脉冲光波，但必须满足相位匹配条件

$$\boldsymbol{k}(\omega_{sg})=\boldsymbol{K}=\boldsymbol{k}(\omega_1)+\boldsymbol{k}(\omega_2)+\boldsymbol{k}(\omega_3),\tag{7.63}$$

通常是通过适当配置三束脉冲光的入射方向得以实现的.

另外，为使振幅中的积分满足

$$\int_{-\infty}^{\infty}\mathrm{d}\boldsymbol{v}g(\boldsymbol{v})\mathrm{e}^{-\mathrm{i}\theta(\boldsymbol{v},t)}=1$$

而使振幅最大，又要求对任一速度 $\boldsymbol{v}$ 都有 $\theta(\boldsymbol{v},t)=0$. 此条件决定脉冲光波的输出时刻 t_e，亦即它由求解方程 $\theta(\boldsymbol{v},t_e)=0$(对任意 $\boldsymbol{v}$)或方程(参看式(7.58))

$$\boldsymbol{k}(\omega_3)(t_e-t_{30})+\boldsymbol{k}(\omega_2)(t_e-t_{20})+\boldsymbol{k}(\omega_1)(t_e-t_{10})=\boldsymbol{0}\tag{7.64}$$

得到. 为了符合因果律，必须满足 $t_e\geqslant t_{30}$，因此只有上述方程存在这样的解，才会有四波混频输出.

综上所述，当三个超短脉冲光波相继作用于介质，在满足相位匹配条件时，只要方程(7.64)存在 $t_e\geqslant t_{30}$ 的解，则在三个光脉冲过后的某个时刻 t_e，会在一特定方向(矢量 $\boldsymbol{K}$ 的方向)发射一个回波光脉冲，如图 7.16 所示.

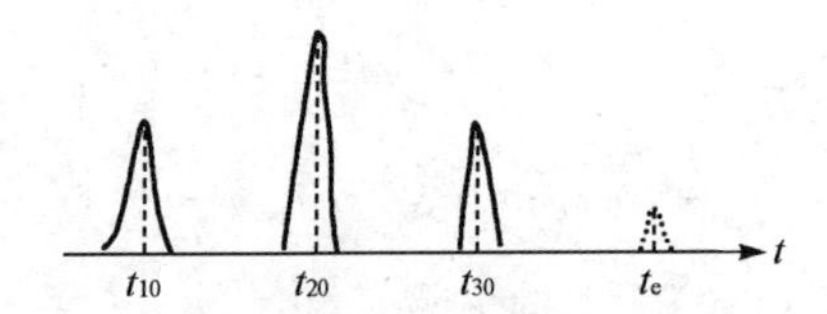

图 7.16　瞬态四波混频产生的回波光脉冲

特别是,回波光脉冲的强度 $I(t_e)$应与极化波振幅(式(7.62))的平方成正比,因而有

$$I(t_e) \propto e^{-2\Gamma_{sg}(t_e-t_{30})-2\Gamma_{rg}(t_{30}-t_{20})-2\Gamma_{pg}(t_{20}-t_{10})}. \tag{7.65}$$

因此,改变三个入射脉冲光的入射时间间隔,测量输出光脉冲的强度变化,即可确定弛豫速率 Γ_{sg},Γ_{rg},Γ_{pg}. 由于可选择三个脉冲光波的频率对任意能级对共振,而它们之间的混频又可在 $\omega_1 \pm \omega_2 \pm \omega_3$ 中任意选择正、负号,所以用这种方法可测量各种能级的纵向和失相弛豫参数.

应当指出,上述有关瞬态四波混频中回波脉冲产生的理论是在气体的多普勒增宽体系中建立的,但在固体分立能级的其他非均匀增宽体系中也适用[24].

参考文献

[1] Oudar J L, Shen Y R. Phys. Rev. A, 1980, 22: 1141.

[2] Bloembergen N. // Walther H, Rothe K W. ed. Laser spectroscopy Ⅳ. Berlin: Springer-Verlag, 1979: 3.

[3] Maker P D, Terhune R W. Phys. Rev. A, 1965, 137: 801.

[4] Wynne J J. Phys. Rev. Lett., 1972, 29: 650.

[5] Levenson M D, Bloembergen N. J. Chem. Phys., 1974, 60: 1323.

[6] Levenson M D. IEEE J. Quant. Electr., 1974, 10: 110.

[7] Bloembergen N, Lotem H, et al. Indian J. Pure Appl. Phys., 1978, 16: 151.

[8] Eesley G I. Coherent raman spectroscopy. NY: Pergamon, 1981.

[9] Harvey A B, Nibler J W. Appl. Spectr. Rev., 1978, 14: 101.
[10] Bloembergen N. Science, 1982, 216: 1057.
[11] Akhmanov S A, Bunkin A F, et al. JETP Lett., 1977, 25: 46.
[12] Oudar J L, Smith R W, Shen Y R. Appl. Phys. Lett., 1979, 34: 758.
[13] Prior Y, Bogdan A R, et al. Phys. Rev. Lett., 1981, 46: 111.
[14] Bogdan A R, Downer M, Bloembergen N. Phys. Rev. A, 1981, 24: 523.
[15] McKellar A R W, Oka T, Stoicheff B P. ed. Laser spectroscopy Ⅴ. Berlin: Springer-Verlag, 1981.
[16] Rothberg L J, Bloembergen N. Phys. Rev. A, 1984, 30: 820.
[17] Fisher R A. ed. Optical phase conjugation. NY: Academic, 1963.
[18] Bogdan A R, Dower M W, Bloembergen N. Opt. Lett., 1981, 6: 348.
[19] Rothberg L J, Bloembergen N. Phys. Rev. A, 1984, 30: 2327.
[20] Scholz R, Mlynek J, Lange W. Phys. Rev. Lett., 1983, 51: 1761.
[21] Bloembergen N, Zou Y H, Rothberg L J. Phys. Rev. Lett., 1985, 54: 186.
[22] Saha S K, Hellwarth R W. Phys. Rev. A, 1983, 27: 919.
[23] Yu Z, Lu H, et al. Opt. Commun., 1987, 61: 287.
[24] Ye P X, Shen Y R. Phys. Rev. A, 1982, 25: 2183.

第八章　光感生折射率变化及其相关效应

§8.1　光感生折射率改变

已知光场 $E(\omega)=A(\omega)\exp\{-\mathrm{i}[\omega t-\boldsymbol{k}(\omega)\cdot\boldsymbol{r}]\}$ 作用于介质，通过 $\omega-\omega+\omega=\omega$ 的混频，会产生频率仍为 ω 的三阶极化：

$$P^{(3)}(\omega)=\varepsilon_0 3\chi^{(3)}(-\omega,\omega,-\omega,\omega)E(\omega)E^*(\omega)E(\omega)$$

$$=\varepsilon_0[3\chi^{(3)}(-\omega,\omega,-\omega,\omega)\,|\,E(\omega)\,|^2]E(\omega). \quad (8.1)$$

将它与光场所产生的频率也是 ω 的线性极化

$$P^{(1)}(\omega)=\varepsilon_0\chi^{(1)}(\omega)E(\omega)$$

合并，则介质所产生的频率为 ω 的极化为

$$P(\omega)=\varepsilon_0[\chi^{(1)}(\omega)+3\chi^{(3)}(-\omega,\omega,-\omega,\omega)\,|\,E(\omega)\,|^2]E(\omega). \quad (8.2)$$

因为频率为 ω 的电位移矢量是

$$D(\omega)=\varepsilon_0 E(\omega)+P(\omega)=\varepsilon(\omega)E(\omega), \quad (8.3)$$

所以将式(8.2)代入式(8.3)，便得到

$$\varepsilon(\omega)=\varepsilon_0[1+\chi^{(1)}(\omega)+3\chi^{(3)}(-\omega,\omega,-\omega,\omega)\,|\,E(\omega)\,|^2], \quad (8.4)$$

从而频率为 ω 的折射率为

$$n(\omega)=\sqrt{\varepsilon(\omega)/\varepsilon_0}$$

$$=\sqrt{1+\chi^{(1)}(\omega)+3\chi^{(3)}(-\omega,\omega,-\omega,\omega)\,|\,E(\omega)\,|^2}. \quad (8.5)$$

因为已知在不考虑三阶极化(即只考虑线性极化)时折射率为

$$n_0(\omega)=\sqrt{1+\chi^{(1)}(\omega)}, \tag{8.6}$$

所以若令 $n(\omega)=n_0(\omega)+\Delta n(\omega)$,则当 $\Delta n(\omega)\ll n_0(\omega)$时,有

$$\Delta n(\omega)=\frac{3\chi^{(3)}(-\omega,\omega,-\omega,\omega)}{2n_0(\omega)}|E(\omega)|^2, \tag{8.7}$$

亦即在计及光对介质的三阶非线性作用后,介质的折射率发生了如式(8.7)所示的改变[1,2].又因光强 $I(\omega)\propto|E(\omega)|^2$,故折射率常表示为

$$n(\omega)=n_0(\omega)+n_2(\omega)I(\omega), \tag{8.8}$$

其中常数 $n_2(\omega)$称为非线性折射率.

一般而言,频率为 ω 的光不仅会使频率与之相同的折射率发生变化,也会使频率与之不同的折射率发生变化.这是因为频率为 ω 和 ω' ($\omega'\neq\omega$)的两束光(一般前者强,后者弱)同时作用,会在介质中产生频率为 ω' 的三阶极化:

$$\begin{aligned}P^{(3)}(\omega')&=\varepsilon_0 6\chi^{(3)}(-\omega',\omega,-\omega,\omega')E(\omega)E^*(\omega)E(\omega')\\&=\varepsilon_0[6\chi^{(3)}(-\omega',\omega,-\omega,\omega')|E(\omega)|^2]E(\omega'). \end{aligned}\tag{8.9}$$

将它与频率为 ω' 的光场产生的线性极化 $P^{(1)}(\omega')=\varepsilon_0\chi^{(1)}(\omega')E(\omega')$ 合并,且重复上面的推演,便可得

$$n(\omega')=n_0(\omega')+\Delta n(\omega',\omega), \tag{8.10}$$

其中

$$\Delta n(\omega',\omega)=\frac{6\chi^{(3)}(-\omega',\omega,-\omega,\omega')}{2n_0(\omega')}|E(\omega)|^2 \tag{8.11}$$

是频率为 ω 的光产生的频率为 ω' 的折射率改变.显然,它也与光强 $I(\omega)$成比例,但比例系数不同.

考虑到光场和极化强度均为矢量,介质既可各向同性,亦可各向异性,则上面的讨论均应作出修正[2].此时,光场感生的折射率变化主要体现在介质折射率椭球的形状发生了变化.

设 $E_i(\omega)$ ($i=1,2,3$)是光场 $\boldsymbol{E}(\omega)=\boldsymbol{A}(\omega)\exp\{-\mathrm{i}[\omega t-\boldsymbol{k}(\omega)\cdot\boldsymbol{r}]\}$

的三个分量，而 $P_i^{(3)}(\omega)$ 是所产生的三阶极化强度 $\boldsymbol{P}^{(3)}(\omega)$ 的三个分量，则有

$$P_i^{(3)}(\omega)=\sum_{j,k,l}\varepsilon_0 3\chi_{ijkl}^{(3)}(-\omega,\omega,-\omega,\omega) \cdot E_j(\omega)E_k^*(\omega)E_l(\omega)\quad(j,k,l=1,2,3).\tag{8.12}$$

与此同时，光场所产生的线性极化强度 $\boldsymbol{P}^{(1)}(\omega)$ 的 i 分量为

$$P_i^{(1)}(\omega)=\sum_l \varepsilon_0\chi_{il}^{(1)}(\omega)E_l(\omega).$$

二者合并后，得到介质所产生的频率为 ω 的极化强度 $\boldsymbol{P}(\omega)$ 的 i 分量为

$$P_i(\omega)=\sum_l \varepsilon_0\Big[\chi_{il}^{(1)}(\omega)+\sum_{j,k}3\chi_{ijkl}^{(3)}(-\omega,\omega,-\omega,\omega) \cdot E_j(\omega)E_k^*(\omega)\Big]E_l(\omega)\tag{8.13}$$

或
$$P_i(\omega)=\sum_l \varepsilon_0\big[\chi_{il}^{(1)}(\omega)+\Delta\chi_{il}(\omega)\big]E_l(\omega),\tag{8.14}$$

其中

$$\Delta\chi_{il}(\omega)=\sum_{j,k}3\chi_{ijkl}^{(3)}(-\omega,\omega,-\omega,\omega)E_j(\omega)E_k^*(\omega).\tag{8.15}$$

利用构造关系

$$\boldsymbol{D}(\omega)=\varepsilon_0\boldsymbol{E}(\omega)+\boldsymbol{P}(\omega)=\boldsymbol{\varepsilon}(\omega)\cdot\boldsymbol{E}(\omega)$$

及式(8.14)，不难证明此时介电张量 $\boldsymbol{\varepsilon}(\omega)$ 的张量元为

$$\varepsilon_{il}(\omega)=\varepsilon_0\big[1+\chi_{il}^{(1)}(\omega)+\Delta\chi_{il}(\omega)\big],\tag{8.16}$$

亦即考虑光场对介质的三阶非线性作用后，介电张量 $\boldsymbol{\varepsilon}(\omega)$ 的张量元 $\varepsilon_{il}(\omega)$ 由原来的数值 $\varepsilon_0[1+\chi_{il}^{(1)}(\omega)]$ 增加了 $\Delta\varepsilon_{il}(\omega)$，而且

$$\begin{aligned}\Delta\varepsilon_{il}(\omega)&=\varepsilon_0\Delta\chi_{il}(\omega)\\&=\varepsilon_0\sum_{j,k}3\chi_{ijkl}^{(3)}(-\omega,\omega,-\omega,\omega)E_j(\omega)E_k^*(\omega).\end{aligned}\tag{8.17}$$

已知折射率椭球在任意坐标系 $O\zeta_1\zeta_2\zeta_3$ 中可用以下方程表示：

$$\sum_{i,j}\eta_{ij}\zeta_i\zeta_j=1,\tag{8.18}$$

其中 9 个系数 $\eta_{ij}(i,j=1,2,3)$ 构成的张量

$$\boldsymbol{\eta} = \begin{pmatrix} \eta_{11} & \eta_{12} & \eta_{13} \\ \eta_{21} & \eta_{22} & \eta_{23} \\ \eta_{31} & \eta_{32} & \eta_{33} \end{pmatrix} \tag{8.19}$$

与介电张量 $\boldsymbol{\varepsilon}$ 之间存在关系：

$$\boldsymbol{\eta} \cdot \boldsymbol{\varepsilon} = \varepsilon_0. \tag{8.20}$$

因此，当 $\boldsymbol{\varepsilon}$ 的变化为 $\Delta\boldsymbol{\varepsilon}$ 时，$\boldsymbol{\eta}$ 也要发生变化 $\Delta\boldsymbol{\eta}$，而且在变化量不大时，有

$$\boldsymbol{\varepsilon} \cdot \Delta\boldsymbol{\eta} \cdot \boldsymbol{\varepsilon} = -\varepsilon_0 \Delta\boldsymbol{\varepsilon}. \tag{8.21}$$

由此式及式(8.17)，即可计算出考虑光场对介质的三阶非线性作用后折射率椭球形状的改变（用 $\Delta\boldsymbol{\eta}(\omega)$ 标志），而且这个改变与光波电场的二次项有关.

用类似方法，可分析频率为 ω 的光所感生的频率为 ω' 的折射率改变. 这时，代替式(8.12)，应该用下式进行讨论：

$$P_i^{(3)}(\omega') = \sum_{j,k,l} \varepsilon_0 6\chi_{ijkl}^{(3)}(-\omega', \omega, -\omega, \omega') E_j(\omega) E_k^*(\omega) E_l(\omega'). \tag{8.22}$$

它是频率为 ω 和 ω' ($\omega' \neq \omega$) 两束光（一般前者强，后者弱）同时作用后，在介质中产生的频率为 ω' 的三阶极化 $\boldsymbol{P}^{(3)}(\omega')$ 的 i 分量. 将它和频率为 ω' 的光场所产生的线性极化 $\boldsymbol{P}^{(1)}(\omega')$ 的 i 分量合并后，便得

$$P_i(\omega') = \sum_l \varepsilon_0 [\chi_{il}^{(1)}(\omega') + \Delta\chi_{il}(\omega', \omega)] E_l(\omega'), \tag{8.23}$$

其中

$$\Delta\chi_{il}(\omega', \omega) = \sum_{j,k} 6\chi_{ijkl}^{(3)}(-\omega', \omega, -\omega, \omega') E_j(\omega) E_k^*(\omega). \tag{8.24}$$

由此可得介电张量 $\boldsymbol{\varepsilon}(\omega')$ 的张量元为

$$\varepsilon_{il}(\omega') = \varepsilon_0 [1 + \chi_{il}^{(1)}(\omega') + \Delta\chi_{il}(\omega', \omega)], \tag{8.25}$$

亦即 $\varepsilon_{il}(\omega')$ 由原来的数值 $\varepsilon_0[1 + \chi_{il}^{(1)}(\omega')]$ 增加了 $\Delta\varepsilon_{il}(\omega', \omega)$，而且

$$\Delta\varepsilon_{il}(\omega',\omega)=\varepsilon_0\Delta\chi_{il}(\omega',\omega)$$
$$=\varepsilon_0\sum_{j,k}6\chi_{ijkl}^{(3)}(-\omega',\omega,-\omega,\omega')E_j(\omega)E_k^*(\omega). \quad (8.26)$$

它与频率为 ω 的光波电场的二次项有关，反映了频率为 ω 的光波对频率为 ω' 的光波传播特性的影响.

§8.2 光克尔效应与 RIKES

光克尔效应指的是在各向同性介质中光场感生的双折射现象. 从空间对称性考虑，在各向同性介质中，外加一线偏振光场，将破坏介质空间的对称性，由原来的各向同性转变为以光场偏振方向为轴的旋转对称性. 这时，介质便和任何单轴晶体一样，会对任意的另一束入射光呈现双折射现象. 从光学角度，这是由三阶极化产生的一种非线性光学现象，也是与光感生折射率变化相关的重要效应[3~6].

在各向同性介质三阶极化率张量的诸多张量元中，不为零的只有 $\chi_{iiii}=\chi_{1111}$，$\chi_{iijj}=\chi_{1122}$，$\chi_{ijij}=\chi_{1212}$ 和 $\chi_{ijji}=\chi_{1221}$ $(i,j=1,2,3)$，而且存在关系 $\chi_{1111}=\chi_{1122}+\chi_{1212}+\chi_{1221}$[2]. 因此，频率分别为 ω 和 ω' 的两个偏振光场 $\boldsymbol{E}(\omega)$ 和 $\boldsymbol{E}(\omega')$ 同时作用于各向同性介质，所产生的频率为 ω' 的三阶极化强度 $\boldsymbol{P}^{(3)}(\omega')$ 的任意分量

$$P_i^{(3)}(\omega')=\sum_{j,k,l}\varepsilon_0 6\chi_{ijkl}^{(3)}(-\omega',\omega,-\omega,\omega')E_j(\omega)E_k^*(\omega)E_l(\omega')$$
$$(i,j,k,l=1,2,3) \quad (8.27)$$

可化简为

$$P_i^{(3)}(\omega')=\sum_j\varepsilon_0 6[\chi_{1122}^{(3)}(-\omega',\omega,-\omega,\omega')E_i(\omega)E_j^*(\omega)E_j(\omega')$$
$$+\chi_{1212}^{(3)}(-\omega',\omega,-\omega,\omega')E_j(\omega)E_i^*(\omega)E_j(\omega')$$
$$+\chi_{1221}^{(3)}(-\omega',\omega,-\omega,\omega')E_j(\omega)E_j^*(\omega)E_i(\omega')]$$
$$(i=1,2,3). \quad (8.28)$$

设 $\boldsymbol{E}(\omega)$ 是在 x 方向偏振的光波（见图 8.1），亦即 $E_y(\omega)=$

$E_z(\omega)=0, E_x(\omega)=E(\omega)$，则由式(8.28)有

$$P_x^{(3)}(\omega') = \varepsilon_0 6\chi_{1111}^{(3)}(-\omega',\omega,-\omega,\omega') \mid E(\omega) \mid^2 E_x(\omega'), \tag{8.29}$$

$$P_y^{(3)}(\omega') = \varepsilon_0 6\chi_{1221}^{(3)}(-\omega',\omega,-\omega,\omega') \mid E(\omega) \mid^2 E_y(\omega'), \tag{8.30}$$

$$P_z^{(3)}(\omega') = \varepsilon_0 6\chi_{1221}^{(3)}(-\omega',\omega,-\omega,\omega') \mid E(\omega) \mid^2 E_z(\omega'). \tag{8.31}$$

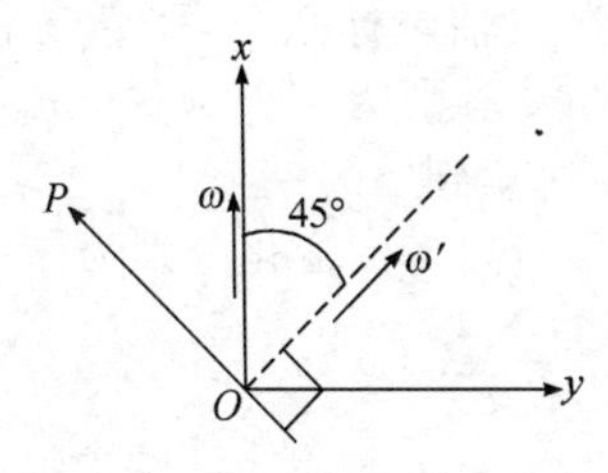

图 8.1 光克尔效应的观测

泵浦光 ω 与探测光 ω' 均沿 z 方向传播，前者沿 x 方向偏振. 后者的偏振方向与 x 方向成 45°角；P 为检偏方向.

将它们与光场 $\boldsymbol{E}(\omega')$ 所产生的线性极化强度合并后得到

$$P_x(\omega') = \varepsilon_0[\chi^{(1)}(\omega') + \Delta\chi_{xx}(\omega',\omega)]E_x(\omega'), \tag{8.32}$$

$$P_y(\omega') = \varepsilon_0[\chi^{(1)}(\omega') + \Delta\chi_{yy}(\omega',\omega)]E_y(\omega'), \tag{8.33}$$

$$P_z(\omega') = \varepsilon_0[\chi^{(1)}(\omega') + \Delta\chi_{zz}(\omega',\omega)]E_z(\omega'), \tag{8.34}$$

其中

$$\Delta\chi_{xx}(\omega',\omega) = 6\chi_{1111}^{(3)}(-\omega',\omega,-\omega,\omega') \mid E(\omega) \mid^2, \tag{8.35}$$

$$\Delta\chi_{yy}(\omega',\omega) = 6\chi_{1221}^{(3)}(-\omega',\omega,-\omega,\omega') \mid E(\omega) \mid^2, \tag{8.36}$$

$$\Delta\chi_{zz}(\omega',\omega)=\Delta\chi_{yy}(\omega',\omega). \tag{8.37}$$

由此可知，由于频率为 ω 的光波的存在，频率为 ω' 的介电常数也由各向同性的常数改变为各向异性的张量，张量的主轴就是上述 x，y，z 轴，主张量元的变化则分别为

$$\Delta\varepsilon_{xx}(\omega',\omega)=\varepsilon_0\Delta\chi_{xx}(\omega',\omega)$$
$$=\varepsilon_0 6\chi_{1111}^{(3)}(-\omega',\omega,-\omega,\omega')\mid E(\omega)\mid^2, \quad (8.38)$$

$$\Delta\varepsilon_{yy}(\omega',\omega)=\varepsilon_0\Delta\chi_{yy}(\omega',\omega)$$
$$=\varepsilon_0 6\chi_{1221}^{(3)}(-\omega',\omega,-\omega,\omega')\mid E(\omega)\mid^2 \quad (8.39)$$

$$\Delta\varepsilon_{zz}(\omega',\omega)=\Delta\varepsilon_{yy}(\omega',\omega). \quad (8.40)$$

相应地,此时介质折射率椭球的形状也由球形变成以 x 轴为旋转轴的旋转椭球.已知在主轴坐标系下,张量 $\boldsymbol{\eta}$ 的非对角元均为零,对角元与主折射率的关系则为 $\eta_{xx}=n_x^{-2}$, $\eta_{yy}=n_y^{-2}$, $\eta_{zz}=n_z^{-2}$. 于是,利用式(8.21),并注意到 $\Delta\eta_{jj}=-2n_j^{-3}\Delta n_j$ 及 $n_j^2=\varepsilon_{jj}/\varepsilon_0\,(j=x,y,z)$,便可得到三个主折射率的变化分别为

$$\Delta n_x(\omega',\omega)=\frac{1}{2n(\omega')\varepsilon_0}\Delta\varepsilon_{xx}(\omega',\omega)$$
$$=\frac{1}{2n(\omega')}6\chi_{1111}^{(3)}(-\omega',\omega,-\omega,\omega')\mid E(\omega)\mid^2, \quad (8.41)$$

$$\Delta n_y(\omega',\omega)=\frac{1}{2n(\omega')\varepsilon_0}\Delta\varepsilon_{yy}(\omega',\omega)$$
$$=\frac{1}{2n(\omega')}6\chi_{1221}^{(3)}(-\omega',\omega,-\omega,\omega')\mid E(\omega)\mid^2, \quad (8.42)$$

$$\Delta n_z(\omega',\omega)=\Delta n_y(\omega',\omega). \quad (8.43)$$

换言之,在上述频率为 ω 的光波作用下,频率为 ω' 的折射率椭球的主折射率为

$$n_x(\omega')=n(\omega')+\Delta n_x(\omega',\omega), \quad n_y(\omega)=n_z(\omega)=n(\omega')+\Delta n_y(\omega',\omega),$$

从而其双折射度为

$$\delta n(\omega')=n_x(\omega')-n_y(\omega')$$
$$=\Delta n_x(\omega',\omega)-\Delta n_y(\omega',\omega). \quad (8.44)$$

将式(8.41)和(8.42)代入上式可得[5,6]

$$\delta n(\omega')=\frac{3}{n(\omega')}\left[\chi_{1122}^{(3)}(-\omega',\omega,-\omega,\omega')\right.$$
$$\left.+\chi_{1212}^{(3)}(-\omega',\omega,-\omega,\omega')\right]\mid E(\omega)\mid^2, \quad (8.45)$$

亦即光感生的双折射度与频率为 ω 的光波的光强成正比.

为观察上述光感生双折射的存在,通常令光波 ω① 较强(称为泵浦光),而光波 ω'很弱(称为探测光),并令两者都沿 z 方向传播,但前者沿 x 轴偏振,而后者在 Oxy 平面内与 x 轴成 45°角方向偏振. 同时,当后者通过介质后,再让其通过一检偏器,该检偏器只允许与原来的偏振方向相正交的偏振光通过(所谓“交叉偏振法”),如图 8.1所示[4]. 当不存在光波 ω 时,光波 ω'不能通过检偏器,因此观测不到信号. 但当存在光波 ω 时,由于光感生双折射的存在,光波 ω'的 x 分量 $E_x(\omega')$(相应的折射率为 $n_x(\omega')$)和 y 分量 $E_y(\omega')$(相应的折射率为 $n_y(\omega')$)之间,在通过介质后将有一相位差

$$\delta\phi=\left[\frac{n_x(\omega')\omega'}{c}-\frac{n_y(\omega')\omega'}{c}\right]L=\frac{\omega'}{c}\delta n(\omega')L, \tag{8.46}$$

其中 L 是介质的长度. 因此,若此时光波 ω'的 x 分量为 $E_x(\omega')=E(\omega')$,则 y 分量为 $E_y(\omega')=E(\omega')\exp(-\mathrm{i}\delta\phi)$. 从而,经过上述检偏器后,光波 ω'的光强为

$$\begin{aligned} I(\omega') &\propto |E_x(\omega')\cos 45^\circ - E_y(\omega')\sin 45^\circ|^2 \\ &= |E(\omega')|^2\sin^2(\delta\phi/2). \end{aligned} \tag{8.47}$$

换言之,光感生双折射的存在使检偏器输出不再是零.

拉曼感生克尔效应光谱术

利用非线性极化率的置换对称性,式(8.45)可改写为

$$\begin{aligned} \delta n(\omega') = \frac{3}{n(\omega')}\big[&\chi^{(3)}_{1221}(-\omega',\omega',-\omega,\omega) \\ &+\chi^{(3)}_{1212}(-\omega',\omega',-\omega,\omega)\big]|E(\omega)|^2. \end{aligned} \tag{8.48}$$

同时已知当介质中存在一对拉曼能级 g 和 g' 且 $\omega'-\omega=\omega_{g'g}$ 时,$\chi^{(3)}_{1221}(-\omega',\omega',-\omega,\omega)$ 和 $\chi^{(3)}_{1212}(-\omega',\omega',-\omega,\omega)$ 均将出现共振增强,并可分别表示为共振部分与非共振部分之和:

$$\chi^{(3)}_{1221}(-\omega',\omega',-\omega,\omega)=\chi^{(3)}_{\mathrm{R},1221}(-\omega',\omega',-\omega,\omega)$$

① 即频率为 ω 的光波.

$$
\begin{aligned}
&\qquad\qquad\qquad\quad + \chi^{(3)}_{\mathrm{NR},1221}(-\omega',\omega',-\omega,\omega),\\
&\chi^{(3)}_{1212}(-\omega',\omega',-\omega,\omega) = \chi^{(3)}_{\mathrm{R},1212}(-\omega',\omega',-\omega,\omega)\\
&\qquad\qquad\qquad\quad + \chi^{(3)}_{\mathrm{NR},1212}(-\omega',\omega',-\omega,\omega),
\end{aligned}
$$

其中非共振部分对 $\omega'-\omega$ 的变化不敏感. 因此,当调谐频差 $\omega'-\omega$ 时,光波 ω 所感生的对频率为 ω' 的双折射度 $\delta n(\omega')$ 将在 $\omega'-\omega=\omega_{g'g}$ 附近出现极大. 此现象称为拉曼感生克尔效应[7]. 由极大的位置及调谐曲线形状即可确定这对拉曼能级的间距. 基于此种思路所发展的非线性光谱术称为拉曼感生克尔效应光谱术(Raman induced Kerr effect spectroscopy, RIKES)[7~9].

具体可采取以下实验方案. 令泵浦光 ω 和探测光 ω' 均沿 z 轴入射到待测介质,泵浦光在 x 和 y 轴的角平分线上偏振,探测光入射时在 x 方向偏振. 由于光克尔效应,通过介质后的探测光将出现 y 方向的偏振成分,设其强度为 $I_y(\omega')$. 调谐 $\omega'-\omega$,测量 $I_y(\omega')$-$(\omega'-\omega)$ 曲线,便可确定 $\omega_{g'g}$. 这是因为 $I_y(\omega')\propto|P^{(3)}_y(\omega')|^2$,而根据式(8.28)有(忽略相互作用后探测光出现的微小的 y 分量)

$$
\begin{aligned}
P^{(3)}_y(\omega') = 6\varepsilon_0[&\chi^{(3)}_{1122}(\omega',\omega,-\omega,\omega')E_y(\omega)E^*_x(\omega)E_x(\omega')\\
&+\chi^{(3)}_{1212}(\omega',\omega,-\omega,\omega')E_x(\omega)E^*_y(\omega)E_x(\omega')]. \qquad (8.49)
\end{aligned}
$$

考虑到现在有 $E_y(\omega)=E_x(\omega)=E(\omega)$,再利用 $\chi^{(3)}$ 的置换对称性,便得出

$$
\begin{aligned}
I_y(\omega')\propto&|\chi^{(3)}_{1221}(\omega',\omega',-\omega,\omega)+\chi^{(3)}_{1212}(\omega',\omega',-\omega,\omega)|^2\\
&\cdot|E(\omega)|^4|E_x(\omega')|^2.
\end{aligned}
$$

将测定的 $I_y(\omega')$-$(\omega'-\omega)$ 曲线与由上式得到的理论曲线拟合即可定出 $\omega_{g'g}$. 但由于

$$
\begin{aligned}
\chi^{(3)} &= \chi^{(3)}_{1221}(\omega',\omega',-\omega,\omega)+\chi^{(3)}_{1212}(\omega',\omega',-\omega,\omega)\\
&= \chi^{(3)}_{\mathrm{R}}+\chi^{(3)}_{\mathrm{NR}},
\end{aligned}
$$

故共振信号是叠加在非共振信号之上的. 因此当前者较弱时,容易被作为背底的后者所掩盖.

为了消除非共振的背底,可改用圆偏振的泵浦光. 这时因泵浦

光的 x 和 y 分量之间有 90°的相位差，亦即 $E_y(\omega)=\pm iE_x(\omega)$，故由式(8.49)得

$$I_y(\omega')\propto|\chi_{1221}^{(3)}(\omega',\omega',-\omega,\omega)-\chi_{1212}^{(3)}(\omega',\omega',-\omega,\omega)|^2 \cdot|E(\omega)|^4|E_x(\omega')|^2. \tag{8.50}$$

由于 $\chi_{NR,ijkl}^{(3)}$ 对频率不敏感，故具有 Kleinman 对称，从而有

$$\chi_{NR,1221}^{(3)}(\omega',\omega',-\omega,\omega)=\chi_{NR,1212}^{(3)}(\omega',\omega',-\omega,\omega).$$

于是，信号 $I_y(\omega')$ 中的非共振部分为零. 然而对于共振部分，Kleinman 对称不适用，故一般有

$$\chi_{R,1221}^{(3)}(\omega',\omega',-\omega,\omega)\neq\chi_{R,1212}^{(3)}(\omega',\omega',-\omega,\omega),$$

从而仍有信号测出，并据此确定 $\omega_{g'g}$. 用这种方法便可大大提高探测灵敏度.

与讨论偏振 CARS 相类似，现在探测到的是 $|\chi_R^{(3)}|^2$，区分不开 $\chi_R^{(3)}$ 的实部和虚部. 为单独探测 $Re[\chi_R^{(3)}]$ 和 $Im[\chi_e^{(3)}]$，和偏振 CARS 相类似，可采取以下方法：为探测 $Re[\chi_R^{(3)}]$，测量的信号不是探测光输出的 y 分量，而是与 y 轴形成一小夹角方向的分量；为探测 $Im[\chi_R^{(3)}]$，在此基础上，还要在光路中插入一块 1/4 波片(细节可参考§7.1 中有关偏振 CARS 的讨论或有关文献[8,9]).

§8.3 光感生的偏振态变化

光波在各向同性介质中传播，由于与介质的非线性相互作用，在有些情况下其自身的偏振态也会改变[5,6].

首先要指出，正如§8.2 论证过的，线偏振光作用于各向同性介质后，介质的折射率椭球将由球形变成以偏振方向为旋转轴的旋转椭球，因此该线偏振光在其中传播时，只会改变自身的相位，而不会改变自身的偏振状态. 然而，圆和椭圆偏振光又将如何呢？

在各向同性介质中，频率为 ω 的光波 $\boldsymbol{E}(\omega)$ 与所产生的同频率三阶极化强度 $\boldsymbol{P}^{(3)}(\omega)$ 之间的关系可类似式(8.28)表示为

$$P_i^{(3)}(\omega)=\sum_j \varepsilon_0 3[\chi_{1122}^{(3)}(-\omega,\omega,-\omega,\omega)E_i(\omega)E_j^*(\omega)E_j(\omega)$$
$$+\chi_{1212}^{(3)}(-\omega,\omega,-\omega,\omega)E_j(\omega)E_i^*(\omega)E_j(\omega)$$
$$+\chi_{1221}^{(3)}(-\omega,\omega,-\omega,\omega)E_j(\omega)E_j^*(\omega)E_i(\omega)]$$
$$(i,j=x,y,z). \tag{8.51}$$

设光波沿 z 方向传播,故光场只有 x 和 y 分量,并表示为 $\boldsymbol{E}(\omega)=E_x(\omega)\boldsymbol{a}_x+E_y(\omega)\boldsymbol{a}_y$,其中 $\boldsymbol{a}_x$ 和 $\boldsymbol{a}_y$ 是相应方向的线偏振单位矢量.但该光场亦可表示为 $\boldsymbol{E}(\omega)=E_+(\omega)\boldsymbol{a}_++E_-(\omega)\boldsymbol{a}_-$,其中 $\boldsymbol{a}_+=(\sqrt{2})^{-1}(\boldsymbol{a}_x-\mathrm{i}\boldsymbol{a}_y)$, $\boldsymbol{a}_-=(\sqrt{2})^{-1}(\boldsymbol{a}_x+\mathrm{i}\boldsymbol{a}_y)$为圆偏振单位矢量,而

$$E_+(\omega)=[E_x(\omega)+\mathrm{i}E_y(\omega)]/\sqrt{2}, \tag{8.52}$$
$$E_-(\omega)=[E_x(\omega)-\mathrm{i}E_y(\omega)]/\sqrt{2} \tag{8.53}$$

分别为光波的右旋和左旋圆偏振分量.同样,所产生的三阶极化强度也可用圆偏振分量表示为 $\boldsymbol{P}^{(3)}(\omega)=P_+^{(3)}(\omega)\boldsymbol{a}_++P_-^{(3)}(\omega)\boldsymbol{a}_-$,其中

$$P_+^{(3)}(\omega)=[P_x^{(3)}(\omega)+\mathrm{i}P_y^{(3)}(\omega)]/\sqrt{2}, \tag{8.54}$$
$$P_-^{(3)}(\omega)=[P_x^{(3)}(\omega)-\mathrm{i}P_y^{(3)}(\omega)]/\sqrt{2} \tag{8.55}$$

分别为其右旋和左旋圆偏振分量.

利用式(8.52)～(8.55),由式(8.51)可推得光场的圆偏振分量与所产生的三阶极化强度的圆偏振分量之间的关系式为

$$P_\pm^{(3)}(\omega)=\varepsilon_0 3\{[\chi_{1221}^{(3)}(-\omega,\omega,-\omega,\omega)+\chi_{1122}^{(3)}(-\omega,\omega,-\omega,\omega)]$$
$$\cdot|E_\pm(\omega)|^2+[\chi_{1221}^{(3)}(-\omega,\omega,-\omega,\omega)$$
$$+\chi_{1122}^{(3)}(-\omega,\omega,-\omega,\omega)+2\chi_{1212}^{(3)}(-\omega,\omega,-\omega,\omega)]$$
$$\cdot|E_\mp(\omega)|^2\}E_\pm(\omega). \tag{8.56}$$

当光波是右旋或左旋圆偏振时,有 $E_-(\omega)=0, E_+(\omega)\neq 0$ 或 $E_+(\omega)=0, E_-(\omega)\neq 0$.故由上式知,所产生的三阶极化强度分别有

$$P_-^{(3)}(\omega)=0, \tag{8.57}$$
$$P_+^{(3)}(\omega)=\varepsilon_0 3\{[\chi_{1221}^{(3)}(-\omega,\omega,-\omega,\omega)$$
$$+\chi_{1122}^{(3)}(-\omega,\omega,-\omega,\omega)]|E_+(\omega)|^2\}E_+(\omega) \tag{8.58}$$

或
$$P_{+}^{(3)}(\omega)=0,\tag{8.59}$$
$$P_{-}^{(3)}(\omega)=\varepsilon_0 3\{[\chi_{1221}^{(3)}(-\omega,\omega,-\omega,\omega)+\chi_{1122}^{(3)}(-\omega,\omega,-\omega,\omega)]\,|E_{-}(\omega)|^2\}E_{-}(\omega),\tag{8.60}$$
亦即右旋或左旋圆偏振光所产生的三阶极化只有右旋或左旋圆偏振分量.由此可知,无论左旋或右旋,圆偏振光在介质中产生的三阶极化对光波自身的偏振状态不会有影响,只会改变其相位,亦即在传播过程中偏振态将保持不变.

然而,椭圆偏振光则不同.已知任意椭圆偏振光 $\boldsymbol{E}(\omega)$ 都可分解为两个振幅不等的右旋和左旋圆偏振光之和,亦即
$$\boldsymbol{E}(\omega)=E_{+}(\omega)\boldsymbol{a}_{+}+E_{-}(\omega)\boldsymbol{a}_{-},\tag{8.61}$$
其中 $E_{+}(\omega)\neq E_{-}(\omega)$.它所产生的三阶极化亦可表示为右旋和左旋圆偏振两部分之和,亦即
$$\boldsymbol{P}^{(3)}(\omega)=P_{+}^{(3)}(\omega)\boldsymbol{a}_{+}+P_{-}^{(3)}(\omega)\boldsymbol{a}_{-},\tag{8.62}$$
其中 $P_{+}^{(3)}(\omega)$ 和 $P_{-}^{(3)}(\omega)$ 由式(8.56)给出.

将 $\boldsymbol{P}^{(3)}(\omega)$ 与线性极化项 $\boldsymbol{P}^{(1)}(\omega)$ 合并,得到
$$\boldsymbol{P}(\omega)=P_{+}(\omega)\boldsymbol{a}_{+}+P_{-}(\omega)\boldsymbol{a}_{-},\tag{8.63}$$
其中
$$P_{\pm}(\omega)=\varepsilon_0[\chi^{(1)}(\omega)+\Delta\chi_{\pm}(\omega)]E_{\pm}(\omega),\tag{8.64}$$
而
$$\begin{aligned}\Delta\chi_{\pm}(\omega)=3\{&[\chi_{1221}^{(3)}(-\omega,\omega,-\omega,\omega)+\chi_{1122}^{(3)}(-\omega,\omega,-\omega,\omega)]\\&\cdot|E_{\pm}(\omega)|^2+[\chi_{1221}^{(3)}(-\omega,\omega,-\omega,\omega)\\&+\chi_{1122}^{(3)}(-\omega,\omega,-\omega,\omega)+2\chi_{1212}^{(3)}(-\omega,\omega,-\omega,\omega)]\\&\cdot|E_{\mp}(\omega)|^2\}.\end{aligned}\tag{8.65}$$
由式(8.64)可知,考虑光波对介质的三阶非线性作用后,介电常数变为各向异性,对右旋和左旋圆偏振光场分别为
$$\varepsilon_{\pm}(\omega)=\varepsilon_0[1+\chi^{(1)}(\omega)\pm\Delta\chi_{\pm}(\omega)].\tag{8.66}$$
由此及介电常数与折射率的关系又可知,对右旋和左旋圆偏振光

的折射率分别为

$$n_{\pm}(\omega) = n(\omega) \pm \Delta n_{\pm}(\omega), \tag{8.67}$$

其中 $n(\omega)=[1+\chi^{(1)}(\omega)]^{1/2}$ 是各向同性介质在没有光作用时的折射率,而

$$\Delta n_{\pm}(\omega) = \frac{1}{2n(\omega)}\Delta\chi_{\pm}(\omega) \tag{8.68}$$

是光感生的折射率改变量.

将式(8.65)代入式(8.68)可知,当 $E_+(\omega)\neq E_-(\omega)$ 时,$\Delta n_+(\omega)\neq\Delta n_-(\omega)$,它们的差(即圆偏振双折射)是

$$\begin{aligned}\delta n_c(\omega) &= \Delta n_+(\omega) - \Delta n_-(\omega)\\ &= \frac{1}{2n(\omega)}6\chi^{(3)}_{1212}(-\omega,\omega,-\omega,\omega)[|E_-(\omega)|^2-|E_+(\omega)|^2].\end{aligned} \tag{8.69}$$

由于圆偏振双折射的存在,椭圆偏振光的右旋和左旋圆偏振两部分在经过距离 L 后将存在相位差,合成后会使椭圆偏振旋转一角度[1]:$\theta=(\omega/2c)\delta n_c(\omega)L$.

§8.4　光束自聚焦

如图 8.2 所示,设入射到介质的是单模激光束,其横截面上具有高斯强度分布 $I(r)$(r 是以中心为原点的径向坐标),中心处最强,越靠边缘越弱.

由于光束与介质的三阶非线性作用,介质的折射率将发生与光强成正比的改变,从而使折射率在横截面上也存在如下的分布:$n(r)=n_0+n_2I(r)$,其中 n_0 是介质没有光作用时的折射率,n_2 是非线性折射率.

当 $n_2>0$ 时,横截面中心处的折射率最大,越靠边缘越小.因此,波前的中心部分在介质中的传播速度最慢,越靠边缘速度越快,从而入射时的平面波前在传播过程中逐渐向入口方向凹陷,如图 8.2 所示.光束也如同经过一个正透镜,被逐渐聚焦.与此同时,

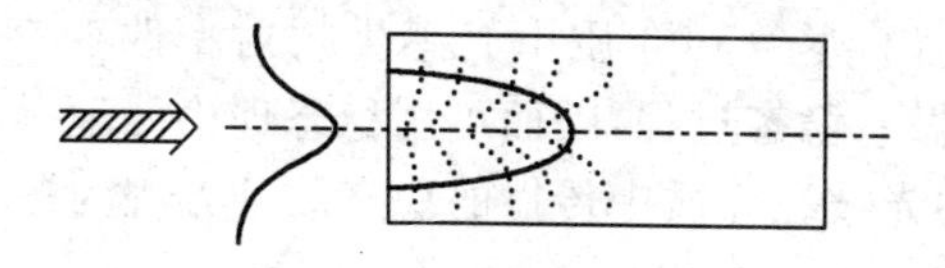

图 8.2 高斯光束的自聚焦

在光束截面缩小的过程中又会出现自衍射,它的作用却是让光束截面扩大.不过,因为自衍射使光束截面扩大的程度与自聚焦使光束截面缩小的程度,粗略而言,均与光束截面半径的平方成反比(由于自聚焦正比于光感生折射率改变,而后者正比于光强,在光束功率不变时,光强又与光束截面半径的平方成反比),故一旦自聚焦开始发生,自聚焦的增强总是大于自衍射的增强,从而使聚焦过程能保持下去.

分析表明,若要自聚焦作用大于自衍射作用,从而使聚焦过程得以开始,就要求 $\Delta n \geqslant 1/k^2 a^2$,其中 $\Delta n, k, a$ 分别是光感生折射率改变量、光波波矢量值和光束截面半径.在一般情况下,该条件在激光强度高于 1 mW/cm^2 即可满足,这在普通的脉冲激光中是容易做到的.因此,自聚焦作为一种重要的非线性光学现象,已被广泛深入研究[10~15].

在自聚焦的同时,光的功率密度大大增强,从而会伴随其他非线性光学效应的产生,常见的有受激布里渊效应、受激拉曼效应、双光子吸收、光学击穿等[13,15,16].反之,这些效应的发生又可能会终止自聚焦过程.

当自衍射作用和自聚焦作用大小相等时,二者的作用互相抵消,光束截面在继续向前传播时将保持不变,这称为光自陷(self-trapping)[15].但这种状态是不稳定的,光强的任何微小变化都会破坏它.

在分析自聚焦现象和建立自聚焦理论时要区分三种状态,亦即稳态、准稳态和瞬态.

稳态自聚焦

当激光束是连续激光或缓变的长脉冲激光时,在激光通过介质的全部时间内,尽管在介质中光感生折射率改变有一定响应时间,但均可看做一稳态过程,因而可用稳态理论处理[14,17,18].

已知描述光波在介质中传播的稳态波动方程为

$$\nabla^2 E + \left(\frac{n\omega}{c}\right)^2 E = 0, \tag{8.70}$$

其中 E 为光场,n 为介质的折射率. 考虑到光感生折射率改变,有

$$n = n_0 + \Delta n = n_0 + n_2 I(r). \tag{8.71}$$

设光波沿 z 方向传播,亦即 $E=A\exp[-\mathrm{i}(\omega t-kz)]$,其中波矢量值 $k=n_0\omega/c$;同时,由于振幅 A 不仅与 z 有关,且存在径向分布. 于是,在式(8.70)中,光场对 x 和 y 的微商不可忽略,但在 z 方向的微商仍可用缓变振幅近似:

$$\frac{\partial^2 E}{\partial z^2} \simeq \left(\mathrm{i}2k\frac{\partial A}{\partial z} - k^2 A\right)\mathrm{e}^{-\mathrm{i}(\omega t-kz)}. \tag{8.72}$$

从而考虑到 $\Delta n \ll n_0$ 后,该式可化简为

$$\nabla_\perp^2 A + 2\mathrm{i}k\frac{\partial A}{\partial z} + 2k^2\frac{\Delta n}{n_0}A = 0, \tag{8.73}$$

其中 $\nabla_\perp^2 = \partial^2/\partial x^2 + \partial^2/\partial y^2$, $\Delta n = n_2 I$.

代替 x,y,z,引入柱坐标 r,φ,z,再设激光束为单模激光(即 $\partial A/\partial\varphi=0$),便有

$$\nabla_\perp^2 A = \frac{1}{r}\frac{\partial}{\partial r}\left(r\frac{\partial A}{\partial r}\right). \tag{8.74}$$

将上式代入式(8.73),得

$$\frac{1}{r}\frac{\partial}{\partial r}\left(r\frac{\partial A}{\partial r}\right) + 2\mathrm{i}k\frac{\partial A}{\partial z} + 2k^2\frac{\Delta n}{n_0}A = 0. \tag{8.75}$$

因激光束不是平面波,一般设 $A=A(r,z)\exp[\mathrm{i}kS(r,z)]$,其中 $A(r,z)$是振幅函数,$S(r,z)$表示实际波面与平面波的相位差. 将该式代入式(8.75)等号左端,微商后令其实部和虚部分别为 0,便得到以下的联立方程:

$$2\frac{\partial A(r,z)}{\partial z} + \frac{\partial A(r,z)}{\partial r}\frac{\partial S}{\partial r} + A(r,z)\left(\frac{\partial^2 S}{\partial r^2} + \frac{1}{r}\frac{\partial S}{\partial r}\right) = 0, \tag{8.76}$$

$$2\frac{\partial S}{\partial z}+\left(\frac{\partial S}{\partial r}\right)^2=\frac{1}{k^2A(r,z)}\left[\frac{\partial^2 A(r,z)}{\partial r^2}+\frac{1}{r}\frac{\partial A(r,z)}{\partial r}\right]+\frac{2n_2}{n_0}I(r). \tag{8.77}$$

求解该联立方程,便可了解计及光感生折射率改变后,光束在介质中的传播规律.为此,我们先从物理角度进行分析:当 $n_2=0$,亦即忽略光感生折射率改变时,该方程组描述的就是激光束在线性介质中的传播规律.已知在这样的介质中激光束是以高斯光束形态传播的,因此高斯光束应是该方程组在 $n_2=0$ 时的解.由高斯光束的特征可知,此时应有

$$A(r,z)=\frac{A_0a_0}{a(z)}\mathrm{e}^{-r^2/2a^2(z)}, \tag{8.78}$$

$$S(r,z)=\frac{r^2}{2R(z)}+\phi(z), \tag{8.79}$$

其中

$$a(z)=a_0[1+(z/ka_0^2)^2]^{1/2}, \tag{8.80}$$

$$R(z)=z[1+(ka_0^2/z)^2]. \tag{8.81}$$

这里的 $a(z)$,$R(z)$和 $\phi(z)$分别是在 z 处的光斑尺寸、光束波阵面的曲率半径和附加相位.当 $n_2\neq0$ 时,这样的结果将不再是方程组(8.76)和(8.77)的解.不过,考虑到 $\Delta n\ll n_0$,仍可设想其解还保留式(8.78)和(8.79)的形式,但光斑尺寸和波阵面曲率半径随 z 的变化不能再分别用式(8,80)和(8.81)表示.在这样的考虑下,可设式(8.78)和(8.79)为方程组(8.76)和(8.77)的试探解.将其代入方程组并应用傍轴近似:

$$\mathrm{e}^{-r^2/2a^2(z)}=1-\frac{r^2}{2a^2(z)} \tag{8.82}$$

后,确实能确定试探解中 $a(z)$,$R(z)$和 $\phi(z)$的表示.这说明这样求解得到的结果至少在光束的中心部分是正确的.

下面我们只给出有关光斑尺寸 $a(z)$的求解结果,因为它与这里讨论的自聚焦有关:求解过程指出,$a(z)$由以下方程决定:

$$\frac{a^2(z)}{a_0^2}=\left(1-\frac{2n_2k^2}{n_0}P\right)\frac{z^2}{k^2a_0^4}+\left(1+\frac{z}{R_0}\right)^2,\qquad(8.83)$$

其中还要用到光束入射的起始条件：$a(0)=a_0$ 及 $R(0)=R_0$；而 P 则为入射激光束的功率，亦即

$$P=\int_0^\infty I(r)2\pi r\mathrm{d}r.$$

P 在光束传播过程中是不变量.

利用式(8.83)，可讨论稳态自聚焦的诸多特性. 首先看到，自聚焦存在所谓阈值. 设入射波面为平面，亦即 $R_0\to\infty$（相对于球面波面，它最容易产生自聚焦），此时式(8.83)简化为

$$a^2(z)=a_0^2\left[1+\left(1-\frac{2n_2k^2}{n_0}P\right)\frac{z^2}{k^2a_0^4}\right].\qquad(8.84)$$

可以看出，只有当 $(2n_2k^2/n_0)P\geqslant1$ 时，光斑尺寸 $a(z)$ 才会随传播距离 z 逐渐缩小. 换言之，存在临界功率

$$P_\mathrm{c}=\frac{n_0}{2n_2k^2}.\qquad(8.85)$$

只当激光功率 $P\geqslant P_\mathrm{c}$ 时，自聚焦才可能发生. 从物理上说，当 $P=P_\mathrm{c}$ 时，自聚焦使光束截面的缩小，正好抵消自衍射使光束截面的扩大.

令 $a(z)=0$，还可从式(8.84)求出当入射波面为平面时，自聚焦的焦点位置为

$$z_\mathrm{f}=\frac{ka_0^2}{(P/P_\mathrm{c}-1)^{1/2}}.\qquad(8.86)$$

显然，光束入射截面 a_0 越小，光束功率 P 越大，z_f 就越小，自聚焦程度便越高.

当入射波阵面为球面时，$R_0\nrightarrow\infty$，式(8.83)可改写为

$$\frac{a^2(z)}{a_0^2}=\left(1-\frac{P}{P_\mathrm{c}}\right)\frac{z^2}{k^2a_0^4}+\left(1+\frac{z}{R_0}\right)^2.\qquad(8.87)$$

在 $R_0<0$，亦即入射光为会聚光束时，令 $a(z)=0$，则上式解出

的焦点为

$$z_{\mathrm{f}}=\left[\frac{1}{|R_0|}\pm\frac{1}{ka_0^2}\left(\frac{P}{P_{\mathrm{c}}}-1\right)^{1/2}\right]^{-1}. \tag{8.88}$$

由于只当 $z_{\mathrm{f}}>0$ 时才有物理意义，故当入射光会聚程度不高，因而 $|R|$ 很大时，在上式的两个解中只有分母中取正号的解才实际存在. 但是，若入射光会聚程度高，使 $|R_0|<ka_0^2(P/P_{\mathrm{c}}-1)^{-1/2}$，则 z_{f} 存在两个均为正值的解. 换言之，这时将出现双焦点现象，分别落在原会聚光束焦点之前和之后.

在 $R_0>0$，亦即入射光为发散光束时，由式(8.87)解出

$$z_{\mathrm{f}}=\left[-\frac{1}{R_0}+\frac{1}{ka_0^2}\left(\frac{P}{P_{\mathrm{c}}}-1\right)^{1/2}\right]^{-1}. \tag{8.89}$$

无疑，只当 $R_0>ka_0^2(P/P_{\mathrm{c}}-1)^{-1/2}$ 时，z_{f} 才有意义. 换言之，只有当入射光的发散小于一定程度时，才会产生自聚焦.

图 8.3(a)～(d)分别表示出入射波阵面为平面、弱会聚入射、强会聚入射、低于一定程度的发散入射时的稳态自聚焦过程.

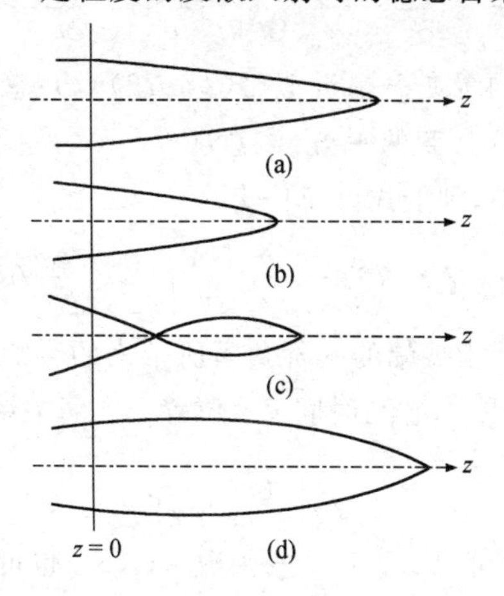

图 8.3 稳态自聚焦过程

(a) 入射波阵面为平面；(b) 弱会聚入射；(c) 强会聚入射；(d) 低于一定程度的发散入射.

准稳态自聚焦

若入射到介质的是短脉冲激光(例如 10^{-8} s),即使光感生折射率改变的响应时间(例如 10^{-11} s)远小于该脉冲激光振幅发生显著改变的时间,在分析自聚焦过程和特性时,仍然不能完全忽略振幅随时间变化带来的影响.反映在波动方程上,就是不能完全忽略振幅的时间微商,至少保留至一阶微商.这种情况下的自聚焦称为准稳态自聚焦.

设在介质中传播的短脉冲光波为 $E=A\exp[-\mathrm{i}(\omega t-kz)]$(这里振幅应表示为 $A=A(r,z,t)$).它应满足的显含时间的波动方程为

$$\nabla^2 E-\frac{1}{c^2}\frac{\partial^2[(n_0+\Delta n)^2 E]}{\partial t^2}=0, \tag{8.90}$$

其中

$$\Delta n=n_2 I(r,z,t) \tag{8.91}$$

为光感生折射率改变量.考虑到 $\Delta n\ll n_0$,方程(8.90)可化简为

$$\nabla_\perp^2 E+\frac{\partial^2 E}{\partial z^2}-\frac{n_0^2}{c^2}\frac{\partial^2 E}{\partial t^2}-\frac{2n_0}{c^2}\frac{\partial^2(\Delta n E)}{\partial t^2}=0. \tag{8.92}$$

利用对变量 z 的缓变振幅近似(式(8.72)),并忽略振幅对时间的二阶微商及一阶微商的平方(注意$I(r,z,t)\propto|E(r,z,t)|^2$),但保留其一阶微商项,则上式可简化为

$$\nabla_\perp^2 A+2\mathrm{i}k\left(\frac{\partial A}{\partial z}+\frac{n_0}{c}\frac{\partial A}{\partial t}\right)+2k^2\frac{\Delta n}{n_0}A=0. \tag{8.93}$$

为了分析保留振幅的一阶微商所带来的影响,引进被称做“约化时间”的新变量 ζ,它与时间 t 及位置 z 之间关系为

$$\zeta=t-\frac{z}{c/n_0}.$$

这样,振幅 A 既可看做 t 和 z 的函数 $A(t,z)$,也可看做 ζ 和 z 的函数

$$A(\zeta,z)=A\left(t=\zeta+\frac{z}{c/n_0},z\right).$$

因为

$$\frac{\partial A(\zeta,z)}{\partial z}=\frac{\partial A(t,z)}{\partial z}+\frac{\partial A(t,z)}{\partial t}\frac{\partial t}{\partial z}=\frac{\partial A(t,z)}{\partial z}+\frac{n_0}{c}\frac{\partial A(t,z)}{\partial t},\tag{8.94}$$

故有

$$\frac{\partial A(t,z)}{\partial z}=\frac{\partial A(\zeta,z)}{\partial z}-\frac{n_0}{c}\frac{\partial A(t,z)}{\partial t}.\tag{8.95}$$

将上式代入式(8.93)，便得到以 ζ 和 z 为变量的方程

$$\nabla_{\perp}^{2}A(\zeta,z)+2ik\frac{\partial A(\zeta,z)}{\partial z}+2k^2\frac{\Delta n}{n_0}A(\zeta,z)=0.\tag{8.96}$$

可以看出，只要将变量 ζ 换成变量 t，该方程与讨论稳态自聚焦时的方程(8.73)是完全一样的. 因此，后续的讨论完全可套用解方程(8.73)所得的结果，只需将时间 t 改成约化时间 $\zeta=t-n_0z/c$.

例如，同样存在自聚焦的临界功率 $P_c=n_0/2n_2k^2$. 在入射波阵面为平面时，焦点位置为(见式(8.86))

$$z_f(t)=ka_0{}^2\left[\frac{P(\zeta)}{P_c}-1\right]^{-1/2},\tag{8.97}$$

其中 $\zeta=t-n_0z_f(t)/c$. 现在，$P(\zeta)$ 是时刻 $t-n_0z_f(t)/c$ 在入口处($z=0$)的入射功率. 由此可见，在准稳态自聚焦中，焦点位置并不固定，而是随时间改变的[19,20]；特别是 t 时刻的焦点位置由 $t-n_0z_f(t)/c$时刻的入射功率决定.

式(8.97)是在傍轴近似下得到的；用更严密的数值计算，它应修正为

$$z_f(t)=\frac{K}{[P(\zeta)]^{1/2}-0.852P_c^{1/2}},\tag{8.98}$$

其中 P_c 和 K 是与非线性折射率 n_2 有关的常数.

如果入射光脉冲功率随时间变化如图 8.4(b)所示，则图 8.4(a)是利用式(8.98)作出的自聚焦焦点距离随时间的变化曲线[21]. 它是一条 U 形曲线. 除了焦点出现在 D 点的时刻以外，只要介质足够长，在该曲线所在的时间范围内，每一时刻都有两个焦点出

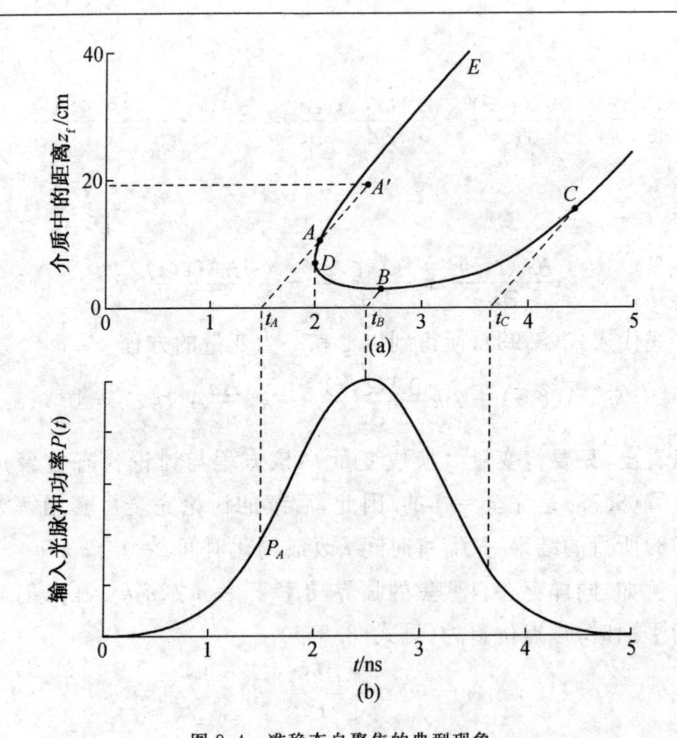

图 8.4　准稳态自聚焦的典型现象

(a)自聚焦焦点位置随时间的变化曲线；(b)入射光脉冲功率随时间的变化[21].

现. 焦点最先出现在 D 点；然后随着时间的推移，分成两支运动：一支沿曲线 DBC，即由点 D 先向后运动(z_f 变小)，到达 z_f 取最小值的点 B 后，再向前运动并经过点 C；另一支沿曲线 DAE，即由点 D 一直向前运动经点 A 和 E. 从 U 形曲线上的任意点，例如 A 点作一斜率为 c/n_0(介质中的光速)的直线，由直线与时间轴的交点可确定一时刻 t_A，则自聚焦到该点的就是入射光脉冲中与该时刻相应的功率 P_A. 这是因为 P_A 以光速传播到该焦点的时刻正是图 8.4(a)所示的该焦点 A 出现的时刻. 由此可知，使 z_f 最短的焦点 B 是来自入射光脉冲中的峰值功率部分(出现在 t_B 时刻)的自聚焦. 从图 8.4(a)还可看出,因为自聚焦焦点是以U形曲线的斜率为速度运动的,而当 $z\to\infty$ 时,该曲线两分支的斜率均趋近介质中的光速,所以焦点沿曲线 DBC 一支运动的速度总是小于光速,而沿曲线 DAE 一支运动的速度则总是大于光速.但是,后者并不违背狭义相对论,因为正如刚刚指出的,不同时刻出现的焦点来自入射光脉冲不同部分的自聚焦,因而焦点的"运动"不代表任何实体或信息的传递.

准稳态自聚焦中焦点的运动及其规律已被实验证实.此前在介质中观察到的细丝状光损伤[19,22,23]也由此被认为是上述自聚焦的焦点运动所造成[24~26].无疑,当多模短脉冲激光入射时,自聚焦造成的光损伤将形似一系列细丝.

瞬态自聚焦

当入射激光脉宽比光感生折射率改变的响应时间短或二者相当时,在自聚焦过程中 Δn 随时间的变化显得很重要.这时便进入了瞬态自聚焦范畴[27],其重点是必须考虑 Δn 的时间积累以及由此引起的光脉冲前沿部分对后沿部分自聚焦的影响.

典型的瞬态自聚焦过程可以用图8.5定性说明[28].图8.5(a)下方是输入皮秒脉冲激光的功率随时间变化的曲线,上方的 $a\sim f$ 代表其在不同时刻相继进入介质的不同部位.最先进入的部位 a,由于产生的 Δn 很小,所以在传播过程中基本上是被线性衍射;部位 b 进入时,虽然 Δn 稍大一些,但不足以产生自聚焦,因而仍然是被衍射(尽管较弱).当部位 $c\sim f$ 进入时,由于积累了之前进入的各部分所感生的 Δn,所以 Δn 大得足够使这些部位都产生程度不等的自聚焦.但当进入到离入口较远处,Δn 仍太小,以至于最终又变成衍射,不过由于自聚焦和衍射都是渐进的,所以相应这些部位都能聚焦较长一段距离.相对部位 c 而言,部位 $d\sim f$ 进入时有较大的 Δn,所以离入口较近处有较强的自聚焦,并在相对较长的距离内仍保持在聚焦的状态.如果在同一时刻将各部位在介质中的波前连接起来,就会得到图中所示的变成喇叭形的脉冲轮廓.这种现象已在实验中观察到[27].

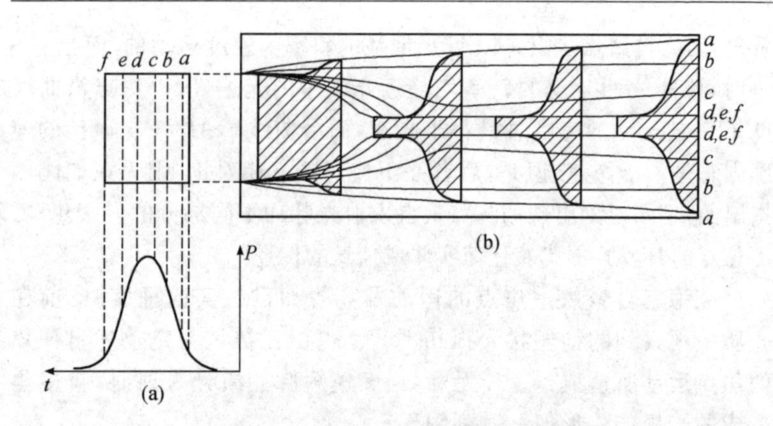

图 8.5　皮秒光脉冲的瞬态自聚焦过程

(a)输入脉冲激光的功率随时间变化曲线，$a\sim f$ 代表其在不同时刻相继进入介质的不同部位；(b)不同部位在介质中的聚焦和衍射.

§8.5　自相位调制

时间自相位调制

在准稳态或瞬态自聚焦实验中，往往不仅能观察到激光束聚焦，而且能观察到出射光频率的显著展宽. 对于纳秒激光脉冲，展宽约为数十 cm^{-1}；而对于皮秒激光脉冲，展宽可超过数千 cm^{-1}. 这是自相位调制的结果[29~33]. 其定性解释如下[34]：

光波通过介质时，折射率发生了光感生的变化；相应地，光波的相位也要发生变化. 如果入射的是激光脉冲，其光强 I 随时间变化如图 8.6(a)所示. 又设光感生折射率改变 Δn 的响应是即时的，则由于 $\Delta n=n_2 I(t)$，所以传播距离 L 后，相位也相应发生了随时间变化的改变：$\Delta\phi(t)=(\omega/c)n_2 I(t)L$，如图 8.6(b)所示，亦即相位受到时间调制.

因为 $\Delta\omega=\partial[\Delta\phi(t)]/\partial t$(其中 $\Delta\omega$ 是光波频率在 t 时刻相对原来频率的改变)，而曲线 $\Delta\phi(t)$在不同时刻有不同斜率，所以时间相位调制将造成激光的频率展宽. 如果曲线 $\Delta\phi(t)$是对称的，则相对

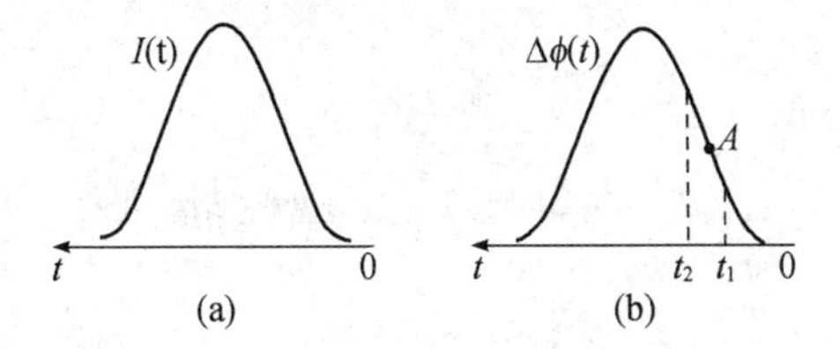

图 8.6 激光脉冲光强随时间的变化曲线(a)以及
在介质中该脉冲的相位随时间的变化曲线(b)
点 A 为曲线 $\Delta\phi(t)$ 拐点，在拐点两侧斜率相等的点(例如时刻 t_1 和 t_2)
总是成对出现的.

原来的频率展宽也是对称的；由于在拐点 A 处，该曲线的斜率最大，故此点的斜率就是最大的展宽 $|\Delta\omega|_{\max}$. 又由于除拐点外，对该曲线所有点都能找到斜率与之相等的另一点，在这两点对应的两个时刻(例如图 8.6 中的 t_1 和 t_2)光波的频率展宽相同，亦即有相同的频率，但具有不同的相位，因此这两个波列便可产生干涉. 干涉是相消还是相长，取决于它们之间的相位差. 因为对于不同的一对具有相同斜率的点，相应的相位差不同，所以输出光脉冲的频谱就有如图 8.7(a)那样的峰谷相间的干涉花样，其中频谱两端的最大峰值来自拐点. 由于相邻两峰之间上述相位差的改变为 2π，故频谱两端之间峰的个数为 $2\mathrm{int}\{[\Delta\phi(t)]_{\max}/2\pi\}$，其中 $\mathrm{int}(\cdot)$为取整数运算. 图8.7(b)表示当曲线 $\Delta\phi(t)$不对称时输出光脉冲的频谱.

空间自相位调制

如前所述，激光束横截面上强度为 $I(r)$的高斯分布将在介质中感生折射率改变，其横截面上的空间分布为$\Delta n(r)=n_2 I(r)$，因而传播距离 L 后，光波相位的改变在横截面上也存在空间分布 $\Delta\phi(r)=\Delta n(r)L$. 这就是所谓空间自相位调制[35]. 结果是使光束的波阵面(即等相位面)发生了畸变. 当 $n_2>0$ 时，它向光入口方向凹陷. 当介质足够长时，将会引起前面讨论过的自聚焦；当介质是薄片，而 Δn 又足够大时，则会引起下面要分析的现象：

图 8.8 中的曲线表示由于相位变化在横截面的空间分布 $\Delta\phi(r)$

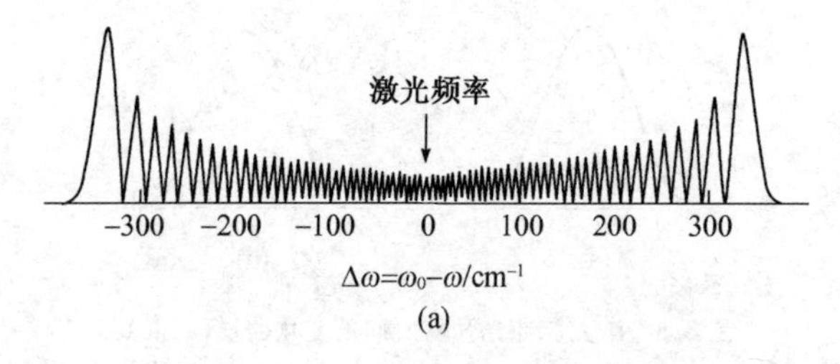

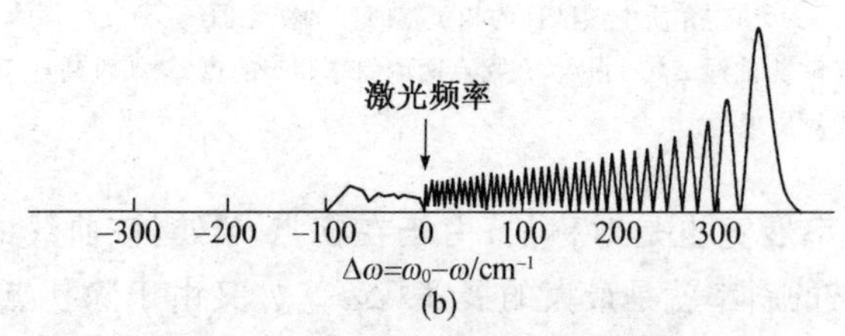

图 8.7　由于时间自相位调制，光脉冲输出频谱出现的峰谷相间的干涉花样[9]

(a) 光脉冲形状对称情形；(b) 光脉冲形状不对称情形.

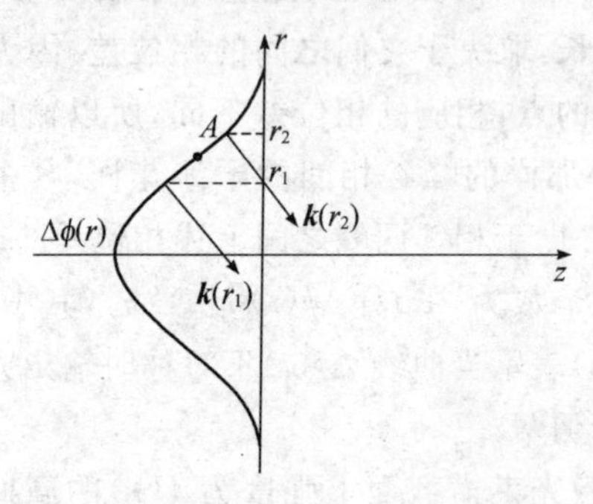

图 8.8　激光脉冲通过介质后波阵面的凹陷及相位变化在横截面的空间分布 $\Delta\phi(r)$

A 为曲线 $\Delta\phi(r)$ 的拐点，在拐点两侧斜率相等的点（例如 r_1 和 r_2）总是成对出现的.

所引起的畸变后的波阵面，其中 z 是光束传播方向. 当 $n_2>0$ 时，该波阵面向着 z 轴的负方向凹陷，其形状与曲线 $\Delta\phi(r)$ 的形状完全一致，其中 $\Delta\phi(r)$ 的正向指向 z 轴的反方向. 既然与波阵面垂直的方向就是光线传播的方向,亦即波矢 $\boldsymbol{k}$ 的方向,现在波阵面上各点的斜率互不相同,且是变量 r 的函数,因此相应的波矢 $\boldsymbol{k}$ 也有不同的方向,而且也是 r 的函数,亦即 $\boldsymbol{k}(r)$. 于是,通过介质薄片的激光束将会发生一定程度的发散(与时间相位调制引起频率展宽相比,现在相当于作为空间频率的波矢的展宽). 图 8.8 中曲线的拐点具有最大的斜率,由该点发出的光线(亦即该点波矢的方向)决定着光束的最大发散角. 特别有趣的是,和时间相位调制的分析类似,曲线在拐点两旁的所有点都是一一配对出现的,每对中的两点(如图 8.8 中的 r_1 和 r_2)具有相同的斜率,因而具有相同的波矢或传播方向,但具有不同的相位改变,相应的两列光波将具有一定的相位差;然而,属于不同对的点却有不同的斜率,因而具有不同的波矢或传播方向,两列光波的相位差对于不同的对也将不同. 既然传播方向相同的两列光波在远场要产生干涉,且其强度相消还是相长将取决于它们之间的相位差,因此对于不同的对,干涉后的强度将不同,且随 $\boldsymbol{k}(r)$ 的方向在 Ozr 平面内的改变而作周期性改变. 于是,只要 $[\Delta\phi(r)]_{\max}>2\pi$,激光束输出的远场横截面强度分布就将是围绕中心的亮暗相间的圆环,

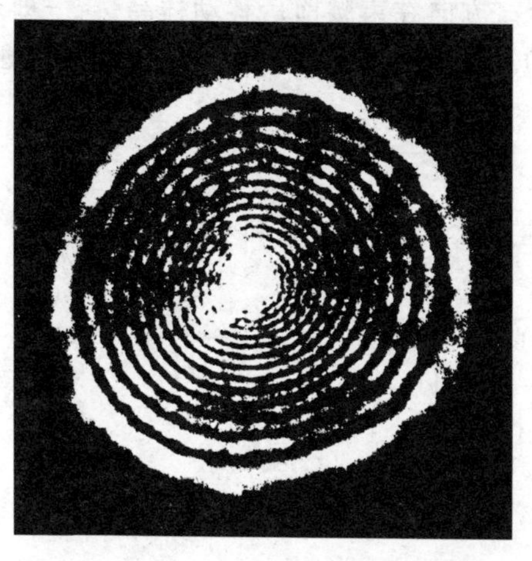

图 8.9 由于空间自相位调制,输出激光束在远场横截面内出现的亮暗相间的干涉圆环[35]

如图 8.9 所示. 该图是激光束通过向列型液晶薄膜后的实验观测结果[35]. 亮环的数目为 $\mathrm{int}\{[\Delta\phi(r)]_{\max}/2\pi\}$.

§8.6 Z扫描技术的物理原理

在非线性光学应用中,三阶非线性极化率 $\chi^{(3)}$ 的测定是重要课题. 一般说来, $\chi^{(3)}$ 是复数,亦即 $\chi^{(3)}=\chi^{(3)'}+\mathrm{i}\chi^{(3)''}$,其中实部 $\chi^{(3)'}$ 决定非线性折射率,虚部 $\chi^{(3)''}$ 决定非线性吸收系数. 然而,常用的简并四波混频法只能测定 $|\chi^{(3)}|$[36],因为简并四波混频,输出强度正比于 $|\chi^{(3)}|^2$,无法分出 $\chi^{(3)'}$ 和 $\chi^{(3)''}$. 20 世纪 90 年代以来,在自聚焦效应的基础上,发展出一种所谓 Z 扫描技术,它既可决定 $\chi^{(3)'}$,也可决定 $\chi^{(3)''}$,其物理原理如下(详情可参考有关文献[37~41]):

如图 8.10,激光束经透镜聚焦后,其束腰落在 $z=0$ 处. 首先,插入待测样品(薄层介质),并测量该光束通过样品的透过率 $T=P_2/P_1$,其中 P_1 和 P_2 分别为光电管接收器 D_1 和 D_2 接收到的光功率;然后,沿 z 方向在束腰前后移动样品位置(即所谓 Z 扫描),测出曲线 $T(z)$. 随着接收器 D_2 入口处放置小孔光阑与否,分别可利用该曲线定出 $\chi^{(3)'}$ 和 $\chi^{(3)''}$.

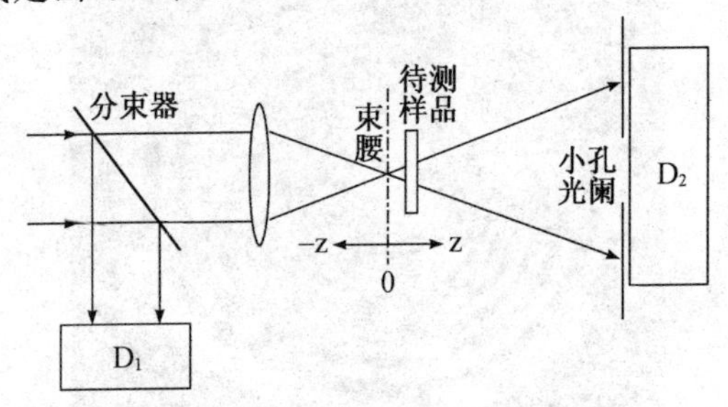

图 8.10 Z 扫描技术的实验装置

$\chi^{(3)'}$ 的测定

在接收器 D_2 入口处放置小孔光阑,使通过样品到达入口处的光斑中，只有一小部分进入该接收器. 这时，考虑到光感生折射率变化后，理论分析表明，曲线 $T(z)$将会有如图 8.11 的形状，其中图 8.11(a)和(b)分别相应于非线性折射率 $n_2>0$ 和 $n_2<0$.

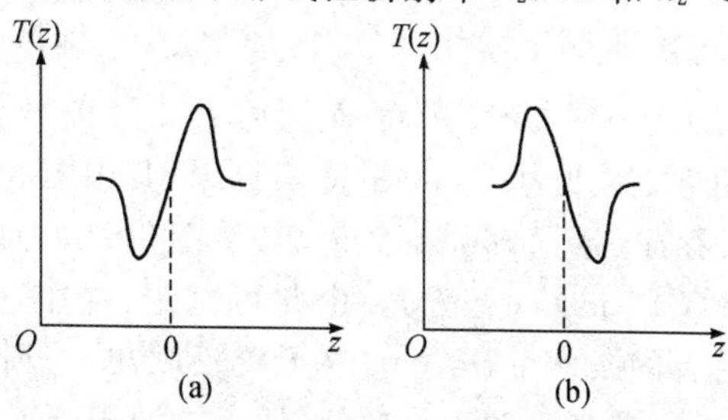

图 8.11 测定$\chi^{(3)'}$时的 Z 扫描曲线

(a) $n_2>0$；(b) $n_2<0$.

从物理上可作如下理解：以 $n_2>0$ 为例，此时如果光强足够强，光束通过样品将会自聚焦. 设想样品从 $z=0$ 处开始向 z 轴的正方向移动. 因为 $z=0$ 处是激光束的束腰，故通过样品后光束是发散的，D_2 接收到的功率只是落入小孔所张立体角的部分，光束发散程度越高，这部分就越小，反之亦然. 当样品稍稍向 z 轴的正方向逐渐移动时，由于自聚焦的存在，光束通过样品后的发散程度会逐渐降低，从而 D_2 接收到的功率会逐渐增大. 但当进一步向 z 轴的正方向移动时，照射到样品的光斑变大，光强变小，自聚焦效应随之变弱，从而光束通过样品后发散降低的程度逐渐变小，D_2 接收到的功率也会逐渐变小. 于是，便出现了图 8.11(a)所示的情况，亦即在 $z>0$ 时，$T(z)$随 z 先迅速变大，又逐渐变小并趋近 $T(0)$. 再设想样品从$z=0$ 处开始向 z 轴的负方向移动. 当样品稍稍向 z 轴的负方向逐渐移动时，由于自聚焦的存在，光束通过样品后，一方面，束腰的位置逐渐向 z 轴的负方向移动；另一方面，束腰之后的发散程度也会逐渐提高，结果都会使 D_2 接收到的功率逐渐变小. 同样，当进一步向 z 轴的负方向移动时，照射到样品的光斑变大，光强变小，自聚焦效应随之变弱，束腰的位置又反过来逐渐向 z 轴的正方向移动，束腰之后的发散程度也会逐渐降低，从而使 D_2 接收到的功率又逐渐变大.这就是图8.11(a)在 $z<0$ 时一边出现的情况.当 $n_2<0$ 时,分析完全类似,只是现在当光束通过介质时出现的是自散焦,因此有图 8.11(b)所示的关系曲线.

于是,通过实验测定曲线 $T(z)$ 的形状走向,即可判定 n_2 的正负;将实验与理论曲线拟合,即可确定 n_2 或 $\chi^{(3)\prime}$ 的数值.图8.12是对 CS_2 作为介质(厚度为 1 mm)的测量结果,其中图 8.12(a)用$\lambda=10.6\,\mu m$ 的长脉冲(脉宽 300 ns)红外激光;图 8.12(b)用 $\lambda=532$ nm 的短脉冲(脉宽 27 ps)可见激光.由此可判定:在前者的条件下,$n_2<0$;而在后者的条件下,$n_2>0$.这无疑反映出,三阶非线性极化的产生机理不同,前者来源于热效应,后者来源于分子重新取向.

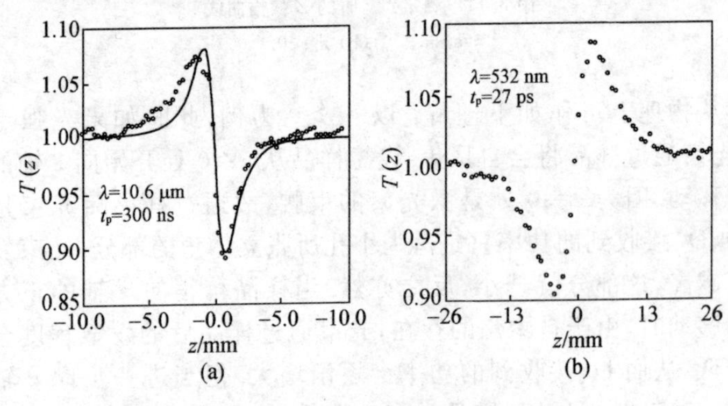

图 8.12　CS_2 的 Z 扫描测量结果[37]

$\chi^{(3)\prime\prime}$ 的测定

$\chi^{(3)\prime\prime}$ 是和非线性吸收系数 β 成正比的.当吸收系数 α 随作用光强 I 而改变时,有 $\alpha=\alpha_0+\beta I$,α_0 为线性吸收系数.当 $\beta<0$ 时,吸收随光强增加而减小,称为饱和吸收;当 $\beta>0$ 时,吸收随光强增加而增加,称为反饱和吸收.为测定 β 或 $\chi^{(3)\prime\prime}$,要拿走 D_2 入口处放置的小孔光阑(见图 8.10),使通过样品的光束全部进入该接收器.这时,Z 扫描的结果将有形如图 8.13 中的曲线 $T(z)$,其中图 8.13(a)和(b)分别相应于 $\beta<0$ 和 $\beta>0$.

从物理上可定性解释如下：以 $\beta<0$ 为例，设想样品由 $z=0$ 处的束腰开始逐渐向 z 轴的正、负方向移动，由于照射到样品的光斑逐渐变大，光强逐渐变小，所以吸收逐渐增大，从而使 D_2 接收到的功率逐渐变小，从而出现 $T(z)$ 随 z 轴的正、负方向都减小的情况，如图 8.13(a)所示. 对 $\beta>0$ 进行类似分析，可得出图 8.13(b)所示的结果. 于是，测量样品的 Z 扫描曲线 $T(z)$，通过观察曲线的形状，即可确定 β 的正、负号，亦即饱和吸收还是反饱和吸收. 通过与理论结果的拟合，即可确定 β 和 $\chi^{(3)''}$.

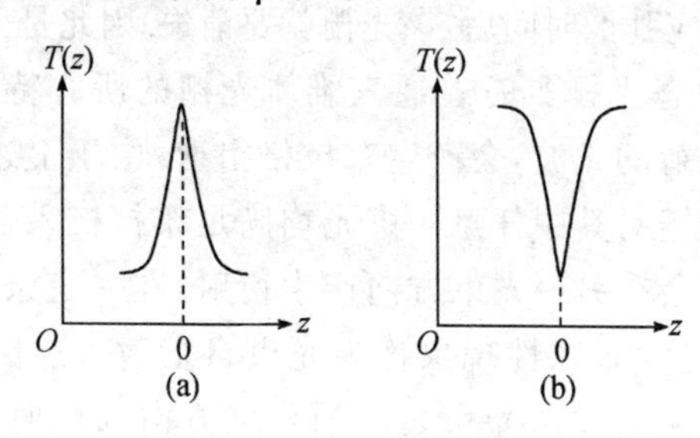

图 8.13 测定 $\chi^{(3)''}$ 时的 Z 扫描曲线

(a) $\beta<0$，(b) $\beta>0$.

§8.7 光感生折射率光栅与两波耦合产生的条件

光感生折射率光栅

如图 8.14(a)所示，频率均为 ω 的两束激光 E_1 和 E_2 在介质中叠加，会形成亮暗相间的干涉条纹，亦即光强的周期性空间分布. 这样的光强分布与介质作用后，由于光感生折射率的变化正比于光强，亦即 $\Delta n\propto I$，所以在介质中将形成周期性相间的折射率的空间分布——光感生折射率光栅[42]. 设 $\boldsymbol{k}_1$ 和 $\boldsymbol{k}_2$ 分别是两光束(均假定为平面波)的波矢($|\boldsymbol{k}_1|=|\boldsymbol{k}_2|=k=n\omega/c$)，则感生折射率光栅的波矢为 $\boldsymbol{G}=\boldsymbol{k}_2-\boldsymbol{k}_1$，间距为 $\Lambda=\lambda/2n\sin\theta$，其中 2θ 为两光束夹角，λ 为光波波长，n 为介质折射率. 这不是一个永久性的光栅. 若关闭任意一束光，在经历

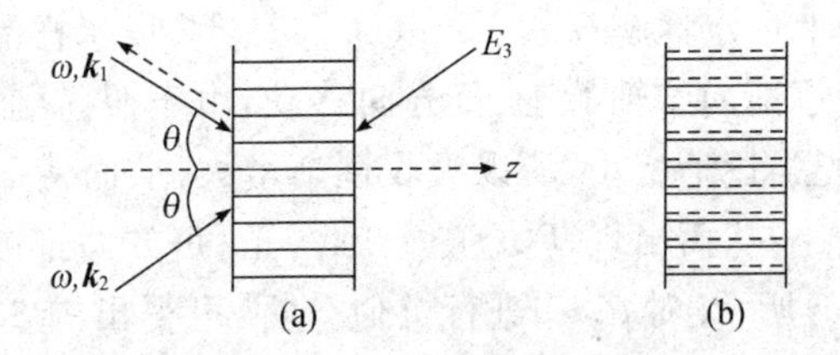

图 8.14 光感生折射率光栅及其对读出光的衍射(a)以及光强的周期性空间分布(实线)与由其感生的折射率光栅(虚线)不重叠在一起的情形(b)

介质非线性响应弛豫时间后,该光栅就要消失.因此是一动态光栅.

光感生动态光栅具有普通三维体光栅的所有特性,特别是对以布拉格角入射的光波,会产生布拉格衍射.由于上述两光束所感生的折射率光栅对其中任意一束光均满足布拉格入射条件 $2\Lambda\sin\theta=\lambda/n$,因此都会在另一光束方向产生衍射;在一定条件下,还会有多级的衍射.这种非线性现象称为光束自衍射.此外,当有第三束同频率的激光从上述两光束之一的相反方向入射时,对于上述感生折射率光栅而言,也满足布拉格入射条件,因此也要被光栅衍射,且衍射光方向为上述两光束中另一光束的相反方向.利用这一特性,可实现所谓实时全息术,亦即将上述产生光感生光栅的两光束分别作为物光和参考光,从后者相反方向入射的第三束光则为读光束.物光和参考光完成写入过程;读光束完成读出过程.从本质上,这样的过程与以前讨论的简并四波混频过程是一致的,只不过是从不同侧面进行分析而已.另外,随着介质三阶非线性来源的微观机制不同,光感生折射率光栅可以是激发态布居栅、分子取向栅等.因此,利用光感生光栅的产生和消失,还可研究物质各种元激发或分子取向的扩散和弛豫过程.

两波耦合产生的条件[43]

既然两束光在介质中所感生的折射率光栅可以将任意束光衍射到另一束光的传播方向,那么这两束光在介质中能否交换能量,亦即能否产生两波耦合呢? 下面来分析此问题:

设两光束均为平面波：

$$E_j = A_j \mathrm{e}^{-\mathrm{i}(\omega t - \boldsymbol{k}_j \cdot \boldsymbol{r})} \quad (j = 1,2),$$

干涉后将形成以下的光强分布(为讨论时简单起见,令光强与光场关系为 $I=|E|^2$)：

$$I = I_0 + (A_1^* A_2 \mathrm{e}^{\mathrm{i}\boldsymbol{K}\cdot\boldsymbol{r}} + \mathrm{c.c.}), \tag{8.99}$$

其中 $\boldsymbol{K}=\boldsymbol{k}_2-\boldsymbol{k}_1$, $I_0=|A_1|^2+|A_2|^2$,因而在介质中感生的折射率改变为

$$\Delta n = n_2 I = n_2 I_0 + n_2(A_1^* A_2 \mathrm{e}^{\mathrm{i}\boldsymbol{K}\cdot\boldsymbol{r}} + \mathrm{c.c.}). \tag{8.100}$$

从而考虑到 $n_2 I_0 \ll n_0$,介质中的折射率可表示为

$$n = n_0 + n_2(A_1^* A_2 \mathrm{e}^{\mathrm{i}\boldsymbol{K}\cdot\boldsymbol{r}} + \mathrm{c.c.}), \tag{8.101}$$

其中 n_0 为介质原来的折射率.

单色光场 $E=E_1+E_2$ 在介质中的时空变化应服从波动方程

$$\nabla^2 E + \left(\frac{n\omega}{c}\right)^2 E = 0, \tag{8.102}$$

其中的折射率 n 由式(8.101)给出.

如图 8.14(a)所示,令 $\boldsymbol{k}_1$ 和 $\boldsymbol{k}_2$ 形成的平面为 Oxz,z 轴与 $\boldsymbol{k}_1$ 和 $\boldsymbol{k}_2$ 有相同的夹角 θ,则波阵面无限大的平面波 E_1 和 E_2 的最一般的表示为

$$E_j = A_j(z) \mathrm{e}^{-\mathrm{i}(\omega t - \alpha_j x - \beta z)} \quad (j = 1,2), \tag{8.103}$$

其中 $\beta=k\cos\theta$, $\alpha_1=-\alpha_2=k\sin\theta$. 将式(8.103)代入式(8.102),考虑到

$$n^2 \simeq n_0^2 + 2n_0 n_2(A_1^* A_2 \mathrm{e}^{\mathrm{i}\boldsymbol{K}\cdot\boldsymbol{r}} + \mathrm{c.c.}),$$

并用缓变振幅近似：

$$\left|\frac{\mathrm{d}^2}{\mathrm{d}z^2} A_j(z)\right| \ll \left|\beta \frac{\mathrm{d}}{\mathrm{d}z} A_j(z)\right| \quad (j = 1,2), \tag{8.104}$$

便可得振幅耦合波方程

$$-\mathrm{i}\beta \frac{\mathrm{d}}{\mathrm{d}z} A_1 = \frac{\omega^2 n_0 n_2}{c^2} A_2^* A_2 A_1, \tag{8.105}$$

$$-\mathrm{i}\beta \frac{\mathrm{d}}{\mathrm{d}z} A_2 = \frac{\omega^2 n_0 n_2}{c^2} A_1^* A_1 A_2 \tag{8.106}$$

或
$$\frac{\mathrm{d}}{\mathrm{d}z}A_1 = -\frac{1}{2}\Gamma_0 \mid A_2 \mid^2 A_1, \tag{8.107}$$

$$\frac{\mathrm{d}}{\mathrm{d}z}A_2 = \frac{1}{2}\Gamma_0 \mid A_1 \mid^2 A_2, \tag{8.108}$$

其中
$$\Gamma_0 = -\mathrm{i}\,\frac{4\pi n_2}{\lambda\cos\theta} \tag{8.109}$$

为耦合系数，而 λ 为光波在真空中的波长.

因为 $I_j = |A_j|^2 (j=1,2)$，故利用式(8.107)和(8.108)，即可得出
$$\frac{\mathrm{d}}{\mathrm{d}z}I_1 = \frac{\mathrm{d}}{\mathrm{d}z}I_2 = 0.$$

换言之，这两束光在介质传播的过程中不存在能量交换，各自保持原来的能量.

以上的分析是基于这样的前提：光强的周期性空间分布与由其感生的折射率改变的周期性空间分布（折射率光栅）完全重叠在一起. 这种情况出现在局域响应介质（即介质任意点的响应均只与该点的光场有关）的稳态作用中.

如果上述两个空间分布，尽管具有相同的周期性，但不完全重叠在一起，而是错开一个相位 ϕ（见图 8.14(b)，出现在非局域响应介质中），亦即介质折射率由式(8.101)修改为
$$n = n_0 + n_2(\mathrm{e}^{-\mathrm{i}\phi}A_1^* A_2 \mathrm{e}^{\mathrm{i}\boldsymbol{K}\cdot\boldsymbol{r}} + \mathrm{c.\,c.}). \tag{8.110}$$

这时，两光束的振幅耦合波方程应修改为
$$\frac{\mathrm{d}}{\mathrm{d}z}A_1 = -\frac{1}{2}\Gamma \mid A_2 \mid^2 A_1, \tag{8.111}$$

$$\frac{\mathrm{d}}{\mathrm{d}z}A_2 = \frac{1}{2}\Gamma \mid A_1 \mid^2 A_2, \tag{8.112}$$

其中耦合系数为
$$\Gamma = -\mathrm{i}\,\frac{4\pi n_2}{\lambda\cos\theta}\mathrm{e}^{\mathrm{i}\phi} = \gamma - \mathrm{i}\eta, \tag{8.113}$$

而

$$\gamma = \frac{4\pi n_2}{\lambda\cos\theta}\sin\phi, \tag{8.114}$$

$$\eta = \frac{2\pi n_2}{\lambda\cos\theta}\cos\phi. \tag{8.115}$$

将两光波的振幅 $A_j=\sqrt{I_j}\exp(\mathrm{i}\psi_j)$ $(j=1,2)$代入式(8.111)和(8.112),整理后便得到以下两组方程:

$$\frac{\mathrm{d}}{\mathrm{d}z}I_1 = -\gamma\frac{I_1 I_2}{I_1+I_2}, \tag{8.116}$$

$$\frac{\mathrm{d}}{\mathrm{d}z}I_2 = \gamma\frac{I_1 I_2}{I_1+I_2} \tag{8.117}$$

及

$$\frac{\mathrm{d}}{\mathrm{d}z}\psi_1 = \eta\frac{I_2}{I_1+I_2}, \tag{8.118}$$

$$\frac{\mathrm{d}}{\mathrm{d}z}\psi_2 = \eta\frac{I_2}{I_1+I_2}. \tag{8.119}$$

前一组方程说明两光束存在能量交换,例如当 $\gamma>0$ 时,随着作用距离 z 的增大,I_2 变大,I_1 变小,光能由光束 1 向光束 2 转移.

光感生运动光栅

以上讨论说明,两光束存在能量交换的条件是:两光束干涉形成的光强的周期性空间分布,与由它感生的折射率改变的周期性空间分布之间,错开一个不为零的相位 ϕ. 这在局域响应介质的稳态作用中是不能实现的.

但是,尽管在局域响应介质中,如果两束光的频率有微小差别 $\delta\omega$,且介质的非线性响应时间 T 足够长,则情况会不同. 这时,两光束干涉后的光强为

$$I = I_0 + [A_1^* A_2 \mathrm{e}^{-\mathrm{i}(\delta\omega t - \boldsymbol{K}\cdot\boldsymbol{r})} + \mathrm{c.c.}], \tag{8.120}$$

其中 $\delta\omega=\omega_2-\omega_1$, $\boldsymbol{K}=\boldsymbol{k}_2-\boldsymbol{k}_1$. 换言之,这时形成的干涉条纹(即光强的周期性空间分布)是沿矢量 $\boldsymbol{K}$ 的方向运动的,运动速度为 $v=\delta\omega/K$. 它所感生的折射率改变的周期性空间分布(光感生光栅)也将以同样的速度运动. 如果光强引起的折射率改变响应很快,则这个光感生光栅不仅是随着运动的,而且总与光强的周期性空间分

布重合在一起;然而,如果响应足够慢,以至于 $T \geqslant 1/\delta\omega$,则由于折射率来不及改变,光感生光栅的运动将滞后于干涉条纹的运动,使两者的空间周期分布错开一定相位.换言之,这时两波耦合产生的条件得以满足,频率为 ω_1 和 ω_2 的两光波在介质中便可交换能量[44].从另一角度讲,这也是一个运动光栅将一束光(例如光束 ω_1)衍射到另一束光(例如光束 ω_2)方向的结果.在衍射时,频率发生了 $\delta\omega$ 的改变,正好等于由于是运动栅的衍射所带来的多普勒频移 vK.

§8.8　光学双稳

一个输入光强对应有两个稳定的输出光强,这就是光学双稳[45~47].图 8.15 所示的输出光强 I_o 与输入光强 I_i 的关系中,$I_i=a\sim b$ 的区域即为光学双稳区.

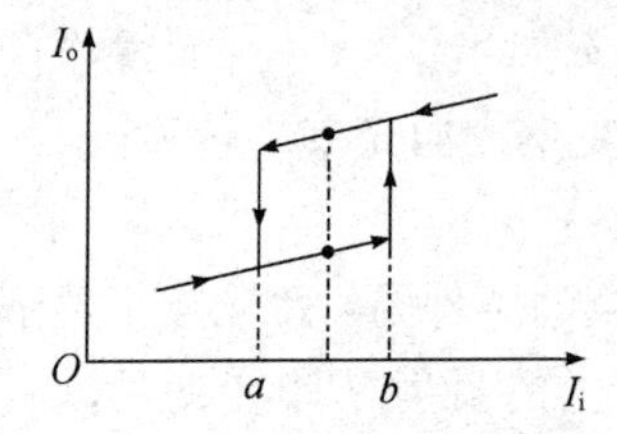

图 8.15　光学双稳示意图

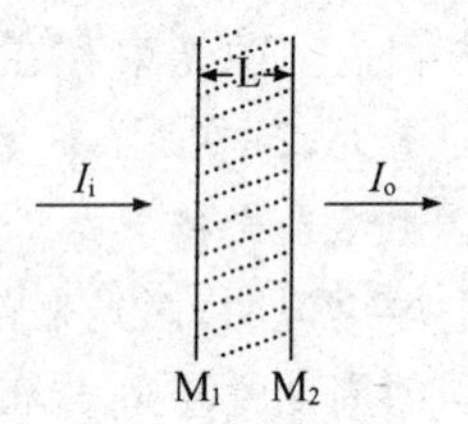

图 8.16　用以产生光学双稳的 F-P 标准具

一个充以克尔介质(即具有光感生折射率改变的介质)的 F-P 标准具是具有此特性的典型装置[48,49].图 8.16 描述了这样的装置,其中 M_1 和 M_2 是两块相距为 L 的石英平行平板,中间填充了克尔介质,平板的反射率为 R_0.下面我们来分析它的输出-输入特性:

一方面,作为一个标准具,其透过率 T 应表示为

$$T=\frac{I_o}{I_i}=\frac{T_0}{1+F\sin^2(\phi/2)}, \tag{8.121}$$

其中 $F=4R_0/(1-R_0)^2$,ϕ 为光在 M_1 和 M_2 之间经历一个来回产生的相位变化.图 8.17(a)中的曲线描述了该式表示的 T 与 ϕ 的关系.

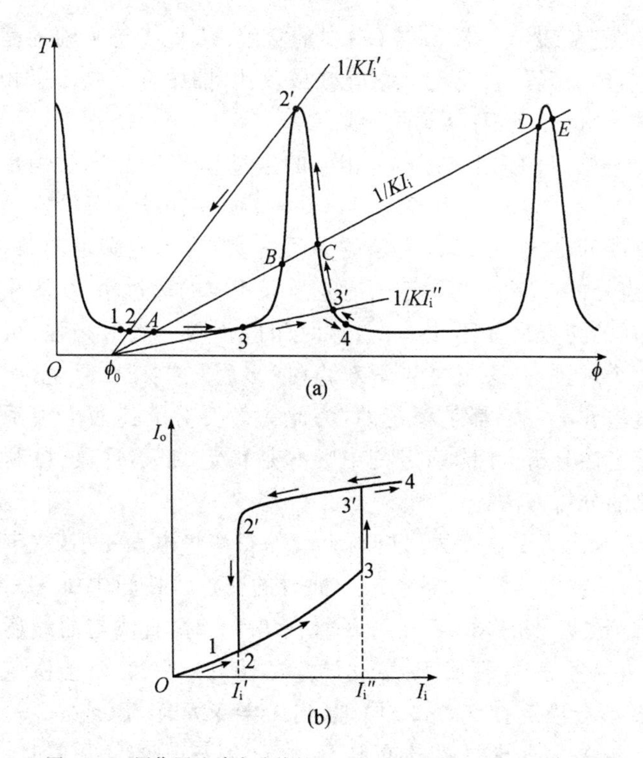

图 8.17 用作图法确定非线性 F-P 标准具的输入-输出双稳特性

另一方面，光在标准具中经过克尔介质时，要产生光感生折射率改变 $\Delta n = n_2 I$（I 是标准具内的光强），并使介质折射率由 n_0 变为 $n = n_0 + n_2 I$，从而 ϕ 也由 $\phi_0 = (4\pi/\lambda) n_0 L$ 改变为

$$\phi = \frac{4\pi}{\lambda}(n_0 + n_2 I)L. \tag{8.122}$$

又因 $I_o \propto I$，而 $I_o = I_i T$，故 $I \propto I_i T$. 将后者代入上式，便有

$$\phi = \phi_0 + K I_i T \tag{8.123}$$

或

$$T = \frac{1}{K I_i}(\phi - \phi_0), \tag{8.124}$$

其中 K 是比例系数. 于是，式(8.124)又给出 T 与 ϕ 应满足的另一

关系式，它应表示为图 8.17(a)中的直线. 该直线与 ϕ 轴的截距为 ϕ_0，斜率为 $1/KI_i$，亦即与入射光强成反比. 图中分别画出了相应于不同的 I_i(例如 I_i, I'_i, I''_i)的直线.

对于给定的入射光强 I_i，相应的透过率 T 必须同时满足关系式(8.121)和(8.124). 从图 8.17(a)看出，只有对应于给定入射光强的直线和由式(8.121)决定的曲线的交点，才能满足此条件. 因此，交点处的 T 就是与给定入射光强 I_i 相应的透过率. 从图中可看出，这样的交点往往不止一个，这时相应于同一入射光强，可以有不止一个透过率. 这正是光学双稳(或多稳)的来源. 但是，所有这些透过率并不一定都是稳定的，为此一般要对上述两个关系式的解作稳定性分析，才能确定其中哪些是稳定的. 不过，也可利用以下简单的分析方法：

首先，让 I_i 由小变大. 这时，直线的斜率将由大变小，决定透过率 T(以及输出光强 I_o)的直线与曲线的交点将按图中 $1\to2\to A\to3$ 的顺序改变(见图 8.17(a)). 尽管在 $I_i=I'_i$ 时，直线与曲线还有一交点 $2'$，但考虑到 T(或 I_o)变化的连续性，T(或 I_o)只会稳定在交点 2，而不会稳定在交点 $2'$. 同理，当 I_i 再变大时，T(或 I_o)只会稳定在交点 A，尽管还有其他交点 B，C，D 和 E. 但当 $I_i\geqslant I''_i$ 时，交点将由 3 跳变到 $3'$，因为稍稍加大 I_i 后，直线与曲线的交点 4 是 T 最小的交点. 在图 8.17(b)中，用 $1\to2\to3\to3'\to4$ 表示出 I_i 由小变大时 I_o 的变化(即回线的下面一支). 现在，再让 I_i 由大到小变回去. 这时，直线的斜率将由小变大，决定透过率 T(以及输出光强 I_o)的直线与曲线的交点将按 $4\to3'\to C\to2'$ 的顺序改变(见图8.17(a)). 尽管到达交点 C 时，直线与曲线的交点还有交点 A 和 B，但考虑到 T(或 I_o)变化的连续性，T(或 I_o)只会稳定在交点 C，而不会在交点 A 或 B. 但当 I_i 变小至 $I_i\leqslant I'_i$ 时，交点只能由 $2'$ 跳变到 2，因为如果 I_i 再变小，直线与曲线便只有一个交点 1 了. 图8.17(b)中，用 $4\to3'\to2'\to2\to1$ 表示出 I_i 由大变小时 I_o 的变化(即回线的上面一支). 总而言之，入射光强由小变大，再由大变小，非线性标准具的输出光强经历了一个如图 8.17(b)所示的双稳回线. 通过上述分析,还可看出,直线 $ABCDE$ 与曲线的交点中,点 A,C 是稳定的,点 B 是不稳定的;考虑到交点 D,E 的存在,还会出现多个回路的双稳现象.

从以上分析看出,光学双稳的产生,一是需要存在非线性过程,二是需要有正反馈过程. 在这个例子中,前者是由填充的克尔介质提供:后者则由 F-P 标准具提供. 如图 8.17(b)所示,双稳产生的关键是存在由交点 3→3′的跳变,而这正是上述两种过程同时起作用的结果. 这是因为,一方面,在到达交点 3 后,若光强继续加大,则介质的光感生折射率变化要加大,从而 ϕ 要变大(见式(8.122));另一方面,由于 F-P 标准具的作用,ϕ 的变大又使光强进一步加大(见图8.17(a)),于是便促成了交点 3→3′的跳变.

§8.9 表面波与光波导中的光学双稳

表面波是指沿着两种介质的界面传播,其振幅又随离开界面的距离成指数衰减的电磁波(包括光波),如图 8.18 所示. 这种光波,由于其能量集中在界面附近很薄的一层介质中,故在此薄层中一般有很大的功率密度,从而也会表现出较强的非线性光学效应[9].

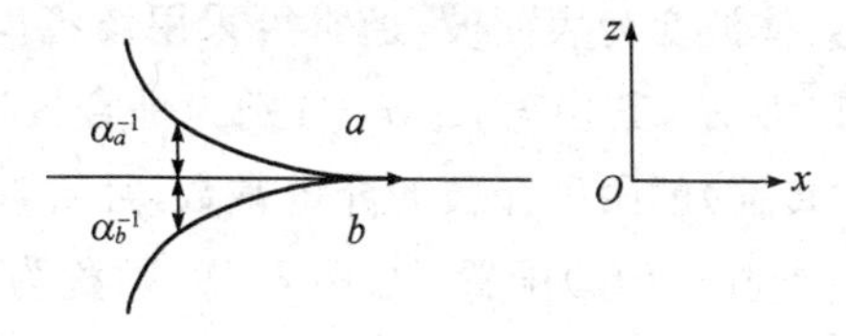

图 8.18 在介质 a 与介质 b 交界面传播的表面波

可以证明,为满足波动方程和边界条件,表面波必定是横磁波(TM 波),而且只存在于这样的界面:其一边的介电常数为正数,另一边为负数;同时,负介电常数的绝对值大于正介电常数. 以图

8.18 的界面为例，或者 $\varepsilon_a<0,\varepsilon_b>0$ 且 $|\varepsilon_a|>\varepsilon_b$，或者 $\varepsilon_b<0,\varepsilon_a>0$ 且 $|\varepsilon_b|>\varepsilon_a$. 最典型的具有负介电常数的介质是金属，而且其绝对值随光波频率而改变[9]. 因此，玻璃-金属界面或石英-金属界面在适当的频率范围内均可存在表面波，常常又被称为表面等离子体波.

如果用图 8.18 中的坐标系，图中的表面波可表示为

$$\boldsymbol{E}=\begin{cases}(\boldsymbol{a}_x A_{ax}+\boldsymbol{a}_z A_{az})\mathrm{e}^{-\mathrm{i}(\omega t-Kx)-\alpha_a z} & (z>0),\\(\boldsymbol{a}_x A_{bx}+\boldsymbol{a}_z A_{bz})\mathrm{e}^{-\mathrm{i}(\omega t-Kx)+\alpha_b z} & (z<0),\end{cases}\tag{8.125}$$

其中 α_a 和 α_b 分别为介质 a 和介质 b 一侧振幅随离开界面距离而衰减的衰减系数，它们都是正实数；K 是沿 x 方向传播的表面波波矢的大小，不难证明：

$$K^2=\omega^2\mu_0\frac{\varepsilon_a\varepsilon_b}{\varepsilon_a+\varepsilon_b}.\tag{8.126}$$

由此可知，表面波波矢总是大于体波波矢，这是因为，若 $\varepsilon_b<0,\varepsilon_a>0$ 且 $|\varepsilon_b|>\varepsilon_a$，则由上式得 $K>k_a$，其中 $k_a=\omega(\mu_0\varepsilon_a)^{1/2}$ 为体波波矢；若 $\varepsilon_a<0,\varepsilon_b>0$ 且 $|\varepsilon_a|>\varepsilon_b$，则有 $K>k_b=\omega(\mu_0\varepsilon_b)^{1/2}$，现在 k_b 是体波波矢. 由于这一特性，人们无法将体波直接射向表面耦合出表面波，因为以任何角度入射都无法实现波矢匹配，亦即使体波波矢在界面的分量等于表面波波矢；同样，也不能由表面波直接耦合出体波.

为了将入射体波变为表面波，通常可采用棱镜耦合方法. 方案有二，如图 8.19 所示，其中 $\varepsilon_p,\varepsilon_a,\varepsilon_b$ 分别为耦合棱镜及形成界面（表面波在其中传播）的两种介质的介电常数，且 $\varepsilon_p>\varepsilon_b>0,\varepsilon_a<0$，图 8.19(a)称为奥托(Otto)配置[50]；图 8.19(b)称为 Kretschmann 配置[51]. 这两种配置尽管形式上有差别，但将体波变为表面波的耦合原理本质上是一样的，亦即都是先将入射体波转变为隐失波，再使隐失波波矢等于表面波波矢而将隐失波耦合到表面波. 为将入射到棱镜的体波转变为隐失波，采用高折射率棱镜，并使入射角 θ 大于临界角 θ_c；为将隐失波耦合为表面波，又要在此基础上，选择

合适的入射角 $\theta=\theta_s$,使得棱镜中入射体波的波矢 $\boldsymbol{k}$ 沿界面的分量 $k_s=\omega(\mu_0\varepsilon_p)^{1/2}\sin\theta_s$(即隐失波波矢的大小)与表面波波矢 $K=\omega[\mu_0\varepsilon_a\varepsilon_b/\varepsilon_a+\varepsilon_b]^{1/2}$ 相等.在实验中,无论奥托配置或 Kretschmann 配置,当改变入射角 θ 时,测量棱镜中反射波反射率的变化,都将会得到如图 8.20(a)那样的曲线[52],亦即当 $\theta=\theta_s$ 时,体波的反射率最低,体波的能量得以最大限度耦合为表面波,此时亦称为产生了表面等离子体共振,而 θ_s 称为表面等离子体共振角.如果令 γ 为体波到表面波的能量耦合系数,则 γ 随 θ 的变化为图 8.20(b)所示.

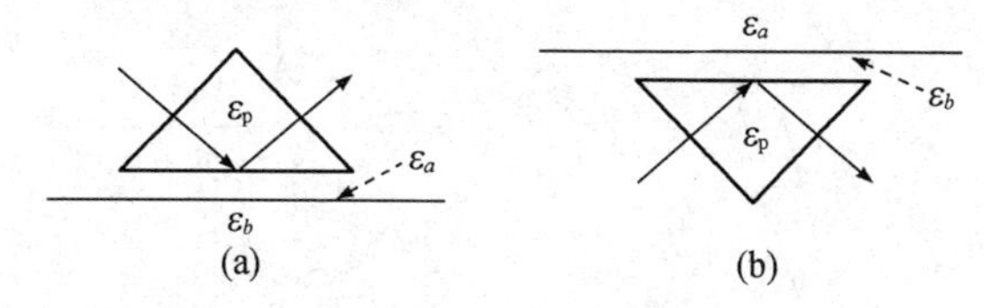

图 8.19 将入射体波变为表面波的棱镜耦合方法

(a)奥托配置;(b)Kretschmann 配置.

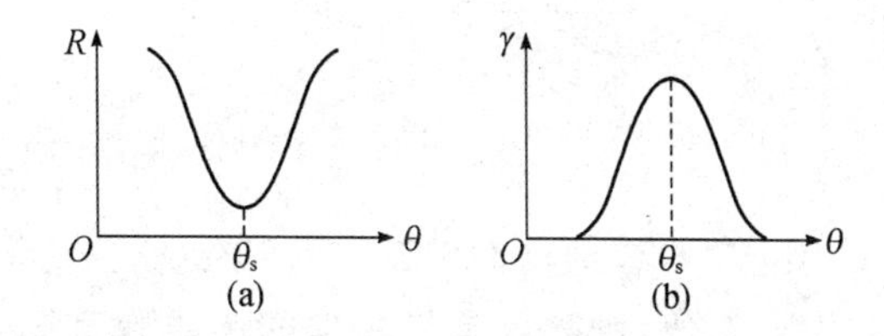

图 8.20 用棱镜耦合装置产生表面波时的反射率

变化曲线(a)和表面波耦合曲线(b)

由于共振角 θ_s 由条件 $k_s=K$ 决定,所以当介质 b 的折射率 n 发生变化时(注意 $\varepsilon_b=\varepsilon_0 n^2$),$\theta_s$ 的数值也要改变.因此,当固定入射角 θ(必须满足 $\theta>\theta_p$)时,改变介质 b 的折射率 n,将会出现如图 8.21(a)中曲线所示的 γ 随 n 的变化规律.现在设想介质 b 具有三阶光学非线性,则其折射率 n 将随耦合到该介质的光强(表面波光强)γI_i 而改变,亦即 $n=n_0+n_2\gamma I_i$,其中 n_2 为该介质的非线性折射率，I_i为棱镜中的入射光强. 由此，又得出 γ 随 n 变化的另一关系：

$$\gamma = \frac{1}{n_0 I_i}(n - n_0). \tag{8.127}$$

它就是图 8.21(a)中的直线，其斜率与入射光强 I_i成反比. 于是，对一定的入射光强，耦合系数 γ 的数值将由图 8.21(a)中的曲线与相应直线的交点给出.

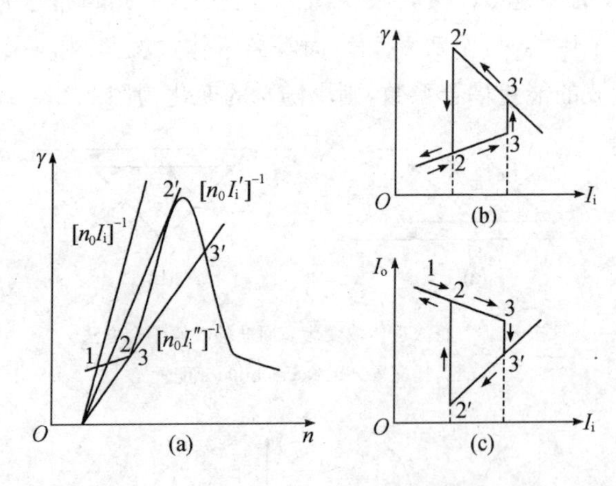

图 8.21　用作图法确定棱镜耦合产生表面波装置的输入-输出双稳特性

将这里的图 8.21(a)与 § 8.8 中用以讨论 F-P 标准具的光学双稳的图 8.17(a)对比，则除了具有相似的曲线和直线外，前者的耦合系数 γ 与后者的透过率 T 相当，前者的折射率 n 与后者的相位改变 ϕ 也相当. 因此，当入射光强 I_i 由小变大，又由大变小时，由图8.21(a)中曲线与直线交点决定的 γ，将会出现与图 8.17(b)类似的双稳回线(图 8.21(b)). 又因为入射波耦合到表面波的份额越大，反射的份额就越小，故若测量反射光强 I_o与入射光强 I_i 的关系，便会出现图 8.21(c)那样的双稳回线. 这样的结果已经在实验，包括银与非线性有机聚合物界面表面波的棱镜耦合装置中[52~54]被证实. 图 8.22 是一种典型结果[54].

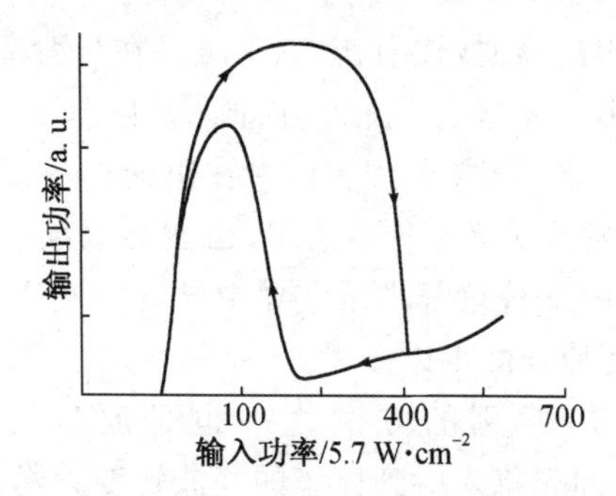

图 8.22 在一种非线性有机聚合物界面,棱镜耦合产生表面波输出-输入双稳特性的典型测量结果[54]

光波导是另一种能提高光功率密度从而增强各种非线性光学效应的结构[9]. 图 8.23 表示出一种简单的平面波导及光波在其中的传播. 波导结构的主体是中间的一层厚度为光波波长数量级的薄膜介质,其折射率 n_f 大于上、下两层介质的折射率 n_c 和 n_s,从而使光波可以在中间一层实现全反射,并使光波的传播局限在该层内,如图中虚线所示. 但为了光波能够存在,必须满足以下条件:

$$2k_z h + \phi_{f,c} + \phi_{f,s} = 2m\pi \quad (m = 0 \pm 1, \pm 2, \cdots), \tag{8.128}$$

从而使得光波在波导内在垂直于薄膜的方向(z 方向)能形成驻波. 式中 m 对应于波导中不同的特征模; k_z 是光波波矢的 z 分量; $\phi_{f,c}$ 和 $\phi_{f,s}$ 分别是光波在两个界面反射时产生的相位改变.

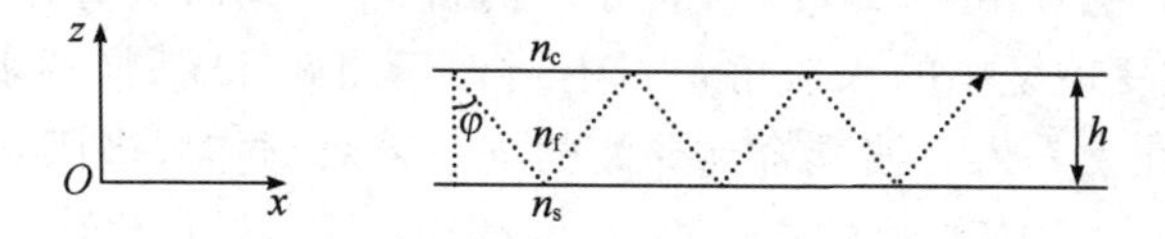

图 8.23 平面波导及光波在其中的传播

尽管波导内存在的光波在 z 方向形成驻波,但在 x 方向仍然是行波,它可看做波矢大小为

$$K = k_f \sin\varphi = \frac{n_f \omega}{c} \sin\varphi \tag{8.129}$$

的在 x 方向传播的导波,其中 $k_f = n_f\omega/c$ 是在折射率为 n_f 的介质中体波波矢的大小,φ 随不同特征模而改变(见图 8.23).由此看出,波导内传播的导波,其能量也是集中在很薄的一层(波长数量级)内,并有很高的功率密度.不难证明,由波导上层或下层直接入射的光波,其波矢的 x 分量都小于波导中导波的波矢 K,因此都不能实现波矢匹配而使导波得以激发.

为激发导波,常用的方法之一也是通过棱镜耦合(见图 8.24(a))[55],亦即先将入射到棱镜的光波转变为隐失波(大于临界角入射),然后调节入射角至 θ_r,使棱镜中光波波矢 $\boldsymbol{k}_p$ 的 x 分量 k_{px} 等于导波波矢 K,亦即

$$k_p\cos\theta_r = \frac{n_f\omega}{c}\sin\varphi, \tag{8.130}$$

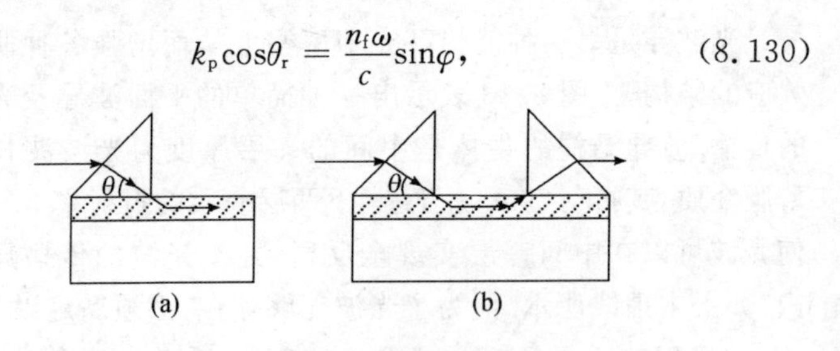

图 8.24　光波导的棱镜耦合装置

(a) 输入装置;(b) 输入-输出装置.

从而使隐失波耦合为导波.对不同模的导波,有不同的角度 φ,从而有不同的耦合角 θ_r.因此,当波导层的折射率 n_f 固定时,对每一导波模,改变棱镜中的入射角 θ,都有类似于图 8.20 那样的耦合曲线 γ-θ,现在 γ 是入射波耦合到导波的耦合系数.同时,当固定入射角 θ(并使 θ 大于临界角)时,改变 n_f 的数值,也会出现类似于图 8.21(a)中曲线所示的 γ 随 n_f 的变化.此外,如果波导层的介质具有三阶非线性,则折射率还随导波光强而变,从而也会有类似于图 8.21(a)中直线所示的 γ 与 n_f 的另一关系:

$$\gamma = \frac{1}{n_{f0}I_i}(n_f - n_{f0}), \tag{8.131}$$

其中 I_i 是棱镜中入射光的强度.于是,重复§8.7,§8.8 中都用过

的推理，对于波导的棱镜耦合，也将会出现如图 8.21(b)那样的耦合系数 γ 对入射光强 I_i 的双稳回线.

在实验中，采用图 8.24(b)所示的装置，亦即不仅用输入棱镜将入射光耦合为导波，而且用输出棱镜将导波转变为体波输出[55,56]. 图 8.25 是用有机聚合物非线性材料制成的波导测量所得到的典型的输出-输入双稳回线[55].

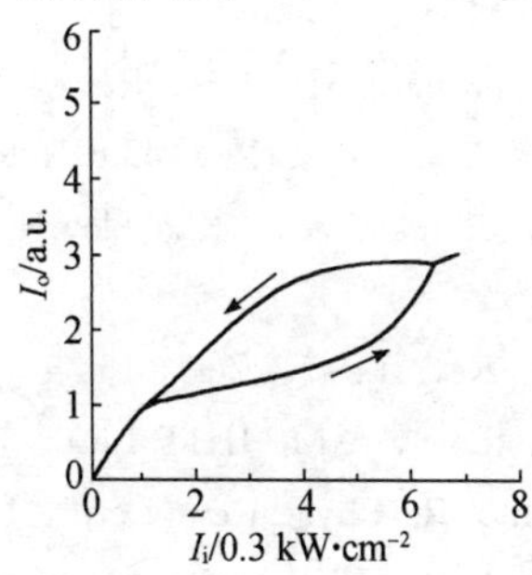

图 8.25 在一种有机聚合物非线性光波导中，测量得到的典型输出-输入双稳回线[55]

参考文献

[1] Maker P D, Terhune R W, Savage C M. Phys. Rev. Lett., 1964, 12: 507.

[2] Hellwarth R W. Prog. Quant. Electr., 1977, 5: 1.

[3] Shen Y R. Phys. Lett., 1966, 20: 378.

[4] Wong G K L, Shen Y R. Phys. Rev. A, 1974, 10: 1277.

[5] Owyoung A, Hellwarth R W, George N. Phys. Rev. A, 1971, 4: 2342.

[6] Hanson E G, Shen Y R, Wong G K L. Phys. Rev. A, 1976, 14: 1281.

[7] Heiman D, Hellwarth R W, et al. Phys. Rev. Lett., 1976, 36: 189.

[8] Eesley G L, Levenson M D, Tolles W M. IEEE J. Quant. Electr., 1978, 14: 45.

[9] Shen Y R. The principles of nonlinear optics. NY: Wiley, 1984.
[10] Askar'yan G A. Sov. Phys. JETP, 1962, 15: 1088, 1161.
[11] Hercher M. J. Opt. Soc. Am., 1964, 54: 563.
[12] Chiao R Y, Garmire E, Townes C H. Phys. Rev. Lett., 1964, 13: 479.
[13] Zerev G M, Maldutis E K, Pashkov V A. JETP Lett., 1969, 9: 61.
[14] Talanov V I. JETP Lett., 1965, 2: 138.
[15] Giuliano C R, Marburger J H. Phys. Rev. Lett., 1971, 27: 905.
[16] Shen Y R, Shaham Y J. Phys. Rev. Lett., 1965, 15: 1008.
[17] Akhmanov S A, Sukhorukov A P, Khokhlov R V. Sov. Phys. Uspekhi, 1968, 93: 609.
[18] Kelley P L. Phys. Rev. Lett., 1965, 15: 1005.
[19] Lugovoi V N, Prokhorov A M. JETP Lett., 1968, 7: 117.
[20] Loy M M T, Shen Y R. Phys. Rev. Lett., 1969, 22: 994.
[21] Loy M M T, Shen Y R. IEEE J. Quant. Electr., 1973, 9: 409.
[22] Garmire E, Chiao R Y, Townes C H. Phys. Rev. Lett., 1966, 16: 347.
[23] Brewer R G, Lifsitz J R, et al. Phys. Rev., 1968, 166: 326.
[24] Korobkin V V, Prokhorov A M, et al. JETP Lett., 1970, 11: 94.
[25] Loy M M T, Shen Y R. Phys. Rev. Lett., 1970, 25: 1333.
[26] Loy M M T, Shen Y R. Appl. Phys. Lett., 1970, 19: 285.
[27] Wong G K L, Shen Y R. Phys. Rev. Lett., 1973, 32: 527.
[28] Shen Y R. Prog. Quant. Electr., 1975, 4: 27.
[29] Bloembergen N, Lallemand P. Phys. Rev. Lett., 1966, 16: 81.
[30] Brewer. Phys. Rev. Lett., 1967, 19: 8.
[31] Gustafson T K, Taran J P E, et al. Phys. Rev., 1969, 177: 306.
[32] Shen Y R, Loy M M T. Phys. Rev. A, 1971, 3: 2099.
[33] Wong G K L, Shen Y R. Appl. Phys. Lett., 1972, 21: 163.
[34] Shimizu F. Phys. Rev. Lett., 1967, 19: 1097.
[35] Durbin S D, Arakelian S M, Shen Y R. Opt. Lett., 1981, 6: 411.
[36] Friberg S R, Smith P W. IEEE J. Quant. Electr., 1987, 23: 2089.
[37] Sheik-Bahae M, Said A A, et al. Opt. Lett., 1989, 14: 955.

[38] Wang J, Sheik-Bahae M, et al. J. Opt. Soc. Am. B, 1994, 11: 1009.
[39] Castillo J, Kozich V P, Marcano A. Opt. Lett., 1994, 19: 171.
[40] Sheik-Bahae M, Said A A, et al. IEEE J. Quant. Electr., 1990, 26: 760.
[41] Yang L, Dorsinville R, et al. Opt. Lett., 1992, 17: 323.
[42] Eichler H J, Gunter P, Pohl D. Laser: induced dynamic grating. Berlin: Springer-Verlag, 1986.
[43] Silberberg Y, Bar-Joseph I. J. Opt. Soc. Am. B, 1984, 1: 662.
[44] Grandelement D, Grynberg G, Pinard M. Phys. Rev. Lett., 1987, 59: 40.
[45] Bowden C M, Ciftan M, Robl H R. ed. Optical bistability. NY: Plenum, 1981.
[46] Bowden C M, Gibbs H M, McCall S L. ed. Optical bistability Ⅱ. NY: Plenum, 1981.
[47] Bonifacio R, Lugiato L A. Opt. Commun., 1976, 19: 172.
[48] Szoke A, Danean V, et al. Appl. Phys. Lett., 1969, 15: 376.
[49] Gibbs H M, McCall S L, Venkatesan T N C. Phys. Rev. Lett., 1976, 36: 1135.
[50] Otto A. Z. Phys, 1968, 216: 398.
[51] Kretschmann E. Z. Phys, 1971, 241: 313.
[52] Ye P, Yu Z, Zhang Z. Chin. Phys. Lett., 1991, 8: 458.
[53] Martinot P, Koster A, Laval S. IEEE J. Quant. Electr., 1985, 21: 1140.
[54] Zhang Z, Wang H, Ye P, et al. Appl. Opt., 1993, 32: 4495.
[55] Wang H, Ye P, et al. Appl. Opt., 1995, 34: 6892.
[56] Si J, Wang Y, et al. Opt. Lett., 1996, 21: 357.

第九章　受激光散射

§9.1　受激拉曼散射的宏观极化理论

若频率为 ω_p 的入射光作用于原子(分子),后者在由低能态跃迁到高能态的同时,吸收一个光子 $\hbar\omega_p$ 并发射(散射)另一光子 $\hbar\omega_s$. 这就是拉曼散射(见图 9.1),其中 $\omega_p-\omega_s=\omega_v$,$\omega_v$ 是以频率为尺度的高、低两能级差. 参与作用的能级可以是振动、转动能级,也可以是电子能级. 拉曼的允许跃迁通常是电偶极矩的禁戒跃迁.

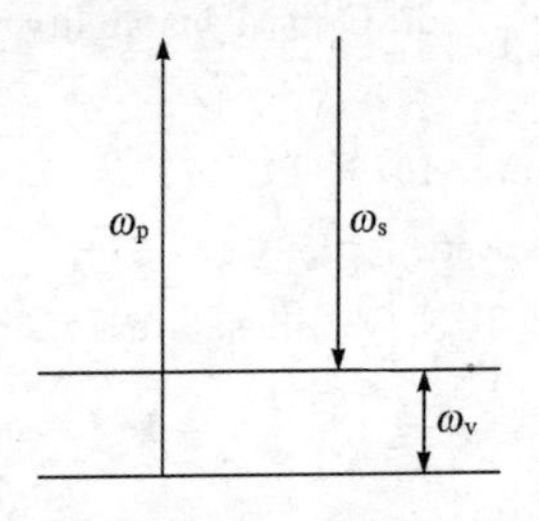

图 9.1　拉曼散射的能级和跃迁

自发的拉曼散射是非相干的,没有方向性,而且很弱. 激光出现后,用激光作为入射光,当光强较弱时,拉曼散射仍是自发的;但当光强足够强时,拉曼散射的特性却发生了质变: (1) 强度发生数量级上的增强; (2) 具有明显的方向性;(3) 具有高度单色性;(4) 存在明显的强度阈值. 只有当入射光强大于该值时,上述特性才会发生. 这种散射称为受激拉曼散射[1,2]. 同时,它还常常伴随有受激高阶拉曼散射的产生[3]. 图 9.2 是实验得到的拉曼散射由自发转变为受激的典型过程[4].

受激拉曼散射是一种三阶非线性光学效应,宏观上可用非线性极化和耦合波方程来统一描述[5~7].

首先,在频率分别为 ω_p 和 ω_s 的光波

$$E(\omega_p)=A(\omega_p)e^{-i(\omega_p t-k_p z)},\quad E(\omega_s)=A(\omega_s)e^{-i(\omega_s t-k_s z)}$$

的作用下,介质通过 $\omega_p-\omega_p+\omega_s=\omega_s$ 以及 $\omega_s-\omega_s+\omega_p=\omega_p$,可相应

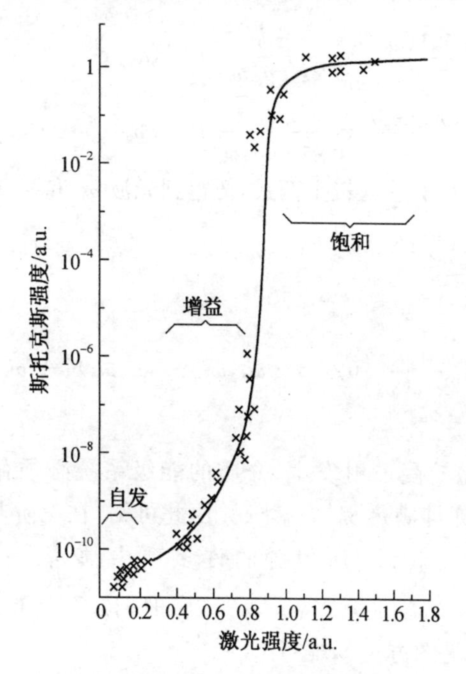

图 9.2 液氮拉曼散射由自发转变为受激的过程[4]

产生频率为 ω_s 和 ω_p 的三阶极化：

$$P^{(3)}(\omega_s) = \varepsilon_0 6\chi^{(3)}(-\omega_s,\omega_p,-\omega_p,\omega_s)E(\omega_p)E^*(\omega_p)E(\omega_s), \tag{9.1}$$

$$P^{(3)}(\omega_p) = \varepsilon_0 6\chi^{(3)}(-\omega_p,\omega_s,-\omega_s,\omega_p)E(\omega_s)E^*(\omega_s)E(\omega_p) \tag{9.2}$$

或

$$P^{(3)}(\omega_s) = \varepsilon_0 6\chi^{(3)}(-\omega_s,\omega_p,-\omega_p,\omega_s)\left|A(\omega_p)\right|^2 A(\omega_s)e^{-i(\omega_s t-k_s z)}, \tag{9.3}$$

$$P^{(3)}(\omega_p) = \varepsilon_0 6\chi^{(3)}(-\omega_p,\omega_s,-\omega_s,\omega_p)\left|A(\omega_s)\right|^2 A(\omega_p)e^{-i(\omega_p t-k_p z)}. \tag{9.4}$$

然后，利用式(2.106)，并令其中的 ω_i 依次为 ω_s 和 ω_p，则可得方程

$$\frac{\partial A(\omega_s)}{\partial z}=\frac{i\omega_s}{2\varepsilon_0 cn(\omega_s)}P^{(3)}(\omega_s)e^{i(\omega_s t-k_s z)},\tag{9.5}$$

$$\frac{\partial A(\omega_p)}{\partial z}=\frac{i\omega_p}{2\varepsilon_0 cn(\omega_p)}P^{(3)}(\omega_p)e^{i(\omega_p t-k_p z)}.\tag{9.6}$$

将式(9.3)和(9.4)代入以上两式,便得到光波 ω_s 和 ω_p 的耦合波方程

$$\frac{\partial A(\omega_s)}{\partial z}=\frac{i\omega_s}{2cn(\omega_s)}6\chi^{(3)}(-\omega_s,\omega_p,-\omega_p,\omega_s)|A(\omega_p)|^2A(\omega_s),\tag{9.7}$$

$$\frac{\partial A(\omega_p)}{\partial z}=\frac{i\omega_p}{2cn(\omega_p)}6\chi^{(3)}(-\omega_p,\omega_s,-\omega_s,\omega_p)|A(\omega_s)|^2A(\omega_p).\tag{9.8}$$

为使受激拉曼散射发生,介质的能级系统必须存在拉曼共振(见图 9.1),亦即满足 $\omega_p-\omega_s\simeq\omega_v$. 由此可知,在三阶非线性极化率 $\chi^{(3)}(-\omega_s,\omega_p,-\omega_p,\omega_s)$所包含的许多项中,必有一拉曼共振项 $\chi_R^{(3)}(-\omega_s,\omega_p,-\omega_p,\omega_s)$,当 $\omega_p-\omega_s\simeq\omega_v$ 时,该项比其他项要大得多. 用双费恩曼图方法不难写出

$$\chi_R^{(3)}(-\omega_s,\omega_p,-\omega_p,\omega_s)=\frac{C}{(\omega_p-\omega_s-\omega_v)-i\Gamma},\tag{9.9}$$

其中 C 是与频率关系不大的常数, Γ 是拉曼共振的弛豫常数. 因此,当 ω_p 和 ω_s 满足条件 $\omega_p-\omega_s\simeq\omega_v$ 时,有

$$\chi^{(3)}(-\omega_s,\omega_p,-\omega_p,\omega_s)\simeq\chi_R^{(3)}(\omega_s,\omega_p,-\omega_p,\omega_s).\tag{9.10}$$

同样理由,$\chi^{(3)}(-\omega_p,\omega_s,-\omega_s,\omega_p)$也存在拉曼共振项 $\chi_R^{(3)}(-\omega_p,\omega_s,-\omega_s,\omega_p)$,而且在满足上述条件时,有

$$\chi^{(3)}(-\omega_p,\omega_s,-\omega_s,\omega_p)\simeq\chi_R^{(3)}(-\omega_p,\omega_s,-\omega_s,\omega_p).\tag{9.11}$$

$\chi_R^{(3)}(-\omega_s,\omega_p,-\omega_p,\omega_s)$ 和 $\chi_R^{(3)}(-\omega_p,\omega_s,-\omega_s,\omega_p)$都应为复数,现在我们进一步证明,它们之间存在关系

$$\chi_R^{(3)}(-\omega_p,\omega_s,-\omega_s,\omega_p)=\chi_R^{(3)*}(-\omega_s,\omega_p,-\omega_p,\omega_s).\tag{9.12}$$

根据一般电磁理论，$2^{-1}\mathrm{Re}[E(\omega_s)\partial P^{(3)}(-\omega_s)/\partial t]$是光场$E(\omega_s)$与电极化强度 $P^{(3)}(\omega_s)$相互作用中做的功，也就是光波电场的能量损耗，因此在拉曼作用过程中，

$$m_s = \frac{1}{2}\mathrm{Re}\left[E(\omega_s)\frac{\partial P^{(3)}(-\omega_s)}{\partial t}\right]\frac{1}{\hbar\omega_s}$$

是频率为 ω_s 的光子增加的数目. 同理，

$$m_p = \frac{1}{2}\mathrm{Re}\left[E(\omega_p)\frac{\partial P^{(3)}(-\omega_p)}{\partial t}\right]\frac{1}{\hbar\omega_p}$$

是在此过程中频率为 ω_p 的光子减少的数目. 无疑，应有 $m_s = m_p$. 由于按以上公式计算得到

$$m_s = -B|E(\omega_p)|^2|E(\omega_s)|^2\mathrm{Im}[\chi_R^{(3)}(-\omega_s,\omega_p,-\omega_p,\omega_s)], \tag{9.13}$$

$$m_p = B|E(\omega_s)|^2|E(\omega_p)|^2\mathrm{Im}[\chi_R^{(3)}(-\omega_p,\omega_s,-\omega_s,\omega_p)], \tag{9.14}$$

故有

$$\mathrm{Im}[\chi_R^{(3)}(-\omega_p,\omega_s,-\omega_s,\omega_p)] = -\mathrm{Im}[\chi_R^{(3)}(-\omega_s,\omega_p,-\omega_p,\omega_s)]. \tag{9.15}$$

考虑到共振谱线附近，极化率的实部和虚部之间存在克拉默斯-克勒尼希(Kramers-Kronig)关系，由式(9.15)又可知

$$\mathrm{Re}[\chi_R^{(3)}(-\omega_p,\omega_s,-\omega_s,\omega_p)] = \mathrm{Re}[\chi_R^{(3)}(-\omega_s,\omega_p,-\omega_p,\omega_s)]. \tag{9.16}$$

于是式(9.12)的普遍性得以证明.

令

$$\chi_R^{(3)}(-\omega_s,\omega_p,-\omega_p,\omega_s) = \chi' + \mathrm{i}\chi'',$$

则
$$\chi_R^{(3)}(-\omega_p,\omega_s,-\omega_s,\omega_p) = \chi' - \mathrm{i}\chi''.$$

于是，考虑到式(9.10)和(9.11)，耦合波方程(9.7)和(9.8)可简化为

$$\frac{\partial A(\omega_s)}{\partial z} = \frac{\mathrm{i}\omega_s}{2cn(\omega_s)}6(\chi' + \mathrm{i}\chi'')|A(\omega_p)|^2A(\omega_s), \tag{9.17}$$

$$\frac{\partial A(\omega_p)}{\partial z}=\frac{\mathrm{i}\,\omega_p}{2cn(\omega_p)}6(\chi'-\mathrm{i}\chi'')\,|A(\omega_s)|^2A(\omega_p). \tag{9.18}$$

首先,由于 $\Delta k=k_p-k_s$ 不出现在该方程组中,故单纯的受激拉曼散射不存在相位匹配问题. 其次,和一般的非线性混频不同,受激拉曼散射中能量转移(即由光波 ω_p 转移给 ω_s)之所以能产生,是由于存在三阶极化率的虚部 χ'',而不是实部 χ'. 若只存在 χ',则方程(9.17)和(9.18)分别简化为

$$\frac{\partial A(\omega_s)}{\partial z}=\frac{\mathrm{i}\,\omega_s}{2cn(\omega_s)}6\chi'\,|A(\omega_p)|^2A(\omega_s), \tag{9.19}$$

$$\frac{\partial A(\omega_p)}{\partial z}=\frac{\mathrm{i}\,\omega_p}{2cn(\omega_p)}6\chi'\,|A(\omega_s)|^2A(\omega_p). \tag{9.20}$$

它们的解分别为

$$A(\omega_s)=A_0(\omega_s)\mathrm{e}^{\mathrm{i}\Delta k_s z},\quad A(\omega_p)=A_0(\omega_p)\mathrm{e}^{\mathrm{i}\Delta k_p z},$$

其中

$$\Delta k_s=\frac{\omega_s}{2cn(\omega_s)}6\chi'\,|A(\omega_p)|^2,\quad \Delta k_p=\frac{\omega_p}{2cn(\omega_p)}6\chi'\,|A(\omega_s)|^2.$$

这意味着此时振幅的绝对值在传播过程中都没有改变,亦即不发生能量转移;改变的只是波矢分别由 k_s 变为 $k_s+\Delta k_s$ 和由 k_p 变为 $k_p+\Delta k_p$. 换言之,这时只能发生光克尔效应,亦即折射率产生了与另一束光的光强成正比的变化.

利用方程(9.17),可得

$$A^*(\omega_s)\frac{\partial A(\omega_s)}{\partial z}+A(\omega_s)\frac{\partial A^*(\omega_s)}{\partial z}=-\frac{\omega_s}{cn(\omega_s)}6\chi''\,|A(\omega_p)|^2\,|A(\omega_s)|^2 \tag{9.21}$$

或

$$\frac{\partial}{\partial z}|A(\omega_s)|^2=-\frac{\omega_s}{cn(\omega_s)}6\chi''\,|A(\omega_p)|^2\,|A(\omega_s)|^2. \tag{9.22}$$

设频率为 ω_s 的光子流强(亦即单位时间通过单位面积的光子数)为 N_s,则 $N_s\hbar\omega_s$ 是该频率的光强 $I_s=(1/2)\varepsilon_0 cn(\omega_s)\,|A(\omega_s)|^2$. 由此可知

$$N_s=\varepsilon_0 cn(\omega_s)\frac{|A(\omega_s)|^2}{2\hbar\omega_s}.$$

同理,设频率为 ω_p 的光子流强为 N_p,则

$$N_p = \varepsilon_0 c n(\omega_p) \frac{|A(\omega_p)|^2}{2\hbar\omega_p}.$$

于是,方程(9.22)化简为

$$\frac{\partial N_s}{\partial z} = \beta N_p N_s, \tag{9.23}$$

其中

$$\beta = -\frac{12\varepsilon_0 \hbar \omega_s \omega_p}{n(\omega_s) n(\omega_p)} \chi''. \tag{9.24}$$

当 $\chi''<0$ 时,$\beta>0$, 拉曼散射便可产生. 同理,利用式(9.18),可得

$$\frac{\partial N_p}{\partial z} = -\beta N_p N_s = -\frac{\partial N_s}{\partial z}.$$

换言之,每产生一个光子 $\hbar\omega_s$,必定消失一个光子 $\hbar\omega_p$,从而总光子流强应守恒,亦即

$$N_s(z) + N_p(z) = N_s(0) + N_p(0), \tag{9.25}$$

其中 $N_s(0)$和 $N_p(0)$是 $z=0$ 处的光子流强.

利用式(9.25)和(9.23),即可解得 N_s 和 N_p 随作用距离 z 的增减为

$$N_s(z) = N_s(0) \frac{N_s(0) + N_p(0)}{N_s(0) + N_p(0) e^{-z/L_R}}, \tag{9.26}$$

$$N_p(z) = N_p(0) \frac{[N_s(0) + N_p(0)] e^{-z/L_R}}{N_s(0) + N_p(0) e^{-z/L_R}}, \tag{9.27}$$

其中 $L_R = (1/\beta)[N_s(0) + N_p(0)]^{-1}$. 图 9.3 表示出 N_s 和 N_p 增减的一般规律: $|\chi''|$越大,β 越大,L_R 越小,能量由光波 ω_p 向光波 ω_s 转移得越快. 当 $z=L_R$ 时,能量已大量转移. 由式(9.9)又可看出,当拉曼共振时,$|\chi''|$有最大值.

方程(9.22)没有考虑介质对光波能量的损耗;而考虑此因素后,便可论证受激拉曼存在能量阈值. 为此,在该方程等号右边加上一损耗项,得

$$\frac{\partial}{\partial z}|A(\omega_s)|^2 = -\frac{\omega_s}{cn(\omega_s)} 6\chi'' |A(\omega_p)|^2 |A(\omega_s)|^2 - \alpha_s |A(\omega_s)|^2, \tag{9.28}$$

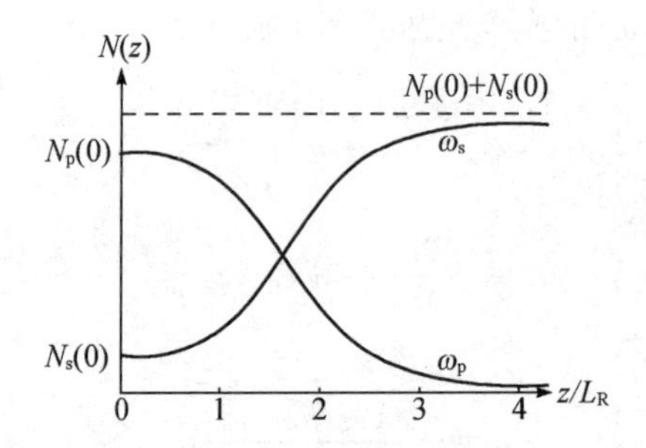

图 9.3　受激拉曼散射过程中光子流强 N_s 和 N_p 随作用距离的增减规律

其中 α_s 是对光波 ω_s 的介质损耗系数. 当受激拉曼的能量转换效率不特别高时,可认为光波 ω_p 的能量在相互作用过程中近似不变,则方程(9.28)的解为

$$|A(\omega_s)|^2 = |A_0(\omega_s)|^2 e^{(G-\alpha_s)z}, \tag{9.29}$$

其中

$$G = -\frac{6\omega_s}{cn(\omega_s)}\chi''|A(\omega_p)|^2 \tag{9.30}$$

为增益系数. 显然,只当泵浦光 ω_p 的功率足够大,以至于 $G>\alpha_s$ 时,散射光 ω_s 才会随作用距离而增强.

事实上,实验结果远比以上简单的理论预期复杂得多: 一方面,是因为当泵浦光功率大到足以使受激拉曼散射产生时,其他非线性效应(例如自聚焦)亦将产生. 自聚焦的结果使泵浦光功率密度提高,从而使受激拉曼散射比预期的要强,因此实验得到的拉曼散射输出功率相对泵浦光输入功率的曲线在上升阶段要比理论预期陡峭得多. 另一方面,即使如图 9.2 所示的实验结果,虽然已论证不存在自聚焦,但曲线在上升阶段也要比理论预期陡峭得多. 这被认为是拉曼散射输出信号被(正)反馈并再次从泵浦光得到能量造成的;而反馈可能来自样品容器及输出窗口的漫反射,也可能来自输出信号的瑞利散射[4].

§9.2 受激拉曼散射的参量理论

如果我们像§3.2中那样，用密度矩阵表示原子(分子)的状态，用半经典理论处理光与原子(分子)的相互作用，则对于有一对拉曼允许跃迁能态 $|i\rangle$ 和 $|f\rangle$ 的体系(如图9.4所示)，在频率为 ω_p 的泵浦光和频率为 ω_s 的信号光作用下(相继进行一次微扰)，会激发出密度矩阵的非对角元 $\rho_{fi}^{(2)}(\omega_p-\omega_s)$，它实质上是频率为 $\omega_p-\omega_s\approx\omega_{fi}$、波矢为 $\boldsymbol{k}_p-\boldsymbol{k}_s$ 的物质波.

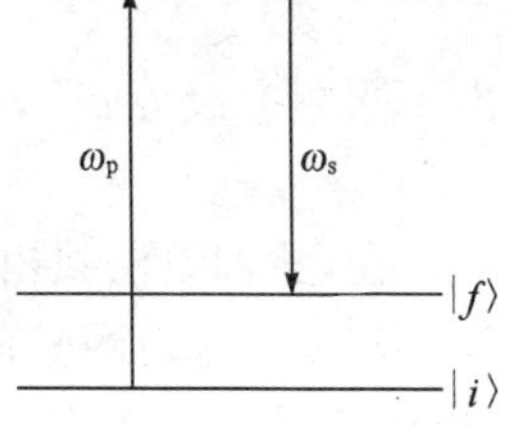

图9.4 任意一对拉曼允许跃迁能态 $|i\rangle$ 和 $f\rangle$

本节要论证，这三个波(两个光波和一个物质波)之间存在相互耦合，而频率为 ω_s 的受激拉曼散射光的产生，也可看做是这三个波之间的参量作用过程，亦即泵浦光能量转变为散射光及物质波的能量[5~7].

设泵浦光和散射光的复电场分别为

$$\boldsymbol{E}(\omega_p)=\boldsymbol{A}(\omega_p)\mathrm{e}^{-\mathrm{i}[\omega_p t-\boldsymbol{k}(\omega_p)\cdot\boldsymbol{r}]},\quad \boldsymbol{E}(\omega_s)=\boldsymbol{A}(\omega_s)\mathrm{e}^{-\mathrm{i}[\omega_s t-\boldsymbol{k}(\omega_s)\cdot\boldsymbol{r}]}.$$

经过对原子体系两次微扰后，体系密度矩阵的二级小量 $\boldsymbol{\rho}^{(2)}$ 将服从以下方程(参见式(3.23))：

$$\frac{\partial\boldsymbol{\rho}^{(2)}}{\partial t}=\frac{1}{\mathrm{i}\hbar}\{[\boldsymbol{H}_0,\boldsymbol{\rho}^{(2)}]+[\boldsymbol{H}_{\mathrm{int}},\boldsymbol{\rho}^{(1)}]\}+\left(\frac{\partial\boldsymbol{\rho}^{(2)}}{\partial t}\right)_{\mathrm{T}},\quad(9.31)$$

其中 $\boldsymbol{H}_0$ 是没有光场时原子的哈密顿量，而

$$\boldsymbol{H}_{\mathrm{int}}=\frac{1}{2}[\boldsymbol{H}_{\mathrm{int}}(\omega_p)+\boldsymbol{H}_{\mathrm{int}}(-\omega_p)+\boldsymbol{H}_{\mathrm{int}}(\omega_s)+\boldsymbol{H}_{\mathrm{int}}(-\omega_s)]\quad(9.32)$$

是光场 ω_p 及 ω_s 与原子的相互作用哈密顿量，且有

$$\boldsymbol{H}_{\mathrm{int}}(\omega_p)=e\boldsymbol{r}\cdot\boldsymbol{a}_pE(\omega_p),\quad \boldsymbol{H}_{\mathrm{int}}(\omega_s)=e\boldsymbol{r}\cdot\boldsymbol{a}_sE(\omega_s),$$
$$\boldsymbol{H}_{\mathrm{int}}(-\omega_p)=(e\boldsymbol{r}\cdot\boldsymbol{a}_p)^{\dagger}E^*(\omega_p),\quad \boldsymbol{H}_{\mathrm{int}}(-\omega_s)=(e\boldsymbol{r}\cdot\boldsymbol{a}_s)^{\dagger}E^*(\omega_s),\quad(9.33)$$

其中 $\boldsymbol{a}_{\mathrm{p}}$ 和 $\boldsymbol{a}_{\mathrm{s}}$ 为光场偏振方向的单位矢量，$-e\boldsymbol{r}$ 是原子中电子的电偶极矩算符，"+"表示求厄米运算. 方程(9.31)中的 $\boldsymbol{\rho}^{(1)}$ 是体系受光场一次微扰后密度矩阵的一级小量：

$$\boldsymbol{\rho}^{(1)} = \frac{1}{2}[\boldsymbol{\rho}^{(1)}(\omega_{\mathrm{p}}) + \boldsymbol{\rho}^{(1)}(-\omega_{\mathrm{p}}) + \boldsymbol{\rho}^{(1)}(\omega_{\mathrm{s}}) + \boldsymbol{\rho}^{(1)}(-\omega_{\mathrm{s}})], \tag{9.34}$$

式中 $\boldsymbol{\rho}^{(1)}(\pm\omega_i)(i=\mathrm{p},\mathrm{s})$ 是其中不同的频率成分.

事实上，体系密度矩阵的二级小量

$$\boldsymbol{\rho}^{(2)} = \sum_j \left(\frac{1}{2}\right)\boldsymbol{\rho}^{(2)}(\omega_j),$$

也由不同频率成分 $\boldsymbol{\rho}^{(2)}(\omega_j)$ 组成，其中 $\omega_j=\omega_{\mathrm{s}}-\omega_{\mathrm{p}}, \omega_{\mathrm{p}}-\omega_{\mathrm{s}}, \omega_{\mathrm{s}}+\omega_{\mathrm{p}}, -(\omega_{\mathrm{s}}+\omega_{\mathrm{p}}), \cdots$.

现在，我们设法找出经光场两次微扰后，频率为 $\omega_{\mathrm{s}}-\omega_{\mathrm{p}}$ 的密度矩阵 $\boldsymbol{\rho}^{(2)}(\omega_{\mathrm{s}}-\omega_{\mathrm{p}})$ 的矩阵元 $\rho_{if}^{(2)}(\omega_{\mathrm{s}}-\omega_{\mathrm{p}})$. 为此，从方程(9.31)出发，由于它是一个矩阵方程，等号左、右两端的相应矩阵元应相等. 选定频率为 $\omega_{\mathrm{s}}-\omega_{\mathrm{p}}$ 的矩阵元 $\rho_{if}^{(2)}$，考虑到式(9.34)，便有

$$\begin{aligned}\frac{\partial\rho_{if}^{(2)}(\omega_{\mathrm{s}}-\omega_{\mathrm{p}})}{\partial t} = &\frac{1}{\mathrm{i}\hbar}\{[\boldsymbol{H}_0, \boldsymbol{\rho}^{(2)}(\omega_{\mathrm{s}}-\omega_{\mathrm{p}})]_{if} + \frac{1}{2}[\boldsymbol{H}_{\mathrm{int}}(\omega_{\mathrm{s}}), \boldsymbol{\rho}^{(1)}(-\omega_{\mathrm{p}})]_{if} \\ &+ \frac{1}{2}[\boldsymbol{H}_{\mathrm{int}}(-\omega_{\mathrm{p}}), \boldsymbol{\rho}^{(1)}(\omega_{\mathrm{s}})]_{if}\} - \Gamma_{if}\rho_{if}^{(2)}(\omega_{\mathrm{s}}-\omega_{\mathrm{p}}).\end{aligned} \tag{9.35}$$

又因

$$\begin{aligned}[\boldsymbol{H}_0, \boldsymbol{\rho}^{(2)}(\omega_{\mathrm{s}}-\omega_{\mathrm{p}})]_{if} &= [\boldsymbol{H}_0\boldsymbol{\rho}^{(2)}(\omega_{\mathrm{s}}-\omega_{\mathrm{p}}]_{if} - [\boldsymbol{\rho}^{(2)}(\omega_{\mathrm{s}}-\omega_{\mathrm{p}})\boldsymbol{H}_0]_{if} \\ &= \hbar\omega_{if}\rho_{if}^{(2)}(\omega_{\mathrm{s}}-\omega_{\mathrm{p}}),\end{aligned} \tag{9.36}$$

故有

$$\begin{aligned}&\left(\frac{\partial}{\partial t} + \mathrm{i}\,\omega_{if} + \Gamma_{if}\right)\rho_{if}^{(2)}(\omega_{\mathrm{s}}-\omega_{\mathrm{p}}) \\ &\quad = \frac{1}{2}\{[\boldsymbol{H}_{\mathrm{int}}(\omega_{\mathrm{s}}), \boldsymbol{\rho}^{(1)}(-\omega_{\mathrm{p}})]_{if} + [\boldsymbol{H}_{\mathrm{int}}(-\omega_{\mathrm{p}}), \boldsymbol{\rho}^{(1)}(\omega_{\mathrm{s}})]_{if}\}.\end{aligned} \tag{9.37}$$

由于

$$[\boldsymbol{H}_{\text{int}}(\omega_s),\boldsymbol{\rho}^{(1)}(-\omega_p)]_{if}=\sum_m\{[\boldsymbol{H}_{\text{int}}(\omega_s)]_{im}[\boldsymbol{\rho}^{(1)}(-\omega_p)]_{mf}$$
$$-[\boldsymbol{\rho}^{(1)}(-\omega_p)]_{im}[\boldsymbol{H}_{\text{int}}(\omega_s)]_{mf}\},$$
$$[\boldsymbol{H}_{\text{int}}(-\omega_p),\boldsymbol{\rho}^{(1)}(\omega_s)]_{if}=\sum_m\{[\boldsymbol{H}_{\text{int}}(-\omega_p)]_{im}[\boldsymbol{\rho}^{(1)}(\omega_s)]_{mf}$$
$$-[\boldsymbol{\rho}^{(1)}(\omega_s)]_{im}[\boldsymbol{H}_{\text{int}}(-\omega_p)]_{mf}\}$$

以及

$$\rho_{nn'}^{(1)}(\omega_j)=\frac{[\boldsymbol{H}_{\text{int}}(\omega_j)]_{nn'}}{\hbar(\omega_j-\omega_{nn'}+i\Gamma_{nn'})}(\rho_n-\rho_{n'})\simeq\frac{[\boldsymbol{H}_{\text{int}}(\omega_j)]_{nn'}}{\hbar(\omega_j-\omega_{nn'})}(\rho_n-\rho_{n'})\tag{9.38}$$

(参见式(3.34),近似等式在 $\omega_j\gg\omega_{nn'}$ 时成立),再利用式(9.33),便可将方程(9.37)演化为

$$\left(\frac{\partial}{\partial t}+\mathrm{i}\omega_{if}+\Gamma_{if}\right)\rho_{if}^{(2)}(\omega_s-\omega_p)=\frac{1}{2\mathrm{i}\hbar}M_{if}E^*(\omega_p)E(\omega_s)(\rho_i-\rho_f),\tag{9.39}$$

其中 $M_{if}=\langle i|\boldsymbol{M}|f\rangle$,而算符 $\boldsymbol{M}$ 则表示为

$$\boldsymbol{M}=\sum_m\left[\frac{e\boldsymbol{r}\cdot\boldsymbol{a}_s\mid m\rangle\langle m\mid(e\boldsymbol{r}\cdot\boldsymbol{a}_p)^\dagger}{\hbar(\omega_p-\omega_{mi})}-\frac{(e\boldsymbol{r}\cdot\boldsymbol{a}_p)^\dagger\mid m\rangle\langle m\mid e\boldsymbol{r}\cdot\boldsymbol{a}_s}{\hbar(\omega_s+\omega_{mi})}\right].\tag{9.40}$$

又因

$$\omega_{if}=-\omega_{fi},\quad\rho_{if}^{(2)}(\omega_s-\omega_p)=\rho_{fi}^{(2)*}(\omega_p-\omega_s),\quad M_{if}=M_{fi}^*,$$

故由式(9.39)得

$$\left(\frac{\partial}{\partial t}+\mathrm{i}\omega_{fi}+\Gamma_{fi}\right)\rho_{fi}^{(2)}(\omega_p-\omega_s)=\frac{-1}{2\mathrm{i}\hbar}M_{fi}E(\omega_p)E^*(\omega_s)(\rho_i-\rho_f).\tag{9.41}$$

该式描述了两个光波耦合产生物质波的过程.

一旦物质波 $\rho_{if}^{(2)}(\omega_s-\omega_p)$ 被激发,再分别与光场 $\boldsymbol{E}(\omega_s)$,$\boldsymbol{E}(\omega_p)$ 相互作用(即计算到三级微扰),便又可产生频率为 ω_p 和 ω_s 的三阶极化 $\boldsymbol{P}^{(3)}(\omega_p)$ 和 $\boldsymbol{P}^{(3)}(\omega_s)$.

这个过程可用双费恩曼图技术来分析:所谓 $\rho_{if}^{(2)}(\omega_s-\omega_p)$ 被激

发，从双费恩曼图技术看来，就是经光场两次作用后，左边的态仍在$|i\rangle$，右边的态到达$\langle f|$，分别如图 9.5 的(a)和(b)所示. 在此基础上，再通过$\boldsymbol{E}(\omega_{\mathrm{p}})$左作用"吸收"光子并使左边的态由$|i\rangle$到达任意态$|m\rangle$（见图 9.5(a)）和右作用"发射"光子并使右边的态由$\langle f|$到达任意态$\langle m|$（见图 9.5(b)），便可得到$\rho^{(3)}(\omega_{\mathrm{s}}=\omega_{\mathrm{s}}-\omega_{\mathrm{p}}+\omega_{\mathrm{p}})$的非对角元$\rho_{mf}^{(3)}(\omega_{\mathrm{s}})$和$\rho_{im}^{(3)}(\omega_{\mathrm{s}})$. 而且，按照双费恩曼图技术的规则，$\rho_{mf}^{(3)}(\omega_{\mathrm{s}})$和$\rho_{im}^{(3)}(\omega_{\mathrm{s}})$应分别等于$\rho_{if}^{(2)}(\omega_{\mathrm{s}}-\omega_{\mathrm{p}})$乘上一个由于光场这次作用带来的特定因子，亦即

$$\begin{aligned}\rho_{mf}^{(3)}(\omega_{\mathrm{s}})&=\rho_{if}^{(2)}(\omega_{\mathrm{s}}-\omega_{\mathrm{p}})\left[\frac{1}{\mathrm{i}\hbar}\langle m|\boldsymbol{H}_{\mathrm{int}}(\omega_{\mathrm{p}})|i\rangle\frac{1}{\mathrm{i}(\omega_{\mathrm{s}}-\omega_{\mathrm{p}}+\omega_{\mathrm{p}}-\omega_{mf})}\right]\\&=-\rho_{if}^{(2)}(\omega_{\mathrm{s}}-\omega_{\mathrm{p}})\langle m|e\boldsymbol{r}\cdot\boldsymbol{a}_{\mathrm{p}}|i\rangle E(\omega_{\mathrm{p}})\frac{1}{\hbar(\omega_{\mathrm{s}}-\omega_{mf})},\end{aligned}\tag{9.42}$$

$$\begin{aligned}\rho_{im}^{(3)}(\omega_{\mathrm{s}})&=\rho_{if}^{(2)}(\omega_{\mathrm{s}}-\omega_{\mathrm{p}})\left[\frac{-1}{\mathrm{i}\hbar}\langle f|\boldsymbol{H}_{\mathrm{int}}(\omega_{\mathrm{p}})|m\rangle\frac{1}{\mathrm{i}(\omega_{\mathrm{s}}-\omega_{\mathrm{p}}+\omega_{\mathrm{p}}-\omega_{im})}\right]\\&=\rho_{if}^{(2)}(\omega_{\mathrm{s}}-\omega_{\mathrm{p}})\langle f|e\boldsymbol{r}\cdot\boldsymbol{a}_{\mathrm{p}}|m\rangle E(\omega_{\mathrm{p}})\frac{1}{\hbar(\omega_{\mathrm{s}}+\omega_{mi})}.\end{aligned}\tag{9.43}$$

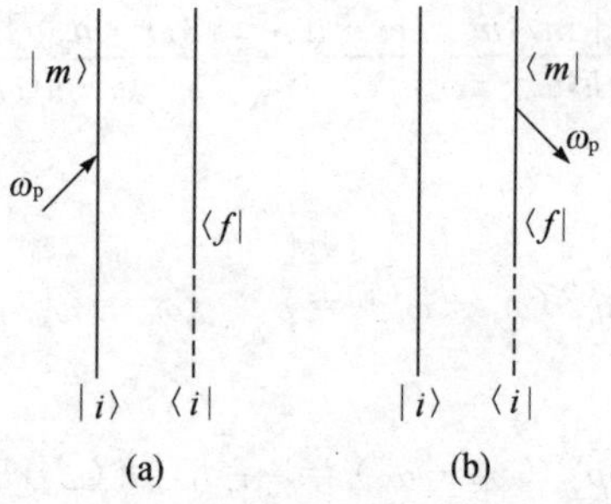

图 9.5 物质波$\rho_{if}^{(2)}(\omega_{\mathrm{s}}-\omega_{\mathrm{p}})$被激发后，再与光场$\boldsymbol{E}(\omega_{\mathrm{p}})$相互作用的两个双费恩曼图

由于$\boldsymbol{P}^{(3)}(\omega_{\mathrm{s}})$与$\boldsymbol{\rho}^{(3)}(\omega_{\mathrm{s}})$之间存在关系：$\boldsymbol{P}^{(3)}(\omega_{\mathrm{s}})=N\,\mathrm{tr}[\mathscr{P}\boldsymbol{\rho}^{(3)}(\omega_{\mathrm{s}})]$，其中$\mathscr{P}=-e\boldsymbol{r}$，$N$为单位体积的原子数. 若令$P^{(3)}(\omega_{\mathrm{s}})=\boldsymbol{P}^{(3)}(\omega_{\mathrm{s}})\cdot\boldsymbol{a}_{\mathrm{s}}$，其中$\boldsymbol{a}_{\mathrm{s}}$是光波$\boldsymbol{E}(\omega_{\mathrm{s}})$偏振方向的单位矢

量,则有

$$P^{(3)}(\omega_s) = N\mathrm{tr}[-e\boldsymbol{r}\cdot\boldsymbol{a}_s\boldsymbol{\rho}^{(3)}(\omega_s)]$$

或

$$P^{(3)}(\omega_s) = \sum_n\sum_q N\langle n|-e\boldsymbol{r}\cdot\boldsymbol{a}_s|q\rangle\rho_{qn}^{(3)}(\omega_s). \tag{9.44}$$

当 $\omega_p-\omega_s\simeq\omega_{fi}$ 时,在众多的矩阵元 $\rho_{qn}^{(3)}(\omega_s)$ 中,拉曼共振的矩阵元 $\rho_{mf}^{(3)}(\omega_s)$ 和 $\rho_{im}^{(3)}(\omega_s)$ 比其他大得多,因此,如果在上式中只保留它们的贡献,便可得到 $P^{(3)}(\omega_s)$ 的拉曼共振部分为

$$\begin{aligned}P_{\mathrm{res}}^{(3)}(\omega_s) = \sum_m N[&-\langle m|e\boldsymbol{r}\cdot\boldsymbol{a}_s|i\rangle\rho_{im}^{(3)}(\omega_s)\\ &-\langle f|e\boldsymbol{r}\cdot\boldsymbol{a}_s|m\rangle\rho_{mf}^{(3)}(\omega_s)].\end{aligned} \tag{9.45}$$

将式(9.42)和(9.43)代入上式,并注意 $\omega_s-\omega_{mf}\simeq\omega_p-\omega_{mi}$,则有

$$P_{\mathrm{res}}^{(3)}(\omega_s) = NM_{fi}E(\omega_p)\rho_{if}^{(2)}(\omega_s-\omega_p) \tag{9.46}$$

或

$$P_{\mathrm{res}}^{(3)}(\omega_s) = NM_{fi}E(\omega_p)\rho_{fi}^{(2)*}(\omega_p-\omega_s). \tag{9.47}$$

用同样方法,得到 $\rho_{fi}^{(2)}(\omega_p-\omega_s)$ 与 $\boldsymbol{E}(\omega_s)$ 相互作用产生的 $P_{\mathrm{res}}^{(3)}(\omega_p)$ 为

$$P_{\mathrm{res}}^{(3)}(\omega_p) = NM_{fi}^{*}E(\omega_s)\rho_{fi}^{(2)}(\omega_p-\omega_s). \tag{9.48}$$

于是,根据式(2.91),便可建立以下两个非线性波动方程:

$$\nabla^2E(\omega_p)-\mu_0\varepsilon(\omega_p)\frac{\partial^2E(\omega_p)}{\partial t^2} = \mu_0\frac{\partial^2P^{(3)}(\omega_p)}{\partial t^2}, \tag{9.49}$$

$$\nabla^2E(\omega_s)-\mu_0\varepsilon(\omega_s)\frac{\partial^2E(\omega_s)}{\partial t^2} = \mu_0\frac{\partial^2P^{(3)}(\omega_s)}{\partial t^2}. \tag{9.50}$$

当忽略非拉曼共振部分时,$P^{(3)}(\omega_p)\simeq P_{\mathrm{res}}^{(3)}(\omega_p)$,$P^{(3)}(\omega_s)\simeq P_{\mathrm{res}}^{(3)}(\omega_s)$.

通过上述分析,已论证了三个波,亦即光波 $\boldsymbol{E}(\omega_s)$,$\boldsymbol{E}(\omega_p)$ 和物质波 $\rho_{fi}^{(2)}(\omega_p-\omega_s)$ 之间确实存在相互耦合,而耦合方程组则由方程(9.41)和(9.49),(9.50)组成.和三个波都是光波的情形类似,人们也可从这个耦合方程组出发,讨论这三个波的参量作用,并把受激拉曼散射看做是这三个波的一种参量振荡过程,亦即输入频率为 ω_p 的光波,输出频率为 $\omega_s=\omega_p-\omega_{fi}$ 的光波,并激发起物质波 $\rho_{fi}^{(2)}(\omega_p-\omega_s)$.特别应指出,在这三个波的耦合过程中,物质波 $\rho_{fi}^{(2)}(\omega_p-\omega_s)$ 的波矢为 $\boldsymbol{K}(\omega_p-\omega_s)=\boldsymbol{k}(\omega_p)-\boldsymbol{k}(\omega_s)$,从而再次证明,相位匹配条件对于受激拉曼散射(只考虑斯托克斯散射时)总是满足的.

在稳态情形,亦即当光波的振幅只是位置的函数,并不随时间变化时,由方程(9.41),(9.49),(9.50)分别得到以下耦合方程:

$$\rho_{fi}^{(2)}(\omega_p-\omega_s)=-\frac{M_{fi}(\rho_i-\rho_f)}{2\hbar(\omega_p-\omega_s-\omega_{fi}+i\Gamma_{fi})}E(\omega_p)E^*(\omega_s), \tag{9.51}$$

$$\nabla^2E(\omega_p)+k^2(\omega_p)E(\omega_p)=-\mu_0\omega_p^2NM_{fi}^*E(\omega_s)\rho_{fi}^{(2)}(\omega_p-\omega_s), \tag{9.52}$$

$$\nabla^2E(\omega_s)+k^2(\omega_s)E(\omega_s)=-\mu_0\omega_s^2NM_{fi}E(\omega_p)\rho_{fi}^{(2)*}(\omega_p-\omega_s), \tag{9.53}$$

其中

$$k^2(\omega_j)=\mu_0\varepsilon(\omega_j)\omega_j^2=\left[\frac{n(\omega_j)\omega_j}{c}\right]^2\quad(j=\mathrm{p,s}).$$

将式(9.51)代入式(9.47),并与下式比较:

$$P_{\mathrm{res}}^{(3)}(\omega_s)=\varepsilon_0 6\chi_{\mathrm{R}}^{(3)}(-\omega_s,\omega_p,-\omega_p,\omega_s)|E(\omega_p)|^2E(\omega_s), \tag{9.54}$$

又可得拉曼极化率(共振部分)的微观表达式为

$$\chi_{\mathrm{R}}^{(3)}(-\omega_s,\omega_p,-\omega_p,\omega_s)=-\frac{N|M_{fi}|^2(\rho_i-\rho_f)}{\varepsilon_0 12\hbar(\omega_p-\omega_s-\omega_{fi}-i\Gamma_{fi})}. \tag{9.55}$$

最后应指出,更完整的理论处理应同时考虑拉曼极化率的非共振部分 $\chi_{\mathrm{NR}}^{(3)}(-\omega_p,\omega_s,-\omega_s,\omega_p)$ 和 $\chi_{\mathrm{NR}}^{(3)}(-\omega_s,\omega_p,-\omega_p,\omega_s)$ 以及折射率随光波自身光强变化的影响.此时,耦合方程(9.49)和(9.50)中的 $P^{(3)}(\omega_p)$ 和 $P^{(3)}(\omega_s)$ 分别应更完整地表示为

$$\begin{aligned}P^{(3)}(\omega_p)=&\varepsilon_0 3\chi^{(3)}(-\omega_p,\omega_p,-\omega_p,\omega_p)|E(\omega_p)|^2E(\omega_p)\\&+\varepsilon_0 6\chi_{\mathrm{NR}}^{(3)}(-\omega_p,\omega_s,-\omega_s,\omega_p)|E(\omega_s)|^2E(\omega_p)\\&+NM_{fi}^*E(\omega_s)\rho_{fi}^{(2)}(\omega_p-\omega_s),\end{aligned} \tag{9.56}$$

$$\begin{aligned}P^{(3)}(\omega_s)=&\varepsilon_0 3\chi^{(3)}(-\omega_s,\omega_s,-\omega_s,\omega_s)|E(\omega_s)|^2E(\omega_s)\\&+\varepsilon_0 6\chi_{\mathrm{NR}}^{(3)}(-\omega_s,\omega_p,-\omega_p,\omega_s)|E(\omega_p)|^2E(\omega_s)\\&+NM_{fi}E(\omega_p)\rho_{fi}^{(2)*}(\omega_p-\omega_s).\end{aligned} \tag{9.57}$$

§9.3 受激反斯托克斯拉曼散射的产生

已知在泵浦光 ω_p 的作用下，如图 9.4 的能级体系，拉曼散射除有斯托克斯散射外，还有反斯托克斯散射，前者频率为 $\omega_s=\omega_p-\omega_{fi}$，后者为 $\omega_a=\omega_p+\omega_{fi}$. 同时，又已知自发的反斯托克斯拉曼散射只有在一对拉曼能级中的高能级存在布居时（例如介质温度较高）才可能发生. 然而，受激反斯托克斯拉曼散射却没有这个限制，并且往往伴随斯托克斯拉曼散射而出现[8~13].

从宏观极化理论的角度，一旦频率为 ω_s 的受激斯托克斯散射产生，它又会和泵浦光一起在介质中产生频率为 $\omega_a=\omega_p-\omega_s+\omega_p=2\omega_p-\omega_s$ 的三阶极化强度 $\boldsymbol{P}^{(3)}(\omega_a)$，其极化率 $\chi^{(3)}(-\omega_a,\omega_p,-\omega_p,\omega_s)$ 在 $\omega_p-\omega_s=\omega_{fi}$ 时出现拉曼共振增强，而 $\boldsymbol{P}^{(3)}(\omega_a)$ 的辐射便产生了受激反斯托克斯散射.

从参量理论的角度，当光波 ω_p 和 ω_s 在体系中激发起物质波 $(1/2)[\rho_{fi}^{(2)}(\omega_p-\omega_s)+\text{c.c.}]$ 时，后者不仅可与光波 ω_s 作用产生三阶极化：

$$P_{\text{res}}^{(3)}(\omega_p)=NM_{s,fi}^{*}E(\omega_s)\rho_{fi}^{(2)}(\omega_p-\omega_s),\tag{9.58}$$

与光波 ω_p 作用产生三阶极化：

$$P_{\text{res}}^{(3)}(\omega_s)=NM_{s,fi}E(\omega_p)\rho_{fi}^{(2)*}(\omega_p-\omega_s)^{①},\tag{9.59}$$

而且还会与光波 ω_a 作用产生三阶极化[5~6,14]：

$$P_{\text{res}}^{(3)}(\omega_a)=NM_{a,fi}^{*}E(\omega_p)\rho_{fi}^{(2)}(\omega_p-\omega_s),\tag{9.60}$$

其中 $M_{a,fi}=\langle f|\boldsymbol{M}_a|i\rangle$，而算符 $\boldsymbol{M}_a$ 则为

$$\boldsymbol{M}_a=\sum_m\left[\frac{e\boldsymbol{r}\cdot\boldsymbol{a}_p\,|m\rangle\langle m|\,(e\boldsymbol{r}\cdot\boldsymbol{a}_a)^{\dagger}}{\hbar(\omega_a-\omega_{mi})}-\frac{(e\boldsymbol{r}\cdot\boldsymbol{a}_a)^{\dagger}|m\rangle\langle m|\,e\boldsymbol{r}\cdot\boldsymbol{a}_p}{\hbar(\omega_p+\omega_{mi})}\right].\tag{9.61}$$

---

① 见式(9.47)和(9.48)，上两式中的 $M_{s,fi}=\langle f|\boldsymbol{M}_s|i\rangle$ 就是§9.2中的 M_{fi}，这里多加的下角标“s”是为了区别于后面引入的 $M_{a,fi}$.

它是将算符

$$\boldsymbol{M}_{\mathrm{s}}=\sum_{m}\left[\frac{e\boldsymbol{r}\cdot\boldsymbol{a}_{\mathrm{s}}\mid m\rangle\langle m\mid(e\boldsymbol{r}\cdot\boldsymbol{a}_{\mathrm{p}})^{\dagger}}{\hbar(\omega_{\mathrm{p}}-\omega_{mi})}-\frac{(e\boldsymbol{r}\cdot\boldsymbol{a}_{\mathrm{p}})^{\dagger}\mid m\rangle\langle m\mid e\boldsymbol{r}\cdot\boldsymbol{a}_{\mathrm{s}}}{\hbar(\omega_{\mathrm{s}}+\omega_{mi})}\right] \tag{9.62}$$

中的 ω_{s} 和 ω_{p} 分别换成 ω_{p} 和 ω_{a}，$\boldsymbol{a}_{\mathrm{s}}$ 和 $\boldsymbol{a}_{\mathrm{p}}$ 分别换成 $\boldsymbol{a}_{\mathrm{p}}$ 和 $\boldsymbol{a}_{\mathrm{a}}$ 而得到的. 这样的结果并不难理解，因为式(9.58)表示光场 $E(\omega_{\mathrm{s}})$ 作用到 $\rho_{fi}^{(2)}(\omega_{\mathrm{p}}-\omega_{\mathrm{s}})$ 后，得到的频率为 $\omega_{\mathrm{s}}+(\omega_{\mathrm{p}}-\omega_{\mathrm{s}})=\omega_{\mathrm{p}}$ 的三阶极化强度 $P_{\mathrm{res}}^{(3)}(\omega_{\mathrm{p}})$，是在 $\rho_{fi}^{(2)}(\omega_{\mathrm{p}}-\omega_{\mathrm{s}})$ 之上乘以因子 $NM_{\mathrm{s},fi}^{*}E(\omega_{\mathrm{s}})$，因此，光场 $E(\omega_{\mathrm{p}})$ 作用到 $\rho_{fi}^{(2)}(\omega_{\mathrm{p}}-\omega_{\mathrm{s}})$ 后，得到的频率为 $\omega_{\mathrm{p}}+(\omega_{\mathrm{p}}-\omega_{\mathrm{s}})=\omega_{\mathrm{a}}$ 的三阶极化强度 $P_{\mathrm{res}}^{(3)}(\omega_{\mathrm{a}})$，就应该是将此因子中与 $E(\omega_{\mathrm{s}})$ 和 $P_{\mathrm{res}}^{(3)}(\omega_{\mathrm{p}})$ 有关的量分别换成与 $E(\omega_{\mathrm{p}})$ 和 $P_{\mathrm{res}}^{(3)}(\omega_{\mathrm{a}})$ 有关的量，这就是式(9.60). 当然，该式也可用双费恩曼图方法得到. 以上分析说明，为产生受激反斯托克斯拉曼散射，并不要求高能级有布居，而只需要 $\rho_{fi}^{(2)}(\omega_{\mathrm{p}}-\omega_{\mathrm{s}})$ 被激发，因为由此便可产生极化强度 $P_{\mathrm{res}}^{(3)}(\omega_{\mathrm{a}})$，而它辐射的光波 ω_{a} 就是受激反斯托克斯拉曼散射.

为了建立同时存在斯托克斯和反斯托克斯散射时的耦合波方程，还需要计及光波 ω_{a} 产生后的影响. 首先，光波 ω_{a} 与 $\rho_{if}^{(2)}(\omega_{\mathrm{s}}-\omega_{\mathrm{p}})$ 作用，亦可产生频率为 $\omega_{\mathrm{a}}+(\omega_{\mathrm{s}}-\omega_{\mathrm{p}})=\omega_{\mathrm{p}}$ 的三阶极化. 为了与式(9.58)表示的相同频率的三阶极化相区别，将它表示为 $P_{\mathrm{res}}^{(3)\prime}(\omega_{\mathrm{p}})$. 进行类似于获得式(9.47)的计算，便可得

$$P_{\mathrm{res}}^{(3)\prime}(\omega_{\mathrm{p}})=NM_{\mathrm{a},fi}E(\omega_{\mathrm{a}})\rho_{fi}^{(2)*}(\omega_{\mathrm{p}}-\omega_{\mathrm{s}}). \tag{9.63}$$

同时，频率分别为 ω_{a} 和 ω_{p} 两个光波，与频率分别为 ω_{p} 和 ω_{s} 两个光波一样，也可在介质中激发物质波 $\rho_{fi}^{(2)}(\omega_{\mathrm{p}}-\omega_{\mathrm{s}})$，因为 $\omega_{\mathrm{a}}-\omega_{\mathrm{p}}=\omega_{\mathrm{p}}-\omega_{\mathrm{s}}$. 于是，描述物质波被激发的式(9.41)，现在应修正为

$$\begin{aligned}&\left(\frac{\partial}{\partial t}+\mathrm{i}\omega_{fi}+\Gamma_{fi}\right)\rho_{fi}^{(2)}(\omega_{\mathrm{p}}-\omega_{\mathrm{s}})\\&\quad=\frac{-1}{2\mathrm{i}\hbar}[M_{\mathrm{s},fi}E(\omega_{\mathrm{p}})E^{*}(\omega_{\mathrm{s}})+M_{\mathrm{a},fi}E(\omega_{\mathrm{a}})E^{*}(\omega_{\mathrm{p}})](\rho_{i}-\rho_{f}).\end{aligned} \tag{9.64}$$

其他的耦合波方程可根据式(2.91)建立：

$$\nabla^2 E(\omega_p) - \mu_0 \varepsilon(\omega_p) \frac{\partial^2 E(\omega_p)}{\partial t^2} = \mu_0 \frac{\partial^2}{\partial t^2}\left[P_{res}^{(3)}(\omega_p) + P_{res}^{(3)'}(\omega_p)\right], \tag{9.65}$$

$$\nabla^2 E(\omega_s) - \mu_0 \varepsilon(\omega_s) \frac{\partial^2 E(\omega_s)}{\partial t^2} = \mu_0 \frac{\partial^2 P_{res}^{(3)}(\omega_s)}{\partial t^2}, \tag{9.66}$$

$$\nabla^2 E(\omega_a) - \mu_0 \varepsilon(\omega_a) \frac{\partial^2 E(\omega_a)}{\partial t^2} = \mu_0 \frac{\partial^2 P_{res}^{(3)}(\omega_a)}{\partial t^2}, \tag{9.67}$$

其中 $P_{res}^{(3)}(\omega_p)$，$P_{res}^{(3)'}(\omega_p)$，$P_{res}^{(3)}(\omega_s)$，$P_{res}^{(3)}(\omega_a)$ 分别由式(9.58)，(9.63)，(9.59)，(9.60)给出. 方程(9.64)～(9.67)便是用参量理论分析同时存在斯托克斯和反斯托克斯散射的受激拉曼耦合波方程组.

方程(9.64)的稳态解为

$$\rho_{fi}^{(2)}(\omega_p - \omega_s) = -\left[\frac{M_{s,fi}}{2\hbar(\omega_p - \omega_s - \omega_{fi} + i\Gamma_{fi})} E(\omega_p) E^*(\omega_s) + \frac{M_{a,fi}}{2\hbar(\omega_p - \omega_s - \omega_{fi} + i\Gamma_{fi})} E(\omega_a) E^*(\omega_p)\right](\rho_i - \rho_f); \tag{9.68}$$

其他耦合波方程的稳态形式为

$$\nabla^2 E(\omega_p) + k^2(\omega_p) E(\omega_p) = -\mu_0 \omega_p^2 N \cdot \left[M_{s,fi}^* E(\omega_s) \rho_{fi}^{(2)}(\omega_p - \omega_s) + M_{a,fi} E(\omega_a) \rho_{fi}^{(2)*}(\omega_p - \omega_s)\right], \tag{9.69}$$

$$\nabla^2 E(\omega_s) + k^2(\omega_s) E(\omega_s) = -\mu_0 \omega_s^2 N M_{s,fi} E(\omega_p) \rho_{fi}^{(2)*}(\omega_p - \omega_s), \tag{9.70}$$

$$\nabla^2 E(\omega_a) + k^2(\omega_a) E(\omega_a) = -\mu_0 \omega_a^2 N M_{a,fi}^* E(\omega_p) \rho_{fi}^{(2)}(\omega_p - \omega_s). \tag{9.71}$$

从宏观极化理论角度，应有

$$P_{res}^{(3)}(\omega_s) = \varepsilon_0 6\left[\chi_R^{(3)}(-\omega_s, \omega_p, -\omega_p, \omega_s) \left|E(\omega_p)\right|^2 E(\omega_s) + \chi_R^{(3)}(-\omega_s, \omega_p, -\omega_a, \omega_p) E(\omega_p)^2 E^*(\omega_a)\right], \tag{9.72}$$

$$P_{\rm res}^{(3)}(\omega_{\rm a})=\varepsilon_0 6[\chi_{\rm R}^{(3)}(-\omega_{\rm a},\omega_{\rm p},-\omega_{\rm s},\omega_{\rm p})E(\omega_{\rm p})^2E^*(\omega_{\rm s})$$
$$+\chi_{\rm R}^{(3)}(-\omega_{\rm a},\omega_{\rm p},-\omega_{\rm p},\omega_{\rm a})|E(\omega_{\rm p})|^2E(\omega_{\rm a})],\qquad(9.73)$$

$$P_{\rm res}^{(3)}(\omega_{\rm p})+P_{\rm res}^{(3)'}(\omega_{\rm p})=\varepsilon_0 6[\chi_{\rm R}^{(3)}(-\omega_{\rm p},\omega_{\rm s},-\omega_{\rm s},\omega_{\rm p})|E(\omega_{\rm s})|^2E(\omega_{\rm p})$$
$$+\chi_{\rm R}^{(3)}(-\omega_{\rm p},\omega_{\rm a},-\omega_{\rm p},\omega_{\rm s})E(\omega_{\rm a})E^*(\omega_{\rm p})E(\omega_{\rm s})$$
$$+\chi_{\rm R}^{(3)}(-\omega_{\rm p},\omega_{\rm a},-\omega_{\rm a},\omega_{\rm p})|E(\omega_{\rm a})|^2E(\omega_{\rm p})].\qquad(9.74)$$

将式(9.68)代入式(9.58)～(9.60)和(9.63),并与式(9.72)～(9.74)比较,便可得各有关三阶极化率的拉曼共振部分的微观表示为

$$\chi_{\rm R}^{(3)}(-\omega_{\rm s},\omega_{\rm p},-\omega_{\rm p},\omega_{\rm s})=\chi_{\rm R}^{(3)*}(-\omega_{\rm p},\omega_{\rm s},-\omega_{\rm s},\omega_{\rm p})$$
$$=-\frac{N|M_{{\rm s},fi}|^2(\rho_i-\rho_f)}{\varepsilon_0 12\hbar(\omega_{\rm p}-\omega_{\rm s}-\omega_{fi}-{\rm i}\Gamma_{fi})},\qquad(9.75)$$

$$\chi_{\rm R}^{(3)}(-\omega_{\rm s},\omega_{\rm p},-\omega_{\rm a},\omega_{\rm p})=\chi_{\rm R}^{(3)}(-\omega_{\rm a},\omega_{\rm p},-\omega_{\rm s},\omega_{\rm p})$$
$$=-\frac{NM_{s,fi}M_{{\rm a},fi}^*(\rho_i-\rho_f)}{\varepsilon_0 12\hbar(\omega_{\rm p}-\omega_{\rm s}-\omega_{fi}-{\rm i}\Gamma_{fi})},\qquad(9.76)$$

$$\chi_{\rm R}^{(3)}(-\omega_{\rm p},\omega_{\rm a},-\omega_{\rm a},\omega_{\rm p})=\chi_{\rm R}^{(3)*}(-\omega_{\rm a},\omega_{\rm p},-\omega_{\rm p},\omega_{\rm a})$$
$$=-\frac{N|M_{{\rm a},fi}|^2(\rho_i-\rho_f)}{\varepsilon_0 12\hbar(\omega_{\rm p}-\omega_{\rm s}-\omega_{fi}-{\rm i}\Gamma_{fi})},\qquad(9.77)$$

$$\chi_{\rm R}^{(3)}(-\omega_{\rm p},\omega_{\rm a},-\omega_{\rm p},\omega_{\rm s})=\chi_{\rm R}^{(3)*}(-\omega_{\rm a},\omega_{\rm p},-\omega_{\rm s},\omega_{\rm p})$$
$$-\frac{NM_{{\rm a},fi}M_{s,fi}^*(\rho_i-\rho_f)}{\varepsilon_0 12\hbar(\omega_{\rm p}-\omega_{\rm s}-\omega_{fi}-{\rm i}\Gamma_{fi})}.\qquad(9.78)$$

由此,泵浦光、斯托克斯散射光、反斯托克斯散射光之间的稳态耦合波方程可表示为

$$\nabla^2E(\omega_{\rm s})+k^2(\omega_{\rm s})E(\omega_{\rm s})=-\mu_0\omega_{\rm s}^2P_{\rm res}^{(3)}(\omega_{\rm s}),\qquad(9.79)$$

$$\nabla^2E(\omega_{\rm a})+k^2(\omega_{\rm a})E(\omega_{\rm a})=-\mu_0\omega_{\rm a}^2P_{\rm res}^{(3)}(\omega_{\rm a}),\qquad(9.80)$$

$$\nabla^2E(\omega_{\rm p})+k^2(\omega_{\rm p})E(\omega_{\rm p})=-\mu_0\omega_{\rm p}^2[P_{\rm res}^{(3)}(\omega_{\rm p})+P_{\rm res}^{(3)'}(\omega_{\rm p})],\qquad(9.81)$$

其中 $P_{\rm res}^{(3)}(\omega_{\rm s})$, $P_{\rm res}^{(3)}(\omega_{\rm a})$, $P_{\rm res}^{(3)}(\omega_{\rm p})+P_{\rm res}^{(3)'}(\omega_{\rm p})$ 分别用式(9.72)～(9.74)表示,而其中的三阶极化率则用式(9.75)～(9.78)相应表

示.这组方程是分析受激拉曼散射(包括斯托克斯散射和反斯托克斯散射)的基础.

用类似方法,可以建立用以分析包括高阶受激拉曼散射的耦合波方程组[14].

§9.4 振动模的受激拉曼散射

按经典理论,分子的振动可用振动坐标 Q 来描述:

$$Q = Q_{\mathrm{v}}\cos(\omega_{\mathrm{v}}t - \phi_{\mathrm{v}}) = \frac{1}{2}Q(\omega_{\mathrm{v}}) + \frac{1}{2}Q(-\omega_{\mathrm{v}}), \quad (9.82)$$

其中

$$Q(\omega_{\mathrm{v}}) = Q^{*}(-\omega_{\mathrm{v}}) = Q_{\mathrm{v}}\mathrm{e}^{-\mathrm{i}(\omega_{\mathrm{v}}t-\phi_{\mathrm{v}})}.$$

拉曼散射来源于分子极化率 α 是 Q 的函数,亦即

$$\alpha = \alpha(Q) = \alpha_0 + \frac{\partial\alpha}{\partial Q}Q + \cdots. \quad (9.83)$$

当光场 $E(\omega_{\mathrm{p}})=A_{\mathrm{p}}\exp\{-\mathrm{i}[\omega_{\mathrm{p}}t-\boldsymbol{k}(\omega_{\mathrm{p}})\cdot\boldsymbol{r}]\}$ 作用于分子时,便会产生频率为$\omega_{\mathrm{s}}=\omega_{\mathrm{p}}-\omega_{\mathrm{v}}$的振荡电偶极矩

$$P(\omega_{\mathrm{s}}) = \frac{1}{2}\frac{\partial\alpha}{\partial Q}Q^{*}(\omega_{\mathrm{v}})E(\omega_{\mathrm{p}}) \propto \mathrm{e}^{-\mathrm{i}\omega_{\mathrm{s}}t}. \quad (9.84)$$

它的辐射便是该分子的拉曼散射.

用半经典的密度矩阵方法讨论分子受激拉曼散射[15,16],首先要写出光场

$$E = \frac{1}{2}[E(\omega_{\mathrm{p}}) + E^{*}(\omega_{\mathrm{p}}) + E(\omega_{\mathrm{s}}) + E^{*}(\omega_{\mathrm{s}})]$$

与分子振动相互作用的哈密顿量

$$\boldsymbol{H}_{\mathrm{int}} = -\frac{\partial\alpha}{\partial Q}QE^{2}, \quad (9.85)$$

其中 Q 是振动坐标算符.若分子振动状态用密度矩阵 $\boldsymbol{\rho}$ 表示,则在光场作用下,状态的演变由以下方程描述:

$$\frac{\partial\boldsymbol{\rho}}{\partial t} = \frac{1}{\mathrm{i}\hbar}[\boldsymbol{H},\boldsymbol{\rho}] + \left(\frac{\partial\boldsymbol{\rho}}{\partial t}\right)_{\mathrm{T}}, \quad (9.86)$$

其中 $\boldsymbol{H}=\boldsymbol{H}_0+\boldsymbol{H}_{\text{int}}$，$\boldsymbol{H}_0$ 是分子振动固有哈密顿量，当只分析受激拉曼散射时，$\boldsymbol{H}_{\text{int}}$ 用式(9.85)表示. 设 g 和 g' 是分子的一对振动能态，且能量差 $W_{g'}-W_g=\hbar\omega_{\text{v}}$；又设

$\langle g\mid\boldsymbol{Q}\mid g\rangle=\langle g'\mid\boldsymbol{Q}\mid g'\rangle=0,\quad\langle g'\mid\boldsymbol{Q}\mid g\rangle=\langle g\mid\boldsymbol{Q}\mid g'\rangle=Q_{gg'}$，

则因为在光场作用下振动坐标的期望值为 $Q=\text{tr}(\boldsymbol{Q}\boldsymbol{\rho})$，故有

$$Q=Q_{gg'}(\rho_{gg'}+\rho_{g'g}),\tag{9.87}$$

$$\frac{\partial Q}{\partial t}=Q_{gg'}\left(\frac{\partial\rho_{gg'}}{\partial t}+\frac{\partial\rho_{g'g}}{\partial t}\right).\tag{9.88}$$

由式(9.85)可知，$\boldsymbol{H}_{\text{int}}$ 有许多频率成分，可表示为

$$\boldsymbol{H}_{\text{int}}=\sum_{\omega_j}\frac{1}{2}[\boldsymbol{H}_{\text{int}}(\omega_j)+\boldsymbol{H}_{\text{int}}(-\omega_j)]\tag{9.89}$$

其中 $\omega_j=2\omega_{\text{p}},2\omega_{\text{s}},\omega_{\text{p}}-\omega_{\text{s}},\omega_{\text{p}}+\omega_{\text{s}}$. 频率为 $\omega=\omega_{\text{p}}-\omega_{\text{s}}$ 的成分为

$$\boldsymbol{H}_{\text{int}}(\omega)=-\frac{1}{2}\frac{\partial\alpha}{\partial Q}QE(\omega_{\text{p}})E^*(\omega_{\text{s}}).\tag{9.90}$$

在光场作用下，密度矩阵 $\boldsymbol{\rho}$ 亦有许多频率成分：

$$\boldsymbol{\rho}=\boldsymbol{\rho}(0)+\sum_q\frac{1}{2}\boldsymbol{\rho}(\omega_q),$$

其中 $\boldsymbol{\rho}(0)$ 是频率为零的部分. 频率为 $\omega=\omega_{\text{p}}-\omega_{\text{s}}$ 的成分 $\boldsymbol{\rho}(\omega)$ 的矩阵元 $\rho_{g'g}(\omega)$，根据方程(9.86)，应服从以下方程：

$$\frac{\partial\rho_{g'g}(\omega)}{\partial t}=\frac{1}{\mathrm{i}\hbar}[\boldsymbol{H}_0,\boldsymbol{\rho}(\omega)]_{g'g}+\frac{1}{\mathrm{i}\hbar}[\boldsymbol{H}_{\text{int}}(\omega),\boldsymbol{\rho}(0)]_{g'g}+\left[\frac{\partial\rho_{g'g}(\omega)}{\partial t}\right]_{\text{T}}.\tag{9.91}$$

由此得到

$$\frac{\partial\rho_{g'g}(\omega)}{\partial t}=-\mathrm{i}\omega_{\text{v}}\rho_{g'g}(\omega)+\frac{1}{\mathrm{i}\hbar}[\boldsymbol{H}_{\text{int}}(\omega)]_{g'g}(\rho_g-\rho_{g'})-\frac{1}{T_2}\rho_{g'g}(\omega),\tag{9.92}$$

其中 T_2 是振动的失相时间. 同理，对于 $\boldsymbol{\rho}(\omega)$ 的矩阵元 $\rho_{gg'}(\omega)$，可得

$$\frac{\partial\rho_{gg'}(\omega)}{\partial t}=\mathrm{i}\omega_{\text{v}}\rho_{gg'}(\omega)+\frac{1}{\mathrm{i}\hbar}[\boldsymbol{H}_{\text{int}}(\omega)]_{gg'}(\rho_{g'}-\rho_g)-\frac{1}{T_2}\rho_{gg'}(\omega),\tag{9.93}$$

其中 $\rho_g=\rho_{gg}(0)$，$\rho_{g'}=\rho_{g'g'}(0)$，分别为振动能态 g 和 g' 的布居. 由式(9.90)，又有

$$[\boldsymbol{H}_{\text{int}}(\omega)]_{g'g}=[\boldsymbol{H}_{\text{int}}(\omega)]_{gg'}=-\frac{1}{2}\frac{\partial\alpha}{\partial Q}E(\omega_p)E^*(\omega_s)Q_{g'g}. \tag{9.94}$$

于是，将式(9.92)和(9.93)代入式(9.88)，便可得振动坐标期望值 Q 中频率为 $\omega=\omega_p-\omega_s$ 的成分 $Q(\omega)$ 应满足的方程

$$\frac{\partial Q(\omega)}{\partial t}+\frac{2}{T_2}Q(\omega)=-\mathrm{i}\omega_v[\rho_{g'g}(\omega)-\rho_{gg'}(\omega)]Q_{g'g}. \tag{9.95}$$

将上式等号两端对时间微分，并利用式(9.92)～(9.94)，便得以下方程：

$$\frac{\partial^2 Q(\omega)}{\partial t^2}+\frac{2}{T_2}\frac{\partial Q(\omega)}{\partial t}+\omega_v^2Q(\omega)=\frac{\omega_v Q_{g'g}^2}{\hbar}(\rho_g-\rho_{g'})\frac{\partial\alpha}{\partial Q}E(\omega_p)E^*(\omega_s). \tag{9.96}$$

它描述分子振动 $Q(\omega)$ 如何在光波 ω_p 和 ω_s 的作用下被激发.

一旦 $Q(\omega)$ 被激发，它又与光波 ω_p 和 ω_s 耦合，分别产生频率为 ω_s 和 ω_p 的极化. 极化强度可用以下方法求得：由式(9.83)可知，与拉曼过程有关的极化强度为

$$P_{\text{res}}=N\frac{\partial\alpha}{\partial Q}QE, \tag{9.97}$$

其中 N 为单位体积中的分子数，$Q=(1/2)[Q(\omega)+Q^*(\omega)]$. 由此便得出，频率为 ω_s 和 ω_p 的极化强度分别为

$$P_{\text{res}}(\omega_s)=\frac{1}{2}N\frac{\partial\alpha}{\partial Q}Q^*(\omega)E(\omega_p), \tag{9.98}$$

$$P_{\text{res}}(\omega_p)=\frac{1}{2}N\frac{\partial\alpha}{\partial Q}Q(\omega)E(\omega_s), \tag{9.99}$$

而相应的光波 ω_s 和 ω_p 的波动方程分别为

$$\nabla^2E(\omega_s)-\mu_0\varepsilon(\omega_s)\frac{\partial^2E(\omega_s)}{\partial t^2}=\mu_0\frac{\partial^2P_{\text{res}}^{(3)}(\omega_s)}{\partial t^2}, \tag{9.100}$$

$$\nabla^2E(\omega_p)-\mu_0\varepsilon(\omega_p)\frac{\partial^2E(\omega_p)}{\partial t^2}=\mu_0\frac{\partial^2P_{\text{res}}^{(3)}(\omega_p)}{\partial t^2}. \tag{9.101}$$

上述两个方程加上方程(9.96)，构成了光波 ω_s，ω_p 和物质波 $Q(\omega)$ 的三波参量耦合方程组. 由此方程组出发，可讨论瞬态或稳态受激拉曼的各种表现.

在稳态情形，由方程(9.96)得出

$$Q(\omega)=\frac{\omega_v Q_{g'g}^2 \dfrac{\partial\alpha}{\partial Q}(\rho_g-\rho_{g'})}{\hbar\left(\omega_v^2-\omega^2-i\dfrac{2\omega}{T_2}\right)}E(\omega_p)E^*(\omega_s). \tag{9.102}$$

将上式代入式(9.98)，便得

$$P_{res}(\omega_s)=\frac{1}{2}N\frac{\omega_v Q_{g'g}^2\left(\dfrac{\partial\alpha}{\partial Q}\right)^2(\rho_g-\rho_{g'})}{\hbar\left(\omega_v^2-\omega^2+i\dfrac{2\omega}{T_2}\right)}|E(\omega_p)|^2E(\omega_s). \tag{9.103}$$

与

$$P_{res}(\omega_s)=6\varepsilon_0\chi_R^{(3)}(-\omega_s,\omega_p,-\omega_p,\omega_s)|E(\omega_p)|^2E(\omega_s)$$

相比较，便可确定拉曼共振极化率 $\chi_R^{(3)}(-\omega_s,\omega_p,-\omega_p,\omega_s)$. 若假定分子是一简谐振子，其质量为 m，振幅为 $Q_{g'g}=(\hbar/2m\omega_v)^{1/2}$，则有

$$\chi_R^{(3)}(-\omega_s,\omega_p,-\omega_p,\omega_s)=\frac{N\left(\dfrac{\partial\alpha}{\partial Q}\right)^2}{\varepsilon_0 24m\left(\omega_v^2-\omega^2+i\dfrac{2\omega}{T_2}\right)}(\rho_g-\rho_{g'}), \tag{9.104}$$

其中 $\omega=\omega_p-\omega_s$. 而稳态情形的耦合波方程为

$$\nabla^2E(\omega_p)+k^2(\omega_p)E(\omega_p)=\left(\frac{\omega_p}{c}\right)^2 6\chi_R^{(3)}(-\omega_s,\omega_p,-\omega_p,\omega_s)|E(\omega_p)|^2E(\omega_s), \tag{9.105}$$

$$\nabla^2E(\omega_s)+k^2(\omega_s)E(\omega_s)=\left(\frac{\omega_s}{c}\right)^2 6\chi_R^{(3)*}(-\omega_s,\omega_p,-\omega_p,\omega_s)|E(\omega_s)|^2E(\omega_p). \tag{9.106}$$

§9.5 受激布里渊散射

如前所述，受激拉曼散射过程实质上是两个光波（泵浦光 ω_p 和散射光 ω_s）和由它们相干激发产生的物质波 ω_v 之间的三波参量作用过程．这时激发的物质波可以是电子的，也可以是振动的运动（光学声子）．如果被激发的是弹性声波（声学声子），则上述过程产生的散射光 ω_s 称为受激布里渊散射[17~19]．

首先分析声波如何被光波激发．声波可看做密度起伏 $\Delta\rho$ 的时空变化，服从弹性波方程

$$\left(\frac{\partial^2}{\partial t^2}-2\Gamma_B\frac{\partial}{\partial t}-v^2\nabla^2\right)\Delta\rho=-\nabla\cdot\boldsymbol{f}. \tag{9.107}$$

其中 Γ_B 是声波衰减常数，v 是声速．这里，力函数 $\boldsymbol{f}$ 来自光波作用于介质所产生的电致伸缩效应，亦即

$$\boldsymbol{f}=\nabla\left[\frac{1}{2}\gamma\boldsymbol{E}(\omega_p)\cdot\boldsymbol{E}^*(\omega_s)\right],$$

其中 $\gamma=\rho_0\partial\varepsilon/\partial\rho$ 是电致伸缩系数，ρ_0 是介质在无光作用时的密度，ε 是介质的介电常数．为简单起见，设光波 ω_p 与 ω_s 同偏振，且只讨论背向散射，亦即

$$E(\omega_p)=A(\omega_p)\mathrm{e}^{-\mathrm{i}[\omega_p t-k(\omega_p)z]},\quad E(\omega_s)=A(\omega_s)\mathrm{e}^{-\mathrm{i}[\omega_s t+k(\omega_s)z]}.$$

这两个光波通过方程(9.107)，将激发起频率为 $\omega_a=\omega_p-\omega_s$ 的声波

$$\Delta\rho(\omega_a)=A(\omega_a)\mathrm{e}^{-\mathrm{i}(\omega_a t-k_a z)},$$

其中 $k_a=\omega_a/v$．由式(9.107)，利用缓变振幅近似，便可得

$$\frac{\partial A(\omega_a)}{\partial z}+\frac{\Gamma_B}{v}A(\omega_a)=\frac{\mathrm{i}k_a}{2v^2}\rho_0\left(\frac{\partial\varepsilon}{\partial\rho}\right)A(\omega_p)A^*(\omega_s)\mathrm{e}^{\mathrm{i}\Delta kz}, \tag{9.108}$$

其中 $\Delta k=k(\omega_p)+k(\omega_s)-k(\omega_a)$．

与此同时，声波 $\Delta\rho(\omega_a)$ 又与任意个光波耦合产生频率为另一光波频率的极化．这是通过以下分析得知的：

密度变化 $\Delta\rho(\omega_a)$ 引起介电常数变化

$$\Delta\varepsilon(\omega_a) = \frac{\partial\varepsilon}{\partial\rho}\Delta\rho(\omega_a),$$

并导致极化改变 $\Delta P=(\Delta\varepsilon)E$,其中

$$\Delta\varepsilon = \frac{1}{2}\Delta\varepsilon(\omega_a) + \text{c. c.}, \quad E = \frac{1}{2}[E(\omega_p) + E(\omega_s)] + \text{c. c.}.$$

这意味着引起介质的非线性极化 $P^{(3)}=\Delta P$,其中包含频率为 ω_p 和 ω_s 的成分,它们分别是

$$P^{(3)}(\omega_p) = \frac{1}{2}\frac{\partial\varepsilon}{\partial\rho}\Delta\rho(\omega_a)E(\omega_s), \tag{9.109}$$

$$P^{(3)}(\omega_s) = \frac{1}{2}\frac{\partial\varepsilon}{\partial\rho}\Delta\rho^*(\omega_a)E(\omega_p). \tag{9.110}$$

利用式(2.106),并注意到光波 ω_p 沿 z 轴的正方向,而光波 ω_s 沿 z 轴的负方向传播,便可得耦合波方程

$$\frac{\partial A(\omega_s)}{\partial z} = \frac{-\mathrm{i}\omega_s}{2\varepsilon_0 cn(\omega_s)}P^{(3)}(\omega_s)\mathrm{e}^{\mathrm{i}[\omega_s t+k(\omega_s)z]}, \tag{9.111}$$

$$\frac{\partial A(\omega_p)}{\partial z} = \frac{\mathrm{i}\omega_p}{2\varepsilon_0 cn(\omega_p)}P^{(3)}(\omega_p)\mathrm{e}^{\mathrm{i}[\omega_p t-k(\omega_p)z]}. \tag{9.112}$$

加入介质吸收系数 α 后,利用式(9.109)和(9.110),上两式演化为

$$\left(\frac{\partial}{\partial z} - \frac{\alpha}{2}\right)A^*(\omega_s) = \frac{\mathrm{i}\omega_s}{4\varepsilon_0 cn(\omega_s)}\frac{\partial\varepsilon}{\partial\rho}A(\omega_a)A^*(\omega_p)\mathrm{e}^{-\mathrm{i}\Delta kz}, \tag{9.113}$$

$$\left(\frac{\partial}{\partial z} + \frac{\alpha}{2}\right)A(\omega_p) = \frac{\mathrm{i}\omega_p}{4\varepsilon_0 cn(\omega_p)}\frac{\partial\varepsilon}{\partial\rho}A(\omega_a)A(\omega_s)\mathrm{e}^{-\mathrm{i}\Delta kz}. \tag{9.114}$$

于是,方程(9.113),(9.114)和(9.108)便构成两个光波和一个声波之间的振幅耦合波方程组.令

$$\chi_B = \left(\frac{1}{2v}\frac{\partial\varepsilon}{\partial\rho}\right)^2\frac{k(\omega_a)\rho_0}{\Delta k - (\mathrm{i}\Gamma_B/v)}, \tag{9.115}$$

$$G_B = \frac{\omega_s}{2\varepsilon_0 cn(\omega_s)}(\mathrm{Im}\chi_B)\,|A(\omega_p)|^2, \tag{9.116}$$

则在小信号近似下(认定 $|A(\omega_p)|^2$ 不随 z 改变),解方程组(9.108),

(9.113)和(9.114)可得

$$|A(\omega_s,z)|^2 = |A(\omega_s,L)|^2 e^{(G_B-\alpha)(L-z)}. \qquad (9.117)$$

当 $G_B>\alpha$ 时,净增益大于零,背向受激布里渊散射便可产生.

由式(9.115)看出,当 $\Delta k=k(\omega_p)+k(\omega_s)-k(\omega_a)=0$ 时,增益有最大值,它决定散射光相对泵浦光的频移 $\omega_a=\omega_p-\omega_s$,因为该条件要求

$$\frac{n(\omega_p)\omega_p}{c}+\frac{n(\omega_s)\omega_s}{c}-\frac{\omega_a}{v}=0. \qquad (9.118)$$

考虑到 $n(\omega_s)\simeq n(\omega_p)=n$ 以及 $v\ll c/n$,便可得 $\omega_a=2nv\omega_p/c$.

§9.6 背向受激布里渊散射的相位共轭特征

背向受激布里渊散射的一个重要特性是其背向散射光是入射(泵浦)光的相位共轭反射光[20,21].因此,背向受激布里渊散射是产生相位共轭光的主要方案之一[22,23].论证如下[24]:

见图 9.6,设泵浦光

$$E(\omega_p)=A_p(\boldsymbol{r}_\perp,z)e^{-i(\omega_p t-k_p z)}$$

沿 z 方向入射,其中 $\boldsymbol{r}_\perp$ 是横截面(Oxy 平面)上的位置矢量,$A_p(\boldsymbol{r}_\perp,z)$是在横截面有一定大小分布的振幅函数;又设

$$E(\omega_s)=A_s(\boldsymbol{r}_\perp,z)e^{-i(\omega_s t+k_s z)}$$

是其背向受激布里渊散射光,振幅 $A_s(\boldsymbol{r}_\perp,z)$亦有一定的横截面分布.

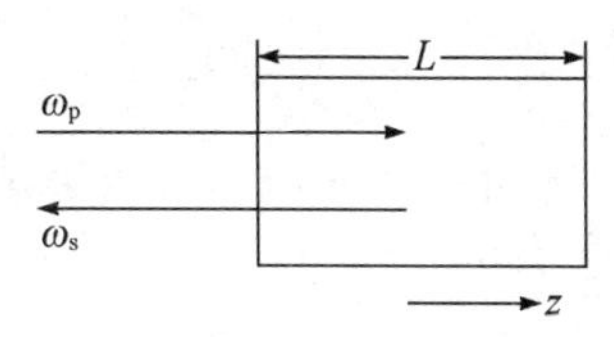

图 9.6 背向受激布里渊散射的入射光与散射光

首先,散射光应满足非线性波动方程(见式(2.90))

$$\nabla^2 E(\omega_s)+k_s^2 E(\omega_s)=\mu_0\frac{\partial^2 P^{(3)}(\omega_s)}{\partial t^2}, \qquad (9.119)$$

其中 $P^{(3)}(\omega_s)$ 由式(9.110)给出. 但当相位匹配,亦即 $\Delta k=0$ 时①, $P^{(3)}(\omega_s)$ 应该亦可由宏观非线性极化一般表达式得到:

$$P^{(3)}(\omega_s)=\varepsilon_0 6\chi_B^{(3)}(-\omega_s,\omega_p,-\omega_p,\omega_s)\left|E(\omega_p)\right|^2 E(\omega_s). \tag{9.120}$$

因为

$$\nabla^2=\nabla_\perp^2+\frac{\partial^2}{\partial z^2}\quad\left(\nabla_\perp^2=\frac{\partial^2}{\partial x^2}+\frac{\partial^2}{\partial y^2}\right),$$

故对 z 的微分用缓变振幅近似:

$$\left|\frac{\partial^2 A_s(\boldsymbol{r}_\perp,z)}{\partial z^2}\right|^2\ll\left|k_s\frac{\partial A_s(\boldsymbol{r}_\perp,z)}{\partial z}\right|$$

后,方程(9.119)简化为

$$\frac{\partial A_s(\boldsymbol{r}_\perp,z)}{\partial z}+\frac{\mathrm{i}}{2k_s}\nabla_\perp^2 A_s(\boldsymbol{r}_\perp,z)+\frac{1}{2}g(\boldsymbol{r}_\perp,z)A_s(\boldsymbol{r}_\perp,z)=0, \tag{9.121}$$

其中局域增益函数

$$g(\boldsymbol{r}_\perp,z)=a\left|E(\omega_p)\right|^2=a\left|A_p(\boldsymbol{r}_\perp,z)\right|^2;$$

a 为比例系数,与 $\chi_B^{(3)}(-\omega_s,\omega_p,-\omega_p,\omega_s)$ 有关,因而与介质的电致伸缩系数、声速、折射率等有关.

其次,若忽略散射光产生过程中泵浦光的能量损耗,则泵浦光应满足波动方程

$$\nabla^2 E(\omega_p)+k_p^2 E(\omega_p)=0; \tag{9.122}$$

或者对 z 的微分用缓变振幅近似后,为

$$\frac{\partial A_p(\boldsymbol{r}_\perp,z)}{\partial z}-\frac{\mathrm{i}}{2k_p}\nabla_\perp^2 A_p(\boldsymbol{r}_\perp,z)=0. \tag{9.123}$$

由于受激布里渊散射的频率差 $\omega_a=\omega_p-\omega_s$ 极小,故可认为 $k_s\simeq k_p=k$.

现在,让我们考虑满足方程

$$\frac{\partial F_l(\boldsymbol{r}_\perp,z)}{\partial z}+\frac{\mathrm{i}}{2k}\nabla_\perp^2 F_l(\boldsymbol{r}_\perp,z)=0\quad(l=0,1,2,\cdots) \tag{9.124}$$

① §9.5中已指出,该条件在散射光产生时会自动满足,并决定散射光频 ω_s.

的一组完备正交归一化函数$\{F_l(\boldsymbol{r}_\perp,z)\}$,它们之间的关系是

$$\int F_l^*(\boldsymbol{r}_\perp,z)F_m(\boldsymbol{r}_\perp,z)\mathrm{d}\boldsymbol{r}_\perp=\delta_{lm}. \tag{9.125}$$

同时由式(9.123)可知,$A_\mathrm{p}^*(\boldsymbol{r}_\perp,z)$满足方程(9.124),因此可将与$A_\mathrm{p}^*(\boldsymbol{r}_\perp,z)$成正比的函数选定为$F_0(\boldsymbol{r}_\perp,z)$,亦即

$$F_0(\boldsymbol{r}_\perp,z)=bA_\mathrm{p}^*(\boldsymbol{r}_\perp,z), \tag{9.126}$$

其中系数b由归一化条件(9.125)定出.

然后,将$E_\mathrm{s}(\boldsymbol{r}_\perp,z)$向此函数组展开得

$$A_\mathrm{s}(\boldsymbol{r}_\perp,z)=\sum_l C_l(z)F_l(\boldsymbol{r}_\perp,z). \tag{9.127}$$

将上式代入式(9.121),并运用正交归一化条件(9.125),便得到以下一组方程:

$$\frac{\mathrm{d}C_l(z)}{\mathrm{d}z}+\frac{1}{2}\sum_m g_{lm}(a)C_m(z)=0\quad(l,m=0,1,2,\cdots), \tag{9.128}$$

其中

$$g_{lm}(z)=\int g(\boldsymbol{r}_\perp,z)F_l^*(\boldsymbol{r}_\perp,z)F_m(\boldsymbol{r}_\perp,z)\mathrm{d}\boldsymbol{r}_\perp. \tag{9.129}$$

又因

$$g(\boldsymbol{r}_\perp,z)=a|A_\mathrm{p}(\boldsymbol{r}_\perp,z)|^2=\frac{a}{b^2}|F_0(\boldsymbol{r}_\perp,z)|^2,$$

故

$$g_{lm}(z)=\frac{a}{b^2}\int|F_0(\boldsymbol{r}_\perp,z)|^2F_l^*(\boldsymbol{r}_\perp,z)F_m(\boldsymbol{r}_\perp,z)\mathrm{d}\boldsymbol{r}_\perp. \tag{9.130}$$

式(9.127)说明,散射光由许多横截面分布为$F_l(\boldsymbol{r}_\perp,z)(l=0,1,2,\cdots)$的特征模组成,各个特征模随作用距离的增长由方程(9.128)决定.当入射泵浦光的横截面光强或相位分布不均匀时,由式(9.126)可知,$F_0(\boldsymbol{r}_\perp,z)$作为$\boldsymbol{r}_\perp$的函数会有较大的起伏,因此

$$g_{00}(z)=\frac{a}{b^2}\int|F_0(\boldsymbol{r}_\perp,z)|^4\mathrm{d}\boldsymbol{r}_\perp \tag{9.131}$$

比其他所有的$g_{lm}(z)$都会大得多.由于相对于g_{00}而言,其他的

$g_{lm}(z)$均可忽略,故决定$C_0(z)$随作用距离增长的方程可近似为

$$\frac{\mathrm{d}C_0(z)}{\mathrm{d}z}+\frac{1}{2}g_{00}C_0(z)=0. \tag{9.132}$$

当散射光相对泵浦光很弱时,泵浦光振幅随z变化极小,故$g_{00}(z)\simeq g_{00}$.解此方程便知,$C_0(z)$将以$g_{00}/2$作为增益系数而成指数增长,其增长速度比其他$C_l(z)(l=1,2,\cdots)$要大得多.换言之,随着作用距离增大.特征模$F_0(\boldsymbol{r}_\perp,z)$变成散射光的唯一模式,此时有

$$A_{\mathrm{s}}(\boldsymbol{r}_\perp,z)=C_0(z)F_0(\boldsymbol{r}_\perp,z)=bC_0(z)A_{\mathrm{p}}^*(\boldsymbol{r}_\perp,z). \tag{9.132}$$

这个关系正好说明散射光$E(\omega_{\mathrm{s}})$是入射光$E(\omega_{\mathrm{p}})$的相位共轭反射光.

这些分析的物理图像是:当光强或相位在横截面上分布不均匀的泵浦光ω_{p}入射到介质时,频率为ω_{s}的不同模式的背向散射光都试图从噪声开始产生,但因其增益有极大差别,最终只有一种模式,亦即入射光的相位共轭反射光得以产生.

这些分析同时也说明,当入射光是横截面上强度均匀分布的平面波时,其背向受激散射光不具有相位共轭特征,因为此时$g_{00}(z)$很大于其他$g_{lm}(z)$的结论不成立.这些论述已被实验证实.

参考文献

[1] Woodbury E J, Ng W K. Proc IRE, 1962, 50: 2347.

[2] Eckhardt G, Hellwarth R W, et al. Phys. Rev. Lett., 1962, 9: 455.

[3] von der Linde D, Maier M, Kaiser W. Phys. Rev., 1969, 178: 11.

[4] Grun J B, McGuillan A K, Stoicheff B P. Phys. Rev., 1969, 180: 61.

[5] Garmire E, Pandarese E, Townes C H. Phys. Rev. Lett., 1963, 11: 160.

[6] Bloembergen N, Shen Y R. Phys. Rev. Lett., 1964, 12: 504.

[7] Shen Y R, Bloembergen N. Phys. Rev. A, 1965, 137: 1786.
[8] Garmire E. Phys. Lett., 1965, 17: 251.
[9] Bloembergen N, Shen Y R. Phys. Rev. Lett., 1964 13: 720.
[10] Carman R L, Shimizu F, et al. Phys. Rev. A, 1970, 2: 60.
[11] Akhmanov S A, D'yakov Y E, Pavlov L I. Sov. Phys. JETP, 1974, 39: 249.
[12] Raymer M G, Mostowski J, Carlsten J L. Phys. Rev. A, 1979, 19: 2304.
[13] Walmsley I A, Raymer M G. Phys. Rev. Lett., 1983, 50: 962.
[14] Shen Y R. The principles of nonlinear optics. NY: Wiley, 1984.
[15] Boyd R W. Nonlinear optics. NY: Academic, 1992.
[16] Butcher P N, Cotter D. The elements of nonlinear optics. London: Cambridge University Press, 1993.
[17] Chiao R Y, Townes C H, Stoicheff B P. Phys. Rev. Lett., 1964, 12: 592.
[18] Tang C L. J. Appl. Phys., 1966, 37: 2945.
[19] Maier M. Phys. Rev., 1968, 166: 113.
[20] Zel'dovich B Y, Popovicher V I, et al. Sov. Phys. JETP, 1972, 15: 109.
[21] Hellwarth R W. J. Opt. Soc. Am., 1978, 68: 1050.
[22] Zel'dovich B Y, Pilipetsky N F, Shkunov V V. Principles of phase conjugation. Berlin: Springer-Verlag, 1985.
[23] Rockwell D A. IEEE J. Quant. Electr., 1988, 24: 1124.
[24] Yeh P, Gu C. ed. Landmark papers on photorefractive nonlinear Optics. NJ: World Scientific, 1995.

第十章　光折变非线性光学(一)

§10.1　光折变效应及其物理图像

光折变效应是指介质在光场(通常其光强的空间分布不均匀)的作用下,通过电光效应使其折射率呈现空间不均匀变化的现象,一般要相继通过以下环节:(1) 载流子(电子或空穴)被光激发而离化;(2) 载流子输运(扩散或漂移);(3) 载流子被重新俘获并形成空间电荷分布;(4) 形成电场(电荷场)的空间分布;(5) 通过线性电光效应,亦即泡克耳斯(Pockels)效应,使介质产生具有一定空间分布的折射率改变,形成折射率栅.因此,尽管结果上都是由于光的作用产生了折射率改变,但这里说的光折变效应与第八章讨论的光感生折射率变化在概念上是不同的[1~4].

为了清晰地描述光折变效应产生的物理图像,设有同频率的两个平面光波(见图 10.1(a))

$$\boldsymbol{E}_a(\omega)=\boldsymbol{A}_a\mathrm{e}^{-\mathrm{i}(\omega t-\boldsymbol{k}_a\cdot\boldsymbol{r})},\quad \boldsymbol{E}_b(\omega)=\boldsymbol{A}_b\mathrm{e}^{-\mathrm{i}(\omega t-\boldsymbol{k}_b\cdot\boldsymbol{r})}$$

叠加作用于介质.两光波干涉,将形成具有光强分布为

$$I(\boldsymbol{r})=I_0+\mathrm{Re}(I_1\mathrm{e}^{\mathrm{i}\boldsymbol{K}\cdot\boldsymbol{r}})\tag{10.1}$$

的光场 $\boldsymbol{E}(\omega)=\boldsymbol{E}_a(\omega)+\boldsymbol{E}_b(\omega)$,其中

$$I_0=|\boldsymbol{A}_a|^2+|\boldsymbol{A}_b|^2,\quad I_1=2\boldsymbol{A}_b\cdot\boldsymbol{A}_a^*,\quad \boldsymbol{K}=\boldsymbol{k}_b-\boldsymbol{k}_a.$$

式(10.1)亦可表示为

$$I=I_0(1+m\cos\boldsymbol{K}\cdot\boldsymbol{r}),\tag{10.2}$$

其中 $m=|I_1|/I_0$ 为干涉条纹的调制度.为简单起见,进一步假定两光波的振幅相等,于是有 $m=1$.若令 $\boldsymbol{K}$ 的方向为 x 轴,则现在作用于介质的光场,其光强具有如图 10.1(b)所示的周期性空间分布 $I(x)=I_0(1+\cos Kx)$.介质中的载流子(该图假定是带正电的空

穴)在这样的光场作用下,将被光激发而离化,离化载流子的数量与该位置的光强成正比. 于是,离化后的载流子经扩散和漂移,将形成空间电荷密度的周期性空间分布 $\rho(x)=\rho_0\cos Kx$. 由泊松方程

$$\nabla\cdot\boldsymbol{\varepsilon}\cdot\boldsymbol{E}^{sc}=\rho(\boldsymbol{r})=\rho(x)$$

可知,又将形成如图 10.1(b)所示的空间电荷场的周期性空间分布

$$\boldsymbol{E}^{sc}(x)=\rho_0\frac{\boldsymbol{K}}{\boldsymbol{K}\cdot\boldsymbol{\varepsilon}\cdot\boldsymbol{K}}\sin Kx.$$

值得注意的是,空间分布 $\boldsymbol{E}^{sc}(x)$与空间分布 $I(x)$已形成一定的相位差(图中表示的是 90°相位差,对应于只存在载流子扩散的情形). 最后,如果介质具有线性电光效应(例如介质是电光晶体),在这样的空间电荷场作用下,因为 $\Delta n\propto E^{sc}$,故将形成折射率变化的周期性空间分布 $\Delta n(x)$(折射率栅). 图 10.1(c)同时表示出强弱相间的光的干涉条纹(实线)和光折变所形成的折射率栅(虚线),从此可看出两者之间有 1/4 间隔的移位(相当于 90°相位差). 注意,对于在 § 8.1 中讨论的通过三阶极化产生的光感生折射率变化,光

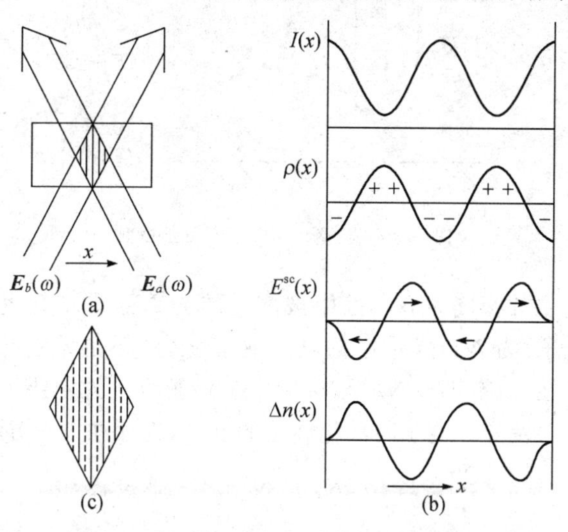

图 10.1 光折变效应产生过程的物理图像

的干涉条纹也可感生折射率栅,但二者之间是没有相移的.

从以上讨论可知,能产生光折变效应的介质必须具有线性电光效应,因此它们都是非中心对称介质.最常见的是各种电光晶体,例如 $BaTiO_3$,$LiNbO_3$,SBN(铌酸锶钡),KNSBN,GaAs,InP 等.

§10.2 光折变的能带输运模型

描述介质中载流子被光激发直到形成空间电荷场,通常采用最简单的单中心能带输运模型,亦称 Kukhtarev 模型[5~7](此外,还有电荷跳跃模型[8]).如图 10.2 所示,该模型由价带、导带、施主能级、受主能级组成,载流子可以是电子或空穴.该图的载流子是电子,故施主能级靠近导带,受主能级靠近价带.实际上,只有施主参与光折变过程,受主的出现只为在无光照时使介质保持电中性.

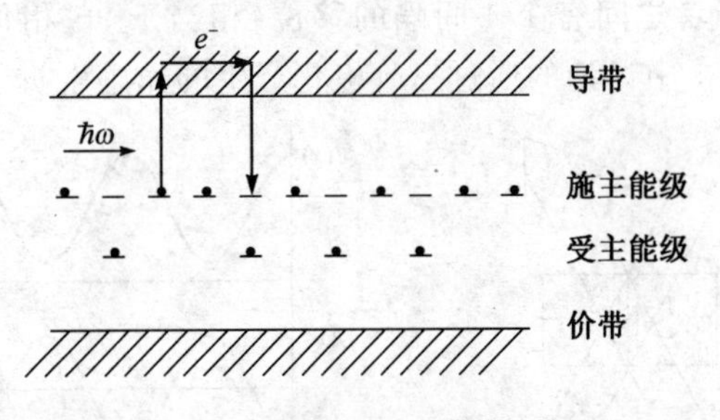

图 10.2 光折变单中心能带输运模型

设施主数密度为 N_D,其中被离化的为 N'_D,受主数密度(全部均填充电子)为 N_A,导带中的电子数密度为 N.在无光照时,介质保持电中性,故有 $N+N_A-N'_D=0$.在光强为 I 的光照下,由于施主的离化以及导带电子与离化施主的复合,将存在以下方程:

$$\frac{\partial N'_D}{\partial t}=SI(N_D-N'_D)-\gamma_R NN'_D, \tag{10.3}$$

其中 S 为光激发使施主离化的截面,γ_R 为电子与离化施主的复合

率.由传导电流与电荷之间的时空变化关系(连续性方程),有

$$\frac{\partial N}{\partial t}-\frac{\partial N'_{\mathrm{D}}}{\partial t}=\frac{1}{q}\nabla\cdot\boldsymbol{j},\tag{10.4}$$

其中电流密度

$$\boldsymbol{j}=qN\boldsymbol{\mu}\cdot\boldsymbol{E}+k_{\mathrm{B}}T\boldsymbol{\mu}\cdot\nabla N,\tag{10.5}$$

而 $-q$,$\boldsymbol{\mu}$ 和 T 分别为电子电荷、电子迁移率张量和温度.式(10.5)等号右侧的第一项来自电子在电场 $\boldsymbol{E}$ 作用下的漂移,第二项来自导带电子的扩散.此外,还有泊松方程

$$\nabla\cdot(\boldsymbol{\varepsilon}\cdot\boldsymbol{E})=\rho(\boldsymbol{r})=-q(N+N_{\mathrm{A}}-N'_{\mathrm{D}}),\tag{10.6}$$

其中 $\boldsymbol{\varepsilon}$ 为介电常数张量.

方程(10.3)～(10.6)是单中心能带输运模型的基本方程,它们的解决定在不同情况下的 $N(\boldsymbol{r})$,$N'_{\mathrm{D}}(\boldsymbol{r})$以及空间电荷场.

以下只讨论稳态情形:此时,上述四个方程分别简化为

$$SI(N_{\mathrm{D}}-N'_{\mathrm{D}})-\gamma_{\mathrm{R}}NN'_{\mathrm{D}}=0,\tag{10.7}$$

$$\nabla\cdot\boldsymbol{j}=0,\tag{10.8}$$

$$\boldsymbol{j}=qN\boldsymbol{\mu}\cdot\boldsymbol{E}+k_{\mathrm{B}}T\boldsymbol{\mu}\cdot\nabla N,\tag{10.9}$$

$$\nabla\cdot(\boldsymbol{\varepsilon}\cdot\boldsymbol{E})=-q(N+N_{\mathrm{A}}-N'_{\mathrm{D}}).\tag{10.10}$$

在均匀光照下,所有物理量的空间变化均为零,故有

$$N+N_{\mathrm{A}}-N'_{\mathrm{D}}=0.\tag{10.11}$$

若 $N\ll N_{\mathrm{A}}$(即导带电子很少)和 $SI\ll\gamma_{\mathrm{R}}N_{\mathrm{A}}$(即光较弱),由式(10.7)和(10.11)便知,此时的导带电子数和离化施主数分别为

$$N=\frac{N_{\mathrm{D}}-N_{\mathrm{A}}}{\gamma_{\mathrm{R}}N_{\mathrm{A}}}SI,\quad N'_{\mathrm{D}}=N_{\mathrm{A}}+\frac{N_{\mathrm{D}}-N_{\mathrm{A}}}{\gamma_{\mathrm{R}}N_{\mathrm{A}}}SI.$$

在周期性空间分布的光强(见式(10.2))作用下,若调制度$m\ll 1$,则在忽略高次空间谐波项之后,相关物理量可表示为

$$N(\boldsymbol{r})=N_0+\mathrm{Re}(N_1\mathrm{e}^{\mathrm{i}\boldsymbol{K}\cdot\boldsymbol{r}}),\quad N'_{\mathrm{D}}(\boldsymbol{r})=N'_{\mathrm{D0}}+\mathrm{Re}(N'_{D1}\mathrm{e}^{\mathrm{i}\boldsymbol{K}\cdot\boldsymbol{r}}),$$

$$\boldsymbol{j}(\boldsymbol{r})=\boldsymbol{j}_0+\mathrm{Re}(\boldsymbol{j}_1\mathrm{e}^{\mathrm{i}\boldsymbol{K}\cdot\boldsymbol{r}}),\quad \boldsymbol{E}(\boldsymbol{r})=\boldsymbol{E}_0+\mathrm{Re}(\boldsymbol{E}_1\mathrm{e}^{\mathrm{i}\boldsymbol{K}\cdot\boldsymbol{r}}).$$

此外,光强的空间分布亦可表示为 $I(\boldsymbol{r})=I_0+\mathrm{Re}[I_1\exp(\mathrm{i}\boldsymbol{K}\cdot\boldsymbol{r})]$.在这些表达式中,下角标带“0”的量均为该物理量的空间均匀部

分,空间周期变化部分相对该部分是一级小量.将上述诸量代入式(10.7)～(10.10),略去高次谐波项,并用恒等式

$$\nabla \cdot (\boldsymbol{B} f) = \boldsymbol{B} \cdot \nabla f + f \nabla \cdot \boldsymbol{B}$$

及 $\nabla \exp(\mathrm{i}\boldsymbol{K}\cdot\boldsymbol{r}) = \mathrm{i}\boldsymbol{K}\exp(\mathrm{i}\boldsymbol{K}\cdot\boldsymbol{r})$,便得到

$$SI_1(N_D - N'_{D0}) + SI_0(-N'_{D1}) - \gamma_R N_1 N'_{D0} - \gamma_R N_0 N'_{D1} = 0, \tag{10.12}$$

$$SI_0(N_D - N'_{D0}) - \gamma_R N_0 N'_{D0} = 0, \tag{10.13}$$

$$\boldsymbol{K}\cdot(qN_1\boldsymbol{\mu}\cdot\boldsymbol{E}_0 + qN_0\boldsymbol{\mu}\cdot\boldsymbol{E}_1 + \mathrm{i}k_B T\boldsymbol{\mu}\cdot\boldsymbol{K}N_1) = 0, \tag{10.14}$$

$$\mathrm{i}\boldsymbol{K}\cdot\boldsymbol{\varepsilon}\cdot\boldsymbol{E}_1 = -q(N_1 - N'_{D1}), \tag{10.15}$$

$$N_0 + N_A - N'_{D0} = 0. \tag{10.16}$$

由式(10.13)和(10.16)(它们分别等同于式(10.7)和(10.11),只要将 I_0 换成均匀光照时的 I),可得

$$N_0 = \frac{N_D - N_A}{\gamma_R N_A} SI_0, \tag{10.17}$$

$$N'_{D0} = N_A + \frac{N_D - N_A}{\gamma_R N_A} SI_0. \tag{10.18}$$

利用式(10.12),(10.14)和(10.15),又可得 N_1,N'_{D1} 和 $\boldsymbol{E}_1$ 的表达式.从光折变角度,关心的主要是 $\boldsymbol{E}_1$.

在稳态情形,由麦克斯韦方程可知,

$$\nabla\times\boldsymbol{E} = \nabla\times(\boldsymbol{E}_1 \mathrm{e}^{\mathrm{i}\boldsymbol{K}\cdot\boldsymbol{r}}) = \boldsymbol{0},$$

故有 $\boldsymbol{K}\times\boldsymbol{E}_1 = \boldsymbol{0}$,亦即 $\boldsymbol{K}/\!/\boldsymbol{E}_1$.换言之,在光强具有空间周期性的光照下,所形成的空间周期性电场(空间电荷场)与空间波矢 $\boldsymbol{K}$ 平行;而它的振幅量值在光强较弱,以至于 $SI_0 \ll \gamma_R N_A$ 及 $N_D SI_0 \ll \gamma_R N_A^2$ 时被求得:

$$E_1 = \frac{-\mathrm{i}K\left(\dfrac{k_B T}{q}\right) - \dfrac{\boldsymbol{K}\cdot\boldsymbol{\mu}\cdot\boldsymbol{E}_0}{K\langle\mu\rangle}}{1 + \dfrac{K^2}{k_D^2} - \mathrm{i}q\boldsymbol{K}\cdot\boldsymbol{\mu}\cdot\boldsymbol{E}_0/(k_B T k_D^2\langle\mu\rangle)} \frac{I_1}{I_0}, \tag{10.19}$$

其中

$$k_D^2 = \frac{q^2}{\langle\varepsilon\rangle k_B T}\frac{N_A}{N_D}(N_D - N_A), \quad \langle\varepsilon\rangle = \frac{\boldsymbol{K}\cdot\boldsymbol{\varepsilon}\cdot\boldsymbol{K}}{K^2}, \quad \langle\mu\rangle = \frac{\boldsymbol{K}\cdot\boldsymbol{\mu}\cdot\boldsymbol{K}}{K^2}.$$

当施主浓度很大于受主浓度,亦即 $N_{\mathrm{D}} \gg N_{\mathrm{A}}$ 时,

$$k_{\mathrm{D}}^2 = \frac{q^2 N_{\mathrm{A}}}{\langle \varepsilon \rangle k_{\mathrm{B}} T} \simeq \frac{q^2 N'_{\mathrm{D0}}}{\langle \varepsilon \rangle k_{\mathrm{B}} T}.$$

恒定电场 $\boldsymbol{E}_0$ 一般是外加的,通常令 $\boldsymbol{E}_0 /\!/ \boldsymbol{K}$. 此时,式(10.19)简化为

$$E_1 = \frac{-\mathrm{i}K\dfrac{k_{\mathrm{B}}T}{q} - E_0}{1 + \dfrac{K^2}{k_{\mathrm{D}}^2} - \dfrac{\mathrm{i}qKE_0}{k_{\mathrm{B}}Tk_{\mathrm{D}}^2}} \frac{I_1}{I_0}. \tag{10.20}$$

当 $\boldsymbol{E}_0 = \boldsymbol{0}$,亦即没有外加电场时,有

$$E_1 = \frac{-\mathrm{i}K\dfrac{k_{\mathrm{B}}T}{q}}{1 + \dfrac{K^2}{k_{\mathrm{D}}^2}} \frac{I_1}{I_0}. \tag{10.21}$$

此时,空间电荷场的形成完全来自载流子的扩散.

§10.3 空间电荷场

利用能带输运模型,我们已得出空间电荷场的表达式(10.20)和(10.21). 在此基础上,本节将分析空间电荷场与光场及物质相关参数的关系[7]. 为此,引入两个参量:

$$E_{\mathrm{d}} = K\frac{k_{\mathrm{B}}T}{q}, \quad E_q = \frac{qN_A}{\langle \varepsilon \rangle K}.$$

由此,式(10.21)和(10.20)便可用这两个参量分别表示为

$$E_1 = \frac{-\mathrm{i}E_{\mathrm{d}}}{1 + (E_{\mathrm{d}}/E_q)} \frac{I_1}{I_0}, \tag{10.22}$$

$$E_1 = \frac{-\mathrm{i}E_{\mathrm{d}}}{1 + (E_{\mathrm{d}}/E_q)} \left\{ \frac{1 - \mathrm{i}(E_0/E_{\mathrm{d}})}{1 - \mathrm{i}[E_0/(E_{\mathrm{d}} + E_q)]} \right\} \frac{I_1}{I_0}. \tag{10.23}$$

前者对应于无外加电场($E_0 = 0$)的情形. 下面先讨论此情形:

从式(10.22)看出,$E_1 \propto -\mathrm{i}I_1$,故空间电荷场 $E_1 \mathrm{e}^{\mathrm{i}\boldsymbol{K}\cdot\boldsymbol{r}} \propto -\mathrm{i}I_1 \mathrm{e}^{\mathrm{i}\boldsymbol{K}\cdot\boldsymbol{r}} = I_1 \mathrm{e}^{\mathrm{i}(\boldsymbol{K}\cdot\boldsymbol{r} - \pi/2)}$,亦即空间电荷场的周期分布与光强亮暗条纹之间有 $\pi/2$ 的相位差. 同时,调制度 $m = I_1/I_0$ 越大,空间电荷场振幅越大.

从式(10.22)又知,E_1 的量值总是同时小于 E_d 和 E_q 的量值,即使 $m=1$ 最大.那么,E_d 和 E_q 这两个参量又如何随光场及物质参数变化呢?从它们的定义看出,E_q 与光场干涉条纹间隔(空间栅的周期)$\Lambda=2\pi/K$成正比,而 E_d 则与之成反比,分别如图 10.3 中的直线(点画线)和双曲线(均匀虚线)所示,因此,$|E_1|$ 随 Λ 的变化曲线一定是在直线和双曲线的下面,如图中的实线所示.在 $\Lambda=\Lambda_D$处,直线与双曲线相交,故有 $E_d=E_q$,由此亦可知

$$\Lambda_D = 2\pi\left[\frac{k_B T\langle\varepsilon\rangle}{q^2 N_A}\right]^{1/2};$$

而且,由式(10.22)知,此时所对应的$|E_1|$最大:

$$|E_1|_m = \frac{1}{2}\left(\frac{N_A k_B T}{\langle\varepsilon\rangle}\right)^{1/2} m.$$

另外,由该式又看出,在 Λ 很小时,$|E_1|\approx E_q m\propto\Lambda$;在 Λ 很大时,$|E_1|\approx E_d m\propto\Lambda^{-1}$.综合以上分析,$|E_1|$随 Λ 的增加,最初成直线上升,然后上升速度变慢;当 $\Lambda=\Lambda_D$ 时到达$|E_1|_m$;之后又缓慢下降,最后其变化趋近于一双曲线(图 10.3 中已设 $m=1$).从它们各自的表达式看出,$E_q\propto N_A$,$E_q\propto\langle\varepsilon\rangle^{-1}$;$E_d$与物质参数无关,故双曲线与材料无关;$|E_1|_m$随 N_A增大而增大,随$\langle\varepsilon\rangle$增大而减小.

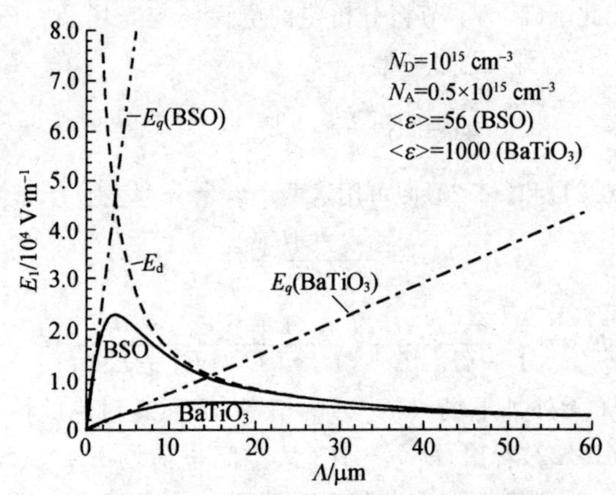

图 10.3　在晶体 BSO 和 $BaTiO_3$ 中,E_d,E_q
和无外加电场时$|E_1|$随 Λ 的变化曲线[7]

如前所述,在无光照时有 $N+N_A-N'_D=0$,而在此时一般可假定导带的载流子密度 N 很小,从而有 $N_A \simeq N'_D$,亦即受主浓度近似等于离化的施主浓度.因此,也可认为 $|E_1|_m$ 随 N'_D 增大而增大,亦即介质中离化施主浓度越大,所建立的空间电荷场亦将越大.这个重要的结论从物理上可以这样理解:从以上分析的空间电荷场的建立过程可知,在周期分布的光强作用下,为建立起更强的空间电荷场,首先需要有更多的电子被激发到导带,但设想如果无光照时没有未填充电子的施主能级(即离化施主),则经输运的导带电子最终仍只能与先前被光激发而离化的施主复合,因而最终无法改变空间电荷均匀分布的状态,也无法建立空间电荷场.换言之,介质原来必须要有离化施主,才能使导带电子转移到另外的位置(不是被光激发而离化的施主位置)进行复合,形成不均匀的空间电荷分布,以建立稳定的空间电荷场.同时,介质原来有多少离化施主,就决定了有多少导带电子可以转移到另外的位置去复合,即使导带有多得多的来自光激发的电子.因此,无光照时的离化施主数决定着所能建立的最大空间电荷场,尽管可能有多得多的电子被激发到导带.因此,在光折变材料物理学中,也称无光照时的离化施主浓度为有效载流子浓度.有效载流子浓度越大,能建立的空间电荷场就越大.

比较式(10.23)与(10.22)可知,在外加电场 $E_0 \neq 0$ 时,空间电荷场的振幅只是在 $E_0=0$ 时的振幅乘上一因子

$$F=\frac{1-\mathrm{i}(E_0/E_d)}{1-\mathrm{i}[E_0/(E_d+E_q)]}.$$

该因子反映了外加电场 E_0 的如下影响:(1) 该因子中的虚根 i 使空间电荷场相对光强亮暗条纹的相位移动不再是 $\pi/2$,而是与 E_0 大小有关.(2) 当 Λ 较小时,因 $E_q \ll E_d$,故 $F \approx 1$,从而外场的影响较小.但当 Λ 较大以至于 $E_q \gg E_d$ 时,除非 E_0 很小,否则它对空间电荷场的大小和相位都有大的影响.

§10.4 线性电光效应与三维光折变光栅

线性电光效应与电光张量

线性电光效应是指介质在电场作用下,折射率产生与电场强度成正比变化的现象.如前所述,该效应实质上也是一种二阶非线性光学效应,是频率为 ω 的光波与 $\omega=0$ 的恒电场发生二阶混频所致.因此,该效应亦只可能产生在非中心对称的各向异性介质中.

已知在各向异性介质中,折射率也是各向异性的,通常用折射率椭球来表示[9]:

$$\sum_{i,j}\eta_{ij}\xi_i\xi_j = 1 \quad (i,j=1,2,3), \tag{10.24}$$

其中 $O\xi_1\xi_2\xi_3$ 是任意直角坐标系,系数 η_{ij} 构成的张量 $\boldsymbol{\eta}$ 与介质的介电张量 $\boldsymbol{\varepsilon}$ 存在以下倒置关系:

$$\boldsymbol{\eta}\cdot\boldsymbol{\varepsilon} = \varepsilon_0. \tag{10.25}$$

在主轴坐标系中,$\eta_{ij}=0(i\neq j)$,$\eta_{ii}=\varepsilon_0/\varepsilon_{ii}=n_i^{-2}$,而 n_i 是相应的主折射率.因此,线性电光效应的准确表述应是:在电场 $\boldsymbol{E}$ 的作用下,折射率椭球的大小和形状发生了与 $\boldsymbol{E}$ 成线性关系的变化.这种变化关系在数学上一般表示为

$$\Delta\eta_{ij} = \sum_k r_{ijk}E_k \quad (i,j,k=1,2,3), \tag{10.26}$$

其中 $\Delta\eta_{ij}$ 为式(10.24)中系数 η_{ij} 的改变量,r_{ijk} 是与介质性质有关的比例系数,亦即线性电光系数.相应地,介电系数 ε_{ij} 也发生了改变 $\Delta\varepsilon_{ij}$.由式(10.25)得$(\boldsymbol{\eta}+\Delta\boldsymbol{\eta})\cdot(\boldsymbol{\varepsilon}+\Delta\boldsymbol{\varepsilon})=\varepsilon_0$,由此并忽略二级小量 $\Delta\boldsymbol{\eta}\cdot\Delta\boldsymbol{\varepsilon}$,便有

$$\Delta\boldsymbol{\varepsilon} = \frac{-\boldsymbol{\varepsilon}\cdot\Delta\boldsymbol{\eta}\cdot\boldsymbol{\varepsilon}}{\varepsilon_0}. \tag{10.27}$$

利用此式,在主轴坐标系可得

$$\Delta\varepsilon_{ij} = -\varepsilon_0 n_i^2 n_j^2 \Delta\eta_{ij} \quad (i,j=1,2,3). \tag{10.28}$$

式(10.26)中的 $r_{ijk}(i,j,k=1,2,3)$共有 27 个数,构成一个张量,称为线性电光张量.由于 $\eta_{ij}=\eta_{ji}$,故 $r_{ijk}=r_{jik}$,于是可令 $r_{ijk}=r_{lk}$,其中

下角标 ij 与 l 的对应关系为

$$
\begin{aligned}
ij &= 11,\ 22,\ 33,\ \underbrace{23 \text{ 和 } 32}_{},\ \underbrace{31 \text{ 和 } 13}_{},\ \underbrace{12 \text{ 和 } 21}_{}, \\
l &= 1,\quad 2,\quad 3,\qquad 4,\qquad\quad 5,\qquad\quad 6.
\end{aligned}
$$

从而，电光张量元亦可用两个下角标表示为 $r_{lk}(l=1,2,\cdots,6;\ k=1,2,3)$，共有 18 个，相当于一个 6×3 的矩阵，而关系式(10.26)亦可写为

$$\Delta\eta_l = \sum_k r_{lk}E_k.$$

和各向异性介质中的其他物理量一样，电光张量亦要反映该介质的结构对称性，因而对具有相同结构对称性的不同介质，其电光张量的对称性相同. 例如，具有中心对称的介质，其所有张量元为零(不存在线性电光效应)；具有 $4mm$ 对称的介质(如 $BaTiO_3$ 晶体)和具有 $3m$ 对称的介质(如 $LiNbO_3$ 晶体)，其在主轴坐标系(以 c 轴为 z 轴)中介电张量分别有以下对称性：

$$
\begin{pmatrix}
0 & 0 & r_{13} \\
0 & 0 & r_{13} \\
0 & 0 & r_{33} \\
0 & r_{42} & 0 \\
r_{42} & 0 & 0 \\
0 & 0 & 0
\end{pmatrix},\qquad
\begin{pmatrix}
0 & -r_{22} & r_{13} \\
0 & r_{22} & r_{13} \\
0 & 0 & r_{33} \\
0 & r_{51} & 0 \\
r_{51} & 0 & 0 \\
-r_{22} & 0 & 0
\end{pmatrix},
$$

其中对于 $BaTiO_3$，

$$r_{13} = 8\times10^{-12}\ \mathrm{m/V},\quad r_{33} = 2.8\times10^{-12}\ \mathrm{m/V},$$
$$r_{42} = 820\times10^{-12}\ \mathrm{m/V};$$

对于 $LiNbO_3$，

$$r_{13} = 8.6\times10^{-12}\ \mathrm{m/V},\quad r_{22} = 3.4\times10^{-12}\ \mathrm{m/V},$$
$$r_{33} = 30.8\times10^{-12}\ \mathrm{m/V},\quad r_{51} = 28\times10^{-12}\ \mathrm{m/V}.$$

三维光折变光栅

在§10.3中已得出，在 $I(\boldsymbol{r}) = I_0 + \mathrm{Re}[I_1\exp(\mathrm{i}\boldsymbol{K}\cdot\boldsymbol{r})]$ 的空间周期性光强作用下，介质中形成的空间电荷场为

$$\boldsymbol{E}^{\mathrm{sc}} = \mathrm{Re}(\boldsymbol{E}_1\mathrm{e}^{\mathrm{i}\boldsymbol{K}\cdot\boldsymbol{r}}), \tag{10.29}$$

其中 E_1 由式(10.22)或(10.23)给出. 在这样的电场作用下,由于线性电光效应,介质在任意位置 $\boldsymbol{r}$ 处的折射率椭球将发生变化,体现在系数 η_{ij} 产生了改变量

$$\Delta\eta_{ij}(\boldsymbol{r}) = \sum_k r_{ijk} E_k^{sc}(\boldsymbol{r}). \tag{10.30}$$

适当选取坐标原点,可使空间电荷场表示为

$$\boldsymbol{E}^{sc} = \boldsymbol{E}_m^{sc} \cos(\boldsymbol{K} \cdot \boldsymbol{r}),$$

其中 $\boldsymbol{E}_m^{sc} = |\boldsymbol{E}_1|$,则在 $\boldsymbol{r}$ 处

$$\Delta\eta_{ij} = \left(\sum_k r_{ijk} E_{mk}^{sc}\right) \cos(\boldsymbol{K} \cdot \boldsymbol{r}).$$

由此看出,当 $\boldsymbol{r}$ 满足方程 $\boldsymbol{K} \cdot \boldsymbol{r}=$常数时,$\Delta\eta_{ij}$ 不随 $\boldsymbol{r}$ 改变;同时,当方程等号右端的常数改变时,$\Delta\eta_{ij}$ 将以 2π 为周期随之改变. 我们注意到方程 $\boldsymbol{K} \cdot \boldsymbol{r}=$常数描述的是一个与矢量 $\boldsymbol{K}$ 正交的平面,这就意味着,对于落在同一个这样的平面上的各个点,η_{ij} 具有相同的改变量 $\Delta\eta_{ij}$;落在不同平面上的点,一般具有不同的 $\Delta\eta_{ij}$;并且 $\Delta\eta_{ij}$ 沿矢量 $\boldsymbol{K}$ 的方向以空间周期 $\Lambda = 2\pi/K$ 发生变化. 换言之,在光感生的空间电荷场作用下,介质中形成了一个三维的光折变光栅,光栅波矢为 $\boldsymbol{K}$. 在垂直于 $\boldsymbol{K}$ 的任意平面内,所有位置都有相同的折射率椭球,该椭球的大小和形状沿着 $\boldsymbol{K}$ 的方向发生周期性改变,空间周期为 $\Lambda=2\pi/K$. 由于空间电荷场的周期性分布相对光强的空间周期性分布一般会有一定的相移,所以光折变光栅相对后者亦有一定的相移.

既然知道折射率椭球,便可用几何或分析方法,得出沿任意方向传播的光的两个本征偏振方向(对于单轴晶体,就是 o 光和 e 光)的折射率,因此从上述折射率椭球大小和形状的空间周期性分布,即可得出该光栅对这两个本征偏振方向的折射率的空间周期性分布(折射率栅). 有关几何方法,在 §4.1 中已介绍过. 分析方法要从描述该椭球大小和形状的张量 $\boldsymbol{\eta}$(见方程(10.24))出发. 设某本征偏振方向的单位矢量为 $\boldsymbol{d}$,相应的折射率为 n_d,则后者可通过它们之间应满足的以下关系得到:

$$n_d^{-2} = \boldsymbol{d} \cdot \boldsymbol{\eta} \cdot \boldsymbol{d}. \tag{10.31}$$

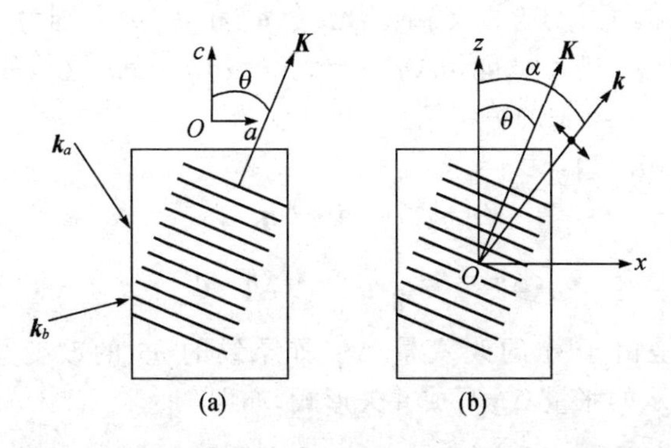

图 10.4 光束 a 与光束 b 在晶体中形成的光折变光栅（$\boldsymbol{K}$ 为光栅波矢）(a)；任意在 Oac 平面内传播的光波（波矢为 $\boldsymbol{k}$）及其 o 和 e 两本征偏振态(b)

下面以具有 $4mm$ 对称的 $BaTiO_3$ 晶体为例，作详细说明：设经

$$\boldsymbol{E}_a(\omega) = \boldsymbol{A}_a \mathrm{e}^{-\mathrm{i}(\omega t - \boldsymbol{k}_a \cdot \boldsymbol{r})}, \quad \boldsymbol{E}_b(\omega) = \boldsymbol{A}_b \mathrm{e}^{-\mathrm{i}(\omega t - \boldsymbol{k}_b \cdot \boldsymbol{r})}$$

两光束的干涉场作用后，在 $BaTiO_3$ 晶体中形成了空间电荷场的周期性分布：$\boldsymbol{E}^{\mathrm{sc}} = \boldsymbol{E}^{\mathrm{sc}}_{\mathrm{m}} \cos(\boldsymbol{K} \cdot \boldsymbol{r})$，其中 $\boldsymbol{K} = \boldsymbol{k}_b - \boldsymbol{k}_a$ 落在 Oac 平面内，如图10.4(a)所示. 若以晶轴 c 和 a 分别为坐标轴 z 和 x，则

$$E^{\mathrm{sc}}_{\mathrm{m}} = \boldsymbol{a}_x E^{\mathrm{sc}}_{\mathrm{m}} \sin\theta + \boldsymbol{a}_z E^{\mathrm{sc}}_{\mathrm{m}} \cos\theta \quad (\boldsymbol{E}^{\mathrm{sc}}_{\mathrm{m}} /\!/ \boldsymbol{K}).$$

利用式(10.30)，并考虑 $4mm$ 对称晶体介电张量的对称性，即可计算得到由于线性电光效应产生的 η_{ij} ($i,j=1,2,3$) 的改变量 $\Delta\eta_{ij}$ 所构成的张量，用矩阵表示为

$$\Delta\boldsymbol{\eta} = \begin{pmatrix} r_{13}\cos\theta & 0 & r_{42}\sin\theta \\ 0 & r_{13}\cos\theta & 0 \\ r_{42}\sin\theta & 0 & r_{33}\cos\theta \end{pmatrix} E^{\mathrm{sc}}_{\mathrm{m}} \cos(\boldsymbol{K} \cdot \boldsymbol{r}). \quad (10.32)$$

它反映了由光折变产生的折射率椭球的空间周期性变化（三维光折变光栅）.

现在设法找出沿 $\boldsymbol{k}$ 传播的两个本征偏振方向所对应的折射率栅，并限定波矢 $\boldsymbol{k}$ 落在 Oxz 平面内，与 z 轴成任意角度 α，如图10.4(b)所示. 因 $BaTiO_3$ 基本上可看做是光轴为 z 轴的单轴晶体，故两个本征偏振方向分别为垂直于 Oxz 平面偏振的 o 光和平行于

Oxz 平面偏振(并与 $\boldsymbol{k}$ 正交)的 e 光. 令 $\boldsymbol{d}_o$ 和 $\boldsymbol{d}_e(\alpha)$ 分别为 o 光和 e 光的单位矢量,则 $\boldsymbol{d}_o=\boldsymbol{a}_2$, $\boldsymbol{d}_e(\alpha)=-\boldsymbol{a}_1\cos\alpha+\boldsymbol{a}_3\sin\alpha$,这里的 $\boldsymbol{a}_1$, $\boldsymbol{a}_2$, $\boldsymbol{a}_3$ 分别为 x, y, z 轴的单位矢量.

由式(10.31),有

$$\Delta(n_d^{-2})=\boldsymbol{d}\cdot\Delta\boldsymbol{\eta}\cdot\boldsymbol{d}$$

或

$$\Delta n_d=-\frac{1}{2}n_d^3(\boldsymbol{d}\cdot\Delta\boldsymbol{\eta}\cdot\boldsymbol{d}), \tag{10.33}$$

其中 Δn_d 是由于 $\boldsymbol{\eta}$ 的改变量 $\Delta\boldsymbol{\eta}$ 所导致的 n_d 的改变量. 将式(10.32)表示的张量 $\Delta\boldsymbol{\eta}$ 写成并矢形式,亦即

$$\Delta\boldsymbol{\eta}=\sum_{i,j}\Delta\eta_{ij}\boldsymbol{a}_i\boldsymbol{a}_j\quad(i,j=1,2,3),$$

代入上式,并令式中的 $\boldsymbol{d}$ 为 $\boldsymbol{d}_o$,便可得到由 $\Delta\boldsymbol{\eta}$ 导致的 o 光折射率的改变量为

$$\Delta n_o=-\frac{1}{2}n_o^3 r_{13}\cos\theta E_m^{sc}\cos(\boldsymbol{K}\cdot\boldsymbol{r}). \tag{10.34}$$

若令式(10.33)中的 $\boldsymbol{d}$ 为 $\boldsymbol{d}_e(\alpha)$,又可得由 $\Delta\boldsymbol{\eta}$ 导致的 e 光折射率的改变量为

$$\Delta\eta_e(\alpha)=-\frac{1}{2}n_e^3(\alpha)(r_{13}\cos\theta\cos^2\alpha-r_{42}\sin\theta\sin2\alpha+r_{33}\cos\theta\sin^2\alpha)E_m^{sc}\cos(\boldsymbol{K}\cdot\boldsymbol{r}). \tag{10.35}$$

在上两式中都出现空间周期变化因子 $\cos(\boldsymbol{K}\cdot\boldsymbol{r})$,故它们所表示的分别是空间电荷场通过线性电光效应产生的对 o 光和 e 光的折射率栅. 就 $BaTiO_3$ 晶体而言,电光系数 $r_{42}\gg r_{33}$, r_{13},故从式(10.35)看出,对于 e 光,当空间电荷场大小一定时,$\alpha=45°$有最大的 $\Delta n_e(\alpha)$,此时能形成最大的折射率栅.

§10.5　光生伏打效应及其对光折变的影响

光生伏打效应[10~12]

实验发现,用光均匀照射具有非中心对称的铁电晶体,在垂直于 c 轴(自发极化方向)的两端面间存在光感生的电压,亦即晶体内

存在沿 c 方向的光感生电场，而且当两端面短路时，将会有电流流过. 这称做光生伏打效应. 它来源于光激发的载流子在自发极化正、反两方向散射的不对称，从而在自发极化方向形成光生伏打电流. 当两端面开路时，光生伏打电流向两端面构成的“晶体电容”充电，最终形成一定电压.

前面曾经指出，产生光折变需经过载流子输运的环节，而扩散和漂移是这一环节的主要途径：前者来自载流子浓度的梯度，后者来自外加电场. 光生伏打效应将为载流子输运提供一种新的途径，因此影响空间电荷场的形成，并最终影响光折变的产生[7,13,14].

光生伏打电流密度 j 与作用的光强 I 以及晶体对光的吸收系数 α 成正比：$j=G\alpha I$，比例系数 G 称为 Glass 系数. 当晶体两端面开路时，光生伏打电流向“晶体电容”充电，使正、负电荷分别在两端面积累，从而在晶体内形成恒定电场 E_{phv}（见图 10.5），它的大小应满足

$$j-\sigma E_{\mathrm{phv}}=G\alpha I-\sigma E_{\mathrm{phv}}=0, \tag{10.36}$$

其中 σ 为晶体的电导率. 当暗电导很小时 α 主要由光电导决定，故有 $\sigma\simeq KI$（K 为比例系数）. 于是得出光生伏打电场为 $E_{\mathrm{phv}}\simeq G\alpha/K$，与光强关系不大. 据估算，$E_{\mathrm{phv}}=10^4\sim10^5\,\mathrm{V/cm}$，通过线性电光效应可产生的折射率改变量约为 $\Delta n\approx10^{-3}$.

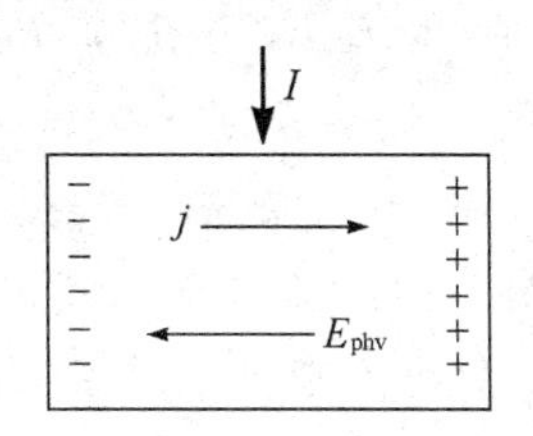

图 10.5 光生伏打电流和电场的产生

光生伏打效应的描述[11,14~15]

在各向异性介质中，光生伏打电流的产生也是各向异性的. 设光场的复数表示为 $\boldsymbol{E}=E_1\boldsymbol{a}_x+E_2\boldsymbol{a}_y+E_3\boldsymbol{a}_z$，则所产生的光生伏打电

流密度 $\boldsymbol{j}=j_1\boldsymbol{a}_x+j_2\boldsymbol{a}_y+j_3\boldsymbol{a}_z$ 可表示为

$$\boldsymbol{j}=\boldsymbol{\beta}:\boldsymbol{E}\boldsymbol{E}^*; \tag{10.37}$$

或用分量表示为

$$j_i=\sum_{j,k}\beta_{ijk}E_jE_k^* \quad (i,j,k=1,2,3), \tag{10.38}$$

其中 $\boldsymbol{\beta}$ 是由 9 个系数 β_{ijk} 组成的张量,称为光生伏打张量[13].对于中心对称介质,在进行 $\boldsymbol{E}\to-\boldsymbol{E},\boldsymbol{j}\to-\boldsymbol{j}$ 的变换后,式(10.37)仍成立,因此必有 $\boldsymbol{\beta}=\boldsymbol{0}$,亦即不存在光生伏打效应.

β_{ijk} 一般是复数;而且由于 j_i 是实数,不难证明 $\beta_{ijk}=\beta_{ikj}^*$.因此,可将 β_{ijk} 表示为

$$\beta_{ijk}=\beta_{\mathrm{s},ijk}+\mathrm{i}\beta_{\mathrm{a},ijk}, \tag{10.39}$$

其中实部 $\beta_{\mathrm{s},ijk}=\beta_{\mathrm{s},ikj}$ 称为对称部分,虚部 $\beta_{\mathrm{a},ijk}=-\beta_{\mathrm{a},ikj}$ 称为反对称部分.

设沿 x 方向传播的光波 $\boldsymbol{E}$ 在 Oyz 平面内偏振,它在 y 轴和 z 轴上的两个正交分量一般可分别表示为

$$E_2=A_2\mathrm{e}^{-\mathrm{i}(\omega t-\boldsymbol{k}\boldsymbol{x})},\quad E_3=A_3\mathrm{e}^{-\mathrm{i}(\omega t-\boldsymbol{k}\boldsymbol{x}+\delta)},$$

其中 A_2,A_3 及 δ 均为实数.已知当 $\delta=0,\pi$ 时,光波是线偏振的;当 $\delta=\pm\pi/2$ 时,是圆偏振或椭圆偏振的.在这样的光场作用下,由式(10.38)知,所激发的光生伏打电流为

$$j_i=\beta_{i23}E_2E_3^*+\beta_{i32}E_3E_2^* \tag{10.40}$$

或
$$j_i=\beta_{i23}A_2A_3\mathrm{e}^{\mathrm{i}\delta}+\beta_{i32}A_3A_2\mathrm{e}^{-\mathrm{i}\delta}\quad(i=1,2,3). \tag{10.41}$$

当光波是线偏振时,$\delta=0,\pi$,故由上式及式(10.39)得

$$j_i=(\beta_{i23}+\beta_{i32})A_2A_3=2\beta_{\mathrm{s},i23}A_2A_3, \tag{10.42}$$

亦即此时光生伏打电流只可能来自 β_{ijk} 的对称部分 $\beta_{\mathrm{s},ijk}$.换言之,线偏振光只通过对称部分激发起光生伏打电流,称为线光生伏打电流.

当光波是圆偏振时,$\delta=\pm\pi/2$,故由式(10.41)和(10.39)得

$$j_i=\pm\mathrm{i}(\beta_{i23}-\beta_{i32})A_2A_3=\mp2\beta_{\mathrm{a},i23}A_2A_3, \tag{10.43}$$

亦即此时光生伏打电流只可能来自 β_{ijk} 的反对称部分 $\beta_{\mathrm{a},ijk}$.换言之,

圆偏振光只通过反对称部分激发起光生伏打电流，称为圆光生伏打电流.

光生伏打张量的对称性

原来张量元$\beta_{ijk}(i,j,k=1,2,3)$有3个下角标和9个元素，但因$\beta_{ikj}=\beta_{ijk}^*$，所以可化简为2个下角标和6个元素.令第1个下角标i不变，第2、3个下角标(jk)用一个下角标l代替，其对应关系为

$$jk = 11,\ 22,\ 33,\ 31,\ 23,\ 12,$$
$$l = 1,\ 2,\ 3,\ 4,\ 5,\ 6.$$

这样张量元$\beta_{ijk}(i,j,k=1,2,3)$便可用$\beta_{il}(i=1,2,3;l=1,2,3,4,5,6)$替代.

和其他物理量一样，光生伏打张量的对称性应反映出介质的结构对称性，因而对具有相同结构对称性的不同介质，其光生伏打张量有相同的对称形式，尽管对应张量元的数值可有差异.例如，包括$LiNbO_3$在内的具有$3m$对称的晶体和包括$BaTiO_3$在内的具有$4mm$对称的晶体，当取c轴为z轴时，在主轴坐标系上张量$\boldsymbol{\beta}$可用6×3的矩阵分别表示为

$$\begin{pmatrix} 0 & 0 & 0 & \beta_{14} & 0 & \beta_{22} \\ -\beta_{22} & \beta_{22} & 0 & 0 & \beta_{14} & 0 \\ \beta_{31} & \beta_{31} & \beta_{33} & 0 & 0 & 0 \end{pmatrix},\quad \begin{pmatrix} 0 & 0 & 0 & \beta_{14} & 0 & 0 \\ 0 & 0 & 0 & 0 & \beta_{14} & 0 \\ \beta_{31} & \beta_{31} & \beta_{33} & 0 & 0 & 0 \end{pmatrix}.$$

而且，一般有$\beta_{14},\beta_{22}\ll\beta_{33},\beta_{31}$.因此，通常沿$z$轴(即$c$轴)的光生伏打电流最大，这是因为对它的贡献来自$\beta_{33}$或$\beta_{31}$.当光场亦沿$c$轴偏振时，有

$$j_3 = j_{\text{phv}} = \beta_{33}E_3E_3^* = \beta_{33}I,$$

其中I为光强.

光生伏打效应对空间电荷场的影响

光生伏打电流将改变介质内的电流密度.原来在能带模型基础上，电流密度仅来自载流子扩散和漂移的贡献；现在则应加上光生伏打电流的贡献，最终又将影响所形成的空间电荷场[7,11,17].

先讨论**光场为线偏振**的情形，亦即假定作用于介质并形成干涉场的两光束是具有相同偏振方向的线偏振光. 此时，若设干涉场的光强分布为 $I(z)=I_0+I_1\cos(Kz)$（即令 $\boldsymbol{K}=\boldsymbol{k}_2-\boldsymbol{k}_1$ 的方向为 z 轴），则可假定光生伏打电流亦沿 z 方向（事实上，即使不沿 z 轴，垂直于 z 轴的分量对空间电荷场也无影响），且其量值为 $j_{\mathrm{phv}}=pI$，其中 p 是与光生伏打系数有关的比例系数. 于是，考虑光生伏打效应后，能带传输模型中的方程(10.5)等号右边应加上一项 $\boldsymbol{j}_{\mathrm{phv}}=j_{\mathrm{phv}}\boldsymbol{a}_z$，而方程组(10.3)～(10.6)则具体化为

$$\frac{\partial N'_{\mathrm{D}}}{\partial t}=SI(N_{\mathrm{D}}-N'_{\mathrm{D}})-\gamma_{\mathrm{R}}NN'_{\mathrm{D}},\tag{10.44}$$

$$\frac{\partial N}{\partial t}=\frac{\partial N'_{\mathrm{D}}}{\partial t}+\frac{1}{q}\frac{\partial j}{\partial z},\tag{10.45}$$

$$j=qN\mu E+k_{\mathrm{B}}T\mu\frac{\partial N}{\partial z}+pI,\tag{10.46}$$

$$\varepsilon\frac{\partial E}{\partial z}=-q(N+N_{\mathrm{A}}-N'_{\mathrm{D}}).\tag{10.47}$$

必须指出，这组方程也可用来分析介质（晶体）受到均匀光照时形成的空间电荷场，这相当于 $I_1=0$ 时的情形. 按照以前的分析，如果不考虑光生伏打效应，均匀光照是不能形成空间电荷场的，因此，现在形成的空间电荷场就是光生伏打电场. 当均匀光照引起的变化达到稳定后，在处于开路状态的介质中应有 $\partial/\partial z=0$，$\partial/\partial t=0$，$j=0$，从而由上面一组方程可得

$$SI(N_{\mathrm{D}}-N'_{\mathrm{D}})-\gamma_{\mathrm{R}}NN'_{\mathrm{D}}=0,\tag{10.48}$$

$$qN\mu E+pI=0,\tag{10.49}$$

$$N+N_{\mathrm{A}}-N'_{\mathrm{D}}=0.\tag{10.50}$$

由式(10.49)得 $E=pI/q\mu N$，其中的 N 在 $N\ll N_{\mathrm{A}}$（导带电子很少）和 $SI\ll\gamma_{\mathrm{R}}N_{\mathrm{A}}$（光较弱）条件下由式(10.48)和(10.50)求得：

$$N=\frac{N_{\mathrm{D}}-N_{\mathrm{A}}}{\gamma_{\mathrm{R}}N_{\mathrm{A}}}SI.$$

故均匀光照形成的稳态光生伏打电场为

$$E_{\mathrm{phv}} = E = \frac{p\gamma_{\mathrm{R}} N_{\mathrm{A}}}{qS\mu(N_{\mathrm{D}} - N_{\mathrm{A}})}. \tag{10.51}$$

该式说明 E_{phv} 与光强无关，并给出它与一系列物质参数的关系.

现在再回头讨论光强分布为 $I(z) = I_0 + I_1\cos(Kz)$ 时的情况. 若 $I_1 \ll I_0$，则利用方程组(10.44)～(10.47)，进行类似于在§10.2中获得空间电荷场时用到过的推导，便会得到考虑光生伏打效应后所形成的空间电荷场为

$$E^{\mathrm{sc}} = E_1\cos(Kz + \phi), \tag{10.52}$$

其中

$$E_1 = -E_q\left[\frac{(E_0 - E_{\mathrm{phv}})^2 + E_{\mathrm{d}}^2}{E_0^2 + (E_{\mathrm{d}} + E_q)^2}\right]^{1/2}\frac{I_1}{I_0}, \tag{10.53}$$

$$\tan\phi = \frac{(E_{\mathrm{d}} + E_q)E_{\mathrm{d}} + E_0(E_0 - E_{\mathrm{phv}})}{(E_0 - E_{\mathrm{phv}})E_q - E_{\mathrm{phv}}E_{\mathrm{d}}}, \tag{10.54}$$

E_0 为外加恒电场，E_{d} 和 E_q 是在§10.3中引进的两个参数. 从上两式看出，不能简单认为光生伏打效应对空间电荷场的影响只是在外场 E_0 之上加上光生伏打电场 E_{phv}.

下面讨论**两束入射光是正交(线)偏振**的情形[14,18]. 这种情形将突显光生伏打效应的影响，因为这两束光不能产生干涉，不会形成光强的空间周期分布，如果不考虑光生伏打效应，也就不能产生光折变光栅.

我们先分析两束正交偏振的光束沿同一方向传播的情况. 在各向异性介质中，这两束光就是沿同一方向传播的具有正交偏振的两个本征光波(例如单轴晶体中的 o 光和 e 光). 这样的两束光，因其折射率不同，故有不同的相速度，即使振幅相等，叠加后也不会形成圆偏振光，但能形成偏振态随传播方向周期变化的光场. 设这两束沿 z 轴传播的光波为

$$E_x = A\mathrm{e}^{-\mathrm{i}(\omega t - k_1 z)}, \quad E_y = A\mathrm{e}^{-\mathrm{i}(\omega t - k_2 z)},$$

它们的振幅相等并分别在 x 和 y 方向偏振，而且 $k_1 = n_1\omega/c$，$k_2 = n_2\omega/c$(n_1，n_2 分别为相应的折射率). 两光波叠加后可表示为

$$\boldsymbol{E} = E_x\boldsymbol{a}_x + E_y\boldsymbol{a}_y = A[\boldsymbol{a}_x + \boldsymbol{a}_y\mathrm{e}^{-\mathrm{i}\delta(z)}]\mathrm{e}^{-\mathrm{i}(\omega t - k_1 z)}, \tag{10.55}$$

其中

$$\delta(z)=(k_2-k_1)z=\frac{(n_2-n_1)\omega}{c}z.$$

由于$\delta(z)$随距离z改变,故叠加后光波的偏振态亦将随z改变.已知当$\delta(z)=0,\pi$时为线偏振,且两者的偏振方向相互垂直;当$\delta(z)=\pi/2,3\pi/2$时为圆偏振,且若前者是左(或右)旋,则后者为右(或左)旋;而当$\delta(z)$是$(0,2\pi)$以内的其他数值时,则为不同椭圆度的椭圆偏振.而且,偏振态的这种变化是以$\delta(z)=2\pi$为周期.因此,叠加后光波的偏振态将在传播方向随距离成周期性改变,在一个周期内先由线偏振变到圆偏振,然后变到正交的线偏振,再变到另一旋转方向的圆偏振,最后变回原来的线偏振,其中均经历不同椭圆度和不同旋转方向的椭圆偏振,如图 10.6 所示.变化的周期为

$$\Lambda=\frac{2\pi}{k_2-k_1}=\frac{2\pi c}{\omega(n_2-n_1)}=\frac{\lambda}{n_2-n_1},$$

其中λ为光波波长.

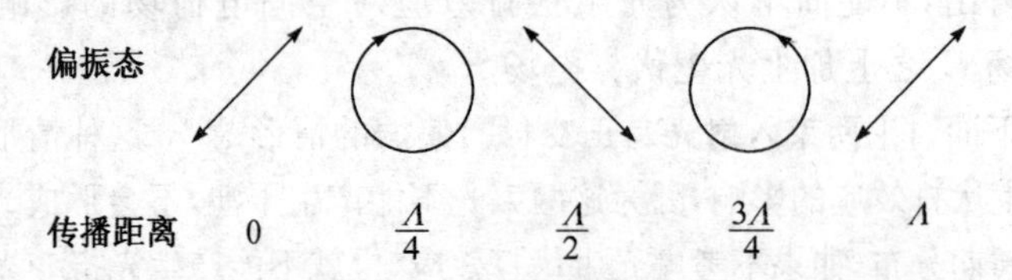

图 10.6 具有正交偏振但振幅相等且沿同一方向在晶体中传播的两个本征光波(它们的折射率不同)叠加后,所形成光场的偏振态随传播距离的周期性改变

由于光生伏打电流与光场的偏振态有密切的关系,因而上述偏振态成周期改变的光场将在介质中产生随z成周期变化的光生伏打电流密度,从而产生随z成周期变化的空间电荷场,最终将通过电光效应感生光折变光栅.这是一种全然来自光生伏打效应的另类光折变光栅.

我们再来分析两束正交偏振的光束在介质中交叉传播的情况.设它们的波矢分别为$\boldsymbol{k}_1$和$\boldsymbol{k}_2$,复振幅分别为

$$A_1=|A_1|\mathrm{e}^{-\mathrm{i}\phi_1},\quad A_2=|A_2|\mathrm{e}^{-\mathrm{i}\phi_2},$$

分别在单位矢量 $\boldsymbol{a}_1$ 和 $\boldsymbol{a}_2$ 的方向偏振，且 $\boldsymbol{a}_1 \perp \boldsymbol{a}_2$. 这时，两光束叠加后为

$$\boldsymbol{E} = \boldsymbol{a}_1 A_1 \mathrm{e}^{-\mathrm{i}(\omega t - \boldsymbol{k}_1 \cdot \boldsymbol{r})} + \boldsymbol{a}_2 A_2 \mathrm{e}^{-\mathrm{i}(\omega t - \boldsymbol{k}_2 \cdot \boldsymbol{r})}. \tag{10.56}$$

这样的光场，其偏振态将是空间周期性变化的，所产生的光生伏打电流密度亦是如此，因而能感生另类光折变光栅，尽管这两束光无法干涉，以至于光场的总光强是空间均匀的.

作为例子，设介质为 $LiNbO_3$ 晶体，两光束在 Oxy 平面（z 为光轴）内交叉入射（即垂直于光轴入射），且 $\boldsymbol{a}_o, \boldsymbol{a}_e$ 分别为 o 光和 e 光偏振方向的单位矢量（即式(10.56)中 $\boldsymbol{k}_1 = \boldsymbol{k}_o, \boldsymbol{k}_2 = \boldsymbol{k}_e, \boldsymbol{a}_1 = \boldsymbol{a}_o, \boldsymbol{a}_2 = \boldsymbol{a}_e$）. 前面已给出 $LiNbO_3$ 晶体在主轴坐标系 $Oxyz$ 中光生伏打张量的矩阵形式，利用它即可计算出式(10.56)表示的光场所产生的光生伏打电流密度 $\boldsymbol{j} = j_1 \boldsymbol{a}_x + j_2 \boldsymbol{a}_y + j_3 \boldsymbol{a}_z$，其各分量为

$$\begin{aligned} j_1 = &\beta_{s,14}(E_1 E_3^* + E_3 E_1^*) - \beta_{s,22}(E_1 E_2^* + E_2 E_1^*) \\ &+ \mathrm{i}[\beta_{a,14}(E_1 E_3^* - E_3 E_1^*)], \end{aligned} \tag{10.57}$$

$$\begin{aligned} j_2 = &-\beta_{s,22} E_1 E_1^* + \beta_{s,22} E_2 E_2^* + \beta_{s,14}(E_1 E_3^* + E_3 E_1^*) \\ &+ \mathrm{i}[\beta_{a,14}(E_2 E_3^* - E_3 E_2^*)], \end{aligned} \tag{10.58}$$

$$j_3 = \beta_{s,13} E_1 E_1^* + \beta_{s,13} E_2 E_2^* + \beta_{s,33} E_3 E_3^*, \tag{10.59}$$

其中 E_1, E_2, E_3 分别是光场 $\boldsymbol{E}$ 在 x, y, z 轴上的三个分量. 最后，计算得到[18]

$$\begin{aligned} \boldsymbol{j} = 2\,|A_o|\,|A_e|\,[&\beta_{s,14}\cos(\boldsymbol{K}\cdot\boldsymbol{r} + \phi) \\ &+ \beta_{a,14}\sin(\boldsymbol{K}\cdot\boldsymbol{r} + \phi)]\boldsymbol{a}_o, \end{aligned} \tag{10.60}$$

其中 $\boldsymbol{K} = \boldsymbol{k}_e - \boldsymbol{k}_o, \phi = \phi_e - \phi_o$.

从式(10.60)看出，光生伏打电流 $\boldsymbol{j}$ 平行于 o 光的偏振方向，所以垂直于光轴 z 并落在 Oxy 平面，常称为横向光生伏打电流，以区别于平行于光轴的纵向光生伏打电流. 后者是由单一线偏振光场产生的；而前者则是由交叉偏振的两束光产生的. 从该式还可看出，光生伏打电流 $\boldsymbol{j}$ 的大小沿 $\boldsymbol{K}$ 方向成空间周期性变化，周期为 $\Lambda = 2\pi/|\boldsymbol{K}|$. 由于 $\boldsymbol{K}$ 和 $\boldsymbol{j}$ 都落在 Oxy 平面内，所以成空间周期性变化的电流必然产生同样周期的空间电荷场，最终又将通过线性电

光效应产生光栅波矢为 $\boldsymbol{K}$ 的光折变光栅.这也是另类的光折变光栅,因为现在整个光场的光强是均匀的.

该光栅的存在以及 o 光波矢 $\boldsymbol{k}_o$,e 光波矢 $\boldsymbol{k}_e$ 与光栅波矢 $\boldsymbol{K}$ 之间满足相互衍射的布拉格条件 $\boldsymbol{K}=\boldsymbol{k}_e-\boldsymbol{k}_o$,致使入射的 o 光可衍射为 $\boldsymbol{k}_e$ 方向的 e 光;反之,e 光也可衍射为 $\boldsymbol{k}_o$ 方向的 o 光.

从式(10.60)又可看出,所形成的光折变光栅是两个光栅的叠加,分别来自该式等号右边的第一项和第二项:前者是由光生伏打张量的对称部分产生的;后者则是由光生伏打张量的反对称部分产生的.同时,第二项产生的光栅相对第一项产生的光栅有 $\pi/2$ 的相移.以后在讨论两波耦合时会知道,这个重要结论使得 o 光和 e 光之间的单向能量转移成为可能.

图 10.7 描绘出上述例子中的 o 光和 e 光写入两个光折变光栅过程的物理图像[14].其中,图 10.7(a)表示入射光波矢 $\boldsymbol{k}_o$,$\boldsymbol{k}_e$ 及其所形成的光栅的波矢 $\boldsymbol{K}$;图 10.7(b)表示介质中光场偏振方向的空间周期分布(周期为 Λ);图 10.7(c)和(d)分别表示所形成的线光生伏打电流和圆光生伏打电流的空间周期分布,对应式(10.60)等号右边的两项,并相应产生两个有 $\pi/2$ 相移的光折变光栅.

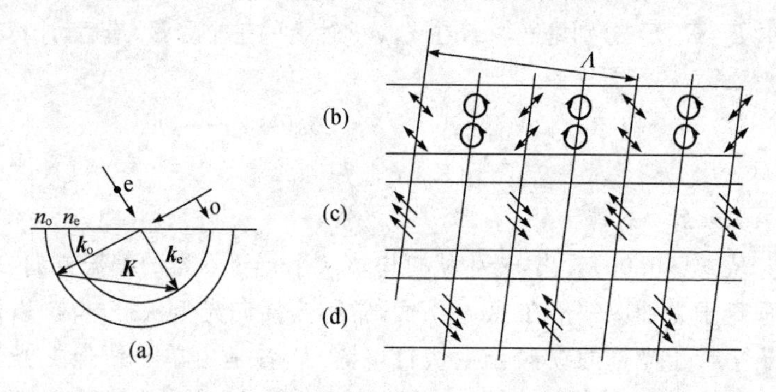

图 10.7 垂直光轴交叉传播的 o 光和 e 光在 $LiNbO_3$ 晶体中通过光生伏打效应写入两个有 $\pi/2$ 相移的光折变光栅过程的物理图像

参考文献

[1] Ashkin A, Boyd G D, et al. Appl. Phys. Lett., 1966, 9: 72.

[2] Günter P. ed. Electric-optic and photorefractive materials. Belin: Springer-Verlag, 1987.

[3] Günter P, Huignard J P. ed. Photorefractive materials and their applications. Belin: Springer-Verlag, 1988.

[4] Glass A M. Opt. Eng., 1978, 17: 470.

[5] Vinetskii V L, Kukhtarev N V, et al. Sov. Phys. Usp., 1979, 22: 742.

[6] Kukhtarev N V, Markov V B, et al. Ferroelectrics, 1979, 22: 949.

[7] Yeh P. Introduction to photorefractive nonlinear optics. NY: John Wiley & Sons, 1993.

[8] Feinberg J, Heiman D, et al. J. Appl. Phys., 1980, 51: 1297.

[9] Yariv A, Yeh P. Optical waves in crystals. NY: Wiley, 1984.

[10] Glass A M, von der Linde D, Negran T J. Appl. Phys. Lett., 1974, 25: 233.

[11] Belinicher V I, Sturman B I. Sov. Phys. Usp., 1980, 23: 199.

[12] Sturman B I, Fridkin V M. The photovoltaic and photorefractive effects in noncentro-symmetric materials. Phil.: Gordon & Breach Science, 1992.

[13] Gu C, Hong J, et al. J. Appl. Phys., 1991: 1167.

[14] Kuroda K. ed. Progress in photorefractive nonlinear optics. London, NY: Taylor & Francis, 2002.

[15] Belinicher V I, Malinovski V K, Sturman B I. Sov. Phys. JETP, 1977, 73: 692.

[16] Belinicher V I, Sturman B I. Sov. Phys. Solid State, 1978, 20: 476.

[17] Novikov A, et al. Ferroelectrics, 1987, 75: 295.

[18] 刘思敏等. 光折变非线性光学. 北京: 中国标准出版社, 1992.

第十一章　光折变非线性光学(二)

§11.1　光折变两波耦合

一般而言,两束同频率的光在介质中相互作用,不论是线性或非线性过程,都不会发生两光束之间的稳态能量交换,即使两束光是相干的并可发生干涉.这是因为,一般而言,介质中任意点的线性或非线性响应大小只与该点的光场(干涉场)有关.这称为**局域响应**.这时,干涉场的光强分布(干涉条纹)与光感生折射率变化大小的分布(折射率栅)完全重合.然而,光折变过程却不同,所感生的光折变光栅并不与光束干涉条纹重合,而是存在一定的相移,亦即某点的光折变响应大小不与该点的光强成比例,而与邻近其他点的光强有关.这称为**非局域响应**.正是这种非局域响应,致使两光束在光折变介质中可以存在单向的能量转换.这就是本节将要讨论的两波耦合[1~5].

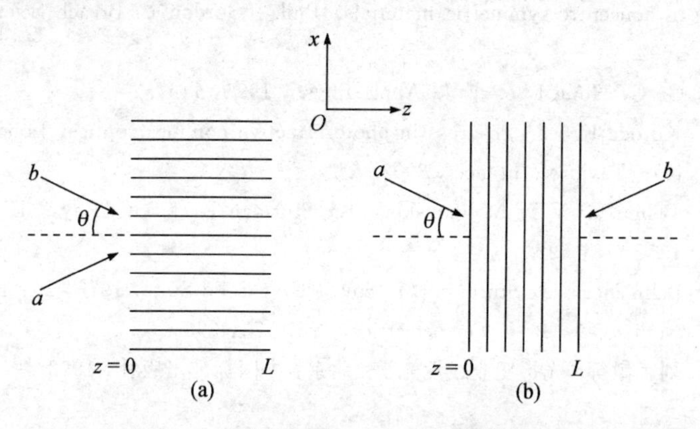

图 11.1　同向两波耦合(a)与反向两波耦合(b)

为讨论方便起见，如图 11.1 所示[6]，将两平面波之间的耦合分为同向两波耦合和反向两波耦合：前者两光波的传播方向之间成锐角，干涉条纹平行于 z 方向；后者两光波的传播方向之间成钝角，干涉条纹垂直于 z 方向.

设两光波为

$$\boldsymbol{E}_a(\omega) = \boldsymbol{A}_a \mathrm{e}^{-\mathrm{i}(\omega t - \boldsymbol{k}_a \cdot \boldsymbol{r})}, \quad \boldsymbol{E}_b(\omega) = \boldsymbol{A}_b \mathrm{e}^{-\mathrm{i}(\omega t - \boldsymbol{k}_b \cdot \boldsymbol{r})}.$$

干涉后光强分布为

$$I(\boldsymbol{r}) = I_0 + \mathrm{Re}(I_1 \mathrm{e}^{\mathrm{i}\boldsymbol{K}\cdot\boldsymbol{r}}),$$

其中

$$I_0 = |\boldsymbol{A}_a|^2 + |\boldsymbol{A}_b|^2, \quad I_1 = 2\boldsymbol{A}_b \cdot \boldsymbol{A}_a^*, \quad \boldsymbol{K} = \boldsymbol{k}_b - \boldsymbol{k}_a.$$

如前所述，这样的光场作用于光折变介质，将产生周期性空间电荷场 $\boldsymbol{E}^{\mathrm{sc}}$，并通过线性电光效应产生光折变光栅. 后者可表示为介质的折射率椭球（用椭球方程的系数 η_{ij} 表示）发生了以下的空间周期性改变：

$$\Delta\eta_{ij} = \sum_k r_{ijk} E_k^{\mathrm{sc}} \quad (i,j,k = 1,2,3); \tag{11.1}$$

或表示为介质的介电常数张量 $\boldsymbol{\varepsilon}$ 发生了 $\Delta\boldsymbol{\varepsilon}$ 的空间周期性改变，其张量元为（见式(10.28)）

$$\Delta\varepsilon_{ij} = -\varepsilon_0 n_i^2 n_j^2 \Delta\eta_{ij} = -\varepsilon_0 n_i^2 n_j^2 \sum_k r_{ijk} E_k^{\mathrm{sc}} \quad (i,j = 1,2,3). \tag{11.2}$$

现在是在主轴坐标系，n_i，n_j 为主折射率.

考虑到

$$\boldsymbol{E}^{\mathrm{sc}} = \mathrm{Re}\boldsymbol{E}_1 \mathrm{e}^{\mathrm{i}\boldsymbol{K}\cdot\boldsymbol{r}},$$

且幅值

$$E_1 \propto \frac{I_1}{I_0}\mathrm{e}^{\mathrm{i}\phi} \propto \frac{\boldsymbol{A}_b \cdot \boldsymbol{A}_a^*}{I_0}\mathrm{e}^{-\mathrm{i}\phi},$$

其中 ϕ 是空间电荷场相对干涉条纹的相移，故由式(11.2)知，$\Delta\varepsilon_{ij}$ 总可表示为

$$\Delta\varepsilon_{ij} = \frac{1}{2}\varepsilon_{ij}^{(1)} \mathrm{e}^{-\mathrm{i}\phi} \frac{\boldsymbol{A}_a^* \cdot \boldsymbol{A}_b}{I_0} \mathrm{e}^{\mathrm{i}\boldsymbol{K}\cdot\boldsymbol{r}} + \mathrm{c.c.}, \tag{11.3}$$

其中 $\varepsilon_{ij}^{(1)}$ 是比例系数，且为实数，并可视为张量 $\boldsymbol{\varepsilon}^{(1)}$ 的张量元，从而有

$$\Delta\boldsymbol{\varepsilon} = \frac{1}{2}\boldsymbol{\varepsilon}^{(1)}\mathrm{e}^{-\mathrm{i}\phi}\frac{\boldsymbol{A}_a^* \cdot \boldsymbol{A}_b}{I_0}\mathrm{e}^{\mathrm{i}\boldsymbol{K}\cdot\boldsymbol{r}} + \text{c. c.}. \tag{11.4}$$

介电常数张量的上述改变，致使介质极化强度相应发生改变：$\Delta\boldsymbol{P}=\Delta\boldsymbol{\varepsilon}\cdot[\boldsymbol{E}_a(\omega)+\boldsymbol{E}_b(\omega)]$；换言之，产生了非线性极化强度 $\boldsymbol{P}^{(3)}=\Delta\boldsymbol{P}$. 由式(11.4)及两光波电场的表达式可知，它的振动频率为 ω，但含有多个波矢成分，亦即

$$\boldsymbol{P}^{(3)} = \boldsymbol{P}^{(3)}(\omega,\boldsymbol{k}_a) + \boldsymbol{P}^{(3)}(\omega,\boldsymbol{k}_b) + \cdots, \tag{11.5}$$

其中

$$\boldsymbol{P}^{(3)}(\omega,\boldsymbol{k}_a) = \frac{1}{2I_0}[\boldsymbol{\varepsilon}^{(1)}\cdot\boldsymbol{a}_b](\boldsymbol{a}_a\cdot\boldsymbol{a}_b)\mathrm{e}^{\mathrm{i}\phi}A_b^*A_aA_b\mathrm{e}^{-\mathrm{i}(\omega t-\boldsymbol{k}_a\cdot\boldsymbol{r})}, \tag{11.6}$$

$$\boldsymbol{P}^{(3)}(\omega,\boldsymbol{k}_b) = \frac{1}{2I_0}[\boldsymbol{\varepsilon}^{(1)}\cdot\boldsymbol{a}_a](\boldsymbol{a}_a\cdot\boldsymbol{a}_b)\mathrm{e}^{-\mathrm{i}\phi}A_a^*A_bA_a\mathrm{e}^{-\mathrm{i}(\omega t-\boldsymbol{k}_b\cdot\boldsymbol{r})}, \tag{11.7}$$

而 $\boldsymbol{a}_a$ 和 $\boldsymbol{a}_b$ 分别为光波 a 和光波 b 偏振方向的单位矢量.

$\boldsymbol{P}^{(3)}(\omega,\boldsymbol{k}_a)$和 $\boldsymbol{P}^{(3)}(\omega,\boldsymbol{k}_b)$的波矢分别与光波 $\boldsymbol{E}_a(\omega)$和 $\boldsymbol{E}_b(\omega)$的波矢一致，故将相应地影响它们的传播. 由式(2.91)可分别建立以下两个非线性波动方程：

$$\nabla^2\boldsymbol{E}_a(\omega) + k^2\boldsymbol{E}_a(\omega) = -\mu_0\omega^2\boldsymbol{P}^{(3)}(\omega,\boldsymbol{k}_a),$$

$$\nabla^2\boldsymbol{E}_b(\omega) + k^2\boldsymbol{E}_b(\omega) = -\mu_0\omega^2\boldsymbol{P}^{(3)}(\omega,\boldsymbol{k}_b),$$

其中 $k^2=|\boldsymbol{k}_a|^2\simeq|\boldsymbol{k}_b|^2=n_0^2\omega^2/c^2$. 经分别用 $\boldsymbol{a}_a$ 和 $\boldsymbol{a}_b$ 左点乘上述两方程等号两端，便得到标量方程

$$\nabla^2 E_a(\omega) + k^2 E_a(\omega) = -\mu_0\omega^2\boldsymbol{a}_a\cdot\boldsymbol{P}^{(3)}(\omega,\boldsymbol{k}_a), \tag{11.8}$$

$$\nabla^2 E_b(\omega) + k^2 E_b(\omega) = -\mu_0\omega^2\boldsymbol{a}_b\cdot\boldsymbol{P}^{(3)}(\omega,\boldsymbol{k}_b). \tag{11.9}$$

现在，两光波均在 Oxz 平面内传播，故在无限大平面波的假定下，它们的振幅都只是 z 的函数. 将式(11.6)和(11.7)分别代入(11.8)和(11.9)，再利用 z 方向的缓变振幅近似：

$$\left|\frac{\mathrm{d}^2 A_i}{\mathrm{d}z^2}\right| \ll \left|\boldsymbol{k}_i \cdot \boldsymbol{a}_z \frac{\mathrm{d}A_i}{\mathrm{d}z}\right| \quad (i = a, b),$$

便可得到两光波的复振幅耦合波方程为

$$2k_{az}\frac{\mathrm{d}A_a}{\mathrm{d}z} = \mathrm{i}\frac{\omega^2 \mu_0}{2I_0}(\boldsymbol{a}_a \cdot \boldsymbol{\varepsilon}^{(1)} \cdot \boldsymbol{a}_b)(\boldsymbol{a}_a \cdot \boldsymbol{a}_b)\mathrm{e}^{\mathrm{i}\phi}A_b^* A_b A_a, \tag{11.10}$$

$$2k_{bz}\frac{\mathrm{d}A_b}{\mathrm{d}z} = \mathrm{i}\frac{\omega^2 \mu_0}{2I_0}(\boldsymbol{a}_a \cdot \boldsymbol{\varepsilon}^{(1)} \cdot \boldsymbol{a}_b)(\boldsymbol{a}_a \cdot \boldsymbol{a}_b)\mathrm{e}^{-\mathrm{i}\phi}A_a^* A_a A_b, \tag{11.11}$$

其中 $k_{iz}=\boldsymbol{k}_i \cdot \boldsymbol{a}_z (i=a,b)$，$\boldsymbol{a}_z$ 为 z 方向的单位矢量.

同向两波耦合情形

此时，$k_{az}, k_{bz}>0$，且

$$k_{az} = k_{bz} = k\cos\theta = \frac{2\pi n_0}{\lambda}\cos\theta.$$

方程(11.10)和(11.11)分别简化为

$$\frac{\mathrm{d}A_a}{\mathrm{d}z} = -\frac{1}{2I_0}\Gamma \mid A_b \mid^2 A_a - \frac{\alpha}{2}A_a, \tag{11.12}$$

$$\frac{\mathrm{d}A_b}{\mathrm{d}z} = \frac{1}{2I_0}\Gamma^* \mid A_a \mid^2 A_b - \frac{\alpha}{2}A_b, \tag{11.13}$$

其中

$$\Gamma = -\mathrm{i}\frac{\pi}{\varepsilon_0 n_0 \lambda \cos\theta}(\boldsymbol{a}_a \cdot \boldsymbol{\varepsilon}^{(1)} \cdot \boldsymbol{a}_b)(\boldsymbol{a}_a \cdot \boldsymbol{a}_b)\mathrm{e}^{\mathrm{i}\phi}. \tag{11.14}$$

此外，在方程(11.12)和(11.13)中，等号右边的第二项是计及介质对光吸收的项，其中 α 是吸收系数.

令

$$A_a = I_a{}^{1/2}\mathrm{e}^{\mathrm{i}\psi_a}, \quad A_b = I_b{}^{1/2}\mathrm{e}^{\mathrm{i}\psi_b},$$

则由方程(11.12)和(11.13)可得光强的耦合波方程

$$\frac{\mathrm{d}I_a}{\mathrm{d}z} = -\gamma\frac{I_a I_b}{I_a + I_b} - \alpha I_a, \tag{11.15}$$

$$\frac{\mathrm{d}I_b}{\mathrm{d}z} = \gamma\frac{I_a I_b}{I_a + I_b} - \alpha I_b \tag{11.16}$$

以及决定光波相位 ψ_a 和 ψ_b 随 z 改变的方程

$$\frac{\mathrm{d}\psi_a}{\mathrm{d}z}=\beta\frac{I_b}{I_a+I_b},\tag{11.17}$$

$$\frac{\mathrm{d}\psi_b}{\mathrm{d}z}=\beta\frac{I_a}{I_a+I_b},\tag{11.18}$$

其中

$$\gamma=\frac{\pi}{\varepsilon_0 n_0\lambda\cos\theta}[\boldsymbol{a}_a\cdot\boldsymbol{\varepsilon}^{(1)}\cdot\boldsymbol{a}_b](\boldsymbol{a}_a\cdot\boldsymbol{a}_b)\sin\phi\tag{11.19}$$

称为耦合常数，

$$\beta=\frac{\pi}{2\varepsilon_0 n_0\lambda\cos\theta}[\boldsymbol{a}_a\cdot\boldsymbol{\varepsilon}^{(1)}\cdot\boldsymbol{a}_b](\boldsymbol{a}_a\cdot\boldsymbol{a}_b)\cos\phi,\tag{11.20}$$

而且 $\Gamma=\gamma-\mathrm{i}2\beta$.

如果忽略介质对光的吸收(即令 $\alpha=0$)，则由式(11.15)和(11.16)可知 $\mathrm{d}(I_a+I_b)/\mathrm{d}z=0$，亦即在相互作用过程中，两光波光强之和不变(总光能不变). 当 $\gamma>0$ 时，I_a 随 z 减小，而 I_b 随 z 增大，亦即随着作用距离的增大，光波 a 不断将光能转给光波 b；反之，当 $\gamma<0$ 时，I_a 随 z 增大，I_b 随 z 减小，光波 a 不断从光波 b 得到光能. 这就是所谓两波耦合. 特别应该注意，光能这种单向转移的方向只与 γ 的正、负有关，与两个光波的光强谁大谁小无关.

从式(11.19)还可看出，当折射率栅相对干涉条纹的相移 $\phi=\pi/2$ 时，γ 最大，两波耦合最强；而当折射率栅与干涉条纹完全重叠，亦即 $\phi=0$ 时，$\gamma=0$，两光波不会交换能量，这正是在局域响应介质中不存在两波耦合的原因.

在§10.5中曾指出，一束 o 光和一束 e 光交叉作用于 $LiNbO_3$ 晶体，由于光生伏打效应，也可以形成光折变光栅，而且它由两个相互相移 $\pi/2$ 的子栅组成(见式(10.60)). 从式(10.60)和(10.56)看出，其中来自光生伏打张量对称部分的子栅(式(10.60)等号右边的第一项)与两束光是同偏振时的干涉条纹之间没有相移(亦即完全重叠)；但来自光生伏打张量反对称部分的子栅(式(10.60)等号右边的第二项)却与上述干涉条纹有 $\pi/2$ 的相移. 因此，从物理上便可推断，交叉作用的 o 光和 e 光也存在两波耦合(即 o⟷e 的单向能量转移),并且不是来自前一个子栅,而是来自后一个子栅.这样的结论可推广到其他晶体.

从式(11.19)看出,耦合常数的正、负由许多因素决定,例如两入射光相对晶体晶轴的方向、晶体中载流子的类型(是电子还是空穴)等.例如,入射的光束 a 与光束 b 相对光轴 c 如图 11.2 的配置,则对空穴型晶体,$\gamma>0$ (能量由光束 a 转给光束 b);而对电子型晶体,$\gamma<0$ (能量由光束 b 转给光束 a).

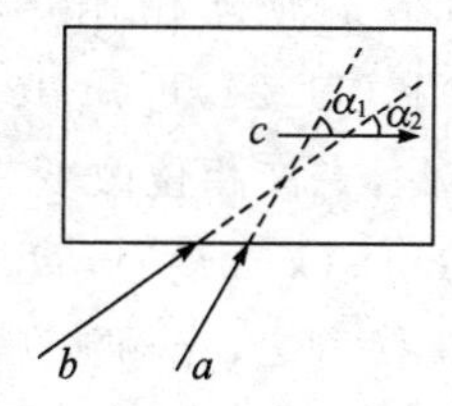

图 11.2　光束 a、光束 b 以及光轴 c 的相对取向

从式(11.17)和(11.18)看出,在两波耦合过程中,一般说来,光波的相位 ψ_a 和 ψ_b 要随 z 改变,但改变的情况与介质对光吸收的大小无关.特别是当 $\phi=\pi/2$ 时,因 $\beta=0$,故相位不随 z 改变.

反向两波耦合情形

此时,有

$$k_{az}=-k_{bz}=k\cos\theta=\frac{2\pi n_0}{\lambda}\cos\theta.$$

将该式代入式(11.10)和(11.11)并作适当处理,便可得到光强耦合波方程

$$\frac{\mathrm{d}I_a}{\mathrm{d}z}=-\gamma\frac{I_aI_b}{I_a+I_b}-\alpha I_a, \tag{11.21}$$

$$\frac{\mathrm{d}I_b}{\mathrm{d}z}=-\gamma\frac{I_aI_b}{I_a+I_b}+\alpha I_b \tag{11.22}$$

以及决定光波相位 ψ_a 和 ψ_b 随 z 改变的方程

$$\frac{\mathrm{d}\psi_a}{\mathrm{d}z}=\beta\frac{I_b}{I_a+I_b}, \tag{11.23}$$

$$\frac{\mathrm{d}\psi_b}{\mathrm{d}z} = -\beta \frac{I_a}{I_a + I_b}. \tag{11.24}$$

当忽略吸收时,有 $\mathrm{d}(I_a - I_b)/\mathrm{d}z = 0$. 注意到图 11.1(b)中光波 a 和光波 b 的传播方向,这表示在光波相互作用中总光强仍是不变的. 同时,当 $\gamma > 0$ 时,I_a 与 I_b 均随 z 增大而减小. 这说明随着作用距离的增大,光波 a 不断将光能转给光波 b. 而当 $\gamma < 0$ 时,结果正好相反. 这些结论与同向两波耦合情形一样.

至于光波的相位,在光波互作用中一般也要改变(除非 $\phi = \pi/2$),但由式(11.23)和(11.24)可知 $\mathrm{d}(\psi_b - \psi_a)/\mathrm{d}z = -\beta$,故有 $\psi_b - \psi_a = -\beta z +$ 常数. 因此,光波相位改变将导致光折变光栅的波矢由 $\boldsymbol{K} = \boldsymbol{k}_b - \boldsymbol{k}_a$ 改变到 $\boldsymbol{K}' = (\boldsymbol{k}_b - \boldsymbol{k}_a) - \beta \boldsymbol{a}_z = \boldsymbol{K} - \beta \boldsymbol{a}_z$. 又因 $\boldsymbol{K} /\!/ \boldsymbol{a}_z$,故 $\boldsymbol{K}' /\!/ \boldsymbol{a}_z$,且 $K' = K - \beta$. 换言之,光栅波矢方向不变,只是光栅周期大小发生变化.

在反向两波耦合中,$\theta = 0$ 的情形值得特别注意. 这时,两光波是完全相对传播的,所形成的光折变光栅的波矢为 $\boldsymbol{K} = \boldsymbol{k}_b - \boldsymbol{k}_a = 2\boldsymbol{k}_b$ ($K = 2k, k = |\boldsymbol{k}_a| = |\boldsymbol{k}_b|$),故称为 $2k$ 栅. 此时,振幅耦合波方程为

$$\frac{\mathrm{d}A_a}{\mathrm{d}z} = -\frac{1}{2I_0}\Gamma \mid A_b \mid^2 A_a - \frac{\alpha}{2}A_a, \tag{11.25}$$

$$\frac{\mathrm{d}A_b}{\mathrm{d}z} = -\frac{1}{2I_0}\Gamma^* \mid A_a \mid^2 A_b - \frac{\alpha}{2}A_b, \tag{11.26}$$

其中

$$\Gamma = -\mathrm{i}\frac{\pi}{\varepsilon_0 n_0 \lambda}[\boldsymbol{a}_a \cdot \boldsymbol{\varepsilon}^{(1)} \cdot \boldsymbol{a}_b](\boldsymbol{a}_a \cdot \boldsymbol{a}_b)\mathrm{e}^{\mathrm{i}\phi}.$$

$2k$ 栅的形成是受激光折变背向散射产生的基础. 设想光束 a 入射到光折变晶体时,由于各种原因(如晶体缺陷、不完整、不均匀等)产生背向散射光束 b. 由于它们的作用,晶体中形成了 $2k$ 栅. 此光栅便将两光束耦合起来,并当入射方向合适时会将光能由光束 a 转移给光束 b. 由于光束 b 的能量增益可以很大(因增益 $g = \exp(\gamma L)$,若 $\gamma L = 20$,则 $g \approx 10^9$),所以背向散射容易由自发转变为受激,并产生很强的相干光输出. 这就是所谓受激光折变背向散射.

耦合常数的计算

从式(11.19)可知,要计算耦合常数γ,必先要得出张量

$$\boldsymbol{\varepsilon}_1=\sum_{i,j}\varepsilon_{ij}^{(1)}\boldsymbol{a}_i\boldsymbol{a}_j\quad(i,j=1,2,3)$$

和相移ϕ.已知由于光波a和光波b的作用,介质中形成的空间电荷场为$\boldsymbol{E}^{sc}=\mathrm{Re}[\boldsymbol{E}_1\exp(\mathrm{i}\boldsymbol{K}\cdot\boldsymbol{r})]$,其中$\boldsymbol{E}_1/\!/\boldsymbol{K}$,而它的量值$E_1$由式(10.19)给出.但$\boldsymbol{E}_1$也可表示为$\boldsymbol{E}_1=\boldsymbol{E}^s\exp(-\mathrm{i}\phi)(I_1/I_0)$,其中$\boldsymbol{E}^s$是与光强无关的量,它平行于$\boldsymbol{K}$,其量值$E^s$为实数,与$\exp(-\mathrm{i}\phi)$的乘积为

$$E^s\mathrm{e}^{-\mathrm{i}\phi}=\frac{-\mathrm{i}K\dfrac{k_\mathrm{B}T}{q}-\dfrac{\boldsymbol{K}\cdot\boldsymbol{\mu}\cdot\boldsymbol{E}_0}{K\langle\mu\rangle}}{1+\dfrac{K^2}{k_\mathrm{D}^2}-\mathrm{i}\,\dfrac{q\boldsymbol{K}\cdot\boldsymbol{\mu}\cdot\boldsymbol{E}_0}{k_\mathrm{B}Tk_\mathrm{D}^2\langle\mu\rangle}},\tag{11.27}$$

其中$\boldsymbol{E}_0$是外加恒电场.若$\boldsymbol{E}_0=\boldsymbol{0}$,则因$\phi=\pi/2$,故有

$$E^s=\frac{K(k_\mathrm{B}T/q)}{1+K^2/k_\mathrm{D}^2}.\tag{11.28}$$

由此,空间电荷场亦可表示为

$$\boldsymbol{E}^{sc}=\mathrm{Re}\left[\boldsymbol{E}^s\,\frac{I_1}{I_0}\mathrm{e}^{\mathrm{i}(\boldsymbol{K}\cdot\boldsymbol{r}-\phi)}\right]=\boldsymbol{E}^s\,\frac{\mathbf{A}_a^*\cdot\mathbf{A}_b}{I_0}\mathrm{e}^{\mathrm{i}(\boldsymbol{K}\cdot\boldsymbol{r}-\phi)}+\mathrm{c.c.};\tag{11.29}$$

或用分量表示为

$$E_k^{sc}=E_k^s\,\frac{\mathbf{A}_a^*\cdot\mathbf{A}_b}{I_0}\mathrm{e}^{\mathrm{i}(\boldsymbol{K}\cdot\boldsymbol{r}-\phi)}+\mathrm{c.c.}\quad(k=1,2,3).\tag{11.30}$$

将上式代入式(11.2),并与式(11.3)比较,即得

$$\varepsilon_{ij}^{(1)}=-2\varepsilon_0n_i^2n_j^2\sum_k r_{ijk}E_k^s\quad(i,j=1,2,3).\tag{11.31}$$

由此若已知晶体的电光张量$\{r_{ijk}\}(i,j,k=1,2,3)$,即可算出$\boldsymbol{\varepsilon}^{(1)}=\sum_{i,j}\varepsilon_{ij}^{(1)}\boldsymbol{a}_i\boldsymbol{a}_j$.此外,当无外加电场$\boldsymbol{E}_0$时$\phi=\pi/2$;若$\boldsymbol{E}_0\neq\boldsymbol{0}$,则$\phi$可由式(11.27)求出.将得到的$\boldsymbol{\varepsilon}^{(1)}$和$\phi$代入式(11.19),便可得到耦合常数$\gamma$.

以$BaTiO_3$晶体中的两波耦合为例,设光波a和光波b的传播

方向均落在晶体的 Oac 平面,相互夹角为 2θ,垂直于干涉条纹的光折变光栅波矢 $\boldsymbol{K}$ 与 c 轴成 α 角(见图 11.3).令坐标轴 x 和 z 分别平行于晶轴 a 和 c,则在主轴坐标系 $Oxyz$ 中,$BaTiO_3$ 晶体电光张量的矩阵表示为

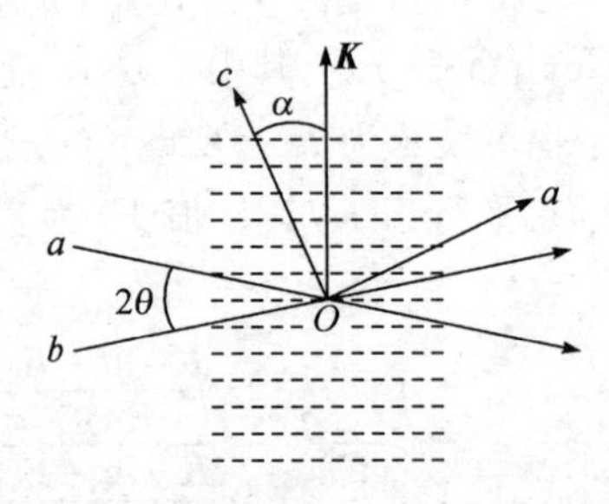

图 11.3 在晶体 Oac 平面内传播的两光束及所形成的光折变光栅

$$\{\gamma_{ijk}\} \longrightarrow \{\gamma_{lk}\} = \begin{pmatrix} 0 & 0 & \gamma_{13} \\ 0 & 0 & \gamma_{13} \\ 0 & 0 & \gamma_{33} \\ 0 & \gamma_{42} & 0 \\ \gamma_{42} & 0 & 0 \\ 0 & 0 & 0 \end{pmatrix}. \tag{11.32}$$

同时,在该坐标系中的三个主折射率为 $n_1 = n_2 = n_o, n_3 = n_e$.

又因 $\boldsymbol{E}^s /\!/ \boldsymbol{K}$,故有

$$\boldsymbol{E}^s = E^s(\boldsymbol{a}_x \sin\alpha + \boldsymbol{a}_z \cos\alpha), \tag{11.33}$$

其中 E^s 由式(11.28)或(11.27)给出,分别相应于 $\boldsymbol{E}_0 = \boldsymbol{0}$ 或 $\boldsymbol{E}_0 \neq \boldsymbol{0}$.

将式(11.32)和(11.33)代入式(11.31),即可计算出张量 $\boldsymbol{\varepsilon}^{(1)}$,其不为零的张量元为

$$\varepsilon_{11}^{(1)} = \varepsilon_{22}^{(1)} = -2\varepsilon_0 n_o^4 r_{13} \cos\alpha E^s,$$
$$\varepsilon_{33}^{(1)} = -2\varepsilon_0 n_e^4 r_{33} \cos\alpha E^s,$$
$$\varepsilon_{13}^{(1)} = \varepsilon_{31}^{(1)} - 2\varepsilon_0 n_o^2 n_e^2 r_{42} \sin\alpha E^s.$$

再将它们代入式(11.19),便可计算出具有各种不同偏振状态的光波的耦合常数.

因 $BaTiO_3$ 基本上是单轴晶体,故只可能有两种情况:光波 a

和光波 b 都是 o 光或都是 e 光[①]. 若两光波都是 o 光，则式(11.19)中的 $\boldsymbol{a}_a=\boldsymbol{a}_b=\boldsymbol{a}_y$，$n_0=n_\mathrm{o}$；若两光波都是 e 光，则 $\boldsymbol{a}_a=\cos\theta_1\boldsymbol{a}_x+\sin\theta_1\boldsymbol{a}_z$，$\boldsymbol{a}_b=\cos\theta_2\boldsymbol{a}_x+\sin\theta_2\boldsymbol{a}_z$，$n_0=n_\mathrm{e}(\alpha)$（假定 θ 很小，只有这样才能认为两束 e 光有近似相同的相速度并能干涉），其中

$$\theta_1=\frac{\pi}{2}+\theta-\alpha,\quad \theta_2=\frac{\pi}{2}-\theta-\alpha,\quad n_\mathrm{e}(\alpha)=\left[\frac{\cos^2\alpha}{n_\mathrm{e}^2}+\frac{\sin^2\alpha}{n_\mathrm{o}^2}\right]^{-2}.$$

利用式(11.19)，当两光波都为 o 光时，计算结果为

$$\gamma=-\frac{2\pi}{\lambda\cos\theta}n_\mathrm{o}^3r_{13}E^\mathrm{s}\cos\alpha\sin\phi;\tag{11.34}$$

当两光波都为 e 光时，为

$$\gamma=-\cos2\theta\frac{2\pi}{n_\mathrm{e}(\alpha)\lambda\cos\theta}[\cos\theta_1\cos\theta_2n_\mathrm{o}^4r_{13}\cos\alpha$$
$$+n_\mathrm{o}^2n_\mathrm{e}^2r_{42}\sin\alpha\sin2\alpha+\sin\theta_1\sin\theta_2n_\mathrm{e}^4r_{33}\cos\alpha]E^\mathrm{s}\sin\phi.\tag{11.35}$$

在 $\boldsymbol{E}_0=\mathbf{0}$ 时，$\sin\phi=1$，此时得出的是纯载流子扩散机制产生的耦合常数.

由于对 $BaTiO_3$ 晶体，$r_{42}\gg r_{13}$，r_{33}，故当两光波都为 e 光时，近似有

$$\gamma=-\cos2\theta\frac{2\pi}{n_\mathrm{e}(\alpha)\lambda\cos\theta}n_\mathrm{o}^2n_\mathrm{e}^2r_{42}E^\mathrm{s}\sin\alpha\sin2\alpha\sin\phi.\tag{11.36}$$

对比式(11.34)与(11.36)便知，两束 e 光的耦合常数比两束 o 光要大得多，因前者和后者分别正比于 r_{42} 和 r_{13}. 此外，从式(11.36)还可看出，当 $\alpha=\pi/4$，亦即入射光束相对光轴以 45°角入射时，两束 e 光的耦合常数最大.

图 11.4 是利用式(11.35)计算得到的在 $BaTiO_3$ 晶体中两束 e 光之间的耦合系数 γ 随光束的传播方向的变化情况. 但现在光束的传播方向不是由 θ 和 α，而是由图 11.2 的 α_1 和 α_2 给定的；同时，$BaTiO_3$ 晶体的有效载流子浓度设定为 $N_\mathrm{A}=3\times10^{16}\,\mathrm{cm}^{-3}$.

---

① 注意，这里不考虑光生伏打效应！

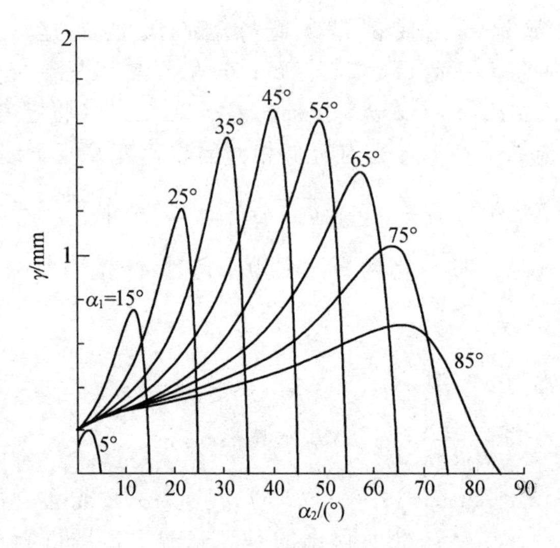

图 11.4 $BaTiO_3$ 晶体两束 e 光间的耦合系数 γ 随光束传播方向的变化[29]

§11.2 光折变四波混频与光折变全息术

考虑四个同频率的平面光波

$$E_j(\omega) = A_j e^{-i(\omega t - \boldsymbol{k}_j \cdot \boldsymbol{r})} \quad (j = a, b, c, d)$$

在光折变介质中的相互作用，其中 $\boldsymbol{k}_c = -\boldsymbol{k}_b$，$\boldsymbol{k}_d = -\boldsymbol{k}_a$. 为简单起见，这里假定它们具有同方向的线偏振. 这种相互作用在许多方面与三阶非线性介质中的简并四波混频相类似，但也有不同于后者的特点[7~10].

首先，这四个光波的作用可产生 6 个光折变光栅，亦即光束 a 与 b，c 与 d，a 与 c，b 与 d，a 与 d 以及 b 与 c 产生的波矢分别为 $\boldsymbol{k}_b - \boldsymbol{k}_a$，$\boldsymbol{k}_d - \boldsymbol{k}_c$，$\boldsymbol{k}_c - \boldsymbol{k}_a$，$\boldsymbol{k}_d - \boldsymbol{k}_b$，$\boldsymbol{k}_d - \boldsymbol{k}_a$ 以及 $\boldsymbol{k}_c - \boldsymbol{k}_b$ 的光栅. 因为 $\boldsymbol{k}_b - \boldsymbol{k}_a = \boldsymbol{k}_d - \boldsymbol{k}_c$，故第 1、2 个栅有相同的波矢，可看做一个栅，称为透射栅(见图 11.5(a))；因 $\boldsymbol{k}_c - \boldsymbol{k}_a = \boldsymbol{k}_d - \boldsymbol{k}_b$，故第 3，4 个栅也有

相同波矢，也可看做一个栅，称为反射栅（见图 11.5(b)）；又因 $\boldsymbol{k}_d-\boldsymbol{k}_a=2\boldsymbol{k}_d$，$\boldsymbol{k}_c-\boldsymbol{k}_b=2\boldsymbol{k}_c$，故第 5、6 个栅是所谓 $2k$ 栅. 正是上述折射率栅，使这四个光波相互耦合起来进行混频. 但是，由于产生每个折射率栅的空间电荷场的大小和该栅的周期及取向有密切关系，所以实际上，在四波混频中往往只有一个栅起主要作用，从而可使分析简化[6].

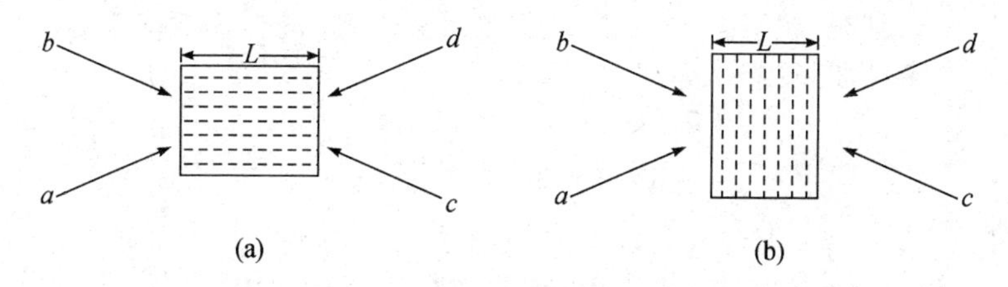

图 11.5　光折变四波混频中的透射栅(a)和反射栅(b)

透射栅近似

假设只有透射栅是主要的，忽略其他栅的贡献，则参照讨论两波耦合时建立的耦合波方程(11.12)和(11.13)，不难得出四波混频的耦合波方程.

首先，光波 a 和 b 的干涉场与光波 c 和 d 的干涉场叠加后，总的光强分布为

$$I(\boldsymbol{r}) = I_0 + \mathrm{Re}(I_1 \mathrm{e}^{\mathrm{i}\boldsymbol{K}\cdot\boldsymbol{r}}), \tag{11.37}$$

其中

$$I_0 = |A_a|^2 + |A_b|^2 + |A_c|^2 + |A_d|^2,$$

$$I_1 = 2(A_b A_a^* + A_d A_c^*), \boldsymbol{K} = \boldsymbol{k}_b - \boldsymbol{k}_a = \boldsymbol{k}_d - \boldsymbol{k}_c.$$

它作用于光折变介质，将产生空间电荷场

$$\boldsymbol{E}^{\mathrm{sc}} = \mathrm{Re}(\boldsymbol{E}_1 \mathrm{e}^{\mathrm{i}\boldsymbol{K}\cdot\boldsymbol{r}}),$$

且幅值

$$E_1 \propto \frac{I_1}{I_0}\mathrm{e}^{-\mathrm{i}\phi} \propto \frac{A_b A_a^* + A_d A_c^*)}{I_0}\mathrm{e}^{-\mathrm{i}\phi}.$$

这里与两波耦合的差别，只是在幅值 E_1 的这个表达式中用 $A_b A_a^*$

$+A_dA_c^*$ 取代了原来的 $A_bA_a^*$. 因此,空间电荷场所引起的介电张量 $\boldsymbol{\varepsilon}$ 的改变量 $\Delta\boldsymbol{\varepsilon}$,亦可参照式(11.4)写出为

$$\Delta\boldsymbol{\varepsilon} = \frac{1}{2}\boldsymbol{\varepsilon}^{(1)}\mathrm{e}^{-\mathrm{i}\phi}\frac{A_bA_a^* + A_dA_c^*}{I_0}\mathrm{e}^{\mathrm{i}\boldsymbol{K}\cdot\boldsymbol{r}} + \text{c. c.}. \tag{11.38}$$

介电张量的这种改变,又意味着介质出现了非线性极化:

$$\boldsymbol{P}^{(3)} = (\Delta\boldsymbol{\varepsilon})\cdot\boldsymbol{a}[E_a(\omega) + E_b(\omega) + E_c(\omega) + E_d(\omega)], \tag{11.39}$$

其中 $\boldsymbol{a}$ 是光波偏振方向的单位矢量. 同样,$\boldsymbol{P}^{(3)}$ 的振荡频率为 ω,并包含多种波矢成分,亦即

$$\begin{aligned}\boldsymbol{P}^{(3)} =& \boldsymbol{P}^{(3)}(\omega,\boldsymbol{k}_a) + \boldsymbol{P}^{(3)}(\omega,\boldsymbol{k}_b)\\ &+ \boldsymbol{P}^{(3)}(\omega,\boldsymbol{k}_c) + \boldsymbol{P}^{(3)}(\omega,\boldsymbol{k}_d) + \cdots,\end{aligned} \tag{11.40}$$

其中

$$\boldsymbol{P}^{(3)}(\omega,\boldsymbol{k}_a) = \frac{1}{2I_0}(\boldsymbol{\varepsilon}^{(1)}\cdot\boldsymbol{a})\mathrm{e}^{\mathrm{i}\phi}(A_b^*A_a + A_d^*A_c)A_b\mathrm{e}^{-\mathrm{i}(\omega t-\boldsymbol{k}_a\cdot\boldsymbol{r})}, \tag{11.41}$$

$$\boldsymbol{P}^{(3)}(\omega,\boldsymbol{k}_b) = \frac{1}{2I_0}(\boldsymbol{\varepsilon}^{(1)}\cdot\boldsymbol{a})\mathrm{e}^{-\mathrm{i}\phi}(A_a^*A_b + A_c^*A_d)A_a\mathrm{e}^{-\mathrm{i}(\omega t-\boldsymbol{k}_b\cdot\boldsymbol{r})}, \tag{11.42}$$

$$\boldsymbol{P}^{(3)}(\omega,\boldsymbol{k}_c) = \frac{1}{2I_0}(\boldsymbol{\varepsilon}^{(1)}\cdot\boldsymbol{a})\mathrm{e}^{\mathrm{i}\phi}(A_b^*A_a + A_d^*A_c)A_d\mathrm{e}^{-\mathrm{i}(\omega t-\boldsymbol{k}_c\cdot\boldsymbol{r})}, \tag{11.43}$$

$$\boldsymbol{P}^{(3)}(\omega,\boldsymbol{k}_d) = \frac{1}{2I_0}(\boldsymbol{\varepsilon}^{(1)}\cdot\boldsymbol{a})\mathrm{e}^{-\mathrm{i}\phi}(A_a^*A_b + A_c^*A_d)A_c\mathrm{e}^{-\mathrm{i}(\omega t-\boldsymbol{k}_d\cdot\boldsymbol{r})}. \tag{11.44}$$

$\boldsymbol{P}^{(3)}(\omega,\boldsymbol{k}_i)(i=a,b,c,d)$ 的波矢分别与光波 $A_i(\omega)$ 的波矢一致,并将相应地影响它们的传播. 利用式(2.91)建立相应的非线性波动方程,并进行与讨论两波耦合时相类似的推演,便可得到光折变四波混频的振幅耦合波方程为

$$\frac{\mathrm{d}A_a}{\mathrm{d}z} = -\frac{1}{2I_0}\Gamma(A_aA_b^* + A_cA_d^*)A_b, \tag{11.45}$$

$$\frac{\mathrm{d}A_b}{\mathrm{d}z} = \frac{1}{2I_0}\Gamma^*(A_a^*A_b + A_c^*A_d)A_a, \tag{11.46}$$

$$\frac{\mathrm{d}A_c}{\mathrm{d}z} = \frac{1}{2I_0}\Gamma(A_aA_b^* + A_cA_d^*)A_d, \tag{11.47}$$

$$\frac{\mathrm{d}A_d}{\mathrm{d}z}=-\frac{1}{2I_0}\Gamma^*(A_a^*A_b+A_c^*A_d)A_c,\tag{11.48}$$

其中 $I_0=I_a+I_b+I_c+I_d$，复耦合常数为

$$\Gamma=\gamma-\mathrm{i}2\beta=-\mathrm{i}\frac{\pi}{\varepsilon_0 n_0\lambda\cos\theta}\varepsilon^{(1)}\mathrm{e}^{\mathrm{i}\phi},\tag{11.49}$$

而 $\varepsilon^{(1)}=\boldsymbol{a}\cdot\boldsymbol{\varepsilon}^{(1)}\cdot\boldsymbol{a}$ 是一实常数. 这里的 Γ 与两波耦合时一致.

由式(11.45)～(11.48)容易得到三个守恒律：

$$I_a(z)+I_b(z)=C_1,\quad I_c(z)+I_d(z)=C_2,$$

$$A_a(z)A_d(z)+A_b(z)A_c(z)=C_3\quad(C_1,C_2,C_3\text{ 均为常数}).$$

实验时往往会令光束 b 和 c（称为泵浦光）比光束 a 和 d 强很多，亦即 $|A_a|^2,|A_d|^2\ll|A_b|^2,|A_c|^2$. 这时，为求解上述四个耦合波方程，可采用泵浦光无消耗近似：

$$\frac{\mathrm{d}A_b}{\mathrm{d}z}=\frac{\mathrm{d}A_c}{\mathrm{d}z}=0,$$

亦即认为在相互作用中两束泵浦光的振幅几乎没有变化. 于是，耦合波方程(11.45)～(11.48)便化简为两个：

$$\frac{\mathrm{d}A_a}{\mathrm{d}z}=-\frac{1}{2I_0}\Gamma[|A_b|^2A_a+(A_bA_c)A_d^*],\tag{11.50}$$

$$\frac{\mathrm{d}A_d^*}{\mathrm{d}z}=-\frac{1}{2I_0}\Gamma[(A_b^*A_c^*)A_a+|A_c|^2A_d^*],\tag{11.51}$$

其中 $|A_b|^2,|A_c|^2,A_bA_c,A_b^*A_c^*$ 均为常数.

假设除两束泵浦光外，只有光束 a 从 $z=0$ 处入射，又设作用区长度为 L，则起始条件为 $A_a(0)\neq0,A_d(L)=0$. 利用此条件，得出以上方程组的解为

$$A_a(z)=[(\mathrm{e}^{-\Gamma z/2}+q\mathrm{e}^{-\Gamma L/2})+(1+q\mathrm{e}^{-\Gamma L/2})]A_a(0),\tag{11.52}$$

$$A_d^*(z)=\left[\frac{A_c^*}{A_b^*}(\mathrm{e}^{-\Gamma z/2}-\mathrm{e}^{-\Gamma L/2})+(1+q\mathrm{e}^{-\Gamma L/2})\right]A_a(0),\tag{11.53}$$

其中 $q=|A_c|^2/|A_b|^2$ 是两泵浦光的强度比.

由式(11.53)看出，由于两束泵浦光和光束 a 的相互作用，产生

了传播方向与光束 a 相反的光束 d,而且有 $A_d(0) \propto A_a^*(0)$,亦即所产生的光束 d 是光束 a 的相位共轭反射光. 定义共轭反射系数为

$$\rho = \frac{A_d(0)}{A_a^*(0)} = \frac{A_c}{A_b^*} \frac{1 - e^{-\Gamma^* L/2}}{1 + q e^{-\Gamma^* L/2}}, \tag{11.54}$$

则共轭反射率为

$$R = |\rho|^2 = \left| \frac{\sinh(\Gamma L/4)}{\cosh(\Gamma L/4 - \ln\sqrt{q})} \right|^2. \tag{11.55}$$

由式(11.49)知,当 $\phi = \pi/2$(纯扩散机制)时,$\Gamma = \gamma$ 是实数,此时有

$$R = \frac{\sinh^2(\gamma L/4)}{\cosh^2(\gamma L/4 - \ln\sqrt{q})}. \tag{11.55}$$

如果 $q = 1$,亦即两泵浦光强度相等(所谓对称泵浦),则 $R = \tanh^2(\gamma L/4) < 1$. 但若选定非对称泵浦,且 $q = \exp(\gamma L/2)$,则可得到最大反射率为 $R_m = \sinh^2(\gamma L/4)$. 当 $\phi \neq \pi/2$ 时,选定 $q = \exp(\gamma L/2)$,仍会得到最大共轭反射率为

$$R_m = \left| \frac{\sinh(\Gamma L/4)}{\cosh(\beta L/2)} \right|^2; \tag{11.57}$$

它可远大于 1. 因此,设法使 $\phi \neq \pi/2$,并适当选择非对称泵浦时的 q

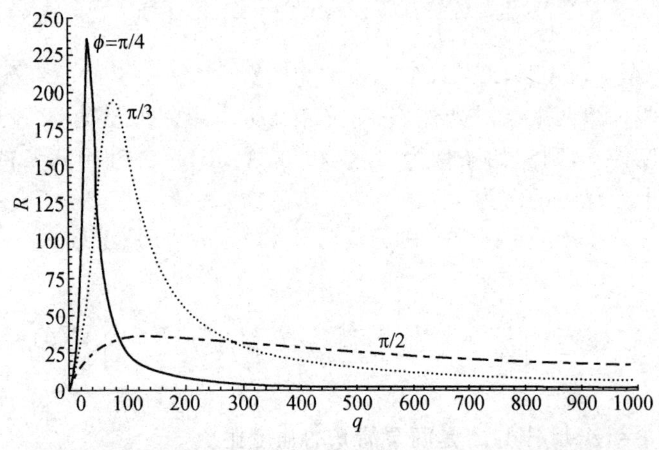

图 11.6 ϕ 取不同值时,共轭反射率随泵浦光强度比的变化($\Gamma L = 10$)[6]

值,便可获得很高的共轭反射率. 图 11.6 给出在 $|\Gamma L|=10$ 时,对于不同的 ϕ,共轭反射率 R 随泵浦光强度比 q 的变化.

从式(11.57)可见,在 $\phi\neq\pi/2$ 且 $q=\exp(\gamma L/2)$时,若$\cosh(\beta L/2)=0$,则有 $R_m\to\infty$. 换言之,此时将产生四波混频输出信号的自振荡,亦即在只有一对泵浦光作用下,光束 a 和 d 同时被激励产生. 实验时,为获得自振荡,往往在正对着希望产生光束 a 和 d 的方向上放一面反射镜.

用类似方法可建立光折变四波混频的**反射栅近似**理论[11],此时只有反射栅是主要的,可忽略其他栅的贡献.

光折变全息术

图 11.7 描述了一般光学全息术的写-读过程. 图 11.7(a)是全息图的写入过程: 携带着照明物体信息的物光束 a 与参考光束 b(一般为均匀平面波)在全息干板中发生干涉,经处理后将产生折射率光栅(折射率变化 Δn 的某种空间分布). 由于干涉后的光强空间分布为

$$I=|A_a|^2+|A_b|^2+\mathrm{Re}(2A_bA_a^*\,\mathrm{e}^{\mathrm{i}\boldsymbol{K}\cdot\boldsymbol{r}}), \tag{11.58}$$

而 $\Delta n\propto I$,故除空间均匀的背底外,应有

$$\Delta n\propto\mathrm{Re}(2A_bA_a^*\,\mathrm{e}^{\mathrm{i}\boldsymbol{K}\cdot\boldsymbol{r}}), \tag{11.59}$$

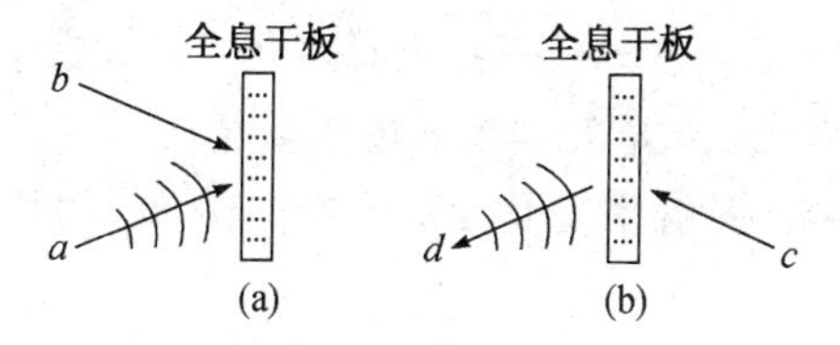

图 11.7 光学全息术的写入(a)和读出(b)过程

其中 $\boldsymbol{K}=\boldsymbol{k}_b-\boldsymbol{k}_a$ 为光栅波矢,A_a,A_b 及 $\boldsymbol{k}_a$,$\boldsymbol{k}_b$ 分别为相应光波的振幅与波矢. 该折射率光栅(全息图)包含了物光携带的全部信息. 图 11.7(b)是全息图的读出过程: 读出光束 c(一般亦为均匀平面波)从参考光束 b 的反方向入射,因满足布拉格条件 $\boldsymbol{k}_d=\boldsymbol{K}+\boldsymbol{k}_c$,故将在光束 d 的方向(光束 a 的反方向)衍射. 衍射光的振幅 A_d 正比于

Δn的幅值和光束c的振幅,故有

$$A_d \propto (A_b A_a^*) A_c = (A_b A_c) A_a^*. \tag{11.60}$$

从而,作为物光(光束a)的相位共轭反射的衍射光(光束d),携带着物光所携带的全部信息,并复现被照物体的像.

对比前面讨论的由光束a,b,c作用于光折变介质并产生光束d的四波混频过程(参看图11.5),如果令光束a作为携带着照明物体信息的物光,光束b为参考光,光束c为读出光,则由于光束d是光束a的相位共轭反射光,故它也将携带着光束a所携带的全部信息,并复现被照物体的像.换言之,这也是一个全息术中的写-读过程.但和一般的全息术不同,现在的写-读过程是同时进行的,故可称为实时动态全息[12].

事实上,利用所谓"光折变固定技术",人们可以将物光(光束a)和参考光(光束b)在光折变介质中产生的折射率变化空间分布花样保持下来,即使在光停止作用之后[13,14].因此,针对这种介质,再在原来光束b的反方向入射光束c,便可经衍射,在光束a的反方向产生光束d,并复现被光束a照射的物体的像.这样,光折变全息术便和一般全息术一样,可用来进行写-读不同时的全息存储和再现.

然而,光折变全息术和一般全息术仍有一定差别[6],表现在物光(光束a)和参考光(光束b)形成的干涉场(见式(11.58)).在光折变介质中产生的折射率变化Δn的空间分布(扣除背底)不是式(11.59),而是

$$\Delta n \propto \mathrm{Re}\left[\frac{2A_b A_a^*}{|A_a|^2 + |A_b|^2} \mathrm{e}^{\mathrm{i}(\boldsymbol{k}_b - \boldsymbol{k}_a)}\right], \tag{11.61}$$

差别在于这里多出分母$|A_a|^2 + |A_b|^2$,致使衍射光(光束d)的振幅A_d为

$$A_d \propto \frac{A_b A_c}{|A_a|^2 + |A_b|^2} A_a^*. \tag{11.62}$$

它不再与A_a^*存在严格的线性关系,亦即所复现的像不再与被照物

体严格相似.为保证复现的物体的像有较高的保真度,要求$|A_a|^2$(物光光强)在光束横截面上的变化远小于$|A_a|^2+|A_b|^2$(物光与参考光的总光强),以保证式(11.62)的分母可视为近似不变的常数.

光折变全息术在高密度光存储中的应用目前正在探索中.

§11.3 光感生光散射

由于存在光折变,光入射到光折变介质必然产生各式各样的折射率光栅(全息光栅);反过来,这些栅又会对入射光本身或其他光束产生各式各样的衍射[15~18].这些现象统称为光感生光散射.

扇形效应(fanning effect)[19]

这是一种典型的光感生光散射现象.一定截面大小的光束入射到光折变晶体后,由于晶体中存在缺陷或不完整、不均匀等,光束会产生散射.散射光与入射光在交叠处要发生两波耦合,并使其中一些方向的散射光获得增益(一般这些方向都落在入射光方向的同一侧,因另一侧的散射光只能有负增益).于是,入射光在晶体中传播的同时就将自身的能量转移给这些方向的散射光.于是,光束入射后,光能像扇子一样,散开分布到入射方向的某一侧,故被称为扇形效应.因为两波耦合增益与两束光的夹角有关,所以扇形散射光的能量也有一定的方向分布,而且该方向分布随入射光相对晶轴的方向不同而不同.

任意方向的散射光被放大后,与入射光一起便可在光折变晶体中写入一个相应强度的全息光栅.由于整个扇形光包含一系列方向的散射光,所以一束入射光在晶体中产生扇形光的同时,也就写入了一系列全息光栅.

光感生锥光散射[20,21]

当扇形光出现时,在晶体中还常常观察到各种光感生的锥光散射.这些光散射可以由一束或两束入射光产生,但散射方向都围成一定形状的角锥.锥光散射大都可用扇形光与入射光形成的全息光栅来解释，亦即一束读出光同时去“读”这一系列全息光栅时，满足布拉格条件的那些光栅便会产生不同方向的衍射光，这些来自不同光栅的衍射光便构成散射光锥，而且一般不只一个. 详细分析如下：

设入射光波矢为 $\boldsymbol{k}_1$，扇形光波矢为 $\boldsymbol{k}_f$. $\boldsymbol{k}_f$ 的方向可在很大范围内变化，唯一的限制是：如果矢量 $\boldsymbol{k}_1$ 和 $\boldsymbol{k}_f$ 以同一原点为起点，则它们的末端都要落在某一特定形状的曲面(即折射率面)上，这是因为入射光与扇形光有相同的频率和本征偏振态. 例如对于单轴晶体($BaTiO_3$，$LiNbO_3$ 等)，这个曲面是球面(对 o 光入射)或椭球面(对 e 光入射). 因此，扇形光与入射光“写入”的全息光栅波矢 $\boldsymbol{K}=\boldsymbol{k}_f-\boldsymbol{k}_1$ 的方向和大小也可在很大范围内改变.

当波矢为 $\boldsymbol{k}_2$ 的读出光入射时，在众多的具有不同波矢 $\boldsymbol{K}$ 的全息光栅中，它只能读出那些满足布拉格条件(即相位匹配条件或动量守恒条件)的光栅并产生相应的衍射光. 设衍射光波矢为 $\boldsymbol{k}_s$，该条件(考虑到一级衍射)为 $\boldsymbol{k}_s=\boldsymbol{k}_2\pm\boldsymbol{K}$，亦即

$$\boldsymbol{k}_s=\boldsymbol{k}_f+(\boldsymbol{k}_2-\boldsymbol{k}_1) \tag{11.63}$$

或

$$\boldsymbol{k}_s=-\boldsymbol{k}_f+(\boldsymbol{k}_2+\boldsymbol{k}_1). \tag{11.64}$$

当 $\boldsymbol{k}_1$ 和 $\boldsymbol{k}_2$ 给定时，并不是任意方向的 $\boldsymbol{k}_s$ 都可能满足上述任意条件的. 满足上述条件的 $\boldsymbol{k}_s$ 可通过下述作图法得到：

设以 S 点为起点的 $\boldsymbol{k}_1$ 和 $\boldsymbol{k}_2$. 先作出以 S 点为起点、分别以 F 和 F' 点为终点的矢量 $\boldsymbol{k}_2+\boldsymbol{k}_1$ 和 $\boldsymbol{k}_2-\boldsymbol{k}_1$(见图 11.8(a)). 然后，如图 11.8(b)所示，以 S 点为起点，作出 $\boldsymbol{k}_s$ 的末端所可能落在的曲面以及分别以 F 和 F' 点为起点，作出 $\boldsymbol{k}_f$ 的末端所可能落在的曲面(图中均假定是在单轴晶体中的 o 光，故曲面为球面；若为 e 光，则应为椭球面). 后两个曲面(分别以 F 和 F' 点为中心)与以 S 点为中心的曲面的交线都是一闭合的环. 以 S 点为起点，末端落在前一环上的 $\boldsymbol{k}_s$ 满足条件(11.64)，末端落在后一环上的 $\boldsymbol{k}_s$ 满足条件(11.63)，故均是读出光 $\boldsymbol{k}_2$ 的衍射光所可能有的方向. 它们分别构成两个散射光锥. 这就是光感生锥光散射的由来.

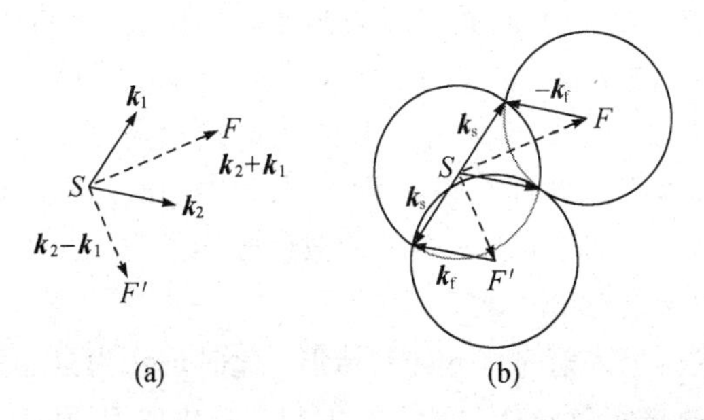

图 11.8 由两交叉入射光束(波矢为 $\boldsymbol{k}_1$ 和 $\boldsymbol{k}_2$)产生光感生锥光散射的示意图

各向同性与各向异性锥光散射

一般而言,扇光与入射光有相同的本征偏振态,但散射光(即读出光的衍射光)的偏振态可以与读出光相同,也可以不同,取决于光折变晶体电光张量的特性.更常见的是,对一种本征偏振态的读出光,同时存在偏振态与之相同和不同的两种散射光,并分别称为各向同性散射和各向异性散射.相应地,图 11.8 中以 S 点为中心的散射光波矢 $\boldsymbol{k}_s$ 所可能落在的曲面,也随散射光偏振态不同而有两个(对于 o 光为球面;对于 e 光为椭球面).它们都分别与以 F 及 F' 点为中心的两个曲面相交,并分别产生两个各向同性散射光锥和两个各向异性散射光锥.因此,一般应有 4 个散射光锥.

以 $BaTiO_3$ 晶体为例加以说明.因它是单轴晶体,所以 o 光和 e 光的折射率面分别为球面和椭球面.当入射光为 o 光时,因扇光也是 o 光,故图 11.8 中以 F 和 F' 点为中心的曲面(即扇光波矢末端可能落在的曲面)均为球面.对于各向同性散射,散射光为 o 光,以 S 点为中心的曲面(即散射光波矢末端可能落在的曲面)亦应为球面.该球面与以 F 和 F' 点为中心的两球面相交于两个闭合环线,由此即可决定两个各向同性散射光锥的方向.对于各向异性散射,散射光为e 光,以 S 点为中心的曲面此时应为椭球面.该椭球面与以 F 和 F' 点为中心的球面相交的两个环线决定了两个各向异性散射光锥的方向.当入射光为 e 光时,因扇光也是 e 光,故图 11.8 中

以 F 和 F' 点为中心的曲面均应为椭球面. 对于各向同性散射，散射光为 e 光，以 S 点为中心的曲面亦应为椭球面；而对于各向异性散射，散射光为 o 光，以 S 点为中心的曲面便应为球面. 根据以 S 点为中心的椭球面或球面与以 F 和 F' 点为中心的两椭球面之间的交线，便可确定各向同性或各向异性散射光锥的方向.

单一光束的锥光散射

以下只讨论入射光为 e 光的情形：此时可认为读出光就是入射光，从而布拉格衍射条件(11.63)和(11.64)中的 $\boldsymbol{k}_1$ 和 $\boldsymbol{k}_2$ 应有关系：$\boldsymbol{k}_1=\boldsymbol{k}_2=\boldsymbol{k}_e$. 于是，图 11.8 中的 F 点应落在以 S 点为起点的矢量 $2\boldsymbol{k}_e$ 的末端，F' 点则应与 S 点重合(因 $\boldsymbol{k}_2-\boldsymbol{k}_1=\boldsymbol{0}$)，如图 11.9 所示.

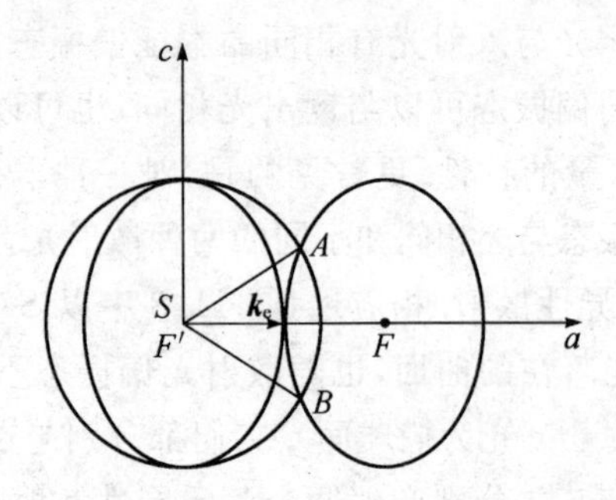

图 11.9　单一入射光(波矢为 $\boldsymbol{k}_e$)产生光感生锥光散射的示意图

因扇光也是 e 光，故以 F 和 F' 点为中心的两个曲面均为椭球面. 为确定起见，又假定入射光传播方向与晶体的光轴垂直，则这两个椭球面将相切(图 11.9). 对于各向同性散射，散射光亦为e光，故以 S 点为中心的曲面(即散射光波矢末端可能落在的曲面)亦应为椭球面，并与以 F' 点为中心的椭球面(即扇光波矢末端可能落在的曲面)重合. 这时，以 S 点为中心的椭球面与以 F' 点为中心的椭球面相交没有给出有意义的物理结果，而以 S 点为中心的椭球面与以 F 为中心的椭球面只交于一点，也不存在锥光散射. 对于各向异性散射，散射光为 o 光，故以 S 点为中心的曲面应为球面. 如果是负单轴晶体(如$BaTiO_3$)，以 F' 为中心的椭球面(即散射光波矢末端可能落在的曲面)应如图11.9所示那样含于该球面中,互相只相交于两点,因此不产生锥光散射.于是,唯一的锥光散射只可能来源于该球面与以F为中心的椭球面的交线,而且一定是各向异性的.这些分析均与实验观测相符.

在光折变晶体中,已观测到花样繁多的光感生锥光散射[22,23].特别是由于入射光在晶体表面存在很强的内反射,使锥光散射的图像变得更为复杂多样[24,25].

§11.4 光折变自泵浦与互泵浦相位共轭

如前所述,为产生入射光束a的相位共轭反射光(光束d),可采用四波混频方案.此时在介质中,要外加一对相向传播的光束b和c(称为泵浦光),以便与入射光束a相互作用,产生并提供能量给共轭反射光束d.不过,在光折变晶体中,由于光束之间的耦合系数可以很大,人们发现,有时不需要外加这对泵浦光,入射光的相位共轭反射光也可通过某些机制而产生.这时,由于共轭反射光的能量是由入射光自身提供的,故称为自泵浦相位共轭[26~32].后来又发现,同时以适当方向入射两束同频率的光束,有时也能产生各自的相位共轭反射光,而且其中任意束入射光都为另一束入射光的共轭反射光提供能量来源,故称为互泵浦相位共轭[33~38].

带反射镜的自泵浦相位共轭器

用光折变晶体产生自泵浦相位共轭光有多种方案,包括带有和不带有外加反射镜的两大类.

图11.10(a)是带有两个外加反射镜的自泵浦相位共轭器[28].入射光束c通过光折变晶体后,经两反射镜反射成为光束a,再次射入晶体且与光束c相交.经相互作用产生光束c的相位共轭反射光(光束b).这个过程可看做是一种四波混频自振荡[6],亦即由光束c和a自振荡产生光束b和与光束a反向的光束d.

利用光折变四波混频耦合波方程组(11.45)~(11.48)可对此

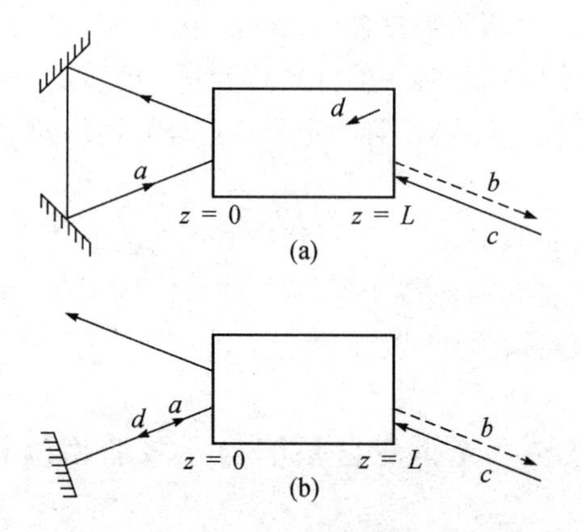

图 11.10　两种带有外加反射镜的自泵浦相位共轭器

过程进行详细分析.此时的边界条件是

$$A_a(z=0)=rA_c(z=0)\mathrm{e}^{-\mathrm{i}\varphi}, \tag{11.65}$$

$$A_b(z=0)=rA_d(z=0)\mathrm{e}^{-\mathrm{i}\varphi}, \tag{11.66}$$

$$A_d(z=L)=0, \tag{11.67}$$

其中 r 是两反射镜反射系数的乘积,φ 是光从晶体射出后经两反射镜反射再射进晶体所产生的相位改变.

利用这组边界条件严格求解方程组(11.45)~(11.48)后,得知(因自振荡产生时,增益系数应很高,必须严格求解):

当耦合常数 Γ 为实数,亦即晶体的光折变是纯扩散机制时,相位共轭反射光(光束 b)的产生,存在以下阈值条件:

$$(\Gamma L)_{\mathrm{t}}=2\,\frac{1+R}{1-R}\ln\left(\frac{1+R}{2R}\right), \tag{11.68}$$

其中 $R=|r|^2$.只有当 $\Gamma L\geqslant(\Gamma L)_{\mathrm{t}}$ 时,该反射光才能产生.无疑,当 $R=1$ 时,阈值最小,亦即$(\Gamma L)_{\mathrm{t}}=2$;当 $R<1$ 时,$(\Gamma L)_{\mathrm{t}}$ 随 R 的变小而增大,如图11.11所示.同时,在超过阈值后,相位共轭反射率 $|\rho|^2=|A_b(L)/A_c(L)|^2$ 将随增益系数 Γ 与作用距离 L 的乘积 ΓL 和外加反射镜的总反射率 R 的增大而增大,如图11.12所示.

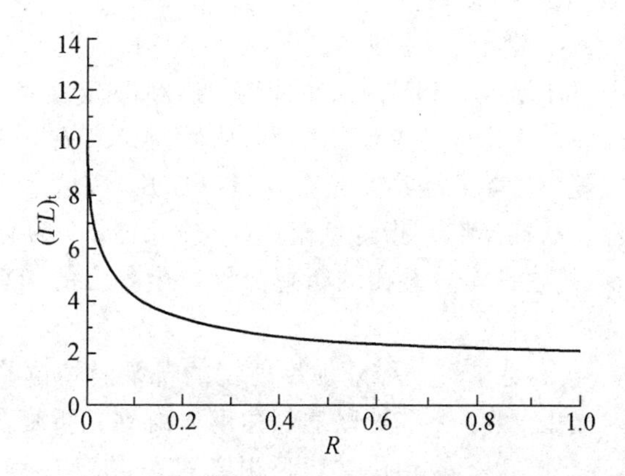

图 11.11 相位共轭反射光产生的阈值$(\Gamma L)_t$与外加反射镜反射率 R 的关系[6]

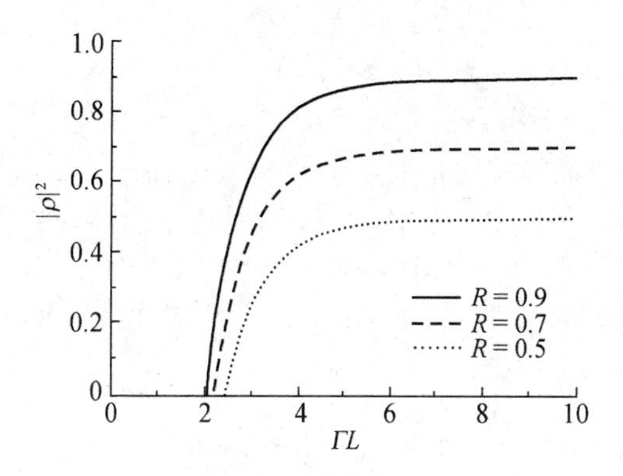

图 11.12 相位共轭反射率$|\rho|^2$与 ΓL 及 R 的关系(带两块反射镜的情形)[6]

相位共轭反射光的产生也可用全息栅共享机制来解释[6],亦即入射光束 c 由于扇形效应而产生光束 d,并与之一起在晶体中“写入”一个全息栅 c-d. 与此同时,通过两反射镜对入射光束 c 反射而得到的光束 a,进入晶体后便去“读”这个全息栅,并产生它的衍

射光束 b,且与之一起“写入”另一个全息栅 a-b. 注意到全息栅 a-b 与全息栅 c-d 有相同的光栅波矢(即两个栅是重叠的),全息栅 a-b 的产生将进一步增大入射光束 c 的衍射光,亦即光束 d. 结果又增强了全息栅 c-d 及其对光束 a 的衍射,从而使光束 b 进一步增大. 如此循环往复,便使相位共轭光束 b 得以成长,最后达到稳定. 这里,所谓“全息栅共享”,是指全息栅 c-d 和全息栅 a-b 为光束 c 及光束 a 所共享,经这两个重叠栅的衍射分别产生各自的衍射光,亦即光束 d 和光束 b.

图 11.10(b)是带有一个外加反射镜的自泵浦相位共轭器[28]. 唯一的入射光束 c 在 $z=L$ 处以适当角度入射到光折变晶体,经与晶体作用,产生光束 c 的相位共轭反射光束 b. 这个过程仍可用四波混频自振荡进行分析:在相位共轭反射光产生时,晶体中应存在图中所示的 a,b,c,d 四束光,其边界条件为

$$A_b(z=0)=0, \tag{11.69}$$

$$A_d(z=L)=0, \tag{11.70}$$

$$A_a(z=0)=rA_d(z=0)\mathrm{e}^{-\mathrm{i}\varphi}, \tag{11.71}$$

其中 r 是反射镜的反射系数,φ 是光束 d 从晶体射出后经反射镜反射再进入晶体所产生的相位改变. 利用这组边界条件严格求解方程(11.45)～(11.48)后得知,当 Γ 为实数时,对于不同的$R=|r|$,相位共轭反射率$|\rho|^2=|A_b(L)/A_c(L)|^2$ 随 ΓL 的变化如图11.13

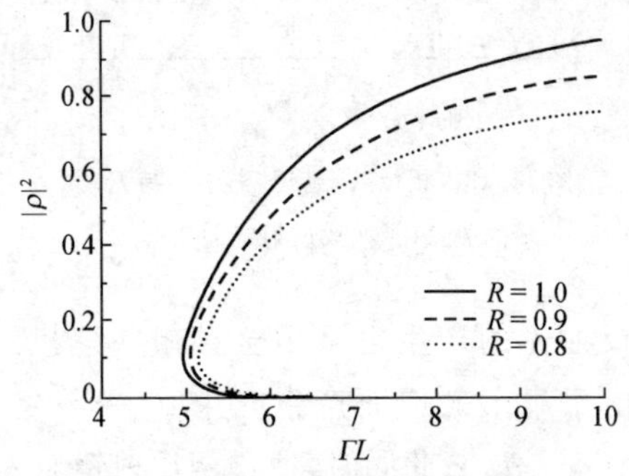

图 11.13　相位共轭反射率$|\rho|^2$ 与 ΓL 及 R 的关系(带一块反射镜的情形)[6]

所示.可以看出,相位共轭反射光的产生也存在随 R 变化的阈值 $(\Gamma L)_t$;同时,在该阈值附近,$|\rho|^2$ 存在双稳态.

同样,对这种共轭器,相位共轭反射光的产生也可用全息栅共享机制来解释.

不带外镜的自泵浦相位共轭器

20 世纪 80 年代初,Feinberg 用一束氩离子激光以适当位置和角度入射到 $BaTiO_3$ 晶体,观察到其相位共轭反射光由晶体输出[29],由此开始了不带外镜的自泵浦相位共轭产生的研究.这种相位共轭光存在不同的产生机制,但基本上有以下两种:

第一种机制称为全内反射机制.

以 $BaTiO_3$ 晶体为例,图 11.14(a)表示在晶体内按照该机制产生自泵浦相位共轭光的光路图.入射光束 1 在 ac 面以适当角度射入 c 轴切割的晶体,晶体的晶角加工成严格的直角.由于入射光的扇形效应,在 A 处产生的光束 $2'$ 经晶角两次全内反射后成为光束 3.由于晶角是直角,故光束 3 平行于光束 $2'$.又设光束 3 与入射光束 1 相交于 B.同样理由,由于入射光的扇形效应,在 B 处会产生传播方向与光束 3 相反的光束 2,并经晶角两次全内反射后成为光束 $3'$.于是,在该光折变晶体的 A 处和 B 处都存在三束光的相互作用,分别为光束 $1,2',3'$ 和 $1,2,3$,且其中光束 $2'$ 与 $3'$ 及光束 2 与 3 都是相向传播.无疑,无论在 A 或 B 处,这都是简并四波混频中三束入射光的标准配置.因此,在这两个作用区,四波混频的结果便产生了与光束 1 传播方向相反的光束 4;而且按四波混频理论,它就是入射光束 1 的相位共轭反射光.用两作用区的光折变四波混频理论,可以对这种机制产生的自泵浦相位共轭特性进行更定量的讨论.

Feinberg 当时就是利用这一机制解释了他的实验观察.图 11.14(b)是他观察到的当入射光的共轭反射光出现时在晶体内的光路轨迹.这无疑是与图 11.14(a)相当吻合的.为了证明输出光的

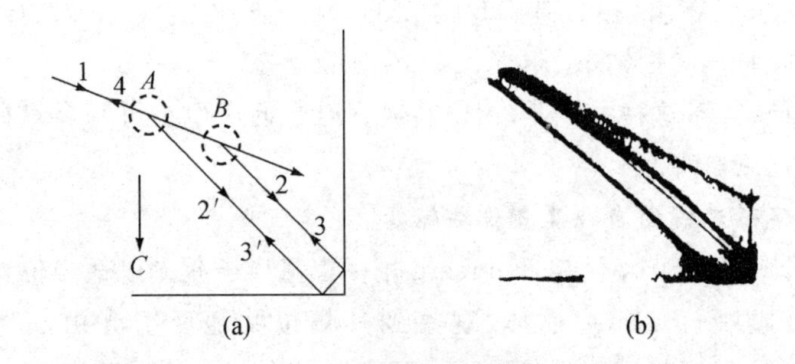

图 11.14　光折变自泵浦相位共轭产生的全内反射机制
(a)光路模型;(b)当共轭反射光出现时晶体内的光路轨迹[29].

相位共轭性质,他当时用了一幅猫头像的底片,观察畸变后的恢复能力,所以日后人们常戏称该机制为 cat model.

第二种机制称为受激光折变背向散射加四波混频机制[31,39].

如图 11.15(a)所示,光束 1 以适当角度入射到晶体,由于扇形效应产生衍射光束 2. 当光束 2 相对晶轴 c 的方向合适时,它在向前传播过程中,所产生的背向散射会由自发转变为受激,并形成受激光折变背向散射光束 3. 于是,在光束 1～3 的汇合处,便形成简并四波混频配置,并经混频产生光束 4. 按简并四波混频理论,光束 4 应是光束 1 的相位共轭反射.

图 11.15(b)是放大后的光路图,其中取光束 1 和 2 的角平分线为 z 轴,而用反射率为 R' 的平面镜代表产生背向散射的散射中心. 现在光束之间存在两个作用区:一个是光束 2 与光束 3 之间的两波耦合作用区($z_2 \rightarrow z_3$);另一个是光束 1～4 之间的四波混频作用区($z_1 \rightarrow z_2$). $l_1 = z_2 - z_1$ 及 $l_2 = z_3 - z_2$ 分别为四波混频及两波耦合作用区的长度. 设四束光的光波电场分别为

$$E_j(\omega) = A_j \mathrm{e}^{-\mathrm{i}(\omega t - \boldsymbol{k}_j \cdot \boldsymbol{r})} \quad (j = 1,2,3,4),$$

并为简单起见,假定耦合系数均为实数,则在四波混频作用区,根据式(11.45)～(11.48)可建立以下耦合波方程组:

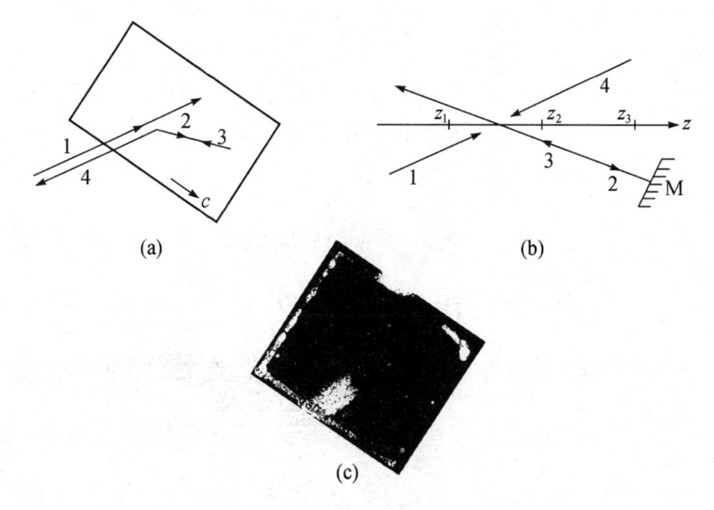

图 11.15 光折变自泵浦相位共轭产生的
受激光折变背向散射加四波混频机制

(a) 光路模型;(b) 放大后的光路图;(c) 在 KTN:Fe 晶体内观察到的光路轨迹[46].

$$\frac{\mathrm{d}A_1}{\mathrm{d}z}=-\frac{\gamma_1}{2I_0}(A_1A_2^*+A_3A_4^*)A_2,\tag{11.72}$$

$$\frac{\mathrm{d}A_2^*}{\mathrm{d}z}=\frac{\gamma_1}{2I_0}(A_1A_2^*+A_3A_4^*)A_1^*,\tag{11.73}$$

$$\frac{\mathrm{d}A_3}{\mathrm{d}z}=\frac{\gamma_1}{2I_0}(A_1A_2^*+A_3A_4^*)A_4,\tag{11.74}$$

$$\frac{\mathrm{d}A_4^*}{\mathrm{d}z}=-\frac{\gamma_1}{2I_0}(A_1A_2^*+A_3A_4^*)A_3^*,\tag{11.75}$$

其中 $I_0=I_1+I_2+I_3+I_4(I_i=|A_i|^2,i=1,2,3,4)$,而 γ_1 是透射栅的耦合系数(在该作用区只考虑透射栅的作用). 在两波耦合作用区,则根据式(11.25)和(11.26)并忽略吸收系数,可有以下耦合波方程组:

$$\frac{\mathrm{d}A_2}{\mathrm{d}z}=-\frac{1}{2I'_0}\gamma_2|A_3|^2A_2,\tag{11.76}$$

$$\frac{dA_3^*}{dz}=-\frac{1}{2I'_0}\gamma_2\mid A_2\mid^2A_3^*,\tag{11.77}$$

其中 $I'_0=I_2+I_3$,而 γ_2 是在该作用区形成的 $2k$ 栅的耦合系数.

由上述两组方程不难得出在四波混频作用区和两波耦合作用区的光强耦合波方程组,它们分别是

$$\frac{dI_1}{dz}=-\frac{\gamma_1}{I_0}[I_1I_2+(I_1I_2I_3I_4)^{1/2}],\tag{11.78}$$

$$\frac{dI_2}{dz}=\frac{\gamma_1}{I_0}[I_1I_2+(I_1I_2I_3I_4)^{1/2}],\tag{11.79}$$

$$\frac{dI_3}{dz}=\frac{\gamma_1}{I_0}[I_3I_4+(I_1I_2I_3I_4)^{1/2}],\tag{11.80}$$

$$\frac{dI_4}{dz}=-\frac{\gamma_1}{I_0}[I_3I_4+(I_1I_2I_3I_4)^{1/2}]\tag{11.81}$$

和

$$\frac{dI_2}{dz}=-\frac{\gamma_2}{I'_0}I_1I_2,\tag{11.82}$$

$$\frac{dI_1}{dz}=-\frac{\gamma_2}{I'_0}I_1I_2.\tag{11.83}$$

若将入射光束 1 的光强归一化为 1,则现在有以下边界条件:

$$I_1(z_1)=1,\quad I_2(z_1)=0,\quad I_4(z_2)=0,\quad I_3(z_3)=R'I_2(z_3).$$

考虑到这些边界条件后,严格求解方程组(11.78)~(11.83),即可得到共轭反射光束 4 的一些特性.例如,它的产生也存在一定的阈值条件,亦即要求 $\gamma_1l_1>(\gamma_1l_1)_t$,而

$$(\gamma_1l_1)_t=2(1+M_2)^{1/2}\ln\left[\frac{(1+M_2)^{1/2}+1}{(1+M_2)^{1/2}-1}\right],\tag{11.84}$$

其中 M_2 是与 γ_2l_2 及 R' 有关的量,亦即

$$M_2=\frac{[(1-R')^2+4R'G]^{1/2}-(1-R')}{[(1-R')^2+4R'G]^{1/2}+(1-R')},\tag{11.85}$$

且 $G=\exp(\gamma_2l_2)$.图 11.16 给出由该式得到的阈值 $(\gamma_1l_1)_t$ 随 γ_2l_2 和 R' 的变化.

在阈值时,光强的共轭反射率则由下式决定:

$$\mid\rho\mid_t^2=\frac{M_2}{(M_2+2)^2}.\tag{11.86}$$

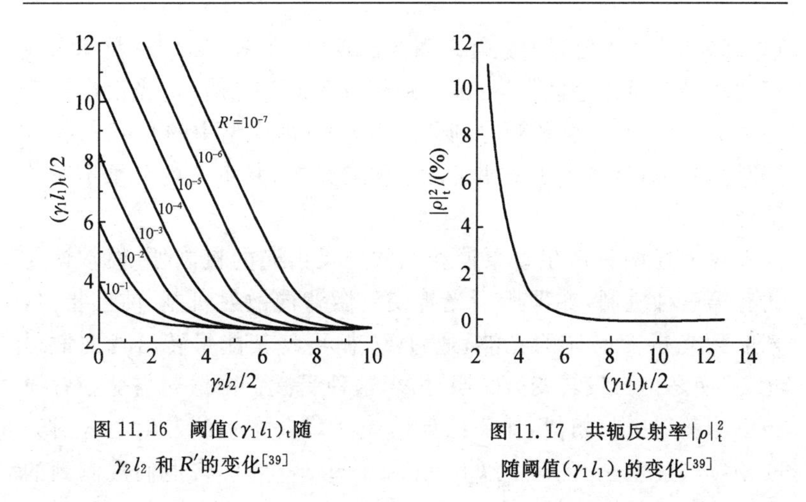

图 11.16 阈值$(\gamma_1 l_1)_t$随$\gamma_2 l_2$和R'的变化[39]

图 11.17 共轭反射率$|\rho|_t^2$随阈值$(\gamma_1 l_1)_t$的变化[39]

图 11.17 给出据此式作出的$|\rho|_t^2$随$(\gamma_1 l_1)_t$的变化曲线.

通过对方程组(11.78)～(11.83)的数值求解,可获得共轭反射率$|\rho|_t^2$随$\gamma_1 l_1$,$\gamma_2 l_2$和R'的变化规律.图 11.18 是$R'=10^{-3}$时的情况.

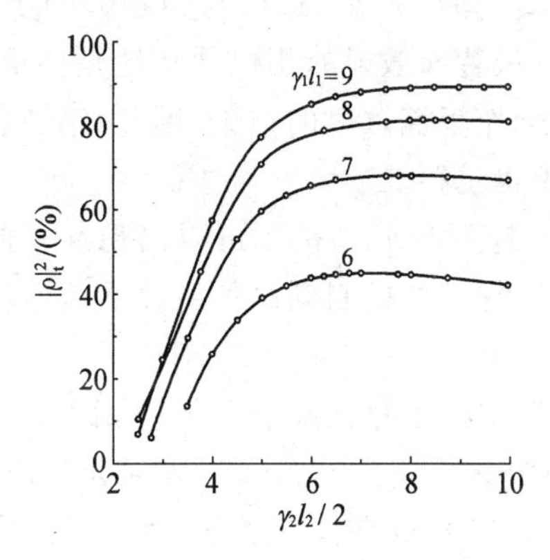

图 11.18 $R'=10^{-3}$时共轭反射率$|\rho|_t^2$随$\gamma_1 l_1$和$\gamma_2 l_2$的变化[39]

这种自泵浦相位共轭产生机制先后在 KTN：Fe,$BaTiO_3$：Ce 和标称纯 $BaTiO_3$ 晶体中用适当波长的入射光被观察到[31,40].图

11.15(c)是当入射光的共轭反射光出现时,在 KTN:Fe 晶体内观察到的光路轨迹,可明显看出光路的分叉.在共轭反射光由出现到稳定的过程中,实验还观察到分叉的扇光(即模型中的光束 2)长度随时间缩短,这进一步证明了由于两波耦合,光束 2 的能量不断转给光束 3.

除上述两种产生自泵浦相位共轭反射光的机制外,惯常认为还有第三种机制,亦即所谓光折变受激背向散射机制.前已指出,入射到光折变晶体的光波,通过 $2k$ 栅可将其能量转给背向散射光,并使之由自发转变为受激.由于这种受激背向散射与受激背向布里渊散射极其相似,而又已证明受激背向布里渊散射是入射光的相位共轭反射光,因此 Chang 和 Hellwarth 便将他们观测到的自泵浦相位共轭反射光归结为光折变受激背向散射[30];但如果确是单纯的受激背向散射(亦即没有四波混频参与),则在晶体内的光路轨迹应该是直线,然而文献中观察到的却存在弯曲.再考虑到在§11.2 中所指出的光折变产生的折射率栅与普通的光感生折射率栅在数学表达式(亦即式(11.61)与(11.59))上的差异,则从理论上讲,光折变受激背向散射的相位共轭性是要重新论证的,不能简单套用受激背向布里渊散射的结论.因此,第三种机制在实验上并不存在,理论上也是存疑的.

实验指出,上述两种典型机制可以出现在相同或不同的光折变晶体中[40~44].出现何种机制到底是由什么因素决定的?下面作一简要物理分析[45,46]:

首先,要产生入射光的自泵浦共轭反射光,必须在晶体中形成至少一个四波混频作用区.为此,当入射光分出一束扇光后,必须设法产生与此束扇光重叠且传播方向相反的另一束光.上述两种机制的差别正是在这另一束光的来源不同:对于受激光折变背向散射加回波混频模型,它来自扇光束的受激背向散射(并形成一个四波混频作用区);而对于全内反射模型,它来自扇光束在晶角的相继两次内全内反射(并形成两个四波混频作用区).图

11.19 表示出随着扇光反向两波耦合系数 γ_{2K} 大小的变化，不同的机制将如何出现. 当 γ_{2K} 很大时(对应于图 11.19(a)的情形)，由于扇光与其背向散射光有很强的能量耦合，扇光不要走多远便能产生足够强的背向散射光，并与入射光一起形成一个四波混频作用区，所以将出现自泵浦共轭的受激光折变背向散射加回波混频机制. 当 γ_{2K} 逐渐变小，扇光与其背向散射光的能量耦合逐渐变弱，虽然自泵浦共轭的产生仍是受激光折变背向散射加回波混频机制，但扇光要走更长的距离才能有足够强的背向散射光. 当 γ_{2K} 变小到图 11.19(b)的位置时，为产生足够强的背向散射光，扇光不仅要走更长的距离，而且要靠晶角(或晶面)提供更大的起始散射(即前述的 R')，但基本上仍可看做是受激光折变背向散射加回波混频机制. 当 γ_{2K} 再度变小，将出现图 11.19(c)的情况，此时扇光的背向散射非常弱，为了产生与扇光重叠且传播方向相反又足够强的光束，只能借助晶角的全内反射，并将出现自泵浦共轭的全内反射机制.

上述分析表明，耦合系数 γ_{2K} 的大小是出现哪种机制的关键因素. 已知对同一晶体，γ_{2K} 随波长减小而变大；对同一基质的晶体，γ_{2K} 随掺杂浓度增大而增大. 因此，对同一晶体，当入射光波长由大变小或固定入射光波长不变并使晶体的掺杂浓度由小变大时，只要变化

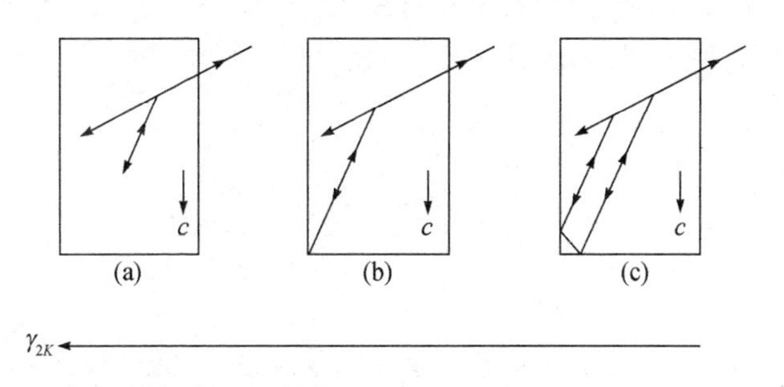

图 11.19 随着扇光反向两波耦合系数 γ_{2K} 大小的变化，自泵浦相位共轭产生机制亦将随之变化的示意图

范围足够大,自泵浦相位共轭机制都会出现由全内反射向受激光折变背向散射加回波混频的转变.① 这一论断已被大量实验所证实[40~44].图 11.20 描绘出在晶体$BaTiO_3$:Ce 的实验观测结果[45,46].

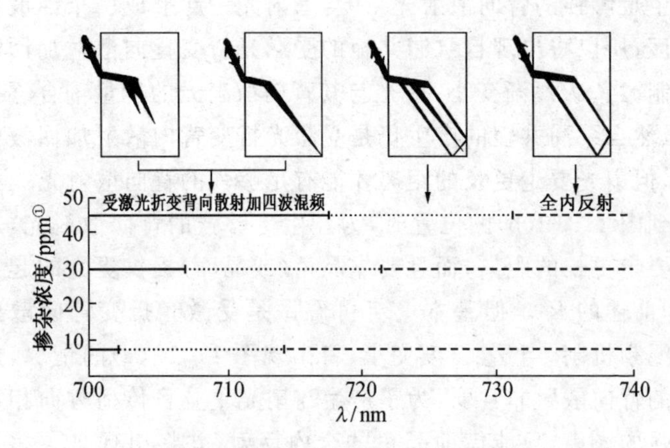

图 11.20　晶体 $BaTiO_3$:Ce 自泵浦相位共轭产生机制随掺杂浓度和工作波长变化的实验观测结果[46]

光折变互泵浦相位共轭器

如图 11.21,同时以适当方向入射两束同频率的光束 1 和光束 3 至光折变晶体;有时也能产生各自的相位共轭反射光,亦即光束 4 和光束 2.而且,对于其中任意束入射光,其共轭反射光的能量都来自另一束入射光,故称为互泵浦相位共轭[33].

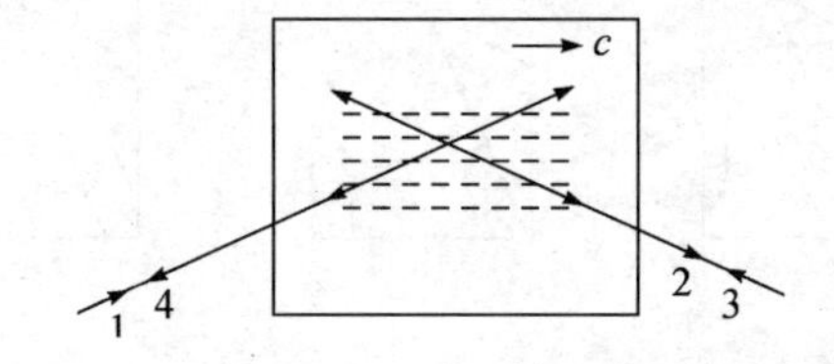

图 11.21　双相位共轭镜——单一作用区的光折变互泵浦相位共轭器

① 1 ppm=1 mg/kg.

这个过程可看做四波混频的一种自振荡[6]，亦即入射光束 1 和 3 通过四波混频自振荡产生光束 4 和 2. 和§11.2 的讨论一样，在透射栅近似下，这四束光的振幅耦合波方程为(参考式(11.45)～(11.48))

$$\frac{dA_1}{dz}=-\frac{1}{2I_0}\Gamma(A_1A_2^*+A_3A_4^*)A_2, \tag{11.87}$$

$$\frac{dA_2}{dz}=\frac{1}{2I_0}\Gamma^*(A_1^*A_2+A_3^*A_4)A_1, \tag{11.88}$$

$$\frac{dA_3}{dz}=\frac{1}{2I_0}\Gamma(A_1A_2^*+A_3A_4^*)A_4, \tag{11.89}$$

$$\frac{dA_4}{dz}=-\frac{1}{2I_0}\Gamma^*(A_1^*A_2+A_3^*A_4)A_3, \tag{11.90}$$

其中 $I_0=I_1+I_2+I_3+I_4$ ($I_i=|A_i|^2, i=1,2,3,4$)，而 Γ 为复耦合系数.

考虑到现在的边界条件是 $A_2(z=0)=A_4(z=L)=0, A_1(z=0)\neq0, A_3(z=L)\neq0$，严格求解上述方程组可得到以下结论：

(1) 自振荡的产生也存在一定的阈值. 当 $\Gamma=\gamma$ 为实数时，阈值 $(\gamma L)_t$ (L 为四波混频作用区长度)只与两入射光束的强度比 $q=I_3(L)/I_1(0)$ 有关. 当 $q=1$ 时 $(\gamma L)_t$ 有最小值 4；当 $q\neq1$ 时，$(\gamma L)_t$ 的变化见图 11.22.

(2) 光束 4、光束 2 分别是光束 1、光束 3 的共轭反射光，共轭反射率 $|\rho|_{z=0}^2=I_4(0)/I_1(0)$ 及 $|\rho|_{z=L}^2=I_2(L)/I_3(L)$ 都只与 q 及 γL 有关. 图 11.23 表示出在 $q\leqslant1$ 时 $|\rho|_{z=0}^2$ 随 q 及 γL 的变化关系.

(3) 存在关系：

$$\frac{|\rho|_{z=0}^2}{|\rho|_{z=L}^2}=q^2=\left[\frac{I_3(L)}{I_1(0)}\right]^2,$$

亦即两入射光的共轭反射率之比是其光强平方之比的倒数. 因此，适当选取两入射光的光强比，可使其中一束入射光的共轭反射率大大超过 100%.

(4) 共轭反射光束 4 和光束 2 的产生也可用全息栅共享机制来解释，亦即入射光束 1 由于扇形效应而产生光束 2，并与之一起在晶

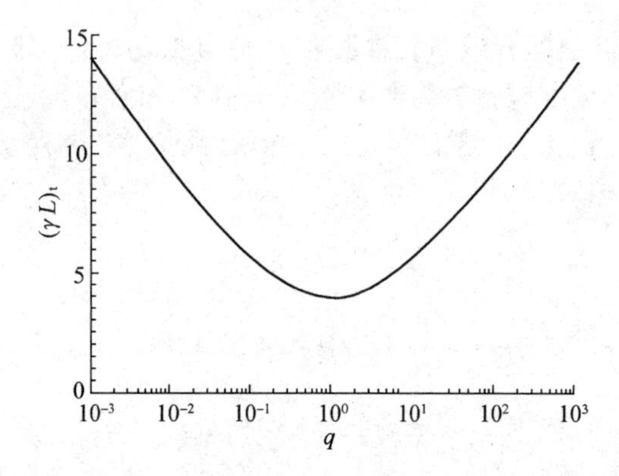

图 11.22　阈值$(\gamma L)_t$随两入射光束的强度比 q 的变化(对数图)[6]

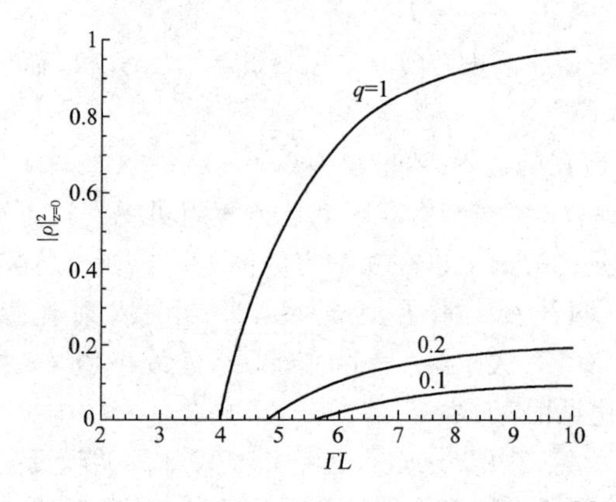

图 11.23　在 $q\leqslant 1$ 时,$|\rho|^2_{z=0}$随 q 及 γL 的变化关系[6]

体中"写入"全息栅 1-2. 与此同时,入射光束 3 与其扇光(光束 4)也在晶体中"写下"全息栅 3-4. 因为全息栅 3-4 与全息栅 1-2 有相同的光栅波矢(亦即两个栅是重叠的),全息栅 3-4 的产生将进一步增大入射光束 1 的衍射光,亦即光束 2. 结果是又增强了全息栅 1-2 及其对光束 3 的衍射,从而使光束 4 进一步增大. 如此循环往复,便使相位共轭光束 2 和 4 得以成长,最后达到稳定. 现在,全息栅 1-2 和全息栅 3-4 为入射光束 1 和 3 所共享,光束 2 和光束 4 分别是该重叠栅对它们的布拉格衍射. 因此,它们应有相同的衍射效率,亦即 $\eta_{1\to 2}=$

$\eta_{3\to4}$，其中 $\eta_{1\to2}=I_2(L)/I_1(0)$，$\eta_{3\to4}=I_4(0)/I_3(L)$. 从以上分析也将看出，光束 4 的能量由光束 3 提供，光束 2 的能量由光束 1 提供.

上述光折变互泵浦相位共轭产生方案是通过单作用区四波混频实现的.此后，又出现了多种通过两作用区以至多作用区四波混频实现的方案[34~38].

例如，图 11.24 是所谓"桥式相位共轭器"方案[37]，其中图 11.24(a)绘出两作用区四波混频过程的示意图，图 11.24(b)是当两入射光的相位共轭反射光产生时在晶体中观察到的"桥"状光路轨迹.光束 1 入射到晶体后，产生它的扇光 1′；与此同时，光束 3 入射到晶体后，在光束 1′的反方向产生它的扇光 3′.于是，形成了两个四波混频作用区.在 A 区，光束 1,1′和 3′混频而产生共轭反射光束 4；在 B 区，光束 3,3′和 1′混频而产生共轭反射光束 2.可用两作用区四波混频解释的互泵浦相位共轭产生方案还有多种，较典型的如图 11.25 所示[35,36]

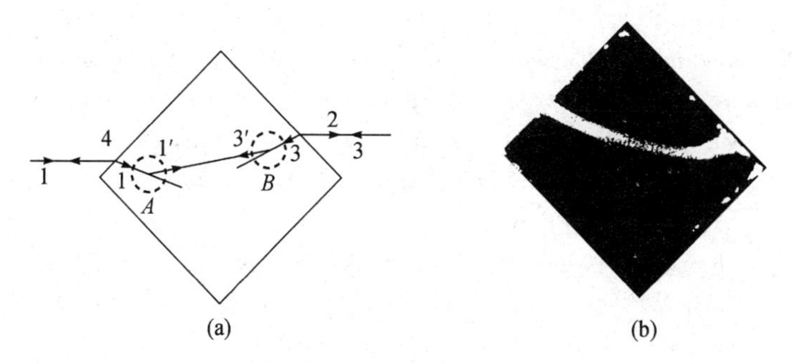

图 11.24 桥式相位共轭器

(a)两作用区四波混频过程示意图；(b)当两入射光的相位共轭反射光产生时在晶体中观察到的"桥"状光路轨迹.

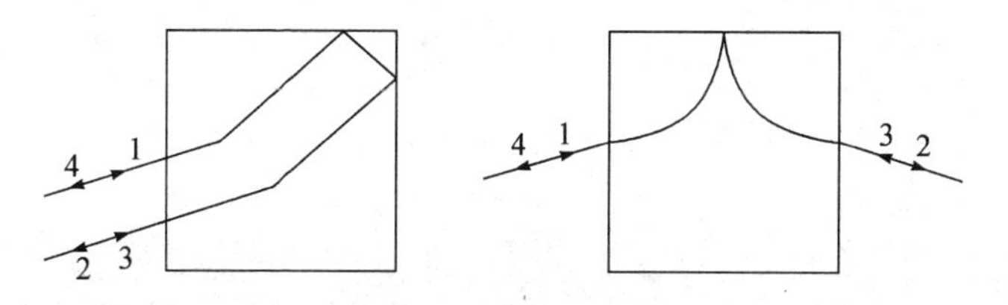

图 11.25 互泵浦相位共轭产生方案的典型举例

参考文献

[1] Kukhtarev N V, Markov V B, et al. Ferroelectrics, 1979, 22: 961.
[2] Huignard J P, Marrakchi A. Opt. Lett., 1981, 6: 622.
[3] Yeh P. IEEE J. Ouant. Electr., 1989, 25: 464.
[4] Yeh P. Opt. Commun., 1983, 45: 323.
[5] Huignard J P, Marrakchi A. Opt. Commun., 1981, 38: 249.
[6] Yeh P. Introduction to photorefractive nonlinear optics. NY: John Wiley & Sons, 1993.
[7] Cronin-Golomb M, White J O, et al. Opt. Lett., 1982, 6:313.
[8] Cronin-Golomb M, Fischer B, et al. IEEE J. Quant. Electr., 1984, 20: 12.
[9] Bledowski A, Krolikowski. Opt. Lett., 1988, 13: 146.
[10] Saxena R, Gu C, Yeh P. J. Opt. Soc. Am. B, 1991, 8: 1047.
[11] Kukhtarev N V, Semenets T I, et al. Appl. Phys. B, 1986, 41: 259.
[12] White J O, Yarriv A. Appl. Phys. Lett., 1980, 37: 5.
[13] Micheron F, Bismuth G. Appl. Phys. Lett., 1971, 20: 79.
[14] Gu C, Yeh P. J. Opt. Soc. Am. B, 1990, 7: 2339.
[15] Ashkin A, Boyd G B, et al. Appl. Phys. Lett., 1966, 9: 72.
[16] Voronov V V, Dorosh I R, et al. Sov. J. Quant. Electr., 1980, 10: 1346.
[17] Rupp R A, Dree F W. Appl. Phys. B, 1986, 39: 223.
[18] Odoulov S, Belabaev K, Kiseleva I. Opt. Lett., 1985, 10: 31.
[19] Feinberg J. J. Opt. Soc. Am., 1982, 73: 46 .
[20] Ewbank M D, Yeh P, Feinberg J. Opt. Commun., 1986, 59: 423.
[21] Temple D A, Warde C. J. Opt. Soc. Am. B, 1986, 3: 337.
[22] Belabaev K, et al. Sov. Phys. Solid State, 1986, 28: 321.
[23] Zhang G, et al. J. Opt. Soc. Am., 1987, 84: 882.
[24] Zhang Z, Hu G, et al. Opt. Commun., 1988, 69: 66.
[25] Hu G, Zhang Z, Jiang Y, Ye P. Opt. Commun., 1989, 71: 202.
[26] Feinberg J, Hellwarth R W. Opt. Lett., 1980, 5: 519.
[27] White J O, Gronin-Golomb M, et al. Appl. Phys. Lett., 1982, 40: 450.

[28] Gronin-Golomb M, Fischer B, et al. IEEE J. Quant. Electr., 1984, 20: 12.
[29] Feinberg J. Opt. Lett., 1982, 7: 486.
[30] Chang T Y, Hellwarth R W. Opt. Lett., 1985, 10: 408.
[31] Lian Y, Gao H, Ye P, et al. Appl. Phys. Lett., 1993, 63: 1745.
[32] Yeh P. Proc. IEEE, 1992, 80: 436.
[33] Weiss S, Sternklar S, Fischer B. Opt. Lett., 1987, 12: 114.
[34] Eason R W, Smout A M C. Opt. Lett., 1987, 11: 51.
[35] Smout A M C, Eason R W. Opt. Lett., 1987, 12: 498.
[36] Ewbank M D. Opt. Lett., 1988, 13: 47.
[37] Wang D, Zhang Z, Zhu Y, Zhang S, Ye P. Opt. Commun., 1989, 73: 495.
[38] Zhang J, Dou S X, et al. Opt. Lett., 1995, 20: 985.
[39] Zhang J, Lian Y, Dou S X, Ye P. Opt. Commun., 1994, 110: 631.
[40] Lian Y, Dou S X, et al. Opt. Lett., 1994, 19: 610.
[41] Lian Y, Gao H, Dou S X, et al. Appl. Phys. , 1994, 59: 655.
[42] Lian Y, Dou S X, Zhang J, et al. Opt. Commun., 1994, 110: 192.
[43] Dou S X, Gao H, Zhang J, et al. J. Opt. Soc. Am., 1995, 12: 1048.
[44] Dou S X, Lian Y, Gao H, et al. Appl. Opt., 34: 2024.
[45] Ye P. SPIE Proc., 1996, 62: 2896.
[46] Kuroda K. ed. Progress in photorefractive nonlinear optics. London, NY: Taylor & Francis, 2002.

第十二章　相干瞬态光学效应

§12.1　光共振与光学矢量模型

历史上在讨论恒磁场中的核自旋(或电子自旋)与射频(或微波)磁场相互作用时,曾引进“磁共振”的概念,并可用矢量模型进行经典的描述.在此基础上,一系列磁共振中的相干瞬态现象已经被观察和解释了[1].

以核自旋 $I=1/2$ 为例,其磁量子数为 $m_I=\pm 1/2$,在恒磁场 $\boldsymbol{B}_0$ 中其能级分裂为二：$E_{\mp 1/2}=\pm\hbar\gamma B_0/2$,如图 12.1 所示.其中,$\gamma$ 是回旋磁比,亦即核自旋磁矩 $\boldsymbol{\mu}$ 与核自旋角动量 $\boldsymbol{L}$ 之间的关系为 $\boldsymbol{\mu}=\gamma\boldsymbol{L}$.当频率为 $\omega=\gamma B_0$ 的交变磁场(射频或微波场,其方向垂直于恒磁场 $\boldsymbol{B}_0$)作用到这一系统时,便会产生共振吸收,此即为(核)磁共振.

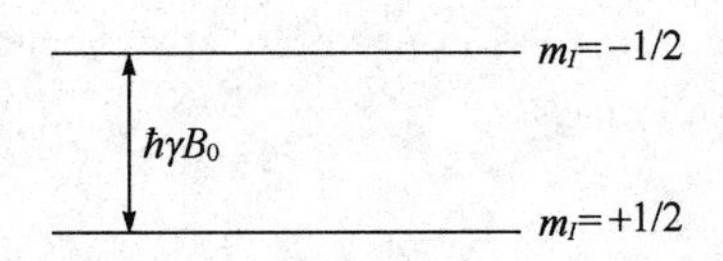

图 12.1　核自旋 $I=1/2$ 在恒磁场 B_0 中的能级分裂

已知磁共振亦可用经典的矢量模型来描述.此时,磁矩 $\boldsymbol{\mu}$ 在恒磁场 $\boldsymbol{B}_0$ 中的运动遵循布洛赫(Bloch)方程[1]

$$\frac{\mathrm{d}\boldsymbol{L}}{\mathrm{d}t}=\boldsymbol{\mu}\times\boldsymbol{B}_0 \tag{12.1}$$

或

$$\frac{\mathrm{d}\boldsymbol{\mu}}{\mathrm{d}t}=\gamma\boldsymbol{\mu}\times\boldsymbol{B}_0. \tag{12.2}$$

故 $\boldsymbol{\mu}$ 将围绕 $\boldsymbol{B}_0$ 以角频率 γB_0(亦即角速度为 $\boldsymbol{\Omega}_0=\gamma\boldsymbol{B}_0$)作拉莫尔

(Larmor)进动(见图 12.2(a)). 上式亦可改写为

$$\frac{d\boldsymbol{\mu}}{dt} = \boldsymbol{\mu} \times \boldsymbol{\Omega}_0 = -\boldsymbol{\Omega}_0 \times \boldsymbol{\mu}. \tag{12.3}$$

与此同时,如果还作用了一个圆偏振交变磁场 $\boldsymbol{B}(\omega)$ ($\boldsymbol{B}(\omega) \perp \boldsymbol{B}_0$),且交变频率为 $\omega = \Omega_0$,则 $\boldsymbol{B}(\omega)$ 亦将围绕 $\boldsymbol{B}_0$ 以相同的角频率 γB_0 进动;换言之,$\boldsymbol{B}(\omega)$ 将时刻紧随 $\boldsymbol{\mu}$,并以相同的方向和力度作用于后者. 此即所谓"共振"作用,结果将引起系统对交变场的共振吸收.

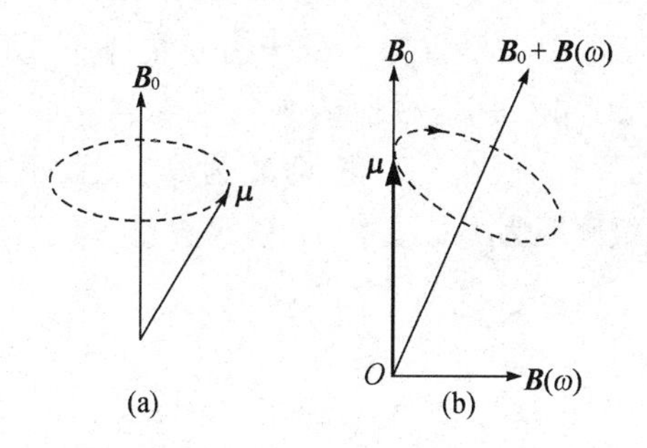

图 12.2 磁共振的经典矢量模型

(a) 磁矩 $\boldsymbol{\mu}$ 围绕恒磁场 $\boldsymbol{B}_0$ 作拉莫尔进动;(b) 同时存在圆偏振交变磁场 $\boldsymbol{B}(\omega)$ 时的情况.

磁共振吸收可这样理解:如图 12.2(b)所示,当只有恒磁场 $\boldsymbol{B}_0$ 时,磁矩 $\boldsymbol{\mu} /\!/ \boldsymbol{B}_0$,以保持在能量最低状态;但当加进交变场 $\boldsymbol{B}(\omega)$ 后,总磁场为 $\boldsymbol{B} = \boldsymbol{B}_0 + \boldsymbol{B}(\omega)$,方程(12.2)中的 $\boldsymbol{B}_0$ 将被 $\boldsymbol{B}$ 取代,故 $\boldsymbol{\mu}$ 将围绕 $\boldsymbol{B}$ 进动,从而 $\boldsymbol{\mu}$ 不再平行于 $\boldsymbol{B}_0$,并使其能量 $-\boldsymbol{\mu} \cdot \boldsymbol{B}_0$ 有所增加,这相当于磁矩 $\boldsymbol{\mu}$ 从交变场中吸收了能量,亦即发生了共振吸收.

计及自旋磁矩的纵向弛豫(μ_z 趋向于平衡态时的 μ_{z0},z 轴平行于恒磁场)和横向弛豫($\mu_x, \mu_y \longrightarrow 0$),则布洛赫方程应为

$$\frac{d\boldsymbol{\mu}}{dt} = -\gamma \boldsymbol{B} \times \boldsymbol{\mu} - \frac{1}{T_2}(\mu_x \boldsymbol{a}_x + \mu_y \boldsymbol{a}_y) - \frac{1}{T_1}(\mu_z - \mu_{z0})\boldsymbol{a}_z, \tag{12.4}$$

其中 T_1 和 T_2 分别为纵向和横向弛豫时间.

在矢量模型的框架下,利用布洛赫方程曾经预言和解释了磁

共振中一系列相干瞬态效应,如自旋章动、自旋回波等.

二能级原子与光场的作用,在形式上与恒磁场中的自旋与射频(或微波)场的作用十分类似,例如在光场或射频场的频率恰当时都存在共振跃迁;不同的只是,前者是电偶极矩与交变电场的作用,后者是磁(偶)矩与交变磁场的作用.在两者的量子力学处理上更是十分相似.因此,人们便可能产生联想,是否能找到一套与磁共振的矢量模型相类似的用以处理二能级原子光共振的经典理论.如果成功,其意义决不仅限于处理方法的不同,并将开拓出一个后来被称为光学相干瞬态效应的研究领域[2].

设二能级原子的固有哈密顿量为 $\boldsymbol{H}_0$,上、下能态分别为 $|+\rangle$ 和 $|-\rangle$,能级间距为 $\hbar\omega_0$,亦即有

$$\boldsymbol{H}_0\ |+\rangle = (\frac{\hbar\omega_0}{2})\ |+\rangle, \tag{12.5}$$

$$\boldsymbol{H}_0\ |-\rangle = (-\frac{\hbar\omega_0}{2})\ |-\rangle. \tag{12.6}$$

在频率为 ω 的光波电场 $\boldsymbol{E}=E_x(t)\boldsymbol{a}_x+E_y(t)\boldsymbol{a}_y$($\boldsymbol{a}_x$ 和 $\boldsymbol{a}_y$ 分别为 x 和 y 轴的单位矢量)作用下,原子的状态演变遵从以下密度矩阵方程:

$$\frac{\partial\boldsymbol{\rho}}{\partial t} = \frac{1}{\mathrm{i}\hbar}[\boldsymbol{H}_0+\boldsymbol{H}_{\mathrm{int}},\boldsymbol{\rho}]+\left(\frac{\partial\boldsymbol{\rho}}{\partial t}\right)_{\mathrm{T}}, \tag{12.7}$$

其中

$$\boldsymbol{\rho} = \begin{pmatrix} \rho_{++} & \rho_{+-} \\ \rho_{-+} & \rho_{--} \end{pmatrix}$$

为原子的密度矩阵,$\rho_{ab}=\langle a|\boldsymbol{\rho}|b\rangle$;$\boldsymbol{H}_{\mathrm{int}}$ 为原子与光场相互作用哈密顿量,若原子的电偶极矩算符为 $\mathscr{P}$,则

$$\boldsymbol{H}_{\mathrm{int}} = -(\mathscr{P}_+ E_- + \mathscr{P}_- E_+), \tag{12.8}$$

其中 $E_\pm=(\sqrt{2})^{-1}(E_x\pm\mathrm{i}E_y)$ 是光波电场的左旋和右旋分量,而 $\mathscr{P}_\pm$ 是电偶极矩算符的相应分量,亦即 $\mathscr{P}_\pm=(\mathscr{P}_x\pm\mathrm{i}\mathscr{P}_y)/\sqrt{2}$.令

$$\langle-|\mathscr{P}_-|+\rangle=\langle+|\mathscr{P}_+|-\rangle=\hbar\gamma,\quad \langle-|\mathscr{P}_+|+\rangle=\langle+|\mathscr{P}_-|-\rangle=0,$$

并参考(3.20)、(3.19)式,则可将方程(12.7)表示为密度矩阵元的以下方程组:

$$\frac{\partial\rho_{+-}}{\partial t}=\frac{1}{\mathrm{i}\hbar}[\hbar\omega_0\rho_{+-}+\hbar\gamma E_-(\rho_{++}-\rho_{--})]-\frac{1}{T_2}\rho_{+-},\quad(12.9)$$

$$\frac{\partial\rho_{-+}}{\partial t}=-\frac{1}{\mathrm{i}\hbar}[\hbar\omega_0\rho_{-+}+\hbar\gamma E_+(\rho_{++}-\rho_{--})]-\frac{1}{T_2}\rho_{-+},\quad(12.10)$$

$$\frac{\partial(\rho_{--}-\rho_{++})}{\partial t}=\frac{1}{\mathrm{i}\hbar}[\hbar\gamma(E_-\rho_{-+}-E_+\rho_{+-})]-\frac{1}{T_1}[\rho_{--}-\rho_{++}-(\rho^0_{--}-\rho^0_{++})].\quad(12.11)$$

同时,因为原子电偶极矩的期望值为$\mu_\pm=\mathrm{tr}(\mathscr{P}_\pm\boldsymbol{\rho})$,故$\mu_+=\hbar\gamma\rho_{-+}$,$\mu_-=\hbar\gamma\rho_{+-}$.考虑到 $\mu_{x,y}=(\sqrt{2})^{-1}(\mu_+\pm\mu_-)$,便有

$$\mu_x=\frac{\hbar\gamma}{\sqrt{2}}(\rho_{-+}+\rho_{+-}),\quad\mu_y=\frac{\hbar\gamma}{\sqrt{2}}(\rho_{-+}-\rho_{+-})$$

或
$$\rho_{-+}=\frac{1}{\sqrt{2}\hbar\gamma}(\mu_x+\mu_y),\quad(12.12)$$

$$\rho_{+-}=\frac{1}{\sqrt{2}\hbar\gamma}(\mu_x-\mu_y).\quad(12.13)$$

通过令

$$\mu_z=\hbar\gamma(\rho_{++}-\rho_{--})\quad(12.14)$$

或
$$\rho_{++}-\rho_{--}=\mu_z/\hbar\gamma,\quad(12.15)$$

人为地定义一个所谓“光学偶极矩矢量”

$$\boldsymbol{\mu}=\mu_x\boldsymbol{a}_x+\mu_y\boldsymbol{a}_y+\mu_z\boldsymbol{a}_z,\quad(12.16)$$

然后,将式(12.12),(12.13)和(12.15)代入式(12.9)~(12.11),可得出一组描述光学偶极矩矢量随时间变化的方程

$$\frac{\partial\mu_x}{\partial t}=-\gamma[E_y\mu_z-E_{z,\mathrm{eff}}\mu_y]-\frac{1}{T_2}\mu_x,\quad(12.17)$$

$$\frac{\partial\mu_y}{\partial t}=-\gamma[E_{z,\mathrm{eff}}\mu_x-E_x\mu_z]-\frac{1}{T_2}\mu_y,\quad(12.18)$$

$$\frac{\partial\mu_z}{\partial t}=-\gamma[E_x\mu_y-E_y\mu_x]-\frac{1}{T_1}(\mu_z-\mu_{z0}),\quad(12.19)$$

其中

$$E_{z,\mathrm{eff}}=-\frac{\omega_0}{\gamma}. \tag{12.20}$$

如果再人为地定义一个等效电场

$$\boldsymbol{E}_{\mathrm{eff}}=\boldsymbol{E}+E_{z,\mathrm{eff}}\boldsymbol{a}_z=E_x\boldsymbol{a}_x+E_y\boldsymbol{a}_y+E_{z,\mathrm{eff}}\boldsymbol{a}_z, \tag{12.21}$$

则方程组(12.17)～(12.19)可改写成矢量形式：

$$\frac{\mathrm{d}\boldsymbol{\mu}}{\mathrm{d}t}=-\gamma\boldsymbol{E}_{\mathrm{eff}}\times\boldsymbol{\mu}-\frac{1}{T_2}(\mu_x\boldsymbol{a}_x+\mu_y\boldsymbol{a}_y)-\frac{1}{T_1}(\mu_z-\mu_{z0})\boldsymbol{a}_z, \tag{12.22}$$

此方程与描写自旋磁矩在磁场中运动的方程(12.4)完全相似，只是原来的磁场 $\boldsymbol{B}$ 换成了现在的等效电场 $\boldsymbol{E}_{\mathrm{eff}}$. 它描写的是光学偶极矩 $\boldsymbol{\mu}$ 在等效电场 $\boldsymbol{E}_{\mathrm{eff}}$ 中的运动，称为光学布洛赫方程，其中的等效电场 $\boldsymbol{E}_{\mathrm{eff}}$(见式(12.21))是由沿 z 方向的等效恒电场 $E_{z,\mathrm{eff}}$ 和交变的真实光波电场 E_x,E_y 组成.

综上所述，对于二能级系统的光共振，我们可以建立一个光学矢量模型，并替代量子力学的密度矩阵方程，用光学布洛赫方程来讨论该系统在光场作用下的状态变化[3]，而光学偶极矩矢量具有以下的物理意义：由于 $\mu_z=\hbar\gamma(\rho_{++}-\rho_{--})$，故 μ_z 的大小比例于上、下能级布居数之差；而 $\mu_{x,y}=(\sqrt{2})^{-1}\hbar\gamma(\rho_{-+}\pm\rho_{+-})$是光场感生的振荡偶极矩.

若忽略弛豫项，光学布洛赫方程(12.22)简化为

$$\frac{\partial\boldsymbol{\mu}}{\partial t}=\boldsymbol{\Omega}\times\boldsymbol{\mu}, \tag{12.23}$$

其中

$$\boldsymbol{\Omega}=-\gamma\boldsymbol{E}_{\mathrm{eff}} \tag{12.24}$$

为 $\boldsymbol{\mu}$ 围绕 $\boldsymbol{E}_{\mathrm{eff}}$ 进动的角速度.

在没有光场时，由于 $\boldsymbol{E}_{\mathrm{eff}}=E_{z,\mathrm{eff}}\boldsymbol{a}_z$，故 $\boldsymbol{\Omega}=\omega_0\boldsymbol{a}_z$，此时 $\boldsymbol{\mu}$ 将围绕 z 轴以角频率 ω_0 进动.

在有圆偏振光

$$\boldsymbol{E}=\frac{1}{2}\frac{\boldsymbol{a}_x+\mathrm{i}\boldsymbol{a}_y}{\sqrt{2}}A(t)\mathrm{e}^{-\mathrm{i}(\omega t-kz)}+\mathrm{c.\,c.}$$

作用时,因为 $\boldsymbol{E}_{\mathrm{eff}}=\boldsymbol{E}+E_{z,\mathrm{eff}}\boldsymbol{a}_z$,故 $\boldsymbol{\mu}$ 将围绕 $\boldsymbol{\Omega}=-\gamma\boldsymbol{E}+\omega_0\boldsymbol{a}_z$ 以角频率$|\Omega|$进动. 由于 $\boldsymbol{\Omega}$ 的方向和大小都随时间改变,故在固定坐标系下,进动将呈现非常复杂的图像.

当 $\omega\approx\omega_0$,亦即近共振时,往往利用旋转坐标系去分析 $\boldsymbol{\mu}$ 的运动,图像会更清楚. 设坐标系 $Ox'y'z$ 相对固定坐标系 $Oxyz$ 以角频率 ω 围绕 z 轴旋转(即 $\boldsymbol{\omega}=\omega\boldsymbol{a}_z$),则在该旋转坐标系中,方程(12.23)变成

$$\left(\frac{\partial\boldsymbol{\mu}}{\partial t}\right)_{\mathrm{R}}=(\boldsymbol{\Omega}-\boldsymbol{\omega})\times\boldsymbol{\mu}=\boldsymbol{\Omega}^{*}\times\boldsymbol{\mu}, \tag{12.25}$$

其中

$$\boldsymbol{\Omega}^{*}=\boldsymbol{\Omega}-\boldsymbol{\omega}=(\omega_0-\omega)\boldsymbol{a}_z-\gamma\boldsymbol{E}. \tag{12.26}$$

又因在该旋转坐标系中,光场 $\boldsymbol{E}$ 是线偏振的,设其在 x'方向偏振,则有 $\boldsymbol{E}=A\boldsymbol{a}_{x'}$,从而有

$$\boldsymbol{\Omega}^{*}=(\omega_0-\omega)\boldsymbol{a}_z-\gamma A\boldsymbol{a}_{x'} \tag{12.27}$$

或

$$\boldsymbol{\Omega}^{*}=-\gamma\boldsymbol{E}_{\mathrm{eff}}^{*}, \tag{12.28}$$

而

$$\boldsymbol{E}_{\mathrm{eff}}^{*}=-\gamma^{-1}(\omega_0-\omega)\boldsymbol{a}_z+A\boldsymbol{a}_{x'} \tag{12.29}$$

是在旋转坐标系中的有效电场. 由式(12.25)可知,在旋转坐标系中,$\boldsymbol{\mu}$ 将围绕 $\boldsymbol{\Omega}^{*}$(或有效电场 $\boldsymbol{E}_{\mathrm{eff}}^{*}$ 的反方向),以角频率 $\gamma|\boldsymbol{E}_{\mathrm{eff}}^{*}|$ 进动;而当 $\omega\simeq\omega_0$ 时,又因为 $\boldsymbol{E}_{\mathrm{eff}}^{*}=A\boldsymbol{a}_{x'}$,故 $\boldsymbol{\mu}$ 将围绕 x'轴以角频率 γA 进动.

§12.2 几种典型的相干瞬态光学效应

在§3.1 中已指出,在激光场作用下,原子中的电子运动状态也存在一定的相位,当用密度矩阵表示状态时,表现为存在不为零的非对角元. 这在物理上指的是存在所谓相干叠加态(简称相干).

但当光场撤出后，由于热扰动原子的固定相位很快便消失，表现在密度矩阵的非对角元很快便衰减至零，以至于不再存在相干. 这就是所谓失相弛豫过程.

相干瞬态光学效应是指光与物质相互作用产生的这类现象，它们来源于原子的相干(亦即密度矩阵的非对角元)，产生在激光场开启或关闭的瞬间，持续在相干未消失的时段. 为使相干有效产生，通常要用共振激光场. 因此，相干瞬态光学效应是属于光共振中的物理过程. 在§12.1中已指出，在二能级体系中，这些过程可以用光学矢量模型和光学布洛赫方程去分析讨论. 这时，代替相干叠加态 ρ_{+-} 和 ρ_{-+}，效应将来自光学偶极矩的横向分量 μ_x 和 μ_y. 本节将介绍几种典型的相干瞬态光学效应.

光学章动[4~7]

设原子原来处于基态，亦即 $\rho_{--}^{(0)}=1$，$\rho_{++}^{(0)}=0$，用光学矢量模型，则光学偶极矩矢量为 $\boldsymbol{\mu}(t=0)=\mu_z^{(0)}\boldsymbol{a}_z$，其中

$$\mu_z^{(0)} = \hbar\gamma(\rho_{++}^{(0)} - \rho_{--}^{(0)}) = -\hbar\gamma.$$

换言之，在受到激光作用前$(t=0)$，$\boldsymbol{\mu}$ 指向 z 轴负方向，如图12.3(a)所示.

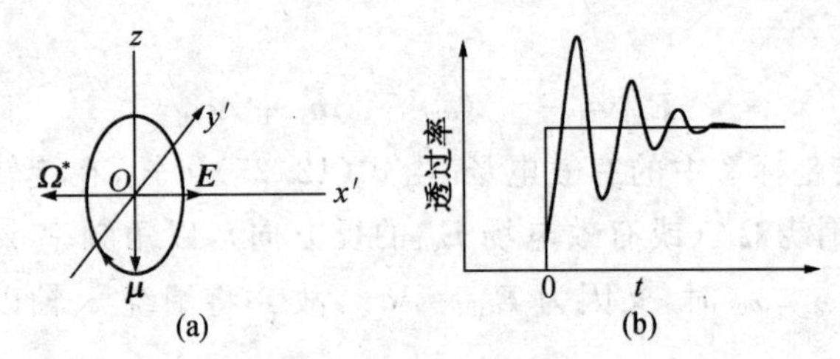

图12.3　光学章动

(a) $\boldsymbol{\mu}$ 在旋转坐标系中的进动；(b) 介质对入射光的透过率所呈现的衰减振荡.

若在 $t=0^+$ 开始，入射到系统一个共振的圆偏振激光场

$$\boldsymbol{E} = \frac{1}{2}\frac{\boldsymbol{a}_x + \mathrm{i}\boldsymbol{a}_y}{\sqrt{2}}A\mathrm{e}^{-\mathrm{i}(\omega t - kz)} + \mathrm{c.c.}, \tag{12.30}$$

其中 $\omega\approx\omega_0$，则由§12.1的讨论可知，在角频率为 ω 的旋转坐标系

中,$\boldsymbol{\mu}$ 将围绕 $\boldsymbol{E}_{\mathrm{eff}}^{*}$ 的反方向进动.而又因

$$\boldsymbol{E}_{\mathrm{eff}}^{*}=-\gamma^{-1}(\omega_0-\omega)\boldsymbol{a}_z+A\boldsymbol{a}_{x'}\approx A\boldsymbol{a}_{x'},$$

故 $\boldsymbol{\mu}$ 将近似围绕旋转坐标轴 x' 的反方向进动(见图12.3(a)),进动的角频率为

$$\Omega^{*}=[(\omega-\omega_0)^2+(\gamma A)^2]^{1/2}, \tag{12.31}$$

称为拉比(Rabi)频率.

由于 $\boldsymbol{\mu}$ 的上述进动,μ_z 将随时间周期性变化,时而为负,时而为正.但正如§12.1中所指出的,μ_z 正比于上、下能级布居差 $\rho_{++}-\rho_{--}$,故在上述光场作用下,上、下能级的布居差时而为负,时而为正.已知当它为正时,表示系统吸收了光而被激发到上能级,因而此时通过介质的光能将会减小.于是,介质对入射光的透过率也将随时间周期性改变(周期为 Ω^{*-1}).这种现象称为光学章动.但由于 $\boldsymbol{\mu}$ 的运动存在纵向和横向弛豫过程,因而随着时间的推移,它将以一定的大小和方向稳定在旋转坐标系的某一位置(此时 $\boldsymbol{\mu}_z$ 为某一常数);而介质对入射光的透过率,亦将随时间呈现衰减振荡并最终达到某一稳定值,如图12.3(b)所示.

为要找出在旋转坐标系中 $\boldsymbol{\mu}$ 的稳定值 $\boldsymbol{\mu}_{\mathrm{s}}$,可先在式(12.25)中加入弛豫项,得

$$\left(\frac{\mathrm{d}\boldsymbol{\mu}}{\mathrm{d}t}\right)_{\mathrm{R}}=\boldsymbol{\Omega}^{*}\times\boldsymbol{\mu}-\frac{1}{T_2}(\mu_{x'}\boldsymbol{a}_{x'}+\mu_{y'}\boldsymbol{a}_{y'})-\frac{1}{T_1}(\mu_z-\mu_{z0})\boldsymbol{a}_z, \tag{12.32}$$

再令 $(\partial\boldsymbol{\mu}/\partial t)_{\mathrm{R}}=\boldsymbol{0}$,并考虑到式(12.31),便可解得

$$\mu_{\mathrm{s},x'}=\frac{\gamma A(\omega-\omega_0)T_2}{D}, \tag{12.33}$$

$$\mu_{\mathrm{s},y'}=\frac{\gamma AT_2}{D}, \tag{12.34}$$

$$\mu_{\mathrm{s},z'}=-\frac{1+(\omega-\omega_0)^2T_2^2}{D}, \tag{12.35}$$

其中

$$D=1+(\omega_0-\omega)^2T_2^2+\gamma^2A^2T_1T_2. \tag{12.36}$$

利用方程(12.32)还可解出达到稳定值的时间常数，通常它与 T_1T_2 及 $\omega_0-\omega$ 有关；而当 A 较小时，基本上只与 T_2 有关.

自由感应衰减[6~9]

如前所述，当共振频率为 ω_0 的二能级系统受到近共振光场作用后，光学偶极矩 $\boldsymbol{\mu}$ 亦随之运动. 假定在 t_0 时刻它处在某一位置(如图12.4(a)所示)，并在该时刻撤除光场，正如§12.1中所指出的，$\boldsymbol{\mu}$ 将围绕 z 轴以角频率 ω_0 进动，因为此时有 $\boldsymbol{E}_{\text{eff}}=E_{z,\text{eff}}\boldsymbol{a}_z=(-\omega_0/\gamma)\boldsymbol{a}_z$，故 $\boldsymbol{\Omega}=-\gamma\boldsymbol{E}_{\text{eff}}=\omega_0\boldsymbol{a}_z$. 由于现在进动是在静止坐标系，故这意味着 μ_x 和 μ_y 都随时间作周期性振荡. 既然 μ_x 和 μ_y 是原子真实的电偶极矩分量，这说明原子的真实电偶极矩将作周期振荡，且振荡频率为 ω_0. 与此同时，将辐射频率为 ω_0 的光波. 但是，由于弛豫过程的存在使 μ_x 和 μ_y 基本上以失相时间为时间常数逐渐趋于零，因此所产生的辐射也是逐渐衰减的. 这种现象称为自由感应衰减. 此过程如图12.4(b)和(c)所示，前者是光场切断情况，后者是辐射衰减情况.

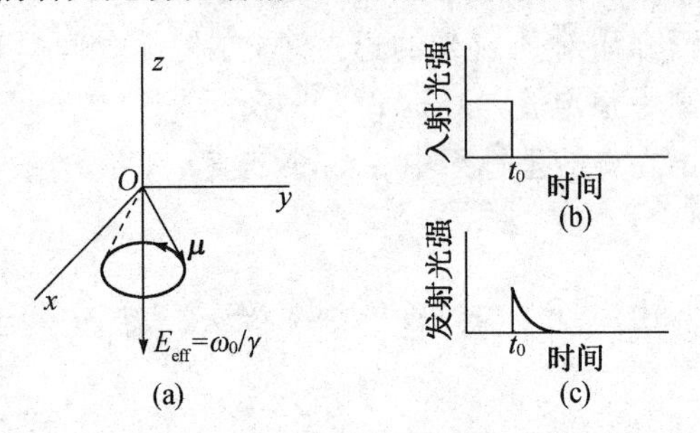

图 12.4　自由感应衰减

(a)撤除光场后 $\boldsymbol{\mu}$ 在静止坐标系进动；(b)撤除光场的时刻 t_0；(c)在 t_0 时刻后介质辐射光波的衰减.

对于均匀加宽系统，失相时间就是 T_2；对于非均匀加宽系统，它是线宽的倒数. 这时每个原子的光学偶极矩以稍为不同的频率进动，所谓“失相”是指进动已不能看做同步.

光子回波[10~13]

这是发生在非均匀加宽系统中的一种典型相干瞬态光学现象.

图 12.5(a)是光场加入情况；图 12.5(b)～(f)是光学偶极矩进动情况. 设原子原来处于基态，光学偶极矩 $\boldsymbol{\mu}$ 指向 $-z$ 方向(见图 12.5 (b)).

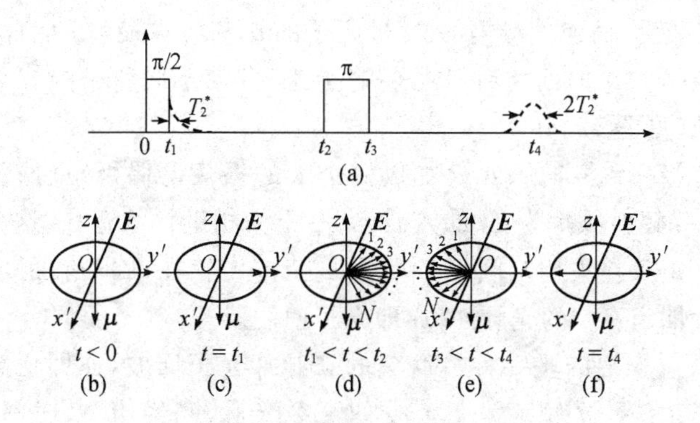

图 12.5 光子回波产生过程示意图

(a)不同时刻入射的光脉冲及发射的回波脉冲；(b)～(f)各个不同时刻 $\boldsymbol{\mu}$ 的位置及进动情况.

在 $t=0$ 时作用于系统一个频率为 $\omega=\omega_0$ 的圆偏振光，该光波的电场在角速度为 ω 的旋转坐标系 $Ox'y'z$ 中是恒定的，大小等于光波的振幅 A，设它指向 x'轴的负方向. 于是，从 $t=0$ 开始 $\boldsymbol{\mu}$ 便围绕 x'轴进动. 设光波一直作用到 $t=t_1$，这时 $\boldsymbol{\mu}$ 已进动了 $\pi/2$ 角并到达 y'轴的位置(见图 12.5(c))，然后将光切断. 这样的光脉冲称为π/2脉冲.

此后，在 $t_1 \longrightarrow t_2$ 这段时间没有光场作用，$\boldsymbol{\mu}$ 将在静止坐标系中以角速 ω_0 围绕 z 轴正方向进动. 当原子体系存在非均匀加宽时，ω_0 有一定宽度 $\Delta\omega_0$，其结果是不同原子进动的角速度稍有不同，有些快，有些慢. 于是，在 t_2 时刻不同原子的 $\boldsymbol{\mu}$ 将散开在 $Ox'y'$平面上，如图 12.5(d)所示，其中 1 号原子的 $\boldsymbol{\mu}$ 进动最快，排在最前面，然后依次是 $2,3,\cdots,N$ 号.

由 t_2 时刻开始，又开启上述光波场，$\boldsymbol{\mu}$ 再次围绕 x'轴进动，直到 t_3 时刻进动了 π 角. 然后再次关闭光场. 由 t_2 到 t_3 的光脉冲称

为 π 脉冲. 这时 $\boldsymbol{\mu}$ 在 Oxy 平面上的分布如图 12.5(e)所示.

由 t_3 时刻开始,因为没有光场,$\boldsymbol{\mu}$ 又将在静止坐标系中以角速 ω_0 围绕 $+z$ 轴进动. 但是,现在开始时进动速度最快的 1 号原子的 $\boldsymbol{\mu}$ 排在最后,而速度最慢的 N 号原子的 $\boldsymbol{\mu}$ 却排在最前. 因此,经历 $t_4-t_3=t_2-t_1$ 时间之后,1 号将赶上来,并使不同原子的 $\boldsymbol{\mu}$ 重新一致取向(见图 12.5(f)).

这些一致取向的 $\boldsymbol{\mu}$ 叠加成一个大的振荡电偶极矩(振荡频率为 ω_0)并辐射频率为 ω_0 的光波. 又由于失相过程的存在,这个振荡电偶极矩只在失相时间 $T_2^*=1/\Delta\omega$ 范围内存在,因而辐射的是一个持续期为 T_2^* 的光脉冲,亦即光子回波.

以上介绍的是一种最简单的二脉冲光子回波,亦即任意时刻作用于系统一个频率为 $\omega\simeq\omega_0$ 的 $\pi/2$ 光脉冲,经历 Δt 时间后,又作用一个 π 光脉冲,则再经历 Δt 时间后,系统将发出持续期为 T_2^* 的回波光脉冲. 此后,又发展了三脉冲光子回波[13].

§12.3　瞬态四波混频与相干瞬态光学效应理论上的统一[14]

从以上讨论可知,相干瞬态光学效应来自物质体系被相干激发后其相位可保持一个短暂瞬间,表现在体系的密度矩阵非对角元 ρ_{ab}(即态 a 和态 b 的相干混合)有一段弛豫过程(失相过程);而各种相干瞬态光学效应正是从不同侧面反映着在这一时段内非对角元 ρ_{ab} 的演变规律.

正如前面讨论的,这种相干激发和它的失相过程是仿效磁共振并用光学矢量模型来描述的. 结果是效应的讨论仅局限在二能级体系,作用的光场必须是 $\pi/2$ 及 π 之类的光脉冲.

事实上,在 §7.5 有关瞬态四波混频的讨论中,我们已经可以在四波混频(更一般而言是多波混频)的理论框架内,通过对密度矩阵进行逐级近似解(即微扰处理),获得非对角元 ρ_{ab} 在不同激发条件下的演变规律. 因此,由瞬态四波混频理论出发,应该可以讨论各种相干瞬态光学效应.这样一来,两类看似不同的非线性光学效应,在理论处理上得到统一;特别是相干瞬态光学效应的研究由此将不受二能级系统的限制,而可扩展到多能级和简并能级体系[35];所用的光脉冲也并不必须是 π/2 及 π 之类的脉冲.

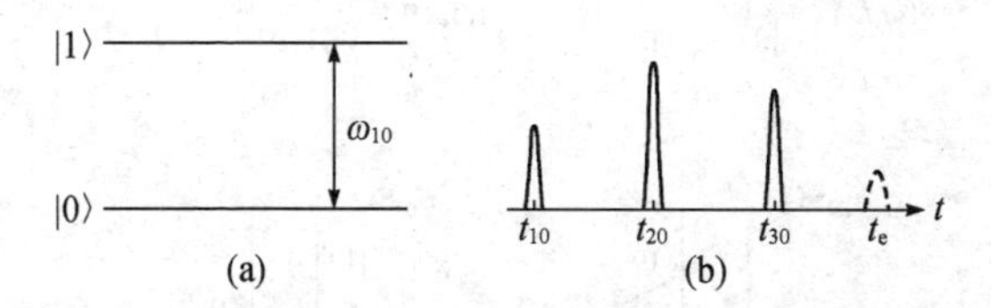

图 12.6 在多普勒增宽二能级系统(a)中的瞬态四波混频(b)

下面将以具有多普勒增宽的二能级系统(见图 12.6(a),ω_{10} 是中心共振频率)为例,说明如何从瞬态四波混频理论出发解释一系列已知的相干瞬态光学效应:

设相继作用于该系统的是三个频率相同波矢不同的近共振($\omega \simeq \omega_{10}$)光脉冲(见图 12.6(b))

$$\boldsymbol{E}_j(t) = \boldsymbol{A}_j(t) \mathrm{e}^{-\mathrm{i}(\omega t - \boldsymbol{k}_j \cdot \boldsymbol{r})} \quad (j = 1,2,3),$$

它们将在介质中激发起频率为 $\omega = \omega - \omega + \omega$ 的密度矩阵 $\boldsymbol{\rho}^{(3)}(\omega,t)$. 为计算 $\boldsymbol{\rho}^{(3)}(\omega,t)$,可用 §7.5 中阐述的适用于振幅随时间变化的双费恩曼图方法[15],并且一般有 8 个图.但考虑到共振增强因素,只需保留 4 个图(见图 12.7),相应于产生 $\boldsymbol{\rho}^{(3)}(\omega,t)$ 的 4 条途径.

按照规则,写出 $\boldsymbol{\rho}^{(3)}(\omega,t)$ 中相应的 4 项,相加便得

$$\boldsymbol{\rho}^{(3)}(t) = \frac{1}{4}\left(\frac{-1}{\mathrm{i}\hbar}\right)^3 \mid 1\rangle\langle 0 \mid \rho_{00} \mathrm{e}^{-\mathrm{i}\omega_{10} t} \mathrm{e}^{-\Gamma_{10}(t-t_{30}) - \Gamma_{10}(t_{20}-t_{10})}$$

$$\cdot \left[\mathrm{e}^{-\Gamma_{00}(t_{30}-t_{20})} + \mathrm{e}^{-\Gamma_{11}(t_{30}-t_{20})}\right]\Big\{ \mathrm{e}^{\mathrm{i}[\boldsymbol{k}_3 - \boldsymbol{k}_2 + \boldsymbol{k}_1]\cdot \boldsymbol{r}} \langle 1 \mid \boldsymbol{\mathscr{P}} \cdot \boldsymbol{a}_3 \mid 0\rangle$$

$$\cdot \langle 0 \mid \mathscr{P} \cdot \boldsymbol{a}_2 \mid 1\rangle\langle 1 \mid \boldsymbol{\mathscr{P}} \cdot \boldsymbol{a}_1 \mid 0\rangle \int_{-\infty}^{\infty} \mathrm{d}\boldsymbol{v} g(\boldsymbol{v}) \mathrm{e}^{-\mathrm{i}\theta_{a}(\boldsymbol{v})}$$

$$\cdot \int_{-\infty}^{t} \mathrm{d}t_3 A_3(t_3) \mathrm{e}^{\mathrm{i}(\omega_{10}-\omega)t_3} \int_{-\infty}^{t_3} \mathrm{d}t_2 A_2^*(t_2) \mathrm{e}^{\mathrm{i}(\omega_{10}-\omega)t_2} \int_{-\infty}^{t_2} \mathrm{d}t_1 A_1(t_1) \mathrm{e}^{\mathrm{i}(\omega_{10}-\omega)t}$$

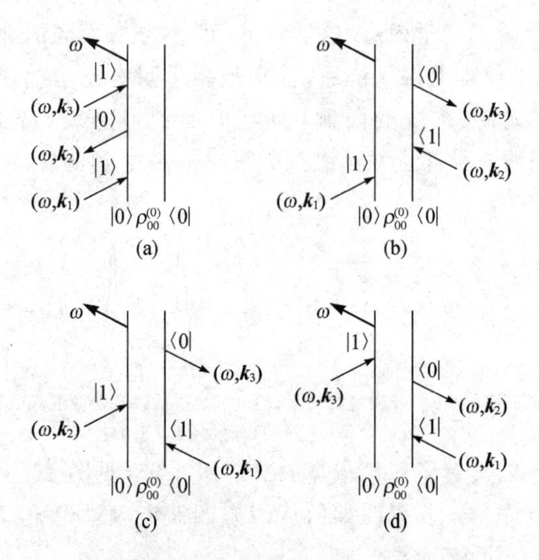

图 12.7　在二能级系统的瞬态简并四波混频中存在共振增强的四个双费恩曼图

$$
\begin{aligned}
&+ \mathrm{e}^{\mathrm{i}[\boldsymbol{k}_3+\boldsymbol{k}_2-\boldsymbol{k}_1]\cdot \boldsymbol{r}} \langle 0 \mid \mathscr{P}\cdot \boldsymbol{a}_1 \mid 1\rangle\langle 1 \mid \mathscr{P}\cdot \boldsymbol{a}_2 \mid 0\rangle\langle 0 \mid \mathscr{P}\cdot \boldsymbol{\alpha}_3 \mid 1\rangle \\
&\cdot \int_{-\infty}^{\infty} \mathrm{d}\boldsymbol{v} g(\boldsymbol{v})\mathrm{e}^{-\mathrm{i}\theta_\beta(\boldsymbol{V})} \int_{-\infty}^{t} \mathrm{d}t_3 A_3(t_3)\mathrm{e}^{\mathrm{i}(\omega_{10}-\omega)t_3} \\
&\cdot \int_{-\infty}^{t_3} \mathrm{d}t_2 A_2(t_2)\mathrm{e}^{\mathrm{i}(\omega_{10}-\omega)t_2} \int_{-\infty}^{t_2} \mathrm{d}t_1 A_1^*(t_1)\mathrm{e}^{-\mathrm{i}(\omega_{10}-\omega)t} \Big\},
\end{aligned}
\tag{12.37}
$$

其中 $g(\boldsymbol{v})$是体系的归一化速度分布函数，而

$$
\theta_\alpha(\boldsymbol{v}) = \boldsymbol{v}\cdot[\boldsymbol{k}_3(t-t_{30})-\boldsymbol{k}_2(t-t_{20})+\boldsymbol{k}_1(t-t_{10})],
\tag{12.38}
$$

$$
\theta_\beta(\boldsymbol{v}) = \boldsymbol{v}\cdot[\boldsymbol{k}_3(t-t_{30})+\boldsymbol{k}_2(t-t_{20})-\boldsymbol{k}_1(t-t_{10})].
\tag{12.39}
$$

由

$$
\boldsymbol{P}^{(3)}(t) = \mathrm{tr}[-Ner\boldsymbol{\rho}^{(3)}(t)]
\tag{12.40}
$$

即可得到三个光脉冲相继入射后介质中感生的频率为 ω 的极化强度，正是它的辐射产生了混频输出光脉冲(回波脉冲).

三脉冲受激光子回波

将式(12.37)代入式(12.40),不难看出极化强度 $\boldsymbol{P}^{(3)}(t)$ 也是以波的形式存在的,而且由两部分组成,其波矢分别为 $\boldsymbol{K}_\alpha=\boldsymbol{k}_3-\boldsymbol{k}_2+\boldsymbol{k}_1$ 和 $\boldsymbol{K}_\beta=\boldsymbol{k}_3+\boldsymbol{k}_2-\boldsymbol{k}_1$. 为了能有效地辐射回波光脉冲,必须满足相位匹配条件,对这两部分分别为 $\boldsymbol{k}_s=\boldsymbol{K}_\alpha=\boldsymbol{k}_3-\boldsymbol{k}_2+\boldsymbol{k}_1$ 以及 $\boldsymbol{k}_s=\boldsymbol{K}_\beta=\boldsymbol{k}_3+\boldsymbol{k}_2-\boldsymbol{k}_1$,其中 $\boldsymbol{k}_s$ 是回波光脉冲波矢. 此外,为使分别出现在这两部分中的对原子运动速度的积分

$$\int_{-\infty}^{\infty}\mathrm{d}\boldsymbol{v}g(\boldsymbol{v})\mathrm{e}^{-\mathrm{i}\theta_\alpha(\boldsymbol{v})},\quad \int_{-\infty}^{\infty}\mathrm{d}\boldsymbol{v}g(\boldsymbol{v})\mathrm{e}^{-\mathrm{i}\theta_\beta(\boldsymbol{v})}$$

为最大,分别要求 $\theta_\alpha(\boldsymbol{v})=0$ 和 $\theta_\beta(\boldsymbol{v})=0$.

上述相位匹配条件,决定着按先后次序入射的 1,2,3 三个光脉冲传播方向的可能配置,只有这些配置才可能产生回波脉冲. 它们分别如图 12.8 的(a)~(c)和(d)~(f)所示,前三者满足条件 $\boldsymbol{k}_s=\boldsymbol{k}_3-\boldsymbol{k}_2+\boldsymbol{k}_1$,后三者满足条件 $\boldsymbol{k}_s=\boldsymbol{k}_3+\boldsymbol{k}_2-\boldsymbol{k}_1$. 对前、后三种配置,还要分别满足 $\theta_\alpha(\boldsymbol{v})=0$ 和 $\theta_\beta(\boldsymbol{v})=0$. 由式(12.38)和(12.39)可知,这些条件决定回波光脉冲(峰值)出现的时刻 $t=t_e$ 分别为

$$t_e=\boldsymbol{k}_s\cdot\frac{(\boldsymbol{k}_3t_{30}-\boldsymbol{k}_2t_{20}+\boldsymbol{k}_1t_{10})}{k_s^2}\tag{12.41}$$

和

$$t_e=\boldsymbol{k}_s\cdot\frac{(\boldsymbol{k}_3t_{30}+\boldsymbol{k}_2t_{20}-\boldsymbol{k}_1t_{10})}{k_s^2}.\tag{12.42}$$

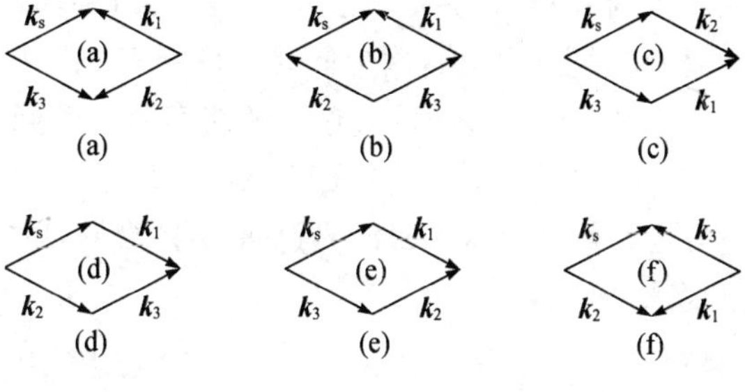

图 12.8 满足相位匹配条件时,1,2,3 三个光脉冲传播方向的全部可能配置

按照因果律，只有 $t_e \geqslant t_{30}$ 在物理上才是合理的；若出现 $t_e < t_{30}$，则表明这种配置不可能有回波光脉冲产生. 用上两式分别检查图 12.8 中的 6 种配置，便可知：只有图 12.8(a)，(b)，(d)，(e) 四种配置有 $t_e \geqslant t_{30}$，而其余两种总是出现 $t_e < t_{30}$，故只有这四种配置会产生回波光脉冲，且出现在 $t=t_e$ 时刻. 同时，因为极化波 $\boldsymbol{P}^{(3)}(t)$ 的振幅(见式(12.40))决定回波光脉冲的强度，所以将式(12.37)代入式(12.40)，便知回波光脉冲的强度 I_e 为

$$I_e = C\mathrm{e}^{-2\Gamma_{10}[(t_e - t_{30}) + (t_{20} - t_{10})]}\left[\mathrm{e}^{-2\Gamma_{00}(t_{30} - t_{20})} + \mathrm{e}^{-2\Gamma_{11}(t_{30} - t_{20})}\right], \tag{12.43}$$

其中 C 为比例系数. 故 I_e 随 1,2,3 三个光脉冲入射的时间间隔而改变，反映了物质激发的弛豫(纵向和失相)过程. 由这些配置产生的回波光脉冲就是此前观察到的所谓“三脉冲受激光子回波”.

利用式(12.43)，可以测定体系的弛豫参数. 例如，固定第 2,3 个光脉冲入射的时间间隔 $t_{30} - t_{20}$，改变第 1,2 个光脉冲入射的时间间隔 $t_{20} - t_{10}$，测量回波光脉冲强度 I_e 的变化，即可确定失相时间 Γ_{10}.

两脉冲光子回波

若将第 2,3 个入射光脉冲合二为一，亦即令 $t_{30} = t_{20}$，$\boldsymbol{k}_3 = \boldsymbol{k}_2$，$A_3 = A_2$，便变成两脉冲情形. 此时，在图 12.8 的 6 种配置中，如果用前三种实现相位匹配，则要求满足

$$\theta_\alpha(\boldsymbol{v}) = (t - t_{10})\boldsymbol{k}_1 \cdot \boldsymbol{v} = 0,$$

故回波脉冲产生的时刻为 $t = t_e = t_{10} < t_{20}$，违反因果律，应该排除. 此外，最后一种配置亦应排除，因为此时不可能有 $\boldsymbol{k}_3 = \boldsymbol{k}_2$.

剩下的只有图 12.8(d)和(e)，它们现在实质上是同一配置. 此时，因 $\boldsymbol{k}_s = \boldsymbol{k}_3 + \boldsymbol{k}_2 - \boldsymbol{k}_1 = 2\boldsymbol{k}_2 - \boldsymbol{k}_1$，故若令 $\boldsymbol{k}_2 = \boldsymbol{k}_1$(第 1,2 个光脉冲沿同一传播方向)，则 $\boldsymbol{k}_s = \boldsymbol{k}_1$(回波光脉冲亦将沿同一方向传播). 又因该配置要求

$$\theta_\beta(\boldsymbol{v}) = \boldsymbol{v} \cdot [2\boldsymbol{k}_2(t - t_{20}) - \boldsymbol{k}_1(t - t_{10})] = 0,$$

故在 $\boldsymbol{k}_2 = \boldsymbol{k}_1$ 时，回波光脉冲将在 $t = t_e$ 时发射，而且有 $t_e - t_{20} = t_{20} - t_{10}$，亦即回波光脉冲发射时间与第 2 个光脉冲入射时间的间

隔等于第1,2个光脉冲入射时间的间隔. 此外,由式(12.43)得知,此时回波光脉冲光强为

$$I_e = Ce^{-2\Gamma_{10}(t_e - t_{10})}, \tag{12.44}$$

其中 $\Gamma_{10} = 1/T_2$(T_2 为失相时间).

所得结论与§12.2用光学矢量模型得到的一致;但注意现在并无对入射的两光脉冲必须是 $\pi/2$ 和 π 脉冲的严格要求.

自由感应衰减

令上述1,2,3三个入射光脉冲合而为一,亦即令 $t_{30} = t_{20} = t_{10}$,$\boldsymbol{k}_3 = \boldsymbol{k}_2 = \boldsymbol{k}_1$,则根据相位匹配条件,回波光脉冲波矢应为 $\boldsymbol{k}_s = \boldsymbol{k}_1$,此时有 $\theta_\alpha(\boldsymbol{v}) = \theta_\beta(\boldsymbol{v}) = \boldsymbol{v} \cdot \boldsymbol{k}_1(t - t_{10})$. 为了满足 $\theta_\alpha(\boldsymbol{v}) = \theta_\beta(\boldsymbol{v}) = 0$,回波光脉冲应在 $t_e = t_{10}$ 时刻发射,亦即它应与入射光脉冲重叠. 同时,因回波光脉冲信号(振幅)正比于 $\boldsymbol{P}^{(3)}(t) = \mathrm{tr}[-Ne\boldsymbol{r}\boldsymbol{\rho}^{(3)}(t)]$,故由式(12.37),该信号应正比于

$$e^{-\Gamma_{10}(t - t_{10})} \int_{-\infty}^{\infty} d\boldsymbol{v} g(\boldsymbol{v}) e^{-i\boldsymbol{v} \cdot \boldsymbol{k}_1 (t - t_{10})},$$

此即自由感应衰减信号. 当其中的积分随时间 t 的变化相对较缓慢时,信号随时间变化主要由 $\exp[-\Gamma_{10}(t - t_{10})]$ 决定,亦即将以 $\Gamma_{10} = 1/T_2$ 的速率衰减. 当积分随时间 t 的变化相对较快时,信号衰减的时间常数将由 T_2^* 替代 T_2.

上述有关瞬态四波混频产生光子回波及其他相干瞬态光学效应的讨论,同样可推广到分立能级的其他非均匀加宽体系[14].

§12.4 非相干光时延四波混频(二能级情形)

利用时间相干性极差的激光(此处称为非相干光)作光源,已经发展出一类时间分辨率极高的相干瞬态光谱术[16~24],用以探测物质激发的超快弛豫过程,尤其是失相过程. 非相干光时延(简并)四波混频是典型的一种[21~26]. 如前所述,若要用光子回波或瞬态四波混频等相干瞬态效应探测超快弛豫过程,所用激光脉冲的宽度

必须远小于所要探测过程的弛豫时间.但若用非相干光时延四波混频,便没有此限制,亦即使用纳秒脉冲甚至连续激光,也可探测短至亚皮秒甚至飞秒的弛豫过程.

宽频带长脉冲激光可作这样的非相干光源.由于激光束的关联时间 τ_c 反比于频宽,因此只要频宽足够大而脉宽足够长,这个激光脉冲便可看做一个紧挨一个的脉宽为 τ_c 的超短脉冲序列,每个超短光脉冲自身具有很好的时间相干性,但和其他超短光脉冲却不相干.

图 12.9(a)是非相干光时延四波混频光束配置的示意图.1,2 两束光来自同一宽频带长脉冲激光源,后者对前者有一相对延时 τ;与光束 1 相向传播的光束 3 来自另一独立的相干或非相干光源[①].

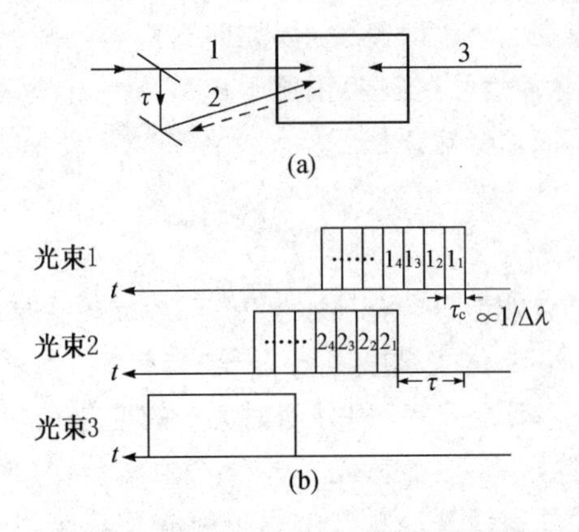

图 12.9　非相干光时延四波混频光束配置示意图(a)以及光脉冲 1,2,3 到达介质的时间顺序和相对时延(b)

先来分析三光束在介质中相互作用的物理图像:图 12.9(b)在时间轴上表示出 1,2,3 三个光脉冲到达介质的顺序和相对时延.同时将 1,2 两脉冲各自分割成脉宽为 τ_c 的一系列超短光脉冲,其中每个超短光脉冲自身是相干的,而不同超短光脉冲之间是不

① 光束 3 亦可与光束 1 和 2 来自同一光源,但以下的分析要略加修正,但不影响主要结论.

相干的. 于是,三束光在介质中相互作用的结果便可看做光束1的任意超短光脉冲、光束2的任意超短光脉冲以及光脉冲3进行瞬态四波混频结果的总和. 注意到图中超短光脉冲 1_j $(j=1,2,\cdots)$ 和 2_k $(k=1,2,\cdots)$,当 $j=k$ 时它们是同一时刻发自同一光源,因而有固定的相位差;而当 $j\neq k$ 时它们之间的相位差是随机的. 所以,当超短光脉冲 1_j 和 2_k 作用于介质并形成某种光栅时, $j=k$ 的情形便远比 $j\neq k$ 的情形有效得多,从而后者相对前者可忽略. 换言之,在考虑光脉冲1,2与介质的作用时,基本上可以只考虑 1_j 和 2_j 与介质的作用. 同时,无论 j 取何值,超短光脉冲 1_j 和 2_j 的固定相位差均相同,因为它们之间的相对时延均为 τ. 现在,再假设介质是一个二能级体系(激发态 b 与基态 a 的能量差为 $\hbar\omega_0$,体系原处于基态),且与入射光的光频共振(亦即入射光频率 $\omega\approx\omega_0$). 经超短光脉冲 1_j 的作用,体系的状态将由 $\rho_{aa}^{(0)}$ 演变到相干叠加态 $\rho_{ba}^{(1)}$,并以失相时间 T_2 成指数式衰减. 当相对时延为 τ 的超短光脉冲 2_j 到达时,$\rho_{ba}^{(1)}$ 已衰减至原来的值乘上 $\exp[-(\tau/T_2)]$;再经该光脉冲作用,体系的状态便又由 $\rho_{ba}^{(1)}$ 演变到 $\rho_{bb}^{(2)}$ 并形成布居栅,且其大小为 $\rho_{bb}^{(2)}\propto\exp[-(\tau/T_2)]$. 于是,经光脉冲3作用于此布居栅而出现的四波混频信号便含有因子 $\exp[-(\tau/T_2)]$,亦即含有 T_2 的信息;而测量混频信号随 τ 的变化便可确定 T_2. 这就构成了利用非相干光时延四波混频探测超快弛豫过程的物理基础. 现在,所能探测到的最小的 T_2 仅受限于光脉冲1和2的相干时间 τ_c,亦即 τ_c 必须远小于 T_2.

混频输出光强随时延 τ 变化的一般表达式

设与二能级系统共振作用的光束1,2,3的光波电场分别为

$$E_j(\boldsymbol{r},t)=E_j(t)\mathrm{e}^{\mathrm{i}\boldsymbol{k}_j\cdot\boldsymbol{r}}+\mathrm{c.c.}\quad(j=1,2,3),\qquad(12.45)$$

其中 $\boldsymbol{k}_j$ 为波矢;而变量 $E_j(t)$ 包含两个随时间变化的因子:一个是周期函数 $\exp(-\mathrm{i}\omega t)$(其中 ω 是光波频率);另一个是包括相位起伏和振幅起伏的随机场量. 后者是非相干光场的特征. 按照前面的假定,光束2与光束1来自同一光源,且前者相对后者的时延为 τ,故还应有 $E_1(t)=E(t)$,$E_2(t)=E(t-\tau)$.

在光场 $E(\boldsymbol{r},t)=E_1(\boldsymbol{r},t)+E_2(\boldsymbol{r},t)+E_3(\boldsymbol{r},t)$ 的作用下，系统的状态演化服从刘维尔(Liouville)方程

$$\frac{\partial \boldsymbol{\rho}}{\partial t}=\frac{1}{\mathrm{i}\hbar}[\boldsymbol{H}_0+\boldsymbol{H}_{\mathrm{int}},\boldsymbol{\rho}]+\left(\frac{\partial \boldsymbol{\rho}}{\partial t}\right)_{\mathrm{T}}, \tag{12.46}$$

其中相互作用哈密顿量为 $\boldsymbol{H}_{\mathrm{int}}=-\mathscr{P}E(\boldsymbol{r},t)$（$\mathscr{P}$ 为电偶极矩算符），而弛豫项 $(\partial\boldsymbol{\rho}/\partial t)_{\mathrm{T}}$ 则表示为

$$\left(\frac{\partial \rho_{ba}}{\partial t}\right)_{\mathrm{T}}=-\frac{1}{T_2}\rho_{ba}, \tag{12.47}$$

$$\left[\frac{\partial}{\partial t}(\rho_{bb}-\rho_{aa})\right]_{\mathrm{T}}=-\frac{1}{T_1}(\rho_{bb}-\rho_{aa}), \tag{12.48}$$

其中 T_1 和 T_2 分别为系统的纵向和横向(失相)弛豫时间. 在微扰计算的框架下，相继利用式(3.22)～(3.24)便可得到在上述光场下出现的密度矩阵三级小量 $\boldsymbol{\rho}^{(3)}$.

考虑到简并四波混频输出的波矢为 $\boldsymbol{k}_4=\boldsymbol{k}_1-\boldsymbol{k}_2+\boldsymbol{k}_3$，因此只需求得 $\rho_{ba}^{(3)}(\boldsymbol{k}_1-\boldsymbol{k}_2+\boldsymbol{k}_3)$；而对它有贡献的只有以下两条微扰通道：

$$\rho_{aa}^{(0)}\xrightarrow{E_1}\rho_{ba}^{(1)}(\boldsymbol{k}_1)\xrightarrow{E_2^*}\rho_D^{(2)}(\boldsymbol{k}_1-\boldsymbol{k}_2)\xrightarrow{E_3}\rho_{ba}^{(3)}(\boldsymbol{k}_1-\boldsymbol{k}_2+\boldsymbol{k}_3),$$

$$\rho_{aa}^{(0)}\xrightarrow{E_2^*}\rho_{ab}^{(1)}(-\boldsymbol{k}_2)\xrightarrow{E_1}\rho_D^{(2)}(\boldsymbol{k}_1-\boldsymbol{k}_2)\xrightarrow{E_3}\rho_{ba}^{(3)}(\boldsymbol{k}_1-\boldsymbol{k}_2+\boldsymbol{k}_3),$$

其中

$$\rho_D^{(2)}(\boldsymbol{k}_1-\boldsymbol{k}_2)=\rho_{bb}^{(2)}(\boldsymbol{k}_1-\boldsymbol{k}_2)-\rho_{aa}^{(2)}(\boldsymbol{k}_1-\boldsymbol{k}_2).$$

针对这两条通道，利用旋波近似相继求解方程(3.22)～(3.24)，即可得出 $\rho_{ba}^{(3)}(\boldsymbol{k}_1-\boldsymbol{k}_2+\boldsymbol{k}_3)$；再利用

$$P^{(3)}(\boldsymbol{r},t)=N\mu\rho_{ba}^{(3)}(\boldsymbol{k}_1-\boldsymbol{k}_2+\boldsymbol{k}_3),$$

便可计算产生四波混频输出信号的三阶极化强度 $\mathscr{P}^{(3)}(\boldsymbol{r},t)$，其中 N 为单位体积原子数，而 $\mu=\langle b|\mathscr{P}|a\rangle$ 为跃迁电偶极矩. 计算结果为

$$\boldsymbol{P}^{(3)}(\boldsymbol{r},t)\propto|\mu|^4\mathrm{e}^{\mathrm{i}(\boldsymbol{k}_1-\boldsymbol{k}_2+\boldsymbol{k}_3)\cdot\boldsymbol{r}}$$

$$\cdot\int_{-\infty}^{t}\mathrm{d}t_3E_3(t_3)\mathrm{e}^{-\mathrm{i}\omega_0(t-t_3)-(t-t_3)/T_2}$$

$$\cdot\left\{\int_{-\infty}^{t_3}\mathrm{d}t_2E_1(t_2)\mathrm{e}^{-(t_3-t_2)/T_1}\right.$$

$$\cdot \int_{-\infty}^{t_2} \mathrm{d}t_1 E_2^*(t_1) \mathrm{e}^{\mathrm{i}\omega_0(t_2-t_1)-(t_2-t_1)/T_2}$$

$$+ \int_{-\infty}^{t_3} \mathrm{d}t_2 E_2^*(t_2) \mathrm{e}^{-(t_3-t_2)/T_1}$$

$$\cdot \int_{-\infty}^{t_2} \mathrm{d}t_1 E_1(t_1) \mathrm{e}^{-\mathrm{i}\omega_0(t_2-t_1)-(t_2-t_1)/T_2} \Bigg\}. \tag{12.49}$$

令 $\tau_1=t_2-t_1, \tau_2=t_3-t_2, \tau_3=t-t_3$，并利用 $E_1(t)=E(t), E_2(t)=E(t-\tau)$，上式可写成

$$P^{(3)}(\boldsymbol{r},t) \propto |\mu|^4 \mathrm{e}^{\mathrm{i}(\boldsymbol{k}_1-\boldsymbol{k}_2+\boldsymbol{k}_3)\cdot \boldsymbol{r}}$$

$$\cdot \int_0^{+\infty} \mathrm{d}\tau_3 E_3(t-\tau_3) \mathrm{e}^{-\mathrm{i}\omega_0\tau_3-\tau_3/T_2}$$

$$\cdot \Bigg\{ \int_0^{+\infty} \mathrm{d}\tau_2 E(t-\tau_3-\tau_2) \mathrm{e}^{-\tau_2/T_1}$$

$$\cdot \int_0^{+\infty} \mathrm{d}\tau_1 E^*(t-\tau_3-\tau_2-\tau_1-\tau) \mathrm{e}^{\mathrm{i}\omega_0\tau_1-\tau_1/T_2}$$

$$+ \int_0^{+\infty} \mathrm{d}\tau_2 E^*(t-\tau_3-\tau_2-\tau) \mathrm{e}^{-\tau_2/T_1}$$

$$\cdot \int_0^{+\infty} \mathrm{d}\tau_1 E(t-\tau_3-\tau_2-\tau_1) \mathrm{e}^{-\mathrm{i}\omega_0\tau_1-\tau_1/T_2} \Bigg\}. \tag{12.50}$$

四波混频信号强度 I_s 应与三阶极化强度平方 $|P^{(3)}(\boldsymbol{r},t)|^2$ 的统计平均值 $\langle |P^{(3)}(\boldsymbol{r},t)|^2 \rangle$ 成正比，故为

$$I_s \propto \langle | P^{(3)}(\boldsymbol{r},t) |^2 \rangle$$

$$\propto |\mu|^8 \int_0^{+\infty} \mathrm{d}\tau_3 \int_0^{+\infty} \mathrm{d}s_3 E(t-\tau_3) E^*(t-s_3) \mathrm{e}^{-\mathrm{i}\omega_0(\tau_3-s_3)-\tau_3/T_2-s_3/T_2}$$

$$\cdot \int_0^{+\infty} d\tau_2 \int_0^{+\infty} ds_2 \int_0^{+\infty} d\tau_1 \int_0^{+\infty} ds_1 \, e^{-(\tau_2/T_1+s_2/T_1+\tau_1/T_2+s_1/T_2)} [\alpha+\beta+\gamma+\delta], \tag{12.51}$$

其中

$$\alpha = \langle E^*(t-\tau_3-\tau_2-\tau)E(t-\tau_3-\tau_2-\tau_1)E(t-s_3-s_2-s) \cdot E^*(t-s_3-s_2-s_1)\rangle e^{-i\omega_0(\tau_1-s_1)}, \tag{12.52}$$

$$\beta = \langle E^*(t-\tau_3-\tau_2-\tau)E(t-\tau_3-\tau_2-\tau_1)E^*(t-s_3-s_2) \cdot E(t-s_3-s_2-s_1-\tau)\rangle e^{-i\omega_0(\tau_1+s_1)}, \tag{12.53}$$

$$\gamma = \langle E(t-\tau_3-\tau_2)E^*(t-\tau_3-\tau_2-\tau_1)E^*(t-s_3-s_2) \cdot E(t-s_3-s_2-s_1-\tau)\rangle e^{i\omega_0(\tau_1-s_1)}, \tag{12.54}$$

$$\delta = \langle E(t-\tau_3-\tau_2)E^*(t-\tau_3-\tau_2-\tau_1-\tau)E(t-s_3-s_2-\tau) \cdot E^*(t-s_3-s_2-s_1)\rangle e^{i\omega_0(\tau_1+s_1)}, \tag{12.55}$$

$\langle\cdots\rangle$表示物理量的统计平均值. 这里所谓的非相干光是指宽频带($\geqslant$100 Å)的激光,故可采用热辐射源作为模型. 按此模型,四阶相干函数可用二阶相干函数表示[27],亦即

$$\begin{aligned}&\langle E(t_1)E(t_2)E^*(t_3)E^*(t_4)\rangle \\ &= \langle E(t_1)E^*(t_3)\rangle\langle E(t_2)E^*(t_4)\rangle \\ &\quad + \langle E(t_1)E^*(t_4)\rangle\langle E(t_2)E^*(t_3)\rangle.\end{aligned} \tag{12.56}$$

利用此关系式,即可由式(12.52)～(12.55)计算得 $\alpha,\beta,\gamma,\delta$ 中与 τ 有关的项为

$$\alpha(\tau) = \Gamma^{(2)}(\tau-\tau_1)\Gamma^{(2)}(s_1-\tau)e^{-i\omega_0(\tau_1-s_1)}, \tag{12.57}$$

$$\beta(\tau) = \Gamma^{(2)}(\tau-\tau_1)\Gamma^{(2)}(-s_1-\tau)e^{-i\omega_0(\tau_1+s_1)}, \tag{12.58}$$

$$\gamma(\tau) = \Gamma^{(2)}(\tau+\tau_1)\Gamma^{(2)}(-s_1-\tau)e^{i\omega_0(\tau_1-s_1)}, \tag{12.59}$$

$$\delta(\tau) = \Gamma^{(2)}(\tau+\tau_1)\Gamma^{(2)}(s_1-\tau)e^{i\omega_0(\tau_1+s_1)}, \tag{12.60}$$

其中

$$\Gamma^{(2)}(x) = \langle E(t+x)E^*(t)\rangle$$

是光场的二阶相干函数.根据维纳-欣钦(Wiener-Khinchin)定理,它与光源的归一化功率谱 $S_0(\omega)$之间存在关系[28]:

$$\Gamma^{(2)}(x) = \frac{1}{2\pi}\int_{-\infty}^{+\infty} \mathrm{d}\omega S_0(\omega)\mathrm{e}^{-\mathrm{i}\omega x}, \tag{12.61}$$

其中

$$\int_{-\infty}^{+\infty} S_0(\omega)\mathrm{d}\omega = 2\pi.$$

从式(12.51)可知,信号光强随时延 τ 的改变来自 $\alpha,\beta,\gamma,\delta$ 随 τ 的改变.因此,当我们主要关心信号光强随 τ 的变化时,可以忽略这几个参数中与 τ 无关的部分,并将其对信号光强的贡献看做信号 $I_s(\tau)$的背底.于是,将式(12.57)~(12.60)代入式(12.51),注意到对 τ_2 和 s_2 的积分是独立积分,且与 τ 无关,积分后为一常数因子,便得 I_s 随 τ 变化的部分为

$$\begin{aligned}
I_s(\tau) \propto |\mu|^8 \Bigg\{ & \int_0^{+\infty} \mathrm{d}\tau_3 E_3(t-\tau_3)\mathrm{e}^{-\tau_3/T_2 - \mathrm{i}\omega_0\tau_3} \\
& \cdot \Bigg[\int_0^{+\infty} \mathrm{d}\tau_1 \Gamma^{(2)}(\tau-\tau_1)\mathrm{e}^{-\tau_1/T_2 - \mathrm{i}\omega_0\tau_1} \\
& + \int_0^{+\infty} \mathrm{d}\tau_1 \Gamma^{(2)}(\tau+\tau_1)\mathrm{e}^{-\tau_1/T_2 + \mathrm{i}\omega_0\tau_1} \Bigg] \Bigg\} \\
& \cdot \Bigg\{ \int_0^{+\infty} \mathrm{d}s_3 E_3(\tau-s_3)\mathrm{e}^{-s_3/T_2 - \mathrm{i}\omega_0 s_3} \\
& \cdot \Bigg[\int_0^{+\infty} \mathrm{d}s_1 \Gamma^{(2)}(\tau-s_1)\mathrm{e}^{-s_1/T_2 - \mathrm{i}\omega_0 s_1} \\
& + \int_0^{+\infty} \mathrm{d}s_1 \Gamma^{(2)}(\tau+s_1)\mathrm{e}^{-s_1/T_2 + \mathrm{i}\omega_0 s_1} \Bigg] \Bigg\}^*,
\end{aligned}$$

亦即

$$
\begin{aligned}
I_s(\tau) \propto |\mu|^8 \Bigg| \Bigg\{ \int_0^{+\infty} \mathrm{d}\tau_3 E_3(t-\tau_3) \mathrm{e}^{-\tau_3/T_2 - \mathrm{i}\omega_0 \tau_3} \\
\cdot \Bigg[\int_0^{+\infty} \mathrm{d}\tau_1 \Gamma^{(2)}(\tau-\tau_1) \mathrm{e}^{-\tau_1/T_2 - \mathrm{i}\omega_0 \tau_1} \\
+ \int_0^{+\infty} \mathrm{d}\tau_1 \Gamma^{(2)}(\tau+\tau_1) \mathrm{e}^{-\tau_1/T_2 + \mathrm{i}\omega_0 \tau_1} \Bigg] \Bigg\} \Bigg|^2 . \qquad (12.62)
\end{aligned}
$$

利用式(12.61),并考虑到上式对 τ_3 的积分中不含 τ,积分后为一常数因子,则从上式得出

$$
I_s(\tau) \propto \left| \int_{-\infty}^{+\infty} \mathrm{d}\omega S_0(\omega) \frac{1/T_2}{(\omega-\omega_0)^2 + 1/T_2^2} \mathrm{e}^{-\mathrm{i}\omega\tau} \right|^2 \qquad (12.63)
$$

或

$$
\begin{aligned}
I_s(\tau) \propto \left[\int_{-\infty}^{+\infty} \mathrm{d}\omega S_0(\omega) \frac{1/T_2}{(\omega-\omega_0)^2 + 1/T_2^2} \cos\omega\tau \right]^2 \\
+ \left[\int_{-\infty}^{+\infty} \mathrm{d}\omega S_0(\omega) \frac{1/T_2}{(\omega-\omega_0)^2 + 1/T_2^2} \sin\omega\tau \right]^2 .
\end{aligned}
\qquad (12.64)
$$

上述分析只考虑能级存在由 T_2 引起的均匀加宽,而没有考虑非均匀加宽的影响.这时由上式可知,$I_s(\tau)$是 τ 的对称函数,其典型形状如图 12.10 所示.当光源的功率谱一定时,T_2 越小,I_s 随$|\tau|$下降越快.

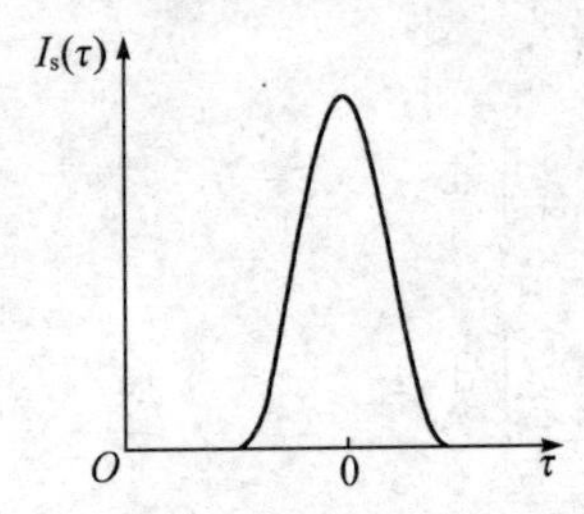

图 12.10 在均匀加宽二能级系统中,四波混频输出强度随相对延时变化的典型曲线

当光源的关联时间 $\tau_c \ll T_2$,以至于光源功率谱 $S_0(\omega)$很宽于该

体系的线宽时,式(12.63)等号右边的 $S_0(\omega)$ 可由积分号中提出去,再利用积分公式

$$\frac{1}{\sqrt{2\pi}}\int_{-\infty}^{+\infty}\frac{e^{-iau}}{u^2+b^2}du=\frac{1}{b}\sqrt{\frac{\pi}{2}}e^{-b|a|}, \tag{12.65}$$

便可将式(12.63)简化为

$$I_s(\tau)\propto|S_0(\omega)e^{i\omega_0\tau-|\tau|1/T_2}|^2 \tag{12.66}$$

或

$$I_s(\tau)=I_s(0)e^{-2|\tau|/T_2}, \tag{12.67}$$

亦即不论脉冲1相对脉冲2超前或落后,混频信号强度随两脉冲的相对时延均以时间常数 $T_2/2$ 成指数衰减.

非均匀加宽的影响及非相干光光子回波

设体系同时存在非均匀加宽,亦即二能级体系的共振频率存在以 ω_0 为中心的一定分布,此时可令介质中原子的共振频率为 $\omega_0+\Omega$,并设 Ω 的分布函数为

$$\lambda(\Omega)=\frac{1}{\pi\delta\omega}e^{-\Omega^2/\delta\omega^2}, \tag{12.68}$$

其中 $\delta\omega$ 为非均匀加宽的大小,且

$$\int_{-\infty}^{+\infty}\lambda(\Omega)d\Omega=1.$$

在光脉冲1,2,3作用下,共振频率为 $\omega_0+\Omega$ 的原子产生的三阶极化强度 $P^{(3)}(\Omega,\boldsymbol{r},t)$ 仍可用式(12.50)表示,但其中的 ω_0 应替代为 $\omega_0+\Omega$:

$$P^{(3)}(\boldsymbol{r},t)=N\int_{-\infty}^{+\infty}P^{(3)}(\Omega,\boldsymbol{r},t)\lambda(\Omega)d\Omega. \tag{12.69}$$

而四波混频信号强度应为 $I_s\propto\langle|P^{(3)}(\boldsymbol{r},t)|^2\rangle$. 经计算后得知,此时 I_s 仍可用式(12.51)表示,但其中参数 $\alpha,\beta,\gamma,\delta$ 应分别修改为

$$\begin{aligned}\alpha=&\langle E^*(t-\tau_3-\tau_2-\tau)E(t-\tau_3-\tau_2-\tau_1)E(t-s_3-s_2-s)\\&\cdot E^*(t-s_3-s_2-s_1)\rangle G(\tau_1+\tau_3)G^*(s_1+s_3)e^{-i\omega_0(\tau_1-s_1)},\end{aligned} \tag{12.70}$$

$$\beta=\langle E^*(t-\tau_3-\tau_2-\tau)E(t-\tau_3-\tau_2-\tau_1)E^*(t-s_3-s_2)$$

$$\cdot E(t-s_3-s_2-s_1-\tau)\rangle G(\tau_1+\tau_3)G^*(s_3-s_1)\mathrm{e}^{-\mathrm{i}\omega_0(\tau_1+s_1)}, \tag{12.71}$$

$$\gamma=\langle E(t-\tau_3-\tau_2)E^*(t-\tau_3-\tau_2-\tau_1)E^*(t-s_3-s_2)$$
$$\cdot E(t-s_3-s_2-s_1-\tau)\rangle G(\tau_3-\tau_1)G^*(s_3-s_1)\mathrm{e}^{\mathrm{i}\omega_0(\tau_1-s_1)}, \tag{12.72}$$

$$\delta=\langle E(t-\tau_3-\tau_2)E^*(t-\tau_3-\tau_2-\tau_1-\tau)E(t-s_3-s_2-\tau)$$
$$\cdot E^*(t-s_3-s_2-s_1)\rangle G(\tau_3-\tau_1)G(s_1+s_3)\mathrm{e}^{\mathrm{i}\omega_0(\tau_1+s_1)}, \tag{12.73}$$

其中函数 $G(x)$ 为

$$G(x)=\int_{-\infty}^{+\infty}\lambda(\Omega)\mathrm{e}^{-\mathrm{i}\Omega x}\,\mathrm{d}\Omega. \tag{12.74}$$

利用式(12.56)，即可得到 $\alpha,\beta,\gamma,\delta$ 中与 τ 有关的项为

$$\alpha(\tau)=\Gamma^{(2)}(\tau-\tau_1)\Gamma^{(2)}(s_1-\tau)$$
$$\cdot G(\tau_1+\tau_3)G^*(s_1+s_3)\mathrm{e}^{-\mathrm{i}\omega_0(\tau_1-s_1)}, \tag{12.75}$$

$$\beta(\tau)=\Gamma^{(2)}(\tau-\tau_1)\Gamma^{(2)}(-s_1-\tau)$$
$$\cdot G(\tau_1+\tau_3)G^*(s_3-s_1)\mathrm{e}^{-\mathrm{i}\omega_0(\tau_1+s_1)}, \tag{12.76}$$

$$\gamma(\tau)=\Gamma^{(2)}(\tau+\tau_1)\Gamma^{(2)}(-s_1-\tau)$$
$$\cdot G(\tau_3-\tau_1)G^*(s_3-s_1)\mathrm{e}^{\mathrm{i}\omega_0(\tau_1-s_1)}, \tag{12.77}$$

$$\delta(\tau)=\Gamma^{(2)}(\tau+\tau_1)\Gamma^{(2)}(s_1-\tau)$$
$$\cdot G(\tau_3-\tau_1)G^*(s_1+s_3)\mathrm{e}^{\mathrm{i}\omega_0(\tau_1+s_1)}. \tag{12.78}$$

将上四式代入式(12.51)，便可得信号强度中随 τ 改变的部分为

$$I_s(\tau)\propto|\mu|^8\Bigg|\Bigg\{\int_{-\infty}^{+\infty}\mathrm{d}\tau_3 E_3(t-\tau_3)\mathrm{e}^{-\tau_3/T_2-\mathrm{i}\omega_0\tau_3}$$
$$\cdot\Bigg[\int_0^{+\infty}\mathrm{d}\tau_1\Gamma^{(2)}(\tau-\tau_1)G(\tau_1+\tau_3)\mathrm{e}^{-\tau_1/T_2-\mathrm{i}\omega_0\tau_1}$$
$$+\int_0^{+\infty}\mathrm{d}\tau_1\Gamma^{(2)}(\tau+\tau_1)G(\tau_3-\tau_1)\mathrm{e}^{-\tau_1/T_2+\mathrm{i}\omega_0\tau_1}\Bigg]\Bigg\}\Bigg|^2. \tag{12.79}$$

利用式(12.61)，(12.74)和(12.68)，上式可演化为

$$I_s(\tau) \propto |\mu|^8 \left| \int_0^{+\infty} d\tau_3 E_3(t-\tau_3) e^{-\tau_3/T_2 - i\omega_0\tau_3} \right.$$

$$\left. \cdot \int_{-\infty}^{+\infty} d\omega S_0(\omega) e^{-i\omega\tau} \int_{-\infty}^{+\infty} \lambda(\Omega) d\Omega \frac{1}{T_2} \frac{e^{-i\Omega\tau_3}}{(\omega-\omega_0-\Omega)^2 + 1/T_2^2} \right|^2, \tag{12.80}$$

其中 $S_0(\omega)$是光源的功率谱,$\lambda(\Omega)$是反映非均匀加宽的分布函数(见(12.68)).

当非均匀加宽远大于均匀加宽时,$\lambda(\Omega)$可提出积分号并用$\lambda(\Omega_0)$替代(Ω_0 是非均匀线宽的中心频率).如果光源的相干时间远小于 T_2,$S_0(\omega)$亦可提到积分号外.这时,利用积分公式(12.65)和 δ 函数的定义及性质,从式(12.80)即可推得

$$I_s(\tau) = \begin{cases} I_s(0)e^{-4\tau/T_2} & (\tau > 0), \quad (12.81) \\ 0 & (\tau \leqslant 0). \quad (12.82) \end{cases}$$

于是,从 I_s 随 τ 成指数衰减的曲线即可确定 T_2.但不同于均匀加宽占主导的情形,现在衰减曲线对 $\pm\tau$ 不对称,而且衰减常数为 $T_2/4$.式(12.81)表示的非相干光时延四波混频信号,亦称为非相干光光子回波[21].

利用本节前面提到的非相干光时延四波混频过程的物理图像,即可看出,在非均匀加宽为主的体系中,非相干光光子回波与相干光的三脉冲光子回波相当.这是因为,图 12.9 中的超短光脉冲 1_j,2_j($j=1,2,\cdots$)和光脉冲 3 相继作用于介质后,根据相干光三脉冲光子回波的原理,将在光脉冲 3 到达后的 τ 时刻在混频输出方向产生一回波光脉冲(因 1_j 与 2_j 的时间间隔为 τ),而该回波脉冲的强度正比于 $\exp(-4\tau/T_2)$.非相干光光子回波信号的产生正是 j 取值不同的诸多三脉冲系列产生的相干光光子回波信号叠加的结果.

§12.5　非相干光时延四波混频(吸收带情形)

当将非相干光时延四波混频应用到凝聚态介质时，与入射光作用的体系往往具有带状吸收谱，其中包含一系列振动跃迁. 此时非相干光时延四波混频的结果将会如何？与§12.4中的结果有何异同？

对于这样的吸收带体系，代替§12.4中的二能级模型，可以建立如图12.11所示的多能级模型[29~31]. 其中包括基态 a 和由一系列很靠近的能级组成的激发态 b，系列能级用 $i=0,\pm1,\pm2,\cdots$ 来标识. 为简单起见，设这一系列能级除有均匀加宽外，还具有大小相同的非均匀加宽，亦即任意原子基态和激发态第 i 能级的共振频率均可表示为 $\omega_i+\Omega$，其中 Ω 在不同原子中的取值分布 $\lambda(\Omega)$ 对不同的 i 都相同（ω_i 是对第 i 能级的中心共振频率）. 为具体起见，又设非均匀加宽具有式(12.68)那样的高斯分布.

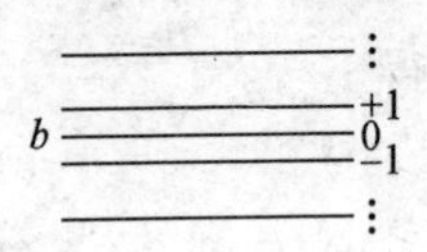

图 12.11　用以讨论吸收带非相干光时延四波混频的多能级模型

具有这样的能级系统的原子与图12.9所示三束入射光的相互作用，仍可用刘维尔方程(12.46)来描述，只是要注意式中的各量均是 Ω 的函数，以表示属于不同原子，而其中的弛豫项应改为

$$\left[\frac{\partial\rho_{b(i),a}(\Omega)}{\partial t}\right]_{\mathrm{T}}=-\frac{1}{T_{2i}}\rho_{b(i),a}(\Omega),\tag{12.83}$$

$$\left[\frac{\partial}{\partial t}(\rho_{b(i),b(i)}-\rho_{aa})\right]_{\mathrm{T}}=-\frac{1}{T_1}[\rho_{b(i),b(i)}-\rho_{aa}].\tag{12.84}$$

在此已假设纵向弛豫时间对所有 $i=0,\pm1,\pm2,\cdots$ 都相同.

现在，产生四波混频信号的三阶极化强度 $P^{(3)}(\boldsymbol{r},t)$ 仍可用式(12.69)表示，但其中的 $P^{(3)}(\Omega,\boldsymbol{r},t)$ 应为

$$P^{(3)}(\Omega,\boldsymbol{r},t)=\sum_j \mu_j\rho^{(3)}_{b(j),a}(\Omega,\boldsymbol{k}_1-\boldsymbol{k}_2+\boldsymbol{k}_3)$$
$$(j=0,\pm 1,\pm 2,\cdots),\tag{12.85}$$

其中 $\mu_j=\langle a|\mathscr{P}|b(j)\rangle$，而 $\rho^{(3)}_{b(j),a}(\Omega,\boldsymbol{k}_1-\boldsymbol{k}_2+\boldsymbol{k}_3)$可通过以下两条微扰通道得出：

$$\rho^{(0)}_{aa}(\Omega)\xrightarrow{E_1}\rho^{(1)}_{b(i),a}(\Omega,\boldsymbol{k}_1)\xrightarrow{E_2^*}\rho^{(2)}_{D(i)}(\Omega,\boldsymbol{k}_1-\boldsymbol{k}_2)$$
$$\xrightarrow{E_3}\rho^{(3)}_{b(j),a}(\Omega,\boldsymbol{k}_1-\boldsymbol{k}_2+\boldsymbol{k}_3),$$
$$\rho^{(0)}_{aa}(\Omega)\xrightarrow{E_2^*}\rho^{(1)}_{ab(i)}(\Omega,-\boldsymbol{k}_2)\xrightarrow{E_1}\rho^{(2)}_{D(i)}(\Omega,\boldsymbol{k}_1-\boldsymbol{k}_2)$$
$$\xrightarrow{E_3}\rho^{(3)}_{b(j),a}(\Omega,\boldsymbol{k}_1-\boldsymbol{k}_2+\boldsymbol{k}_3)$$
$$(i=j=0,\pm 1,\pm 2,\cdots),$$

其中

$$\rho^{(2)}_{D(i)}(\Omega,\boldsymbol{k}_1-\boldsymbol{k}_2)=\rho^{(2)}_{b(i),b(i)}(\Omega,\boldsymbol{k}_1-\boldsymbol{k}_2)-\rho^{(2)}_{aa}(\Omega,\boldsymbol{k}_1-\boldsymbol{k}_2).$$

经计算得到

$$\begin{aligned}P^{(3)}(\boldsymbol{r},t)\propto\ & \mathrm{e}^{\mathrm{i}(\boldsymbol{k}_1-\boldsymbol{k}_2+\boldsymbol{k}_3)\cdot\boldsymbol{r}}\sum_i\sum_j|\mu_j|^2|\mu_i|^2\\
&\cdot\int_0^{+\infty}\mathrm{d}\tau_3E_3(t-\tau_3)\mathrm{e}^{-\mathrm{i}\omega_j\tau_3-\tau_3/T_{2j}}\\
&\cdot\Big\{\int_0^{+\infty}\mathrm{d}\tau_2E(t-\tau_3-\tau_2)\mathrm{e}^{-\tau_2/T_1}\\
&\cdot\int_0^{+\infty}\mathrm{d}\tau_1E^*(t-\tau_3-\tau_2-\tau_1-\tau)G(\tau_3-\tau_1)\mathrm{e}^{-\mathrm{i}\omega_i\tau_1-\tau_1/T_{2i}}\\
&+\int_0^{+\infty}\mathrm{d}\tau_2E^*(t-\tau_3-\tau_2-\tau)\mathrm{e}^{-\tau_2/T_1}\\
&\cdot\int_0^{+\infty}\mathrm{d}\tau_1E(t-\tau_3-\tau_2-\tau_1)G(\tau_1+\tau_3)\mathrm{e}^{-\mathrm{i}\omega_i\tau_1-\tau_1/T_{2i}}\Big\},\end{aligned}\tag{12.86}$$

其中 $G(x)$是 $\lambda(\Omega)$的傅里叶变换，由式(12.74)给出.

于是，四波混频输出光强为

$$
I_s \propto \langle | P^{(3)}(\boldsymbol{r},t) |^2 \rangle \propto \sum_i \sum_j \sum_k \sum_l | \mu_j |^2 | \mu_i |^2 \mu_l |^2 \mu_k |^2
$$

$$
\cdot \int_0^{+\infty} \mathrm{d}\tau_3 \int_0^{+\infty} \mathrm{d}s_3 E(t-\tau_3) E^*(t-s_3) \mathrm{e}^{-\mathrm{i}\omega_j \tau_3 - \tau_3/T_{2j} + \mathrm{i}\omega_k s_3 - s_3/T_{2k}}
$$

$$
\cdot \int_0^{+\infty} \mathrm{d}\tau_2 \int_0^{+\infty} \mathrm{d}s_2 \int_0^{+\infty} \mathrm{d}\tau_1 \int_0^{+\infty} \mathrm{d}s_1 \mathrm{e}^{-(\tau_2/T_1 + s_2/T_1 + \tau_1/T_{2i} + s_1/T_{2l})}
$$

$$
\cdot [\alpha_{il} + \beta_{il} + \gamma_{il} + \delta_{il}], \tag{12.87}
$$

其中参数 $\alpha_{il}, \beta_{il}, \gamma_{il}, \delta_{il}$ 中与 τ 有关的项为

$$
\alpha_{il}(\tau) = \Gamma^{(2)}(\tau - \tau_1) \Gamma^{(2)}(s_1 - \tau)
$$

$$
\cdot G(\tau_1 + \tau_3) G^*(s_1 + s_3) \mathrm{e}^{-\mathrm{i}\omega_i \tau_1 + \mathrm{i}\omega_l s_1}, \tag{12.88}
$$

$$
\beta_{il}(\tau) = \Gamma^{(2)}(\tau - \tau_1) \Gamma^{(2)}(-s_1 - \tau)
$$

$$
\cdot G(\tau_1 + \tau_3) G^*(s_3 - s_1) \mathrm{e}^{-\mathrm{i}\omega_i \tau_1 - \mathrm{i}\omega_l s_1}, \tag{12.89}
$$

$$
\gamma_{il}(\tau) = \Gamma^{(2)}(\tau + \tau_1) \Gamma^{(2)}(-s_1 - \tau)
$$

$$
\cdot G(\tau_3 - \tau_1) G^*(s_3 - s_1) \mathrm{e}^{\mathrm{i}\omega_i \tau_1 - \mathrm{i}\omega_l s_1}, \tag{12.90}
$$

$$
\delta_{il}(\tau) = \Gamma^{(2)}(\tau + \tau_1) \Gamma^{(2)}(s_1 - \tau)
$$

$$
\cdot G(\tau_3 - \tau_1) G^*(s_1 + s_3) \mathrm{e}^{\mathrm{i}\omega_i \tau_1 + \mathrm{i}\omega_l s_1}, \tag{12.91}
$$

式中 $\Gamma^{(2)}(x) = \langle E(t+x) E^*(t) \rangle$ 是光场的二阶相干函数.

将式(12.88)～(12.91)代入式(12.87)，并用式(12.61)表示 $\Gamma^{(2)}(x)$，便可最终得到同时考虑了均匀和非均匀加宽后，混频输出强度中与时延 τ 有关部分为

$$
I_s(\tau) \propto \Bigg| \int_0^{\infty} \mathrm{d}\tau_3 E_3(t-\tau_3) \sum_j | \mu_j |^4 \mathrm{e}^{-\tau_3/T_{2j} - \mathrm{i}\omega_j \tau_3}
$$

$$
\cdot \int_{-\infty}^{+\infty} \mathrm{d}\omega S_0(\omega) \mathrm{e}^{-\mathrm{i}\omega\tau} \sum_i g(\omega_i)
$$

$$
\cdot \int_{-\infty}^{+\infty} \mathrm{d}\Omega \lambda(\Omega) \frac{1}{T_2} \frac{\mathrm{e}^{-\mathrm{i}\Omega\tau_3}}{(\omega - \omega_i - \Omega)^2 + 1/T_{2i}^2} \Bigg|^2, \tag{12.92}
$$

其中 $g(\omega_i)$ 是基态 a 跃迁到激发态 $b(i)$ 的权重，等同于吸收带包络

轮廓的线型因子;为具体起见,设为高斯分布

$$g(\omega_i) \propto e^{-(\omega_i-\omega_0)^2/\delta\omega_b^2}.$$

均匀加宽情形

当 T_{2j} 很小,以至于谱线的均匀加宽很大于由 $\lambda(\Omega)$ 表征的非均匀加宽时,可令 $\Omega \simeq 0$,并利用归一化条件

$$\int_{-\infty}^{+\infty} \lambda(\Omega) \mathrm{d}\Omega = 1,$$

由上式得

$$I_s(\tau) \propto \left[\int_{-\infty}^{+\infty} \mathrm{d}\omega S_0(\omega) \sum_i \frac{g(\omega_i)/T_{2i}}{(\omega-\omega_i)^2+1/T_{2i}^2} e^{-i\omega\tau}\right]^2 \quad (12.93)$$

或

$$I_s(\tau) \propto \left[\int_{-\infty}^{+\infty} \mathrm{d}\omega S_0(\omega) \sum_i \frac{g(\omega_i)/T_{2i}}{(\omega-\omega_0)^2+1/T_{2i}^2} \cos\omega\tau\right]^2 + \left[\int_{-\infty}^{+\infty} \mathrm{d}\omega S_0(\omega) \sum_i \frac{g(\omega_i)/T_{2i}}{(\omega-\omega_0)^2+1/T_{2i}^2} \sin\omega\tau\right]^2. \quad (12.94)$$

首先,现在的 $I_s(\tau)$ 是 τ 的对称函数,亦即曲线 $I_s(\tau)$ 关于零点对称. 其次,曲线形状除了与弛豫时间 T_{2i} 有关外,还与吸收带轮廓宽度 $\delta\omega_b$、激光源功率谱宽度 $\delta\omega_s$(设 $S_0(\omega) \propto \exp[-(\omega-\omega_0)^2/\delta\omega_s^2]$)、激发态各子能级相对间隔等因素有关. 为简单起见,以下设所有子能级都有 $T_{2i}=T_2$,相邻子能级间隔都相同并等于 $\hbar\Delta$. 引入无量纲参数

$$a = \frac{\delta\omega_s}{\Delta}, \quad b = \frac{\delta\omega_b}{\Delta}, \quad c = \frac{T_2^{-1}}{\Delta}, \tau' = \tau\Delta,$$

则通过对式(12.94)的数值计算,可大体清楚该曲线形状的变化趋向.

图 12.12(a),12.13(a),12.14(a)中的实线分别是在 $a=2, b=3, c=0.02$;$a=2, b=3, c=0.6$;$a=2, b=3, c=1.6$ 时得到的曲线 $I_s(\tau')$. 这三种情况的差别只是失相速率 T_2^{-1} 相对 Δ 大小的不同. 图 12.12(b),12.13(b),12.14(b)分别是上述三组参数所对应的吸收谱带,其中 ω_m 是吸收谱带的中心频率. 可以看出,图 12.12 对应

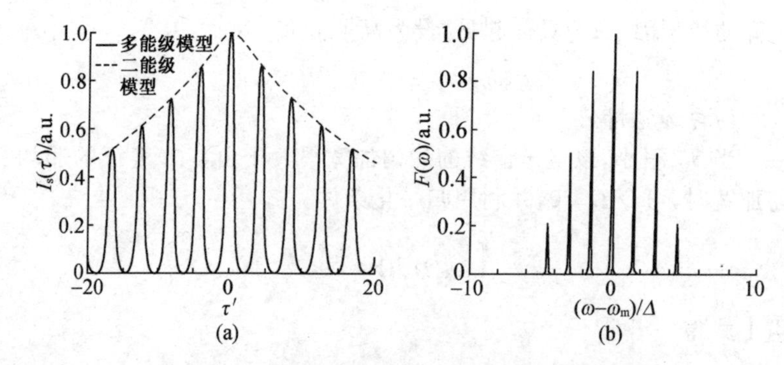

图 12.12 分别利用多能级模型和二能级模型计算得到的在均匀加宽时四波混频强度随相对延时的变化($a=2,b=3,c=0.02$)(a)以及用同样参数计算得到的该均匀加宽多能级系统的吸收谱带(b)[31]

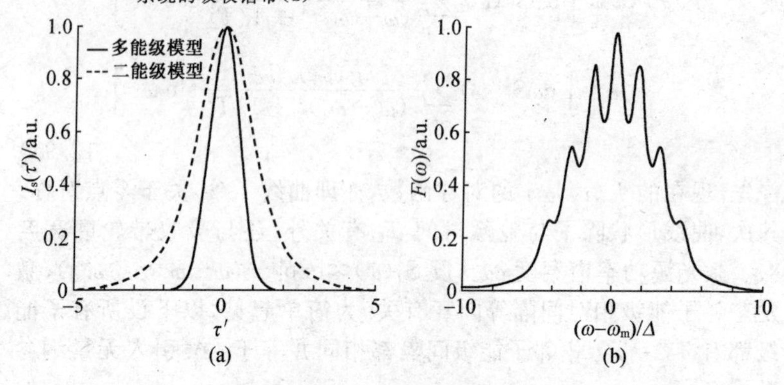

图 12.13 与图 12.12 相同,但所用参数为 $a=2,b=3,c=0.6$[31]

的失相速率 $T_2^{-1}\ll\Delta$,故吸收带中各谱线的增宽很小于相邻谱线的间隔,以至于图 12.12(b)中吸收带的分立谱线结构明显可见. 这时图 12.12(a)中相应的曲线 $I_s(\tau')$不是一条单调上升或下降的曲线,而是有明显的调制结构. 当增大失相速率 T_2^{-1},使之接近 Δ 时,便出现图 12.13 中的情况. 图 12.13(b)中各吸收线的加宽已使它们部分重叠而连成带,但分立结构仍可见;而图 12.13(a)中曲线 $I_s(\tau')$的调制结构则已消失. 当继续增大失相速率 T_2^{-1},使之大于 Δ 时,

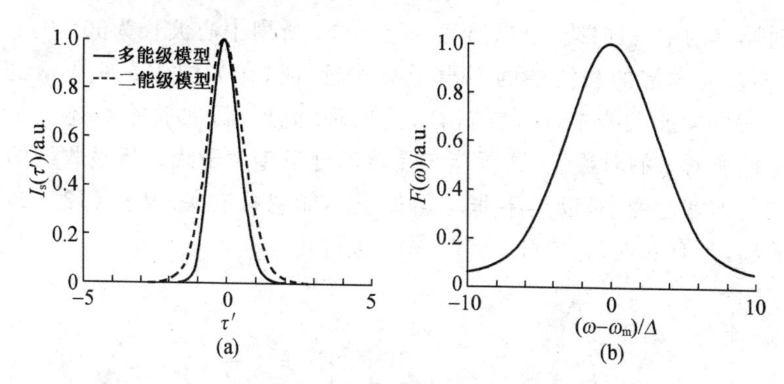

图 12.14　与图 12.12 相同,但所用参数为 $a=2,b=3,c=1.6$[31]

图 12.14 的情况便相应出现:图 12.14(b)中的各吸收线显著加宽,已相互连成一连续的谱带,分立结构完全消失;而图 12.14(a)中的曲线 $I_s(\tau')$则完全没有调制结构,并且与二能级情形的 $I_s(\tau')$曲线(见图 12.10)十分相像.

为比较起见,对于上述三种情况,采用与多能级模型相同的参数 a 和 c,利用二能级模型的公式(12.64)计算得到曲线 $I_s(\tau')$,并用虚线分别绘于图 12.12(a),12.13(a),12.14(a)中.从中看出,即使是没有调制结构的后两图,实线和虚线也并不重合,尽管计算时用了相同的 T_2;不过,T_2^{-1} 相对 Δ 而言越大(即吸收线的线宽比相邻吸收线间隔越大),则实线和虚线越接近.

上述理论分析结果,特别是 $I_s(\tau)$中调制结构的可能出现,已在红宝石晶体$^4T_2$ 吸收带的非相干光时延四波混频中获得实验验证[26,32,33].由于振动能级的快速弛豫,吸收带轮廓在室温以至于一般低温下都是光滑的,不出现分立结构;但当温度进一步降低时,振动弛豫引起的吸收线加宽进一步变小,情况会改变.的确,在5 K的低温下,该吸收带的长波端曾测得分立结构[34].在该吸收带所在波长范围进行的非相干光时延四波混频实验(激光器带宽大于15 nm)表明,在室温和液氮温区,曲线 $I_s(\tau)$是光滑而对称的,不存在调制结构.例如,图 12.15 是温度为 80 K、所用中心波长为574.5 nm

时测得的 $I_s(\tau)$ 曲线. 但当温度降至 20 K、所用中心波长为601.0 nm (即在吸收带的长波端的零声子线附近)时，在如图 12.16 所示的 $I_s(\tau)$ 的实验曲线中，调制结构明显出现. 此外，该实验曲线还显示出偏离对 τ 的对称性，这可能与在该温度下零声子线附近吸收线的均匀加宽已变小，以至于非均匀加宽不能忽略有关. 从式(12.92)看出，当有非均匀加宽时，$I_s(-\tau)\neq I_s(\tau)$.

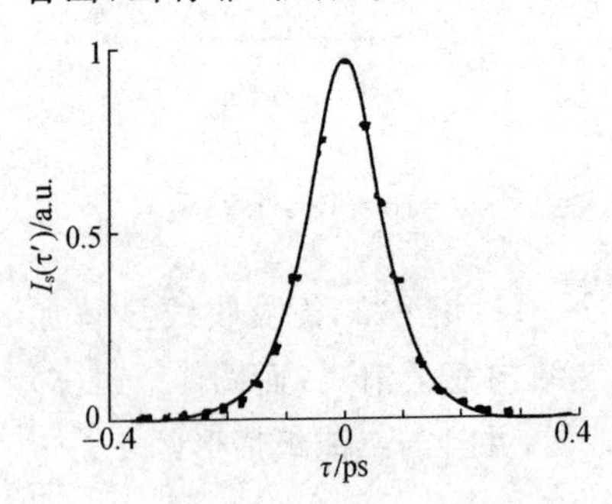

图 12.15 温度为 80 K、中心波长为574.5 nm 时，在红宝石晶体中测得的 $I_s(\tau)$ 曲线[32]

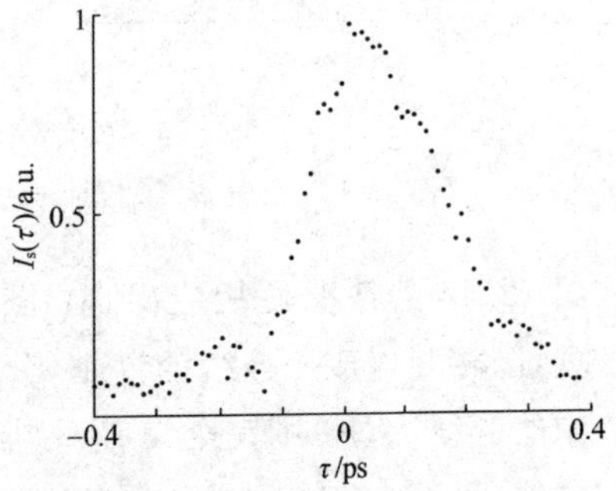

图 12.16 温度为 20 K、中心波长为 601.0 nm 时，在红宝石晶体中测得的 $I_s(\tau)$ 曲线[32]

吸收带的非相干光光子回波

设吸收带内各谱线基本上是非均匀加宽的，同时又设光源的关联时间 τ_c 很小于失相时间 T_{2i}. 这时，由式(12.92)容易计算得到

$$I_s(\tau)\begin{cases}\propto \left|\sum_i S_0(\omega_i)g(\omega_i)e^{i\omega_i\tau-\tau/T_{2i}}\right|^4 & (\tau>0),\\ =0 & (\tau\leqslant 0).\end{cases} \tag{12.95}$$

若设对所有能级有 $T_{2i}=T_2$，则当 $\tau>0$ 时式(12.95)还可进一步简化为

$$I_s(\tau)=B(\tau)e^{-4\tau/T_2}, \tag{12.96}$$

其中

$$B(\tau)\propto\left|\sum_i S_0(\omega_i)g(\omega_i)e^{i\omega_i\tau}\right|^4. \tag{12.97}$$

这表示一般而言,$I_s(\tau)$在随 τ 以时间常数 $T_2/4$ 成指数衰减的同时,又被因子 $B(\tau)$所调制. 图 12.17 和 12.18 分别是在 $a\gg b$, $b=3.0$, $c=0.02$; $a\gg b$, $b=3.0$, $c=0.6$ 时计算得到的 $I_s(\tau')$曲线($\tau'=\tau\Delta$). 对于前者,调制结构很明显.

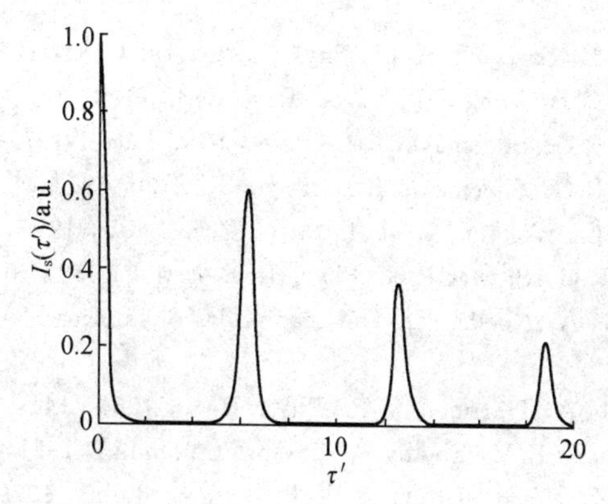

图 12.17　利用非均匀加宽的多能级模型计算得到的四波混频强度随相对延时的变化($a\gg b$, $b=3.0$, $c=0.02$)[31]

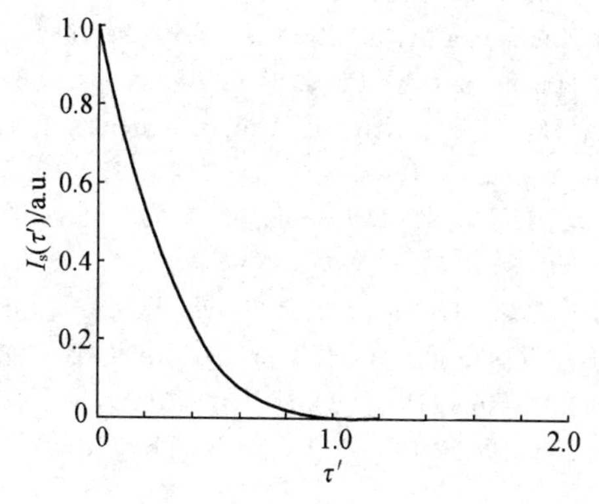

图 12.18　与图 12.17 相同,但所用参数为 $a\gg b$, $b=3.0$, $c=0.6$[31]

参考文献

[1]　Abragam A. The principles of nuclear magnetism. London: Oxford

University Press, 1961.
[2] Allen L, Eberly J H. Optical resonance and two-level atoms. NY: Wiley, 1975.
[3] Feynman R P, Vernon F L, Hellwarth R W. J. Appl. Phys., 1957, 28: 49.
[4] Tang C L, Statz H. Appl. Phys. Lett., 1968, 10: 145.
[5] Hocker G B, Tang C L. Phys. Rev. Lett., 1969, 21: 591.
[6] Brewer R G, Shoemaker R L. Phys. Rev. Lett., 1971, 27: 631.
[7] Brewer R G, Shoemaker R L. Phys. Rev. A, 1972, 6: 2001.
[8] Rand S C, Wokaun A, et al. Phys. Rev. Lett., 1979, 43: 1686.
[9] DeVoe R G, Brewer R G. Phys. Rev. Lett., 1983, 50: 1269.
[10] Kurnit N A, Abella J D, Hartmann S R. Phys. Rev. Lett., 1964, 13: 567.
[11] Kurnit N A, Hartmann S R. Phys. Rev., 1966, 141: 391.
[12] MacFarlane R M, Shelby R M. Opt. Commun., 1981, 39: 169.
[13] Fujita M, Nakatsuka H, et al. Phys. Rev. Lett., 1979, 42: 974.
[14] Ye P, Shen Y R. Phys. Rev. A, 1982, 25: 2083.
[15] Yee T R, Gustafson T R. Phys. Rev. A, 1978, 18: 1597.
[16] Asaka S, Nakatsuka M, et al. Phys. Rev. A, 1984, 29: 2286.
[17] Beach R, Hartmann S R. Phys. Rev. Lett., 1984, 53: 663.
[18] Nakatsuka H, Tomita M, et al. Opt. Commun., 1984, 52: 150.
[19] Morita N, Yajima T. Phys. Rev. A, 1984, 30: 2525.
[20] Fujiwara M, Kuroda R, Nakatsuka H. J. Opt. Soc. Am. B, 1985, 2: 1634.
[21] Beach R, DeBeer, Hartmann S R. Phys. Rev. A, 1985, 32: 3467.
[22] Golub J E, Mossberg T W. J. Opt. Soc. Am. B, 1986, 3: 554.
[23] Golub J E, Mossberg T W. Opt. Lett., 1986, 11: 431.
[24] Zhang R, Jiang Q, Yu Z, Fu P, Ye P. Chin. Phys. Lett., 1987, 4: 557.
[25] Fu P, Yu Z, Mi X, Ye P. J. Phys. (Paris), 1987, 48: 2089.
[26] Zhang R, Mi X, Zhou H, Ye P. Opt. Commun., 1988, 67: 446.
[27] Goodman J W. Statistical optics. NY: Wiley, 1985.
[28] Born M, Wolf E. Principles of optics. Oxford: Pergamon, 1980.
[29] Mi X, Zhou H, Zhang R, Ye P. J. Opt. Soc. Am. B, 1989, 6: 184.
[30] 张瑞华等. 物理学报, 1991,40: 414.

[31] Ye P X. J. Nonl. Opt. Phys. Mat., 1992, 1: 223.
[32] 张瑞华等. 物理学报, 1991, 40: 421.
[33] Ye P X. J. Nonl. Opt. Phys. Mat, 1992, 1: 727.
[34] McClure D S. J. Chem. Phys, 1962, 36: 2757.
[35] 叶佩弦, 傅盘铭. 物理学报, 1985, 34: 725.

索 引

T

W

X

Y

Z

《北京大学物理学丛书》（已出版）

01 广义相对论引论(第二版)　俞允强
02 量子力学导论(第二版)　曾谨言
03 近代光学信息处理　宋菲君、S. Jutamulia
04 理论物理基础　彭桓武、徐锡申
05 高温超导物理　韩汝珊
06 数学物理方法(第二版)　吴崇试
07 原子核理论——它的深化与扩展　张启仁
08 李代数李超代数及在物理中的应用　韩其智、孙洪洲
09 电动力学简明教程　俞允强
10 特殊函数概论　王竹溪、郭敦仁
11 物理学中的非线性方程　刘式适、刘式达
12 固体物理基础(第二版)　阎守胜
13 现代半导体物理　夏建白
14 热大爆炸宇宙学　俞允强
15 数理物理基础　彭桓武、徐锡申
16 近代半导体材料的表面科学基础　许振嘉
17 物理宇宙学讲义　俞允强
18 量子力学原理(第二版)　王正行
19 电动力学及狭义相对论(第二版)　张宗燧
20 热力学(第二版)　王竹溪
21 超弦史话*　李　淼
22 等离子体理论基础　胡希伟
23 晶格动力学理论　〔德〕玻恩、黄昆著　葛惟琨、贾惟义译
24 有限晶体中的电子态：Bloch 波的量子限域　任尚元
25 软物质物理学导论　陆坤权、刘寄星
26 信息光子学物理　宋菲君、羊国光、余金中
27 原子论的历史和现状——对物质微观构造认识的发展*　关　洪
28 热力学与统计物理学　林宗涵

29 高等量子力学(第三版)　杨泽森

30 非线性光学物理＊　叶佩弦

31 太赫兹科学技术和应用　许景周、张希成

32 核反应堆动力学基础(第二版)　黄祖洽

33 原子的激光冷却与陷俘＊　王义遒

34 现代固体物理学导论　阎守胜

35 简明量子场论　王正行

36 黑洞与时间的性质＊　刘辽、赵峥、田贵花、张靖仪

37 群论和量子力学中的对称性　朱洪元

38 固体物理学＊　黄昆

注：加“＊”为《理论物理专辑》